向新中国成立七十周年献礼

现代水泥技术发展与应用论文集

天津水泥工业设计研究院有限公司 编

中国建材工业出版社

图书在版编目（CIP）数据

现代水泥技术发展与应用论文集 / 天津水泥工业设计研究院有限公司编. -- 北京 ：中国建材工业出版社，2019.11

ISBN 978-7-5160-2729-5

Ⅰ. ①现… Ⅱ. ①天… Ⅲ. ①水泥－生产工艺－文集 Ⅳ. ①TQ172.6-53

中国版本图书馆CIP数据核字（2019）第251710号

现代水泥技术发展与应用论文集
Xiandai Shuini Jishu Fazhan yu Yingyong Lunwenji

天津水泥工业设计研究院有限公司　编

出版发行：中国建材工业出版社
地　　址：北京市海淀区三里河路1号
邮　　编：100044
经　　销：全国各地新华书店
印　　刷：北京雁林吉兆印刷有限公司
开　　本：787mm×1092mm　1/16
印　　张：36.25　　彩色：2
字　　数：960千字
版　　次：2019年11月第1版
印　　次：2019年11月第1次
定　　价：198.00元

本社网址：www.jccbs.com，微信公众号：zgjcgycbs
请选用正版图书，采购、销售盗版图书属违法行为

编 委 会

致辞

中国建材

致辞

新中国成立70周年之际，我们结集出版本册《现代水泥技术发展与应用论文集》，既是作为中国最早成立的水泥工业设计院对祖国70年华诞的致敬和献礼，也是对天津水泥院近年来技术创新及应用成果的总结和回顾。新故相推，日生不滞，技术进步永无止境，我们在这一伟大的时刻驻足回首，传承昨日的匠心与技术，向着更加美好的明天进发。

壮丽70年，峥嵘岁月稠。在中华民族伟大复兴的征程中，天津水泥院始终初心不改，坚持科技创新引领，以水泥行业的技术进步和发展为使命，与共和国共同成长、共同前行。66年来，我们不辍耕耘在中国水泥行业，薪火相传，代代接力。面对新中国成立时中国水泥技术的落后局面，天津水泥院毅然承担起新型干法水泥技术的开发重任，从无到有、自主创新，为实现中国水泥工业国产化、低投资贡献自己的全部力量；追随国家“走出去”发展战略和一带一路伟大倡议，天津水泥院率先带领中国技术和中国制造走向世界，在近40个国家和地区承建了数十个高国产化率、高装备自给率的中国项目。

壮丽70年，奋斗新时代。年轮在转换，我们面临的任务和环境也在转变，不变的是我们的责任和使命。新时代，面对国家高质量发展的要求，以及水泥行业供给侧改革的重任，天津水泥院将一如既往改革创新，在新的历史潮流中再启程、再出发。第二代新型干法水泥技术与装备的创新研发，承担的八方面课题按期保质完成并成功应用于多个标杆项目，主要技术指标达到国际领先水平；绿色矿山与骨料、绿色低碳环保业务，坚持绿色发展，积极践行“绿水青山就是金山银山”理念；BIM技术应用、智能化工厂打造，紧跟时代潮流，为客户提供全生命周期的个性化产品和服务。持续不断的技术创新，是天津水泥院最大的优势资源，更是我们之于国家和行业光荣的责任和使命。

船至中流，必须击楫勇进。新时代，天津水泥院将继续秉承创新精神，坚持以客户为中心，开启数字化、智能化、服务化转型的新征程，奋力推进公司高质量可持续发展，为国家、为行业、为客户不断创造新的价值、做出新的贡献！

执行董事、总经理：

序 言

今年是新中国成立70周年，也是公司转型升级发展的重要一年，天津水泥院加强科技创新与数字化转型，推进“三精管理”落地，全面深化“水泥+”业务战略，以创新的技术与装备、优良的客户服务、优异的成绩向国庆70周年献礼。同时，作为科技型企业，为展现近年来公司的科技创新及应用成果，特组织编制出版《现代水泥技术发展与应用论文集》，向祖国献礼。

天津水泥院始终坚持以客户为中心，把客户的需求作为公司发展和科研创新的动力，以系统指标的先进性，为客户提供差异化的系统解决方案。面对客户需求，天津水泥院坚持以创新驱动实现高质量发展，将技术创新、技术发展作为立身之本，近年来积极响应建材联合会的号召，并在其指导下完成了二代新型干法技术，包含烧成系统、粉磨系统、信息化管理、智能化方案、协同处理固废等八个方面的技术与装备研发。公司以二代新型干法技术承建的多个工程项目，已成为新一代水泥工程标杆项目。

在二代新型干法技术推进应用的基础上，面对国内外客户的新需求，天津水泥院又提出了“BIM+智能化+服务”创新发展模式，形成了数字化工厂、智能化解决方案，技术改造、提质增效系统解决方案，及替代燃料、危废处置、绿色低碳等新技术，致力为业主提供更高附加值的产品和服务。

本次出版技术论文集，旨在对天津水泥院当前的二代新型干法水泥技术与装备、绿色矿山与骨料、绿色低碳环保、BIM技术应用、智能化工厂、装备产品开发与应用、工程设计等技术及产品成果进行系统性总结，成为与广大客户、技术人员进行技术沟通、交流的重要载体。客户需求不断提高，技术进步永无止境，天津水泥院将秉承“以顾客为中心”的理念，真诚期待与客户共同对天津水泥院的技术进行打磨与提升，共同推动天津水泥院乃至行业的技术创新和持续发展。

党委书记：何卫红

企业简介 | Brief Introduction

天津水泥工业设计研究院有限公司（简称天津水泥院），成立于 1953 年，是中国建材行业实力雄厚的甲级设计院，连续多年位居中国设计百强前十名，是高新技术企业和国际技术创新示范企业。现隶属于中国建材集团旗下上市公司中国中材国际工程股份有限公司。

天津水泥院作为我国具有自主知识产权系列成套水泥技术装备的开发和实践者，依托自主核心技术与关键主机装备出口带动成套装备和工程出口，实现了水泥工程 EPC“中国技术 + 中国标准 + 中国装备 + 中国管理”走出去的业务模式，致力于打造成为世界一流的工业工程公司。目前，天津水泥院以水泥工程总承包业务为主，以数字化平台为抓手，为客户提供全生命周期的服务，包括工程咨询、工程设计、技术装备、工程建设、工程监理、生产调试、生产运维的完整产业链。

天津水泥院科技实力雄厚，拥有水泥工艺技术装备、工程技术、节能减排、新材料等 5 个国家级、5 个省部级技术创新平台；拥有建材行业、建筑行业工程设计甲级资质、环境工程专项设计甲级资质、建材行业工程咨询甲级资信、工程造价咨询甲级资质、建筑工程施工总承包一级资质等十一项资质。先后荣获国家科技进步二等奖 7 项、三等奖 3 项，省部级科技奖项 220 余项，国家专利技术 200 余项，国家级和行业级优秀工程设计、工程咨询、工程项目奖 200 余项。

● 亚太地区唯一的国际水泥机构

由中国政府和联合国工发组织共同创建的中国水泥发展中心设立在天津水泥院(1983)

● 示范企业

公司被工信部认定为国家技术创新示范企业（2017）

旗下粉体公司入选我国第二批制造业单项冠军示范企业，立式辊磨机产品“单项冠军”(2017)

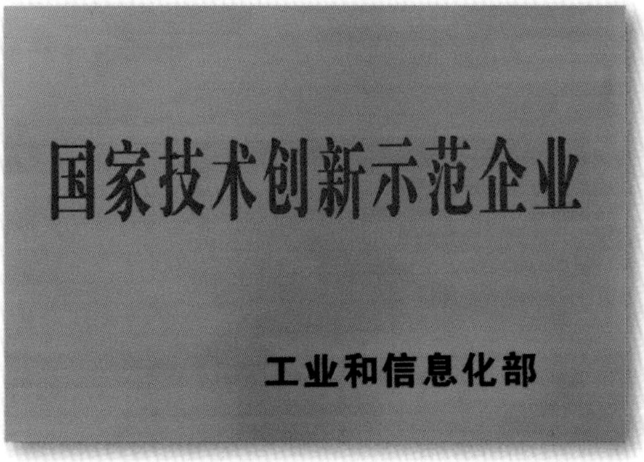

● 国家级技术创新平台 5 个

国家水泥节能环保工程研究中心

中国水泥发展中心物化检测所

博士后科研工作站

国家企业技术中心

中国混凝土与水泥制品行业轻骨料产业技术创新中心

● 省部级技术创新平台 5 个

省级企业技术中心 5 个

天津市中微量元素肥研制与应用企业重点实验室

河南省工业除尘工程技术研究中心

山东省建材装备工程技术研究中心

天津市水泥装备技术工程中心

● 国家科技进步二等奖 7 项、三等奖 3 项

新型干法水泥生产线重大配套装备研制和工程化应用（2007）

新型干法水泥生产关键技术与装备开发及工程化应用（2003）

我国四种预分解窑型分析研究与改进（1995）

日产 700 ～ 1000 吨水泥煅烧窑外分解技术的开发与推广（1985）

动力机器基础设计规范（1985）

WY85-8960-4/ Ⅱ新型电收尘器（1985）

石灰石预均化技术工业试验（1985）

……

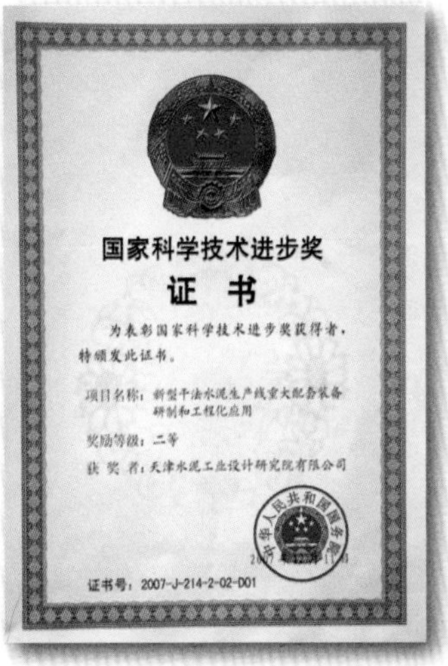

● 二代新型干法水泥技术装备创新研发成果

承担第二代新型干法水泥技术装备创新研发中的 8 个核心课题攻关，其中 7 项获得中国建筑材料联合会颁发的“两个二代”优秀研发成果奖：

高能效低氮预热预分解先进烧成技术

水泥生产智能化控制技术

第四代篦冷机

高效节能料床粉磨技术

水泥窑协同处置及资源化利用大宗城市废弃物及危险废弃物技术研究及应用

新型贝利特硫铝酸盐水泥研究

SCR-SNCR 联合脱硝技术

水泥工业废气脱硫固硫技术的研发

荣誉证书
天津水泥工业设计研究院有限公司、中材装备集团有限公司：
你单位《高能效低氮预热预分解先进烧成技术研究与应用》研发项目获评
“两个二代”技术装备创新提升研发攻关
优秀研发成果
中国建筑材料联合会
二〇一九年五月

荣誉证书
天津水泥工业设计研究院有限公司、
中材邦业（杭州）智能技术有限公司：
你单位《水泥生产智能化控制技术研发与应用》研发项目获评
“两个二代”技术装备创新提升研发攻关
优秀研发成果
中国建筑材料联合会
二〇一九年五月

荣誉证书
中材装备集团有限公司：
你单位《第四代篦冷机的研发与应用》研发项目获评
“两个二代”技术装备创新提升研发攻关
优秀研发成果
中国建筑材料联合会
二〇一九年五月

荣誉证书
天津水泥工业设计研究院有限公司：
你单位《高效节能料床粉磨技术的开发与应用》研发项目获评
“两个二代”技术装备创新提升研发攻关
先进研发成果
中国建筑材料联合会
二〇一九年五月

荣誉证书
天津水泥工业设计研究院有限公司：
你单位《新型贝利特硫铝酸盐水泥研发》研发项目获评
“两个二代”技术装备创新提升研发攻关
先进研发成果
中国建筑材料联合会
二〇一九年五月

荣誉证书
北京工业大学、中材装备集团有限公司、
北京金隅琉水环保科技有限公司：
你单位《SCR-SNCR 联合脱硝技术研发》研发项目获评
“两个二代”技术装备创新提升研发攻关
先进研发成果
中国建筑材料联合会
二〇一九年五月

荣誉证书
广东万引科技发展有限公司、华南理工大学、
天津水泥工业设计研究院有限公司：
你单位《水泥工业废气脱硫固硫技术的研发与应用》研发项目获评
“两个二代”技术装备创新提升研发攻关
先进研发成果
中国建筑材料联合会
二〇一九年五月

● 重大科技成果奖

承担第二代新型干法水泥技术装备创新研发课题中的“高能效低氮预热预分解先进烧成技术”等 8 个课题按期保质完成并成功运用在多个项目（2019）

《能够处理带可燃物生料的水泥窑外预分解窑尾系统》，第二十一届中国专利优秀奖（2019）

《BIM 技术在协同设计和工程管理中创新应用》，现代化创新成果一等奖、中国企业改革发展优秀成果二等奖（2017）

中国水泥窑协同处置技术创新突出贡献奖（2017）

首届“节能中国贡献奖”、新一代新型干法水泥生产技术获得“2010 节能中国十大新技术应用奖”（2010）

国务院发展中心认定天津水泥院为“全国首家设计新型干法水泥生产线的设计研究院”并收入《中华之最荣誉大典》（1995）

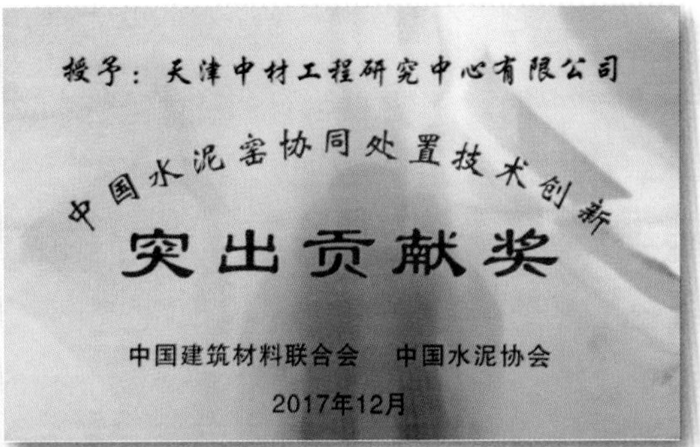

科技成果 | Scientific and technological achievements

● 省部级科技成果奖 220 多项

行进式稳流冷却机的研制与应用，中国建筑材料联合会科技进步一等奖（2012）

日产 5000 吨生产线 TRM5341 生料辊磨的研制及应用，中国建筑材料联合会科技进步一等奖（2010）

水泥窑尾电收尘器改为袋收尘器技术开发与应用，全国建材行业技术革新奖一等奖（2009）

10000t/d 水泥熟料生产线破碎装备的研发及应用项目，天津市科技进步奖一等奖（2007）

水泥低能耗烧成技术的研究与集成应用，中国建筑材料联合会科技进步二等奖（2018）

钢渣立磨系统技术装备的研制，中国建筑材料联合会科技进步二等奖（2017）

袋式除尘器数字化设计与综合研发平台，中国建筑材料联合会科技进步二等奖（2017）

Φ2200 系列双转子单段锤式破碎机的研发与应用，中国建筑材料联合会技术开发二等奖（2014）

含可燃物生料的预分解系统技术及装备的研发与应用，中国建筑材料联合会技术开发二等奖（2013）

年产 40 万吨白水泥熟料关健技术及装备的研发及应用，中国建筑材料联合会技术开发二等奖（2013）

国家节能减排水泥示范线技术与装备的研发及应用，中国建筑材料联合会科技进步二等奖（2012）

水泥立式辊磨终粉磨技术开发及应用，中国建筑材料联合会科技进步二等奖（2012）

大型半移动破碎站，中国建筑材料联合会科技进步三等奖（2012）

辊压机水泥半终粉磨系统技术开发，中国建筑材料联合会科技进步三等奖（2009）

……

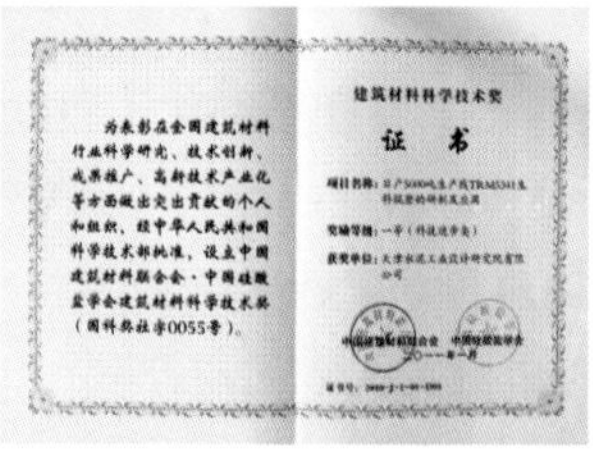
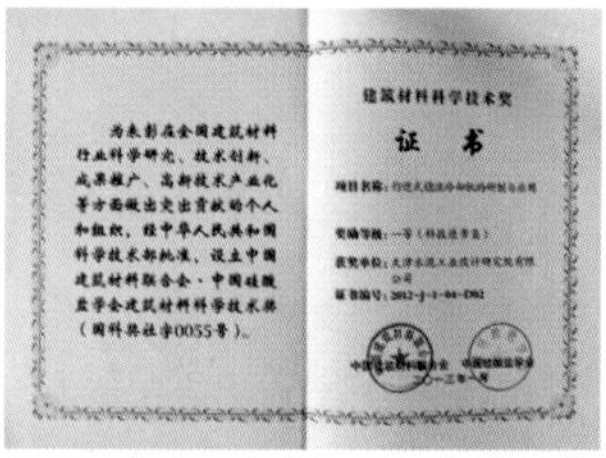
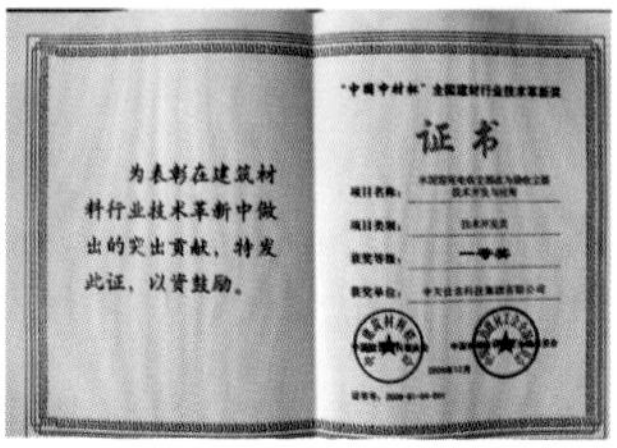
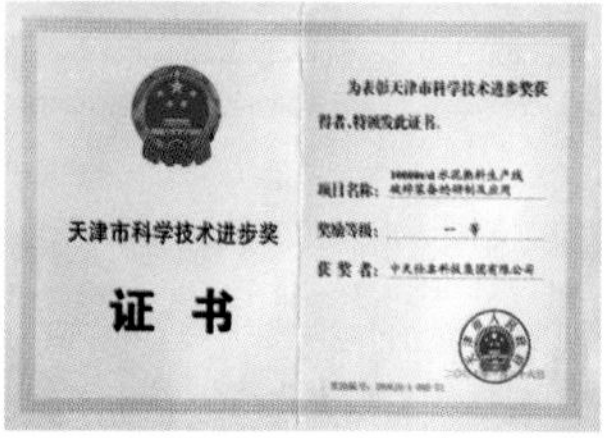

● 专利

拥有有效专利 216 项，其中发明专利 59 项，PCT 专利 1 项

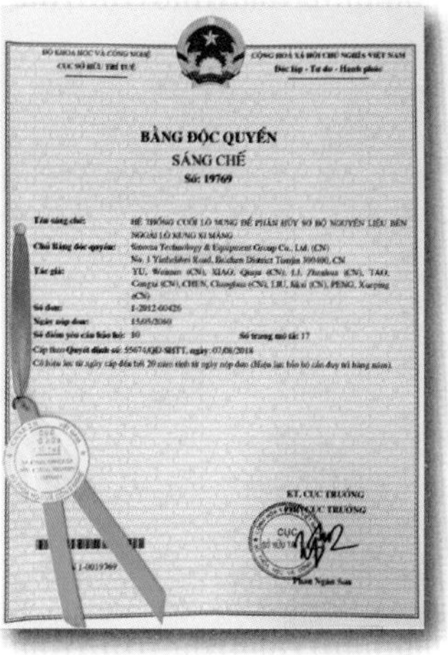
BẰNG ĐỘC QUYỀN
SÁNG CHẾ
Số: 19769

发明专利证书

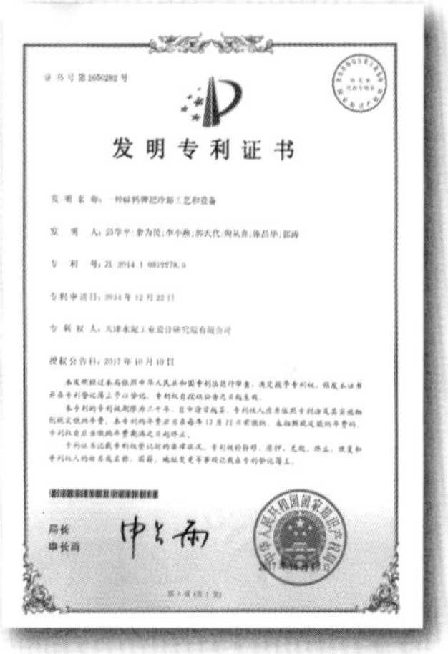
发明专利证书

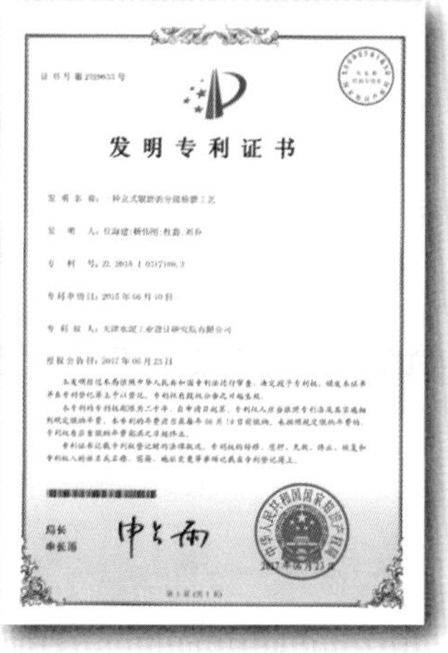
发明专利证书

发明专利证书

● 国家级工程奖 19 项

埃及 NAHDA 工业公司 5500t/d 水泥生产线，金钥匙奖（2014）

越南西宁 4000t/d 水泥生产线总承包项目，银钥匙奖（2011）

土耳其 TRACIM(5000t/d) 水泥生产线总承包项目，铜钥匙奖（2011）

冀东水泥厂新建工程（国产化4000t/d），新中国成立60周年“百项经典建设工程”（2009）

阿尔博安庆白水泥有限公司年产 40 万吨熟料白水泥生产线建设工程，工程咨询二等奖（2008）

安徽池州海螺水泥股份有限公司国产化 (2×5000t/d) 水泥熟料示范生产线，设计银质奖（2004）

安徽铜陵海螺日产 4000 吨熟料生产线，设计银质奖（2002）

……

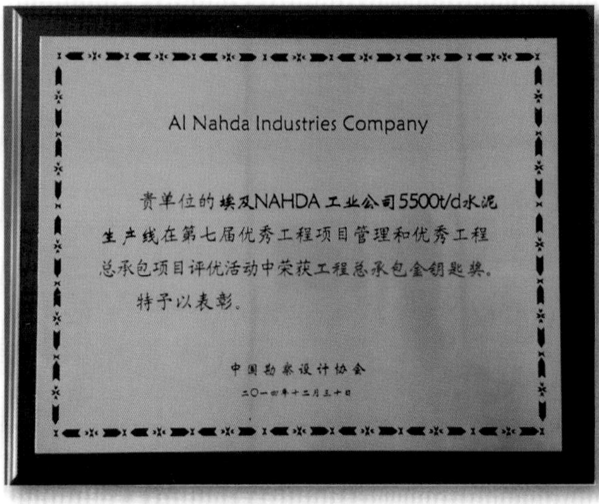

省部级工程奖 187 项

马来西亚 HUME CEMENT (5000t/d) 二线，设计一等奖、总承包一等奖（2017）

河南孟电集团减量置换 (2×5500t/d) 建设项目一期工程，设计一等奖（2017）

印尼 BOSOWA (5500t/d) 二线，总承包一等奖（2017）

西安尧柏富平水泥窑协同处置废弃物工程，总承包一等奖（2017）

广州珠水生料粉磨系统节能改造项目，设计二等奖、总承包一等奖（2017）

哈萨克斯坦标准水泥年产 100 万吨水泥生产线，设计一等奖（2016）

印度拉法基 Rajasthan（CHI）水泥生产线项目，设计一等奖、工程管理一等奖（2015）

俄罗斯银色水泥厂日产 5000 吨熟料项目（SCP 项目），总承包一等奖（2015）

……

国产第一套 2000t/d 窑外分解预热器系统
在江西万年水泥厂投入运行（1986）

国产第一套 5500t/d 节能环保型六级预热器
在河南孟电项目投入运行（2015）

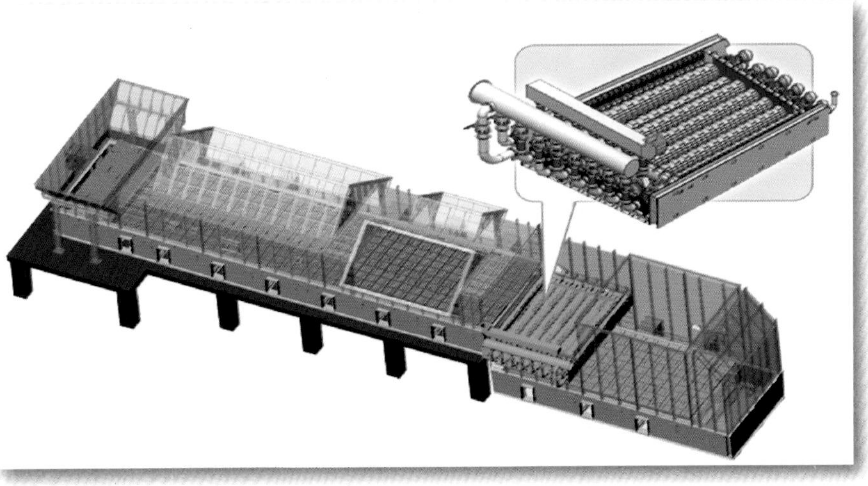

国产第一台第四代 8000t/d 级中置辊破冷却机成功开发并在项目中投入使用（2009）

国产第一台 TDM 型窑尾行喷脉冲袋收尘器
成功开发（2003）

国产最大规格生料辊压机 TRP220-160
投入运行（2012）

国产第一套水泥辊压机联合粉磨系统
在天津振兴水泥厂投入运行（2003）

国产第一套钢渣 / 矿渣辊压机终粉磨系统
成功开发并投入运行（2015）

国产最大规格水泥粉磨辊压机 TRP220-160
成功开发并投入运行（2018）

国产第一台 5000t/d 生料立磨 TRMR53.4
在辽宁恒威项目投入运行（2008）

国产第一台出口水泥立磨 TRMK45.4
在越南幸福项目中投入运行（2010）

国产第一台年产 30 万吨钢渣立磨 TRMG32.2
在山西吕梁项目投入运行（2013）

河北冀东水泥厂（1984）——中国第一座现代干法大厂，
获国家优秀设计金质奖

江西万年水泥厂（1986）——中国水泥发展史上的里程碑，第一条国产化日产 2000 吨新型干法生产线，填补了中国新型干法水泥生产线的空白，获国家优秀设计金质奖

双阳水泥厂（1993）——中国第一线水泥装备国产化“一条龙”示范生产线，获全国第八届优秀工程设计金奖

河北冀东水泥厂二线日产 4000 吨新型干法水泥生产线（1998）——我国自行开发设计的第一条水泥装备国产化示范生产线，获新中国成立六十周年“百项经典暨精品工程”大奖、2000 年度国家级优秀设计银奖

西藏高天日产 2000 吨水泥熟料生产线（2002）——当时世界上海拔最高、规模最大、采用窑外分解技术的水泥生产线，获建材行业第十二次优秀工程设计一等奖

枞阳海螺万吨级水泥生产线（2004）——中国第一条、世界第四条开工建设的万吨级生产线，获建材行业第十二次优秀工程设计一等奖

重庆拉法基二线扩建工程（2004）——中国水泥行业与世界最大水泥制造商按“中国模式”（以中国的建设模式、以中国的工程标准、中国国产主机设备）合作的首次尝试，代表中国水泥行业向世界推出成熟可靠、低投资水泥厂的成功开端，获建材行业第四次优秀工程项目管理和优秀工程总承包奖一等奖

越南西宁日产 4000 吨水泥生产线总承包工程（2006）——越南建设工程质量金杯，越南第一个由外国公司总承包、有国家政府融资的大型 EPC 项目，获建材行业第六届优秀工程总承包奖一等奖

土耳其 Tracim 日产 5000 吨新型干法水泥生产线（2006）——国内水泥工程建设企业在土耳其的第一个工程建设项目，获建材行业第六届优秀工程总承包奖一等奖

VOTORANTIM 巴西日产 4000 吨水泥生产线 EP 总承包项目（2007）——中国在美洲承接的第一个大型水泥技术装备和工程项目，当时中国为数不多的以自主技术装备出口到美洲的项目之一

埃及 GOE 2×5000 吨水泥生产线总承包项目（2007）——获得业主颁发的工程纪念金质奖章埃及国防部出资，天津水泥院成为中资公司在埃及工程建设第一承包商，获得建材行业第十七次优秀工程设计一等奖

哈萨克斯坦标准水泥日产 2500 吨项目（2007）——当地第一批引进中国技术的新型干法水泥生产线，上海经合组织的优贷项目，获建材行业优秀工程项目管理和优秀工程总承包奖二等奖

俄罗斯银色水泥厂日产 5000 吨熟料项目（SCP 项目）（2007）——中国建材 SINOMA 首个进入俄罗斯市场的项目，国产化率达 90%，获建材行业第九次优秀工程总承包奖一等奖

埃及NAHDA日产5500吨水泥生产线（2008）——获全国勘察设计行业优秀工程总承包金钥匙奖和建材行业优秀工程总承包一等奖

阿尔博安庆年产40万吨熟料白水泥生产线建设工程项目（2008）——世界单线生产规模最大、工艺过程最先进的白水泥生产线，获建材行业第七次优秀工程项目管理和优秀工程总承包奖一等奖

河北燕赵水泥日产4000吨水泥熟料生产线（2008）——国内首条水泥生产节能减排综合示范线，获第十四届全国优秀工程勘察设计奖金质奖

马来西亚 HUME 日产 5000 吨水泥线一线二线项目（2010、2014）——一线项目是“中国技术、中国制造”推向世界的典范，该国首条采用全部中国水泥工艺技术和装备、单产规模最大的水泥生产线，获建材行业设计一等奖；二线项目的主机设备全部为天津水泥院自行设计研发，获建材行业设计一等奖、总承包一等奖

俄罗斯海德堡 Tula 日产 5000 吨水泥线项目（2012）——为公司开拓俄罗斯市场及海德堡集团有重要意义，高寒粘湿物料处理的典型项目，项目国产化率高达 92.4%，莫斯科地区首条投产的大型新型干法水泥生产线

印尼海德堡万吨线项目（2013）——德国海德堡水泥集团公司成立以来单线生产能力最大的水泥生产线，公司第一个全面使用欧洲标准的万吨级水泥总承包项目

沙特 UCIC 日产 5000 吨、UACC 日产 6000 吨水泥生产线（2013）——“中国技术、欧洲标准，沙漠中的工程典范”，UACC 项目获建材行业总承包项目二等奖

河南孟电减量置换 2×5500 吨生产线（2015）——热耗、电耗、排放等指标先进，达到“二代”指标要求，获建材行业第二十一次优秀工程设计一等奖

印尼 BATURAJA 日产 5000 吨水泥生产线项目（2015）——印尼水泥行业的标杆项目，为 SINOMA 印尼市场的开拓打响了品牌

土耳其 SIVAS 日产 4500 吨水泥生产线项目（2015）——“全专业三维设计，国际产能深度合作”的样板工程

典型工程项目掠影 | Typical engineering projects

印尼 BOSOWA Maros 日产 5500 吨熟料线二线项目（2016）——高粘湿物料处理典型生产线，获建材行业第十次优秀工程总承包项目一等奖、“海河杯”天津市优秀勘察设计工程总承包一等奖

巴基斯坦 CHERAT 日产 6700 吨水泥熟料生产线（2017）——中国设备及中国技术在南亚市场应用的典范，本项目国产化率达 80%，两档窑及生料终粉磨，为中国建材 SINOMA 装备的突出亮点

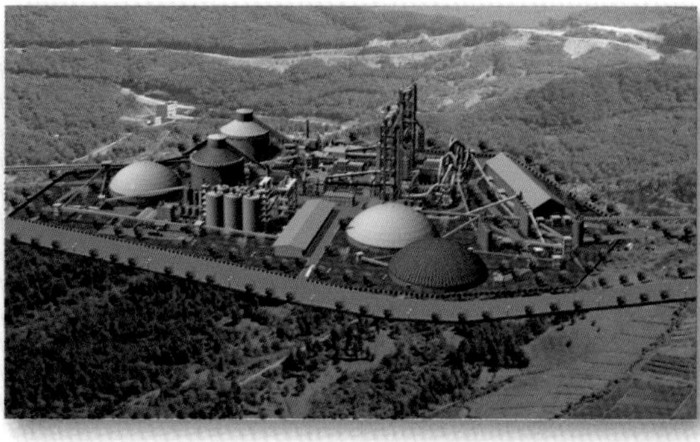

芜湖南方日产 4500 吨熟料线项目（2018）——两材重组后南方水泥与天津水泥院首次合作样板工程，公司首次应用 BIM 技术的生产线

槐坎南方水泥有限公司 7500 吨水泥熟料生产线（2018）——公司第一条全面应用 BIM 技术的生产线，第二代新型干法生产技术应用示范线

长兴南方水泥生产线美化亮化提升改造示范项目（2018）——国内首条美化亮化提升改造项目，实现了水泥工业建筑与周边自然环境的协调融合

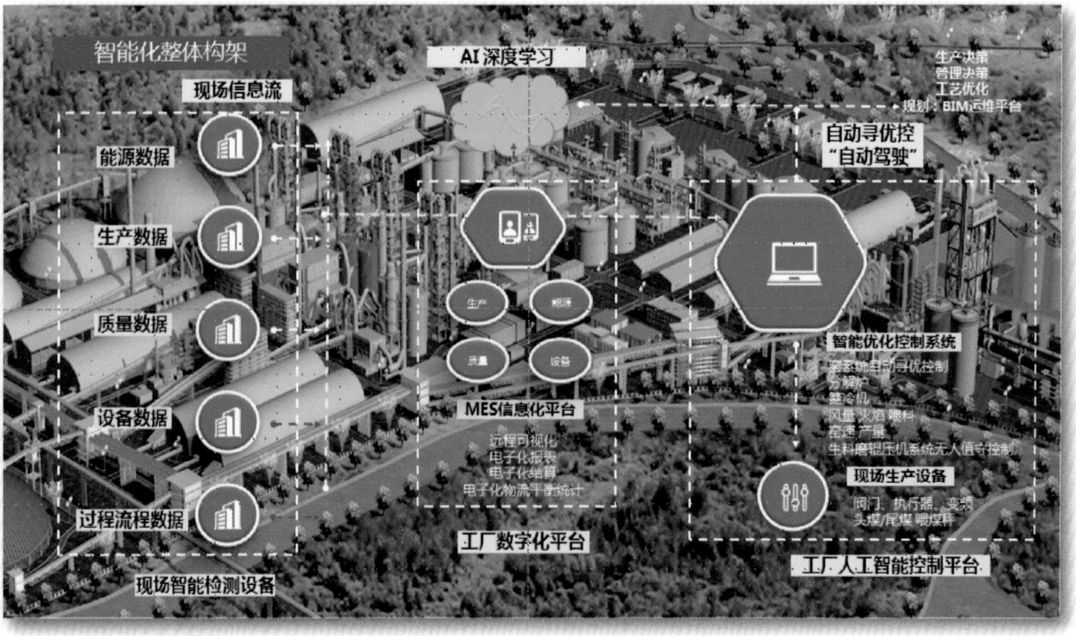

天津水泥院与浙江邦业合作成立中材邦业（天津）智能技术有限公司（2017），中材邦业与阿里云签订首个水泥智慧大脑研发项目，成为阿里云金牌合作伙伴，研发成果在长兴南方项目投入运行。承担第二代新型干法水泥技术装备创新研发课题——“水泥生产智能化控制技术”，获“两个二代”优秀研发成果奖

目　　录

专　　论

第二代新型干法水泥关键技术与装备

绿色矿山与骨料技术

低碳环保技术

BIM 技术与智能化工厂

工程设计

技术改造

装备技术优化

实验研究

专　论

加强砂石骨料产业技术装备研发，大力推进“水泥＋”业务发展

何小龙

摘　要：本文分析了我国砂石骨料现状，介绍了目前公司在砂石骨料产业的工程项目应用情况及精品机制砂立磨、建筑固废制备再生骨料、轻质骨料等新技术的研发和进展，提出了公司骨料产业今后的研究方向和促进产业发展的重点工作。

关键词：砂石骨料；再生骨料；轻质骨料

2018年中国建材集团水泥熟料销量3.69亿吨，商品混凝土销量9600万立方米，骨料销量3528万吨。拉豪LH、海德堡HDB、墨西哥CEMEX等世界知名水泥公司的骨料和水泥的销量基本都是2∶1，相比之下，集团骨料业务的发展规模还有很大空间。集团已确定未来要进一步优化商混布局，大力发展骨料业务，即“水泥＋”业务，从矿山到骨料、水泥、商混进行垂直产业链整合。“水泥＋”战略给包括天津水泥院在内的工程服务板块提出了新的课题和研究发展方向。

1　我国砂石骨料现状

全世界砂石骨料产量约400亿吨。中国每年用于混凝土的砂石骨料约150亿吨，加上沥青混凝土、水处理等其他用量，砂石骨料每年约200亿吨用量，占全世界总量的50%，行业产值1万多亿元，运输费用几千万元，是一个庞大的产业。

1.1　单体生产规模小，产业集中度低

据不完全统计，我国砂石骨料生产企业近2万家，其中，年产量超过500万吨规模的大型矿山企业占12%；年产量超过100万吨规模的中型矿山企业占25%；年产量在50万吨规模以下的小型矿山企业占63%。由此可见，超过50%是年产量50万吨规模以下的矿山企业，依然占据主体地位。行业总体状况为准入门槛低，石矿资源利用率较低；生产装备的机械化、自动化程度不高；行业管理和标准化体系不完善，环境保护有待加强，矿山复垦和绿化率较低。

《砂石骨料工业“十三五”发展规划》中指出，到2020年，要通过整合或联合重组，将年产500万吨及以上的机制砂石骨料企业生产集中度提高到80%以上，实现产业集中度的快速提升。

1.2　天然砂石骨料日益紧缺，机制砂的推广迫在眉睫

目前，在建筑用砂方面，我国南方各地河砂供应能力满足不了市场需求，海南建筑用砂频频告急，广东部分地区则正在经历建筑用砂供给不足的窘境。随着我国加强非法河砂、海砂开采的打击与规范行动，天然砂的产量骤减。2016年11月，中共中央办公厅、国务院办公厅印发《关于全面推行河长制的意见》，明确到2018年年底前全面建立河长制，从源头

上根本遏制河道非法采砂，保护天然资源和河道景观。2016 年 12 月，《长江中下游干流河道采砂规划（2016－2020 年）》获水利部批复。《规划》确定长江中下游干流河道年度采砂控制总量为 8330 万吨，较上轮调控共减少 1390 万吨。长江流域减少的天然砂石骨料将由机制砂石企业供应。

1.3 砂石骨料产业转型升级的步伐明显加快

近年来，我国建筑、道路、桥梁、机场和新城镇等基础设施建设快速发展，砂石骨料用量不断增加。伴随着各种新技术的应用，人们对砂石骨料质量的要求越来越高，高品质机制砂石骨料带动了一批技术含量高的装备制造企业和一批管理水平较高的规模化生产企业，促进了产业链延伸。

随着国家对矿产资源开采、节能减排和环境保护等方面要求的不断提高和强化管理，砂石骨料产业转型升级的步伐明显加快，由传统粗放的开采方式向工业化、规范化和集约化生产方式快速发展，同时向建筑固体废弃物再生利用和废弃矿山环境修复产业延伸。这有利于提高砂石骨料产业的工业化和产品质量水平；有利于推动节能减排、资源综合利用和循环经济，促进行业健康可持续发展；有利于推动建材行业和建筑业的联动，完善产业结构体系。

《砂石骨料工业“十三五”发展规划》提出，到 2020 年，利用采矿废石碴、工业尾矿、建筑废弃物等加工生产再生砂石骨料，再生骨料比率占机制砂石总产量的 20%以上。

2 目前公司在砂石骨料产业的工程应用及新技术的研发和进展

2.1 公司典型骨料项目的技术特点和指标

河南孟电集团水泥有限公司砂石骨料生产线：采用水泥灰岩矿山的高镁夹石生产建筑砂石骨料，实现矿山资源综合利用。生产线设计规模为年产 1000 万吨，采用二段重型锤式反击破碎＋二段筛分＋立轴破制砂工艺，砂石骨料质量达到建筑指标要求，砂的细度模数为 2.6～3.0。生产线占地约 150 亩，产品综合能耗为 2.5kWh/t。车间和廊道采用密封设计，所有扬尘点设计高效袋收尘器，粉尘排放浓度小于 5mg/Nm^3，采用 DCS 集控和成品发运一卡通系统，整条生产线实现清洁生产和智能化控制。生产线布置紧凑、美观，环境生态优美，成为砂石骨料生产线建设的标杆之一。生产线实拍图见图 1。

图 1 河南孟电集团水泥有限公司砂石骨料生产线实拍图

河南乐润集团鑫龙昌科技发展有限公司砂石骨料生产线：河南省国土部门指定的砂石骨料示范基地，设计规模为年产500万吨，矿石为白云岩，采用颚破+二段圆锥+筛分的生产工艺，占地约为260亩，综合能耗约为2.2kWh/t，采用BME生物纳膜降尘和除尘技术，环保指标先进，粉尘排放浓度小于5mg/Nm^3，粗骨料产品率达到80%。生产线布置合理美观，绿色环保和智慧生产是该生产线的特点，吸引了国内外一些企业参观学习。

安徽淮南舜岳有限公司骨料生产线：依托水泥厂建设，充分利用水泥厂剥离的低品位石灰石资源。生产线设计规模为年产300万吨，骨料加工生产粗碎之前设置除土环节，将筛分后的废土通过胶带机运送至水泥厂预均化堆场储存，变废为宝。

2.2 砂石骨料新技术的研发和进展

2.2.1 精品机制砂立磨技术的研发和应用

传统的机制砂多采用破碎机系统生产，存在成品粒形和级配待优化、精品细砂成品比例低、单台系统能力不高等问题。为此天津水泥院研发了精品机制砂立磨技术，采用料床粉磨技术原理，利用立式辊磨机作为主机设备，通过外循环立磨系统生产精品机制砂。

该技术依托天津水泥院成熟的立磨技术装备体系，易于大型化生产，单套系统产能最大可达500万吨/年。采用料床粉磨机理，物料之间相互剪切作用能够大大改善颗粒形貌，产品具有良好的球形度。生产过程中，经过挤压的物料能够及时排出磨外进行分选，可有效降低石粉产量。相比于破碎机生产的机制砂，立磨制砂产品中粗颗粒和细粉含量明显更低。各粒度的累积筛余如表1所示。

表1 不同类型砂的粒度累积筛余

砂类型	不同粒径（mm）的筛余比例，%							细度模数
	4.75	2.36	1.18	0.6	0.3	0.15	0.00	
双转子机制砂	0.56	37.71	58.88	74.26	79.59	84.21	100	3.3
立磨制砂	0	7.4	33.8	68.6	81.8	92.5	100	2.8
天然砂	0	15.0	47.8	68.4	82.8	87.0	100	3.0

首套精品砂立磨系统已于2019年6月在重庆投产（图2），产品质量优良，深受欢迎，市场价格比传统破碎机制砂高出20元/t以上。

图2 重庆参天精品砂立磨系统

2.2.2　建筑固废制备再生骨料的技术研究

德国 Hazemag 公司为中材国际的控股公司，天津水泥院正在大力推进其技术和装备在传统骨料线和建筑固废再生骨料线的国产化应用。Hazemag 公司自 1946 年发明反击式破碎机以来，致力于战争废墟的处理以及建筑固废的资源再利用技术研究，目前已经开发出成熟完备的建筑固废处理装备技术体系，在世界范围内应用投产的生产线超过 200 条。其建筑固废处理系统装备具有以下优点：

（1）钢筋混凝土破碎工艺系统简单；

（2）破碎过程中实现钢筋与混凝土的完全分离；

（3）再生骨料产品粒形理想；

（4）轻物质分选系统具有高适应性和灵活性；

（5）多种先进分离技术能够应用于各类复杂成分建筑固废的分选。

2.2.3　轻质骨料的技术研究

天津水泥院研发的轻质骨料技术，采用城市污泥、疏浚淤泥、建筑弃土、粉煤灰和煤泥等多元固废，通过配料技术创新研发，开发了轻质骨料生产线核心主机设备、智能化控制系统，进行了烧成系统优化升级，具备工程设计和工程建设等方面的核心技术与装备优势。根据不同的产品开发的核心设备包括：瀑落式回转窑、直筒式回转窑、单筒回旋式冷却机、篦式冷却机、立式紊流搅拌机等。

目前已经完成昆明顺弘和枞阳两个轻质骨料项目的可研报告编制及项目推进工作，并申请了两项国家发明专利。2019 年 4 月，中国混凝土与水泥制品协会在天津水泥院成立了轻骨料产业技术创新中心，进一步提升了天津水泥院在国内轻质骨料行业发展的引领作用，目前采用不同原料开发出的轻骨料性能指标见表 2。从表中数据可知，性能指标明显优于国标指标。

表 2　天津水泥院开发的轻骨料性能指标

名称	筒压强度	堆积密度	1h 吸水率
国标指标	≥5MPa	900.00kg/m^3	≤10%
CCF 煤泥陶粒	17.73MPa	928.1kg/m^3	3.82%
枞阳淤泥陶粒	14.61MPa	953.75kg/m^3	1.67%
昆明污泥陶粒	14.11MPa	904.23kg/m^3	1.75%

3　今后的研究方向

3.1　超高性能混凝土及其骨料研究

超高性能混凝土（UHPC）是近 30 年来最具创新性的水泥基工程材料，具有优良的耐久、耐磨、抗爆等性能，实现了工程材料性能的大跨越。UHPC 用途广泛，可以作为结构性构件、装饰构件、结构与装饰一体化构件等，特别适合用于大跨径桥梁、抗爆结构（军事工程、银行金库等）和薄壁结构，以及用在高磨蚀、高腐蚀环境。目前，UHPC 已经在一些实际工程中应用，如大跨径人行天桥、公路铁路桥梁、薄壁筒仓、核废料罐、钢索锚固加强板、ATM 机保护壳等。可以预计，UHPC 未来还会有越来越多的应用。

但 UHPC 存在自收缩率大的主要缺点，需要蒸汽养护，造成了制备工序的复杂和成本的提高。因此，今后公司将开展 UHPC 相关的研究，主要研究方向如下：

（1）为解决 UHPC 收缩率大的缺点，我公司充分发挥在胶凝材料方面的技术优势，并通过与高校合作，利用普通水泥和高贝利特硫铝酸盐水泥的复合胶凝体系，开展低收缩免蒸养、低成本的超高性能混凝土材料研究，目标是形成国内技术领先、高性价比的 UHPC 材料制备技术。

（2）UHPC 配料中不使用粗骨料，全部使用细骨料。细骨料作为胶凝材料的增强相，起到增加混凝土刚度和充当骨架的作用。目前 UHPC 中使用的细骨料主要是最大粒径小于 2mm 的石英砂和天然河砂。由于石英砂和天然河砂资源短缺、价格不断升高，机制砂以来源广泛、价格低廉，成为理想的替代砂类。但现有技术制备的机制砂，粒形不规则，棱角分明，且石粉含量较高，不满足配制 UHPC 需求。今后将对机制砂生产设备和工艺进行改进和革新，改善机制砂颗粒级配、粒形、石粉含量等，以满足 UHPC 的配制要求；进行研究成果的快速转化，实现工程化应用，形成具有市场竞争力的超高性能骨料规模化产业。

3.2 骨料最佳级配、粒形及科学评价方法的研究

混凝土达到相同的施工性能，不同粒径的粗骨料和细骨料的精确搭配可以实现混凝土最小的水泥浆体需要和最小的用水量，从而实现减少混凝土内部缺陷、增加体积稳定和提高耐久性的目标，同时骨料的粒形也起着决定性的作用。今后的主要研究方向：

（1）骨料的最佳级配研究：使用目前比较先进的最紧密堆积设计和计算模型，以最紧密堆积效果为目标，提出对粗、细骨料的颗粒大小，以及各粒级含量进行精确控制，指导粗、细骨料生产，提高骨料产品质量。

（2）骨料的粒形研究：粗骨料的颗粒几何形状和表面粗糙程度对新拌混凝土的和易性及硬化后混凝土的力学性质均有很大影响，比较理想的粗骨料粒形是接近于球体或正多面体。

（3）科学评价方法的研究：通过建立科学的骨料级配和粒形研究评价方法，推动骨料产业向高品质化方向发展。

3.3 按混凝土性能调节功能设计制备的矿物掺合料

矿物掺合料（如矿渣、钢渣、粉煤灰、硅粉、石灰石粉、偏高岭土、煅烧高岭土粉等），从现代混凝土技术来讲，已经是混凝土必不可少的重要组分之一，矿物掺合料掺加在混凝土中，不仅仅是固废消纳的作用，更不是为了减低混凝土制造成本，而是改善混凝土性能的功能型材料。矿物掺合料的生产和制备，必将形成一个新的功能化材料产业。今后应从混凝土性能改善的实际需求出发，以多种物质复合产生化学效应、多种颗粒级配复合产生最佳密实效应为目的，及通过煅烧加工等深加工工序，深入研究矿物晶体结构和化学作用对水泥和混凝土性能的影响，开发出高性能复合矿物掺合料产品，支撑混凝土矿物掺合料产业的发展。

4 公司促进骨料产业发展的重点工作

4.1 加快砂石骨料试验平台建设

建立国家级试验平台，建立砂石骨料建设和生产数据库。对矿山地质、矿石特性、砂石骨料特性、混凝土性能试验分析，建立数据模型，为项目决策提供科学依据；

对生产工艺进行模拟，分析产品特性和市场需求的适应性，对项目建设工艺、设备选型提供可预测的试验数据；

对特定项目进行混凝土性能优化试验，为使用提供科学的数据，提高工程建设质量。

4.2 大力推进 Hazemag 公司的技术和装备在传统骨料线和建筑固废再生骨料线的国产化应用

(1) 结合公司在水泥生产技术装备上的经验，联合 Hazemag 的装备技术，针对中国市场客户需求，创新研发新型破碎、分选装备。

(2) 借助公司成熟的工厂设计经验和 BIM 管理平台，结合 Hazemag 公司先进的破碎技术及装备，提出新一代数字化骨料生产线和建筑固废再生骨料生产线技术。

(3) 加大对现有客户已运行的骨料生产线和建筑固废生产线的技术跟踪，在备件和运维业务上获得足够的市场份额。

(4) 研究目前骨料和再生骨料行业发展的趋势，开展骨料、再生骨料特性与高附加值混凝土制品性能相关性研究；全面深化“水泥＋”业务战略，创新发展行业商业模式。

4.3 积极推广精品机制砂立磨技术

超高性能混凝土和干混砂浆领域，都需要细度模数更低、颗粒形貌更圆润、粒度级配更优的细骨料。精品机制砂立磨技术生产的产品，具有良好的颗粒球形度和粒度级配，满足超高性能混凝土和干混砂浆的要求，具有广阔的推广应用前景。下一步要继续开展产品性能的深入研究，优化生产系统的工艺和装备，扩大该技术的应用范围。

4.4 加快绿色矿山建设的研究

加快绿色矿山的建设，符合生态文明建设的矿业发展新模式。绿色矿山建设实现在矿产资源开发全过程中，严格实施科学有序开采，同时对生态环境影响进行全面控制，实现矿区环境生态化、开采方式科学化、资源利用高效化、管理信息数字化、矿区社区和谐化。

(1) 建立数字化三维地质模型，将矿床质量分布与矿山开采动态科学规划，确保矿产资源高效利用；

(2) 建立“BIM＋智能化＋服务”数字化平台，将矿山穿孔、爆破、铲装、运输生产工序中的设备、人员、材料、能耗、安全进行数字化，从而实现实时管控和科学管理；建立生态重建模拟和动态观测系统，对矿山开采运输所影响区域的山水草湖田生态系统模拟实施修复、监测和预警分析，实现永续发展的生态系统。

4.5 加快“BIM＋智能化＋服务”砂石骨料工业的应用。

依托公司在传统水泥行业中推行“BIM＋智能化＋服务”的成功经验，建立砂石骨料项目从资源勘探、三维地质模型、工程设计、工程建设、运营维护到安全管理的全生命周期数字化平台，以数字化平台为依托开展砂石骨料的市场备件及运维业务。

4.6 提高再生骨料（采矿废石渣、工业尾矿、建筑废弃物）在机制砂石的占比，推进资源全面节约和循环利用

加快超细化粉磨、细活化、颗粒复合碳化及胶结重塑等预处理技术的研究应用，改善再

生骨料颗粒级配密实度，提高颗粒活性，实现高品质再生骨料在机制砂石等中的大掺量应用，最终完全把固废垃圾“吃干榨净”。

4.7 加强产学研融合，改进骨料生产工艺，提升混凝土性能

围绕公司骨料业务今后的三个研究方向，加快与国内外在传统骨料与再生骨料方面有突出研究成果的高校、科研机构，开展深度合作；重点研究改进熟料、混合材、骨料等组分的破碎、筛分、粉磨工艺；改善骨料的粒形和粒度分布，提升混凝土性能。

以技术创新推动天津水泥院水泥技术不断进步

何卫红

摘　要：本文阐述了天津水泥院始终坚持科技创新引领发展理念的情况，回顾了创新引领技术发展的历程，论述了新时代持续进行技术创新的必要性，介绍了近年来技术创新管理与重要技术成果，提出了今后技术创新管理举措与技术发展方向展望。

关键词：天津水泥院；技术创新；技术进步

0　前言

创新是一个民族进步的灵魂，是一个国家、一个企业兴旺发达的不竭动力，只有创新才能在激烈的竞争中把握先机，赢得主动，在新技术、新产品不断升级浪潮中始终保持旺盛的生命力。创新（Innovation）的概念是著名美籍奥地利经济学家约瑟夫·熊彼特（J. A. Svhumpeter）于1912年在著作《经济发展理论》一书中首先提出的，他认为，决定经济发展的关键因素是创新活动。技术创新是以创造新技术为目的的创新或以科学技术知识及其创造的资源为基础的创新，是企业竞争优势的重要来源，企业可持续发展的重要保障，企业生产率提高和经济增长最主要的驱动力。技术创新不仅可以推动原有产业和企业经济增长，而且可以不断地开辟新的产业，扩大新的消费领域，形成新的经济结构。

当前，我国正由管理型经济向创新型经济转变，整个社会向着创新型社会演进。企业是创新型经济和创新型社会发展的原动力，中国建材集团宋志平董事长提出，企业要把善于学习和勇于实践结合起来，把遵循规律和掌握方法结合起来，把风险评估和把握机遇结合起来，从而进行有效的创新。

天津水泥院成立于1953年，是我国较早成立的水泥工业设计院之一。66年来，正是一辈辈水泥院人薪火相传，代代接力，坚持不懈地以技术创新推动水泥技术不断进步，才使得她伴随中国水泥工业由小变大、由弱变强，始终引领着中国水泥技术与装备的持续进步和发展，创造了中国水泥工业的光荣与辉煌。66年来，天津水泥院始终坚持科技创新引领，以水泥行业的技术进步和发展为使命，以客户的需求为科研创新源动力，承担起了新型干法水泥技术与装备的自主创新、走向国际的重任，创造了新的辉煌。

1　天津水泥院创新引领技术发展的历程

天津水泥院始终坚持以创新驱动实现高质量发展，将技术创新、技术发展作为立身之本。通过技术与装备的持续研发，推动公司水泥技术不断进步，其主要技术研发成果及工程应用的发展历程如下：

1.1　从无到有、自主创新，引领中国新型干法水泥工业新时代

（1）勇担新型干法水泥技术开发重任。代表当代先进水泥技术的新型干法水泥生产技术

在我国始于20世纪70年代末，立志大干一番的中国水泥人从国外引进了22项技术，但是这些技术仍远远落后于发达国家先进水平，中国水泥工业的发展前路艰难。关键时刻，天津水泥院义无反顾承担起了新型干法水泥技术开发的重任，在国家建材局的积极支持下，开始进行新型干法水泥技术的科技攻关和国外先进技术的引进消化吸收工作。

（2）开创中国水泥发展史里程碑。仅用几年时间，天津水泥院就攻克了新型干法水泥各主要环节的技术难关，并于1986年成功开发出被誉为中国水泥发展史里程碑的第一条国产化2000t/d新型干法水泥生产线，填补了中国新型干法水泥生产线的空白。此后通过持续技术创新，以“中国第一线”双阳水泥厂为代表，连续开发出700～10000t/d级新型干法生产线的完整系列，全面引领了中国水泥工业的技术革命。直至第二代新型干法水泥技术的成功研发，新型干法水泥在我国从无到有、从弱到强，迅速实现了与国际先进水平的同步，中国一跃成为世界第一大水泥生产国。

1.2 技术优化、装备研发，开创中国水泥工业国产化、低投资新局面

（1）致力水泥装备国产化研究。在1996年前，按“双阳型”建设的2000t/d级生产线基本上达到了产品高质量和运行可靠性的目标，但由于对外国设备的依赖等原因，导致基建投资过高，加之当时项目投资体制的不完善，投资者对中国新型干法生产线的建设缺乏信心。为摆脱我国水泥工业对外国设备的依赖和降低工程投资，天津水泥院投入大量精力开展了“优化设计、国产化、低投资”的研究和技术创新。

（2）拥有装备自主核心技术。历经数年，天津水泥院完成了水泥关键技术装备的研发工作，形成了1000～10000t/d级设备配套系列型谱，使中国在大型装备方面拥有了自己的核心技术。水泥装备大型化、国产化极大地降低了水泥厂的建设投资，为我国水泥工业的快速发展起到了重要推动作用，推动了中国水泥工业规模化发展。

（3）首创技术硕果累累。在技术创新与发展的过程中，天津水泥院研发的多项技术装备填补了国内空白。国内首台三代篦冷机、四代篦冷机（图1），首台大型生料立磨，首台水泥立磨，首套辊压机联合粉磨，首台矿渣立磨，首台矿渣辊压机，具有自主知识产权的最大TPR系列大型辊压机、TRM大型矿渣立磨、TLS系列高效选粉机……直至2018年立式辊磨机问鼎制造业单项冠军，多项技术达到国际先进水平。图2为国内自主研发最大辊式磨（TRM5341）投产运行新闻发布会。

图1 首台第四代篦冷机出厂仪式

图2 国内自主研发最大辊式磨（TRM5341）投产运行新闻发布会

1.3 中国技术、中国装备，打造水泥工程“走出去”新典范

（1）抢抓机遇率先“走出去”。进入21世纪，国际水泥工程总承包市场增长迅速，为在技术、装备方面有一定比较优势的中国水泥行业设计院进入国际市场带来了机遇。作为建设部推广以工程设计单位为龙头进行工程总承包的首批试点单位之一，天津水泥院率先以“技术＋装备”为核心竞争力的工程总承包模式进入国际市场，大力实施“走出去”战略。

（2）高国产率技术装备征服国际市场。由于对自身高性价比的技术装备具有高度自信，天津水泥院基本不参与采用第三国技术和设备的总承包项目，主要以自主技术、成套设备出口为主，通过提高装备技术含量来提高EPC合同价值，提高中国产品的附加值。这一“壮举”，不仅没有使天津水泥院减少顾客，反而赢得了国际水泥生产商的高度认可。以马来西亚HUME项目为代表的一大批国际项目，以高达90%以上的装备国产化率，将“中国技术、中国制造”高调推向了世界，成为闪耀在国际市场上的一张张“中国名片”。

（3）“走出去”成果丰硕。“走出去”过程中，天津水泥院在国际市场上与国际顶级工程公司同台竞争，累计在全球数十个国家承接了近百个工程总承包项目，切实改变了中国工程公司在国际上的低端市场形象，为我国国际合作和项目所在地基础建设、经济发展作出了重要贡献。

2 新时代持续进行技术创新的必要性

进入知识经济时代以来，科技已经成为社会和经济发展的主导力量，技术创新是决定企业竞争力的关键要素。只有掌握核心技术、具备创造精神的企业，才有可能成为当今和未来国际竞争的赢家。

2.1 技术创新是我国重要的国策，是企业发展的大势

十八届三中全会《决定》指出：“建立产学研协同创新机制，强化企业在技术创新中的主体地位，发挥大型企业创新骨干作用，激发中小企业创新活力，推进应用型技术研发机构市场化、企业化改革，建设国家创新体系。”在这个中国从制造强国转型为创新强国的大背景下，企业作为技术创新的主体，不仅起到带头作用，而且是我国创新体系的重要组成部分。天津水泥院作为高新技术企业，理所应当发挥好排头兵作用，积极做好技术创新工作，树立创新型企业的优秀榜样。“大鹏一日同风起，扶摇直上九万里”，借国家大势为己用，不断推动企业创新发展，是企业发展的大势所趋。

2.2 技术创新来源于水泥行业技术进步的需求

（1）水泥工业“十三五”发展规划的要求。《规划》给出了实施创新发展的主要任务，其要点是：①加强技术创新，实施创新驱动；②实施节能减排，推进清洁生产；③发展循环经济；④强化低碳发展；⑤加快两化融合，实施智能制造；⑥推进国际产能合作，实施“一带一路”战略。天津水泥院以《规划》为指导，积极推进上述创新发展任务落地，取得了丰硕成果，推动了水泥技术的进一步发展。

（2）“二代水泥”技术装备创新研发攻关的要求。“二代水泥”技术装备创新研发攻关工作是中国建筑材料联合会和中国水泥协会为引领中国水泥行业转型升级，实现绿色制造、智

能制造、高端制造，全面推进水泥工业向高质量发展的重大举措。国家发展和改革委员会已把重点研发第二代新型干法水泥生产线列入了《增强制造业核心竞争力三年行动计划（2018—2020年）》，把建设“二代水泥”示范线列入了2019年国家提高核心竞争力支持专项和技术改造支持专项。天津水泥院积极响应建材联合会的号召，完成了二代新型干法技术中的烧成系统、粉磨系统、信息化管理、智能化方案、协同处理固废等八个方面的技术与装备研发，以二代新型干法技术承建的多个工程项目，已成为新一代水泥工程标杆项目。

2.3 技术创新来源于客户的需求

面对国内外客户需求，天津水泥院始终坚持以客户为中心，把客户的需求作为公司发展和科研创新的动力，客户需要什么是最终的决定因素，是一切的起点；客户的所思所想，就是我们的所作所为。聚焦于为顾客创造价值，让顾客价值成为企业产品的起点、企业服务附加价值的起点、企业策略的内在标准和企业行为。

（1）国际客户需求。采用先进节能的新型工艺、改变水泥成分减少石灰石消耗、采用废料作为替代燃料、运营管理提质增效等，都是近期高端水泥客户关注的焦点。例如，国际某高端水泥客户为此制定了自己的环保可持续发展2030规划，该规划设定了清晰的可量化的目标以及所有的必要步骤，并将重点放在通过开发创新可持续的解决方案，构建更好的建筑基础设施。

（2）国内客户需求。国内水泥行业供给侧改革持续推进，行业整体向集约化、绿色化、智能化、高端化方向迈进，产能置换项目、以节能降耗和智能制造为核心的技改工程、骨料工程、协同处置等产业优化升级需求活跃。例如，国内某水泥集团近几年的绿色低碳行动计划，在技术指标、绿色产品、清洁生产、绿化美化、绿色矿山等方面提出了具体的要求及实施方案。图3为国际高端客户到槐坎南方项目现场参观交流，图4为国内高端水泥客户到天津水泥院进行技术交流。

图3 国际高端客户到槐坎南方项目现场参观交流

图4 国内高端水泥客户到天津水泥院进行技术交流

2.4 技术创新来源于天津水泥院转型发展的需求

一个企业的发展，离不开自身所在的土壤，对于天津水泥院这样的科技型企业，技术的创新与进步就是企业发展最为广阔的土壤，是企业扬帆远航的“压舱石”。66年来，天津水泥院通过创新在推动水泥行业技术进步的同时，也发展壮大了企业自身，今后的转型发展，更要依靠技术创新。只有创新才能满足客户及市场不断发展的需求，只有创新才能打造企业的核心竞争力和独特的技术优势，从而赢得市场。

3 近年来天津水泥院技术创新管理与重要技术成果

进入新时代，中国进入一个更为广阔的天地，让世界看到了“中国奇迹”，天津水泥院作为第一批实施“走出去”战略的企业，以“技术＋装备”的独特优势赢得了世界的认可。近年来，天津水泥院继续坚持科技创新引领发展理念，不断以创新催发内生动力，执着于技术创新之路，围绕市场、技术进步、公司发展等要求开展技术创新科研工作，加强技术创新管理：健全了技术研发创新团队，完善了技术创新模式，推进了科研成果的推广应用，进一步促进了技术创新工作的快速进展，同时，通过严格的项目立项、成果验收评审，保证了创新成果的高质量。

围绕社会与企业转型发展的需要，天津水泥院以“节能、环保、低碳”为重点方向，探索了现有水泥技术和装备产品的优化升级，形成了十项技术利器：BIM 平台可视化项目一体化管理技术、水泥生产综合智能化解决方案、最新节能环保熟料烧成技术、立式辊磨技术、辊压机粉磨技术、工业废气超低排放技术与装备、水泥窑协同处理固废技术、第四代 Sinowalk 行进式稳流冷却机、分解炉梯度燃烧自脱硝技术、破碎技术。图 5 为“低能耗环境友好型新型干法水泥技术与装备研发”项目通过验收鉴定，图 6 为“外循环生料立磨技术的开发与应用”通过行业科技成果鉴定。

图 5 “低能耗环境友好型新型干法水泥技术与装备研发”项目通过验收鉴定

图 6 “外循环生料立磨技术的开发与应用”通过行业科技成果鉴定

4 今后天津水泥院技术创新管理举措与技术发展方向展望

4.1 技术创新管理举措

(1) 健全完善技术创新机制。建立职责明确、层次清晰、运转协调、管理高效的科技管理体制，健全组织机构，落实管理岗位和工作职责，努力促进企业科技创新工作的有效开展。建立完善鼓励技术创新的长效机制，对公司的优秀科技成果进行奖励，并营造鼓励创新、宽容失败的良好氛围，真正使科技人才敢于创新，乐于创新，进一步推动科技创新工作的有效落实。

（2）积极拓宽技术创新模式。注重专业人才的选拔和培养，立足企业发展实际，科学选择研发课题，适时组建科技攻关组，大力开展技术攻关，进一步提高科技创新能力；加强与科研机构和高新技术企业的横向联合，借助外部资源，结合公司实际需求，快速实现新技术成果的推广应用和产业化。

（3）坚持培育企业创新文化。创新文化强调创新精神，是企业全员团结一致的精神动力和思想支持，是创新的重要源泉。企业技术创新成为竞争利器在于不断“超越”。在技术创新中的“超越”，必须超越自己、超越同行、超越眼前市场。只有超越创新思维，树立全新的技术创新理念，才能适应当今经济全球化和知识经济化时代的要求，激活企业、激活市场，推进企业高科技发展。

天津水泥院目前开展的“创新创效活动”，就是以“价值创造”为导向，以创新创效项目为载体，建立科学的创新创效管理体系，营造“创新无界限，创效皆可为”的全员创新文化氛围，激发公司全体员工的创新活力，持续提升公司技术及管理水平，实现公司提质量、降成本、创造价值增量的目标。

4.2 技术发展方向展望

面对未来技术发展，天津水泥院将持续做好“十三五”项目研发、“十四五”预研布局，瞄准企业发展未来需求开展关键核心技术攻关。强化协同创新质量，加大创新研发力度，着力解决关键性共性技术问题，加快“BIM＋智能化＋服务”创新发展模式推进。

（1）扛起数字化、智能化转型大旗。做优做强水泥技术装备工程主业，是天津水泥院不懈的追求。面对高质量发展的要求，天津水泥院致力于再创新，用数字化和智能化去实现其转型升级。未来，我们要向客户提供无人值守的数字化、智能化工厂，以系统解决方案和集成创新实现产品全过程的数字化管理。目前，天津水泥院正在着力搭建工程项目全生命周期信息化管控平台，全面实现管理与业务的信息化。新时代，天津水泥院要继续作为中国水泥工业的技术引领者，为国家、为行业、为客户不断创造新的价值，作出新的贡献。

（2）打造超低能耗的水泥生产线。水泥主业应紧紧围绕生产线的节能、降耗和减排来开展，现在要着手规划新一代超低能耗技术布局，构建以生料/水泥辊压机终粉磨料床技术和立磨外循环粉磨技术为主的节能粉磨体系，构建以多级预热器和自脱硝、自脱硫为主的环保烧成体系，构建以废渣利用和低熟料形成热的特色配料体系，打造新一代超低能耗生产线主要技术指标。

根据碳减排路线图，2020 年各知名水泥集团、研发设计单位将会越来越重视碳减排和储存利用技术，预计在 2030 年将迎来碳减排技术的应用高峰期，市场前景可期，也是未来几年水泥行业的热点，我们要尽早布局，重点投入，占领未来发展的制高点。目前，天津水泥院已利用自身高效的研发能力，提前进行布局，相信在不久将来能够破解碳减排工作的困局。

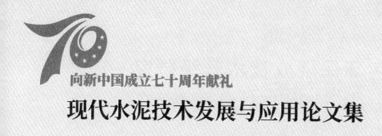

向新中国成立七十周年献礼

现代水泥技术发展与应用论文集

第二代新型干法水泥关键技术与装备

低能耗绿色环保烧成技术升级研究

彭学平　陈昌华　马娇媚　赵　亮　董正洪

摘　要：本文从基础机理研究出发，开展了多级组合重构悬浮换热预热器系统研究，梯度燃烧自脱硝分解炉技术研究，热工效率研究，装备工艺技术和材料创新研究，提出了低能耗绿色环保的烧成系统升级技术，并在芜湖南方项目得到成功应用，节能减排效果明显，促进水泥主业技术转型升级。

关键词：弱涡流低阻预热器；自脱硝分解炉；低能耗烧成技术；节能减排

1　前言

水泥是国民经济重要的基础原材料，中国水泥总产能占世界总产能约60%，截至2018年年底，我国新型干法水泥设计熟料产能为18.2亿吨，据估算实际年产熟料超过20亿吨。水泥是典型的高能耗产品，生产过程中燃料、电力消耗成本占生产成本一大半以上。随着水泥熟料烧成技术的发展，节能降耗、绿色环保成为技术进步、技术升级的永恒主题。2016年发布的《建材工业“十三五”发展指导意见》指出，到2020年，60%的水泥生产技术要达到世界领先水平。

天津水泥工业设计研究院有限公司几十年来一直致力于促进水泥工业技术的进步，2012年“第二代新型干法水泥生产线技术与装备的研究开发”科研项目正式立项，对水泥生产线的关键技术及装备进行优化研究，最大化地实现水泥生产的节能减排和绿色环保；2013年承担了国家建筑材料行业科技创新计划《高能效低氮预热预分解及先进烧成技术》项目；2015年又承担了天津市科技小巨人领军企业培育重大项目《低能耗环境友好型新型干法水泥技术与装备研发》，获得天津市政府500万元项目经费支持。低能耗绿色环保的先进烧成技术的基础研究和科研创新工作取得显著成效。

2　基础理论研究

基于工程实践数据、试验研究、仿真模拟计算等，我们总结形成了一套低能耗烧成理论研发方法：①窑炉能量分布研究及控制理论。利用现代流体力学、燃烧动力学、热力学等理论，开展对燃料特性的研究，指导悬浮预热器和分解炉的研发和优化。在大颗粒熟料错流换热理论研究的基础上，结合高温物料输送的要求，开展篦冷机的研究。②固气二相流理论。针对颗粒流体系统，研究水泥生料的悬浮预热、流态化均化、气力输送、换热、分离等设备的机理，从气固传质传热的角度优化预热器、回转窑的研究。③燃烧与污染控制理论。建立了煤焦燃烧模型、碳酸钙分解模型、脱硝反应模型，形成了典型的数学计算公式，并通过CFD进行了数值模拟，为分解炉自脱硝研究创造了试验条件。基于以上理论，公司搭建了多个单体设备的实验室，包括旋风筒风管试验平台、篦板阻力试验平台、冷却机样机试验平台以及数值仿真实验室，进行了大量的冷模、热模、数值仿真研究试验，此外还配备了成套热工标定的测试仪器，对典型现场进行了测试诊断分析。

预热器单体内部的流动状态为不可压缩湍流，而旋风筒内颗粒相的体积比率很低，满足颗粒群轨道模型的基本条件。通过大量的对比分析发现，我们采用各向异性处理的雷诺应力模型（reynolds stress model，RSM）模拟预热器旋风筒内气相的运动情况，能较好地捕捉切向速度和轴向速度的分布特点，能很好地反映气体在旋风筒内的运动情况，能够满足旋风筒模拟计算的要求。流体的运动形式虽然千变万化，但都遵循基本的控制方程，即质量守恒方程、动量守恒方程和能量守恒方程。利用这一理论模型，我们对旋风筒的分离效率、降阻以及预热器的换热机理进行了研究，为弱涡旋低阻旋风筒、多级重构组合预热器的研发提供了基础，见图 1。

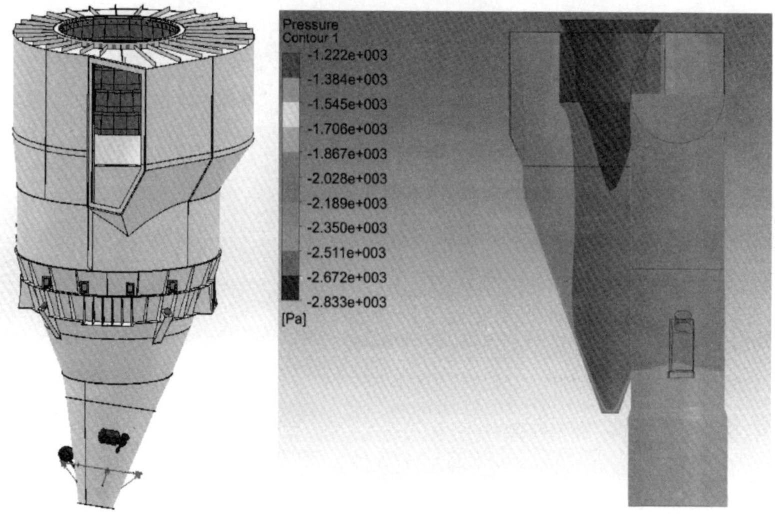

图 1　旋风筒仿真模拟研究

分解炉内主要完成煤粉燃烧及碳酸钙分解的耦合，加之气料运动的特殊要求，分解炉内物理化学过程极为复杂。我们从湍流流动角度分析，分解炉计算机仿真开发中解决了圆柱坐标非结构网格下极点处理这一国内外公认的技术难题。数值求解器的开发过程中，碰到在圆柱坐标方程离散时，中心轴线处半径为零，数学处理速度、动量等值为无穷大，而从连续性考虑，物理意义上速度、动量等均为具体值这一极点处理难题。通过基础试验研究，我们建立了针对分解炉特点的、在耦合状态下的煤焦燃烧及碳酸钙分解的动力学模型。在动力学模型和基础参数的基础上，针对不同的分解炉设计模型，开展了燃烧和分解过程的计算机仿真模拟研究，为自脱硝梯度燃烧分解炉的开发奠定了基础，见图 2。

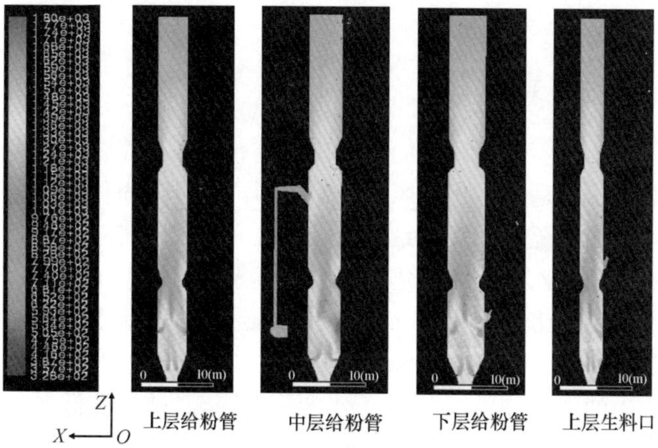

图 2　分解炉仿真模拟研究（温度分布）

我们采用数值仿真模拟结合

多孔介质模型，研究了流体在篦冷机内部的流动以及高温熟料颗粒与冷却空气之间的气固对流换热，编制的数值仿真模拟程序，可以系统研究不同粒径分布及孔隙率分布对气料之间相互作用力的影响。数值仿真模拟程序可根据不同现场的实际情况进行对应模拟计算，提高了计算方法的实用性和针对性。采用软件自带的二次开发功能，对熟料颗粒在篦床宽度方向和长度方向上的粒径分布进行编程求解，结合流动换热计算，能从定性分析的角度指导冷却机的研发设计；建立多孔介质传热模型，可以定性研究各取风口不同开孔位置和开孔形状等对气料换热的影响，指导冷却机的优化设计，见图 3。

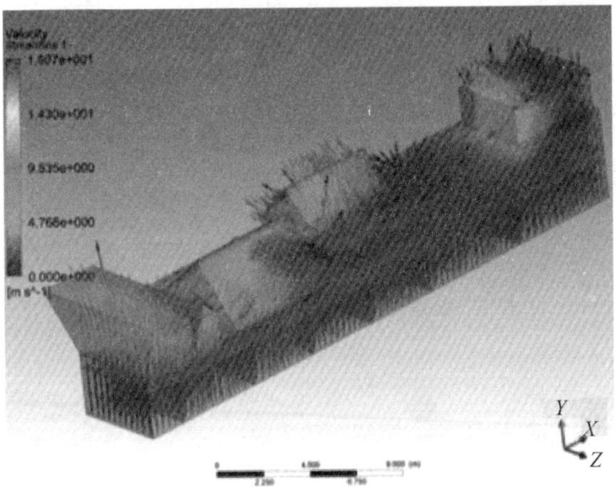

图 3 冷却机多孔介质数值模拟

3 主要技术创新研究

我们突破传统燃烧与污染控制理论，应用多级重构换热、梯度燃烧和多孔介质冷却理论，创新研制高能效低氮预分解技术及装备，实现对新型干法预分解技术工艺再创新，重点对多重单元换热模型叠加煤粉燃烧和碳酸盐反应、多孔介质气固换热进行研究，找出影响能耗、排放的关键参数，提出多级组合重构悬浮换热技术、弱涡旋低阻技术等，开发出弱涡流高能效低阻型预热预分解系统、梯度燃烧自脱硝分解炉系统等关键技术组成的新型高效水泥熟料烧成系统，实现水泥制造低能耗及低排放的目标。

3.1 多级组合重构悬浮换热预热器系统研究

降阻和换热是预热器技术的两个核心性能指标。我们在理论研究、模拟计算、实践经验的基础上，研发了新型弱涡流旋风筒技术。通过优化旋风筒的蜗壳形式、进口面积，优化气流的流动方向，在保证分离效率不降低的情况下，减少系统阻力。在大量工程实践及理论分析的基础上，结合模拟研究对提高六级预热器系统的换热效率及降低系统阻力做了计算机仿真模拟研究。模拟计算的气相数学模型为雷诺应力模型（reynolds stress model，RSM），颗粒相数学模型为离散相模型（discrete phase model，DPM）。为进一步优化改进六级预热器系统的性能，结合六级预热器在工程中的实际使用情况，分别对原有六级预热器和低涡流型预热器进行了模拟计算。弱涡流低阻旋风筒的使用加上系统的组合重构优化，可以使六级预热器的阻力低于常规五级预热器的阻力，不增加高温风机电耗，大幅度降低热耗，整体上提高系统综合能耗水平。各级旋风筒压力损失对比见表1。

表1 各级旋风筒压力损失对比

旋风筒	压力损失（Pa）		压力变化	
	原型	低涡流型	Pa	%
C1	752	662	−90	12.0
C2	975	832	−84	14.7
C3	720	619	−101	14.0
C4	633	546	−87	13.7
C5	639	551	−88	13.8
C6	569	485	−84	14.8
合计	4288	3695	−593	13.8

计算机CFD模拟仿真研究的计算主要结论如下：

（1）优化改进后的六级预热器系统总体压损较原系统降低593Pa，降幅为13.8%；总分离效率和系统换热效果基本不变。

（2）轴向速度的结果表明，优化改进后的低涡流型旋风筒下锥体内的局部涡流减弱，这样有助于减小旋风筒底部飞灰的二次飞散，从而可有效防止旋风筒分离效率的降低；实现了弱涡流旋风筒的研究开发。

（3）切向速度的结果表明，优化改进后的低涡流型旋风筒，切向速度减小，从而使得旋风筒的压力损失减小；颗粒受到的离心力也减小，颗粒不容易被分离，从而使得旋风筒的分离效率稍有下降。但准自由涡的区域有轻微的增大，这意味着旋风筒的有效分离区域增大，对分离效率的提高是有利的。

通过研究及工程实践，高效低阻六级预热器的阻力比以往五级预热器阻力有所降低，预热器出口温度相对于五级降低30～50℃，高温风机的电耗下降，预热器出口的废气带走热减少～30kcal/kg熟料，降低了熟料标煤耗4～4.5kg/t熟料。

3.2 梯度燃烧自脱硝分解炉技术研究

分解炉梯度燃烧自脱硝技术的基本原理是通过燃烧产生的还原性中间产物（主要成分为CO）还原回转窑内产生的NO_x，同时利用还原气氛抑制分解炉内生成NO_x，在不影响燃料燃尽的前提下，降低出炉烟气NO_x的浓度。梯度燃烧的核心是要在分解炉内形成强贫氧区—贫氧区—富氧区的梯度分布燃烧环境，实现分解炉脱硝功能。

（1）强贫氧区：三次风管以下部位，其特征是过剩空气系数<0.5，为强还原气氛，出窑热力型NO_x大部分在此区域被还原。

（2）贫氧区：为三次风管与脱硝风管之间的区域，其特征是过剩空气系数为0.5～1.0，为弱还原气氛，分解炉内燃料型NO_x被抑制生成或被还原。

（3）富氧区：为脱硝风管以上的区域，过剩空气系数>1.0，燃料在此区域充分燃尽。

为了建立梯度燃烧环境，入分解炉的三次风、燃料和生料要进行分级设计，通过多点喂料，多点喂煤和空气分级燃烧建立不同气氛的燃烧区间，同时分解炉内温度需精准控制，从而在燃料充分燃烧的前提下实现烟气脱硝。

为了摸索还原性气体 CO 与 NO_x 的化学反应特性，在实验室搭建了竖式电炉模拟反应试验装置。该装置主要分为三个单元：配气单元、反应单元和检测单元。配气单元主要由标气瓶和减压阀构成，标气可根据配气的需要进行更换，本次试验配置了 NO、CO、CO_2、O_2 和 N_2 等标气，用于模拟分解炉内的烟气成分。反应单元主要由悬浮炉以及相应的温控系统构成，脱硝化学反应在炉膛内进行。检测单元主要由气体分析仪、热电偶、流量计等构成，用于测试反应前后气体的成分、气体流量、炉膛温度等。通过竖式电炉试验装置进行试验，获得在不同的炉膛温度、停留时间、还原剂浓度下的 CO 与 NO 混合气化学反应进程，NO 脱除率等，为梯度燃烧自脱硝分解炉的设计提供了参考数据，见图 4、图 5。

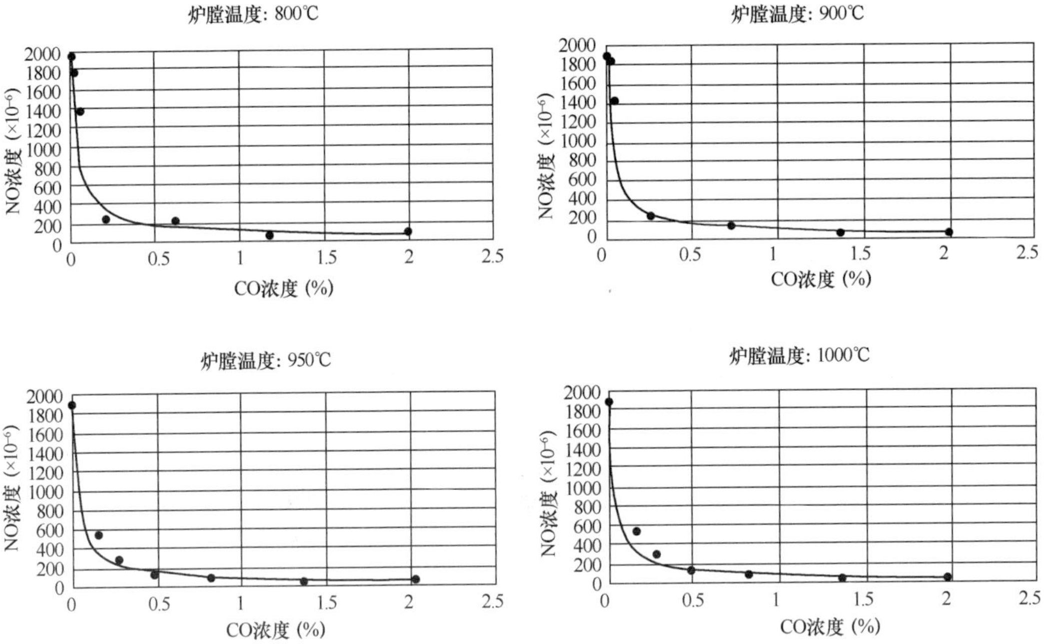

图 4　不同反应温度和还原剂浓度下烟气中 NO 浓度的变化曲线

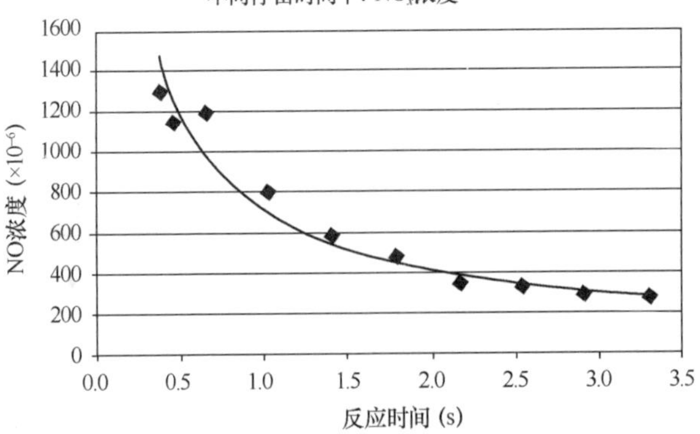

图 5　不同反应时间下烟气中 NO_x 浓度的变化曲线

为了进一步优化分解炉的结构型式，使其能很好地满足燃料的燃烧及生料分解的需求，我们自主开发了分解炉CFD模拟研究软件，通过基础试验研究，建立了针对分解炉特点的、在耦合状态下的煤焦燃烧及碳酸钙分解的动力学模型，并对其进行了CFD仿真模拟研究。分解炉带有自脱硝功能，同样采用计算机CFD仿真模拟研究了三次风分风前后分解炉内NO的变化情况研究。通过分解炉的优化改进，结合CFD模拟结果及现场实践检测的结果，分解炉通过自脱硝设计，脱硝效率达到60%以上，有效降低了氨水用量，节约了脱硝成本，见图6。

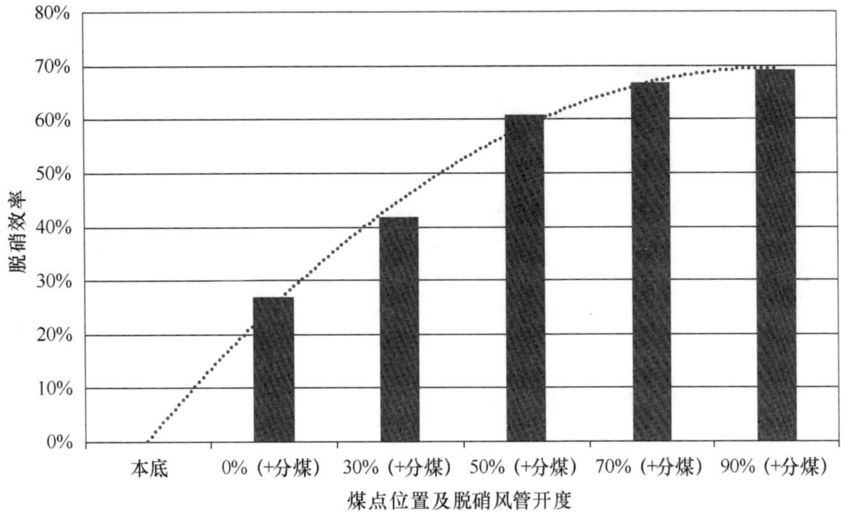

图6　不同煤点位置和脱硝风管开度下的脱硝效率

公司先后与湖北京兰、青海金圆、贵州豪龙等多个水泥厂签订分解炉梯度燃烧自脱硝技术改造合同。在湖北京兰3200t/d生产线首次开展了多级梯度燃烧自脱硝分解炉的工业试验和生产调试，该厂2号窑于2018年4月实施脱硝技术改造，5月份完成工业试验并进行工程应用。

采用分解炉多级梯度燃烧技术后，通过合理的分风、分煤调整，分解炉出口NO_x从898mg/Nm^{3}下降至276mg/Nm^3，脱硝效率达到60%以上。

3.3　热工效率研究

为解决水泥窑系统节能降耗技术改造提供热工诊断与评价目的，区别于水泥窑热平衡计算，通常采用热力学第一定律的方法，为了度量能量的品质及其可利用程度，比较不同状态下系统的做功能力大小，提出了㶲效率的概念。基于热力学第二定律对水泥窑系统各个收入、支出的物料所携带能量采用㶲流量进行计算，制定系统㶲平衡计算出㶲效率，用来评判水泥窑系统的热力工程的能源利用效率，判断水泥窑系统的有效能量的回收使用状况，找出节能方向，通过㶲分析揭示能量转换和能量损耗的位置，为评价和长期节能改造提供了可靠依据，见图7。

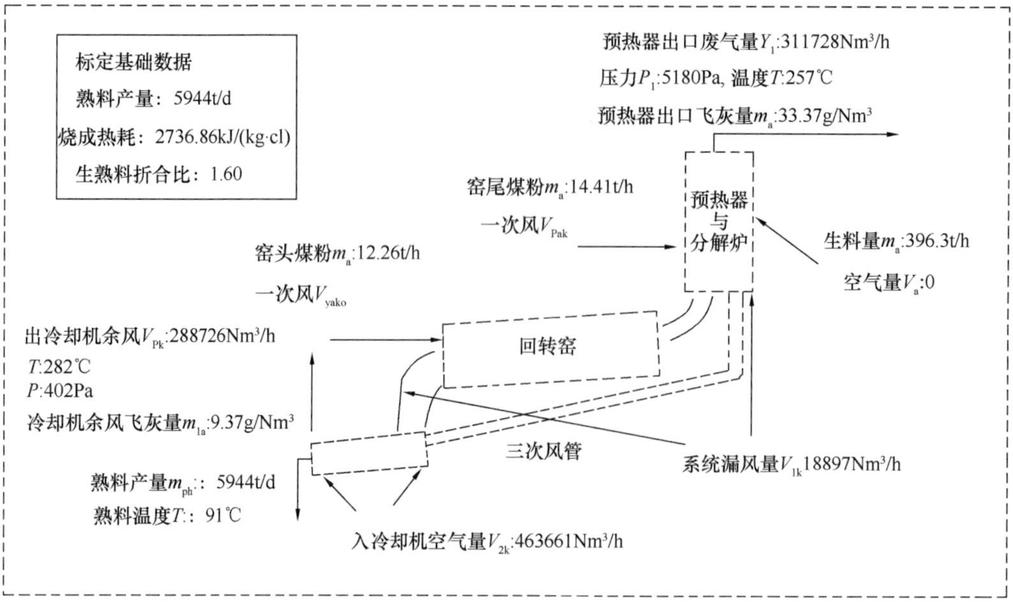

图 7　窑系统㶲流量图

3.4　装备工艺技术与材料创新研究

3.4.1　二档支撑短回转窑

随着预分解技术的产生和发展，窑的单位容积产量不断提高。预分解技术的发展进步为回转窑中物料的煅烧提供了很好的预烧条件，生料入窑分解炉可达到93%以上。在三档窑中，经分解炉分解后的物料还要在900～1300℃的过渡带内停留15～16min，延缓了窑内物料煅烧。在两档窑中，物料在过渡带仅停留5～6min便进入烧成带，新生态的CaO反应活性得到了更充分的利用，可降低烧成温度，从而降低热耗。在煅烧能力相当时，两档短窑窑体长度缩短，筒体的表面散热损失随之减少，传动功率也相应降低。以5500t/d规模的两档窑（$\phi5\times60$m）和三档窑（$\phi4.8\times72$m）比较，其表面散热损失可降低5kcal/kg. cl以上。

3.4.2　高性能低一次风量燃烧器

烧成系统使用的燃烧器，在我国因装备工艺性能掌握情况及加工精度等原因，造成以前的燃烧器一次风量较高，达12%～15%。本项目采用的燃烧器的一次风量较低，为6%～8%，大大提高高温风的用量，回转窑燃烧器可以节省热量约为4kcal/kg熟料，同时可以优先减少火焰温度峰值脉冲，减少热力NO_x的形成。

3.4.3　带中置辊破第四代行进式稳流冷却机

在大颗粒熟料错流换热理论研究的基础上，研究多孔介质的气固换热，结合高温物料输送的要求，开展新型高效篦式冷却机的持续改进，提高熟料的冷却效率和篦式冷却机运转率。采用衡定流量阀供风的铸造篦板，优化的固定端，通过对篦冷机固定端热态熟料的分布的研究分析，根据物理学原理优化设计固定端，使得固定斜坡段熟料分布合理；标准化模块设计，通过调节篦床模块的数量，可以适应不同规模水泥生产线的需求；采用流量自动控制调节装置实现篦冷机的高效稳定运行，该系统具有高热交换率、低电耗的优点。

第四代篦冷机采用风室供风，同一风室中由于物料的粒径差异、厚度不同必然会带来不同的料层阻力，因此容易出现冷却风短路、局部吹穿的现象，因此采用其他手段平衡料层阻力，保证不同料层都有相同的风量通过是保证气固换热效率的有效手段。强化气固换热，保证气流均匀通过的基础上，篦冷机的风室供风有望进一步降低，降低风机的电耗。现有的流量控制阀经过实验室验证，有很好的稳定流量的效果，但现场使用中往往无法发挥其作用，不但无法起到稳流的作用，相反成为一个阻力源，浪费风机风压。针对这一问题，研发的新流量阀，既使风机风量变化，又会自动调节。针对竖直布置阀板受动压的问题，考虑将阀板进行水平布置，阀板背面气体基本为静止状态，则阀板两面受的压力主要为静压力。为保证流量阀配合第四代篦冷机起到风室内风量调节的作用，此次流量阀的研发考虑了阀板本身受力与弹簧布置等因素的问题，大幅减小阀体尺寸使其满足一对一对篦板供风的要求，同时改变风量与压力关系曲线，扩大流量阀的工作范围，使其真正能起到风量调节的作用。

3.4.4 新型节能耐火材料

减量化、轻量化、功能拓展和智能化是耐火材料的发展方向。本项目着重研究水泥用耐火材料的节能技术及应用，降低筒体表面温度，从而降低表面散热损失来降低水泥生产线生产热耗。回转窑用节能耐火材料——多层复合莫来石砖，将硅莫砖单一材质、单一结构改进为由工作层、保温层、隔热层，每层由不同材质材料进行复合，组成多层复合结构，通过对工作层、保温层、隔热层的材质结构设计，开发了多层复合莫来石砖，提出回转窑耐火材料节能设计方案：①根据目前烧成带窑皮的实际情况，考虑适当缩短烧成带镁砖布砖的长度；②在烧成带后面的过渡带，根据现场原燃料情况适当缩短导热系数高的镁铝尖晶石砖，改为使用导热系数更低的硅莫砖、硅莫红砖或复合隔热砖，这样可有效降低窑筒体的温度，同时硅莫砖和复合砖的密度也比镁砖低很多，也会降低窑筒体的载荷。采用新型配置，共可以降低 2～4kcal/kg. cl。纳米隔热材料是采用纳米技术，添加了独特的反红外辐射材料，采取特殊的工艺生产出来的纳米级微孔隔热材料，相较于传统陶瓷纤维和微孔硅酸钙板这类微米级气孔隔热材料，纳米隔热材料的气孔在 20nm 左右，这是导致其导热系数成为迄今为止最低的隔热材料，同样温度下的隔热性能比传统好 4 倍。全部采用纳米隔热材料代替原来的硅酸钙板及陶瓷纤维板，可以降低散热损失 8～10kcal/kg. cl。

综上所述，提出烧成系统表面散热降低的技术方案，总结起来主要有：

（1）回转窑耐火材料配置上，减少镁砖（包括镁铁及镁铝尖晶石砖）的配置长度，更换为硅莫红砖，原来采用的硅莫砖更换为多层复合莫来石砖，整体共降低散热损失 2～4kcal/kg. cl；

（2）预热器、三次风管及窑门罩全部采用纳米隔热材料代替硅酸钙板和陶瓷纤维板，散热损失可降低 8～10kcal/kg. cl。

3.4.5 SiC 红外节能涂料

炉窑的节能，是通过对传导、对流、辐射三种传热方式的强化而实现的。对于高温炉窑环境，强化辐射传热对炉窑的节能起着至关重要的作用。因为高于 1000℃的高温环境，窑炉中约 80%的热量是以辐射传热的方式进行的。此外，我国高温炉窑基于强化对流和传导热的节能技术（包括炉体轻型化和保温材料低热导技术）几乎走到了极限。因此，强化辐射传热能力是高温窑炉节能技术的未来趋势。

SiC 红外节能涂料采用环保无污染的无机水性耐高温粘结剂，以过渡金属氧化物粉体以及改性纳米级碳化硅颗粒为主发射基料，见图8。涂覆在炉窑内壁后，可形成高发射率反射层，将炉窑内的热量反射回去，从而减少热量流失，达到炉窑节能效果。固化后的涂层整体发射率>90%，极限耐温接近1700℃，应用于炉窑节能，节能率达到8%～15%。可应用于工业窑炉、热处理炉、锻造炉、锅炉、烧结炉、沸腾炉和石化裂解炉等多种耐火砖基体和金属基体的工业加热装置的节能处理。

图8　SiC红外节能涂料

4　低能耗烧成技术在芜湖南方项目的应用

4.1　基本情况

芜湖南方4500t/d熟料生产线为公司EPC总承包项目，于2019年4月投产运行。该生产线为水泥行业“二代干法”示范线，采用了公司最新研发的低涡流六级重构预热器系统、梯度燃烧自脱硝分解炉、带中置辊破第四代篦冷机、节能耐火材料等新技术，着力打造水泥生产绿色制造标杆。生产线采用石灰石、砂岩、铁矿石三组分配料，采用烟煤为燃料，原燃料的化学成分见表2、表3。

表2　生料、熟料的化学成分（%）

项目	烧失量	SiO_2	Al_2O_3	Fe_2O_3	CaO	MgO	SO_3	总和
熟料	0.29	20.34	6.52	3.59	64.39	2.03	0.84	98.98
生料	35.84	12.38	3.70	1.99	43.26	1.17	0.55	98.89

表3　煤的工业分析和热值

分析	工业分析（%）					热值 Qnet，ad (kcal/kg)
项目	Mad	Aad	Vad	Fcad	St，ad	
煤粉	3.52	20.00	27.68	48.80	0.92	5782

4.2　低能耗烧成技术应用效果

生产线投产后，经过厂院双方的共同努力，烧成系统运行稳定，熟料产质量正常，生产运行参数和主要性能指标体现出低能耗技术的先进性。

4.2.1　低涡流六级预热器系统体现低阻高效性能

（1）六级预热器出口压力降低至≤4500Pa

本项目采用公司最新研制的低涡流旋风筒，采用流体力学理论对旋风筒关键部位气固流动进行分析研究和降阻优化。生产运行实践表明，六级预热器系统出口负压稳定控制在≤4500Pa，平均为4300Pa左右。相对于传统五级低阻型预热器系统（一般为5000～5500Pa），本套预热器在多一级换热的条件下阻力还低800～1000Pa，见图9。

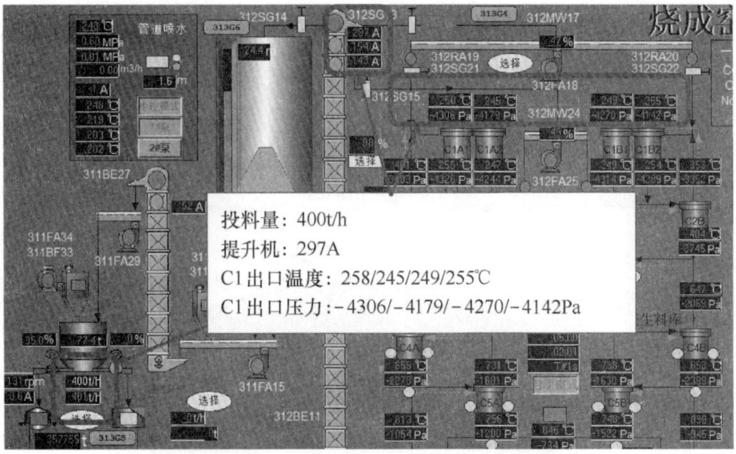

图9　六级预热器出口温度、压力

（2）六级预热器分离效率达到95%以上

出预热器烟气含尘浓度越高，粉尘带走的热量损失越大。提高预热器系统的分离效率可降低出预热器的粉尘量，有利于烧成系统节能降耗。生产运行期间，对烧成系统进行热工标定，根据标定的含尘浓度、风量等数据计算预热器整体分离效率达到95%以上。相对五级高效型预热器系统的分离效率（一般为92%～95%）有所提升。

此外，预热器系统分离效率的提升可减少窑灰的循环量，生熟料料耗系数下降。提升预热器分离效率有利于降低窑尾收尘器、窑灰输送设备、生料喂料提升机等设备的负荷，节省电耗。

4.2.2　分解炉自脱硝效果

生产线投产后，经过技术调试与操作优化，分解炉自脱硝技术达到了预期的效果，技术指标显著优于合同保证值。SNCR停用时，通过分解炉自脱硝技术可实现烟气NO_x平均浓度低于300mg/Nm³，自脱硝效率达到70%（图10）。相对于常规生产线，采用自脱硝分解炉后可年节省氨水成本300万元以上。

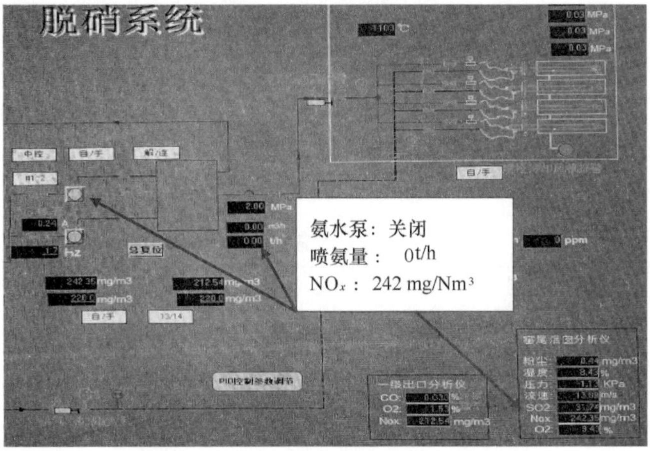

图10　SNCR关闭时烟囱NO_x排放浓度

4.2.3 新型隔热材料节能效果

为了降低热工设备表面散热损失，生产线在耐火材料的性能配置上进行了优化升级：①在预热器系统、烟室、三次风管等部位配置了新型纳米隔热材料；②在回转窑过渡带之后配置了低导热复合砖。

生产线投产后对表面散热进行了测试，结果显示新型隔热材料体现出良好的节能效果，相对于配置两档短窑的河北燕赵示范线和河南孟电示范线，本项目烧成系统总表面散热降低5～6kcal/kg. cl，见图 11、表 4。

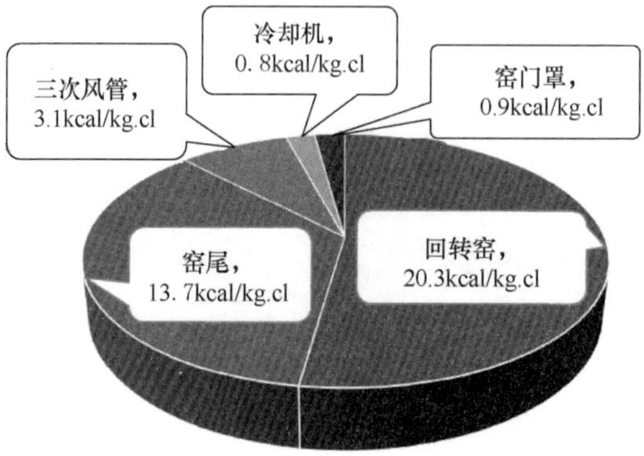

图 11 表面散热分布图

表 4 表面散热比较

项目	河北燕赵示范线	河南孟电示范线	芜湖南方示范线
配置特点	两档窑	两档窑	三档窑、纳米隔热材料、低导热复合窑砖
预热器（kcal/kg. cl）	19.38	17.0	13.7
回转窑（kcal/kg. cl）	19.31	20.8	20.3
总散热（kcal/kg. cl）	44.1	43.5	38.8

4.2.4 烧成电耗

本线烧成系统电耗指标先进，正常产量下烧成电耗平均为 16.6kWh/t. cl，统计范围包括从生料出库至熟料入库工序，不含窑尾排风机和煤磨系统。

从近年来几十条生产线热工标定数据看，烧成系统电耗指标平均水平为 22～24kWh/t。本项目烧成系统设计开发目标为电耗指标≤18kWh/t. cl，实际运行电耗指标比预期目标节约 1.4kWh/t. cl。从电耗分布情况看，高温风机电耗很低，为 3.7kWh/t. cl，这主要得益于低涡流六级预热器系统卓越的降阻效果，见表 5。

表 5 烧成系统电耗指标

统计范围	一般水平（kWh/t. cl）	先进水平（kWh/t. cl）	本项目（kWh/t. cl）
高温风机	8～10	5～7	3.7
烧成系统	22～24	18～20	16.6

4.2.5 能耗环保指标

生产线正常稳定运行后，根据热工标定数据结合总包合同约定的原料易烧性条件，烧成系统标煤耗达到 94kg/t. cl，该生产线的能耗和环保各项指标达到国内领先水平，见表 6。

表 6　能耗环保指标情况

项目	先进水平	芜湖南方
热耗（kJ/kg）	2968～3051	2751
预热出口温度（℃）	300～330	252
预热器出口压力（Pa）	5000～5500	4300
冷却机热回收效率（%）	≥73	75
本底 NO_x 排放（mg/Nm^3）	≤320	≤300
分级燃烧效率（%）	～30	70
粉尘排放浓度（mg/Nm^3）	≤30	≤10

5　结语

低能耗绿色环保烧成技术是二代水泥干法生产技术的核心之一，通过理论研究、仿真模拟计算、工业试验等研发工作，我们开发了以低涡流六级重构预热器系统、梯度燃烧自脱硝分解炉、中置辊破第四代篦冷机、新型节能耐火材料配置为代表的烧成设备与技术，促进了水泥烧成系统核心指标的提升。低能耗技术在芜湖南方项目成功应用，六级预热器系统出口负压实现≤4500Pa，分解炉自脱硝效率达到 70%，新型耐火材料体现出明显的节能效果，打造了水泥行业低能耗绿色环保示范线，为水泥行业烧成技术的进步起到重要的促进作用。

烧成系统热工装备的开发与应用

董 蕊　吴永哲　卢华武　王文清　刘劲松

摘　要：本文简要介绍了第二代烧成系统集高效低阻预热器分解炉系统、两档支撑短窑、第四代带中置辊破的篦式冷却机以及低 NO_x 型大推力低一次风量燃烧器的技术进步及在新建生产线和改造项目中的使用情况分析，核心装备的各项技术指标已达到国际先进水平。

关键词：预热器；四代冷却机；两档窑；燃烧器

1　前言

烧成系统为新型干法水泥生产技术的关键核心。我公司烧成系统集成了带 TDF 分解炉的高效低阻型六级预热器（图 1）、两档支撑短窑、第四代带中置辊破的篦式冷却机以及低 NO_x 型大推力低一次风量燃烧器等技术亮点。我们在开发中利用现代流体力学、燃烧动力学、热力学等现代科学理论，开展对燃料特性的研究，指导新型悬浮预热预分解系统的持续改进和优化，研究气固两相流中"三传一反"过程及其交互影响关系，建立起其产生交互影响的条件和判断依据，了解其运动规律。在大颗粒熟料错流换热理论研究的基础上，结合高温物料输送的要求，开展新型高效篦式冷却机的持续改进，提高熟料的冷却效率和冷却机运转率。这些基础理论和技术装备在项目中得到了全面的工程化应用，基本上代表了目前水泥行业设计最新、最先进的烧成系统技术及装备。

图 1　六级预热器

2 窑尾预热预分解系统

2.1 分解炉

分解炉采用低 NO_x 型分解炉 TDF（Tianjin Denitration Furnace），能灵活控制主燃烧区温度，可保证燃料尤其是劣质燃料的快速起燃和充分燃烧，避免局部结皮、塌料等问题，实现生产的连续性和稳定性（图 2）。其中分解炉入炉物料通过上、中、下三点进入分解炉，通过调整入炉分料比例可以控制分解炉温度场。在降低 NO_x 排放方面，该分解炉采用三次风、燃料、物料分级喂入，形成强贫氧区—贫氧区—富氧区的梯度燃烧环境，具有自脱硝功能，在分解炉自脱硝的同时又不降低燃烧效果，使燃料可以燃烧充分。通过分解炉自脱硝系统分解炉出口的 NO_x 可以控制在 300mg/Nm^3 以下，可实现 SNCR 系统的喷氨量大幅降低甚至零喷入，节约了生产成本。

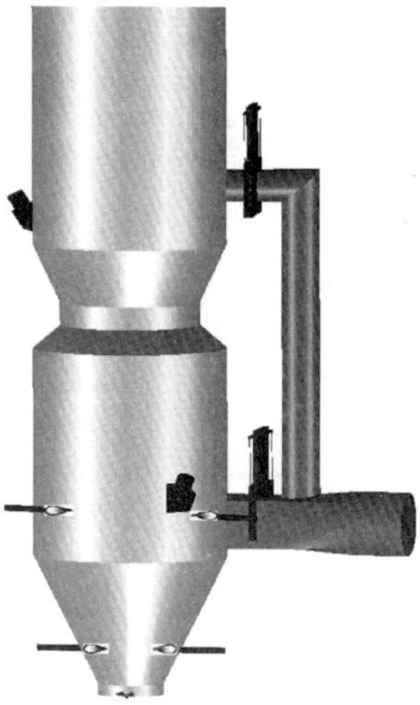

图 2 分解炉风、煤配合示意图

2.2 旋风筒

旋风筒采用了进风口加宽的结构形式，进风口的风速在原有的基础上降低了 10%～15%，在保证旋风筒分离效率不变的基础上，系统阻力降低了 500～1000Pa（图 3～图 5）。

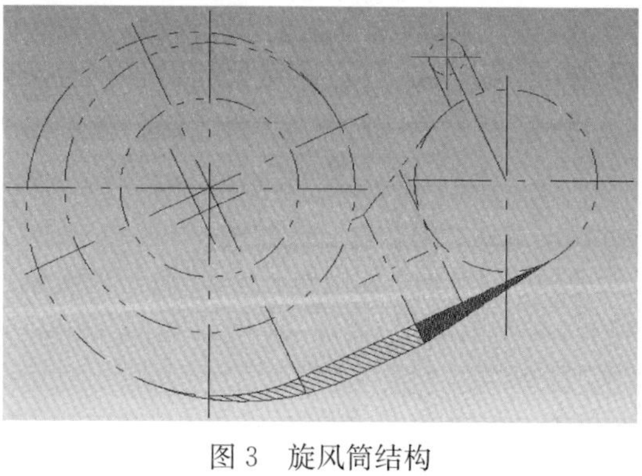

图 3 旋风筒结构

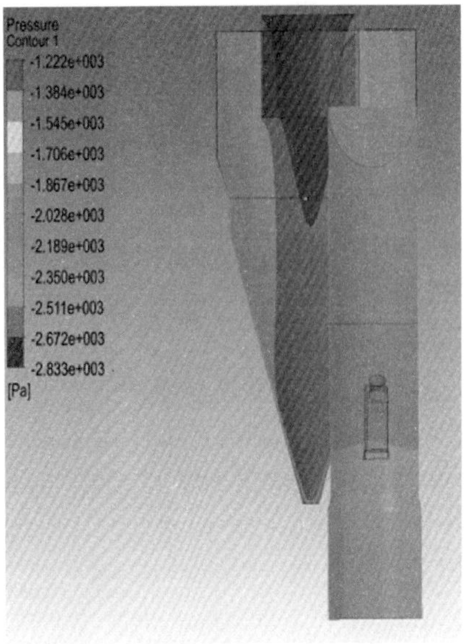

图 4　进口扩宽结构压力分布图

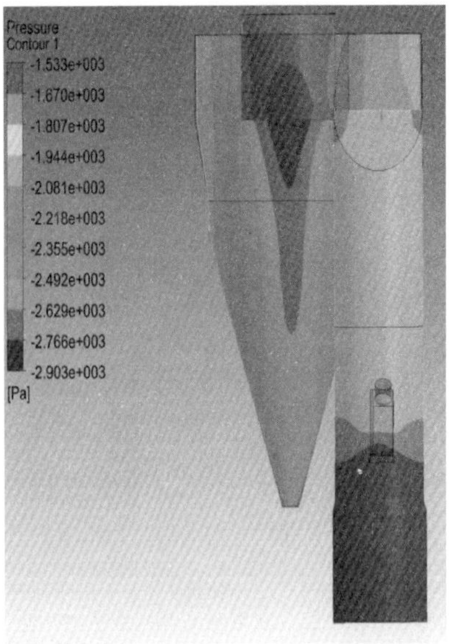

图 5　原结构压力分布图

2.3　撒料装置

风管中换热以对流换热为主，而对流换热的速率主要取决于生料分散的程度，管道中物料的分散效果主要靠优化撒料装置来实现。采用新型高效撒料盒可取得良好的换热效果，降低预热器出口温度和系统热耗。

2.4　耐火材料的优化配置

预热器系统的表面散热占整个散热损失的 17%左右，而表面散热与耐火内衬结构有着密切的关系。在高温段（三级及以下）采用新型纳米隔热材料代替硅酸钙板及陶瓷纤维毡，可进一步降低热耗（表 1）。

表 1　烧成系统散热计算

设备	炉内温度（℃）	冷面温度（℃）	原方案散热损失（W/m²）	新方案散热损失（W/m²）	散热损失减少（m²）	隔热面积（m²）	散热损失减少（kJ/kg. cl）	散热损失减少（kcal/kg. cl）
C1 级旋风筒	450	60	799	482	317	912	4.5416	1.09
C2 级旋风筒	550	65	811	506	305	628	3.0089	0.72
C3 级旋风筒	680	70	973	635	338	646	3.4300	0.82
C4 级旋风筒	800	75	1165	714	451	652	4.6193	1.10
C5 级旋风筒	900	85	1254	884	370	624	3.6269	0.87
C1 级上升管	520	60	799	481	318	406	2.0282	0.49
C2 级上升管	620	65	811	507	304	360	1.7192	0.41
C3 级上升管	720	70	973	634	339	396	2.1089	0.50
C4 级上升管	820	80	1159	797	362	420	2.3884	0.57

续表

设备	炉内温度（℃）	冷面温度（℃）	原方案散热损失（W/m²）	新方案散热损失（W/m²）	散热损失减少（m²）	隔热面积（m²）	散热损失减少（kJ/kg. cl）	散热损失减少（kcal/kg. cl）
分解炉	950	80	1158	798	360	2642	14.9412	3.57
烟气室	1150	140	3225	2129	1096	92	1.5840	0.38
回转窑	1400	238	9090	4983	4107	181	11.6776	2.79
三次风管	1000	80	1158	798	360	647	3.6590	0.88
窑头罩	1150	120	3227	1656	1571	280	6.9101	1.65
篦冷机	1200	70	1228	672	556	200	1.7469	0.42
总计			27830	16676	11154	9086	67.99	16.26

预热器系统采用新型纳米隔热材料后可降低表面散热 7kcal/kg. cl。

2.5 改造项目案例

（1）河南孟电 6 号线

孟电集团水泥有限公司 6 号熟料新型干法生产线原为 4500t/d 的水泥熟料生产线，于 2017 年进行了预热预分解系统的改造（表 2）。

表 2 孟电 6 号窑尾技改方案

序号	技改方案	技改具体内容
1	分解炉	流态化炉改造为在线分解炉，加高分解炉主炉，塔架外增加分解炉与 C5 旋风筒连接管道
2	C4 下料管	增加电动分料阀，把一部分生料分到分解炉的上部，从而调整分解炉主燃烧区的燃烧温度
3	C5 旋风筒	更换为高效低阻型旋风筒，蜗壳及内筒更换，旋转方向与分解炉连接管道相连
4	窑尾一次风机	停用窑尾一次风机
5	撒料盒改造	更换生料、C1、C2、C3、C4 共 12 个撒料盒
6	C2、C3、C4 旋风筒	局部改造，降低阻力
7	C1 旋风筒	更换 C1 旋风筒，相应更改 C2-C1 风管与 C1 旋风筒接口部位，提高 C1 分离效率
8	烟室	更换为新烟室
9	C5 料管	侧面进料改为背部进料
10	三次风管	更换三次风管，三次风入分解炉方式为单进风方式
11	脱硝管	增加脱硝管，采用三次风分级燃烧技术
12	各级锁风阀	C1 下料管增加双道锁风阀，更换各级下料管锁风阀
13	窑头窑尾密封	更换窑头窑尾密封，局部优化窑门罩

该项目于 2018 年 7 月通过业主的考核验收，取得了预期的改造效果，与改前的对比见表 3。

表 3　改造前后效果对比

主要指标	单位	技改前	技改后
熟料产量	t/d	5500	5830
单位热耗	kcal/kg. cl	805～826	735
C1 出口温度	℃	335～340	295
C1 出口负压	Pa	－5150	－5140
3d 强度	MPa	30～32	32.2
28d 强度	MPa	56～58	61

（2）重庆富皇

重庆富皇建材有限公司 3200t/d 熟料生产线烧成系统采用了五级单系列旋风预热器带 CDC 分解炉，经过近几年的运转，如果使用挥发分及热值较高的烟煤，熟料产量已能长期稳定在 3900t/d 左右，为了适应节能减排需要，公司决定对预热器系统进行改造，主要目的为预热器降阻及分解炉处置污泥（表 4、表 5）。

表 4　重庆富皇窑尾技改方案

序号	技改方案	技改具体内容
1	分解炉	将现有分解炉加高，由于塔架空间限制，将分解炉延伸至塔架外，并增加分解炉与 C5 旋风筒连接管道
2	C4 下料管	改造为上下分料，从而调整分解炉主燃烧区的燃烧温度
3	撒料盒改造	更换生料、C1、C2、C3 撒料盒
4	C2～C5 旋风筒	局部改造，降低阻力
5	C1 旋风筒	更换 C1 旋风筒，相应更改 C2-C1 风管与 C1 旋风筒接口部位，提高 C1 分离效率
6	烟室	更换为新烟室
7	脱硝风管	增加脱硝管，采用三次风分级燃烧技术
8	各级锁风阀	C1 下料管增加双道锁风阀，更换各级下料管锁风阀
9	窑尾密封	更换窑头窑尾密封，局部优化窑门罩
10	废气管道	将废气管道整体更换，直径扩大

表 5　改造效果对比表

主要指标	技改前	技改后
熟料产量（t/d）	3900	4300
单位热耗（kcal/kg. cl）	805	756
C1 出口温度（℃）	335～340	320
C1 出口负压（Pa）	－6500	－4700
污泥掺入量（t/h）	55	120

3　回转窑

两档窑降低了系统前期投资，缩短了过渡带，减少了表面散热，目前已在多个项目上成功进行了推广应用。因两档窑的烟室温度较高，项目人员设计了烟室空间料幕系统。

料幕投运后通过引入一小部分生料进入烟室，可以迅速降低烟室温度100℃，不影响熟料的产量质量和脱硝。

3.1 回转窑内衬（复合砖）的优化配置

根据现场回转窑烧成带的实际分布情况和煅烧特点，以及随着耐火材料技术的进步，人们对回转窑的内衬配砖方案进行了优化，缩短原烧成带碱性砖的配砖长度，在烧成带两端使用新型的硅莫红砖，在过渡带推广使用低导热复合砖，在窑尾使用低导热抗剥落砖。新的配砖方案大幅缩短了镁砖的使用长度，不但很好地满足了设备的运转要求，而且降低了火砖的采购成本。由于采用的新型火砖导热系数低、质量轻、耐磨性好，窑筒体表面的温度明显降低（图6），降低了系统的烧成热耗，减少了筒体的受热变形，回转窑的运行电流也有所降低，减少了筒体对托轮衬瓦的传导热和辐射热，改善了设备的运转环境。

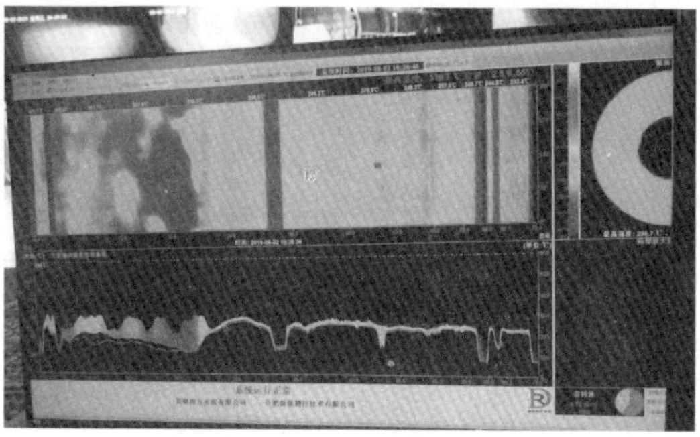

图6 内衬优化配置后的窑筒体温度分布

3.2 液压挡轮装置的结构优化及规格系列化

针对液压挡轮装置（图7）轴承容易损坏的问题，人们对液压挡轮装置的结构进行了优化，并完成了挡轮装置规格系列化的工作。优化后的液压挡轮装置，承载能力得到很大提高，对窑况的适应性强，使用寿命长，近几年在工程和改造项目上都有应用，使用效果非常好。

图7 液压挡轮装置

其特点如下：

（1）改变了挡轮装置轴承的受力位置；

（2）加大轴承规格，提高了承载能力；

（3）增加轴承测温装置和压力显示装置；

（4）优化轴承润滑系统；

（5）增加挡轮隔热罩。

3.3 窑头窑尾密封装置的升级优化

窑头开发了带轴向迷宫的双向叠片式密封：窑热态工作时，密封套与壳体形成轴向曲路迷宫结构，密封片由内部的反向密封叠片和外部的复合式密封叠片组成，通过密封片与密封套之间的摩擦，实现前窑口与窑门罩之间的密封（图8）。

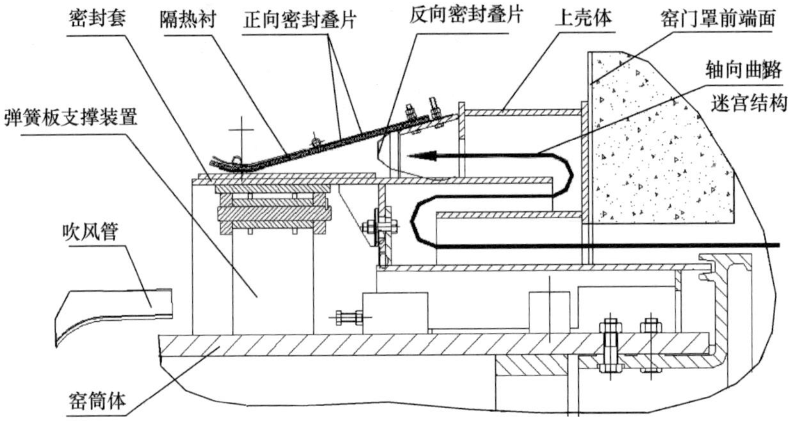

图8　窑头密封

其特点如下：

（1）正反双向密封片结构，密封效果好，特别适用于易出现正压的工况；

（2）具有轴向曲路迷宫结构，气体通过时降温、沉降，改善密封片工作环境，增加密封性能；

（3）密封钢片＋隔热衬＋密封钢片的复合式叠片结构，对窑偏摆的适应性强；

（4）密封套使用弹簧板结构连接固定；

（5）安装调整方便，结构稳定可靠。

窑尾开发了重锤压紧端面摩擦片式密封：支撑板两侧吊装在钢结构梁上，并可随窑一起沿窑轴向移动，运转过程中，料斗随窑一起回转，周向布置的重锤压紧装置压在支撑板上，使固定在支撑板上的静密封环与固定在料斗上的动密封环表面紧密贴合，动静密封环之间相互摩擦进而实现窑尾筒体与喂料室之间的密封。可通过干油泵向动静密封环间加入润滑脂，以减少动静密封环的磨损（图9）。

其特点如下：

（1）动静密封环之间有润滑装置，密封效果好，结构稳定可靠；

（2）对窑尾筒体偏摆的适应能力强；

（3）使用周向均布在烟室上的重锤压紧装置压紧动静密封环；

（4）压紧力可根据密封环的接触情况、压紧情况随时在线调整，压紧力稳定可靠；

图 9 窑头、窑尾密封

(5) 提高料斗的回料能力，减少漏料；

(6) 不需要在土建平台上再开孔设置下料溜子；

(7) 摩擦片使用寿命长，操作维护简便。

3.4 分段大齿圈和淬火调质大齿圈的应用

回转窑大齿圈长期运转后，容易出现齿面点蚀、磨损、变形等问题，进而引起齿圈运转时的振动，引发窑体和基础振动，缩短齿圈使用寿命。针对此问题，公司从改进大齿圈的结构和铸造工艺入手，对两半大齿圈进行淬火调质热处理，将大齿圈齿面的硬度提高到 250～290HB，极大地提高了大齿圈的使用寿命。同时在一些项目上采用分段大齿圈结构（图 10）。分段齿圈

图 10 分段大齿圈结构

的材质为ADI等温淬火球墨铸铁，齿面硬度≥310HB，一个大齿圈由十几个小段节组成，毛坯铸造质量好，加工制作精度高，供货周期短，单件质量轻，便于运输安装。超高的齿面硬度，可有效保证大齿圈运转后的齿面情况和使用寿命，更换方便。合理选用大齿圈的润滑油，改善了润滑系统，优化了齿轮罩的结构，避免漏油问题的发生。

3.5 回转窑轮带下垫板自动润滑系统的开发

回转窑的轮带支撑着全窑筒体的质量，运转时，由于垫板和轮带内表面之间有一定间隙，这两个接触面每旋转一圈，会产生一个位置差（滑移量）。该接触面处在高温、高负荷之下，如在无润滑情况下运转，会使垫板产生异常磨损，轮带内侧损伤，表面拉伤出现沟槽，以及掉渣掉块，进而影响轮带和垫板的正常接触，造成筒体受力不均、变形等问题，缩短设备的使用寿命。

由于轮带和垫板之间的接触面长，缝隙狭小，窑筒体辐射温度高，人工使用几米长的喷枪，很难将垫板润滑油有效地喷射到轮带和垫板的整个接触面，润滑效果差，加油量无法准确控制，浪费严重，污染周边环境，造成高温多尘的恶劣工况，人工操作存在安全隐患。

对回转窑轮带下垫板自动润滑系统（图11），进行有针对性的开发设计，采用PLC自动控制，为轮带与垫板间的润滑提供精准可靠的、充分的、定时、定量的润滑剂。避免接触面的非正常磨损，保证轮带和垫板以及挡块的良好接触，延长设备的使用寿命，减少润滑油的消耗，减轻工人的劳动强度，有利于实现回转窑设备的精确、自动化控制。

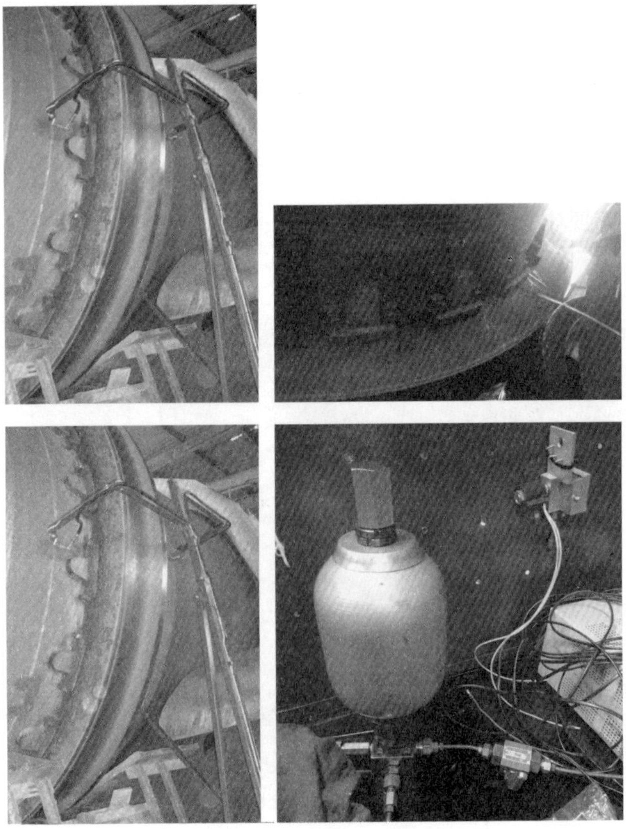

图11 轮带下垫板自动润滑系统

3.6 回转窑改造

永登祁连山1、2号线烧成系统改造，回转窑设备也进行了相应的改造，回转窑改造内容和效果如下：

（1）回转窑筒体尾端扩大，有效扩大了窑尾筒体缩口及烟室处的最小截面面积，降低阻力，改善窑内通风。

（2）传动装置增加主电机功率，提高回转窑转速，满足系统对窑速和功率的要求，同时大齿圈进行了翻面，更换了新结构的齿轮罩，改善了齿轮罩的密封。

（3）托轮轴承组将止推盘在轴端的托轮轴承组结构改为止推盘靠近托轮的新结构托轮轴承组，提高了设备运转的可靠性和稳定性。

（4）窑尾密封装置更换为重锤压紧摩擦片式的结构，密封效果很好，操作维护简便，使用寿命长。

（5）窑头密封更换为带轴向迷宫的复合叠片式密封，密封效果很好。

改造后传动装置运转平稳，窑内通风良好，头尾密封效果好，结构可靠，设备运转稳定。

4 燃烧器

在烧成工艺中，窑头燃烧器起着影响熟料产量、质量的关键作用。一台性能优良的燃烧器，应具备一次风比例较低、煅烧火力集中、火焰平稳、窑皮平整、对原燃料波动的适应性强等特点。公司Sinoflame和Sinoswirl型燃烧器自推出以来，不断结合现场实际使用情况及计算机模拟情况，进行优化和改进，取得了非常好的使用效果。

4.1 燃烧器性能与适应性研究

Sino型燃烧器有广泛的应用，燃料覆盖烟煤、无烟煤、褐煤、石油焦等，累计完成近100个现场煤粉燃烧特性试验，得出各煤样的起燃温度、燃尽温度、放热强度、放热形态、综合特性指数等量化指标，建立煤粉燃烧特性、燃烧器设计参数、现场使用参数的一一对应关系，并结合现场使用问题进行针对性优化，收到良好效果。

4.2 角度可调旋流叶片结构

为使燃烧器在使用中更便捷可调，以适应入窑煤粉品质波动，设计人员设计开发了角度可调的旋流叶片结构，在管体后端设置丝杠调节装置，实现在使用过程中根据煤质变化，调整旋流角度的功能，并在多个项目中成功应用。

4.3 修旧利废改造

当现场原燃料发生较大变化，原燃烧器已不能满足产量、质量要求时，水泥厂往往会进行更换；或者原来的燃烧器质量差，影响窑内煅烧质量，也会进行更换。如何处理利用废旧物资成为困扰水泥厂的难题。

研究人员利用公司燃烧器研究的理论优势，以及丰富的煤粉燃烧特性数据库，利用Sino型燃烧器技术对用户手中的旧燃烧器做针对性改造，以适应现场原燃料特性，提高生产质量，在许多项目上均取得良好反响。

4.4 多燃料燃烧器的开发应用

印尼镍铁窑用多燃料燃烧器，使用煤粉、焦油和兰炭煤气三种燃料进行煅烧，在使用过程中，可实现三种燃料按任意比例混烧，采用电子点火，自动化控制。

天然气燃烧器方面，设计人员完成了天然气煅烧的理论研究、初步方案设计、阀组选用等技术储备，为后续烧天然气项目的实施奠定了基础。

4.5 机械制造

（1）头部结构优化，防止窜风；

（2）煤风通道结构优化，降低煤粉冲刷磨损；

（3）煤管整体减重，降低制造成本；

（4）燃烧器设计细节优化，提高整体品质。

4.6 应用案例

（1）鹿泉鼎鑫金隅

该2500t/d生产线原使用KHD燃烧器，更换为Sino型燃烧器后，对物料饱和比的适应性显著增强，熟料强度更为稳定，见表6。

表6 燃烧器更换前后对比

<table>
<tr><th>KH</th><th>SM</th><th>IM</th><th>f-CaO（KHD）</th><th>f-CaO（Sino）</th></tr>
<tr><td>0.89～0.9</td><td rowspan="3">～2.8</td><td rowspan="3">～1.5</td><td>～1</td><td><1</td></tr>
<tr><td>0.9～0.91</td><td><1.5</td><td><1</td></tr>
<tr><td>0.91～0.93</td><td>>2.5</td><td><1.5</td></tr>
</table>

（2）大同冀东

该5500t/d生产线原使用扬州银焰燃烧器，火焰煅烧力度不强，一次风比例偏高，入窑冷风偏大，后更换为我公司Sino型大推力燃烧器，采用角度可调旋流叶片结构，调整便捷，窑内火力显著增强，产质量均有不同程度提升。

表7 燃烧器更换前后对比

参数	原燃烧器	Sino
一次风比例（%）	10	8
熟料产量（t/d）	5800	5900
二次风温（℃）	1000	1050
烟室温度（℃）	1160	1100
f_{CaO}合格率（%）	85	91

5 篦冷机

水泥工业用四代篦冷机是水泥熟料烧成系统的重要装备，具有熟料冷却、热量回收、熟料输送、熟料破碎等功能。公司于 2009 年推出新一代篦冷机——Sinowalk 第四代篦冷机。该篦冷机各项性能指标均达到国际先进水平，并拥有多项专利技术（图 12、图 13）。

图 12　篦冷机水平篦床

图 13　篦床输送原理

Sinowalk 篦冷机已在 500～10000t/d 水泥生产线中广泛应用。同时作为一种高效的冷却设备，在黄磷矿、氧化铝、净水剂等外行业中也得到成功应用，并取得了较好的效果。作为水泥行业篦冷机技术的引领者，Sinowalk 篦冷机不断追求技术进步和创新，自主研发的新型固定篦板、高性能耐热耐磨材料等技术不断被应用于项目中。公司近年来在新机型开发、单机智能化等方面也取得了重大进展。

5.1　第四代篦冷机的技术进步及发展

Sinowalk 篦冷机产品采用先进的设计和仿真模拟手段，首次在行业中实现模块化设计、模块化发运、模块化安装，设计和安装周期大大缩短，设计精度和安装质量得到充分保障。

依托天津院雄厚的科研实力，通过不断的优化探索和工业试验，四代篦冷机取得了较大的技术进步，并且在大量项目中得到成功应用。以 2019 年投产的芜湖南方项目为例，窑头采用了最新的第四代中置辊破篦冷机，大量新技术运用其中，使得篦冷机在机械稳定、工艺指标、电耗指标等方面均表现优异，综合指标处于行业领先水平。

公司在工艺性能方面不断研究探索，开发出新型科恩达效应篦板、篦床分区供风、薄料层节能技术、中置辊破前移等一系列先进技术。

新技术的应用，有力地支撑了篦冷机性能指标的不断进步，使得篦冷机在烧成工序中出色发挥，表现出两高两低的特点，即热回收率高，二、三次风温度高，出篦冷机熟料温度低，运行电耗低（表 8）。

表 8　芜湖南方篦冷机运行情况

序号	内容	运行参数
1	二次风温（℃）	1100～1200
2	三次风温（℃）	900～1000
3	热回收效率（%）	≥74%
4	出篦冷机熟料温度（℃）	<65+环境温度
5	篦冷机电耗（kWh/t）	<5.5

（1）新型科恩达效应篦板

Sinowalk篦冷机固定篦床使用具有科恩达效应的篦板，采用精密铸造，其优点在于风沿着篦板表面前进能有效保护篦板，延长篦板寿命。相比于直吹篦板，科恩达效应篦板吹出的风在熟料中行走的路径更长，有利于熟料的冷却，提高篦冷机的热回收效率（图14、图15）。

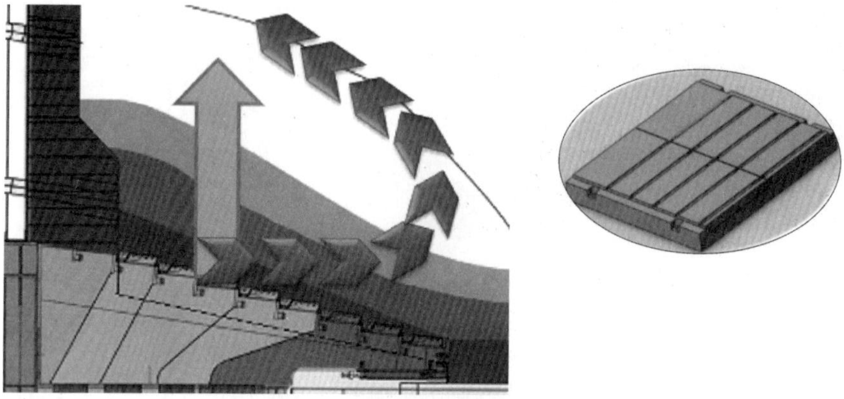

图14 科恩达篦板工作原理

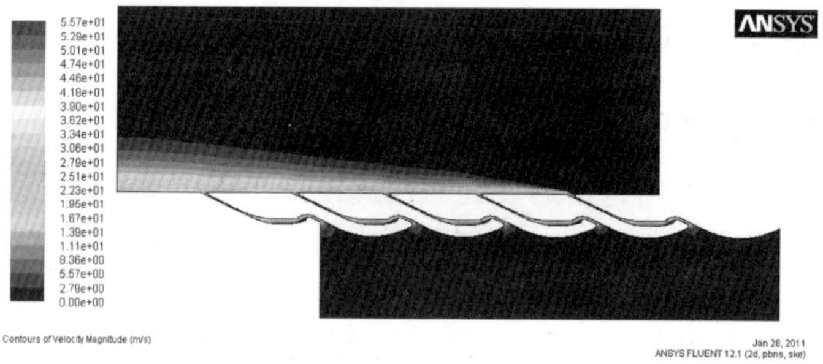

图15 科恩达篦板流体力学模拟

芜湖南方项目的固定篦床采用科恩达效应篦板，二次风温>1100℃，三次风温>900℃，熟料急冷效果好，对于改善热回收发挥了巨大作用。

（2）篦床分区供风

篦冷机冷却风的有效、合理利用是评价篦冷机性能的关键因素。篦冷机风量及风压的配置决定了其冷却性能的关键，风量过多或过少都会影响篦冷机的运行指标。

高温段的用风对热回收和熟料急冷起着关键作用。其中固定斜坡段又是影响热回收的关键，固定斜坡直接接收窑中来的超过1400℃的熟料，斜坡上熟料的料层分布极其复杂，而由于熟料在斜坡上有离析现象，在水平篦床上形成“红河”，红河由高温细熟料组成，分布在篦床两侧，由于温度较高，呈红色。红河由细熟料组成，阻力较大，通风困难，带走大量的热量并导致熟料温度高。

为解决篦冷机风室供风与料层厚度分布及红河的问题，篦冷机高温段使用分区供风技术，将高温段的热回收和急冷作用充分发挥出来，并解决红河问题。

斜坡采用“中心+四周”的回字形分区供风，配置两台风机分别向两个区域供风，其中中心区域为落料点料层较厚，为保证冷风顺利通过料层急速换热，中心区域风速和风压配置较高，四周区域料层较中心区域薄，为防止冷风短路影响二、三次风温，周边区域的风速和风压略低于中心区域。

高端段的二、三风室采用“左＋中＋右”的分区方式来供风（图16）。以6000t/d规格12列宽的篦冷机为例，左右两侧各隔出来2列篦床，作为“左侧区域”“右侧区域”，中间8列作为“中间区域”。左右两侧区域各采用高压头的风机单独供风，克服红河细料的高阻力，是冷风强制贯穿于红河，将“红河”冷下来，并将其热量回收入窑。

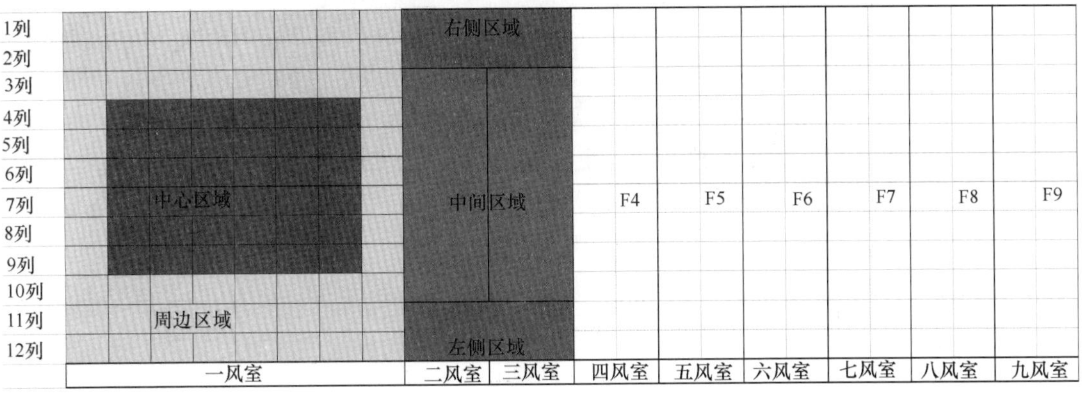

图16　篦冷机分区供风示意图

（3）薄料层节能技术

篦冷机电耗也是篦冷机一个重要的性能指标，水泥行业对于节能降耗越来越重视。熟料从1400℃降到65℃＋环境温度，冷却风机为熟料的冷却提供大量冷空气，篦冷机的电耗主要来自于冷却风机，降低篦冷机电耗只能依靠降低风机做功来实现。纵观全球篦冷机制造商，在现有技术水平下，单位熟料的冷却风量约为1.9Nm^3/kg. cl，相同产量下供风量基本一定的，因此只能通过降低供风压力来降低风机的能耗。

通过对篦床及密封结构的优化，Sinwalk四代篦冷机实现了薄料层操作，相比之前产品的料层厚度降低了100mm（图17）。薄料层节能技术的应用使篦冷机风机电耗降低了超过10%，篦床液压系统压力降低了20bar。

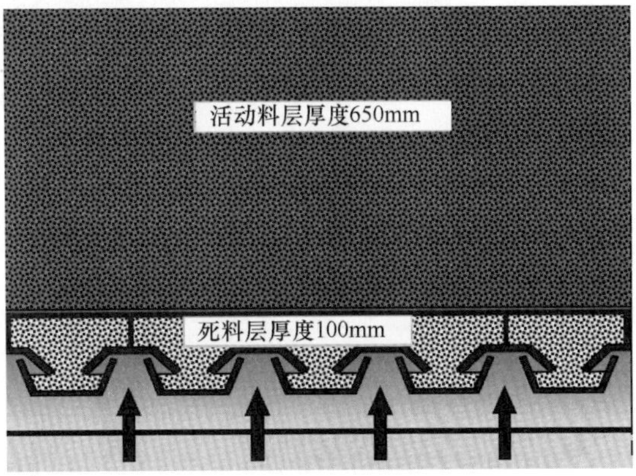

图17　薄料层节能技术

篦冷机的料层由篦床底层的死料层和上方的活动料层组成，死料层具有保护篦板的作用，厚度由篦床的结构决定，约200mm；活动料层厚度生产情况决定一般为固定值，约650mm（图18）。因此风室里的冷却风必须穿过850mm厚的料层，克服大量的阻力才能将熟料有效冷却。通过对篦床机构的优化，降低密封高度，降低挡料板的高度，将篦盒的死料层将至100mm，篦床总料层降至750mm，使得篦床阻力大幅降低，从根本上解决篦床通风阻力的问题，风室风压降低约10%，电耗降低约0.6kWh/t. cl，节能效果显著。

（4）中置辊破

研究人员通过对辊破新型材质的研发，实现了中置辊破前移至约篦床50%位置的技术

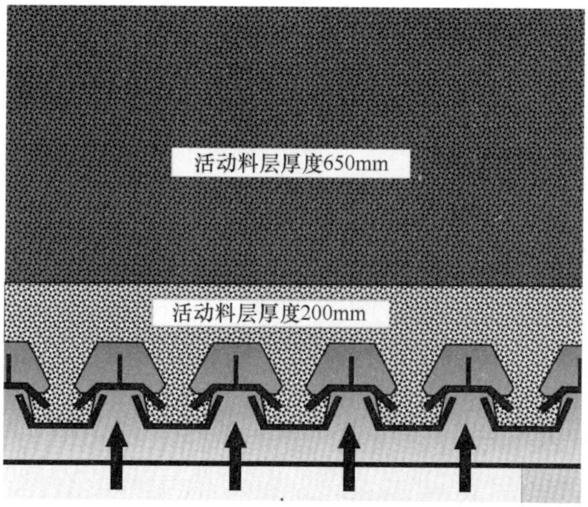

图 18　常规篦冷机料层分布

突破，处于行业领先地位（图 19、图 20）。中置辊破的前移能够使大块物料尽早被破碎冷却，而其中的热量释放后被回收，在保证冷却效果和热量的回收的同时，有利于提高余热发电量。

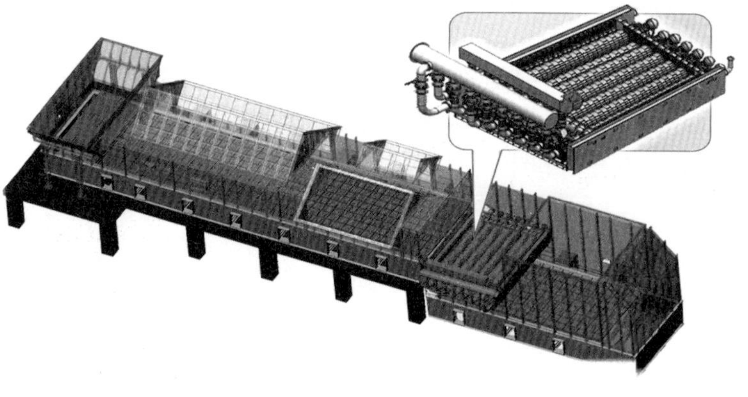

图 19　常规篦冷机中置辊破的位置

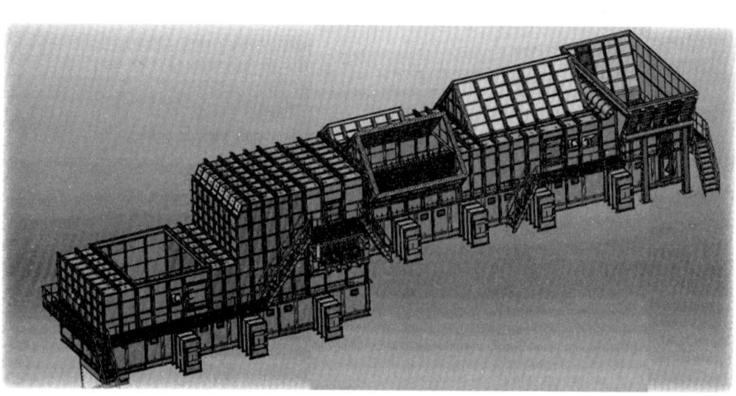

图 20　新篦冷机中置辊破的位置

（5）新材料的研发

关键部件采用自主研发的耐热耐磨材料，机械性能稳定，易损件寿命长，运维成本低，保证设备较高的运转率。

固定斜坡篦板、列间密封装置、辊破辊圈等铸件采用精密铸造，保证了设备的机械性能稳定，运转率高，维护费用低等，高端耐热耐磨材料领域具有国家专利十余项。

大型中置辊破第四代冷却机的研发和应用对辊破用辊圈材料提出较高要求，但该产品一直被国外产品所垄断，尤其是辊圈使用的高温耐磨材料，因此开发具有自主知识产权的高温耐磨材料极其迫切。自主研发的新材料 T1005N 填补了这一技术空白，新材料在工况温度600～700℃下，不仅需要具有一定的抗氧化性能，同时得具有一定的抗冲击能力，最为关键的是在工况温度下的耐磨性，因此新材料是一款类似于高速钢的材料，在一定工况温度下工作时具有“红硬性”特征，热处理方式采用“固溶处理＋时效处理”，其综合性能达到世界先进水平(图 21)。

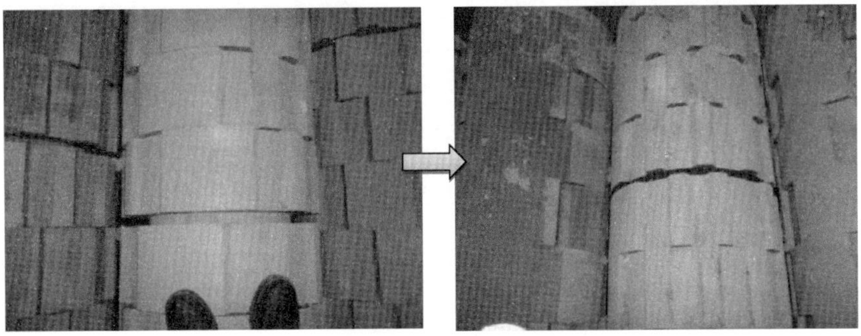

图 21　辊破辊圈运行 30 个月后齿面完好

在高温、熟料冲刷磨损等恶劣工况下，篦床列间密封材料的性能，直接决定了设备运行稳定的可靠性（图 22）。节镍型耐热钢 TRG-ZA-6 成功应用于篦冷机中的密封、挡料板等关键部位，其镍的含量仅有常规耐热耐磨材料的 50%，但综合性能更加优异，且成本显著降低，为国家节省了大量的贵重金属。

图 22　列间密封运行 40 个月后无明显磨损

5.2　项目应用

Sinowalk 篦冷机是国内第四代篦冷机技术的开拓者和领导者，目前已经应用于二百八十余个海内外项目，可以为500～10000t/d全系列新型干法水泥生产线提供成套的设备，产品远销缅甸、巴基斯坦、马来西亚、哈萨克斯坦、玻利维亚等地。

人们通过对旧生产线的篦冷机进行改造，可显著提高篦冷机热回收效率，降低热耗，改善熟料冷却效果，给用户带来了良好的经济效益。

（1）南方水泥某厂5000t/d篦冷机技改EPC工程（图23）

本项目为将原有三代篦冷机整体拆除，更换为Sinowalk第四代中置辊破篦冷机。技改前后对比见表9。

图23　技改后的篦冷机车间

表9　技改前后对比

主要指标	改造前	改造后
产量（t/d）	5800	5800
出篦冷机熟料温度（℃）	160	63.42+环境温度
二次风温（℃）	1090	1180～1210
标煤耗（kg/t. cl）	—	下降2.153
篦冷机电耗（kWh/t. cl）	>6	5.52

（2）海螺水泥某厂5000t/d篦冷机技改EPC工程

本项目保留了原有篦冷机的上、下壳体，将篦床更换为Sinowalk型篦床，配套尾置辊式破碎机（图24和表10）。

表10　技改前后对比

主要指标	改造前	改造后
产量（t/d）	5750	5772.7
出篦冷机熟料温度（℃）	130	88.18
二次风温（℃）	1150	1184
三次风温（℃）	850～900	1026
热回收效率（%）	71.3	75.8
标煤耗（kg/t. cl）	106.6	102.87
篦冷机电耗（kWh/t. cl）	—	5.5

图 24 更换后的 Sinowalk 篦床

6 结语

新型干法水泥生产逐步进入环保型和资源节约型的运行轨道，水泥生产线对节能降耗和达标排放的要求日益提高。经过多年来的潜心研发，天津院烧成系统核心装备的各项技术指标已达到国际先进水平，部分指标已达到国际领先水平。近年来烧成系统新装备被广泛应用于新建生产线和老线升级改造项目中，给用户带来了巨大的经济效益和社会效益，切实提高了企业在激烈的市场竞争下的生存能力。

高效节能料床粉磨技术装备新进展

柴星腾　聂文海　石国平　豆海建

摘　要：本文介绍了当前水泥工业粉磨技术概况、发展方向、努力目标，从生料粉磨系统、燃料粉磨系统、水泥粉磨系统三个领域重点阐述了天津院辊压机、立磨等大型粉磨技术装备的最新进展情况，提出了水泥工业切实可行的粉磨节能技术路线，对促进我国水泥工业的高质量发展具有重要的指导意义。

关键词：辊压机；立磨；选粉机；水泥；生料；粉磨

在水泥工业领域，提高资源能源效率，提升技术装备水平和减少低标号水泥比例，向高端发展，向节能减排和绿色低碳发展，已成为行业共同追求的主要目标。

粉磨节能技术不仅仅是粉磨系统自身的节能，更重要的是整个水泥生产过程的节能，例如可以通过采用新型选粉技术、粉磨技术，改善生料细度，进而改善生料的易烧性、熟料的质量、熟料的易磨性，从而对熟料配比、水泥粉磨电耗等都产生积极的作用。

天津院一直以来都非常重视粉磨技术装备研究，先后建立了分选过程、粉磨过程、系统流场等先进的理论计算模拟平台和试验平台，以理论研发为先导，采用理论研究、试验研究、工业应用研究相结合的手段，相继在辊压机终粉磨、立磨外循环、选粉机向心分选等技术领域实现突破，并取得了良好的工业应用效果。

1　水泥工业粉磨技术概述

水泥生产中粉磨工序电耗占整个水泥综合电耗的60%～70%，主要由生料粉磨、燃料粉磨、水泥粉磨三种粉磨系统组成，粉磨主机设备主要有球磨机、辊压机、立磨三种设备，生料粉磨领域目前基本上采用辊压机和立磨，燃料粉磨领域主要由风扫煤磨和立磨两种设备共存；水泥粉磨以辊压机和球磨的预粉磨系统为主，水泥立磨终粉磨近年来也逐步得到推广和应用，此外天津院正在开展水泥辊压机终粉磨系统工业应用研究，基本具备了市场推广的条件。

粉磨能耗除了粉磨设备和系统的原因，还与物料自身的水分、易磨性、成品控制指标等密切相关。目前水泥生产粉磨系统主要物料性质及控制指标见表1，同样的物料，细度控制越细，粉磨能耗越高。

表1　不同粉磨系统原料特性及成品细度指标（中等易性）

粉磨系统		M1（%）	Wi（kWh/t）	细度
生料粉磨		5～20	10	R_{80mm}=12%～18%
水泥粉磨		2	15	3000～4500cm²/g
燃料	烟煤	10～30	HGI=50	R_{80mm}=12%
	无烟煤			R_{80mm}=1～3%
	石油焦			R_{80mm}=1～3%

续表

粉磨系统		M1（%）	Wi（kWh/t）	细度
混合材	矿渣	10～20	21	4000～5000cm^2/g
	钢渣	5～10	28	
	粉煤灰	1～30		4000～7000cm^2/g

在粉磨主机方面，以辊压机和立磨为代表的料床粉磨设备效率最高，同为料层粉磨设备，辊压机和立磨在研磨机理上也存在一定的区别，辊压机以挤压为主，而立磨则复合了大颗粒挤压和小颗粒的揉搓效应，无论立磨还是辊压机的终粉磨系统，都是水泥粉磨技术节能的主要方向，也是天津院粉磨技术一直秉持的研发目标（表2）。

表2　不同时期的水泥综合电耗及粉磨系统电耗

项目	球磨机时期	部分料床终粉磨时期	料床终粉磨时期
水泥综合电耗（kWh/t水泥）	100	80	65
生料电耗（kWh/t生料）	22	16	13
煤粉制备（kWh/t煤粉）	40	32	32
水泥粉磨（kWh/t水泥）	42	32	25

2　生料粉磨系统

生料粉磨系统以辊压机终粉磨、立磨终粉磨为主。天津院研发的第一套生料辊压机终粉磨系统在2011年投产，经过持续优化升级，这种采用带有垂直转子组合式选粉机的生料辊压机系统，具有成品粒度控制精准和系统阻力低的优点。天津院2018年研发的外循环生料磨立磨系统，取得了良好的工业应用效果，系统电耗达到与辊压机终粉磨相当的水平。在传统立磨系统方面，研究人员研发了以NU选粉机、中壳体风量平衡、楔形盖板梯度风环等一批原创技术集成的立磨梯度流场技术，能够在保持系统简单的前提下使电耗降低10%。针对现有生料磨系统的改造，主要有生料辊压机终粉磨技术、生料立磨外循环技术、立磨梯度流场技术三种方案。

2.1　生料辊压机终粉磨技术

天津院生料辊压机系统典型流程如图1所示。新喂物料由皮带直接喂入组合式选粉机的静态部分，出辊压机物料也由提升机送入组合式选粉机的静态部分，物料在其内分选和烘干后，粗物料由另一台提升机送入辊压机上面的荷重小仓，继而被辊压机辊压粉磨；较细物料由风带入组合式选粉的动态部分再次被风选，经动态部分分选后，合格的成品由风带入后面的旋风除尘器收集进入成品库，未达到成品要求的粗粉经溜子从组合式选粉机的静态部分出风口侧二次喂入，再次被风选。该技术的主要特点包括：双斗提布置，降低厂房高度；设置除铁装置及金属探测系统；动选粗粉设置三通；V选粗粉设置外排；一键启停及智能化操作系统。

芜湖南方项目原料粉磨系统是辊压机生料终粉磨技术的最新应用，从设备选型到工艺布置，都采用了天津院在辊压机生料粉磨系统方面的最新技术，系统投产后应用效果良好，产品细度80μm筛余13.5%，200μm筛余1.1%，生料粉磨系统电耗只有9.18kWh/t。

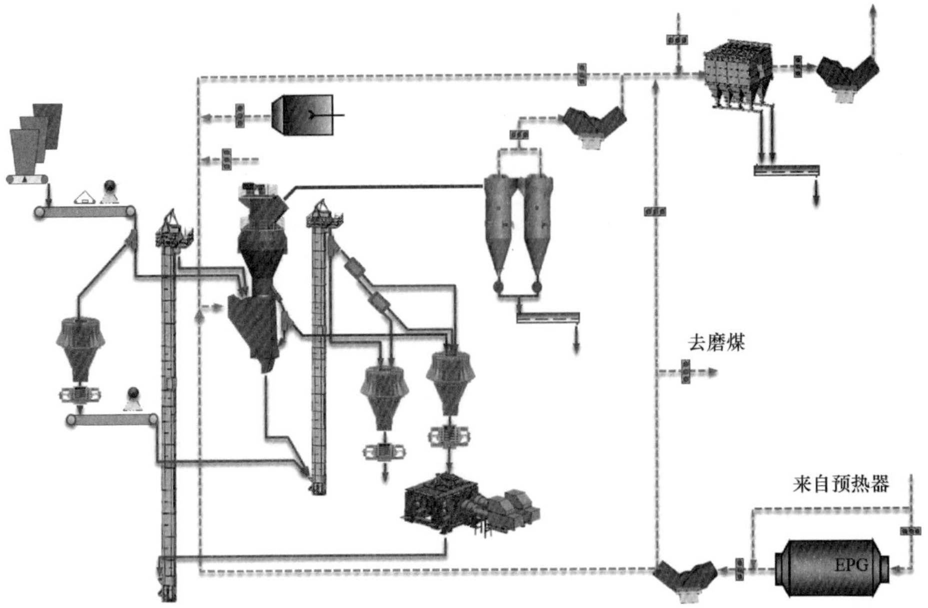

图1 辊压机终粉磨系统流程

生料辊压机系统用于技术改造的方案有两种形式：一是新建一条全新的生料辊压机系统，多为配套窑系统大幅度提产。二是保留原系统现有的动态选粉机和循环风机，仅新增一台辊压机和静态选粉机。

2.2 传统生料立磨梯度流场技术

传统立磨系统集成改造方案主要采用以NU选粉机、中壳风量平衡、楔形盖板梯度风环技术为主的系统集成升级技术，如原系统的旋风筒的阻力高，还会对旋风筒进行局部改造，一般以更换原旋风筒的涡壳和出磨风管、出旋风筒的部分风管为主。该技术充分利用了梯度流场的方向性、可控性，控制或改变选粉机及磨机本体内的流场结构，达到精确控制选粉和磨内粗细分级过程，实现主机电耗、风机电耗的降低。本方案系列原创技术获授权发明专利1项、实审发明专利2项、授权实用新型5项。

立磨梯度流场技术系统集成工业应用效果：磨机台时提高5%～10%，磨机阻力降幅1000Pa，系统风量降低6%～14%，系统节电幅度10%左右。

2.3 外循环生料立磨技术

外循环生料立磨的流程如图2所示，相比于传统立磨系统，其主要特征是将选粉机同磨机在空间上进行分离，并采用类似生料辊压机终粉磨的工艺流程。由于物料输送形式由气力提升转变到提升机的机械提升，因而相比传统立磨系统，系统阻力和风机的压力大幅度降低，因而风机电耗接近生料辊压机的风机电耗。其主要技术特点包括：①产量提升约10%；②系统压差降低5000Pa；③系统电耗降低20%，降幅3～4kWh/t；折合到熟料电耗，降低4～6kWh/t。

该技术特别适用于现有传统生料立磨系统的技术改造，外循环立磨可以达到与辊压机终粉磨相当的技术指标，同时又可以充分利用原立磨系统的主机、部分辅机，从而在投资成本

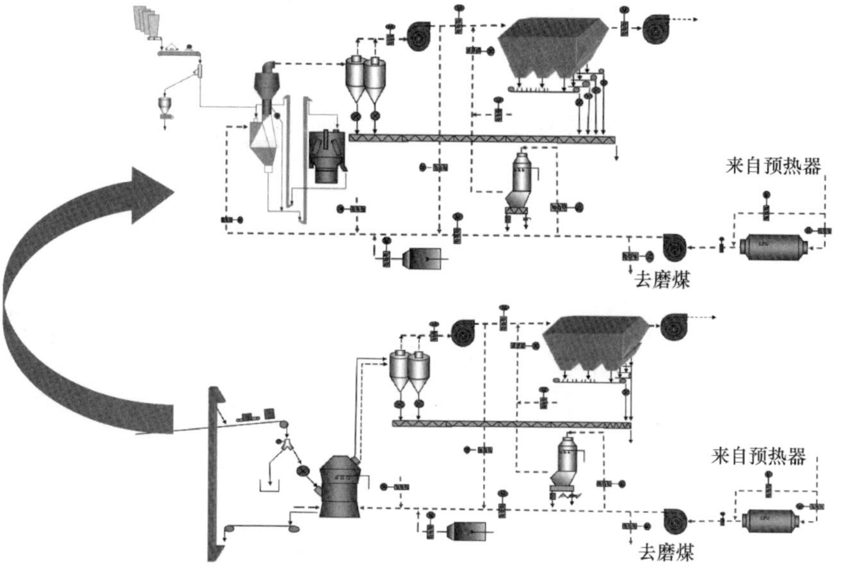

图 2　外循环生料立磨的流程

和回收周期上具有优势。投资成本为新建辊压机系统的 55%；建设工期约为 3 个月，包括切改工期约 45d；技术改造投资回收期约 3 年。

3　燃料粉磨系统

目前，天津院的燃料立磨系列规格齐全，台时产量为 20～140t/h，不仅能处理烟煤，而且能处理无烟煤、褐煤、石油焦、木屑等多种燃料，满足多种细度要求。对于一些特殊要求的煤磨系统（例如：①更细的细度要求，$R_{80\mu m} \leqslant 1\%$；②更高的喂料水分，15%以上；③石油焦等更高的流动性物料等），可以通过创新技术措施来满足粉磨烘干的要求，主要包括：①调整磨盘转速；②增加烘干容积；③优化研磨区结构；④升级选粉机结构；⑤调整喂料方式等。

4　水泥粉磨系统

水泥粉磨电耗约占水泥生产综合电耗的 40%，占水泥生产粉磨工艺的电耗 60%，是整个水泥生产节电的主要环节，还有消纳粉煤灰、矿渣等工业废渣的环保功能。天津院不仅对辊压机预粉磨系统投入了大量的研究，而且在水泥辊压机终粉磨、水泥立磨终粉磨、水泥外循环立磨系统等新型高效粉磨技术领域不断开展研发。

4.1　水泥辊压机预粉磨系统

辊压机预粉磨系统将部分原来由球磨破碎仓完成的粗颗粒破碎过程转移到效率更高的辊压机料层粉磨过程，从而相比单一球磨系统，粉磨电耗得到大幅度降低。理论上讲，辊压机规格越大、参与破碎过程的比例越大、节能效果越显著，此时球磨机更多是对辊压机的成品颗粒起修形作用，以保证预粉磨的水泥性能与单一球磨系统水泥具有同等或接近的水泥综合性能。因此对于预粉磨工艺，辊压机功率（RP）：球磨机功率（BM）越大，则系统的节电幅度也越大。天津院的 RP：BM 最大已经达 1.6：1，水泥磨辊压机已经成为国内投产最大的辊压机。

从工艺流程上，根据辊压机系统有无选粉机以及辊压机系统的细粉是否有部分直接进入成品，划分为如下四种主要工艺流程：①循环预粉磨系统；②联合粉磨系统；③单动选半终粉磨系统；④双动选半终粉磨系统。最新的系统基本上都采用半终粉磨系统。

4.2 水泥辊压机终粉磨

水泥辊压机终粉磨是天津院率先提出的水泥节能粉磨技术，也是截止目前为止理论上能达到最大节能幅度的水泥粉磨工艺，相比预粉磨系统，节电幅度能达 20%左右。在水泥性能方面，通过有效的成品粒度分布调节，辊压机终粉磨水泥的标稠需水量同圈流粉磨系统持平，混凝土坍落度同预粉磨水泥持平。典型工艺流程见图 3。

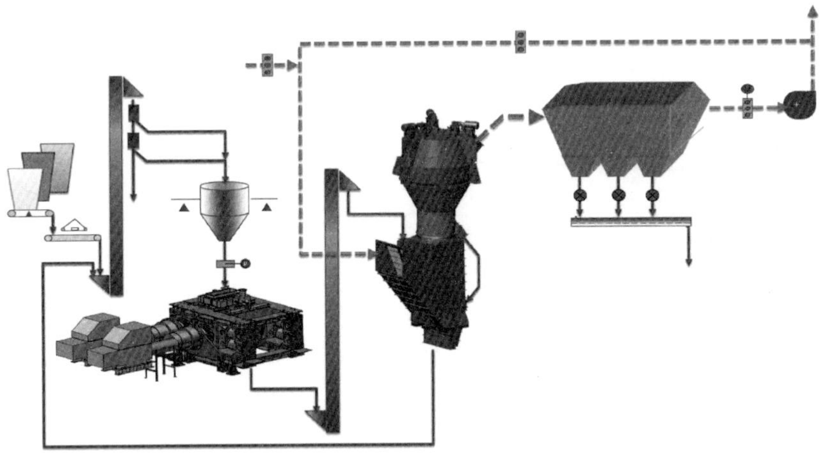

图 3　天津院水泥辊压机终粉磨典型工艺流程

为实现辊压机终粉磨水泥达到预粉磨系统的水泥性能，天津院开发了水泥辊压机终粉磨专用多转子选粉机，通过调整不同转子的转速来达到调整水泥成品的颗粒级配，目前该选粉机已于天津振兴水泥厂的辊压机终粉磨系统进行了工业应用，达到了预期目的，具备了市场推广的条件。

4.3 水泥立磨终粉磨

水泥立磨终粉磨简称水泥立磨，虽然同辊压机水泥终粉磨采用相同的料层粉磨原理，但在研磨机理上，不同于辊压机之处的主要特征是立磨具有研磨过程，该研磨过程主要来自于研磨区的辊盘速差，在研磨机理上就决定了在性能上同球磨水泥最为接近，通过研磨压力、物料磨盘停留时间、选粉结构等方面的调整，水泥立磨成品的水泥性能和混凝土性能均可以达到球磨机系统的水平。

天津院水泥立磨技术无论在应用业绩还是在系统指标上，一直走在国内的最前沿，主要技术特点包括：①电耗低，节约能源，降低成本，节电 3～4kWh/t；②流程简单，操作方便；③水泥品种转换方便快捷（20min）；④对水分适应性好，允许喂料水分为 5%；⑤占地面积小，节约土地；⑥噪声低，环境影响小。

从实际应用情况看，天津院立磨水泥在粒度分布、需水量、初凝时间、终凝时间、强度等方面相比于球磨水泥均无任何问题，证实了水泥立磨终粉磨技术的成熟可靠（图4）。

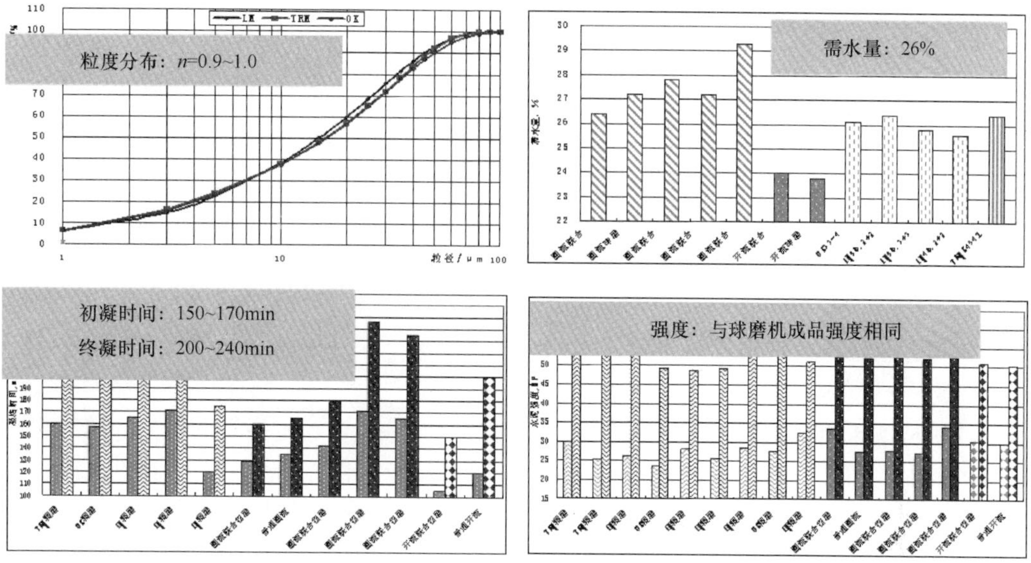

图4　天津院立磨水泥的性能

4.4　外循环水泥立磨终粉磨系统

水泥立磨终粉磨工业应用数据表明，立磨终粉磨水泥在水泥性上完全同球磨水泥相当，证明了立磨从研磨机理上用作水泥终粉磨是没有任何问题的。传统的水泥立磨终粉磨仍采用物料气力提升模式，系统的用风量和阻力仍有降低的空间。为进一步降低水泥立磨终粉磨电耗，天津院在外循环生料立磨的基础上提出了外循环水泥立磨技术，其相比于传统内循环水泥立磨终粉磨系统，该技术具有如下优点：①系统阻力降低2500Pa；②系统风量降低35%～40%；③系统电耗降低3～4kWh/t。

5　结语

“节能降耗、提升品质”一直是水泥工业对粉磨技术装备的要求，天津院紧紧围绕料床粉磨技术的研究开发，采用理论研究、试验研究、工业应用研究相结合的手段，通过不懈的努力，在生料粉磨、燃料粉磨、水泥粉磨等领域里，相继研发了生料辊压机终粉磨、生料外循环立磨、水泥辊压机终粉磨、水泥外循环立磨、立磨梯度流场技术等一批原创技术成果，致力于引领世界水泥粉磨技术及装备的发展方向，助力中国水泥工业由大到强的历史转变。

TRP 辊压机在生料和水泥粉磨中的工程实践

石国平　李洪双　李 洪　王明治

摘　要：作为料床粉磨设备的辊压机，因其能量利用率最高，越来越受到用户的青睐，本文介绍了 TRP 生料辊压机粉磨系统和 TRP 水泥辊压机粉磨系统的特点和工程应用实践，并对辊压机、选粉机等主机设备的特点进行了分析和概括，为用户选择生料和水泥辊压机粉磨系统提供参考。可以预见，在近十年之内，辊压机将是水泥行业粉磨工序的首要选用设备。

关键词：辊压机；选粉机；生料；水泥；粉磨系统

天津院从事辊压机的开发研究工作始于 20 世纪 80 年代，经过多年的努力，始终走在技术创新的前沿，引领着国产辊压机技术装备的发展。2004 年，首台（套）国产水泥辊压机联合粉磨系统投产；2011 年 3 月设专题正式成立了“第二代新型干法水泥生产线技术与装备的研究开发”科研项目，结合中国建材联合会提出的水泥工业超越引领的目标，制定了项目具体的低能耗攻关目标，对水泥生产线的关键技术及装备进行优化研究，成功开发了当时最大规格的国产辊压机 TRP180-170；2013 年，国内用于水泥生料粉磨的最大规格辊压机 TRP220-160 投入运行；2017 年，国内首台年产 60 万吨的钢渣矿渣辊压机终粉磨系统投产；2018 年，国内率先实现水泥辊压机终粉磨系统的工业化生产。经过不断的科研创新和技术进步，现已开发出多种规格的辊压机，用于水泥生料、水泥、矿渣、钢渣、铁矿石等物料的粉磨，已获得三百多台（套）应用业绩，同时，为了保持公司在辊压机粉磨技术方面的领先优势，相关科研开发工作始终按计划有序开展。天津院辊压机的应用领域见图 1。

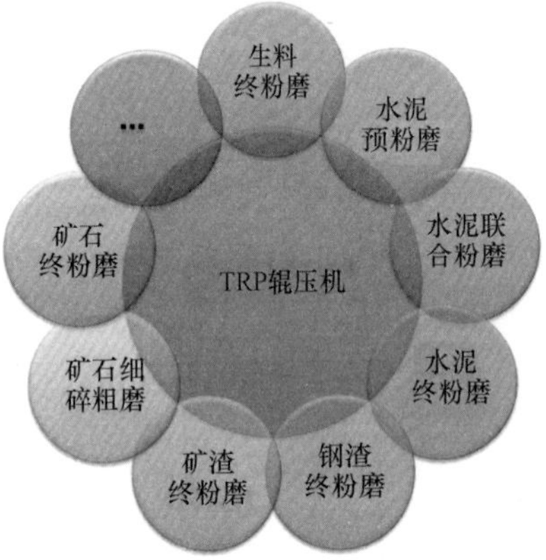

图 1　天津院辊压机的应用领域

1　TRP 辊压机

天津院辊压机的设计宗旨是：以用户为导向，尽所有可能来提高辊压机运行的可靠性，同时降低运转及维护费用。为了达到这个目标，我们对辊压机的关键部件如辊子、辊子支撑、喂料装置、机架、液压系统等进行不断的技术改进。我们近几年来开发的 TRP 辊压机（图 2）系列具有以下特点：

（1）采用多排圆柱滚子轴承配合双向推力轴承，受力合理，易于密封，与调心滚子轴承相比具有承载力高、寿命长、密封性能好、轴承及内外圈性能可靠等特点，实际运行时的轴承温度只有 40℃左右，比调心滚子轴承低 20℃以上。

（2）具有自磨损保护功能的柱钉辊面和成本低性能可靠的堆焊辊面。堆焊辊面的堆焊层分为：打底层、过渡层、耐磨层和表面花纹。花纹形状有横条形、菱形等，表面硬度一般为

HRC＝58±2。辊子硬面层采用铌系焊丝堆焊，相比于竞争对手常用的铬系焊丝韧性更好，焊接裂纹更少，更耐磨。柱钉辊面采用硬度更高的基体材质及独有的加工工艺，使得淬硬层可达 50mm，提高耐磨性的同时，避免局部柱钉的剥落。

（3）与专业液压厂合作，高度集成的液压系统采用过程控制，所有微调均在过程中进行，保证了辊压机运行的稳定性。同时，使用大流量插装阀而非液控单向阀，对于粉尘环境适应力更强，不易堵塞。大直径液压油缸采用进口密封件及双铰接的油缸结构，消除了侧向力，使用寿命更长。

（4）配有智能化的轴承润滑装置使用户对每一润滑点的油量及压力了如指掌，通过对该装置的 PLC 控制系统设置，可对每一点的供油量进行调整。当某点出现故障时系统发出信号，并通知中央计算机。所有管路采用工厂布管、现场组装的不锈钢管，美观耐用。

（5）除常规的运行控制系统外，在智能化方面，实现对辊压机关键部件全生命周期的运行状态监测、故障诊断，并实现了粉磨系统的一键启停、无人操作、远程数据传输等功能，在自动化控制水平提高的同时，也提高了粉磨效率，降低了粉磨电耗，减少了人力成本。

（6）由于辊压机的规格越来越大，两个压辊的安装与检修变得越来越困难，因此，近年来各个公司都在为方便安装与检修做努力。对于辊子直径大于 1600mm 的辊压机，配备专用的辊压机退辊装置，满足现场检修拆卸需求。退辊装置分为固定式和移动式两种，固定式适用于辊压机周围有充足的空间，轴系离开机架就可以被吊车吊走；而移动式则适用于辊压机周围没有足够的空间架设吊车，需要将轴系拉至开阔处才可以被吊运的情形。

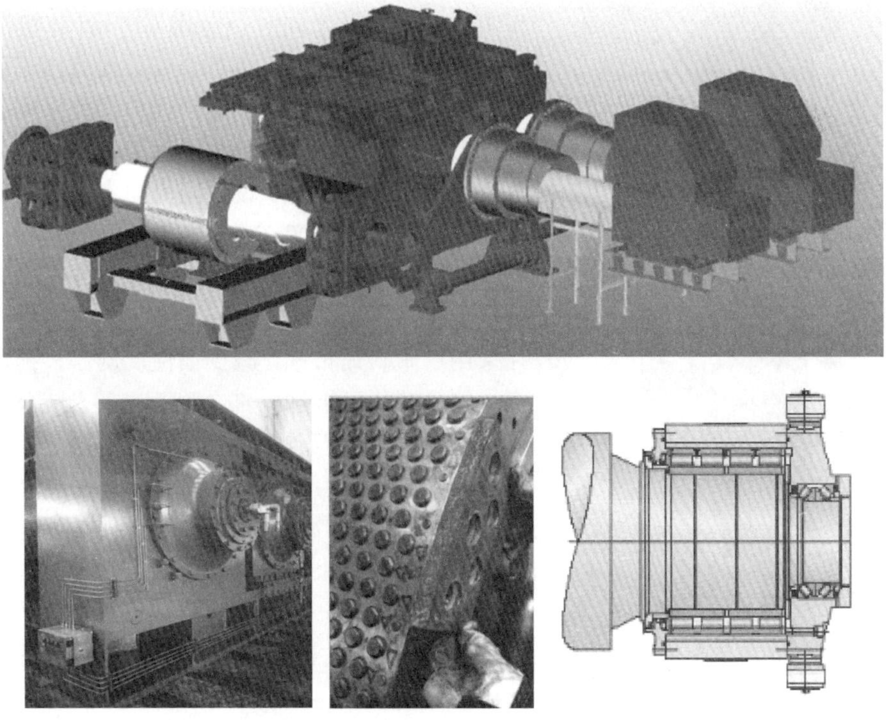

图 2　TRP 辊压机

2 选粉机

天津院的选粉机主要是结合工程项目需要而发展的，经过几十年的发展，结合粉磨系统，目前我们拥有十多种不同类型的选粉机，按用途可分为水泥生料选粉机。煤粉制备选粉机、水泥粉磨选粉机、矿渣粉磨选粉机以及其他用途的选粉机；按结构形式分为静态选粉机、动态选粉机、组合式选粉机、侧进风选粉机、下进风选粉机、立磨用选粉机等。

我们在选粉机方面的优势主要是与粉磨系统相结合，为粉磨系统服务，针对于粉磨系统工艺的需要进行专门设计。在选粉机的研究方面，我们一直处于国内先进水平。2013 年，我公司与泰国 LVT 公司签订了 LV 选粉机技术许可协议，进一步提升了选粉机的工作性能。我公司近年来利用小型试验系统完成了大量的试验研究，并进行了深入的 CFD 模拟分析，建立了选粉机理论分析研究平台，开发的新型叶片结构的选粉机在多种粉磨系统中得到应用，取得满意效果。

2.1 TAS 组合式选粉机

TAS 型组合式选粉机（图 3）为天津院近年开发并推广的产品，与辊压机配合使用，可用于辊压机终粉磨系统和辊压机与球磨机组成的双圈流粉磨系统。该机型将高效动态选粉机与 V 形静态选粉机组合为一体，结构紧凑、运行空气阻力低，能有效降低系统电耗。

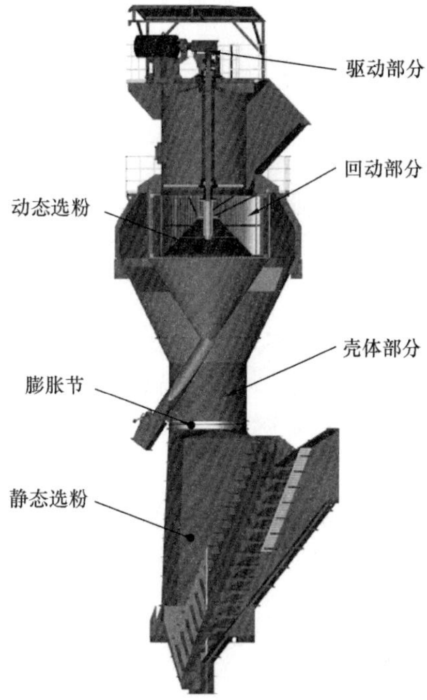

图 3 TAS 型组合式选粉机

该选粉机具有以下特点：

（1）动静部分一体化设计，整体结构更紧凑，沿程阻力损失更低，同时，运用 CFD 计算机流体分析软件对选粉机内部流场进行分析，使壳体不同部位的气流速度达到最佳，特别是出风口部分采用了扩容式结构形式，可极大降低此处局部阻力损失，从而达到降低风机压头的作用，设备阻力＜3500Pa，比传统动选加 V 选阻力低 500～700Pa，使得通风电耗更低。

（2）选粉机笼子是工作的关键部件，对笼子结构进行优化：用拉杆结构减小了笼子空气阻力；笼子叶片采用后倾斜式布置，减少惯性反旋涡，提高分选精度；笼子叶片可拆卸，部分磨损或变形后易于更换，降低维护成本，不需要对整个转子进行更换。

（3）空气动力与机械迷宫组合式密封结构，使笼子与壳体之间密封处的密封性能更佳，杜绝了传统密封可能出现的跑粗、卡料的可能性，同时，磨损后易于修复更换。

（4）导流叶片的角度可独立调节，更有利于调整选粉机分级精度、选粉效率和颗粒分布范围，同时可单独更换，降低维护成本。

（5）动态部分粗粉返回静态部分侧面特定区域并设置调料装置，控制内循环、提高二次分选能力、实现合理的物料分选浓度，从而达到高的分选效率和粉磨效率。

（6）静态部分设计更扁平，土建高度比传统动选加V选低5～8m，从而降低土建费用；扁平的结构设计有效延长了物料停留时间，从而提高了静态部分分选效率和烘干能力，通过计算机流场分析，静态部分流场分布更均匀，减少湍流和局部旋涡造成的误分选。

2.2 TES型涡流选粉机

TES型涡流选粉机（图4）既可单独与球磨配套形成简单圈流系统，也可用在联合粉磨或半终粉磨的球磨部分形成双圈流系统。该机型为上喂料侧进风形式，结构紧凑、运行空气阻力低，能有效降低系统电耗。

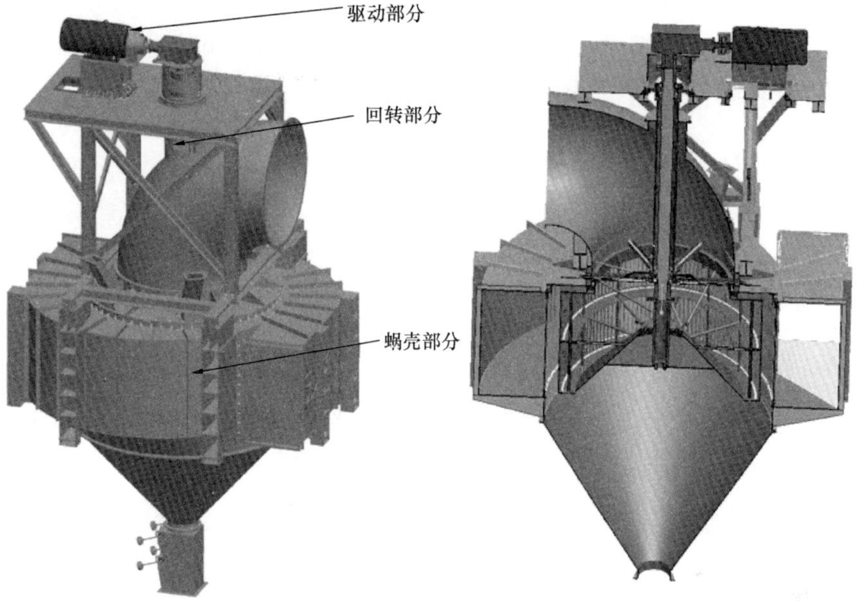

图4　TES型涡流选粉机

TES型涡流选粉机技术特点如下：

（1）运用CFD计算机流体分析软件对选粉机内部流场进行分析（图5），使壳体不同部位的气流速度达到最佳，特别是出风口部分采用了扩容式结构形式，可极大降低此处局部阻力损失，从而达到降低风机压头的作用，设备阻力＜1800Pa，比传统O-sepa选粉机低200Pa。

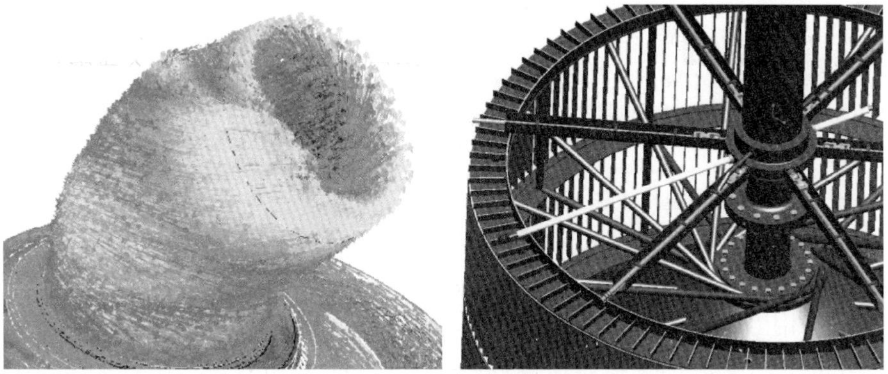

图5　选粉机内部流场分析结果及转子结构

（2）采用对称进风形式，即一次风进风口和二次风进风口面积一致，利于气流在蜗壳内的均匀分布，流场更稳定，避免了一大一小进风口可能导致的分选死区；针对大规格，采用均匀四次风进风口形式，周向气流分布更均匀、稳定。

（3）选粉机笼子是工作的关键部件，对笼子结构进行优化：用拉杆结构减小了笼子空气阻力；笼子叶片采用后倾斜式布置，减少惯性反旋涡，提高了分选精度；笼子叶片可拆卸，部分磨损或变形后易于更换，降低维护成本，不需要对整个转子进行更换。

（4）空气动力与机械迷宫组合式密封结构，使笼子与壳体之间密封处的密封性能更佳，杜绝了传统密封可能出现的跑粗、卡料的可能性，同时，磨损后易于修复更换。

（5）喂料溜子沿转子旋转方向自带倾角，且内部设计防磨缓冲区，可保证喂入物料具有与转子旋转速度接近的初始速度，同时，采用一种特殊结构的扩散式扇形撒料板拼装成的圆环碗形撒料盘，保证物料在选粉区均匀分布，提高了选粉机的选粉效率。

3 辊压机水泥及生料粉磨系统

在水泥生产过程中，粉磨电耗占全部生产用电的60%～70%，因此，如何降低粉磨系统的单位电耗，是水泥生产企业节能降耗的主要目标之一。

在现有常用的大型粉磨设备中，辊压机的能量利用率为600m^2/kJ，立磨为450m^2/kJ，卧辊磨为500m^2/kJ，球磨机为240～320m^2/kJ。另外，辊压机粉磨系统中，物料的提升采用机械提升方式，与采用风力提升的立磨系统相比，通风电耗低40%～50%，所以，现在新建或者改造的粉磨系统，大多数采用辊压机终粉磨系统或辊压机与球磨机组成的联合粉磨系统。

3.1 生料辊压机终粉磨系统

尽管天津院生料辊压机终粉磨系统在国内不是起步最早的，但是，在技术进步方面绝对处于引领者。在2011年第一套TRP生料辊压机终粉磨系统投产后，我们很快发现卧式动态选粉机存在的问题，并于2012年率先在国内将卧式动态选粉机改为立式动态选粉机，并尽可能缩短V选和动态选粉机之间的风管长度。到目前为止，已经投入运行的TRP生料辊压机终粉磨系统共44套，其中循环风机电耗最低的为2.5kWh/t，系统电耗最低的只有9.2kWh/t。

3.1.1 生料辊压机终粉磨系统的最新工艺流程

新喂物料由皮带直接喂入组合式选粉机的静态部分，出辊压机物料也由提升机送入组合式选粉机的静态部分，物料在其内分选和烘干后，粗物料由另一台提升机送入辊压机上面的荷重小仓，继而被辊压机辊压粉磨；较细物料由风带入组合式选粉的动态部分再次被风选，经动态部分分选后，合格的成品由风带入后面的旋风除尘器收集送入成品库，未达到成品要求的粗粉经溜子从组合式选粉机的静态部分出风口侧二次喂入，再次被风选。工艺流程见图6。

该系统工艺流程的特点有：

（1）采用双提升机方案，辊压机布置在地面上，出辊压机和出选粉机各设一台提升机，可以降低厂房高度，降低提升机的要求，方便设备检修。

（2）系统采用了专门开发的组合选粉机，将静态选粉机和动态选粉机有机地结合为一体，减小了气体提升物料的高度，设备阻力降低500Pa以上，从而降低了系统通风电耗，并且可以更加方便有效地控制成品细度，尤其是粗颗粒的含量$R_{200\mu m}<1.5\%$，从而改善生

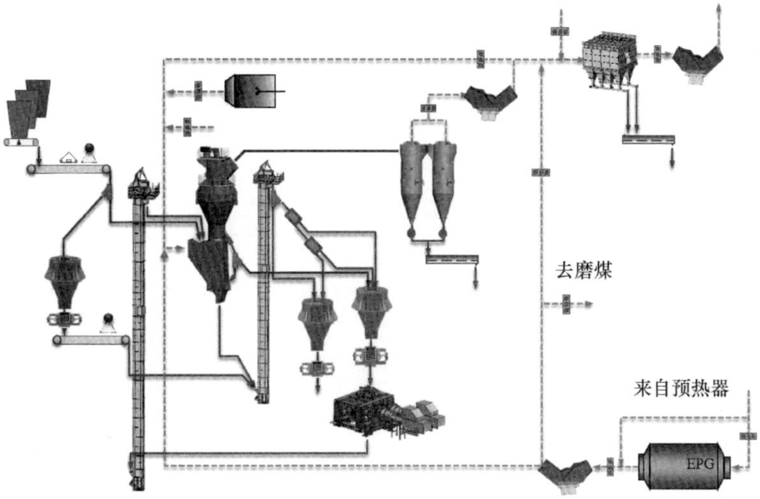

图 6　生料辊压机终粉磨系统工艺流程

料的易烧性。

(3) 采用完善的除铁系统，确保大块金属不能进入辊压机挤压区而损伤辊面，这一点对柱钉辊面尤为重要。经计量后的原料，首先由出配料站的皮带上的除铁器除铁，接着通过其后的金属探测器探测，如果没有大块金属，原料正常进入辊压机系统，如果探测到有大块的金属未被除出，则皮带头部下方的三通分料阀就会将含有金属的物料导入外排仓，然后定期启动外排仓下的可调速皮带，并再次通过金属探测器探测，发现大块金属后，皮带停止，人工将其拣出，其他原料再返回辊压机系统。

3.1.2　天津院生料辊压机终粉磨系统运行案例

从 2009 年天津院开始生料辊压机终粉磨系统的研发，到 2013 年国内用于生料粉磨最大规格的辊压机（TRP220-160）在祁连山水泥股份有限公司的漳县和古浪 5000t/d 生产线投入运行，就将动态选粉机由卧式改为立式，大幅缩短 V 形选粉机与动态选粉机之间的风管长度。在生料成品 80μm 筛余＜16％时，200μm 筛余从 3.0％～3.5％降低至 1.5％以下，系统电耗也从 16～17kWh/t 降低至 13～14kWh/t。永登祁连山 1 号和 2 号熟料生产线的生料粉磨系统于 2016 年将原来的 Atox37.5 立磨终粉磨系统改为 TRP180-120 生料辊压机终粉磨系统，该系统首次采用 TAS 组合式选粉机，2017 年投产后，在 80μm 筛余＜10％的情况下，系统电耗只有 9.1kWh/t，尤其是循环风机电耗只有 2.2kWh/t，是目前所了解到的电耗最低的生料辊压机终粉磨系统。

(1) 芜湖南方原料粉磨系统

芜湖南方原料粉磨系统是 TRP 辊压机在生料粉磨中的最新应用，从设备选型到工艺布置，都采用了天津院在辊压机生料粉磨系统方面的最新技术，如柱钉辊面、双耳座液压缸、组合式选粉机、动态选粉机回粉的二次风选等。由于该项目采用六级窑尾预热器，并且原料在梅雨季节水分高达 7.5％，为了尽可能多地利用窑尾废气，减少余热的浪费，以及在原料水分大时也能够满足烧成系统对原料的需求，我们将选粉机的规格比正常选型大了一个规格，风量加大 40％，目的就是加强原料粉磨系统的烘干能力，同时可以保证窑尾废气全部用于生料的烘干。系统主要设备参数及运行情况见表 1、表 2。

表 1　芜湖南方生料粉磨系统主要设备

序号	设备	参数
1	辊压机型号	TRP180-170
	辊压机规格（mm）	ϕ1800×1700
	辊压机通过量（t/h）	1099
	辊压机配用（kW）	2×1800
2	组合式选粉机型号	TAS-540
	组合式选粉机额定风量（m^3/h）	700000
	组合式选粉机阻力（Pa）	3500
	组合式选粉机配用（kW）	280
3	旋风筒规格	4-ϕ5200
	旋风筒风量（m^3/h）	680000～800000
	旋风筒风温（℃）	90
	旋风筒阻力（Pa）	1200
4	循环风机风量（m^3/h）	800000
	循环风机静压（Pa）	−67000
	循环风机配用（kW）	2100

表 2　芜湖南方生料粉磨系统运行情况

项目		参数
系统类型		辊压机终粉磨
成品细度 $R_{80}\mu m$（%）		～13.5
成品细度 $R_{200}\mu m$（%）		1.1
系统喂料量（干基）（t/h）		539
成品水分（%）		0.5
电耗（kWh/t）	辊压机	4.6
	循环风机	2.88
	其他	1.7
	单粉磨系统电耗	9.18

（2）永登祁连山原料粉磨系统改造案例

永登祁连山水泥有限公司 1 号和 2 号 2000t/d 熟料新型干法生产线系原天津院设计的高海拔水泥熟料生产线，该厂海拔高度约为 2300m。其原料粉磨采用丹麦史密斯公司的 ATOX37.5 辊式磨系统。由于设备老化、系统电耗高、设备故障率高以及维护费用高等问题，公司于 2015 年将两条熟料生产线的生料粉磨系统改为天津院的 TRP180-120 生料辊压机终粉磨系统（表3）。改造后，系统产量增加72t/h，系统电耗降低近12kWh/t。

表3　永登祁连山原料粉磨系统改造前后对比

系统参数		改造前（辊式磨）	改造后（辊压机终粉磨）
主机规格		Atox37.5	TRP180-120
主机装机功率（kW）		1830	2×1250
原料易磨性（Bond）		11.58	11.58
成品细度 $R_{80}\mu m$（%）		12	7.75
系统喂料量（干基）(t/h)		188	260
成品水分（%）		1	0.5
电耗（kWh/t）	辊压机（辊式磨）	9.3	4.5
	循环风机	10.1	2.2
	其他	1.6	2.4
	系统	21	9.1

（3）广州市珠江水泥有限公司原料粉磨系统改造案例

广州市珠江水泥有限公司原来的生料粉磨系统为一台中卸球磨，磨机规格为 ϕ5.6×(11+4.4)m。由于系统产量低，系统电耗高，基于节能降耗及增加企业的市场竞争力方面考虑，公司于2016年改造为天津院的TRP220-160辊压机终粉磨系统（表4）。与改造前相比，年节电约2728万kWh，并且每年备品备件的费用降低了60%以上。

表4　广州珠江水泥有限公司生料磨改造前后系统运行情况对比

系统 主机规格		改造前（中卸球磨） 5.6×11+4.4	改造后（辊压机终粉磨） TRP220-160
主机装机功率（kW）		5600	2×2000
原料易磨性（Bond）		11.5	11.8
成品细度 $R_{80}\mu m$（%）		21.8	15.3
成品细度 $R_{200}\mu m$（%）		2.5	1.3
系统喂料量（干基）(t/h)		366	511.29
成品水分（%）		0.25	0.5
电耗（kWh/t）	辊压机（生料磨）	13.88	7.52
	生料磨细碎机	0.41	
	循环风机	3.16	3.18
	其他	4.56	2.14
	系统（包括配料及成品入库）	22.01	12.74

近年来随着国家节能减排政策的引导，水泥企业中不论是原有球磨生料粉磨系统的改造，还是新建熟料生产线的生料粉磨系统，大多采用辊压机终粉磨系统，TRP辊压机在生料粉磨系统的应用已经有四十多台套。从近年部分TRP生料辊压机终粉磨系统的运行情况来看，生料辊压机终粉磨系统的运行指标也越来越先进，系统电耗平均值不超过12.5kWh/

t，成品中 200μm 的筛余不大于 2%（表 5）。

表 5　近年部分 TRP 生料辊压机终粉磨系统的运行情况

序号	厂别	辊压机		成品细度（%）		系统产量（t/h）	电耗（kWh/t）			备注
		规格	装机功率（kW）	R_{80}μm	R_{200}μm		辊压机	循环风机	系统	
1	祁连山（古浪）水泥有限公司	TRP220-160	2×2000	10.31	0	470～510	5.53	4.14	10.79	
2	漳县祁连山水泥有限公司	TRP220-160	2×2000	14	2	470～500	7.56	3.47	13.4	
3	大冶尖峰水泥有限公司	TRP220-160	2×2240	17	1.5	530	6.94	4.08	13.45	
4	华润集团广州市珠江水泥有限公司	TRP220-160	2×2000	15.3	1.3	511.29	7.52	3.18	12.74	包括堆场取料及入库
5	巴基斯坦 Cherat 熟料生产线	TRP220-160	2×2240	12.2	＜1	510	8.2	3.54	13.36	
6	永安金牛水泥有限公司	TRP220-160	2×2000	9～10	＜1	500	7.03	3.95	12.6	
7	河南锦荣水泥有限公司	TRP220-160	2×2240	16	1.5	540	7.88	3.98	13.16	
8	长兴南方水泥有限公司	TRP200-160	2×2000	22	3	510～540	7.85	3.25	11.8	
9	辽宁银盛水泥有限公司	TRP200-160	2×2000	15	＜1.5	460	7.45	4.08	13.1	
10	芜湖南方水泥有限公司	TRP180-170	2×1800	13.5	1.1	539	4.61	2.88	9.18	
11	赞皇金隅水泥有限公司	TRP180-170	2×1800	13	＜1	330～430	6.14	4.25	12.51	
12	河北金隅鼎鑫水泥有限公司	TRP180-140	2×1400	15	＜1	300	8	3.8	13.3	
13	永登祁连山水泥有限公司	TRP180-120	2×1250	7.75	1.53	260	4.5	2.2	9.1	
14	浙江金圆水泥有限公司	TRP180-120	2×1250	16	2	250	7.18	3.27	12.37	含成品入库
平均				14			6.89	3.58	12.20	

3.2　辊压机水泥粉磨系统

由于水泥粉磨的特殊性，采用料床终粉磨系统生产的水泥，其工作性能与采用传统球磨机所生产的水泥存在一定的差异，因此，目前大多数水泥粉磨采用辊压机与球磨机组成联合粉磨系统进行生产。但是，辊压机在整个粉磨系统中所承担的粉磨任务越来越大，也就是说，相对于球磨机而言，配的辊压机越来越大。这是因为，在保证满足市场可接受的水泥性能情况下，大家都希望生产水泥的单位能耗更低。

3.2.1　双圈流水泥粉磨系统

为了进一步降低水泥粉磨系统的电耗，采用大辊压机加小球磨的系统配置方案，已成为新建水泥粉磨系统的趋势，也是球磨机水泥粉磨系统改造的首选。为了适应这种配置的变化，当辊压机的装机功率大于球磨机的80%时，就需要在V形选粉机后加设一台动态选粉机，通过调整动态选粉机转子的转速，来控制入球磨机半成品的质量和数量，从而实现在辊压机运行状态稳定的情况下，达到调节辊压机和球磨机粉磨能力平衡的目的。因作为系统粉磨工作的两个主机设备——辊压机和球磨机各自单独配有选粉机，形成相对独立而又有联系的两个闭路系统，所以我们将该水泥粉磨系统称为双圈流水泥粉磨系统。工艺流程简图如图7所示。

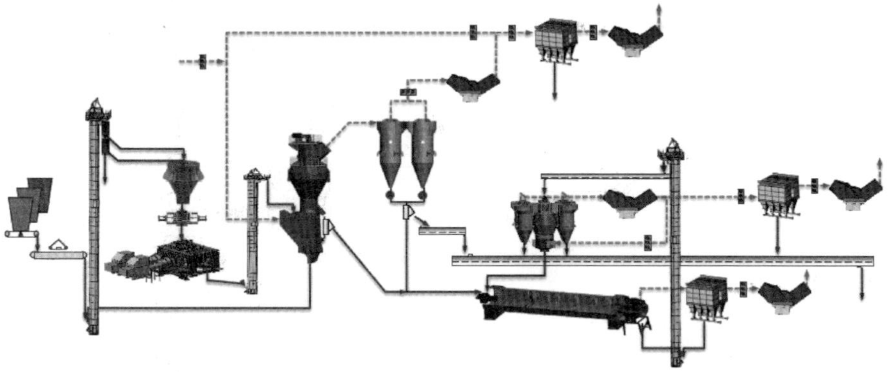

图7　辊压机与球磨机组成的双圈流水泥粉磨系统

双圈流水泥粉磨系统可以以多种方式运行，操作灵活多样，可在一定程度上改善水泥成品的需水量等性能，具有如下特点：

（1）辊压机和球磨机粉磨能力的平衡，由设置在物料入球磨机输送过程中的分料阀来实现，从而保证了静态选粉机内的风量，提高了其选粉效率，避免了部分细粉未被及时选出而影响辊压机的稳定运行；

（2）通过调节出球磨机提升机出口处的三通分料阀，可以实现部分或者全部以开流方式运行，从而保证成品的工作性能，如需水量、流动度等；

（3）系统在生产对水泥的工作性能要求较低的水泥时，辊压机侧的三分离选粉机直接将合格的成品选出（系统产量的20%～30%）进入成品储存，减少了入球磨机的细粉量，提高了粉磨效率，同时，因动态选粉机内的物料浓度低，选粉效率也有一定程度提高，系统产量与传统的联合粉磨系统相比增加约5%；

（4）在生产对水泥工作性能要求较高的水泥时，通过调节旋风筒下面的三通分料阀，使三分离选粉机分选后的细物料可以部分或者全部进入球磨机，进一步优化水泥成品的颗粒级配和形貌，也可以降低选粉机转速，直接分选合适细度的半成品喂入球磨机，而粗粉全部返回辊压机。

3.2.2　天津院辊压机水泥粉磨系统的运行案例

（1）振兴2号水泥磨改造

天津振兴水泥有限公司 2 号水泥磨改造前为 ϕ3.8×13m 球磨圈流系统，系统产量低，电耗高；改造后，采用了典型的辊压机联合粉磨系统，该系统改造时，为了减少对原有厂房及设备的改动，球磨机采用开流形式运行，这样一来，只有动态选粉机因能力无法满足提产后的系统要求而被废弃，其他设备全部在改造后的系统中得到了利用，其改造后的工艺流程图如图 8 所示。

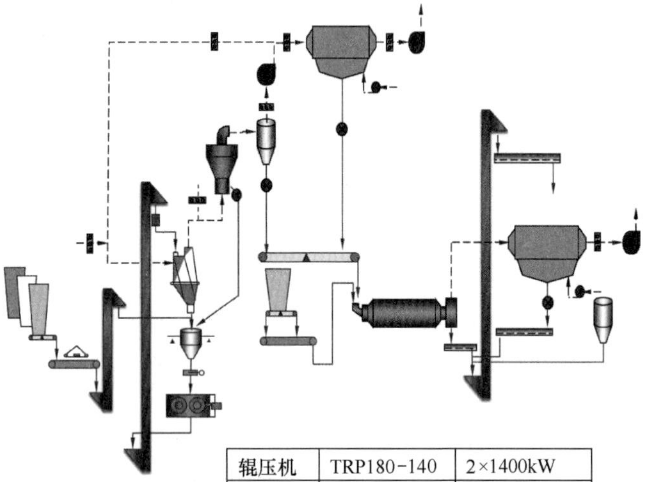

辊压机	TRP180-140	2×1400kW
球磨机	ϕ3.8×13m	2500kW

图 8　联合粉磨系统-球磨机开流工艺流程图

改造前后系统运行指标见表 6。

表 6　改造前后系统运行指标

参数	改造前	改造后
水泥品种	P. O 42.5	P. O 42.5
系统产量（t/h）	65	180～190
比表面积（cm^2/g）	365	370
熟料	80%～82%	81%～83%
石灰石	6%～8%	6%～8%
脱硫石膏	5%～8%	5%～8%
矿粉	5%～7%	4%～6%
系统电耗（kWh/t）	40～42	29～31

（2）鹿泉曲寨水泥磨改造

鹿泉曲寨水泥磨改造方案，在原有的水泥磨系统基础上增设一台较大的辊压机，实现辊压机一拖二磨机、磨机开流的系统形式。此系统也可实现部分半终粉磨的操作模式，磨机采用开流形式以保证水泥成品的质量。曲赛水泥改造后的工艺流程图如图 9 所示。

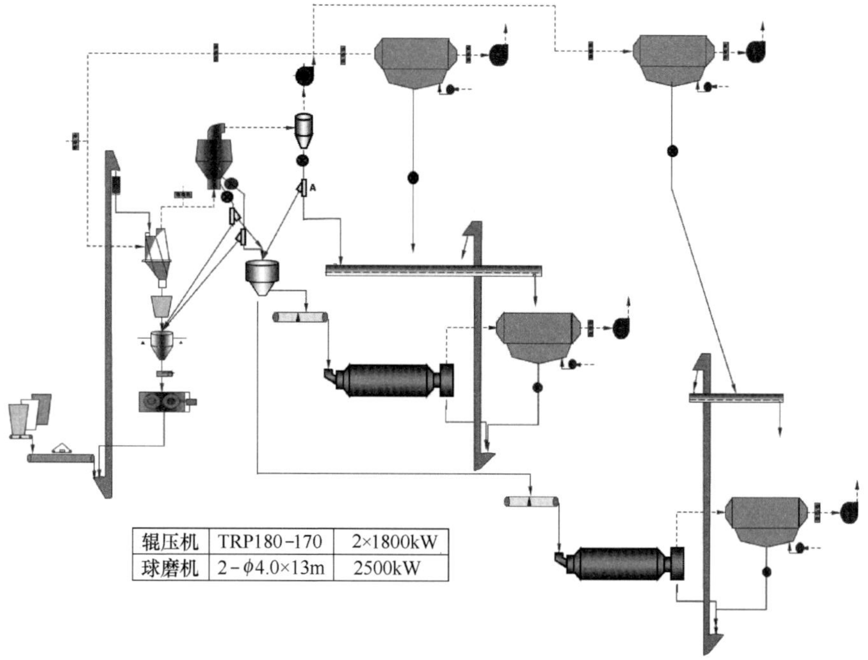

图 9　联合粉磨系统-辊压机一拖二工艺流程图

曲赛水泥磨改造前后系统状况对比如表 7。

表 7　曲赛水泥磨改造前后系统状况对比

参数	改造前	改造后		
	两台圈流	辊压机＋两台球磨机		辊压机＋一台球磨机
水泥品种	P. O 42. 5	P. O 42. 5	P. O 42. 5	P. O 42. 5
产量（湿基）(t/h)	～2×80	≥285	≥319	≥210
比表面积（cm^2/g）	3500	≥3800（实际）	≥3500（折算）	≥3800（实际）
水泥配比	%	%	%	%
熟料	88	88	88	88
石膏	6	6	6	6
石灰石	6	6	6	6
系统电耗（kWh/t）	40	32	28. 6	27

（3）锦荣 3 号水泥磨改造

锦荣 3 号水泥粉磨系统为 2018 年投产的一套辊压机双圈流粉磨系统，流程图如图 10 所示。

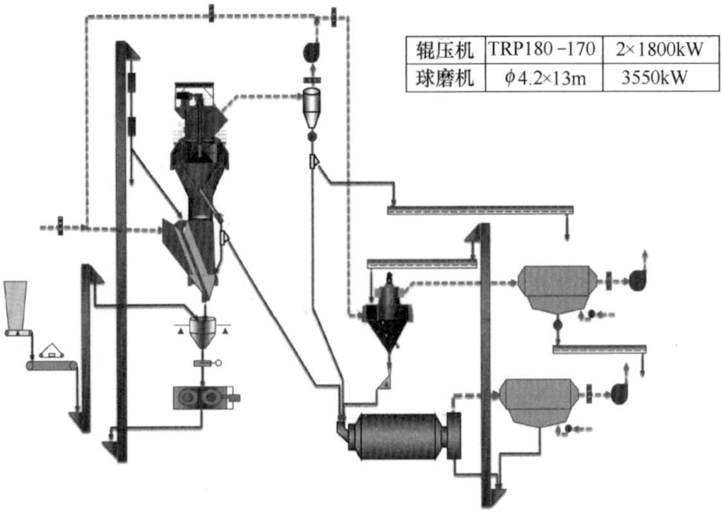

图 10　双圈流半终粉磨系统-球磨机双选粉机流程图

水泥磨主要控制指标及产量情况见表 8。

表 8　水泥磨主要控制指标及产量情况

水泥品种	产量 (t/h)	比表面积 (cm^2/g)	水泥配比					系统电耗 (kWh/t)
			熟料	脱硫石膏	石灰石	粉煤灰	矿粉	
P.O 42.5	～310	360～370	70%	5%	4%	5%	16%	～27.0

4　结语

总而言之，作为料床粉磨设备的辊压机，因在目前常用的几种大型粉磨设备中，其能量利用率最高，而且随着液压、电控技术的提高、耐磨材料性能的改善以及智能化的大量应用，辊压机越来越受到用户的青睐，可以预见，在近 10 年之内，辊压机将是水泥行业粉磨工序的首选设备。同时，随着人们对辊压机水泥终粉磨研究的深入，在不久的将来，辊压机将取代其他粉磨系统成为水泥行业物料粉磨的主要粉磨设备。

烟气超低排放技术的研究与应用

胡芝娟　陈昌华　王永刚　李志军

摘　要：本文针对水泥行业烟气特点，开展了水泥窑炉污染物控制的研究。通过机理分析、实验室试验、CFD仿真模拟、工业试验等，自主研发了分解炉自脱硝、高效SNCR脱硝、低温SCR脱硝、催化增效干法脱硫剂、钙循环湿法脱硫等污染物减排关键技术，形成了水泥行业超低排放方案集成技术与装备，并在芜湖南方项目进行工业应用。

关键词：分解炉自脱硝；低温SCR；干法脱硫剂；湿法脱硫；超低排放

1　前言

随着国民经济的发展，我国水泥工业的环保任务日趋严峻，环保减排已成为水泥行业当前的重要课题。现行国家标准中NO_x、SO_2、粉尘的排放浓度要求分别不超过320mg/m^3、200mg/m^3、30mg/m^3，近年来河南省、河北省等多个地方标准要求更严格，排放浓度分别不超过100mg/m^3、50mg/m^3、5mg/m^3。火力、钢铁等行业超低排放指标要求NO_x、SO_2、粉尘不超过50mg/m^3、35mg/m^3、5mg/m^3。相比火电、钢铁行业，水泥行业烟气NO_x本底浓度高，原料成分复杂，烟气SO_2含量不稳定，脱硫、脱硝系统集成技术难度大。因此，需要深化超低排放的机理研究，系统性地研发先进、可靠、经济的超低排放技术，满足环保需求。

本项目进行了水泥窑炉污染物控制的研究，通过机理分析、实验室试验、CFD仿真模拟、工业试验等研究手段优化集成了公司自主研发的分解炉自脱硝、高效SNCR脱硝、低温SCR脱硝、催化增效干法脱硫剂、钙循环湿法脱硫等核心关键技术，并形成了水泥行业超低排放方案集成技术为代表的高效先进的水泥系统技术与装备。

2　超低排放核心关键技术研究

2.1　分解炉自脱硝技术

分解炉自脱硝技术利用炉内燃料燃烧过程中产生的还原性中间产物还原或抑制窑炉内燃烧形成的NO_x，在确保燃料燃尽的前提下，减排出炉烟气中的NO_x，达到燃烧过程的自脱硝效果。其原理示意图见图1

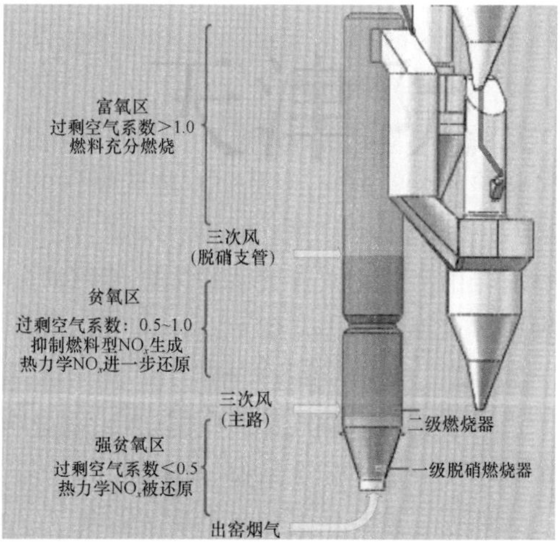

图1　梯度燃烧自脱硝原理示意图

2.1.1　理论研究与仿真模拟

由于分解炉内氮氧化物生成的复杂性和多样性，需先对NO_x的生产和还原机理进行研究，并建立相应的数学模型，为后续计算机仿真计算模拟研究提供前提条件。

（1）煤粉燃烧过程中氮的析出机理

一般煤中氮含量为0.5%～2.5%（daf），主要分为吡咯型、吡啶型、季氨型氮和N-X等几种形式。本研究采用简化处理方法，定义系数$A=\frac{(HCN)_0}{(HCN+NH_3)_0}$，标记它们在挥发分中的初始比例，煤燃烧过程中$N$的析出模型可以表示成：

$$R_{coal\to HCN}=\frac{27}{14}\times A\times (S_pY_{coal}^N)$$

$$R_{coal\to NH_3}=\frac{17}{14}\times (1-A)\times (S_pY_{coal}^N)$$

式中，Y_{coal}^N为煤中氮的质量分数；S_P为煤粉在热解及煤焦燃烧时的质量衰减速率（kg/s）。

（2）分解炉内NO_x生成和还原机理

分解炉内燃烧产生的NO_x主要来源于两类：燃料型NO_x和热力型NO_x，以燃料型为主。煤的挥发分中的氮化合物主要是HCN和NH_3，它们既是NO_x的生成源，又是NO_x的还原剂。

HCN氧化生成NO的反应速率为：

$$w_1=1.0\times 10^{11}\rho X_{HCN}X_{O_2}^b\exp(-67.0kcal/RT)/M_m[mol/(m^3\cdot s)]$$

NH_3氧化生成NO的反应速率为：

$$w_2=2.8\times 10^{10}\rho X_{NH3}X_{O_2}^b\exp(-3.37\times 10^4/T)/M_m[mol/(m^3\cdot s)]$$

HCN还原NO的反应速率为：

$$w_3=3.0\times 10^{12}\rho X_{HCN}X_{NO}\exp(-60.0kcal/RT)/M_m[mol/(m^3\cdot s)]$$

NH_3还原NO的反应速率为：

$$w_4=3.0\times 10^{12}\rho X_{NH3}X_{NO}\exp(-3.02\times 10^4/T)/M_m[mol/(m^3\cdot s)]$$

CO还原NO的反应速率为：

$$w_5=1.58\times 10^8 X_{CO}X_{NO}\exp(-9560/T)(1\times 10^{-6}/s)$$

式中，X_i为组分i在混合气体中的摩尔分数；ρ为混合气体密度（kg/m^3）；T为混合气体温度（K）；R为通用气体常数8.314J/（mol·K）；M_m为炉内混合气体的平均分子量（g/mol）。

（3）仿真模拟计算

我们采用数值模拟方法，借助CFD软件，研究了水泥窑炉内NO_x的生成和还原机理，对分解炉内煤粉燃烧过程NO_x生成特性的研究涵盖了分解炉内的气体流动特性、颗粒物运动特性、煤粉燃尽特性、煤粉运动特性、气固传热特性、NO_x生成特性以及$CaCO_3$的分解等方面，由实验室试验数据导入数值模拟过程中，通过数值模拟试验得到了规律性结论。仿真模拟计算结果如图2所示。

2.1.2　悬浮炉试验研究

为了摸索还原性气体CO与NO_x的化学反应特性，在实验室搭建了悬浮炉模拟反应试验装置，并开展了相关试验（图3）。

我们通过悬浮炉试验，研究了气体和煤焦的反应动力学参数，获得了自脱硝主反应与温度、浓度、停留时间等关键参数的相关性，为工程设计与装备开发提供技术支撑。

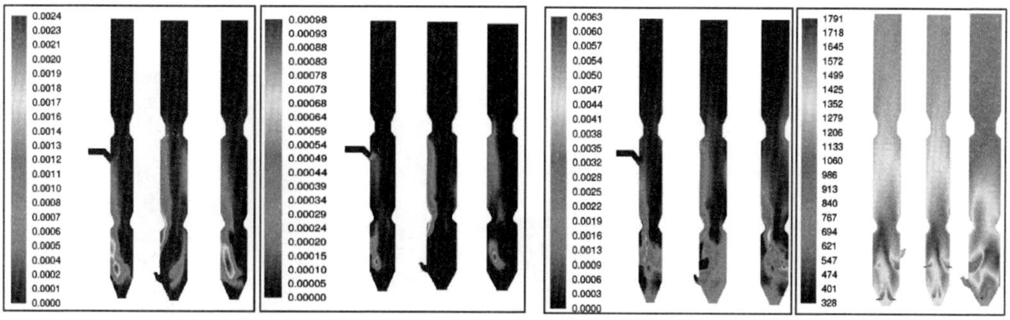

HCN分布和NH_3分布　　NO分布温度场

图 2　仿真模拟计算结果

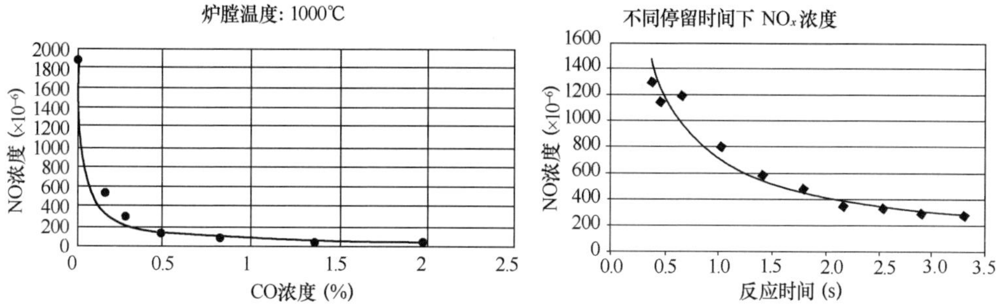

图 3　不同 CO 浓度、反应时间下烟气中 NO 浓度

2.1.3　工业试验

公司先后与湖北京兰、青海金圆、贵州豪龙等多个水泥厂签订分解炉梯度燃烧自脱硝技术改造合同。在湖北京兰 3200t/d 生产线首次开展了多级梯度燃烧自脱硝分解炉的工业试验和生产调试，该厂 2 号窑于 2018 年 4 月实施脱硝技术改造，5 月份完成工业试验，脱硝效率达到预期效果。

从试验结果看，采用分解炉多级梯度燃烧技术后，通过合理的分风、分煤调整，分解炉出口 NO_x 从 898mg/Nm^3 下降至 276mg/Nm^3，脱硝效率达到 60%以上。

2.2　高效 SNCR 技术

2.2.1　精准 SNCR 技术

目前，国内水泥窑炉配套的 SNCR 脱硝系统往往比较粗放，喷氨点位置相对单一，氨水的有效利用率低，氨逃逸问题突出。针对这些问题，我们研究了水泥窑尾精准 SNCR 脱硝技术，采用精准检测、多点喷射技术，并开发数据分析和智能化控制软件，根据窑炉运行工况实时切换 SNCR 系统喷氨区域或调整氨水喷射分布，提高 SNCR 系统氨水的有效利用率（图 4）。

2.2.2　脱硝区优化研究

（1）粉尘稀相区喷氨脱硝

水泥生料主要为石灰质原料，经过分解炉高温分解后，生料中的 $CaCO_3$ 分解为 CaO。CaO 为碱土金属，且在出分解炉生料中质量分数高达 60%以上，通过氧传递作用对燃料氮的氧化有明显的催化作用。在 CaO 等碱性氧化物的催化作用下，一部分 NH_3 与 O_2 生成了

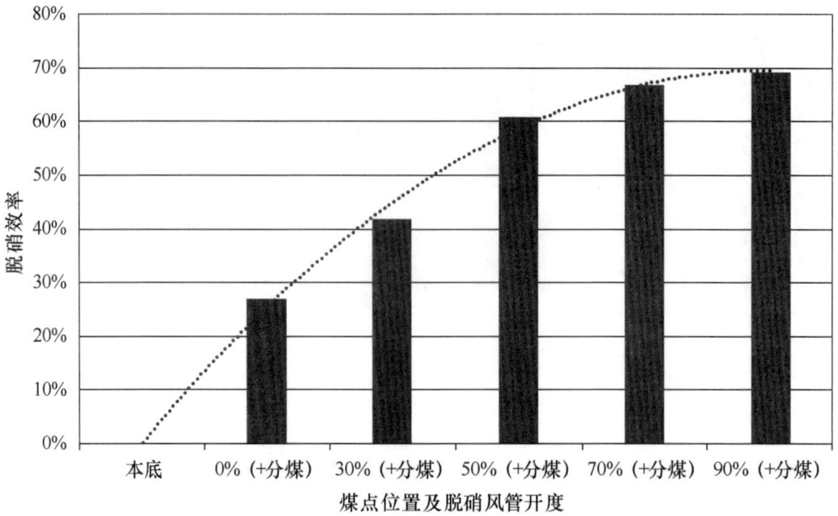

图 4　不同煤点位置和脱硝风管开度下的脱硝效率

NO，加速了 SNCR 脱硝区副反应的发生，导致氨水在烟气中无效损失。

$$CaO + N\cdot \longrightarrow NO + Ca\cdot$$

$$Ca\cdot + O_2 \longrightarrow CaO + O\cdot$$

$$N\cdot + O\cdot \longrightarrow NO$$

基于对脱硝反应区的理论研究，研究人员提出一种在旋风筒粉尘稀相区喷氨脱硝的工艺，利用旋风筒内部流场的分布特点，减少高温水泥粉料对脱硝副反应的催化作用，降低副反应的反应速度，从而提高氨水的有效利用率，节约氨水消耗量。

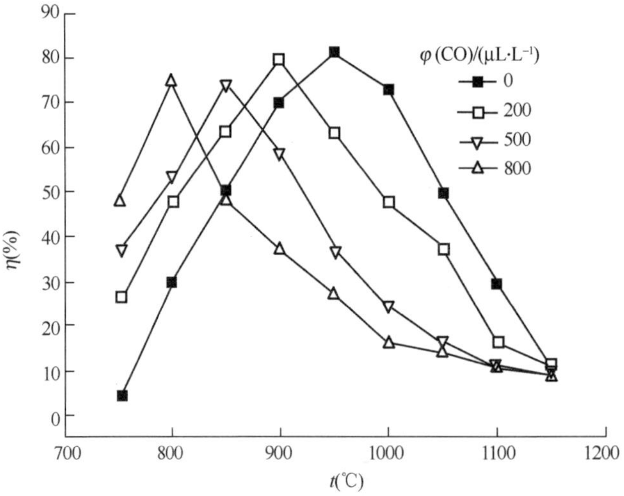

图 5　CO 体积分数对 SNCR 脱硝效率的影响

（3）脱硝区 CO 控制

据相关研究，CO 能在较低温度下促进 OH 活性基的生成，从而促进 NO_x 的还原。当 OH 活性基浓度较高时，脱硝副反应也将加速，以致 SNCR 脱硝效率降低。CO 的存在使 SNCR 反应温度窗口和最佳脱硝温度向低温方向偏移，同时温度窗口的宽度变窄（图 5）。

分解炉出口温度一般为 850～900℃，为了提高 SNCR 脱硝效率，脱硝反应区烟气 CO 浓度控制在（200～500）$\times 10^{-6}$，最高不超过 800×10^{-6}。

2.3　低温 SCR 技术

2.3.1　SCR 催化剂材料制备技术

围绕典型硅酸盐类矿物材料对催化剂成型过程和微观结构的影响、低温 SCR 脱硝材料成型关键工艺参数等技术问题，系统研究催化剂成型助剂设计方案，优化催化剂配料、挤出、干燥、煅烧等成型工艺，形成成套的低温 SCR 脱硝催化材料成型制备技术。

2.3.2 低温 SCR 脱硝技术工业试验

研究人员在振兴水泥厂搭建了低温 SCR 脱硝工业应用试验平台，进行了工业实际烟气中低温 SCR 催化剂的性能试验（图 6），振兴水泥厂半工业试验数据如图 7 所示。

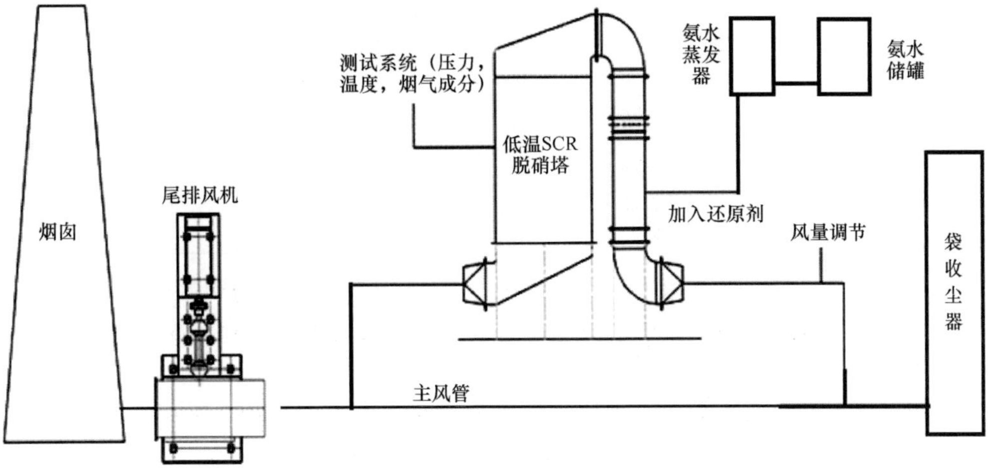

图 6 低温 SCR 脱硝工业试验流程

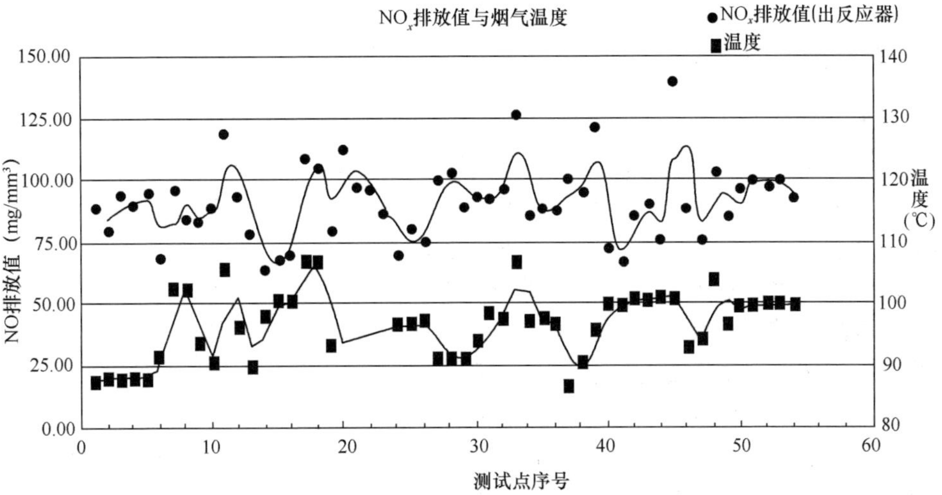

图 7 振兴水泥厂半工业试验数据

试验结果显示低温 SCR 脱硝催化剂具备良好的脱硝能力，在实际烟气温度 100℃的条件下，脱硝效率达到 80%，试验烟气氮氧化物浓度从 240～260mg/m^3 降低到 100mg/m^3 以下，也可达到 70mg/m^3 以下。

2.4 催化增效干法脱硫剂技术

2.4.1 催化增效脱硫机理

通过在钙基脱硫剂中掺加微量的催化剂，将烟气中的 SO_2 活化产生表面羟基捕获自由空穴，形成羟基自由基，而游离的自由电子很快会与吸收态氧气结合产生超氧自由基，从而加快 SO_2 与脱硫剂化学反应的进行。

2.4.2 悬浮态炉试验研究

在理论研究的基础上，研究人员开发了 A、B、C、D 四种不同的配方进行实验室悬浮炉试验，并对其脱硫特性进行对比分析，结果见表 1。

表 1 组分在不同温度下的脱硫效率

反应温度（℃）	250	300	350	400
配方 A	29.71%	42.88%	62.41%	78.57%
配方 B	44.88%	69.43%	82.95%	90.68%
配方 C	58.38%	72.04%	92.00%	94.63%
配方 D	59.58%	75.01%	93.22%	94.59%

实验结果与理论分析的结果基本相符，配方 B、C、D 均能达到很好的脱硫效率，其中配方 C、D 可以达到 95%左右的脱硫效率，可以满足水泥烧成 SO_2 超低排放的要求。

2.4.3 工业应用

催化增效钙基脱硫剂在南方水泥集团多条生产线上的工业应用，实现 SO_2 在不同本底排放值 200～2000mg/Nm³ 下快速减排达标至 35mg/Nm³ 以下。白岘南方 5000t/d 水泥生产线使用高效脱硫剂后，SO_2 的排放稳定在 35mg/Nm³ 以下，脱硫粉剂使用量由之前的平均 4t/h 降至 1t/h，降低 75%。槐坎南方 2 号线应用高效脱硫剂使 SO_2 排放浓度降低至 20mg/Nm³ 以下，脱硫剂使用量仅 0.5t/h，经济效益显著。

2.5 钙循环湿法脱硫技术

2.5.1 技术原理

结合水泥行业的特点，研究人员研发了一套适用于水泥行业的烟气脱硫技术，该技术利用水泥厂生产过程中的窑灰 100%替代外购钙基脱硫剂，产生的脱硫副产物——石膏作为缓凝剂用于生产水泥的原材料。整套工艺将烟气脱硫与水泥生产过程深度融合，在高效脱硫的同时，实现脱硫剂“零外购”、脱硫渣“零外排”，技术先进，无二次污染。

2.5.2 技术创新点

本技术的创新点主要体现在以下几个方面：

（1）脱硫剂采用水泥生料，节约外购脱硫剂成本

该技术采用窑灰作脱硫剂，根据水泥生产工艺自身的特点，窑尾收尘器所收集下来的大量窑尾窑灰，主要成分就是 CaO，是很好的脱硫剂，故采用石灰石-石膏湿法脱硫工艺与水泥生产工艺是相适应的，解决了脱硫剂的来源，节约了脱硫剂的成本。

（2）脱硫副产物——石膏得到有效再利用，直接用作水泥缓凝剂

脱硫副产物——石膏是水泥生产的重要原料，可作为水泥缓凝剂，水泥厂自行消化，对副产物的有效再利用也是该技术的一个显著优势，进一步降低了脱硫系统的运行成本。

（3）采用自主研发的高效除雾器，避免石膏雨，可以实现超低排放

脱硫后的烟气中饱含浆液雾滴，除雾器作为湿法烟气脱硫系统中气液分离过程的末级单元，是气液分离的重要设备。该技术采用自主研发的高效除雾器，压力降低，临界分离粒径小，确保液滴携带量少，能有效避免石膏雨，最大限度减少雾滴携带的粉尘量，实现超低

排放。

(4) 采用有效的气流均布装置，实现高效脱硫

为了避免烟气在脱硫塔内出现分风不均的现象，该技术严格按照CFD分析结果配置进口导流、托盘装置及节能环等结构，充分保证了烟气在塔体内的均匀分布，增加了传质效率。

(5) 合理布置喷淋层及喷头，提高喷淋覆盖率

该技术采用窑尾回灰作为脱硫剂，杂质相对较多，为确保脱硫效率，我公司采用专有程序设计各喷淋层以及各层的喷头，确保塔体内的喷淋覆盖率和均匀性，并设计合适的喷淋覆盖率，提高脱硫效率。

(6) 采用特制皮带机和旋流器，有效改善石膏脱水性能

采用特制的旋流器，确保浆液初级分离效果，并采用特制的皮带机滤布，确保颗粒不堵塞，有效改善石膏脱水性能，确保石膏含水率在15%以下。

(7) 针对水泥脱硫系统特点，提高设备耐磨性、耐酸性

针对脱硫剂杂质多，对设备磨损较严重的特点，该技术采用了加厚防腐层的脱硫塔及各种浆液储槽，并在防腐层中添加特制耐磨材料。

2.5.3 技术应用

钙循环湿法脱硫技术在大冶尖峰、云浮天山、中材亨达、马来西亚NSCI、加拿大VC-NA等多条水泥生产线上推广应用。以大冶尖峰5000t/d生产线为例，采用公司窑灰钙循环脱硫系统，SO_2浓度由2500mg/Nm^{3}降至35mg/Nm^{3}以内，脱硫效率在98%以上，脱硫塔压损低于1000Pa，烟囱粉尘浓度低于10mg/Nm^3。脱硫渣含水率低，可直接用作水泥缓凝剂，整体技术指标先进，受到业主好评。

3 芜湖南方项目环保技术方案及应用效果

3.1 基本情况

芜湖南方4500t/d熟料生产线为我公司EPC总承包项目，于2019年4月投产运行。当地环保要求，烟囱大气污染物排放浓度$NO_x \leqslant$300mg/Nm^3；$SO_2 \leqslant$100mg/Nm^3；粉尘$\leqslant$10mg/Nm^3。为满足环保排放指标，生产线采用了公司自主研发的烟气脱硫、脱硝、除尘成套装备，主要配置见表2。烟气脱硫、脱硝综合治理技术路线如图8所示。

表2 烟气脱硫、脱硝、除尘设备配置

编号	项目	形式	主要参数
1	脱硝	分解炉自脱硝	炉径：ϕ7.6m 容积：2800m^3
		SNCR	还原剂：氨水 空气雾化喷枪：4支
2	脱硫	湿法脱硫	脱硫剂：窑灰 脱硫塔直径：直径9.0m，单塔
3	除尘	袋收尘器	型号：TDM-576/2x3 处理风量：710000m^3

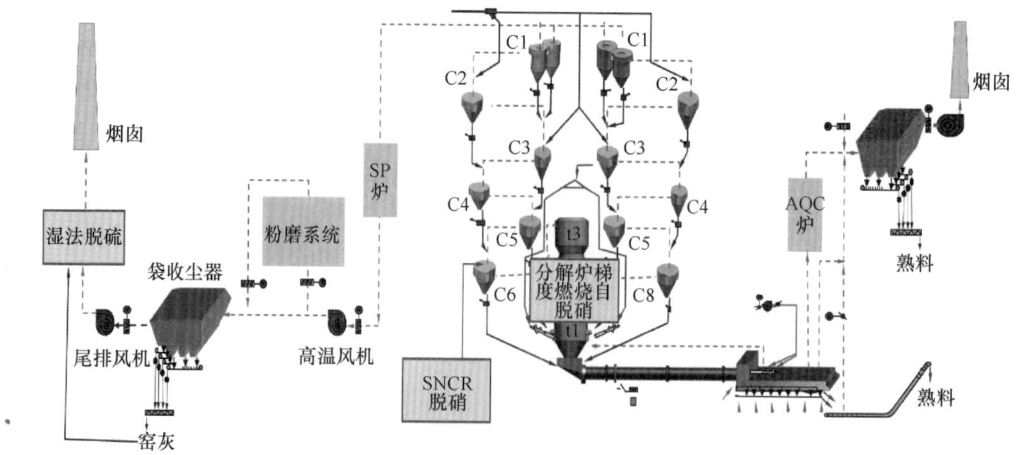

图 8　芜湖南方烟气脱硫、脱硝综合治理技术路线

3.2　环保技术应用效果

3.2.1　脱硝效果

生产线投产后，经过双方技术调试与优化操作，分解炉自脱硝＋SNCR组合脱硝技术达到了预期的效果，技术指标显著优于合同保证值。(图9、图10)

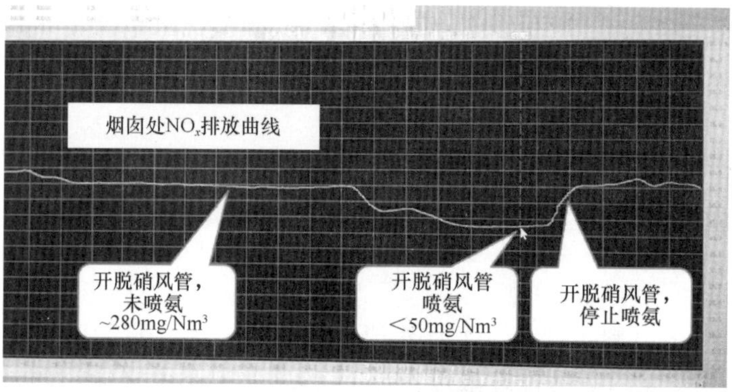

图 9　不同状态下的 NO_x 排放浓度

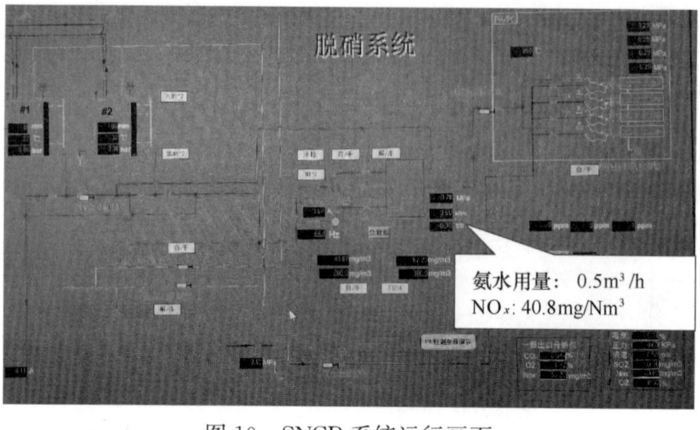

图 10　SNCR 系统运行画面

（1）SNCR 停用时，通过分解炉自脱硝技术可实现烟气 NO_x 平均浓度低于 300mg/Nm^3，自脱硝效率约 70%。

（2）分解炉脱硝风管关闭时，出分解炉 NO_x 为 500～600mg/Nm^3，通过 SNCR 系统控制至 300mg/Nm^3 以下，对应的氨水用量平均为 0.27t/h，单位熟料氨水用量为 1.04kg/t.cl，相对老线（2 号线）氨水消耗量降低 60%。

（3）分解炉自脱硝＋SNCR 技术组合可实现 NO_x 排放浓度≤50mg/Nm^3，达到 NO_x 超低排放指标。

3.2.2 脱硫效果（图 11～图 13）

由于原料中硫含量高，芜湖南方老线（2 号线）、新线（3 号线）均采用天津院研发的窑灰全替代脱硫剂湿法脱硫技术与装备。目前两条线的湿法脱硫系统运行状态良好，正常工况下烟气 SO_2 排放浓度可控制 35mg/Nm^3 以内。

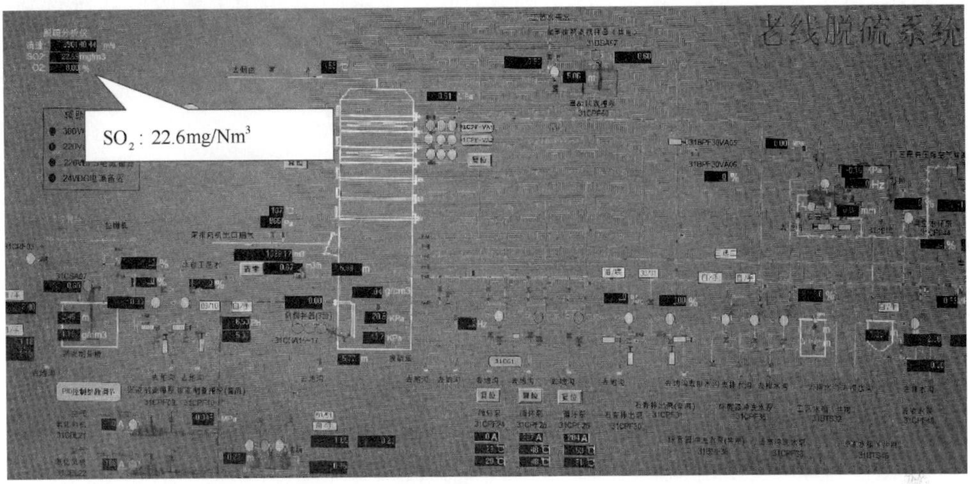

图 11　湿法脱硫系统操作画面

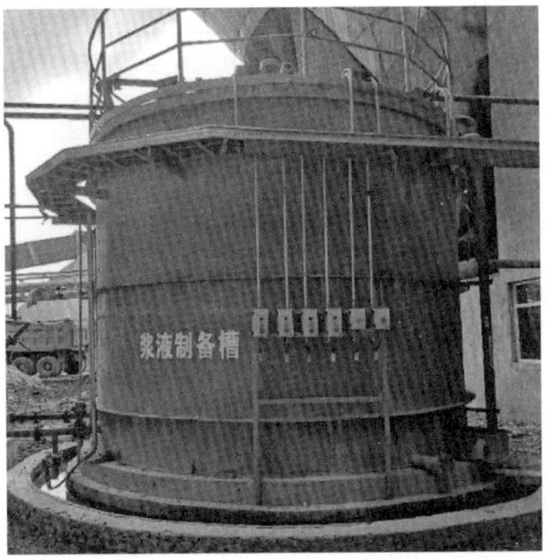

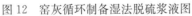

图 12　窑灰循环制备湿法脱硫浆液图

图 13　湿法脱硫塔

3.2.3 氨逃逸检测

现场采用 6900P 便携式氨分析仪检测了出湿法脱硫塔后烟气中的氨逃逸量（图 14），结果显示氨逃逸小于 8mg/Nm^3。

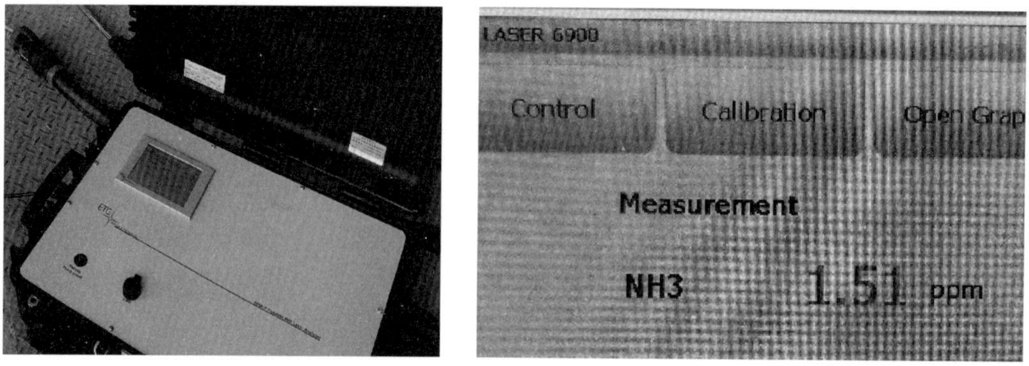

图 14　现场检测氨逃逸量

烟气经过湿法脱硫塔时，烟气中的氨逃逸在塔内浆液喷淋作用下被吸收，逃逸量较少，满足国标氨逃逸排放标准。

3.3　技术经济效益

3.3.1　技术指标（表 3）

芜湖南方项目采用分解炉自脱硝＋SNCR＋湿法脱硫组合技术，通过分解炉自脱硝＋SNCR 技术可实现烟气 NO_x≤50mg/Nm^3，通过湿法脱硫技术使 SO_2≤35mg/Nm^3，湿法脱硫塔可吸收 SNCR 系统过剩的氨逃逸，从而使生产线具备满足水泥行业超低排放指标的配套能力。

表 3　本项目可实现的环保技术指标

编号	项目	国家标准	芜湖地方标准	本项目可实现的技术指标
1	NO_x	≤320mg/Nm^3	≤300mg/Nm^3	≤50mg/Nm^3
2	SO_2	≤200mg/Nm^3	≤100mg/Nm^3	≤35mg/Nm^3
3	氨逃逸	≤8mg/Nm^3	≤8mg/Nm^3	≤8mg/Nm^3

3.3.2　烟气治理运行成本（表 4）

为满足超低排放技术指标，对于原料含挥发硫的生产线，常规技术路线为：采用中高温 SCR 先进行烟气脱硝，再采用湿法脱硫。本项目采用分解炉自脱硝＋SNCR＋湿法脱硫组合方案，一次性投资比常规路线低 2000 万元以上。

从运行成本看，常规路线超低排放治理费用为 7～9 元/吨熟料，本项目治理成本约为 4.0 元/吨熟料，比常规路线降低约 50%。对于 5000t/d 规模的生产线，采用本项目技术路线每年可节省烟气治理成本约 600～700 万元。

表 4　实现超低排放的治理成本对比

方案	描述	内容	直接运行费用（元/吨熟料）
常规路线	中高温 SCR＋湿法脱硫	氨水消耗	7～9
		SCR 系统电耗（含高温风机增加的电耗）	
		余热发电损失	

续表

方案	描述	内容	直接运行费用（元/吨熟料）
常规路线	中高温 SCR+湿法脱硫	湿法脱硫电耗、水耗（含尾排风机增加的电耗）	7～9
		脱硫剂（制备窑灰）	
芜湖南方技术路线	分解炉自脱硝+SNCR+湿法脱硫	氨水消耗	～4.0
		湿法脱硫电耗、水耗（含尾排风机增加的电耗）	
		脱硫剂（制备窑灰）	

4 结语

本项目创新地研发了具有自主知识产权的脱硝、脱硫单项核心关键技术，建立了烧成技术与环保治理的深度融合系统，提出了水泥窑炉大气污染物由“末端治理”为主到“源头治理+过程减排+末端控制”的全流程综合治理路线。针对芜湖南方项目高硫原料，配套的“分解炉自脱硝+SNCR+湿法脱硫”组合技术可实现超低排放技术指标，并具有一次性投资少、运行成本低等优势，可为水泥生产企业创造良好的技术经济效益。

湿法高效脱硫技术的创新与实践

肖 磊　于浩波　李志军　罗 振

摘　要：石灰石-石膏湿法脱硫是目前最适合水泥生产的脱硫工艺。天津水泥工业设计研究院有限公司充分结合水泥行业的特点，改良了浆液储罐、烟气均布、喷淋装置和脱硫综合楼，采用高效屋脊式除雾器、特制两级脱水装置，采用窑灰做脱硫剂并得到合格的脱硫石膏，可为企业降低生产成本，保护生态环境。

关键词：石灰石-石膏湿法脱硫；浆液储罐改良；气流均布及喷淋装置；石膏雨；结构优化

近年来，随着石灰石地域的限制和品位的降低，有些水泥厂不得不使用高硫石灰石，其含硫量为0.2％～2.0％，造成国内部分水泥企业 SO_2 排放浓度较高，甚至达到 2000mg/Nm^3 以上。按照 GB 4915—2013《水泥工业大气污染物排放标准》的规定，自 2015 年 7 月 1 日起，水泥窑及窑尾余热利用系统的 SO_2 最高允许排放浓度为 200mg/Nm^3，特别地区排放限值为 100mg/Nm^3。生产线中广泛采用热生料喷注法、干反应剂喷注法、氨法等技术进行脱硫，但脱硫效率较低，特别是多数高硫生料水泥生产线将 SO_2 浓度控制在 200mg/Nm^3 以下，会大量消耗脱硫剂，造成吨熟料生产成本增加。另外，干法脱硫一定程度上会影响窑产量；而氨法脱硫烟气中容易产生硫铵等难以去除的气溶胶烟气，氨液成本高，对窑尾烟囱造成严重的设备腐蚀等。燃煤炉窑烟气采用石灰石-石膏湿法脱硫工艺，是目前技术最成熟、脱硫效率最高、应用最广泛、运行最稳定可靠的工业脱硫工艺。经过可行性研究及工业化实践，石灰石-石膏湿法脱硫是目前最适合水泥生产的脱硫工艺。

天津水泥院开发的水泥工业烟气石灰石-石膏湿法高效脱硫技术，充分结合水泥行业的特点，创新了一套适用于水泥行业的烟气脱硫工艺。该技术利用水泥厂现有的窑灰作为脱硫剂，无须另行外购；脱硫剂取料灵活，可选择从窑尾除尘器或余热发电的回灰设备提取，如此便可取消干法、半干法脱硫工艺系统常用的储存、输送等装置的布置；脱硫产生的副产物——石膏可以作为生产水泥的缓凝剂，无固体废料外排，可节省堆场、外运费用投资成本。本技术在芜湖南方 2500t/d、2×4500t/d 脱硫改造及新建工程中再次得到应用，运转至今的结果表明：该技术烟气脱硫效率高，吸收剂利用率和氧化率高，系统压力损失小，副产品——石膏可达到生产要求，系统运行稳定并具有很强的适应能力，可满足厂家的烟气排放指标要求。

1　湿法高效脱硫技术工艺简介

本技术以窑尾回灰作为脱硫剂，从窑尾除尘器或余热发电的回灰系统提取并送至浆液制备罐，加水搅拌均匀，制成浓度为 15％～25％的石灰石浆液，经浆液泵送至脱硫塔下部浆液池。

窑尾烟气经窑尾排风机正压进入吸收塔，烟气与喷淋层喷出的含 $CaCO_3$、$CaSO_3$ 的浆液逆向接触，发生传质和吸收反应，烟气中的 SO_2 被吸收，化合成亚硫酸钙；通过鼓入空气，对落入吸收塔浆池的反应物进行强制氧化反应，使亚硫酸钙充分转化为石膏。其主要化学反应式为：

吸收过程：

$$2CaCO_3 + H_2O + 2SO_2 \longrightarrow 2CaSO_3 \cdot 1/2H_2O + 2CO_2$$

氧化过程：

$$2CaSO_3 \cdot 1/2H_2O + O_2 + 3H_2O \longrightarrow 2CaSO_4 \cdot 2H_2O$$

经浆液脱硫后的烟气，通过高效除雾器除去雾滴后成为洁净烟气。由吸收塔上侧引出，经窑尾烟囱排放。

吸收塔浆池内的浆液通过石膏泵送至石膏旋流器进行浓缩处理，石膏旋流器的溢流浆液浓度较低，一般低于10%，需循环回吸收塔进一步反应；底流浆液浓度可超过50%，可经过皮带脱水机的二级脱水处理，形成表面含水率较低的脱水石膏；石膏进入石膏仓保存并等待转运。

2 湿法高效脱硫技术特点与创新

2.1 脱硫剂来源

本技术采用窑灰作为脱硫剂。根据水泥生产工艺自身的特点，窑尾收尘器或余热发电锅炉（SP炉）所收集下来的窑灰中的$CaCO_3$含量很高，可用作脱硫剂，解决了脱硫剂的来源，使水泥厂进行脱硫处理时无须另行外购大量石灰石粉。本技术无须额外增加脱硫剂成本，是水泥窑尾烟气湿法脱硫技术的重大优势。表1列举了大冶尖峰生产线窑灰成分检测分析，表2为某电厂脱硫剂成分分析。

表1 窑灰成分检测分析

成分	含量（%）	成分	含量（%）
烧失量	33.59	Fe_2O_3	1.89
SiO_2	14.91	CaO	40.62
Al_2O_3	5.05	MgO	0.65

表2 某电厂脱硫剂成分分析

成分	含量（%）	成分	含量（%）
烧失量	36.43	CaO	47.8
SiO_2	2.1	MgO	1.2

2.2 浆液储罐改良

经过设计分析与试验，浆液制备罐布置于窑尾收尘器的回灰拉链机侧，通过下料管、锁风下料器将拉链机内的窑灰加入到浆液制备罐中来制得浆液。该设计可以取消用于储备脱硫粉剂的中间料仓布置，并可节省配套输送、下料、排放及钢结构支撑等多项成本。

为了防止脱硫浆液沉积凝结，浆液制备罐中普遍设置搅拌器。但是由于浆液制备罐为圆柱形，搅拌时浆液遇到的阻力较小，流场中形成的涡流较小，搅拌效果不好。本技术设计了一种可增强搅拌效果的浆液制备罐结构，可对浆液的流动形成有效阻力，使流道变向并产生涡流，从而达到增强搅拌效果的目的。该结构已普遍应用到我公司已建和在建项目，效果良好。

2.3 脱水石膏直接用作水泥缓凝剂

现有水泥企业用于生产水泥的缓凝剂一般采用外购电厂脱硫石膏，按目前市场价格，4500t 生产线每年需要支付百万元以上的费用。经过成分分析，窑尾湿法高效脱硫技术的副产物——脱硫石膏，作为缓凝剂部分的有效成分与天然石膏成分含量非常接近，完全可用作水泥缓凝剂。对副产物的有效再利用也是本技术的一个显著优势，可进一步降低脱硫系统和水泥生产的运行成本。表 3 列出了芜湖南方石膏成分分析。

表 3 脱硫石膏有效成分与天然石膏成分检测

成分	含量（%）		
	脱硫石膏	天然石膏	电厂石膏
烧失量	18.2	—	15.43
含水率	14.7	19.6	—
SO_3	41.7	43.77	43.9

2.4 高效屋脊式除雾器有效解决石膏雨问题

饱和湿烟气排放温度较塔内低，烟气提升能力进一步降低，含浆液粒径较大的液滴飘落形成所谓“石膏雨”，这种现象也较普遍。除雾器作为湿法烟气脱硫系统中气液分离过程的末级单元，是气液分离的重要设备。

图 1 高效屋脊式除雾器

为了解决现有气液分离器设备对于小粒径雾滴去除效率较低、排气口雾滴和颗粒物浓度较难达标的问题，针对水泥行业脱硫剂杂质相对较多的特点采用 2～3 层高效屋脊式除雾器，见图 1。高效屋脊式除雾器进行了非标设计，有效增加了烟气流通面积；为避免二次夹带造成通过除雾器水量过大，对冲洗水收集和水排出区域也进行优化，叶片上的液滴也可以尽快被排干；冲洗水设置更加合理，防止结垢；烟气通过压降低，分离效率和稳定性都很高，操作简便、不宜堵塞，可以较好地满足水泥厂的操作和排放要求。

2.5 高效气流均布及喷淋装置

为避免烟气在脱硫塔内出现分风不均的现象，对烟气流场进行了 CFD 模拟计算，在此理论分析基础上，本技术设计配置了进口导流装置、托盘装置及增效环等结构，结果如图 2、图 3 所示。这些装置能充分保证烟气在塔体内的均匀分布，提高传质效率。图 4 为大冶尖峰水泥窑尾脱硫改造项目中应用的托盘装置，图 5 为龙泉金亨电厂脱硫工程中采用的增效环。

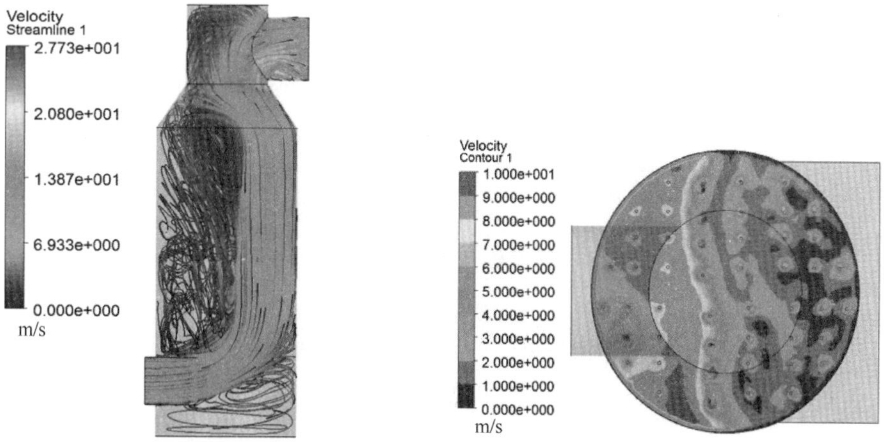

图 2　空塔流场分析

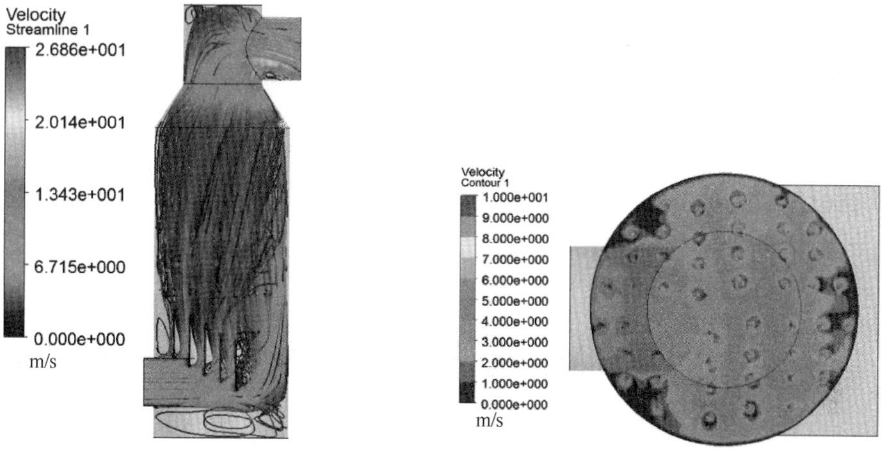

图 3　优化后塔内流场分析

图 4　脱硫塔托盘装置

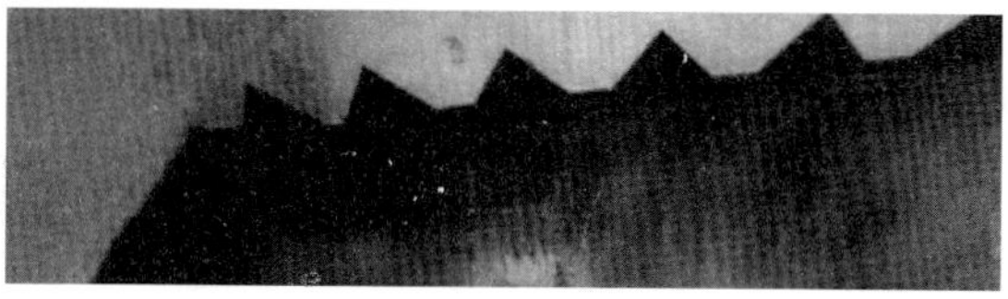

图 5　增效环

本技术采用窑尾回灰作为脱硫剂，窑灰的成分相比外购石灰石更为复杂，不参与反应或对反应有害的杂质含量较多。为了保证其可靠性，采用碳化硅材质，科学的锥体结构及喷射角度、合理的连接方式，确保喷淋装备不易磨损、腐蚀和老化。为了保证脱硫效率，需要采用专有程序设计各喷淋层以及各层的喷头，确保塔体内的喷淋覆盖率和均匀性，并设计合适的喷淋覆盖率，提高脱硫效率。本设计计算方法先进，其准确性也得到了多项工程的验证。喷淋层情况见图6。

图6 喷淋层情况

2.6 特制两级脱水设备提高石膏脱水效率

用水泥窑灰作为脱硫剂会使石膏浆液存在的大量的铁离子和铝离子，这些离子易与氯离子形成胶体化合物。胶体浓度越大，黏度就越大。这些黏性大、粒径小的胶体存在于石膏浆液中，会影响石膏的脱水性能，较细颗粒的粉尘还会堵塞滤布。石膏脱水选用石膏旋流器和真空皮带脱水机两级设备。旋流器内进行耐磨、防腐处理，旋流子内结构经过科学设计，出浆压力和角度合理，保证分离效果。真空皮带脱水机根据浆液特性特制滤布，耐磨、耐腐蚀，滤布冲洗定位合理，冲洗水可循环利用。经过多个项目的验证，本技术采用的特制旋流器可有效确保浆液初级分离效果，特制的真空皮带脱水机滤布可确保颗粒不堵塞，有效改善石膏脱水性能，确保石膏可直接加入水泥粉磨生产。大冶尖峰、马来西亚NSCI等项目脱硫石膏含水率均达到生产要求，芜湖南方4500t/d生产线脱硫石膏含水率最低时可低至10.2%（图7）。

图7 芜湖南方脱硫石膏

2.7 脱硫综合楼结构优化

脱硫供水设备、循环设备、脱水设备等较为繁杂，脱硫岛的传统设计包括脱硫综合楼，为钢筋混凝土式建筑，一般为3～4层结构，需要负担若干钢结构水箱设备、电气柜、脱水皮带机、旋流器及各类水泵，不仅土建成本巨大，而且设备安装困难，例如皮带机吊装过程常常需十几人配合，浪费财力和人力。优化后的结构电气室单独布置，为单层土建结构。利用事故浆液罐和四柱式框架结构支撑两级脱水设备及石膏库，极大地降低了成本，见图8。将真空泵等设备置于地面，也便于观察和操作。

图 8　芜湖南方事故罐及石膏仓

3　脱硫工程效果

天津院总承包的脱硫工程质量均完全满足国家相关的设计、施工、验收规范及标准。窑尾烟气 SO_2 及粉尘浓度排放值均达到或优于合同约定，脱硫系统产生的石膏即 $CaSO_4 \cdot 2H_2O$ 纯度较高，完全可以作为水泥缓凝剂使用。以大冶尖峰为例，该项目验收指标为窑尾主烟囱的 SO_2 排放浓度＜35mg/Nm^3（脱硫前烟气中 SO_2 浓度＜2500mg/Nm^3），粉尘排放浓度＜20mg/Nm^3。系统考核期共一个月，考核期间为了考验脱硫系统能力，提高了矿山高硫石灰石比重，脱硫系统入口 SO_2 浓度一度超过 CEMS 量程，远超于 2500mg/Nm^3，同期 SO_2 排放浓度均小于 35mg/Nm^3，烟尘排放浓度远低于验收指标，常态基本小于 10mg/Nm^3。我公司的脱硫改造工程业绩见表 4。

表 4　天津院近年脱硫工程业绩表（部分）

序号	工程名称	地点
1	马来西亚 NSCI 水泥有限公司 5000t/d 生产线窑尾烟气高效脱硫系统	马来西亚
2	云浮天山水泥有限公司 5000t/d 生产线窑尾烟气高效脱硫系统	广东
3	中材亨达水泥有限公司 5000t/d 1 号生产线窑尾烟气高效脱硫系统	广东
4	中材亨达水泥有限公司 5000t/d 2 号生产线窑尾烟气高效脱硫系统	广东
5	大冶尖峰水泥有限公司 5000t/d 生产线窑尾烟气高效脱硫系统	湖北
6	加拿大 VCNA 水泥有限公司 5000t/d 生产线窑尾烟气高效脱硫系统	加拿大
7	芜湖南方水泥有限公司 2500t/d 生产线窑尾烟气高效脱硫系统	安徽
8	芜湖南方水泥有限公司 2×4500t/d 生产线窑尾烟气高效脱硫系统	安徽
9	衢州南方水泥有限公司 5000t/d 熟料生产线窑尾烟气高效脱硫系统	浙江
10	槐坎南方水泥有限公司 7500t/d 熟料生产线窑尾烟气高效脱硫系统	浙江

以芜湖南方窑尾烟气石灰石石膏法脱硫项目（2×4500t/d）为例阐述烟气高效脱硫技术

带来的经济和社会效益。其 SO_2 排放变化表见表 5。

表 5 芜湖南方 2×4500t/d SO_2 排放变化表

项目		安装脱硫装置前	安装脱硫系统后	污染物消减量
SO_2	平均排放浓度（mg/Nm^3）	2000（干基，10%）	100（干基，10%）	—
	小时平均排放量（t/h）	1	0.05	—
	年平均排放量（t/a）	7200	360	6840
	两条生产线年排放总量（t/a）	14400	720	13680

注：设备年运行天数以 300d 计，窑尾烟气风量按 500000Nm^3/h。

由表 5 可知：本期工程投运后，窑尾废气排放的空气污染物 SO_2 明显减少，从而可减轻该地区 SO_2 和烟尘污染负荷，并达到污染物排放总量控制的目标。

环境中的二氧化硫对人体的主要危害是引起人体呼吸系统疾病，造成人群死亡率增加；二氧化硫的排放还会形成酸雨，给国民经济和生态环境造成巨大损失和破坏，因此二氧化硫的排放已成为制约经济发展的重要因素。

本工程对现有的窑尾废气系统进行烟气脱硫技术改造后大大减少水泥厂 SO_2 和烟尘的排放量，对改善本地区空气环境质量和控制 SO_2 排放起到了十分重要的作用，环境和社会效益明显。

此前采用干法脱硫，脱硫剂运行成本每年可节省 200 万元（按 90%纯度石灰石粉计算）。该项目平均每小时生产 3.5t 石膏，直接产生的经济效益近 200 万年/年。

4 总结

绿水青山就是金山银山。近年来，国家对各行业的环保要求逐年提高，“一刀切”的停产禁令虽然很少出现，但各种达标限产措施也令排放大户时刻绷紧神经。水泥生产企业也越来越重视环保工作，对排放指标更是一刻不放松。

天津院作为国际国内知名的老牌设计院所，先知先觉，提前打响了蓝天保卫战，将脱硫技术引入水泥行业，针对水泥行业的生产特点进行改进，开发出与水泥工艺相适应的烟气湿法高效脱硫技术。在国家持续强化大气污染防治的新部署、新安排下，该技术既保证了各水泥企业最大限度地投入生产，又保护了环境，提高了空气质量，为子孙后代造福。

超低排放除尘器的开发与应用

李志军　王术菊　宁 波　靳 爽　喻宏祥

摘　要：本文以大型袋式除尘器在芜湖南方水泥有限公司的应用为例，详细介绍了为实现超低粉尘排放要求，在除尘器设计中采用 CFD 模拟手段避免滤袋局部破损，并在产品不同阶段应用 3D 设计满足设计院要求的 BIM 协同设计。另外，为适应超低排放，对于配件的选用以及调试程序等也做了详细介绍。

关键词：大型除尘器；CFD 气流模拟；3D 模型；超低排放

1　项目背景

芜湖南方 4500t/d 熟料生产线项目对各项环保指标的要求均很高，尤其粉尘排放要求均低于 10mg/Nm³。该项目全线使用了我公司的低压脉冲袋式除尘器。我公司采用了 CFD 技术对每台大型除尘器进行了气流分布优化，并采用 3D 制图等新技术手段，有力保障了项目的顺利实施。设备投产后各大型袋式除尘器运行稳定，进出口压差低，粉尘排放均远低于排放要求。相关参数见表 1。

表 1　中控画面数据

参数	窑尾除尘器	窑头除尘器	煤磨除尘器
进出口压差（Pa）	613	531	786
烟筒粉尘排放（mg/Nm³）	0.58	0.05	2.81

2　大型除尘器技术参数

该项目全部采用新型低压脉冲喷吹技术，由于受到场地限制，没有办法采用常规系列设计，我公司充分发挥袋式除尘器数字化设计与综合研发平台的试验模拟优势，对产品性能先期进行模拟试验，开发了窑头、窑尾、煤磨除尘器新规格，技术参数见表 2。

表 2　技术参数

产品类别	单位	窑尾除尘器	窑头除尘器	煤磨除尘器
处理风量	（m³/h）	710000	560000	153000
入口粉尘浓度	（g/Nm³）	30	130～200	1000
烟气温度	（℃）	130～180（max:260）	130～200	85
设备承受负压	（Pa）	6000	6000	12000
进出口压差	（Pa）	1500	1500	1500

续表

产品类别	单位	窑尾除尘器	窑头除尘器	煤磨除尘器
过滤风速	(m/min)	0.91	0.84	0.84
出口粉尘排放	(mg/Nm^3)	10	10	10
设备规格		TDM-576/2×3	TDM-286/2×6	TDM-126/8
袋室数量	(个)	6	12	8
每室脉冲阀数	(个)	36	12	7
每阀喷吹滤袋数	(个)	16	22	18
滤袋规格	(mm×mm)	ϕ160×7500	ϕ160×6500	ϕ160×6000
设备总过滤面积	(m^2)	13029	11213	3040
滤袋材质		玻纤覆膜	芳纶	抗静电涤纶针刺毡覆膜

3 大型除尘器技术措施

为实现超低粉尘排放的要求，设计中采用了如下技术措施。

3.1 CFD 模拟的应用

气流在袋式除尘器内部的分配不仅与设备本体设计相关，还和进出口工艺非标管路的布置密切相关，同一台设备在 A 厂和 B 厂由于工艺布置不同会出现非常大的差别。

下面是一台窑头除尘器案例，原非标管道入口以及设备内部没有增设气流分布装置，设备运行 2 周左右，部分滤袋底部因摩擦而破损，后采用 CFD 模拟，增加了气流导流板和风道挡板，滤袋破损问题得以解决。

没有均风措施的设备 CFD 分析结果图如图 1 所示。可明显地看到，在内侧板和隔板的地方，气流速度非常大，滤袋破损在所难免，这和现场破袋分布位置相吻合。

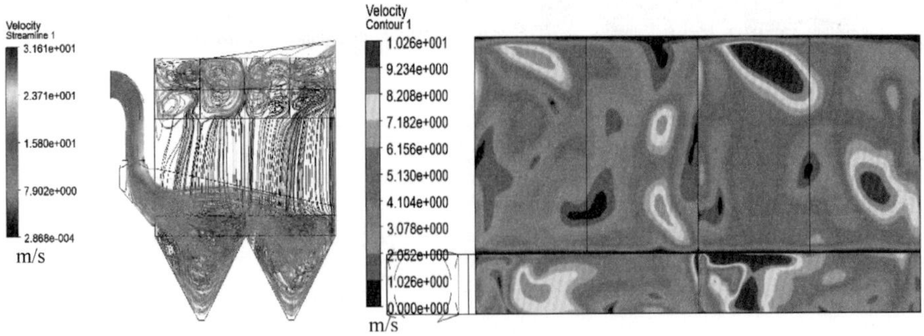

图 1 原设备 CFD 模拟结果图

增加导流和风道挡板后的气流分析 CFD 模拟结果图如图 2 所示。

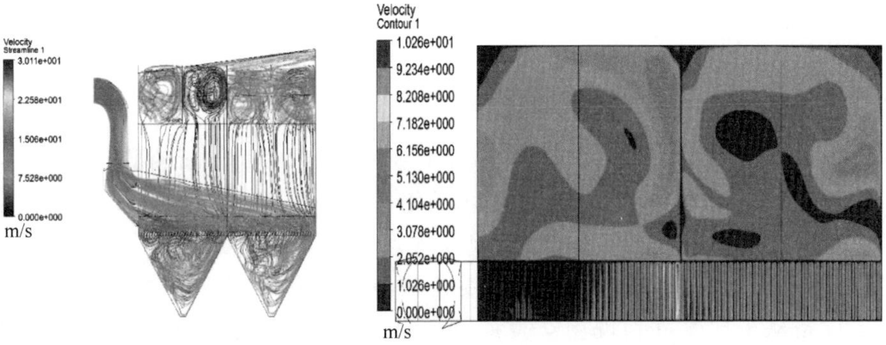

图 2　增加导流和风道挡板后的 CFD 模拟结果图

现场根据以上 CFD 分析结果合理加装了气流导向和分风板，袋底气流风速得以降低，破袋问题得以解决。

本项目的窑头、窑尾、煤磨袋式除尘器在设计中均进行了 CFD 模拟，并且所有风管均根据模拟结果进了相应调整。以下列举模拟结果：

窑头袋式除尘器 CFD 模拟结果图如图 3 所示。

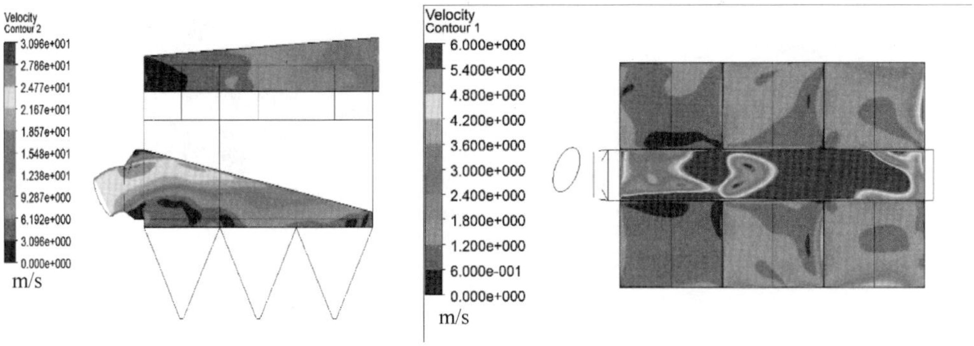

图 3　窑头袋式除尘器 CFD 模拟结果图

窑尾袋式除尘器 CFD 模拟结果如图 4 所示。

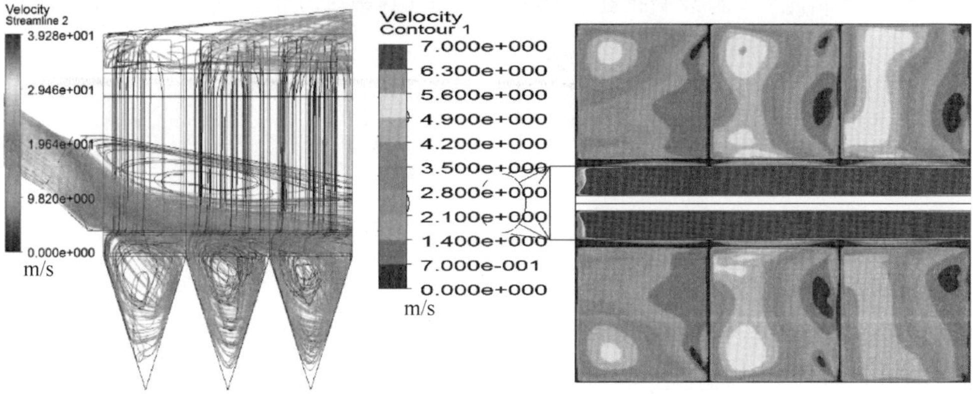

图 4　窑尾袋式除尘器 CFD 模拟结果图

模拟结果表明进入各个袋室的风量均匀，并且在每个袋室内部气流接近滤袋风速均匀，确保了袋式除尘器整体滤袋寿命。

3.2 3D 创新设计

项目设计时正值我院开发 BIM Version 1.0 的关键时期，所有设备均应用 SOILD WORKS 软件进行 3D 建模，有利于结构可视化，方便了工艺建模，设计中部件之间的连接非常直观，设备加工很顺利。为了配合现场安装，我们还提供了安装视频指导文件。在创建 3D 模型时，我们一并提供了设备清单以及包装模型和箱单。各部件分别扫码，保证了设备从工厂发货到现场安装到位全过程的有效监控。3D 创新搭建的 BIM 平台，提供了从设备设计、制造、发货、安装以及调试服务等全过程跟踪，保证了设备的全寿命周期服务。

（1）3D 整机模型及部件结构图（图 5）

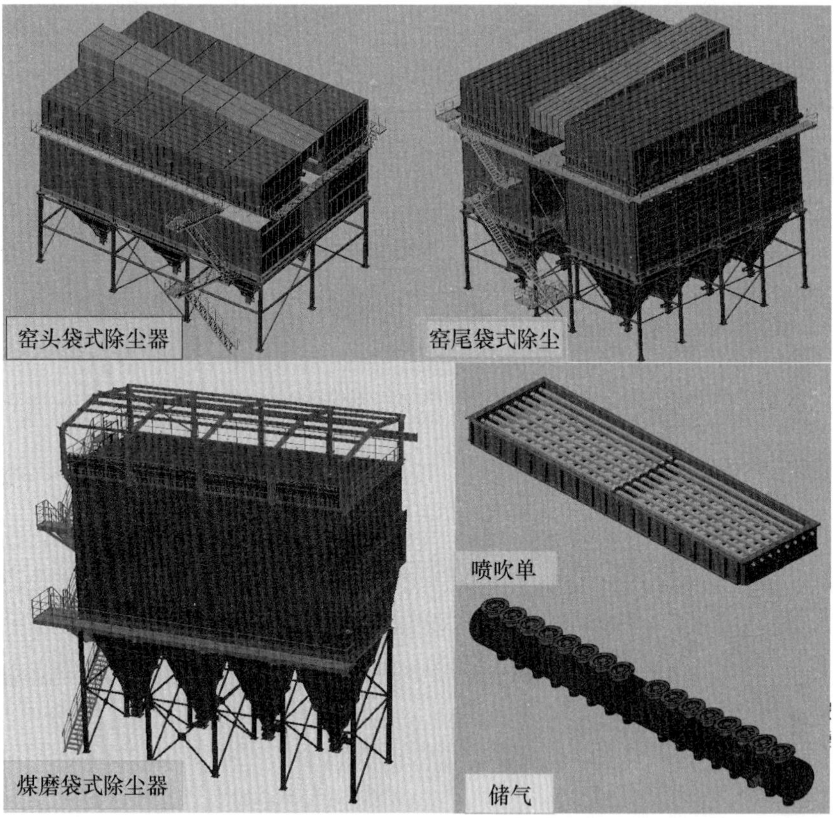

图 5　3D 整机模型及部件结构图

（2）包装箱模型

对于出口项目，货物运费直接关系到总包工程成本，降低体积质量比就可以直接降低设备运费。我们在设计阶段就利用 3D 工具，直接将产品包装设计出来，并配备相应的包装清单，便于运输部门控制成本。3D 结构件的包装图见图 6

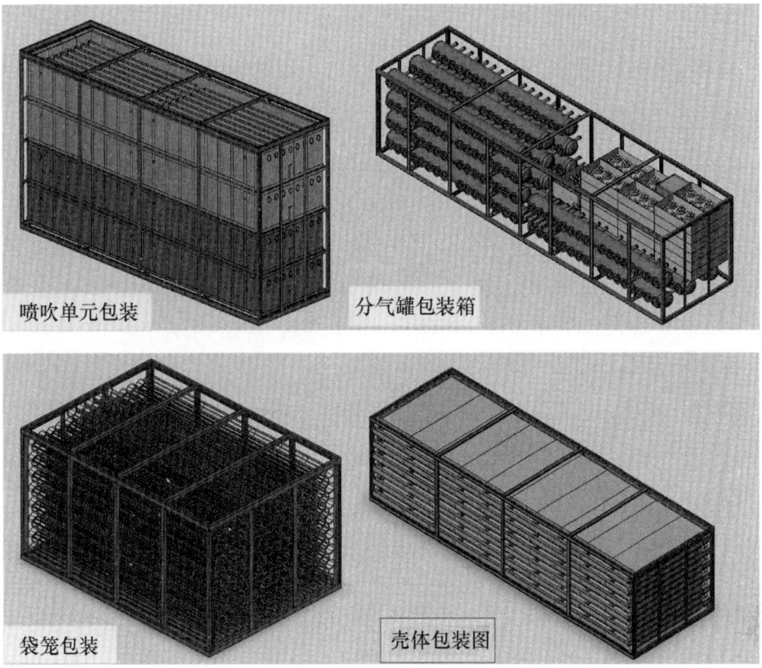

图 6　3D 结构件的包装图

（3）安装视频

安装视频详细介绍了设备预组对以及安装步骤，并对每一步的安装要求和检验标准均详细列出，非常直观，便于操作，提供了中英文两种版本，保证了设备的安装质量。3D 模型安装动画截图见图 7

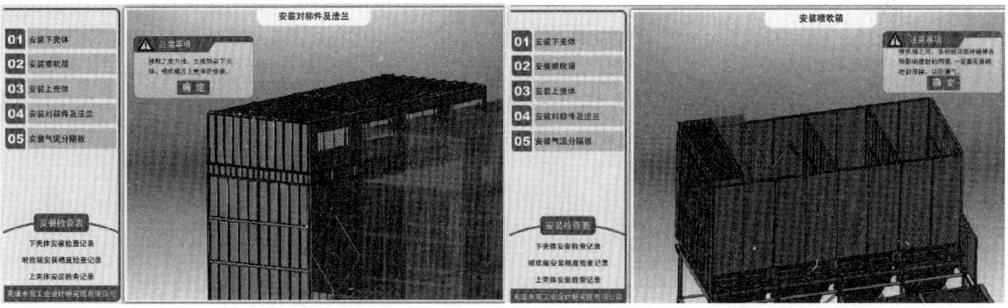

图 7　3D 模型安装动画截图

3.3　优化设计和选择性能优良的过滤材料

我公司开发的袋式除尘器数字化设计与综合研发平台，获得 2018 年中国建筑材料联合会科技进步二等奖，可以模拟产品各喷吹参数和设备运行后的各项性能指标，保证收尘器阻力低，清灰效果好，为本次产品开发提供了技术支撑。

根据长期的使用经验，同等材质的滤料，过滤风速越低，粉尘排放相应越低，对于滤袋的使用寿命越有利。本项目窑头袋式除尘器采用了 NOMEX 覆膜滤料，窑尾袋式除尘器采用玻纤覆膜滤料，煤磨除尘器采用涤纶针刺毡覆膜滤料，有力保证了粉尘排放低于

$10mg/Nm^3$。

3.4 严格配件的要求

为减低粉尘排放，在产品结构上注重细节，包括：焊缝、袋口配合、滤袋的缝制等；在结构上将进口含尘风管和出口净气风管分开，这样避免了因为焊缝质量导致的含尘气流和干净气流之间的气流短路；为了减少袋口配合导致的粉尘泄漏，孔板采用高精度的激光切割技术，确保了孔板尺寸的均匀性。

超低排放关键是减少超细粉尘的排放，滤袋是袋式除尘器关键配件。本项目采用了性能优越的覆膜滤袋。为减少针眼的泄漏，所有滤袋在缝线处均采用了封堵措施。

3.5 严谨的调试程序

在调试服务方面，公司配备了精干力量，对于大型袋式除尘器严格按调试程序进行调试，先进行内部清理和检查，然后进行荧光粉泄漏检测。逐个袋室检查后，进行泄漏焊缝修补和整改。所有整改工作结束后，进行第二次荧光粉检验，直到所有问题都彻底得到解决。

4 产品运行效果

项目投产后设备运行非常稳定，粉尘排放均低于设计值（$10mg/Nm^3$），设备阻力＜1200Pa，赢得了用户的好评。随着国家环保要求的提高，各水泥企业基于自身发展和周边环境保护要求，纷纷对现有窑头窑尾电除尘器或袋式除尘器提出改造要求，天津水泥设计院积极参与国内外水泥企业环保项目改造，为广大用户提供了优质产品和服务，近两年来部分项目列表见表3。

表3 部分项目列表

序号	用户	原电除尘器	烟气量（m^3/h）	改造后袋除尘器规格	停窑时间（d）	项目执行时间
1	中材天山（云浮）水泥有限公司窑头电改袋（5000t/d）	34/12.5/3×10/0.4-BS930	620000	TDM-500/2×3	15	2018.2
2	中材常德水泥有限公司窑头袋改袋（5000t/d）	SC-2×25-16-3×12×35PR（EF105/3/1）	350000	TDM-300/2×2+320/2	15	2018.2
3	惠州光大水泥有限公司A线和B线窑尾袋改袋（2×5000t/d）	LCMG-Ⅱ-650-4×6	900000	TDM-432/2×6	15	2018.2
4	永登祁连山水泥有限公司2线窑头电改袋（2500t/d）	25/10/3×9/0.4 BS780（LURGI）	400000	TDM-360/6	15	2018.2
5	印尼海德堡P5窑尾电改袋		320000	TDM160/10		执行中
6	中材常德水泥有限公司窑尾电改袋（2500t/d）		480000	TDM 456/2×3	15	2018.12
7	中材罗定水泥有限公司窑头电改袋（5000t/d）		680000	TDM 600/2×3		2018.12

续表

序号	用户	原电除尘器	烟气量 (m^3/h)	改造后袋除尘器规格	停窑时间 (d)	项目执行时间
8	亨达水泥有限公司1线窑尾电改袋（5000 t/d）		960000	TDM396/4×3+TDM264/4		2018.12
9	宜兴天山水泥有限公司窑头电改袋（5000t/d）		580000	TDM506/2×3		2019.1
10	栗阳天山水泥有限公司窑头电改袋（5000t/d）		550000	TDM-483/2×3		2019.1
11	内蒙古双欣化工窑尾电改袋（5000t/d）		840000	TDM 374/3×4		2019.2
12	华盛天涯水泥有限公司窑尾电改袋（5000t/d）		850000	TDM270/2×8		2019.5
13	华盛天涯水泥有限公司窑头电改袋（5000t/d）		660000	TDM408/2×4		2019.5
14	黔西水泥有限公司窑头电改袋（2500t/d）		400000			执行中
15	峨眉山水泥有限公司窑头电改袋（2500t/d）		315000			执行中
…						

水泥智能工厂解决方案

童 睿　魏 灿　李志丹　陈紫阳　俞利涛

摘　要： 本文介绍了天津水泥院在水泥智能工厂整体解决方案及芜湖南方项目中的应用。解决方案主要包括现场自动化设备构建方案，智能自动寻优控制技术构建方案，以及MES生产管理信息化系统构建方案三大部分，构成现代智能化工厂模型，实现生产高度自动化、智能化，达到节能减排、减员增效、精细化生产管理、科学决策的目标。本文也介绍了水泥智能工厂解决方案在芜湖南方智能化建设的落地应用及效果。

关键词： 水泥智能工厂解决方案；智能制造；信息化管理；智能控制；全自动化验室

1　水泥生产智能化建设总体思路

水泥生产智能制造是基于新一代信息通信技术与先进制造技术的深度融合，贯穿于设计、生产、管理、服务等制造活动的各个环节，具有自感知、自学习、自决策、自执行等功能的新型生产方式。智能化水泥工厂建设从总体规划开始，并涵盖智能装备、智能生产、智能管理、智能物流、优化控制等有机组成部分，协调实现水泥生产运营全流程的智能制造。

本系统建设方案以工业4.0智能工厂模型及精益生产理念为出发点，从生产运营全流程整体规划出发，通过合理优化现场传感器采集点，配置先进智能化仪器仪表，整体优化DCS架构及工业网络，从而建立高度自动化、数字化、可视化、流程化、模型化为特征的自动化集成系统；基于生产、工艺、能源、设备、质量、安环、供应链等七大维度建设以智能化、数字化为核心特征的生产智能管理MES系统；借助先进过程控制技术、在线寻优技术、大数据深度挖掘、深度学习等技术建立先进的优化控制及智能决策体系。最终目的是提高生产效率，降低能耗，实现生产人员最优配置，生产管理可视化，促进精细化管理、精益生产理念的落地，将企业管理和数字化、智能化有机融合，整体策划，建设国际一流的水泥智能工厂。

水泥智能制造解决方案立足于系统性解决已投产水泥生产线及新建水泥线存在的生产管控需求，以打通企业生产经营全部流程为着眼点，贯穿于设计、生产、管理、销售、服务等制造活动的全部流程，具备自感知、自学习、自决策、自执行、自适应等新型生产方式的特点。该解决方案是基于先进过程控制（APC）、物联网（IOT）、工业互联网、生产信息管控（MES）、企业资源计划（ERP）、大数据等先进技术的集成应用和深度融合。实现工厂生产经营管理的全流程可视化管控，优化人员结构，减轻劳动强度，降低劳动力成本，搭建数字化工厂，在生产、化验、巡检等诸多生产环节减少人为参与，有效保障生产稳定性与产品质量，提高生产系统运行效率，杜绝安全隐患，降低污染废弃物排放，通过生产、能源、过程管控、物流等各个维度的有效融合，降低运营成本，为企业的生产运营提供强健、高效的决策支撑。

依托天津水泥工业设计研究院在BIM工程设计、装备制造、生产运营等领域积累的雄厚实力，公司能够为国内外业主提供围绕整个水泥流程（矿山到包装），围绕信息数字化系统的构建，以全生命周期管理为核心，实现水泥工厂的五个维度的智能建设：

（1）工程设计智能化建设。以数字化设计为开端，从工程精细化管理、模型仿真开始，建立工厂数字双胞胎模型，贯穿从设计到数字化运维，包括大修的全生命周期 PLM 系统数字化管理，实现垂直和横向的数字化集团管控。

（2）生产过程管控智能化建设。通过质量测量设备和软件，各类先进自动化设备，配合打造智能优化控制系统，实现以水泥质量管控/生产稳定/无人值守为目的，包括矿山/破碎/生料磨/烧成/水泥磨/包装线的先进智能控制系统。

（3）设备运维智能化建设。通过设备巡检、在线故障诊断检测技术实现轴承、磨损、润滑的全方位管理。通过模型预测和备件仓库数字化技术，指导大修，实现集团级备件采购和调配。

（4）生产调度智能化建设。实现主材、辅材的精确计量、统计、盘库。根据市场需求，可实现产量优先/质量优先/能耗优先等调度生产。通过建设数字化物流、计量系统，实现在线供应链、采购的统一管理，并可通过集团管理，进行区域智能调配。

（5）工厂管理监控智能化建设。实现从现场设备、自动化控制系统、MES 生产信息系统、产区 OA 系统到 ERP、NC 系统的纵向数字化管控，通过集中 MES 平台，贯穿包括物流、设计、运维到生产管控的横向数字通道，最终实现从设备到工厂、工厂到大区，大区到集团级的数字化管理。

在以上数字化基础平台上，研究人员通过不断发展的数据挖掘技术和云技术，建立设备级、厂区级、集团级的寻优模型，进行各类资源调配和分析，实现真正意义上的数字化管理。

通过实施本技术方案，着眼于上述五大维度智能化建设将达成以下总体目标：

（1）建设具备高度自动化、数字化、可视化、流程化、模型化的生产管控系统；

（2）建立基于智能数字化工程的信息化管理；

（3）基于生产数据进行生产优化的分析与实施；

（4）集成当今最先进的自动控制技术和装备；

（5）提高生产效率、降低劳动强度、节能降耗、减员增效，辅助推进精细化管理及开展精益生产，全面提高企业自动化和生产管理水平。

2 水泥工厂智能化建设框架

图 1 是工业 4.0（中国智能制造 2025）定义的智能工厂需要解决从供应商到客户（销售），从生产到业务（控制），从设计到服务（工程、运维）的整体智能化框架。

本系统立足于整体建设长远发展需求和 ISA 95 国际标准构架，贯穿从生产到业务管控、从设计开始到数字化运维服务、从供应商到客户三条水泥智能制造业务流程（图 2），三条业务流程建设的核心就在于建设一个强健、灵活扩展的 MES 管控平台，构建核心数据资产。公司遵循工业 4.0 建设架构及适合国情的智能化建设需求，立足现状，统一规划，提供集智能检测、智能装备、智能控制、智能运营、智能管理和智能物流等技术于一体的综合性解决方案。以 BIM 设计实现设计、工程建设数字化，以自主知识产权的智能化控制技术（智能控制平台）实现生产过程控制高度自动化、智能化，以灵活扩展的生产信

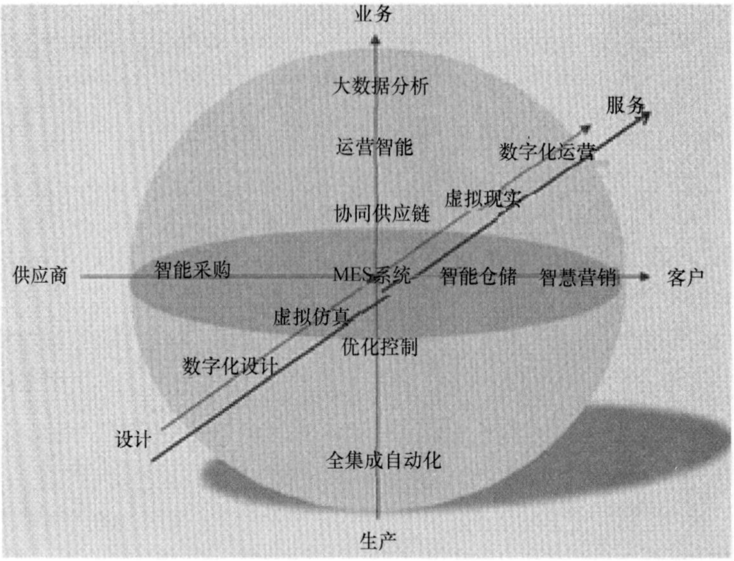

图1 水泥制造智能三维度结构图

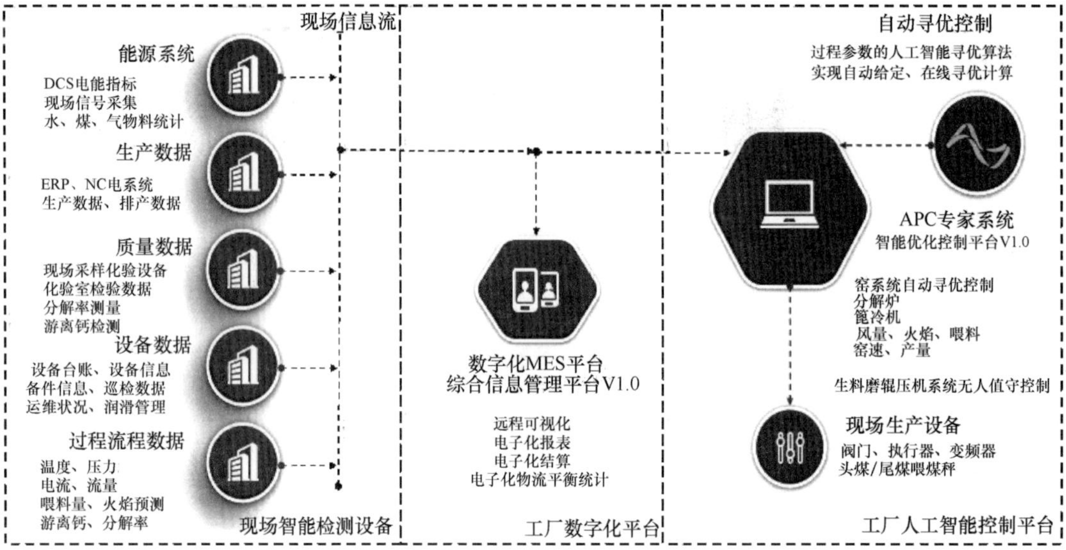

图2 整体实施架构

息化管控技术（MES平台）为核心实现生产运营数字化、供应链物流一体化管控，以在线设备状态监测为核心实现设备预知性维护，在五大维度的基础上，实现真正意义的水泥工业智能制造。

在整个智能化工厂建设完成后，以MES系统为核心的高度集成的一体化管控平台上将会实现物流、信息流、业务流和资金流的深度融合，实现多种先进控制技术、数据挖掘技术的深度融合，实现多种应用业务的深度融合，实现精益生产运营管理思想的全方位渗透，从而实现在生产运营的全流程上融入和强化精益生产的管理理念。

3　芜湖南方智能化建设实施方案

现场自动化设备构建方案，智能控制及自动寻优控制技术构建方案，以及MES生产管理信息化系统构建方案三大部分构成现代智能化工厂模型，实现生产高度自动化、智能化，达到节能减排、减员增效、精细化生产管理、科学决策的目标。

通过MES平台整合产线生产管理运营全流程（包含物流、巡检、设备、生产、能源、质量等生产流程），并且以MES为核心建立工业大数据仓库，和OA系统、ERP、销售、物流供应链等信息化系统进行必要的数据交互，实现生产线信息化系统互联互通，彻底杜绝“信息孤岛”。

整个系统建设以生产管控MES系统和智能优化控制系统为核心，以工艺设计为导向，模块化进行系统部署，避免产生信息孤岛和解决未来数据交互问题的同时，梳理整个智能工厂建设的结构并保留扩展升级空间。智能化整体系统设计将打通从工艺到最终设计的整体智能化部署，从信息化/智能化/人工智能在线整定行程标准化和规范的系统结构。

系统建成后，将提高整个生产过程的智能化和信息化水平，让整个水泥生产流程得到优化，使每一个制造环节达到数字化、信息化、可视化，并且基于这些量化的数据进行生产优化的分析与实施。在MES统一平台的基础上，可灵活扩展功能，接入第三方系统。对未来建设的智能化各类新接入子系统预留容量，为未来集团级管理预留接口，并可持续对各类生产需求进行智能化定制升级，避免智能化建设推倒重来的风险（图3）。

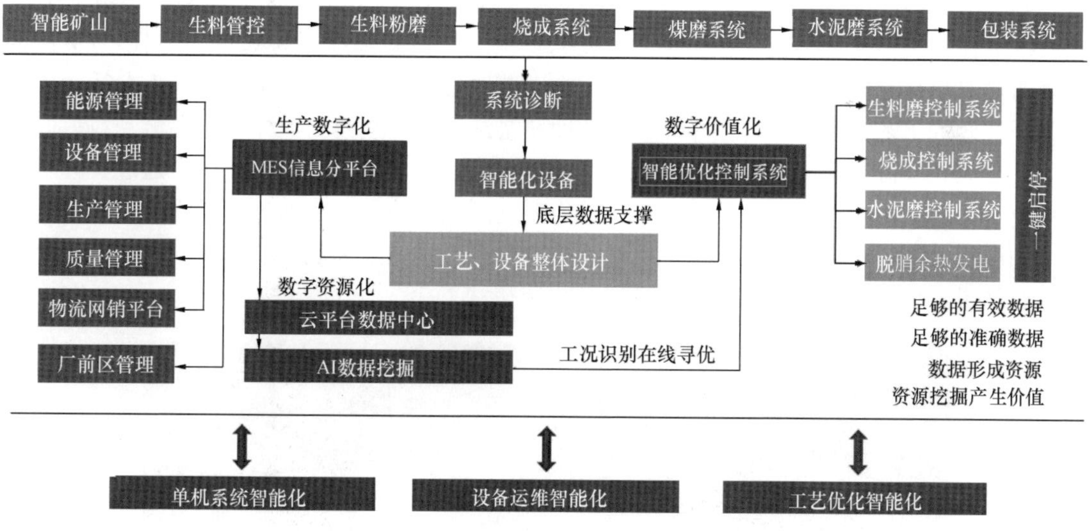

图3　智能化赋能生产管理运营

3.1　现场智能化测点和在线检测设备

3.1.1　全自动化验室

本项目采用全自动化验室方案，实现全自动无人值守。现场采用实时采样，定时送样。利用载样器气力输送和散状物料输送系统将出磨生料、入窑生料、熟料进行长距离的输送。煤粉自身有易燃性，因为需要单独制样和输送，需要增加单独管道和接收站，投资过高，煤粉送样采用人工方式。

智能化验室设置在一线中控 CCR 部分，通过远程的气力输送管道，将取样载体直接送到制样机，通过机械手将送样直接进行自动磨和压片，通过传送装置直接送入荧光分析仪进行测量。制备的样片通过全自动方式，由传送带送到实验室化验设备，对物料成分、游离钙和烧失量进行实时分析。化验从取样到结果全自动过程可实现无人值守，并将分析结果及时通过后台系统进行记录和分析，通过和 MES 的质量管理模块的数据接口，配合在线分析仪生产数据，及时调节生料配料，以稳定熟料质量见图 4。

图 4　生料取样器、发送站及输送管道

3.1.2　熟料游离钙在线检测

熟料游离钙在线检测包括熟料取样器、料样输送和游离钙分析仪（图 5），可以充分解决传统取样方式不准的问题，在线游离钙数据及重复性试验标准差为 0.05%（图 6）。在窑头处通过对热料急剧冷却，通过滴定的方式自动获取烧失量数据，频次可达到 4 次/h。为了达到最有效的工艺控制效果，在冷却机前的回转窑卸料口安装熟料取样器，在窑卸料口取样的好处是大大降低了煅烧过程和获取游离氧化钙数值这两者在时间上的滞后。通过实际测量的游离钙值，动态调整分解炉温度以及烧成带温度的设定值，然后通过智能优化算法来进行头煤和尾煤控制，从而实现实时优化控制，准确防止过烧以及欠烧的状况。同时，根据化验室检验结果，可实时对工艺流程参数进行在线调整。

图 5　芜湖南方熟料取样器及 KLC3 游离钙分析仪

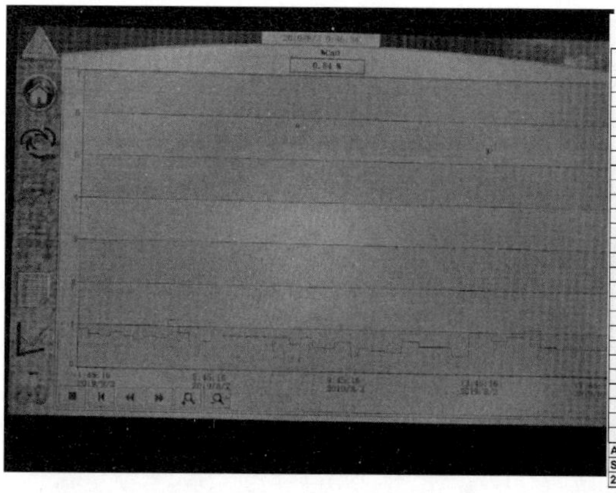

REPEATABILITY TESTS CONDUCTED OVER 5 DAYS

	Clinker weight	Glycol weight	Conductivity	Free Lime
	1,18	50,32	415	1,71
	1,08	49,71	397	1,75
	1,06	50,27	381	1,71
	1,14	50,52	403	1,71
	1,1	50,17	396	1,73
	1,23	49,53	434	1,7
	1,04	50,15	361	1,63
	1,1	50,14	372	1,59
	1,22	50,09	428	1,71
	1,19	49,78	414	1,67
	1,27	50,33	434	1,68
	1,16	50,35	402	1,67
	1,17	50,02	407	1,67
	1,16	50,03	403	1,67
	1,18	50,3	414	1,7
	1,19	49,87	414	1,67
	1,08	50,05	373	1,63
	1,01	49,84	370	1,72
	1,19	49,79	393	1,56
	1,18	50,62	412	1,7
	1,21	50,15	414	1,65
	1,18	50,04	407	1,66
	1,16	49,78	384	1,56
	1,17	50,38	387	1,58
	1,23	50,02	418	1,64
Average	1,16	50,09	401	1,67
Std dev	0,064	0,27	19,84	0,05
2 x Std dev				0,10

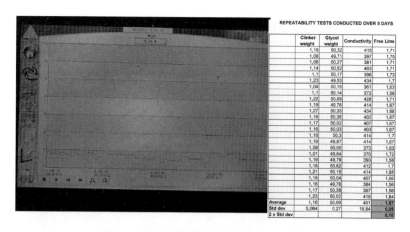

图 6　在线游离钙数据及重复性试验数据

熟料料样用压缩空气进行冷却，然后使其自动进入输送系统。熟料取样系统包括取样器，两台冷却风机和气力/电控装置。通过气力输送系统将熟料料样输送至分析仪的位置，气力输送系统采用不锈钢管和耐磨不锈钢弯头。

3.1.3　热料分解率在线检测

热生料烧失量在线检测系统包括位于 C6 下料管到分解炉入口处的热生料取样系统、料样输送系统和热生料分解率分析仪（图 7）。根据用户设定的取样频次进行取样，每次料样被转送到冷却系统，然后被转送到烧失量自动分析仪，以控制分解炉内煅烧状况（以及/或转送到荧光分析仪，以控制热生料的成分）。此系统每小时可完成两次分析，以确保工艺稳定、优化燃料消耗。

图 7　芜湖南方热生料取样器及 LOI 分解率分析仪

安装在预热器最后一级旋风筒下面的下料管上，所取料样的温度可达 1150℃。供货包括料样空气骤冷装置，用来阻止料样的分解反应。输送料样的螺旋输送机被内外壳形成的环形通道包裹在里面，冷风在外部环形通道内流动，这样冷风可以迅速降低料样的温度，但不与料样接触。根据客户规定的取样频次进行取样，经空气骤冷后的料样被转送到与分析仪相连接的管子中。

热料分解率在线测量性能指标保证：测量频次为 max 2 次/h；测量范围在 90%～99%，正常工作状态下，样品分为 10 份人工送入分析仪重复检验的标准偏差为 0.2%（图 8）。

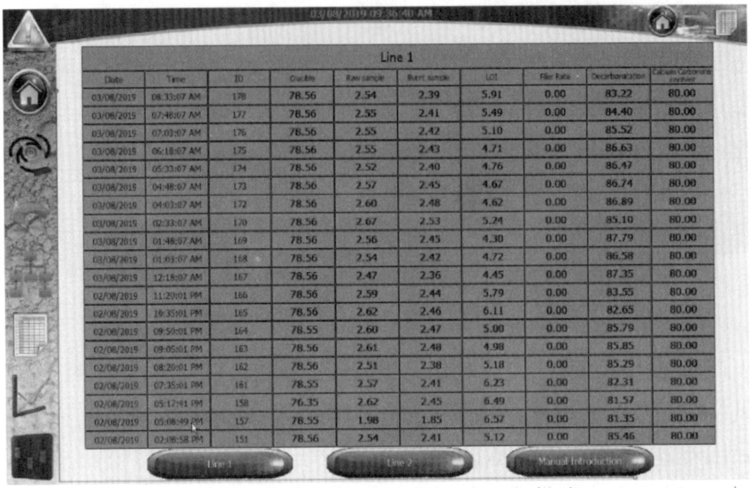

Date	Time	ID	Crucible	Raw sample	Burnt sample	LOI	Filer Rate	Decarbonatation	Calcium Carbonate
03/08/2019	08:33:07 AM	178	78.56	2.54	2.39	5.91	0.00	83.22	80.00
03/08/2019	07:48:07 AM	177	78.56	2.55	2.41	5.49	0.00	84.40	80.00
03/08/2019	07:03:07 AM	176	78.56	2.55	2.42	5.10	0.00	85.52	80.00
03/08/2019	06:18:07 AM	175	78.56	2.55	2.43	4.71	0.00	86.63	80.00
03/08/2019	05:33:07 AM	174	78.56	2.52	2.40	4.76	0.00	86.47	80.00
03/08/2019	04:48:07 AM	173	78.56	2.57	2.45	4.67	0.00	86.74	80.00
03/08/2019	04:03:07 AM	172	78.56	2.60	2.48	4.62	0.00	86.89	80.00
03/08/2019	02:33:07 AM	170	78.56	2.67	2.53	5.24	0.00	85.10	80.00
03/08/2019	01:48:07 AM	169	78.56	2.56	2.45	4.30	0.00	87.79	80.00
03/08/2019	01:03:07 AM	168	78.56	2.54	2.42	4.72	0.00	86.58	80.00
03/08/2019	12:18:07 AM	167	78.56	2.47	2.36	4.45	0.00	87.35	80.00
02/08/2019	11:20:01 PM	166	78.56	2.59	2.44	5.79	0.00	83.55	80.00
02/08/2019	10:35:01 PM	165	78.56	2.62	2.46	6.11	0.00	82.65	80.00
02/08/2019	09:50:01 PM	164	78.55	2.60	2.47	5.00	0.00	85.79	80.00
02/08/2019	09:05:01 PM	163	78.56	2.61	2.48	4.98	0.00	85.85	80.00
02/08/2019	08:20:01 PM	162	78.56	2.51	2.38	5.18	0.00	85.29	80.00
02/08/2019	07:35:01 PM	161	78.55	2.57	2.41	6.23	0.00	82.31	80.00
02/08/2019	05:12:41 PM	158	76.35	2.62	2.45	6.49	0.00	81.57	80.00
02/08/2019	05:08:49 PM	157	78.55	1.98	1.85	6.57	0.00	81.35	80.00
02/08/2019	02:08:58 PM	151	78.56	2.54	2.41	5.12	0.00	85.46	80.00

图 8　在线分解率分析仪实时数据（45min/次）

3.1.4　中子在线监测系统

生料调配库皮带增设在线自动检测系统，用于入磨生料的预配料。通过在线配料软件和实施成分检测，及时调整生料配比并修正。

本项目质量控制特点在于，通过自动化验室对出磨生料的高频取样，荧光分析仪数据对生料调配中子分析仪进行修正。这也是目前国外最先进的配置和控制理念，目的在于：

（1）生料质量双重检测，提高生料合格率。

（2）通过出磨生料自动取样（设置在收尘后入库之前），考虑收尘窑灰对系统石灰石饱和系数的影响，从而对生料在线配料成分进行实时的修正。

（3）传统修正的参数由于具有滞后性，修正数据需要在 QCX 中考虑滞后因素并预估，通过 3～4 次/h 的高频次采样分析，及时对过程目标值进行修订。

3.1.5　高温气体分析仪

该设备是窑系统的优化控制的关键设备，NO_x、CO 和 O_2 数据源的稳定性和准确性将影响控制精度。因此，在调研国内大部分水泥厂的烟室高温气体分析仪使用效果后，研究人员认为气体分析仪需要国内特殊定制，包括探头、冷凝器和水泵等核心器件均采用国外进口。需要注意的是需屏蔽系统反吹的信号，并且将针对探头定位，使用和维护前做好现场培训。检测结果用于分析预热器烧成系统工况量化分析，作为烧成系统头煤及尾煤控制的重要量化依据，NO_x、CO 和 O_2 数据源的稳定性和准确性将影响控制精度。

3.1.6　生料在线粒度分析仪

在线粒度分析仪用于生料粉磨成品细度的在线测量（图 9），用于更好地测量出口物料细度，从而反馈到控制系统，更精确地控制选粉机和排风机等设备的转速，起到节电的目的，也防止过粉磨现象的发生。

在生料库顶八爪分料器处设置在线粒度分析仪，用于实时检测成品粒度分布，计算出成品细度，通过控制循环风机的转速实现入磨细度的稳定控制。主机采用在线激光粒度仪，测试范围能够满足生料的颗粒级配需求，可以按照需求在 0.1～300μm 的范围内任意设定关键数据和数据段，现场测试并把数据传输到中控室，用于生产控制。

3.1.7 高温火焰摄像机系统

在窑门罩设置高温火焰摄像机系统（图 10），用于准确反映燃烧带温度、物料温度、火焰长度、形状和方向。高温火焰摄像机将视频成像摄像机和可移动比色高温计融为一体，既有视频图像监视功能又有温度测量功能。采用红外线扫描原理，可以提供窑头火焰多点监视和温度测量功能，能够给窑系统操作员提供准确的窑头喂煤燃烧图像，温度检测输出给优化控制系统，可以作为窑头喂煤控制和窑内烧成带燃烧工况的重要量化依据。同时给窑系统操作员提供直观的位置和准确数据，能够降低燃料成本，减少窑的故障发生次数，延长耐火材料的寿命，为控制氮氧化物排放提供有力的量化控制依据。

图 9 生料在线粒度分析仪现场安装图

图 10 高温火焰摄像机现场安装图

3.2 智能优化控制系统含自动寻优技术方案

公司在长兴南方水泥有限公司实施基础智能化建设后，联合阿里云共同研发并在实施水泥智慧大脑——“自动驾驶”项目。该项目在中材 MES 系统作为数据中台的基础上，综合运用云计算、大数据和人工智能等科技手段整体实现水泥生产线的“自动驾驶”，以达到“自动化、信息化、智能化”整体水平，引领水泥行业发展新高度。

以中材 MES 生产管控平台为数据中台，提供生产过程数据、在线分析仪数据、化验室数据以及能源管理数据等多维度数据，通过数据上“云”、数据整理和关联，综合考虑实际工况和外部变量的影响，利用先进的算法和控制理念，以产量最大化、能耗指标最小化、稳定产品质量为核心，实现具有自动寻优的智能实时优化控制。最终形成 MES 为数据中台，APC 为控制终端，大数据云计算为优化决策大脑的“全链路”智能控制方案。

该项目是国内水泥工业首条实时数据上云“云”并利用云计算和 AI 智能算法实现的水泥智能工厂的落地项目，通过项目的实施形成水泥行业第一条以 MES＋APC＋AI 双回路控制的技术架构，并且项目遵循边实施边产品化原则，未来可在水泥行业快速推广和复制。

3.2.1 技术优势

（1）采用先进的数据挖掘、深度学习算法，通过阿里云工业大脑平台的算法引擎，将大数据、云计算技术和水泥生产装置进行结合，有效利用水泥生产装置的海量数据信息，从历史数据中自动学习水泥生产操作方法并不断进行优化计算，输出最优的操作推荐值。

（2）自适应能力强，具备在线自主学习功能，每12h进行一次模型训练和更新，有效适应最新工况特性，保证输出优化推荐值的可靠性。

（3）同时具备实时优化、实时控制的功能，实时控制实现抗干扰和设定值快速稳定跟踪，生产过程更平稳；优化层实现稳态下的能耗优化，生产过程更节能经济。

烧成系统能耗优化-技术架构见图11。

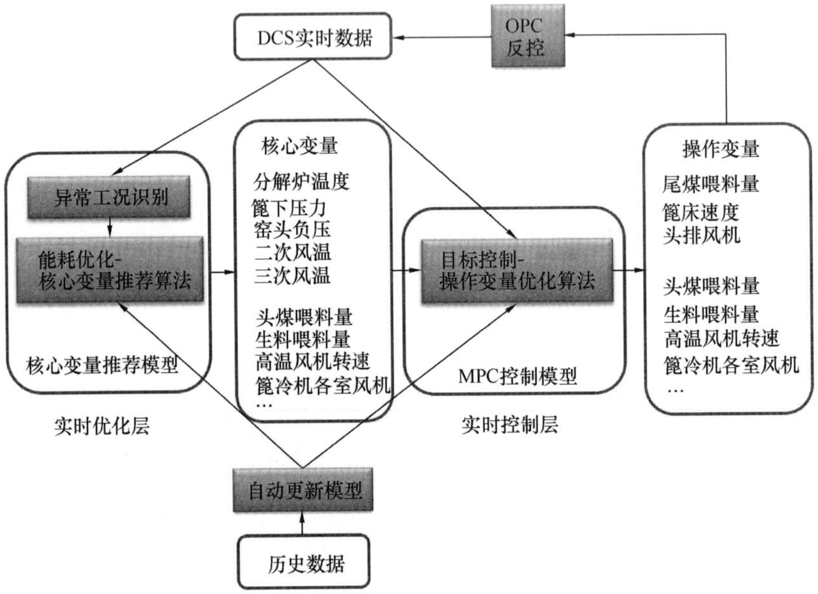

图11　烧成系统能耗优化-技术架构

3.2.2　项目目标

（1）搭建水泥工业智能制造数据处理平台，整合现有生产数据，对数据进行统一清洗、整合；

（2）基于机器学习、人工智能算法，形成能耗优化模型和产量最大化模型；

（3）降低综合能耗、稳定质量、确保环保指标，实现水泥智能生产。

（4）形成水泥行业第一条以MES信息化平台＋APC智能控制系统＋AI大数据人工智能平台的“全链条”智能控制方案。

3.2.3　自动驾驶实施内容及初步效果

长兴自动驾驶项目实现烧成系统的全面自动驾驶图12～图14，核心控制变量（阿里云工业大脑＋公司ICE智能控制平台）。

工业大脑推荐变量：

- 窑头喂煤量
- 高温风机转速
- 生料喂料量（在调试中）
- 分解炉出口温度推荐值
- 窑头罩负压推荐值
- 一段篦下压力推荐值
- 二次风温预测值
- 三次风温预测值
- 游离钙及熟料强度预测值
- APC控制变量
- 篦冷机后段风机转速（F5～F8）
- 窑头排风机转速
- 窑尾喂煤量
- 一段篦速

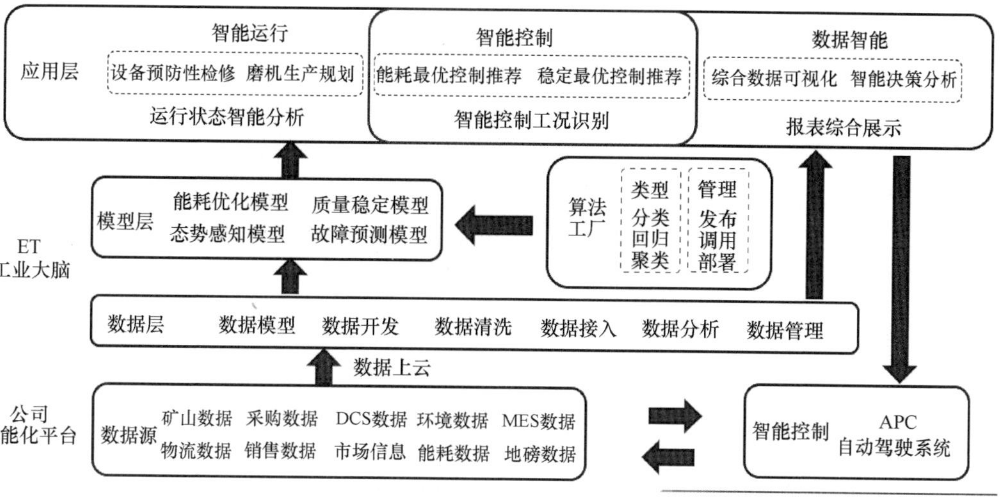

图 12 水泥“自动驾驶”整体架构

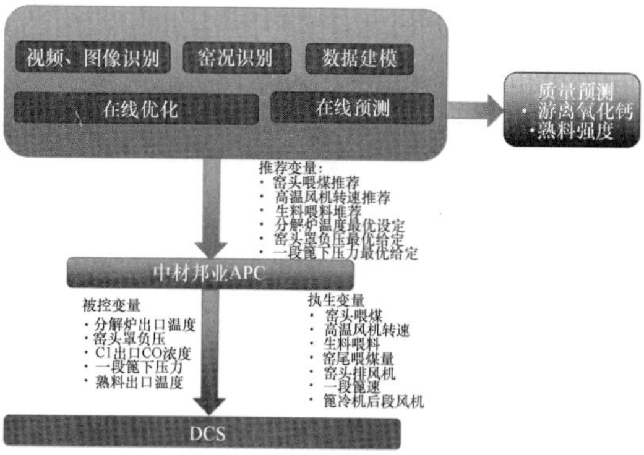

图 13 长兴自动驾驶投运指标

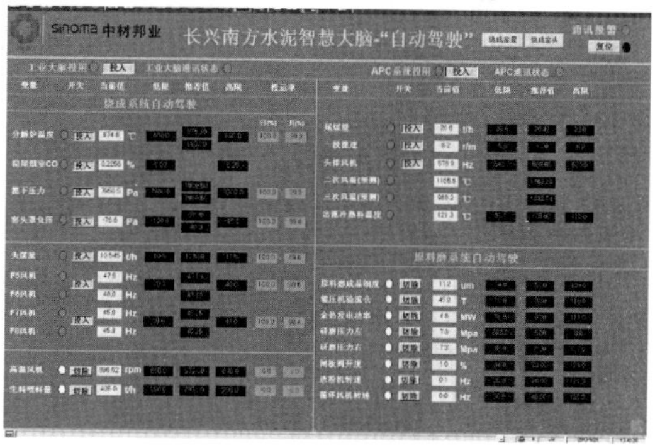

图 14 水泥“自动驾驶”投运界面

项目现阶段效益：选取手动操作 5 月 25 到 6 月 10 日、自动驾驶 6 月 12 到 6 月 26 日数据进行对比分析。

（1）自动驾驶标准煤耗：减少 0.67（kg/t），下降 0.64%（5.25—6.10 对比 6.12—6.26）。

（2）自动驾驶电耗降低：降低 0.27kWh，下降 1.24%。

（3）自动驾驶余热发电：提升 1.77%（5 月与 6 月对比）。

（4）游离钙合格率由 96.6%提高到 98.9%，标准偏差降低 46.7%。

（5）3d 熟料强度，增加 0.45MPa。

3.3 MES 生产管控信息化系统架构

MES 平台的定制化设计开发遵循国际 ISA 95 标准，基于集团级、产线级管控需求研发的全功能性生产管控平台。主要完成生产定义、生产能力、生产计划、生产性能等四大方面的信息处理并连接 ERP 和下游自动化、信息化系统。系统包括生产过程可视化、生产管理、能源管理、点巡检及设备运维管理、质量管理、物流供应链管理、振动在线监测及预知性维护系统、安环管理、移动 App、集团数据仓库建设及云端部署等核心功能模块。各功能模块见表 1。

表 1　各功能模块

序号	功能模块	内容描述
1	工厂模型	按照 ISA 95 标准对工厂及生产业务流程进行建模，生产模型的数据可以通过系统预先配置以及与 ERP 系统同步的方式建立
2	基础数据	包括物料主数据、设备主数据、工厂日历、人员排班等数据；MES 可以从 ERP 获取数据
3	生产监控	实现生产过程中的物料、质量、设备、人员、操作的全局监控，并对生产的异常工况实时报警
4	生产管理	生产计划、生产调度，统计管理、盘库管理、报表分析、设备启动记录和分析、值班管理、绩效考核等
5	能源管理	能源生产消耗数据全流程的信息化、可视化，能效实时监测、超标报警、查缺补漏、杜绝能源空耗、低效环节
6	质量管理	对生产过程中的质量数据进行实时采集和在线监控，对质量数据进行统计分析，对质量问题进行跟踪及预警以实现保障产品质量为目的
7	设备管理	对设备检修保养计划、润滑计划及备品备件进行统一管理，建立对设备停机和设备效率 OEE 分析
8	管理驾驶舱	为生产线以及生产管理者提供直观的生产状况可视化和统计图表显示，辅助决策
9	综合报表	为各个部门提供生产相关的产量、质量、消耗、考核等常规报表；为各层管理层提供各类数据的综合性报表，为管理者提供决策参考
10	系统管理	系统的非主体业务功能的实现，提供框架结构，包括多语言支持、用户权限角色设定、操作日志、数据归档等功能

芜湖南方 MES 系统定位为 MES V2.0，在长兴 MES V1.0 的基础上，重新设计了软件架构，在平台性能、响应速度、UI 交互等方面有明显提升，支持本地部署和云端部署；采用微服务模块，支持跨平台部署，形成统一性能强劲的工业数据仓库（图 15）。

应用功能上增加 KPI 数据下钻、能效分析对标工具、本地大数据分析功能、强化质量过程控制数据 SPC 分析、强化避峰经济运行、自动排产优化生产调度、增强移动端 App 功能。

3.3.1　生产过程实时监控

基于对现场实时数据的秒级采集、存储，通过模块化的组态流程，我们实现了对企业生产现场管控状态的跨空间再现，并在此基础上实现了实时/历史趋势曲线追踪对比查询、流程图回放、报警与查询等基本功能，通过与平台其他功能整合，还可以实现视频、设备等信息的广泛集成，大大方便了企业管理层对现场实际情况的把控。

该模块提供对烧成系统、原料粉磨、煤粉制备、脱硝系统等生产工艺画面以及智能优化

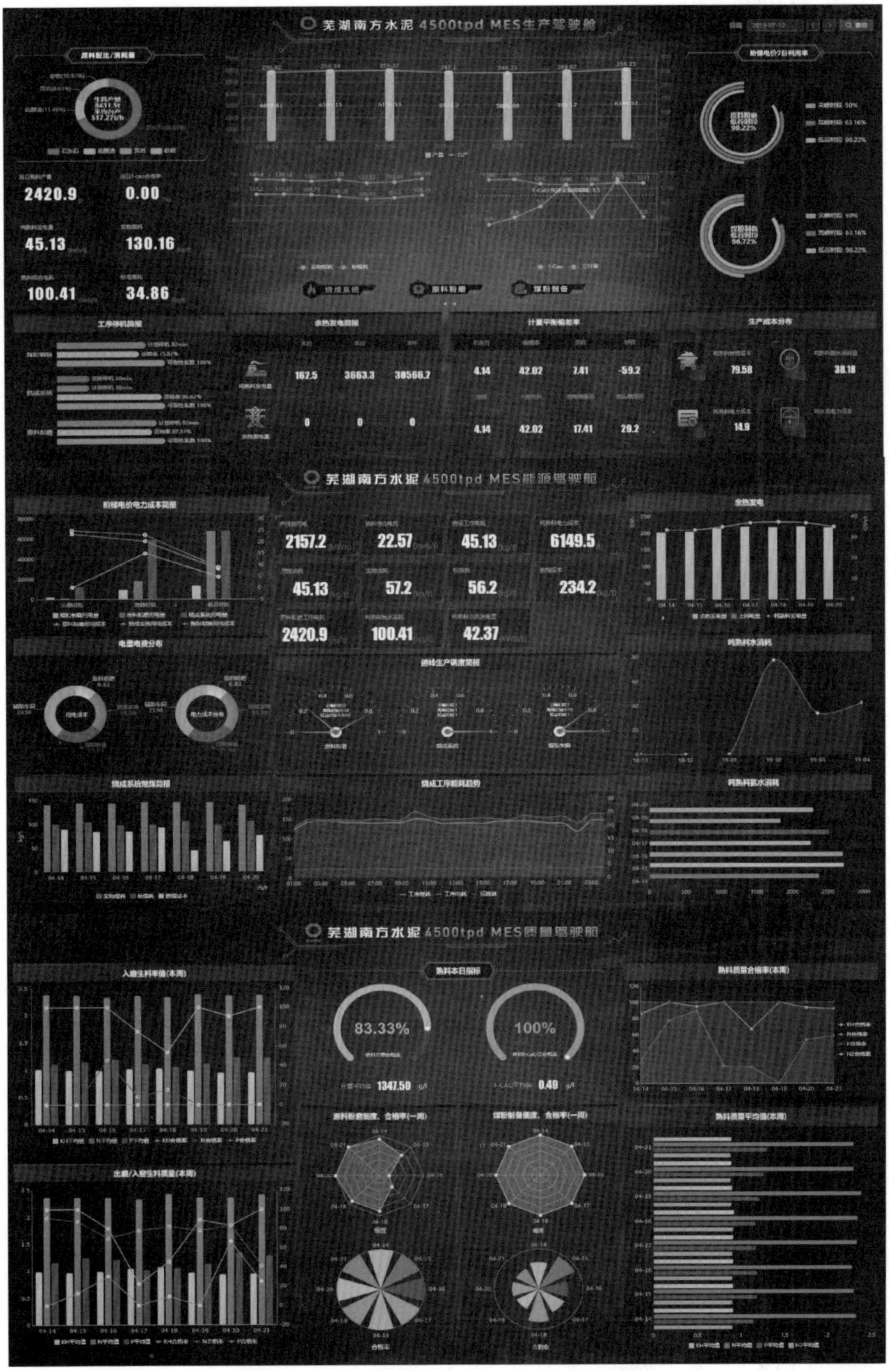

图 15　MES 生产、能源、质量驾驶舱画面

控制系统页面的远程监控，同时提供趋势自由组合、历史回放功能。针对每个工段、重要装置，系统提供精细化的数据实时监控。实时工艺参数采集，监控工艺参数的变化情况。实时生产过程中产品质量数据采集，监控质量变化。实时环境排放数据采集，监控环保排放数据变化。实时/历史数据分析，查找原因，持续改进，逐步实现精益生产。实时预警，防患于未然，使问题早发现、早解决，实现事前控制。

3.3.2 生产管理系统

生产企业生产信息化管理以生产计划为龙头，生产工艺流程为主线，采用现代化信息技术，将生产管理所涉及的人、财、物、技术、质量、安全、成本等信息关联起来，实现生产全过程信息化管理。生产管理系统建立生产调度业务协调中心、运行指导中心，构建生产运行管理和生产线运行状态监测中心，提供实时查询各种主辅设备的运行现状和趋势的功能。

生产管理模块包含生产计划、生产调度、生产管理者驾驶舱、盘库计量平衡管理、生产报表分析、工序运行记录及交接班信息、工序启停自动记录和统计分析、操作员排班管理，操作绩效考核等。经济指标：实现生产调度计划，提高生产效率，实现无纸化办公，清晰可量化的绩效考核。对厂区、集团间的生产指标 KPI 进行对标和报表汇录。

3.3.3 能源管理系统

能源管理系统实时在线采集能源消耗数据、工艺数据、电气数据、品质数据，获取主要供电设备、用电设备、车间、工序电力消耗相关数据，实时计算相应的主机设备单机电耗、工序电耗、工序煤耗、用电成本、燃煤成本、吨熟料水耗、吨熟料氨水消耗等关键绩效指标，当能耗指标超限时自动发出报警信息。通过系统展现的实时和历史能耗动态信息和变化趋势，深入掌握能源使用过程中存在的不合理环节，为查找能耗偏高和异常提供灵活的分析和诊断工具，同时系统生成的各种能耗统计数据和管理报表为实施能效对标、设备及人员绩效考核提供科学依据，设计针对能源管理者的能源监控驾驶舱，相关领导三分钟即可掌握能源消耗情况。为生产管理运营实施精细化管理和生产运营调度提供有效决策辅助，在帮助用户实现节能增效、降低生产运营成本的基础上，有效提升企业能源管理水平和生产运营水平。

3.3.4 质量管理系统

通过质量管理系统实现化验室人员减配，自动生成质量数据记录，提高管理水平。质量管理系统的前端采集软件实时接收分析仪器最新检验数据，经规范化处理后传输存储到质量管理系统数据库中。其他人工化验数据经数据录入传输存储到质量数据库中，质量数据录入存储流程完全按照设定的业务流程规范进行，对异常数据进行预警并提示打回重做，整个业务流程细节可追溯。提供数据查询、统计分析、图形化展示功能、化验人员绩效考核、异常自动提醒并智能分析可能原因。在流程控制、质量控制、统计分析、绩效考核、智能辅助决策等方面，辅助质量管理及生产管理者推进质量管理精细化。

本系统利用水泥生产工艺数据、质量数据的历史值，结合数据统计分析方法，分析影响水泥质量的诸多因素，定性计算相关性系数建立质量预测模型，对成品强度进行准确预测。在保障成品质量的前提下，实现混合材的最佳、最大掺量，降低生产成本，提高经济效益。

3.3.5 设备运维管理系统

设备运维管理系统以设备台账为基础，以工单的提交、审批和执行为主线，以提高维修效率、降低总体维护成本为目标，提供故障检修、计划维修、状态检修等维修保养模式，集成物资管理、预算管理、项目管理、财务管理等协同应用，实现对设备全生命周期管理，支持设备管理的持续优化。同时，以手持巡检仪设备点巡检为驱动，及时发现设备运行过程中存在的问题；配合设备运行实时监控，运行参数统计，实现企业全面动态设备管理。

动态设备管理系统通过实时监控设备运行状态，建立设备台账，对设备的累计运行时间、超限运行时间、日常维护、运行情况、点巡检、润滑、维修等全生命周期内容进行管理。

设备管理系统主要功能包括：设备运行实时监控、设备基础台账管理、缺陷管理、设备启停信息管理、设备身份信息、设备智能巡检、润滑维护管理、设备维修记录、备品备件管理等。除以上功能以外，系统支持按企业需求定制各种设备运维统计报表并可与企业已有的ERP系统相连接。

3.3.6 移动终端App

MES系统支持移动终端的App程序，用户可以直接通过移动终端浏览图表、趋势图或者看板等数据。支持移动终端应用程序，提供下列功能：

（1）生产流程可视化，生产管理者通过移动终端可随时随地掌控生产。

（2）能效超标报警及时推送，强化人员、设备绩效考核实效。

（3）质量检验操作，为质检人员提供质量数据录入界面。

（4）设备维护信息提醒，为运维人员提供随时随地操作指导。

3.3.7 智能3D交互式数据访问平台

芜湖项目将提供水泥行业独家VR展示烧成系统。通过BIM数字化模型平台和设备状况，渲染工艺数字化三维模型。可通过iPAD Pro、VR数字眼镜实现对系统的交互式访问（放大缩小、旋转、数据查询等）。通过和MES系统的数据通道，可读取系统过程生产数据以及实时数据。部分设备零部件可实现在线拆解分析。

4 智能化建设效果

芜湖水泥智能化工厂将打造：

（1）世界一流的质量管控配置。

（2）目前市场唯一MES集团及应用全信息化平台。

（3）APC全窑实时优化控制系统，磨机一键启停，全工况自动控制。

（4）目前国内唯一一家基于三维互动信息化演示的交互式平台。

（5）国内第一家全BIM设计+MES信息化系统平台的全数字化平台。

5 建设效益分析

项目实施后可以实现提高生产管理水平、稳定生产质量、降低生产成本和提高数据端测量可靠性等多个目的。基于建立的高度自动化、数字化、可视化、流程化、模型化为特征的自动化集成系统，同时集成先进的自动控制技术和装备，提高生产效率，降低能耗。在不超过环境限制的前提下最大限度地提高产量、提升产品质量，同时安全稳定生产；能够极大地降低操作员的工作强度，大大提升企业的自动化、信息化管理水平，给企业带来可观的经济和社会效益，增强企业的综合竞争力。同时，由于项目使用了先进的互联网、大数据、自动寻优等先进技术，将在一定程度上降低能源的消耗，提升管理质量，实现水泥工业的循环经济并提高环境效益。

在当代先进生产工艺和设备基础上，将信息化、智能化以及人工智能技术嵌入整个水泥制造全流程，提升产品品质和生产效率，降低水泥生产成本，有力推进水泥工业生产过程管控的数字化、信息化、智能化。该系统的实施提供智能管控、预知维护、精益管理等多维度智能制造解决方案，实现了水泥生产企业的智能化领域的重大突破，对于构建安全可靠、经济高效、绿色智能的生产运营及设备运维体系具有十分重要的意义。

相信通过与生产企业的需求、生产管理流程、运营理念等因素的充分融合，随着系统执行层面人才、制度方面的完善建设等软环境的逐步优化，水泥生产管控智能化建设将能够深入植根生产一线及集团管理等各层级生产运营管理体系，与企业的生产运营管理体系融为一体，成为水泥企业智能制造的倚天剑，创造出强大的经济效益。

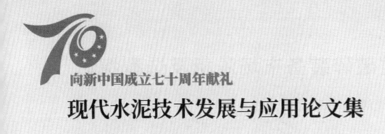

向新中国成立七十周年献礼

现代水泥技术发展与应用论文集

绿色矿山与骨料技术

砂石骨料生产线破碎装备市场浅析及选型探讨

边汉民　王光荣　王　平

摘　要：本文对目前中国砂石骨料工业发展的现状和特点以及破碎装备市场的概况进行了简单总结，对目前国内比较流行的粗骨料生产线设计时各种破碎机配置方案进行定性的经济技术比较，重点描述了冲击类破碎机（反击式和锤式）用于石灰石骨料粗碎的合理性和先进性，并从投资、技术性能和运维等方面对反击式破碎机和锤式破碎机进行比较；对机制砂整形原理进行理论归纳总结，并比较了立轴冲击破和锤式制砂机的优缺点。

关键词：骨料；破碎机；除泥；制砂机；整形

1　中国砂石骨料工业的发展特点

因环境保护和资源利用压力，政府强制关停简易小规模企业，代之以大规模生产线，市场需要旺盛，形成“一哄而上”的局面。根据欧洲权威机构统计和预测：中国骨料市场的体量将逐年增大，骨料价格也呈稳定上升趋势。2018 年，机制骨料需求量约为 208 亿吨，到 2020 年将达到 238 亿吨，总产值（含运输）将突破 10000 亿元。由于河道采砂被禁止，机制砂代替天然河沙，局部地区形成短时的供不应求。

生产线规模大，动辄年产千万吨级：水泥厂投资兴建骨料厂和石灰石为原料居多。水泥企业基于自身的资源、技术、资本和管理优势，以及面对日益下行、风光不再的水泥产业窘况，众水泥大佬们“守内拓外”的思维越发强烈，砂石产业已然成为各水泥企业争相竞夺的“热门蛋糕”，海螺、冀东、华新、金隅、红狮、华润、台泥、葛洲坝、中材、亚泰、同力、亚东等大型水泥企业均已纷纷涉足砂石骨料，已建或在建骨料线产能均在百万吨级别以上，其中千万吨级大型骨料基地已不鲜见。水泥企业发展骨料“数量之多、反应之快、投入之大、层面之高”已成为当前中国砂石骨料行业最显著的特征之一。

沿江沿海布局趋势凸显：建设砂石骨料作为一种附加值较低的大体量固体建设材料，在业内属于一种典型的“短腿”产品，高昂的物流成本是其实现市场扩张的先天瓶颈。一般来说，在汽车陆运为主体的情况下，其最佳市场半径被锁定在 50km 之内，有效市场半径也很难超过 100km。但若选择河运、海运等大物流手段，砂石骨料市场半径将获得有效释放。因此，近年来大型砂石企业生产线开始呈现“沿江、沿海”的战略路线布局特点。长江沿岸两侧纵深 10～30km 的矿山资源及对应的物流码头已成为大型砂石企业争夺的焦点对象。

重点区域市场表现旺盛：一方面，随着天然砂石日益枯竭殆尽、生态环保压力加大，建设砂石供给出现局部性萎缩；另一方面，在新型城镇化建设不断推动的情况下，砂石市场需求呈现出膨胀式的扩张趋势，结构性供需失衡让部分大中城市陷入“砂石荒”的境地，其中表现最为突出的地区莫过于京津冀、长三角和珠三角，受首都圈生态环境治理行动影响，京津冀大量不合格中小型砂石矿山被集中整顿关停，北京混凝土企业一度惊现“一砂一石一黄金”的极端现象。同样，位于长江入海口的长三角地带，建设砂石供应也时有紧张，海量的需求、广泛的市场、临江沿海的便捷使这块区域成为骨料“风起云涌”的策源地，若将视线南移，珠三角地区同样是砂石“旺盛地带”之一，特别是自2013年爆发的“深圳海沙楼”事件后，海砂被限制使用，局部砂石市场波动加大，砂石供应短缺现象较为严重。

建设速度快，最短半年建成，利润率高，投资回收快，很快就会饱和；以冀东某时产500t骨料线（每班按16h计时年产240万吨）为例，总投资约为7500万元，自投产以来每年净利润约为3500万元，项目投资回报率高达46%，投资回收期为1.89年。目前国内平均生产成本：骨料为：16～18元/吨，机制砂18～20元/吨。市场售价在40～120元/吨。由于投产后的市场表现已经远远超过建设前的预期，很多公司已经将生产时间从原来规划的16h二班制调整到现在的24h三班制。一般骨料项目的投资回收期为1～2年。

骨料线的工程设计不需要专门的资质，导致滥竽充数，很多骨料工程设计水平低劣，有的工程甚至不需要设计。

2 破碎装备技术现状及发展趋势

机制砂石的快速发展给相关的装备产业带来巨大商机，在骨料产业扩张和转型的“双窗口”期，给骨料矿山机械设备企业带来的将是一个“千亿级”的市场大蛋糕，未来250亿吨的总规模中，有70%以上属于机制砂石，而机制砂石矿山中达不到准入条件的厂商将被新建的现代化骨料矿山所取代，如果以年产100万吨、平均投资额为2000万元的替代骨料生产线计算（机械设备一般占到骨料生产线投资的50%左右），预计骨料行业直接带动的设备需求价值量高达1225亿元。

面对突如其来的大型化，有实力的骨料装备主流供货商措手不及，没有足够的技术储备来应对，尤其是大型初级破碎机（主要指反击破）。业主只能降低门槛，致使低端设备充斥甚至控制市场。

在国内骨料市场比较活跃的、有外资背景的国际主流装备供货商主要有美卓和山特维克，这两家供货商能提供的破碎设备基本涵盖了机制砂石生产所需要的所有设备，但不能提供用于初级破碎的大规格反击破，又不愿意走国内流行的锤破的技术路线，所以在国内市场竞争中喜欢用颚破加反击破或圆锥来应对锤式反击破，在价格上处于劣势。这两家公司被国内客户普遍认可为高端供应商。国内主流供货商主要有山美、南昌矿机、上海世邦、南方路基、郑州鼎盛和杰弗朗等。这些近年来依靠砂石骨料行业发展而壮大起来的机械厂，起步时都在仿制自20世纪50年代至今仍在沿用的、借鉴前苏联技术的老式颚破和圆锥破。近年来又开始仿制美卓和山特维克等欧美知名公司的颚破、圆锥破、反击破和立轴破技术。一些水泥厂利用既有石灰石矿山资源和破碎系统，通过增设简易的旁路筛分设备，在为水泥厂供应原料的同时可以很方便地附带生产机制砂石，这种快速取得效益的方法激发了某些制造商的“灵感”，诞生了简化版的专门用于生产骨料的单段锤式破碎机（为了便于推广并以示区别，命名为反击锤式破碎机）。

3 以石灰石为原料的骨料生产线破碎机的选型问题

3.1 基本原则

自然界的矿石种类繁多，物理性质差别很大，既有高硬度、高磨蚀性的花岗岩；也有易于破碎，磨蚀性低的凝灰岩。破碎机按破碎原理可分为：挤压破碎、打击破碎、碰撞破碎、剪切破碎、撕裂破碎、研磨破碎等。各类破碎机均有相适应的物料和场合（图 1）。

破碎机的选型要充分考虑原料的特性和进出料粒度的需求，既要避免破碎机大材小用，浪费资源；也要使破碎机的性能留有一定的富裕，使破碎机能够在最佳条件下稳定高效运转。

从图 1 可以看出，大多数破碎机都能胜任石灰石的破碎，但由于大部分石灰石属于中等或中等以下硬度，磨蚀性也不高，破碎时大多采用破碎比较大、效率比较高的冲击类破碎机，如反击式破碎机和锤式破碎机，除非对产品中的细粉含量和块状成品率有特殊要求的场合，如熔剂灰岩制备。另外，如果石灰石的磨蚀性过高，破碎机的工作部件（磨损件）寿命短，更换过于频繁，使用冲击类破碎机是不划算的。

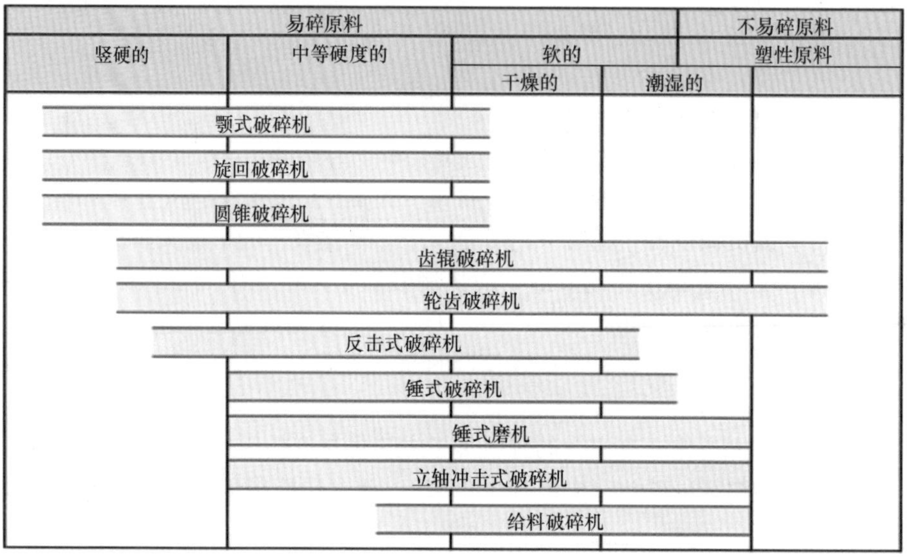

图 1　破碎机对原料的适应能力

3.2　国内主流石灰石骨料生产线的装备配置

骨料的生产是原料的破碎筛分过程，从矿山爆破出的原料到粗骨料产品大概需要破碎比为（35～50∶1），而从原料到机制砂产品的破碎比则需要 200 以上。挤压式破碎设备如颚式破碎机、旋回破碎机和圆锥破碎机的破碎比最高只能达到（6～7∶1）。相比之下，采用冲击原理的破碎设备破碎比更大，反击破可以达到约 35∶1，而利用箅子控制出料粒度的锤式破碎机，破碎比可以达到 80∶1。因此，针对石灰石原料硬度不大、磨蚀性不高的特点，采用冲击原理的破碎设备更有利于降低设备投资、简化生产流程、提高生产线规模。反击式破碎机与锤式破碎机的比较见表 1，不同种类岩石推荐的破碎设备见图 2。

表 1　反击式破碎机与锤式破碎机的比较

类型	最大处理能力（t/h）	最大喂料粒度（mm）	最大抗压强度（MPa）	最大磨蚀性指数	最大水分含量（%）	最大破碎比	出料粒形	转子寿命	维护和使用成本
反击式破碎机	2750	2000	200	0.12	8	35∶1	优	少	低
单转子锤破	2000	2000	120	0.12	8	80∶1	中等	稍多	高
双转子锤破	2500	2000	120	0.12	15	80∶1	中等	多	高

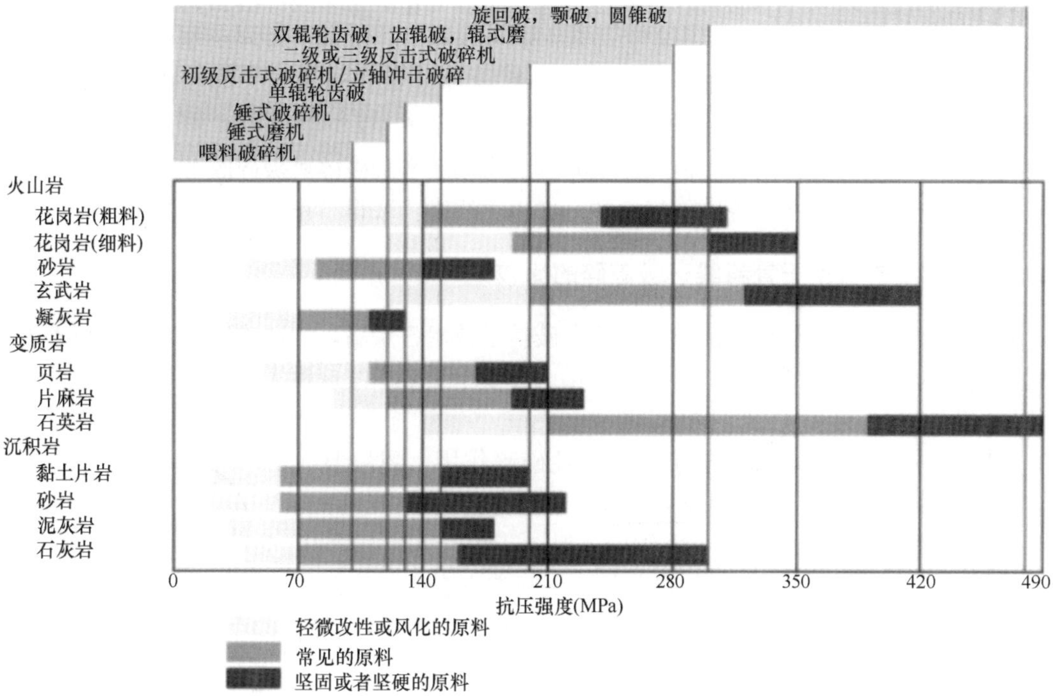

图 2　不同种类岩石推荐的破碎设备

目前国内比较流行的工艺技术特点和破碎装备有以下几种：

（1）颚破（或旋回破）和反击破组合

颚破和反击破的组合常见于小规模骨料生产线，单条线的最高产能不超过 1200t/h，从最初的碎石厂生产工艺演变而来。由于碎石场的原料多为硬度较大的矿石（如鹅卵石、花岗岩、玄武岩），只能使用两段破碎。旋回破和颚破效率低，为后段工序（二破）担当不够，白白占用一个大车间，尤其是大型旋回破，土建费用高得惊人，几乎不能产出成品，即使在二破前筛分出部分成品，其粒形较差，针片状颗粒含量高，影响骨料产品的质量。

（2）颚破（或旋回破）和圆锥破组合

常用于原料磨蚀性和硬度较大的生产线。颚破、旋回破和圆锥破均属挤压破碎，适用于要求粉料少的生产线。生产过程没有大的冲击，易损件寿命高。产品粒形不好，针片状产品较多。

以上两种组合方式，如果没有特殊的产品要求，都不适合用于石灰石骨料的破碎，原因在于单位产出的投资大，产品质量（指粒形和针片状含量）难以控制。一个值得提醒的事实是，对于高强度混凝土（如 C80 和 C100）所用骨料，虽然对岩石种类并无特别要求，但往往只有花岗岩和玄武岩等才能达到压碎值的指标要求，所以这类原料在高端骨料里用得最多。破碎这些高硬度、高磨蚀性的物料往往需要旋回破或颚破作为一破，用圆锥破作为二破。当高端骨料对粒形有较高要求时，也会不惜牺牲运维和磨损件费用，采用反击破来获取最佳的粒形。据了解，用于港珠澳大桥的高强度混凝土所用骨料即为经反击式破碎机破碎的花岗岩，按理说，这类岩石因为磨蚀性过高导致易损件寿命太短，而不宜使用反击破处理，我们猜测这样的选择是出于对骨料粒形的特殊要求。

（3）单段锤式破碎机（又称锤式反击破）

随着骨料生产线大型化的需求越来越迫切，国内简化版的单段锤破正大行其道。配合既有水泥生产线使用，有独特优势。工艺流程较短，投资低，可以直接产出部分甚至全部最终产品。骨料产品立方性好，但细粉（<5mm 含量较高）。其设计简陋，可靠性差，操作维护费用高，转子的使用寿命为 1～3 年。其破碎板不可调节，锤头磨损后性能会明显下降，几乎没有配备任何检修辅助设备。但天津院开发的借用反击式破碎机破碎腔形的锤式破碎机和破碎加预筛分一体机，在中等以下规模的骨料生产线上，取得了很好的应用尝试。

3.3 锤破和反击破用于骨料线一级破碎的比较

在国内，锤破的发展比反击破快，反击破转子技术含量高，制造难度大，所以技术进步缓慢，迄今为止只制造了数台，尚未大型化。新型干法生产线规模大型化后，反击破慢慢地落伍了。

用于骨料一级破碎，反击破由于选择性破碎作用，颗粒形状好，产品细粉（0～5mm）含量较少。由于锤破打击次数多，打击部件对矿石颗粒形成的局部高应力作用，促成了大量细粉的产生（图 3）。加之排料箅子的强制检查筛分作用（只有小于箅缝的颗粒才能排出），增加了物料在破碎机机内的停留时间和打击次数，所以细粉含量高，一般会比反击破高 3～5 个百分点。

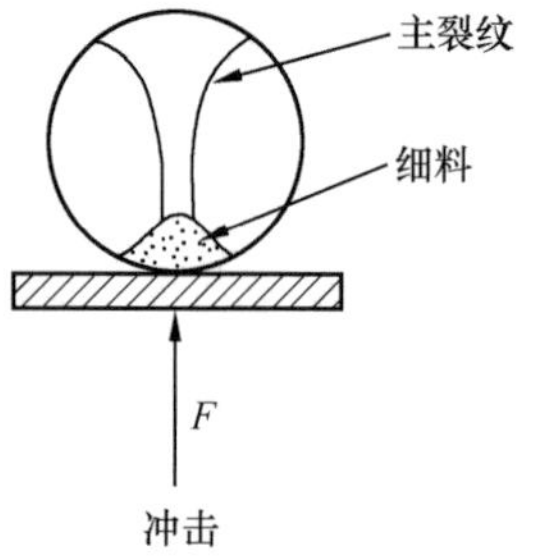

图 3　破碎过程中粉料的产生

为了降低细粉含量，制造商采用降低转速和锤头排布稀疏化，但带来新的问题，即大块矿石和锤盘接触摩擦的机会增大了，因此锤盘的磨损会加快。另外，锤破的打击部件（锤头）是通过锤轴铰接在锤盘上的，遇到大块矿石不能一击而碎的时候，锤头会从辐射状向后倾倒，甚至隐藏在锤盘中，也增加了物料和锤盘的接触摩擦机会，加剧磨损。而反击破的板锤刚性地固定在转子体上，大块矿石几乎没有机会接触盘体，因而寿命大大提高。据统计，一般锤破的锤盘的寿命为 1～5 年，大部分为 2～3 年，而反击破的转子体一般为 10～20 年甚至更长。中联鲁南水泥厂的哈兹马克反击式破碎机从 2004 年使用至今，没有更换过转子，甚至连堆焊维修都没有过。图 4 为新的 GSK 型转子，图 5 为使用 14 年的 GSK 转子，图 6 为使用 3 年的锤盘。

图 4　新的 GSK 型转子

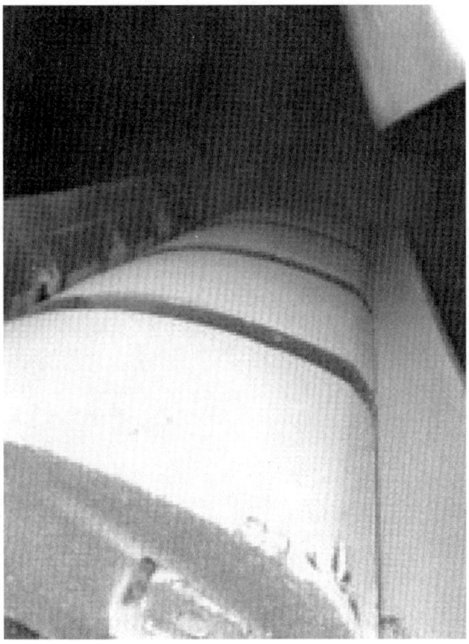

图 5　使用 14 年的 GSK 转子

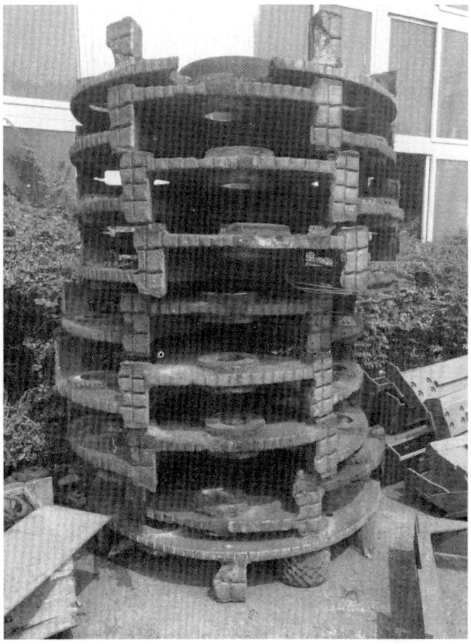

图 6　使用 3 年的锤盘

反击式破碎机和锤式破碎机作为一级破碎的产品粒级和粒形比较：

鲁南水泥厂两条水泥生产线的原料破碎机分别是德国哈兹马克公司的 HPI2525 反击式破碎机和天津水泥院 TKLPC2022 单转子锤式破碎机。由于两台设备的原料来自同一矿山，因此两台设备的产品粒度分布和粒形对比很有参考性。测试物料信息见表 2。

表 2　测试物料信息

物料类型	测试物料 1	测试物料 2
	石灰石	石灰石
重量	约 90kg	约 75kg
石灰石原料	鲁南水泥厂原料矿山	鲁南水泥厂原料矿山
喂料方式	板式喂料机直接喂料	板式喂料机直接喂料
测试物料	经哈兹马克反击式破碎机 HPI2525 破碎后的产品物料	经国产锤式破碎机 TKLPC2022 破碎后的产品物料
破碎机出料粒度	95%<80mm	95%<50mm
破碎机破碎能力	1200t/h	600t/h

取样试验还对两台破碎机的产品粒形和针片状颗粒含量做了测试（图 7、图 8），主要结论如下：

（1）经过一次破碎后，反击式破碎机的骨料产品产率为 68%，锤式破碎机的骨料产品产率为 86.75%。

（2）反击式破碎机 0～5mm 细料占比 21.07%，锤式破碎机为 31.39%。考虑到原料中细料占比为 5%～6%，除泥后此部分会被去除。同时对比产品产率折合成骨料产品中的细料含量后：反击破约为 22%，锤式破碎机约为 28%。可知，通过一次破碎过后，反击式破碎机产出的骨料产品（<31.5mm）中细料含量比锤式破碎机低 6%。

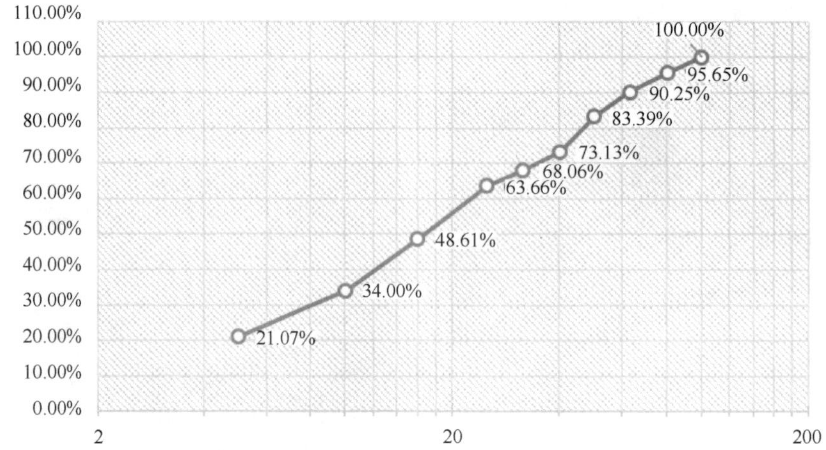

图 7　HPI2525 测试物料 1 的粒度分布

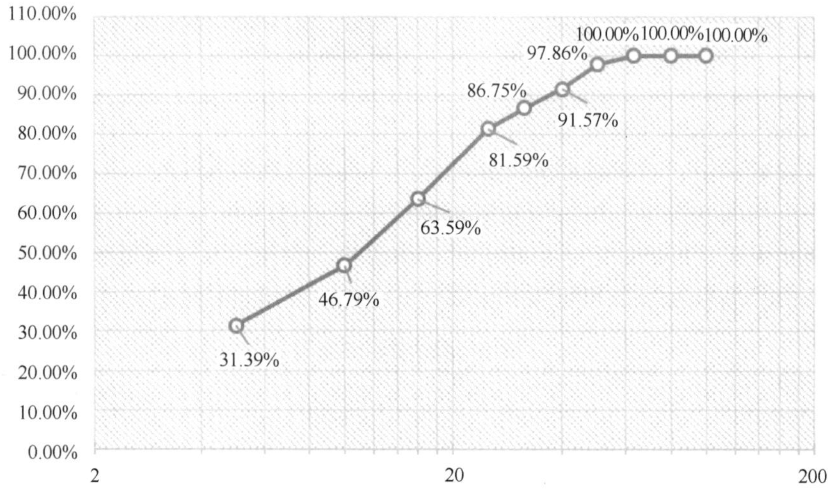

图 8　TKLPC2022 测试物料 2 的粒度分布

（3）反击式破碎机粗骨料产品针片状颗粒平均含量为 3.08%，锤式破碎机针片状颗粒平均含量为 2.96%，两者基本接近。

维护方面：反击式破碎机只需定期更换板锤（图 9）、衬板和打击板等易损件，而锤式破碎机不仅要定期更换锤头和衬板，还要不定期堆焊锤盘（图 10）甚至更换转子，维护工作量大，停机时间长。

安全性方面：反击破遇不可破碎物（铁器）进机，可以自动避让，加之反击破的转子体是整体设计，非常坚固，因此安全性远远高于锤破。

反击破的缺点是，对黏湿物料的适应性方面不如锤破，反击板容易粘结黏湿物料。在破碎机之前增设预筛分装置恰好可以完美解决这个问题。对黏湿物料和细颗粒物料进行预先筛除，也正是提高骨料和机制砂品质的唯一可靠的手段。

国内目前骨料线建设只是一味追求规模大型化，主机设备和已经强制关停的小规模骨料线相比，没有太大的质的变化，大部分业主仍在沿用简陋的设备，图的就是投资省见效快。从长远的维护运营角度来看，这些简化设计的主机存在着严重的可靠性问题，维护困难，再过几年就可以验证这一点。新建成的骨料线有相当一部分是“金玉其外，败絮其中”，从外面看起来整个生产线很整洁、很漂亮，但由于衔接设计和设备质量等原因，车间内部不堪观瞻。

图 9　反击破更换板锤

图 10　锤破堆焊锤盘

由于市场容量的快速增长，运转率是机制砂石企业效益的关键因素。很多企业通过增加班制和工作时间（从每日一班 8h 曾至每日两班 16h 甚至三班连续生产）来满足市场需要，通过我们的调研结果看，国产的反击锤破因故障率高很少能满足增加工作时间的要求。

3.4　除泥问题

石灰石矿山通常都伴生有表面剥离土或者夹层土，爆破后不可避免地会与原料掺杂在一起，这些土或泥块对骨料的性能有很大的影响，应在原料进入破碎机前予以去除。在中小规模生产线中，主流的除泥设备是棒条给料机，布置在主料仓的底部，在其给料段的前部设置有若干棒条组成栅格，物料通过栅格时含泥的碎料被筛出送至除泥振动筛，经除泥振动筛处理后的物料返回主生产线。

但是棒条给料机是利用振动输送物料的设备，其激振器偏向水平布置，使其振动轨迹更偏向于前后振动，在竖直方向的振幅较小，将物料抛起的高度很低。当棒条上方的料层厚度较大时，在料层上方的泥土无法筛出，除泥效果较差。同时，随着单条生产线的处理能力的增加，破碎机的宽度动辄达到 2m 以上，棒条给料机因其结构限制很难随着破碎机一起加宽。因此，大规模骨料生产线的喂料设备通常是板式给料机，除泥设备也更换成效率更高的辊轴筛。

辊轴筛是一种专门用于原料预筛分的设备，其重型辊轴设计可以适应大块物料的筛分，主要用于石灰石原料中夹层土和碎料的预筛除，提高系统的处理能力，其筛分效率可达90%以上。辊轴筛由若干旋转的辊轴组成，辊轴上设置有非圆形的规则凸起，物料在辊轴筛上由旋转的辊轴带动其向前运动，由于辊轴上有凸起，物料在向前运动的同时还会产生上下波动和相对运动，能使物料中夹杂的泥土全部落到辊轴上并从辊轴中间的缝隙筛出。辊轴的数量可根据原料的情况合理选择，数量越多，筛分效率越高。辊轴筛筛下的含泥料也会送至除泥振动筛，筛去泥土后返回主生产线。图 11 为正在工作的辊轴筛，图 12 为哈兹马克 HR5 系列辊轴筛。

图 11　正在工作的辊轴筛

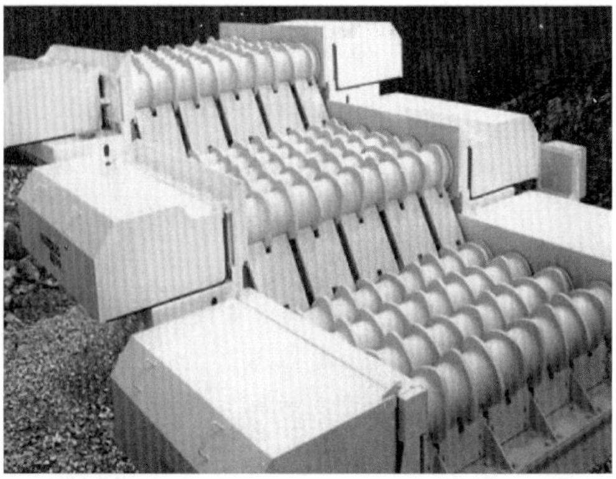

图 12　哈兹马克 HRS 系列辊轴筛

辊轴筛筛分效率高，重型结构适应大块物料的输送，结构简单、可靠，维护方便，非常适合应用于骨料的除泥。

4　制砂机的选型

若市场对机制砂的需求量和性能要求较高，就需要配置制砂系统。制砂系统的入料粒度一般为 5～50mm，产品为 0～5mm，通常由制砂机和振动筛组成闭环系统。

喂入制砂机的原料经过一次破碎后，合格粒度产品的比率即为制砂机的成砂率。如果制砂机的成砂率低，就需要使产品再次返回制砂机破碎，形成循环量。例如，如果制砂机的成砂率为 60%，那么 200t/h 产量的制砂系统要有 330t/h 的循环量，即循环系统的所有设备都应按 330t/h 能力配置。可见，制砂机的成砂率对整个制砂系统有很大的影响，是非常重要的指标。

制砂机的另一个重要性能指标是产品的性能，即产品的粒度分布和粒形。粒度分布可以机制砂的细度模数来衡量，而产品的粒形则会影响配置出的混凝土的性能。有合理的粒度分布以及圆润的颗粒形状的产品是受市场欢迎的产品。

目前，国内市场上主流的制砂机有两种，一种是立轴冲击式制砂机，即 VSI 制砂机，另一种是水平轴锤式制砂机，也被称为锤式制砂机或锤式磨机。

立轴冲击式制砂机（图 13）目前在国内机制砂行业得到广泛采用，其主要原因在于人们对立轴破的整形功能的推崇。整形功能的实现有两个必要条件，一是在破碎腔内要形成料层（垫层），二是相互接触的颗粒之间要有相对运动，并由此产生碰撞、剪切和摩擦。立轴破的工作原理（图 14）迎合了这两个条件。它采用高速动能冲击和层间粉碎原理对物料进行破碎，将石料加速到 60～70m/s，然后与打击板或者堆料相互冲击，消耗冲击能量实现破碎和整形（磨去棱角）。另外，天津院最近成功地将立磨试用于制砂（图 15），取得了很好的效果，也从侧面验证了上述的整形工作原理。

但立轴破不是一种强制性破碎的制砂机类型，其出料粒度无法控制，成砂率较低，而且入料粒度不宜过大，最佳入料粒度为 5～40mm。为提高成砂率，只有提高转子的转速以增加石料的初始速度。一般情况下，对于入料粒度为 5～40mm 石打铁工作模式的立轴冲击式破碎机的成砂率约为 55%，最高为 75%，但其线速度需要调节到 80m/s，对打击板的磨损也会非常严重。

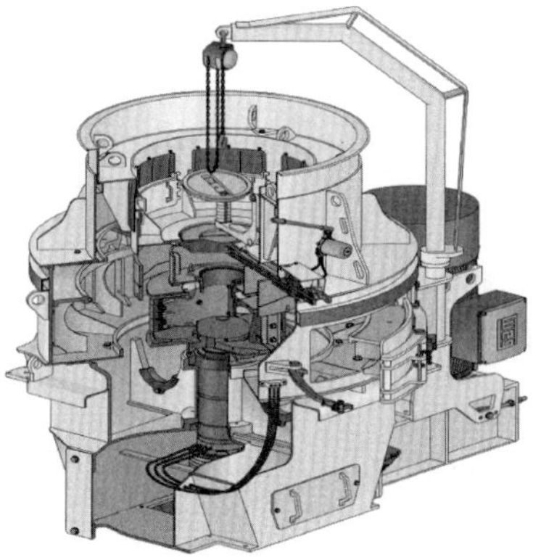

图 13　立轴冲击式制砂机

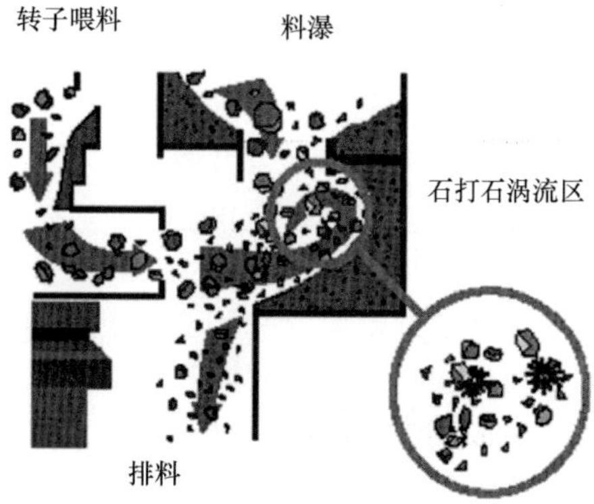

图 14　立轴破的原理

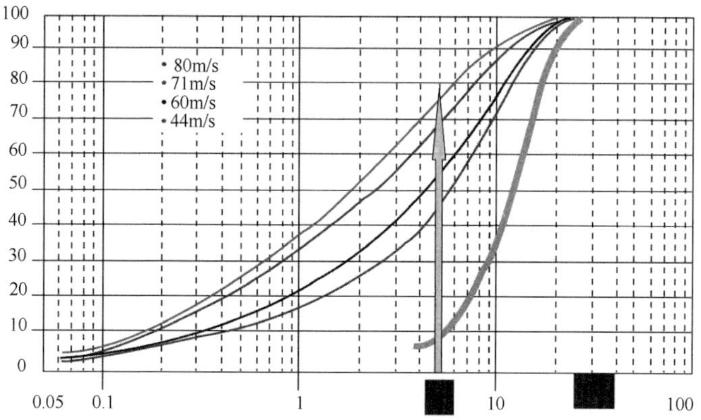

图 15　立轴冲击式制砂机典型产品曲线

锤式制砂机（图 16、图 17）是一种利用冲击原理破碎物料的破碎机，利用高速旋转的锤头与锤头周边的打击板形成破碎空间，物料从喂入破碎机开始就会经过锤头打击并撞击到打击板或其他物料上。同时，锤式制砂机底部设置有排料箅条，物料将在箅缝上方的破碎区再次经过打击和研磨，直到其粒度小于箅缝才能排出破碎机。

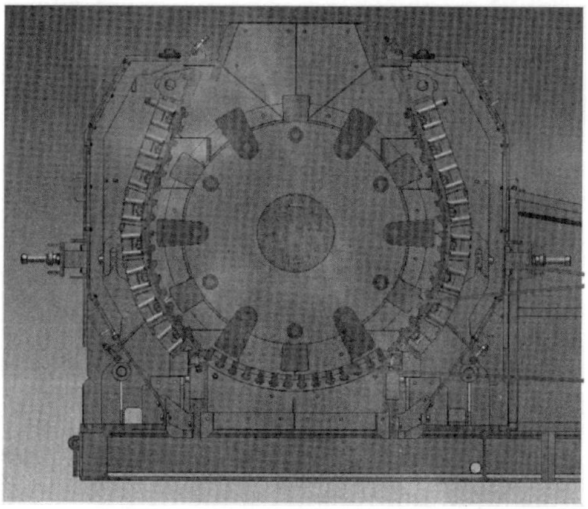

图 16　锤式制砂机内部结构

图 17　哈兹马克 HUV 锤式制砂机

可见，锤式制砂机具有强制性破碎结构，相对于冲击式制砂机而言，锤式制砂机的一次成砂率非常高，可达到90%以上，使得制砂系统的返料率非常低甚至不用配置循环振动筛。同时，锤式制砂机具有更大的入料粒度范围和更大的处理能力，最大喂料粒度可达80mm以上，单机处理能力最大可达300t/h。锤式制砂机还可以根据产品的需求非常方便地改变转子的转速和箅子的箅缝和排料面积，生产不同细度模数的机制砂产品。另外，锤式制砂机内部研磨腔里不间断的料流形成垫层，以及由内至外的颗粒运动速度递减（图18），满足了整形功能所需要的两个条件。因此，锤式制砂机的整形功能也是非常显著的。

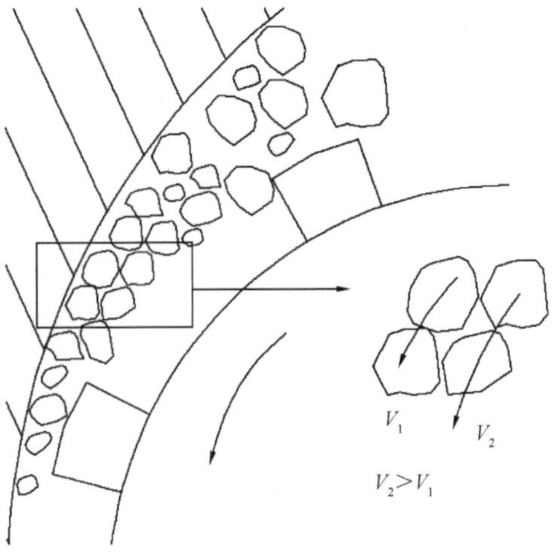

图18　锤式制砂机的整形作用

图19是德国哈兹马克公司在国内某项目的制砂试验曲线。在成砂率达到95%的条件下，不同的转子转速配合不同的箅缝和排料面积可产出各种细度模数的机制砂，满足国标机制砂不同级别粒度分布的要求。

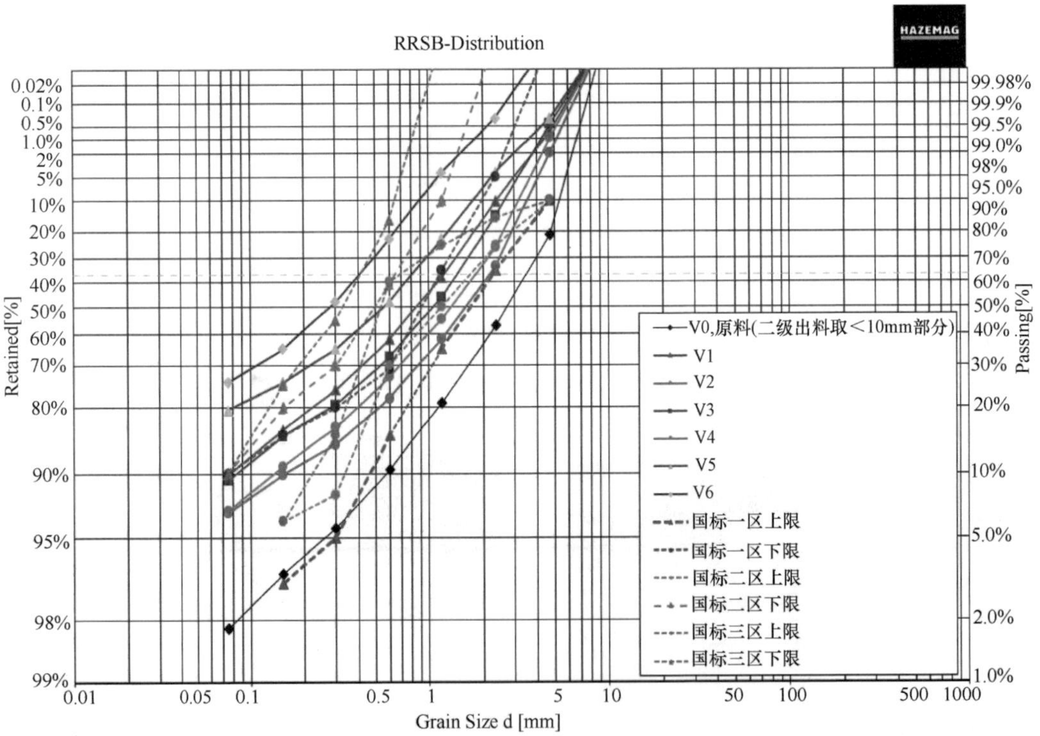

图19　不同配置的锤式制砂机产品曲线

对于锤式制砂机的出料粒形，行业内存在其粒形不如立轴冲击式制砂机的说法，但并没有试验证明锤式制砂机的产品会影响混凝土的性能。哈兹马克公司也在深入研究并通过大量试验检测锤式制砂机的出料粒形。哈兹马克公司利用HAVER CPA 2-1激光颗粒分析仪来检测每个机制砂颗粒的粒形，确定其最大边长和长宽比（图 20）。

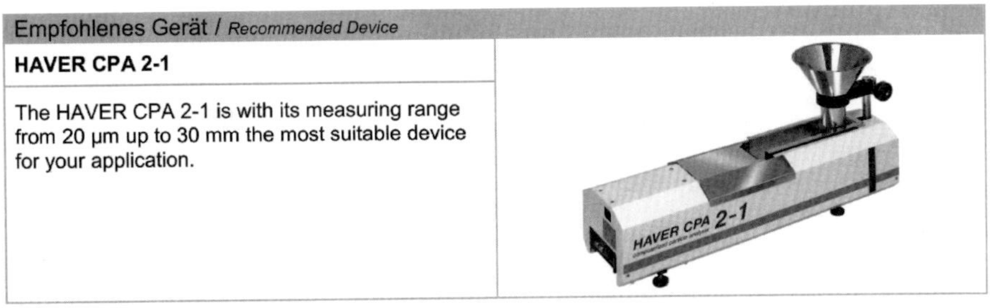

图 20　HAVER CPA 2-1 激光颗粒分析仪

图 21 是利用 HAVER CPA2-1 测试的一个锤式制砂机产品的检测报告，其细度模数为 2.92，共分为三个样本进行检测，结果的可重复性非常好。

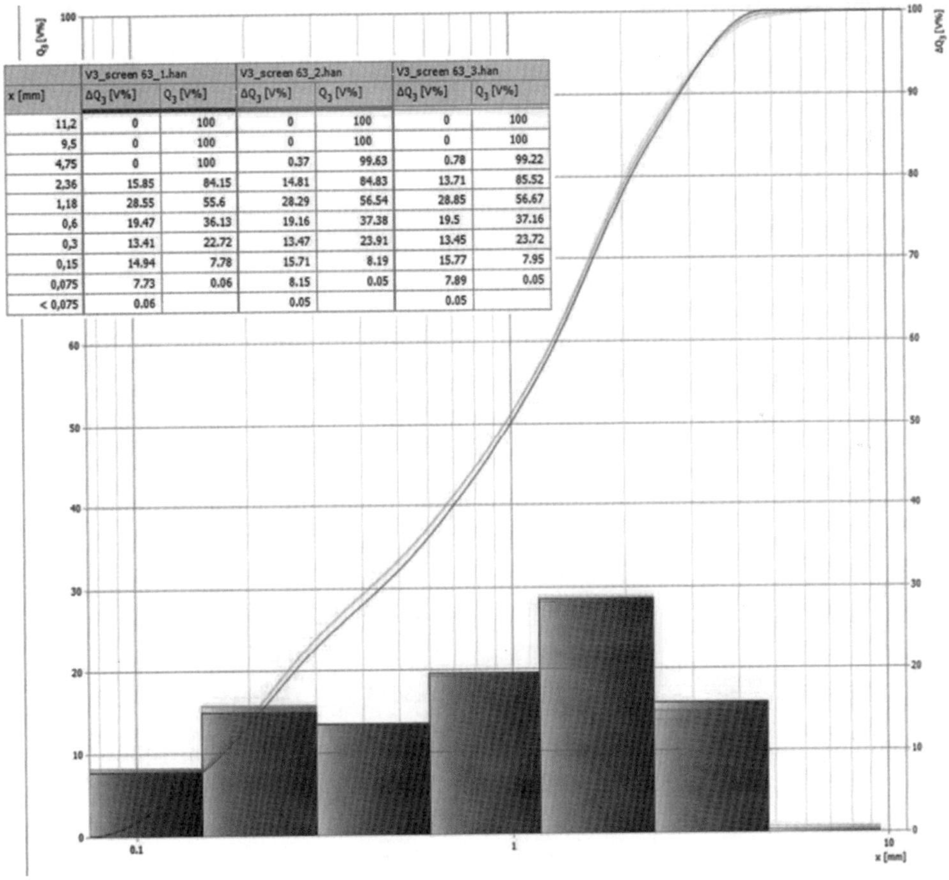

x [mm]	V3_screen 63_1.han		V3_screen 63_2.han		V3_screen 63_3.han	
	ΔQ_3 [V%]	Q_3 [V%]	ΔQ_3 [V%]	Q_3 [V%]	ΔQ_3 [V%]	Q_3 [V%]
11,2	0	100	0	100	0	100
9,5	0	100	0	100	0	100
4,75	0	100	0.37	99.63	0.78	99.22
2,36	15.85	84.15	14.81	84.83	13.71	85.52
1,18	28.55	55.6	28.29	56.54	28.85	56.67
0,6	19.47	36.13	19.16	37.38	19.5	37.16
0,3	13.41	22.72	13.47	23.91	13.45	23.72
0,15	14.94	7.78	15.71	8.19	15.77	7.95
0,075	7.73	0.06	8.15	0.05	7.89	0.05
< 0,075	0.06		0.05		0.05	

图 21　颗粒的粒度分布图

颗粒长宽比的检测结果如下（图 22、图 23）：

（1）所有颗粒的长宽比全部小于 2.8。

（2）以上的颗粒长宽比在（1～2）：1 之间。将此检测结果与国家相关标准进行对应比较，可以认定当颗粒的长宽比小于 2：1 时，就不会是针片状颗粒。

（3）长宽比为 1：1 的占 27%～28%，此部分颗粒趋于立方体。

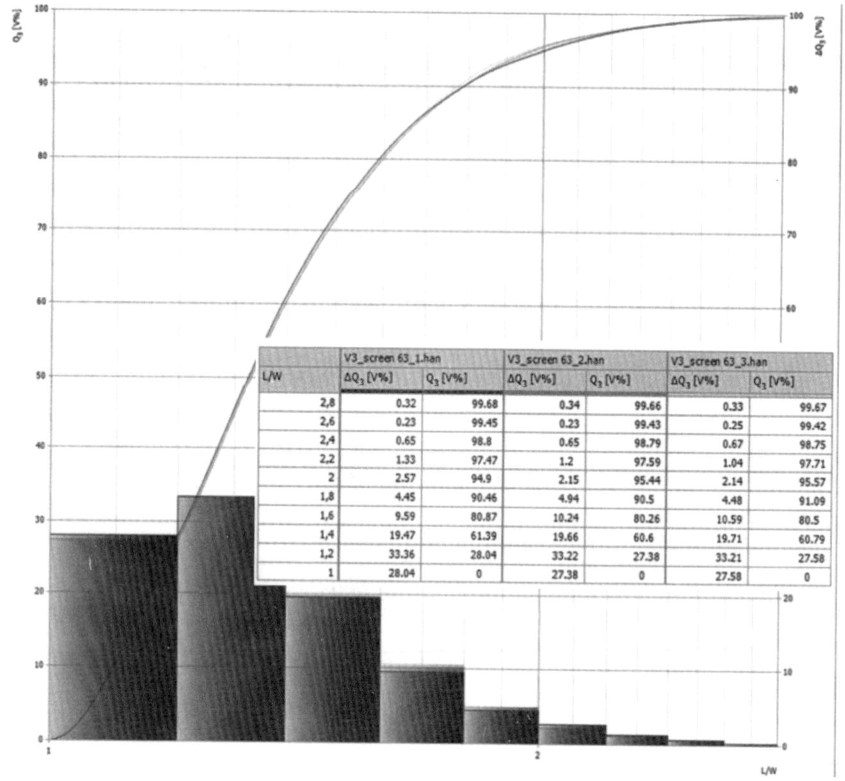

L/W	V3_screen 63_1.han		V3_screen 63_2.han		V3_screen 63_3.han	
	ΔQ_3 [V%]	Q_3 [V%]	ΔQ_3 [V%]	Q_3 [V%]	ΔQ_3 [V%]	Q_3 [V%]
2,8	0.32	99.68	0.34	99.66	0.33	99.67
2,6	0.23	99.45	0.23	99.43	0.25	99.42
2,4	0.65	98.8	0.65	98.79	0.67	98.75
2,2	1.33	97.47	1.2	97.59	1.04	97.71
2	2.57	94.9	2.15	95.44	2.14	95.57
1,8	4.45	90.46	4.94	90.5	4.48	91.09
1,6	9.59	80.87	10.24	80.26	10.59	80.5
1,4	19.47	61.39	19.66	60.6	19.71	60.79
1,2	33.36	28.04	33.22	27.38	33.21	27.58
1	28.04	0	27.38	0	27.58	0

图 22　颗粒的长宽比分布图

Id	Chart	Aspect ratio	Minimum Feret [mm]	Circularity	Equivalent diameter...
361213		1.7541	0.08008	0.91528	0.10114
361214		1.3127	0.17092	0.8354	0.17451
361215		1.1694	0.12012	0.91527	0.11421
361216		1.4946	0.12574	0.8866	0.12992
361217		1.6818	0.27827	0.84944	0.32983
361218		1.0624	0.3015	0.89014	0.29245
361219		1.2892	0.14014	0.90875	0.14483
361220		1.2025	0.1001	0.93938	0.11079
361221		1.1694	0.12012	0.80118	0.11195
361222		1.4442	0.12759	0.87691	0.12388
361223		1.0872	0.24024	0.91777	0.23462
361224		1.4784	0.13318	0.81197	0.13852
361225		1.1694	0.12012	0.94078	0.12794
361226		1.0946	0.22022	0.93307	0.22515
361227		1.5548	0.12769	0.86598	0.13478

图 23　颗粒外形列表节选

可见，相比于立轴冲击式制砂机，锤式制砂机具有产量大、成砂率高、生产工艺简单、投资少的特点，非常适合石灰石这种硬度中等、磨蚀性较低矿石的制砂。但由于锤式制砂机使用锤头直接打击物料，用于破碎磨蚀性较高的原料如花岗岩、玄武岩等坚硬原料的制砂时应谨慎选择。

5 结论

石灰石骨料生产线的设备选型是一个系统性的工作，既要考虑原料的性能又要考虑市场的需求，并在此基础上选择合适的破碎设备。同时，主机设备的可靠性和维护便利性也是决定生产线正常运转的重要因素。对此，我们综合多年矿山设计和主机设备供货经验，提出以下建议：

（1）研究原料的性能是首要前提。原料的硬度、磨蚀性、含水率、剥离土量、夹层土量都是影响生产线配置的关键因素，在立项前要通过试验测试出原料的各种性能指标，为设备的选型做好前期准备工作。

（2）深入研究市场对砂石骨料产品需求。一般情况下，骨料生产线产品的覆盖范围约为方圆 50km，最大不会超过 100km。生产线项目立项前，要充分调查周边的骨料市场，确定哪种产品需求量最大，哪种产品需求量小，并在确定生产工艺时加以针对。

（3）合理配置主机设备。破碎设备是骨料生产线的重要主机设备，合理选择破碎设备才能最大化地利用资源并降低投资。对于石灰石骨料生产线，颚破＋反击破的配置已经趋于落后，反击破＋反击破逐渐显露出优势，反击破用于一级破碎可以直接产出 50％以上的产品，可以明显降低后续车间的规模，节约投资的效果明显。同时，相比于立轴冲击式制砂机，锤式制砂机产量大、成砂率高、系统简单，更适合石灰石这种硬度中等、磨蚀性较低矿石的制砂。

（4）委托有资质的大型设计院工程设计。随着骨料生产线向规模化、大型化发展，生产线的自动化水平、环保设施越来越重要。选择有资质的大型设计院进行工程设计，可以充分发挥大型设计院的专业优势，使生产线总图布置、建筑设计、安全和环保设施都能满足可持续发展的需求。

水泥灰岩矿绿色矿山建设规划设计

栗红玉　周杰华　汪瑞敏

摘　要：传统的粗放式矿山开发方式带来了资源浪费严重、安全事故频发、生态环境恶化等问题，开展绿色矿山建设已成为当代矿业发展的必然选择。本文以陕西某水泥灰岩矿为例，阐述绿色矿山建设的主要内容，以期对水泥行业开展绿色矿山建设起到借鉴与示范作用。

关键词：水泥灰岩矿；绿色矿山；露天开采

绿色矿山建设是我国矿业发展模式的战略选择，是当代建设“资源节约型，环境友好型”社会的重要途径[1]。水泥灰岩矿主要由碳酸钙组成，是制备水泥的基本原料，由于赋存浅、覆盖物少，大部分水泥灰岩矿都采用了露天开采方式，而露天开采对周边生态环境的影响较大，易造成周边水体、大气及固体废弃物等污染，甚至诱发地质灾害，引起生物多样性锐减[2]。因此，对水泥灰岩矿进行绿色矿山建设的意义重大。

1　工程概况

1.1　矿区开采现状

某水泥灰岩矿地处秦岭北坡山前低山区，矿床总体呈东西向展布，矿区最高标高为958m，最低标高为700m。

矿山采用露天开采方式、自上而下分台阶开采。由于非矿夹层数量多，开采过程中混入较多夹石，导致矿石品质下降。为满足水泥熟料生产线对石灰石进厂指标的要求，矿山采用多台阶、多工作面综合搭配开采（矿山开采工作面见图 1）。目前，在矿区范围内已形成若干最终台阶边坡，台阶高度为15m，平台宽度为4～8m，台阶终了坡面角为70°。开采区东西长约740m，南北最宽处约360m，开采区占地面积约为18ha。矿区从东向西分布着855m、840m、825m、810m、795m、780m及765m等7个开采工作面。

1.2　存在的环境问题

由于矿山开采，对矿区周边环境造成了一定的破坏，主要体现在以下方面：

（1）植被受到严重破坏。在矿山开采范围内，因矿山开采和剥离，破坏了地表植被赖以生存的环境，导致现阶段开采范围没有植被。

（2）边坡局部形成滑坡。矿山开采破坏了原有的山体结构（图 2），且由于矿石成因、结构和构造等原因，各工作面均出现局部不同程度的滑坡。

（3）地表水土的破坏。矿区南侧山间小溪流经矿区，在台阶边界因落差突然增大，对地表土形成了冲刷，同时因矿山开采粉尘的混入，对水质造成了影响。

（4）周边环境的破坏。矿山开采对环境造成粉尘、废水、废气、废渣等污染，其中最明显的是粉尘，因矿山爆破、铲装和运输等形成的扬尘，造成矿区周边植被均被染成灰色。

图 1　开采工作面

图 2　开采工作面边坡

2　绿色矿山建设原则

矿山生产应遵循“开采方式科学化、资源利用高效化、企业管理规范化、生产工艺环保化、矿山环境生态化”的基本要求，努力实现矿山发展的资源效益、环境效益和社会效益的协调统一，资源开发与环境保护并举，矿山发展与社区繁荣共赢[3]。

（1）因地制宜，协调发展。结合自身发展的实际情况，总结分析生产过程中在资源综合利用、环境保护、和谐社区等方面存在的问题与矛盾，重视矿山周边资源并购，做好环保、复垦和社区等方面的工作，确保矿山协调发展[4]。

（2）突出重点，科技兴矿。在绿色矿山建设的重点领域开展专题设计，对采取的先进技术、方法及手段进行及时总结，发展构建体现自身特色的绿色矿山发展模式。坚持科技创新原则，稳步推进技术升级改造与创新体系建设。加强与相关单位合作，建立矿山物联网系统，将矿山数字化纳入矿山发展规划。主动监控矿区内的生产状况与实时地质环境变化，并根据数据系统自动反馈环保、产能达标状况，提高矿区全面监控水平与安全管理水平[5]。

（3）合理规划，注重实施。依据绿色矿山建设的基本条件及相关行业标准制定切实可行的规划发展目标，通过规划重点工程建设项目，将规划指标落到实处。各项建设工程应做好资金安排，合理统筹，狠抓落实，保证规划指标的顺利完成[6]。

（4）统筹协调各项工作。严格执行上级规划部署的任务和目标，做好绿色矿山建设规划与当地国民经济和社会发展规划、土地利用总体规划、矿产资源规划等规划的衔接，积极落实，做好统筹协调工作[7]。

（5）开发与保护并举。资源开发坚持“谁开发谁保护，谁污染谁治理”的原则，坚持矿山开发与保护并举，保障矿山的可持续发展。做好道路硬化与地质灾害监测工作，确保矿区地质环境稳定。最大限度地降低对周边生态环境的破坏，大力推进生产过程中同步的绿化与土地复垦工作[8]。

（6）公众参与，集思广益。在矿山内部积极宣传绿色矿山发展理念，鼓励矿山职工为绿色矿山规划建言献策，参与矿山规划建设，注重专家咨询和公众参与，广泛听取多方面意见，积极鼓励矿区周边村民参与绿色矿山建设，增强规划编制的公开性，提高规划透明度和科学决策水平[9]。

3　绿色矿山建设内容

为有效解决矿山开采带来的生态环境问题，矿山应坚持绿色矿山的建设理念，加快改造升级，从资源综合利用、作业环境规范、数字矿山建设、边坡绿化及灾害防治、土地绿色复垦、社区和谐工程、企业文化建设等方面进行绿色矿山建设。

3.1　资源综合利用

（1）废水循环处理。矿山污水来源主要为生活污水，主要包括员工生活产生的污水、洗浴污水等。矿山工业场地设有污水处理设施，对生活污水进行集中处理，处理后的水用于矿山绿化灌溉，实现循环利用。

（2）废石综合利用。露天矿山开采废石主要是夹层和表土，排弃废石不仅需占用土地，而且易诱使山洪泥石流灾害事故的发生。矿山一方面可将剥离的非矿夹层全部进行综合利用，与高品位矿石搭配后直接供给水泥生产线利用，另一方面应将部分废土单独临时存放，用于矿山的土地复垦，实现矿山开发零排废的目标。

3.2　作业环境规范

（1）矿区厂貌整治。矿山绿化、矿区美化始终是绿色矿山建设一项重要的考核内容，要求矿山企业做到“应绿必绿，应美必美”。为积极响应国家要求，同时改善员工工作环境，应大力对矿区面貌进行改造，主要包括：①合理规划建设布局；②规范标识、标牌；③注重卫生管理检查；④完善环保绿色建设；⑤严格治安保卫制度；⑥加强生产安全监督。矿区外部面貌整治效果图如图 3 所示。

图 3　矿区外部面貌整治效果图

（2）噪声防治。矿山开采应选用低噪声设备和工艺流程；爆破采用微差爆破，并控制单段最大装药量；对风机等设备加装消声器；将破碎车间密封，利用建筑物隔声；卸料溜子等做成台阶状，利用料磨料原理减少噪声；潜孔钻机、挖掘机、装载机为连续噪声源，其操作工须佩戴隔声耳罩。

（3）粉尘防治。露天采场具有产尘点多、量大、浓度高、分散等特点，在穿孔、爆破、铲装、运输、卸载、破碎等生产工艺中都会产生大量粉尘。为降低粉尘对环境的影响，矿山采取具体措施如下：①穿孔设备自带除尘器；②铲装作业采取喷水降尘；③破碎车间采取车间密闭和收尘器-风机负压除尘方式；④运输装车前向矿岩洒水降尘；⑤在卸矿处设喷雾装置降尘；⑥矿区主要运输道路采用混凝土路面、定期洒水、清洗路面等措施。

3.3　数字矿山建设

（1）建立 SURPAC 三维数字化系统。传统矿山二维设计存在计算周期长、精度差等弊端。为此，应引进 SURPAC 软件，推行矿体三维数字化技术，大大提高生产效率。其主要内容包括：①建立矿体和地表三维模型；②建立 SURPAC 块体模型，分析矿区资源储量；③精准配矿设计，提前编制采剥进度计划。

（2）设置视频监控系统。通过视频监控系统，直观了解矿山现场各地点的详细状况，跟踪生产进度，检查设备作业状态。同时，检测矿场内部的安全状况，最大限度地确保人员安全，避免事故发生和经济损失。矿山在开采区域、运输区域、破碎区域、计量区域设置摄像头，图像数据通过光缆、视频电缆及视频编码器等传输通道输送至控制中心进行监控。人员可通过视屏随时监控各区域的生产状态。

（3）设置智能计量系统。传统计量系统采用汽车衡称量—人工统计数据—人工开票的方式，由于数据需要人工统计，效率低下。为增强企业信息化管理水平，提高计量效率，矿山采用一卡通智能计量管理系统。具体流程为：①车辆过皮自动识别车辆信息；②自助领取 IC 卡；③车辆过毛；④自助归还 IC 卡；⑤自助打印票据。

（4）建立 GPS 车辆智能调度系统。矿山 GPS 车辆智能调度系统主要解决卡车运输过程中的无序问题，保证生产调度合理，实现采矿运输作业的节能提产，降低生产成本，增加企业利润，并可作为数字化矿山平台，适应当前矿山数字化、精细化管理的发展需要，实现车辆的智能管理。其主要功能包括：①设备监测与状态识别；②矿山地理信息管理；③班前设定与班中调整；④自动计量；⑤班中查询；⑥设备维修计划管理；⑦加油管理；⑧统计报表；⑨车载终端使用功能。

3.4 边坡绿化及灾害防治

（1）边坡挂网锚喷植草技术。矿山最终开采平台岩石裸露，且边坡角较大，部分边坡出现局部滑坡灾害，滑坡后的坡体边坡角接近 50°，对周围的环境造成较大影响。对于岩体较完整、地质条件较好、危害性相对较小的边坡，矿山应采用挂网锚喷植草技术进行边坡灾害治理：首先清除坡体表面碎石，然后在局部有土且可开挖的部位开挖穴位，回填种植土并点播灌木种子、栽植叶子花和爬藤植物，最后挂钢丝网覆盖整个坡面，用钢丝绳及锚杆加以固定，并开始在局部可绿化的地段进行液压喷播植草。

（2）边坡在线监测系统。对于岩体破碎、地质条件恶劣、危害性较大的边坡，为保证生产安全及开采完成后边坡的稳定，矿山在进行边坡挂网锚喷植草的同时，应建立边坡在线监测系统。通过建立岩土体地表沉降监测网，及时捕捉边坡位移变化的信息，通过有线或无线方式将监测数据及时发送到监测中心，由计算机数据分析软件处理监测信息，对边坡的整体稳定性做出判断，对山体边坡崩塌、滑坡等灾害进行预警预报。

3.5 土地绿色复垦

（1）土壤改良。土壤改良的目的是提高黄土的有机质含量，增加土壤的有益微生物菌群，提高土壤的保水通气能力，避免土壤硬化板结。矿山可采用有机肥堆沤方法，近距离工厂化堆肥，充分利用秸秆还田和当地有机肥资源，如禽畜粪便、蘑菇肥及各种农业有机废弃物下脚料等，进行工厂化腐熟处理，从而形成连续不断的有机肥投入，多次使用便可提高土壤肥力。

（2）植被绿化。矿区绿化可采用乔、灌、草绿化，绿化品种选择以乡土树种和草种为主，兼顾美化要求。绿化树种乔木选择马尾松，灌木选择毛柳、酸枣、紫穗槐，绿化草种选择狗牙根、黑麦草，藤本选择爬山虎。道路两侧绿化效果图见图 4，矿山开采终了后的植被绿化效果图见图 5。

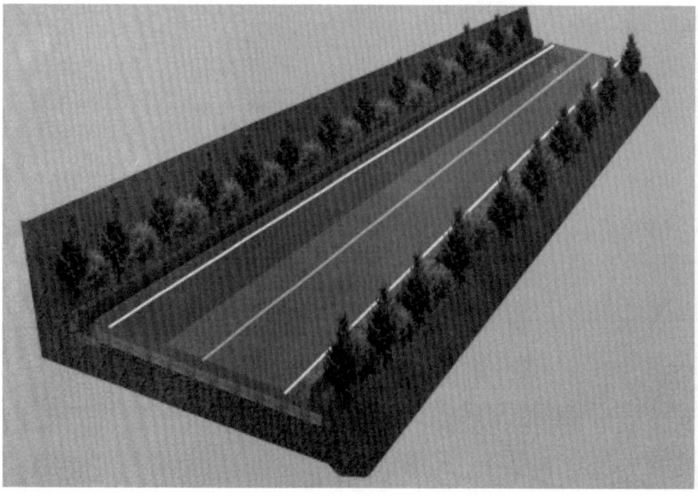

图 4　道路两侧绿化效果图

图5　矿山开采终了后的植被绿化效果图

3.6　社区和谐工程

矿山要坚持“以人为本，打造和谐社区”的理念，把处理好矿山与社区的关系放在重要位置。根据企业自身优势，加大对周边村庄的扶持力度，为当地新农村建设提供力所能及的支持。具体举措如下：

(1) 投入资金完成矿区附近道路的建设与硬化；

(2) 每年向当地老百姓提供石料以及砂石骨料，用于住房建设；

(3) 矿区清洁、绿化维护、后勤等辅助业务和功能直接外包给当地村民运营，减少公司压力，利于矿区和谐；

(4) 组织扶贫帮困活动，主动捐资帮助群众解决交通、吃水、医疗、子女入学问题；

(5) 把绿色矿山建设与土地复垦、村庄整治、新农村建设、旅游资源开发、景观建设相结合。

3.7　企业文化建设

绿色矿山建设对矿山企业提出了新的要求，如完善企业制度、丰富企业文化、加强人才队伍的培养与建设、提高员工归属感、营造和谐的工作氛围。具体建设内容如下：

(1) 关心员工制度。主要包括：①建立独立的工会；②员工身体状态不佳时，避免继续从事如行车、装载等作业；③建立员工友好互助环境；④建立员工奖励、激励机制；⑤组织定期的身体健康检查；⑥落实员工带薪休假制度。

(2) 业务学习制度。主要包括：①定期进行岗位培训，学习设备工作原理、适用条件、维护保养；②工作技能改进培训；③业务技术交流；④工作总结与质量剖析。

(3) 先进技术培训计划。随着科学技术的发展，大量先进电子设备进入人们的日常生活。随时保持学习状态，会使员工始终保持精力旺盛状态，知识始终与时代同步，提高员工工作、学习、生活的幸福指数。

4 结论

采矿工业是从大自然获取资源的工业，对周边生态及环境损害难以避免，绿色矿山建设是解决采矿与环境之间矛盾的必然选择。通过对资源综合利用、作业环境规范、数字矿山建设、边坡绿化及灾害防治、土地绿色复垦、社区和谐工程、企业文化建设等方面进行绿色矿山建设，可以期取得较好的经济效益和社会效益。

参考文献

[1] 王斌．我国绿色矿山评价研究[D]．北京：中国地质大学（北京），2014.

[2] 唐光荣．节能低碳 构建绿色矿山——水泥灰岩矿山矿产资源综合利用评述[J]．矿业装备，2012（7）：48-51.

[3] Azapagic A. Developing a framework for sustainable development indicators for the mining and minerals industry[J]. Journal of cleaner production，2004，12(6)：639-662.

[4] 黄东方．水泥行业绿色矿山的设计探讨[J]．中国水泥，2014（4）：91-95.

[5] 刘丽萍，侯华丽，刘建芬．对我国绿色矿山建设与发展的思考[J]．中国国土资源经济，2015，28(7)：18-21.

[6] 栗欣．绿色矿山建设模式的实践与探索[J]．中国国土资源经济，2017，30(4)：22-25.

[7] 唐光荣．节能环保先引打造绿色矿山[J]．中国水泥，2009（1）：87-88.

[8] 乔繁盛．建设绿色矿山发展绿色矿业[J]．中国矿业，2009（8）：4-6.

[9] 郭东才．关于建设绿色矿山的思考[J]．企业导报，2011（10）：116-117.

（原文发表于《中国水泥》2018 年第 7 期）

水泥灰岩矿山的绿色矿山建设及改进措施

王荣　廖正彪　栗红玉　赵翔　陶翠林

摘　要：根据我国的十三五战略规划纲要要求，须关闭技术落后、破坏环境的矿山并大力推进绿色矿山和绿色矿业发展示范区建设，实施矿产资源节约和综合利用示范工程。实施绿色矿山的建设是今后矿山企业发展的必经之路。我们针对江西某水泥企业的水泥灰岩矿山及其加工生产线目前所存在的各种问题，结合行业绿色矿山建设规范的要求，设计了绿色矿山建设及整改方案，主要从资源综合利用、节能减排、环境保护、环境美化和技术升级等方面提出了相应的技术措施，分别包括矿山和生产线两方面的内容。

关键词：绿色矿山；水泥灰岩矿山；露天矿山；水泥矿山；石料加工

1　前言

随着我国经济和社会的发展，根据习总书记提出的“绿色青山就是金山银山”的政治理论，地方政府的环境保护政策日益完善，对矿产资源开发的准入条件也越来越严格。在2006年中国国际矿业大会上，中国国土资源部部长在会上首次提出了“坚持科学发展，建设绿色矿业”的口号[1-2]。时隔12年，非金属、水泥、砂石、冶金及化工等各个行业的《绿色矿山建设规范》于2018年正式被列入地质矿产标准，使得我国的绿色矿山的建设有章可循，有法可依。

2　绿色矿山建设原则

我们应贯彻落实科学发展观，严格遵照绿色矿山建设的原则和要求，结合矿山的实际情况，坚持依法办矿，资源利用集约化，进一步加大矿山在生态环境治理与恢复、绿化、土地复垦和谐社区关系建设的投入，建设管理一流、资源节约型和环境友好型矿山，统筹矿山发展的资源、环境和社会效益，保证矿山的可持续发展。绿色矿山有以下建设原则：

（1）坚持绿色开采，科学优化采矿设计、采场布局，不断提高水泥灰岩矿的综合利用水平，重抓节能减排，淘汰落后产能，推行清洁生产，加大对生产工艺和生产设备改造，加大对资源的回收再利用，实现矿产资源安全高效开采。

（2）坚持资源开发与环境保护相协调，正确处理资源开发与环境保护的关系，按照“预防为主，防治结合”的方针，坚持“在保护中开发，在开发中保护”，不断加强矿山土地复垦和生态环境重建，大力改善矿区生态环境。

（3）坚持科学办矿、科技兴矿，加强生态环境、节能减排和综合利用领域的科技创新，不断提高矿山科技进步与创新水平。

（4）坚持矿山发展与社区繁荣共赢，加强企地共建合作，加强惠民工程建设，积极投身于社会和谐建设中，通过开展项目合作和多种形式的活动，努力实现企业发展与社区繁荣的双赢。

(5) 加强绿色矿山建设长效机制建设，将绿色矿山建设纳入矿山日常生产系统中一并管理，建立和完善绿色矿山建设工作责任制和考核评价体系，在建设过程中不断总结提高，构建体现矿山企业自身特色的绿色矿山发展模式[3]。

3 绿色矿山建设实例

3.1 项目概况

该矿山企业所在地隶属于江西省九江市，是江西省著名旅游胜地。该地区是一个濒临长江的千年古县，具有中国第一溶洞奇观的国家级风景名胜区——龙宫洞，位于庐山之东的乌龙山麓，集“山、水、洞、佛教”于一体，是江南著名的旅游胜地。因此积极创建与旅游生态环境相适宜的绿色矿山为政府引领“绿青山”的主流方向，倡导人与自然和谐共处的绿色工厂是企业打造“金山银山”的必要前提。

该项目的绿色矿山建设涉及矿山及矿石加工厂区两方面的内容。矿山处岩溶丘陵地带，为岩溶山丘地形，地形整体中高，四周低。最高海拔位于矿区中西部山峰，标高为300.6m，最低海拔位于矿区西北角山坡，地面标高为121m，为矿区相对最低侵蚀基准面。地形相对高差为135～185m，山体自然斜坡坡度为10°～40°。开采出的灰岩由汽车运输至山脚下的矿石加工生产厂区。

3.2 项目现状及问题

3.2.1 矿山生产现状

(1) 采矿工作面

企业按照资源开发利用方案内容，在矿权允许的范围内进行矿石开采工作，按设计要求设置有安全、清扫平台，台阶坡面角及台阶宽度均符合设计的要求。但是按照现有的绿色矿山“边开采边复垦”的建设要求，需对已经开采至矿区边界的平台进行绿化复垦。如图1所示，矿山台阶的矿石原岩裸露，无植生条件，靠自然力量很难恢复原有生态条件，需设计并采用新工程技术手段逐渐恢复矿山的绿色生态平衡。

(2) 矿山运矿道路损坏严重

图1 矿山开采现状

矿山运矿道路的路面已经遭到严重破坏。路面坑洼不平，道路两侧水沟已经淤平，雨水直接冲刷路面，导致路面出现较深的冲沟，甚至路基原岩出露，由此增加了矿车运输油耗及轮胎的磨损。此外，运矿汽车撒落的矿渣经过多年积累，已在部分路段形成较厚的松散层，造成晴天时路面扬尘较大，雨天时路面泥泞。同时，道路两边的临空路堤面无任何防护措施，而运矿道路及山体均较陡，因此存在一定的运输安全隐患。道路的路堑面开挖较高，坡面较陡，无护坡，原岩直接裸露地表，且岩石风化严重，节理裂隙发育，容易形成落石、滚石，从而造成安全行车隐患。

（3）矿山排土场

矿山排土场原料为生产中排弃的5mm以下的石子及废土。矿山设置有两个排土场，分别位于生产线的左右两侧。两个排土场标高分别为+195m及+160m，比生产线设计标高高出60～90m。由于排土场距离厂区较近，且比厂区高，因此排土场存在一定的安全风险，需采取一定的技术措施防止排土场发生滑坡或泥石流，危及厂区的安全。

3.2.2 厂区生产现状

（1）厂区的收尘系统有缺陷

厂区在生产过程中，会产生大量的粉尘，生产的各级破碎与筛分、转载是本项目主要的工艺粉尘污染源，如图2所示。方案对破碎机、筛分机工序产生的粉尘进行统计，并对原有袋收尘系统进行验算，针对工艺收尘处理风量不足、收尘位置不适宜、产尘点密封不严、管路系统阻力平衡系数不当、生产风量偏小等方面的技术问题，进行补救或更换收尘器。

（2）厂区内道路太窄且扬尘

厂区内的道路为环形布置，其中的东西两线为主要汽车运输路线。在厂区的整体布置规划过程中未考虑到人、车道路分离，运输道路较窄，在车流量较多的情况下，行人无紧急避险区域，存在一定的交通安全隐患。厂区内的道路由于矿山运矿汽车车轮所带的泥土较多，造成道路雨天泥泞，晴天尘土飞扬，需要进行道路整改。

图2 厂区生产现状

（3）给排水系统不完善

目前厂区内给排水系统尚不完善，有局部地区未修建排水沟，或者排水沟损坏，淤泥堵塞。图3中挡土墙的上方由于未修建排水沟，雨水季节在泥水的冲刷下，挡土墙上部的泥土全部冲积至下方的排水沟中，造成排水沟的堵塞，经常需要人工清理。图4中的道路两旁未修建排水沟，而上方道路的泥土由于雨水冲刷直接汇集于路面，造成地面泥泞。

图3 被淤泥堵塞的排水沟

图4 无组织排水的路面淤泥

（4）厂区露天堆场扬尘

本项目的大部分成品均有序存储于大型成品堆棚中，但部分 50～80mm 的成品及废土直接露天堆放，如图 5 所示。

根据建设绿色矿山示范企业的目标要求，以上露天堆场将全部被进行建筑密封设计，防止粉尘的外扬。

图 5　露天堆场

3.3　绿色矿山建设内容

研究人员针对矿山及生产线所存在的各类问题及绿色矿山建设要求，设计了该项目的绿色矿山建设整改方案，主要从资源综合利用、节能减排、环境保护、环境美化和技术升级等方面提出了相应的技术措施[3]，分别包括矿山和生产线两方面的内容。

3.3.1　矿山生态恢复

（1）开采边坡绿化

目前矿山各方向均没有开采到最终开采境界，边坡位置和形态随着矿山开采一直在变化，因此现阶段 225m 标高开采工作面边坡无须进行坡面治理，而 225m 开采工作面以上各边坡因近期不开采，边坡需要进行坡面治理。

根据目前开采所形成的边坡坡体特征，推测最终边坡角约为 50°，坡面为光面爆破成型，大致平整。结合目前公路、铁路建设中常用的挂网锚喷技术，当矿山开采推进到最终边坡时，强风化岩石边坡采用挂网锚喷加客土喷播绿化。弱风化岩石边坡浆砌窗格防护加植生袋填充绿化。

（2）矿山运矿道路重建

开采区内部随着开采工作面的推进，道路的线路和长度也不断变化。本次主要对卸料平台至 225m 采矿工作面的运矿道路进行改造，而开采区内部运矿道路仅进行规划。全道路设计采用水泥混凝土路面，全线路新修浆砌片石排水沟，平均宽度为 0.5m，平均深度为 0.5m。运矿道路局部出现潜在滑坡，需要新建挡墙。另外运矿道路局部边坡裸露地段需要增设护坡，设计采用浆砌片石护坡。最后道路应设置安全防护墩，在单侧路堑道路临坡较陡处布设安全防护墩，以保证行车安全。

（3）排土场回采及绿化

该矿山的排土场是一个边堆积、边回采的动态过程，为提高矿产资源的利用率，做到少排放甚至零排放，工艺设计将生产过程中产生的废土资源采取进一步处理，采用破碎、筛分、水洗等工艺流程分选出干净的石子，泥浆采用分级、浓密、沉淀、压滤等一系列的工艺流程回收净水，并生产出副产品——泥饼。设计建设一条 1km 左右的胶带机将泥饼运送至附近的水泥厂，以达到零排放的标准。将无法回采的排土场按照设计图纸的要求复垦复绿，达到绿色生态的标准[4]。矿山最终生态恢复效果图如图 6 所示。

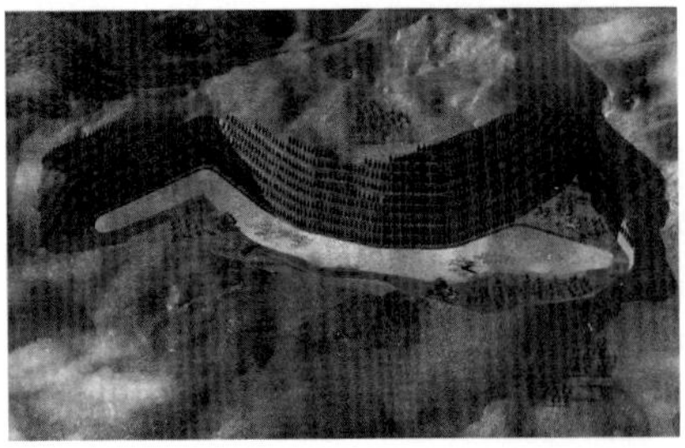

图 6　矿山最终生态恢复效果图

3.3.2 工厂生产线改造及绿化

(1) 厂区生产线改造

针对厂区现存的各种技术缺陷，需进行技术升级改造设计，优化工艺流程，淘汰落后工艺与设备，使得生产技术居国内同类矿山先进水平，设备选型满足并超过国家节能环保的要求[5]。

(2) 厂区绿化

厂区绿化的主导思想以简洁、大方、便民、美化环境、体现建筑设计风格为原则，使绿化和厂房相互融合，相辅相成，使环境成为公司文化的延续。其设计特点有：

① 充分发挥绿地效益。目前厂区尚有大量的空地可供绿化，为企业员工创造出一个幽雅的工作环境，从而美化办公环境、陶冶情操，坚持“以人为本”，充分体现现代生态环保型的设计思想。

② 绿化植物配置。绿化植物一般以乡土树种为主，疏密适当，高低错落，形成一定的层次感；色彩丰富，主要以常绿树种作为“背景”，以四季不同花色的花灌木进行搭配。此外，车间周围的绿化植物应采用具有净化空气、杀菌、减噪等作用的植物，要根据实际情况，有针对性地选择对有害气体抗性较强及吸附粉尘、隔声效果较好的树种。

图 7 厂区绿化改造效果图

③ 厂区之中道路力求通顺、流畅、方便、实用，并在厂区适当位置安置园林小品。小品设计力求在造型、颜色、做法上有新意，使之与建筑相适应。周围的绿地不仅可以对小品起到延伸和衬托，又独立成景，使全区的绿地形成以集中绿地为中心的绿地体系。厂区绿化改造效果图如图 7 所示。

3.4 工程技术简介

3.4.1 加筋格宾石笼网

石笼护坡主要是由高镀锌钢丝或热镀铝锌合金钢丝编织而成的箱笼，内填石料等不风化的填充物做成的工程防护结构。它具有很好的柔韧性、透水性、耐久性以及防浪能力等优点，而且具有较好的生态性。它的结构能进行自身适应性的微调，不会因不均匀沉陷而产生沉陷缝等，整体结构不会遭到破坏。由于石笼的空隙较大，因此能在石笼上覆土或填塞缝隙，以及微生物和各种生物，在漫长岁月的“加工”下，形成松软且富含营养成分的表土，实现多年生草本植物自然循环的目标。本项目主要用于矿山开采平台的复土植树。

3.4.2 三维土工网垫

三维土工网垫是一种新型土木工程材料，是用于植草固土用的一种三维结构的似丝瓜网络样的网垫，质地疏松、柔韧，留有 90%的空间，可充填土壤、沙砾和细石，植物根系可以穿过其间，舒适、整齐、均衡地生长，长成后的草皮使网垫、泥土表面牢固地结合在一起，由于植物根系可深入地表以下 30～40cm，形成了一层坚固的绿色复合保护层。本项目用于矿山开采边坡绿化。

3.4.3 生态植生袋

植生袋是将含有种子、肥料的无纺布全面附贴在专用PVC网袋内，然后在袋中装入种植土，根据山体形状对垒起来以实现绿化。这种方法的基质不易流失，可以堆垒成任何贴合坡体的形状，施工简易。它适合使用在垂直或接近垂直的岩面或硬质地块、滑坡山崩等应急工程，还可作山体水平线与排水沟（能代替石砌排水沟）。本项目用于坡度较陡的排土场边坡的绿化。

3.4.4 平铺草皮护坡

平铺草皮护坡，是通过人工在边坡面铺设天然草皮的一种传统边坡植物防护措施，施工简单，工程造价低、成坪时间短、护坡功效快、施工季节限制少。它适用于附近草皮来源较易、边坡高度不高且坡度较缓的各种土质及严重风化的岩层和成岩作用差的软岩层边坡防护工程。平铺草坪在边坡比较稳定、土质较好、环境适合的情况下有比较大的优势。本项目应用于坡度较缓的排土场边坡绿化。

3.4.5 蜂巢式网格植草护坡

蜂巢式网格植草护坡是一项类似于干砌片石护坡的边坡防护技术，是在修整好的边坡坡面上拼铺正六边形混凝土框砖形成蜂巢式网格后，在网格内铺填种植土，再在砖框内栽草或种草的一项边坡防护措施。该技术所用框砖可在预制场批量生产，其受力结构合理，拼铺在边坡上能有效地分散坡面雨水径流，减缓水流速度，防止坡面冲刷，保护草皮生长。这种护坡施工简单，外观齐整，造型美观大方，具有边坡防护、绿化双重效果。本项目用于工业厂区内的边坡加固及绿化。

4 关于企业创建绿色矿山的建议

实施绿色矿山的建设是企业发展的必经之路，企业应从矿山或生产线的最初规划阶段起，积极寻找专业正规的设计院合作，以选择符合国家安全环保标准的最优矿山开采方案和最先进的石料加工生产线技术方案。此外，矿山企业应具有社会责任心，在获得了经济利益的同时积极回馈当地自然及社会，要坚持“以人为本，打造和谐社区”的理念，把处理好矿山与自然和社会的关系放在重要位置，确保矿山与周边地区的可持续发展。

参考文献

[1] 郭东才．关于建设绿色矿山的思考[J]．企业导报，2011(11)：116-117.
[2] 栗欣．绿色矿山建设模式的实践与探索[J]．中国国土资源经济，2017(4)：22-25.
[3] 自然资源部．水泥灰岩绿色矿山建设规范 DZ/T 0318—2018[S]．北京：中国标准出版社，2018.
[4] 廖原时．石材矿山开采全过程绿色环保理念的体现[J]．石材，2018(12)：10-19.
[5] 刘斌山．察尔汗盐湖绿色矿山建设特征及改进措施[J]．盐科学与化工，2018(12)：48-50.

（原文发表于《水泥》2019年第7期）

砂石骨料项目前期破碎方案选型计算

赵　翔

摘　要：本文以某已完成的骨料项目作为项目前期输入条件，简要介绍砂石骨料项目前期阶段工艺流程选择和破碎方案确定步骤：通过确定项目方案的破碎段数、各段破碎机破碎比和排矿口宽度等参数，再计算各段破碎流程的产品产量和产率，最后根据计算结果进行破碎设备选型。

关键词：工艺流程；破碎方案；设备选型

随着国内基础设施建设对砂石骨料需求的日益增长，砂石骨料资源开发利用正处于行业高速发展期。砂石骨料原矿资源、选矿试验深度、项目规模和产品规格等条件都对砂石骨料项目的工艺流程、破碎方案及主机设备选型有重大影响，进而影响骨料产品产量和质量[1]。在砂石骨料前期方案工作阶段，一般来说设计资料不够充分，项目规模和产品方案还未完全确定，因此前期方案阶段一般根据项目基本条件、业主意愿、选矿设计手册和实践经验，选择技术方案合理、工艺成熟、经济效益好的工艺流程和破碎方案，再按照流程计算各段破碎机负荷，初步确定破碎设备型号及数量，为项目前期方案阶段的顺利实施提供参考依据。

本文以甘肃某已完成的砂石骨料总包项目为例，简要介绍该项目前期阶段工艺流程选择、破碎方案确定、以及设备选型和参数配置。

1　项目条件

1.1　项目原料条件

甘肃某砂石骨料项目矿石原料为震旦系兴隆山群第四组花岗片麻岩，矿物成分为石英、角闪石、云母，为变晶细粒结构，呈块状构造，致密，坚硬。矿石抗压强度大、磨蚀性高，矿石及碎石压碎试验指标在12%～14%之间，岩石大块压碎指标≤12%，碎石压碎指标≤14%，属于Ⅱ类碎石。

1.2　项目规模及产品要求

项目拟建设一条年产250万吨高端砂石骨料生产线（系统台时能力为900t/h）。根据市场需求，骨料产品确定为5～25mm、25～31.5mm的高端骨料，以及精品机制砂。骨料需要考虑整形工艺。

2　工艺流程

2.1　常用破碎机类型

不同的破碎机类型组合及破碎段数设置对砂石骨料生产线流程的难易程度和项目投资的

高低有重大影响，目前砂石骨料行业常用的破碎机类型主要有[2-3]：

（1）锤式破碎机、反击式破碎机：该类破碎机破碎形式主要为冲击破碎，一般适用于中等磨蚀性矿石。该类破碎机破碎比大、效率高，可用于粗碎、中碎，也可跨段甚至单段使用，破碎产品颗粒级配好，但粉料比例高。

（2）颚式破碎机、旋回破碎机：该类破碎机破碎形式以挤压方式为主，可用于高磨蚀性的坚硬矿石，一般用于粗碎，该类破碎机破碎比较小、破碎产品针片状比例较高。

（3）圆锥破碎机。该类破碎机工作方式主要为压碎和折碎，适用于高磨蚀性的中硬岩石，一般用于中碎、细碎，该类破碎机破碎比小、破碎产品针片状比例较大，不适宜含土较多和水分大的物料。

2.2 工艺流程选择

本项目原料为花岗片麻岩，岩石坚硬、磨蚀性高，压碎值大，因此应选择以挤压和压碎工作方式为主的耐高磨蚀性矿石的破碎机，以降低运营成本。按照常用破碎机性能特性和适用条件，本项目前期工艺流程采用粗碎颚式破碎机、中碎圆锥破碎机、细碎圆锥破碎机的三段一闭路破碎流程。为保证产品质量，在细碎流程后还需增加整形和制砂流程，整形、制砂流程一般使用立轴破[4]。

3 破碎方案

3.1 计算各段破碎机破碎比

破碎设备类型和段数确定后，需确定各段破碎机破碎比。破碎机破碎比 S 取决于原矿最大粒径 D_{max}、最终产品粒径 d、破碎设备本身特性和破碎段数。一般来说，露天开采大中型矿山原矿最大粒径 D_{max} 为 800～1400mm，本项目 D_{max} 取 1000mm。项目产品粒径在 31.5mm 以下，取平均值 d 为 20mm。各类破碎机在不同工种条件下的破碎比范围见表 1[5]。

表 1 各类破碎机在不同工种条件下的破碎比范围

破碎机形式	工作条件	破碎段	破碎比
颚式破碎机 旋回破碎机	开路	粗碎	（3～5）：1
中碎圆锥破碎机	开路	中碎	（3～5）：1
中碎圆锥破碎机	闭路	中碎	（4～8）：1
细碎圆锥破碎机	开路	细碎	（3～6）：1
细碎圆锥破碎机	闭路	细碎	（4～8）：1
锤式破碎机	开路/闭路	粗碎	（8～40）：1
反击式破碎机	开路/闭路	中/细碎	（8～40）：1

注：1. 表中数值，处理硬岩时取小值，处理软岩时取大值；

2. 锤式、反击式破碎机一般为单段或两段。

（1）计算系统总破碎比 S_{max}

$$S_{max}=D_{max}/d=1000/20\approx(50.00:1)$$

（2）计算系统平均破碎比 S_a

$$S_a=\sqrt[3]{S_{max}}=\sqrt[3]{50.00}\approx(3.68:1)$$

3）计算各段破碎比 S_n

① 细碎破碎比 S_3

因第三段破碎为闭路作业，其破碎比可比平均破碎比稍大，初选 S_3 取 5.00∶1。

中碎出料最大粒径（细碎入料最大粒径）为

$$D_2=d\times S_3=20\times5=100\ (\text{mm})$$

② 粗碎破碎比 S_1

根据实际经验，颚式破碎机出料最大粒度 D_1 一般取 300mm，粗碎破碎比 S_1 为

$$S_1=D_{max}/D_1=1000/300\approx(3.33:1)$$

③ 中碎破碎比 S_2

中碎破碎比 $S_2=\dfrac{S_{max}}{S_1\times S_3}=\dfrac{50.00}{3.33\times5.00}\approx(3.00:1)$

3.2 各段破碎机破碎比核验

本项目前期破碎方案各段破碎机破碎比和破碎后最大出料粒径汇总表见表 2。由表 2 可知，本项目破碎方案各段破碎比数值均在各类破碎机破碎比范围内，破碎机选型和破碎段数设置合理。

表 2 各段破碎机破碎比和破碎最大出料粒径

破碎段数	计算破碎比 S_i	破碎后最大出料粒径 D_i
粗碎（颚破）	3.33∶1	300
中碎（圆锥破）	3∶1	100
细碎（圆锥破）	5∶1	—

3.3 确定各段破碎机排矿口宽度

破碎机排矿口宽度（CSS）设置不同，破碎后矿石的最大粒径和产品粒度比例也会不同。破碎机排矿口宽度 i_n 与破碎机类型、性能和破碎后的最大粒度 D_n 有关，可用排矿最大相对粒度 Z_n 表示各类破碎机排矿口宽度 i_n 和破碎后最大粒度 D_n 之间的关系[6]，见下式。对于不同类型的破碎机、不同可碎性的岩石，其排矿最大相对粒度 Z_n 见表 3。

$$Z_n=D_n/i_n$$

式中 Z_n——排矿最大相对粒度；

D_n——破碎后最大粒径（mm）；

i_n——破碎机排矿口宽度（mm）。

表 3　各类破碎机排矿最大相对粒度 Z_n

矿石类型	破碎机类型			
	旋回破碎机	颚式破碎机	中碎圆锥破	细碎圆锥破
难碎性矿石	1.65	1.75	2.2	2.9～3.0
中等可碎性矿石	1.45	1.60	1.9	2.2～2.7
易碎性矿石	1.25	1.40	1.60	1.8～2.2

注：细碎圆锥破闭路时取小值，开路时取大值。

（1）粗碎破碎机排矿口宽度 i_1

由表 3 可计算粗碎破碎机排矿口宽度：

$$i_1 = D_1/Z_1 = 300/1.75 = 171(\mathrm{mm})$$

查颚式破碎机通用样本，本方案 i_1 取为 200mm。

（2）中碎破碎机排矿口宽度 i_2

$$i_2 = D_2/Z_2 = 100/2.2 = 45(\mathrm{mm})$$

查中碎圆锥破通用样本，本方案 i_2 取为 48mm。

（3）细碎破碎机排矿口宽度 i_3

根据实践经验，闭路破碎后的物料一般输送至成品筛出成品，细碎排矿口宽度 i_3 取骨料产品最大粒度或稍小于最大粒度（0.8～0.9）[5]。

$$i_3 = 0.8 \times 31.5 = 25.2(\mathrm{mm})$$

查细碎圆锥破通用样本，本方案 i_3 取为 25mm。

3.4　各段破碎机破碎产品粒度曲线

根据 3.3 节计算得到的破碎机排矿口宽度（CSS），查选矿手册或设备厂家样本中对应 CSS 下的破碎产品粒度曲线，可得到各破碎机破碎产品不同粒径的比率分布，为破碎流程计算提供计算数据。

4　破碎流程计算及设备选型

破碎分级计算的目的是确定各段破碎机破碎产物（或筛分后产物）的产量和不同粒径的产率，进而作为破碎机、筛分机以及辅助设备选型的计算依据。

4.1　计算所需数据资料

计算各段破碎筛分后产物的产量和不同粒径产率，需要系统能力、原料矿石特性和原料粒度曲线、骨料产品规格、各段破碎机在确定的排矿口宽度（CSS）条件下的产品粒度曲线和筛分机筛分效率等数据资料。上述资料可由业主提供或试验确定，但项目在做前期方案时上述资料一般不全，此时可参考类似项目设计资料，也可查选矿手册和设备厂家样本。

4.2　方案流程简化

限于篇幅，本文主要讨论骨料项目前期方案中破碎设备的选型和计算，故对除土筛分、检查筛分和成品筛分流程，以及细碎后的整形制砂流程进行简化，只考虑破碎环节物料流向及产量大小，简化后流程图见图 1。

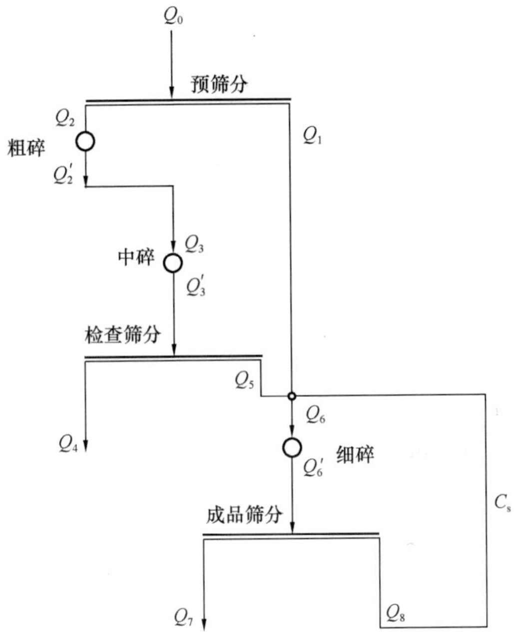

图 1　简化后的破碎筛分流程图

4.3　破碎流程计算

破碎筛分流程中各环节计算结果详见表 4。

表 4　各环节破碎流程计算结果表

序号	流程编号	计算公式	计算结果（t/h）	说明备注
1	Q_0	—	900	系统设计入料
2	Q_1	$Q_1=Q_0\beta_1E_1$	200	预筛分筛上返回料，入细碎
3	Q_2/Q'_2	$Q_2=Q_0(1-\beta_1E_1)$	700	粗碎入料 / 出料
4	Q_3/Q'_3	$Q_3=Q_2$	700	中碎入料 / 出料，粗碎后直接进细碎
5	Q_4	$Q_4=Q'_3\beta_4E_4$	195	检查筛分筛下物（去整形或出成品）
6	Q_5	$Q_5=Q'_3(1-\beta_4E_4)$	505	检查筛分筛上物（去细碎）
7	Q_6/Q'_6	$Q_6=(Q_1+Q_5)/(\beta_7E_7)$	975	细碎入料 / 出料通过量
8	Q_7	$Q_7=Q_6\beta_7E_7$	705	成品筛分筛下物（去整形或出成品）
9	Q_8	$Q_8=Q_6-Q_7$	270	成品筛分筛上物（细碎循环量）
10	C_s	$C_s=Q_8/(Q_1+Q_5)$	38.29%	细碎循环量负荷

注：1. Q_n为各流程物料量（t/h）；
2. β_n为物料中小于给定粒径时的物料比率（%）；
3. E_n为各级筛分时的筛分效率（%）。

4.4 破碎设备选型

参考4.3节计算结果，查选矿手册或破碎厂家样本，本项目前期方案破碎设备数量和选型见表5。本项目最终设计方案的破碎设备选型与表5计算结果基本一致。

表5 项目前期方案设备选型

序号	破碎段数	设备数量	排矿口宽（CSS）（mm）	参考设备型号
1	粗碎（鄂破）	1	200	JC1600
2	中碎（圆锥破）	2	45	CC400-S
3	细碎（圆锥破）	2	25	MC500-F

5 结论

（1）本文对骨料项目破碎工艺流程和设备选型进行前期阶段理论计算，经项目最终实施设计方案验证，本文设备选型计算是合理的，可作为前期方案选型的参考；

（2）本文仅对骨料项目破碎工艺流程和设备选型进行论述和计算，未涉及前期除土、产品筛分和后续整形制砂工艺流程，但上述流程的设计思路、计算原理和破碎设备选型计算是通用的，可参照进行设计计算；

（3）骨料项目前期阶段设计资料一般不充分，所以在进行骨料前期项目时，需要参考选矿设计手册和设备样本，做出初步流程方案和主机设备选型，再与业主进行交流、沟通。

参考文献

[1] 温平，赵艳．砂石骨料生产线设计要点[J]．中国水利，2018(5)：97-99.

[2] 李小波，廖正彪，樊波．精品机制砂石骨料生产线的工艺及设备探讨[J]．水利技术，2019(3)：69-76.

[3] 郎宝贤，郎世平．破碎机[M]．北京：冶金工业出版社，2008.

[4] 张震宇，姜玉亭，靳峰．水泥厂石灰石矿山配套建设年产200万t骨料生产线工艺设计[J]．水泥工程，2018，31(5)：18-20.

[5] 《选矿设计手册》编委会．选矿设计手册[M]．北京：冶金工业出版社，2007.

[6] 于宝池．现代水泥矿山工程手册[M]．北京：冶金工业出版社，2013.

重锤反击式破碎机在骨料生产线的应用实践

吕亚伟　汪瑞敏　赵 翔　王 荣　颜克源

摘　要：随着我国砂石骨料行业的快速发展，破碎设备选型在骨料生产线设计中起到至关重要的作用。本文结合生产实践，分析研究重锤反击式破碎机应用于骨料生产线的生产工艺与破碎数据，为骨料生产线设备选型提供了参考。

关键词：砂石骨料；重锤反击式破碎机；工艺流程；破碎设备选型

1　引言

随着国内各种基础建设投资力度的不断加大和城市化进程的迅速发展，国内诸多大工程全面开展，基础设施投资力度加大，砂石骨料用量急速上升，砂石骨料行业也得到了快速发展，大型化、集约化、智能化将成为行业发展的必然趋势。

骨料是混凝土的主要成分，所占比率达 70%～80%，骨料的质量直接关系着混凝土质量，而影响骨料质量的关键因素除了原料本身物理性质和化学成分，便是设备性能。破碎系统是骨料加工产业主要环节，因而破碎设备选型在骨料生产线设计中起到至关重要的作用。破碎设备应根据总破碎比、原料特性、生产能力、产品比例及粒形要求等多个方面综合考虑。

重锤反击式破碎机是通过锤头在上腔中对矿石进行强烈的打击以及矿石对反击衬板的撞击、矿石之间的碰撞而使矿石破碎。本文以淮南舜岳水泥有限责任公司 500 万吨/年骨料生产线为基础，分析重锤反击式破碎机的破碎原理和结构特点以及应用于骨料生产线的生产工艺与产品质量。

2　重锤反击式破碎机破碎原理及特点

2.1　破碎原理

重锤反击式破碎机（图 1）是一种先进的大功率、大破碎比、高生产率的破碎机，综合运用了传统反击式破碎机与锤式破碎机的破碎原理，利用冲击原理破碎脆性矿石的破碎机械，与挤压型原理的破碎机（颚式、旋回式、圆锥式、辊式）相比，它的破碎比大，因而可以简化生产系统，节约建设投资。以打击原理工作的破碎机的产物多呈立方体，具有产量大、功率低的优势。可根据运转情况进行合理调整设备，优化各级产品比例。其适用于破碎石灰石等中硬度石料，抗压强度低于 200MPa。

2.2　结构特点

（1）调节方式丰富：两级反击板结构＋均整板结构，可以根据物料情况调整反击板、均整板与转子间隙；第一道反击板铸造，第二道反击板焊接＋衬板结构。

（2）液压开盖系统，维护方便，更换锤头等易损件快速。

（3）允许进料粒度大，破碎比大。

（4）腔形合理，能耗低。

（5）转子体锤盘整体铸造，镶铸耐磨合金结构。

（6）锤头镶铸耐磨合金设计，使用寿命更长。

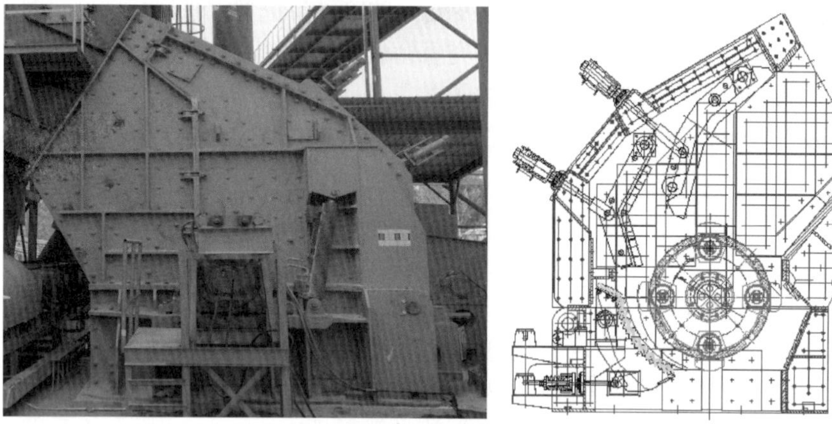

图1 重锤反击式破碎机

3 生产工艺设计

3.1 生产能力、产品方案

根据淮南舜岳水泥有限责任公司要求，一期骨料生产线系统能力为1000t/h，年产骨料成品200万吨。

生产线项目产品方案为5～15mm、15～25mm、25～31.5mm骨料和0～5mm机制砂。

3.2 工艺流程

根据业主提供的资料，本骨料生产线的原矿为方解石，SiO_2含量不高，可碎性为41%，磨蚀性为20g/t，磨蚀指数为0.005，硬度中等，属于易碎性矿石。原矿最大粒度为1200mm，骨料成品要求粒度为0～31.5mm，平均破碎比为（30～40）：1，根据矿石特性和产品粒度要求，本系统采用两段一闭路破碎筛分流程。为了控制骨料成品的含泥量，充分利用破碎机的生产能力，在第一段破碎前设置预筛分系统，预先将原矿中的泥土筛除，工艺流程叙述如下：

矿山开采的粒径为0～1200mm的矿石经汽车运输至卸料平台后卸入料仓，料仓底部设给料设备给一段破碎机喂料，给料设备的筛下物由胶带机送至除泥车间，经分级筛分后，粒度为0～20mm的筛下物由胶带机送至水泥生产线石灰石预均化库转运站，筛上物由胶带机送至二破的料仓。一段破碎后的物料经胶带机输送至检查筛分车间，筛分后粒度为25～31.5mm的物料由胶带机输送至成品库，＞31.5mm的物料由胶带机输送至二破车间二次破碎，与检查筛分车间形成闭路循环。粒度为0～25mm的物料送至成品筛分车间，成品筛分车间分离出三种成品：粒度为 0～5mm 的物料送至制砂车间或直接进成品库，粒度为 5～15mm 和 15～25mm 的物料分别由胶带机送至成品库。成品库底设置散装头，成品由库底散装机装车直接运出。工艺流程图如图 2 所示。

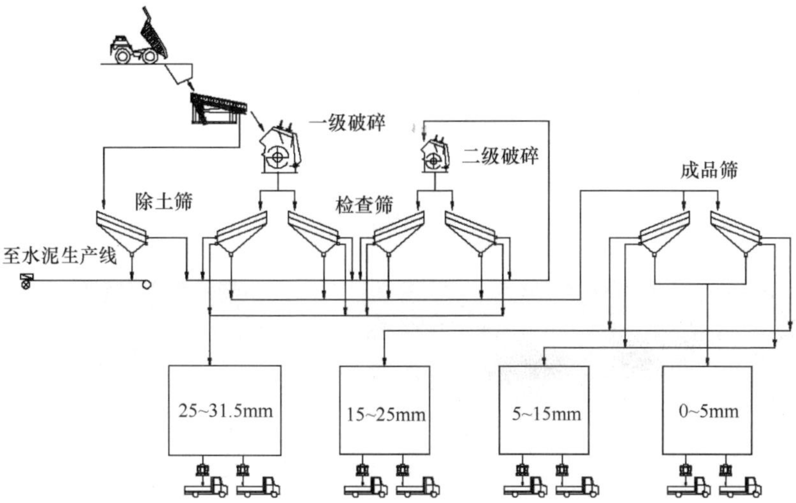

图 2　工艺流程图

3.3　破碎设备选型

破碎设备选型应根据原矿的强度、可碎（磨）性、磨蚀性和给料粒径选择合适类型破碎设备。在计算产品粒度特性和设备处理能力时，应充分考虑原矿的岩性；难破碎岩石宜采用旋回破碎机、颚式破碎机和圆锥破碎机；中等可碎岩石和易碎岩石宜采用反击式破碎机；对加工中易产生针片状的岩石，宜采用旋回破碎机、圆锥破碎机和反击式破碎机。破碎设备选型的影响因素有原料特性、产品方案、破碎比。

一段破设备主要是处理采场汽车运输的来料，需要有较大的处理能力，并能处理较大块的矿石，本骨料系统采用两段破，故一段破破碎机要求有较大的破碎比。

本项目一段破碎选用颚式破碎机和反击式破碎机时，需要 2 台破碎机。选用旋回破碎机和重锤反击式破碎机时，1 台破碎机即可满足。综合岩石特性，地形地貌和前期投资，本项目选用 1 台重锤反击式破碎机作为一段破设备，该破碎机生产能力为 1000t/h，进料粒度≤1200mm。选用 1 台反击式破碎机作为二段破设备，破碎机生产能力为 500t/h，进料粒度≤100mm。

4　破碎数据分析

骨料生产线建成投产后，经调试，系统台时能力达到 1000t/h，一段重锤反击式破碎机运行平稳。生产正常时，在一段重锤反击式破碎机的出料胶带机上整段取料，进行筛分试验，并对试验数据进行统计分析，形成粒度特性曲线，如图 3 所示。

图 4 为筛分试验过程中将各个区间物料分级，可以看出破碎后的物料粒形较好，针片状含量低，经测算其含量＜10％，满足规范中骨料成品中针片状颗粒含量的相关要求。因此，一段破碎后，31.5mm 以下物料可通过筛分，直接出成品。相较于颚式破碎机、旋回破碎

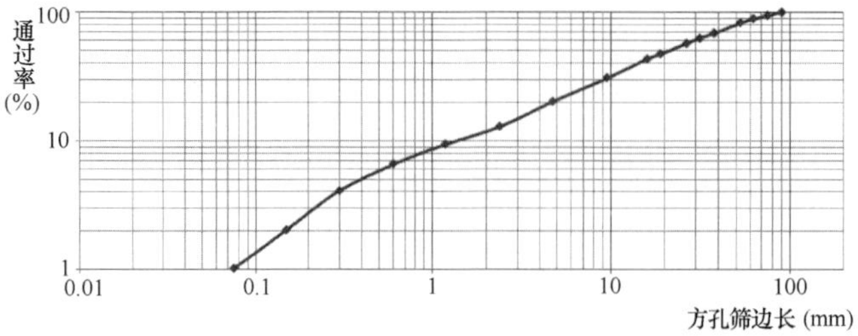

筛孔公称直径	筛下负累积产率（%）
100	100
80	94.1314554
63	88.49765258
50	82.45305164
40	68.3685446
31.5	63.02816901
25	57.15962441
20	47.35915493
16	43.54460094
10	30.80985915
5	20.28521127
2.5	12.86619718
1.25	9.39084507
0.63	6.584507042
0.315	4.105633803
0.16	2.023474178
0.08	1.024647887

图 3　破碎粒度特性曲线

图 4　筛分试验分级

机，重锤反击式破碎机作为一段破碎设备，破碎比大，出料粒形好，减少了生产环节，节省了基建投资。

从图 3 的破碎粒度特征曲线可以看出，31.5mm 以下成品骨料达到 63%，且满足连续级配要求；31.5mm 以上物料约 37%，二段破碎机选型时，应充分考虑返料循环量，避免由于二段破碎能力不足，影响整个系统能力；0～5mm 物料约占 20%，高于以挤压方法工作的颚式破碎机、旋回破碎机，与传统锤式破碎机、反击式破碎机基本持平，考虑 0～5mm 用作机制砂的生产线应匹配相应能力的选粉制砂设备。

5　结论

现阶段，我国砂石骨料行业正面临着转型及产业升级，且趋于规模化发展，实际建设过程中，应建立大型、稳定、具备现代化特征的砂石骨料生产基地，而骨料生产线设计过程中，合理的设备选型至关重要。重锤反击式破碎机综合运用了传统反击式破碎机与锤式破碎机的破碎原理，具有破碎比大、生产效率高的特点，在简化生产系统、节约建设投资方面有明显优势，可广泛应用于砂石骨料生产线。

参考文献

[1]　《选矿设计手册》编委会．选矿设计手册[M]. 北京：冶金工业出版社，1988.

[2]　郎宝贤，郎世平．破碎机[M]. 北京：冶金工业出版社，2008.

[3]　住房和城乡建设部．机制砂石骨料工厂设计规范 GB 51186—2016[S]. 北京：中国计划出版社，2016.

普通克里格法在水泥灰岩矿资源品位估值中的应用

赵 翔　吕亚伟　王 荣　汪瑞敏

摘　要：本文以某水泥灰岩矿为研究对象，借助 Surpac 软件建立矿山地质数据库和三维地质模型，首先基于地质统计学原理对勘探样品数据进行基本统计分析后，建立样品变异函数结构模型；然后利用普通克里格法对矿体品位进行估值；最后采用基本统计和趋势分析方法对品位估值模型进行验证与评估。结果表明所建模型可靠，估值精度高，可为今后矿山资源合理开发利用提供科学依据。

关键词：三维地质建模；普通克里格法；品位估值；模型验证

随着国内水泥灰岩矿开采设计技术和计算机三维可视化技术的发展，三维数字矿山设计在水泥行业日渐成熟。矿山资源储量估算和品位估值是地质勘查的核心内容，也是水泥矿山设计的重要依据[1]。品位估值需要利用空间插值技术建立数学模型，通过输入已知的地质信息、物探信息、地质约束条件和先验知识等数据，定量地模拟、预测、输出未知空间数据值。现阶段常用的空间插值方法包括普通克里格法、距离幂次反比法等，其中普通克里格法不依赖空间现象的平稳性，也不要求区域化变量服从某种分布，在理论上优于大多数传统方法[2-3]。本文借助 Surpac 软件，以某水泥灰岩矿为例，介绍普通克里格法在资源储量品位估值中的应用。

1　普通克里格法理论

地质统计学插值方法将区域变量作为研究对象，探索它与其他变量的空间自相关规律性，并利用变异函数进行拟合，从而完成空间插值。变异函数能反映区域化变量的结构性，它主要研究距离函数，以描述不同位置变量间的相关性，其值越大相关性越差。通常变异函数值随距离 h 的增大而增大，h 达到一定值后，变异函数值也达到最大，以后则保持不变[4]。变异函数（variograms）对于任意的 x 和 h，有如下公式：

$$\begin{aligned}V_{ar}[Z(x)-Z(x+h)] &= E\{[Z(x)-Z(x+h)]^2\}-\{E[Z(x)-Z(x+h)]\}^2\\ &= E\{[Z(x)-Z(x+h)]^2\}\\ &= 2\gamma(h)\end{aligned}$$

式中，$2\gamma(h)$ 被称为变异函数；$E(x)$ 为其数学期望。

由于实际数据存在观测误差，变异函数的变差曲线并不光滑，需要根据地质变量的特点和试验变差曲线的特征，采用某种模型对试验变差曲线进行拟合，形成变异函数理论模型。一般情况下，采用球状模型作为理论模型，其公式为[5]：

$$\gamma(h)=\begin{cases}0 & h=0\\ c_0+c\left(\dfrac{3h}{2a}-\dfrac{h^3}{2a^3}\right) & 0<h<a\\ c_0+c & h>a\end{cases}$$

式中，h 为滞后距；a 为变程；c 为拱高；c_0 为块金（效应）常数，是滞后距 h 趋于 0 时两点之间的方差；c_0+c 为基台值。

2 矿山三维地质模型的建立

2.1 地质概况

亚泰水泥某灰岩矿为规模较大的沉积型石灰石矿床，含矿带为寒武系中统张夏组地层。矿床呈北东-南西向展布，走向为 246°，勘探范围内矿体长约 1000m，往两端仍有延续，矿体倾向南东，倾角为 45°，延深 500m 以上。

2.2 三维地表和矿体模型建立

在用普通克里格法对矿体品位进行估值前需要建立矿山地质数据库、地表模型和矿体实体模型，以便顺利进行普通克里格估值。矿山地表模型和矿体三维实体模型如图 1、图 2 所示。

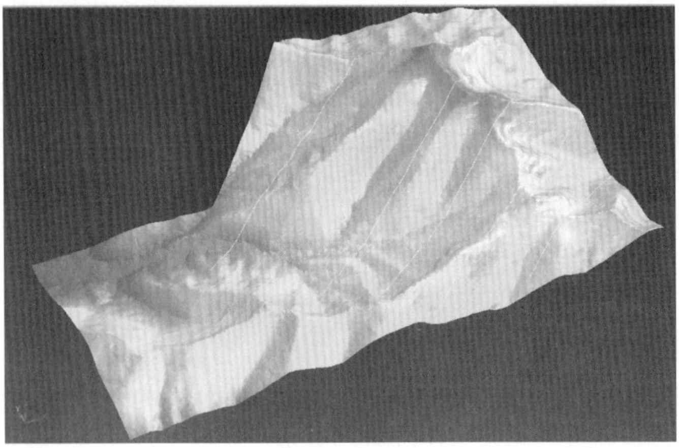

图 1　矿山地表模型

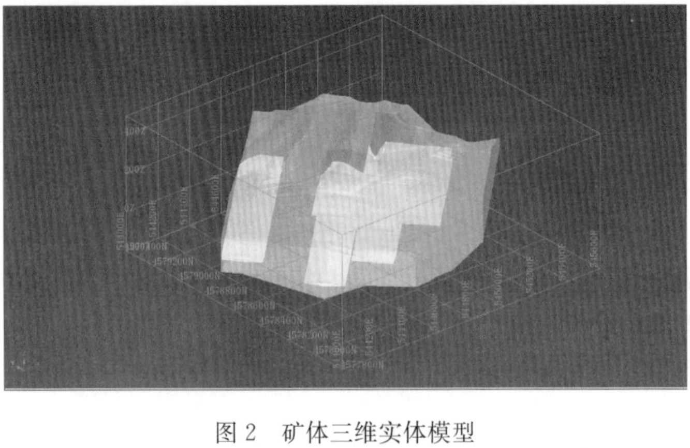

图 2　矿体三维实体模型

3 普通克里格法估值流程

使用普通克里格法进行品位估值，首先需要分析勘探样品的基础数据，根据统计结果，以一定原则对勘探数据中的特异值和双峰分布进行变换，使数据符合正态分布；再基于区域化变量构建试验半变异函数，利用理论半变异函数对其进行拟合；最后利用拟合得到的理论半变异函数和搜索椭球体参数，结合三维建模获得的目标矿体地质模型作为边界约束，对目标矿体进行储量品位估值[6]，估值工作流程见图 3。

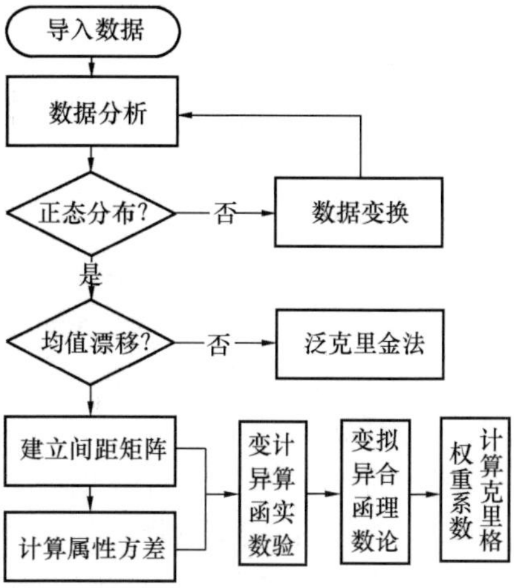

图 3　普通克里格法品位估值工作流程

4 勘探数据基本统计

为了研究勘探试样数据的分布规律、品位变化程度，使用 Surpac 软件中的基本统计分析模块对试样数据进行基本统计分析[7]。

4.1 选择区域化变量

利用地质统计学空间插值方法进行估值，需要选定要插值对象作为区域化变量，且区域化变量分布需要接近正态分布。本文以矿体内 CaO 元素品位作为区域化变量进行研究，参与统计分析的矿体 CaO 试样数据共 475 个，占矿山地质数据库全部试样数量的 89.45%，矿体 CaO 试样数据统计分析表见表 1，CaO 试样数据正态分布见图 4。

表 1　矿体 CaO 试样数据统计分析表

统计指标	数值	统计指标	数值
统计样品数量（个）	475	标准差	1.628
品位最低值（%）	44.7	变异系数	0.032
品位最高值（%）	55.68	5%累计值（%）	47.88
平均值（%）	50.81	偏度 bs	−0.240
中值（%）	50.87	峰度 bk	3.446

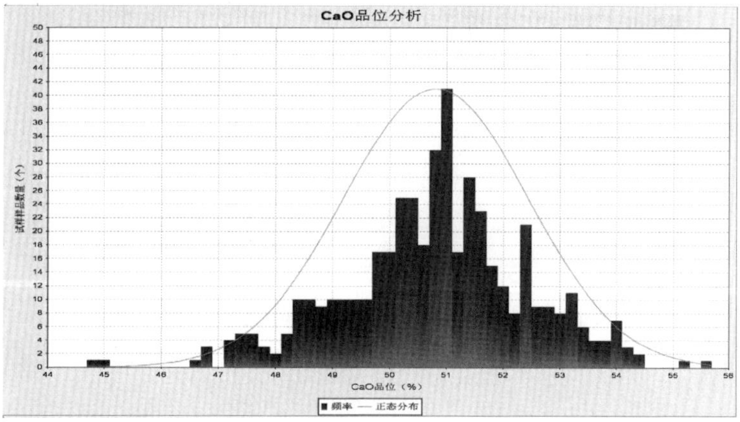

图 4　矿体 CaO 试样数据正态分布和柱状图

由表 1 和图 4 可知，矿体 CaO 试样标准差和变异系数都很小，偏度 bs 接近于 0，峰度 bk 接近于 3，统计学中以偏度为 0、峰度为 3 为标准正态分布[8]，因此试样数据基本呈标准正态分布，本例试样数据无须进行数据转换即可直接用于计算试验半变异函数。

4.2 组合样计算

地质统计学要求有效数据必须在固定的长度支撑上，样长不等的钻孔数据需要按一定的长度进行组合，其品位值等于各样品长度乘以各样品所含品位的积相加之和，再除以总的样长。组合样长度一般根据矿山开采的台阶高度、矿床类型（层状、似层状）、品位在沿钻孔方向的变异程度来确定。

本例钻孔试样样柱长度较规则，样柱长度在 0.6～6.1m 之间，大部分为 4.0m，样柱平均长度为 3.98m；探槽试样样柱长度差别较大，样柱长度在 2.88～36.25m 之间，样柱平均长度为 13.70m，综合考虑后确定组合样长 4.00m，并在软件中进行组合样计算。

5 变异函数拟合与结构分析

以变异函数为工具在矿体走向、倾向和厚度方向上建立矿体试验变异函数模型，研究 CaO 品位在空间的随机性和相关性。在 Surpac 软件的变异函数模块中，通过调整块金值、最佳滞后距等参数，采用球状模型进行拟合，确定结构参数的基台值、变程值和最大变程时变异函数的方向，最终得到主轴、次轴和最小轴的理论变异函数及其各方向上的变程。图 5 为矿体 CaO 品位主轴理论变异函数拟合图。由图 5 可知矿体在该方向上试验变异函数连续性最好，该方向确定为主轴。确定主轴后，选择拟合次轴变异函数，Surpac 软件自动生成垂直于主轴方向的平面，并在此平面上寻找次轴的最大连续性方向和理论变异函数，如图 6 所示。最小轴变异函数方向垂直于主轴和次轴，Surpac 软件自动生成，结果见图 7。根据图 5～图 7 中各个方向变异函数变程，可计算主轴/次轴，主轴/最小轴比率，计算结果见表 2。

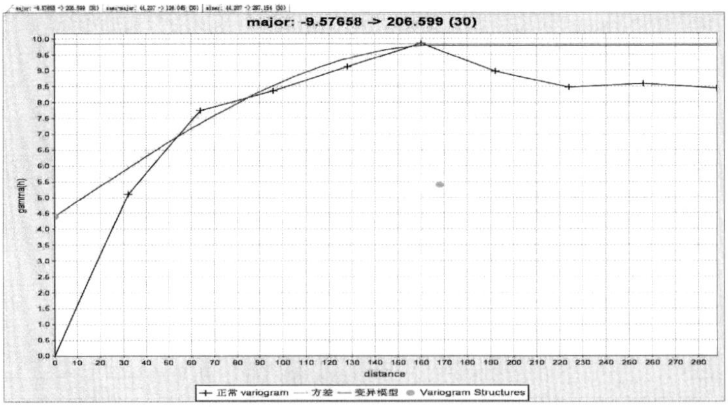

图 5　矿体 CaO 主轴理论变异函数拟合图

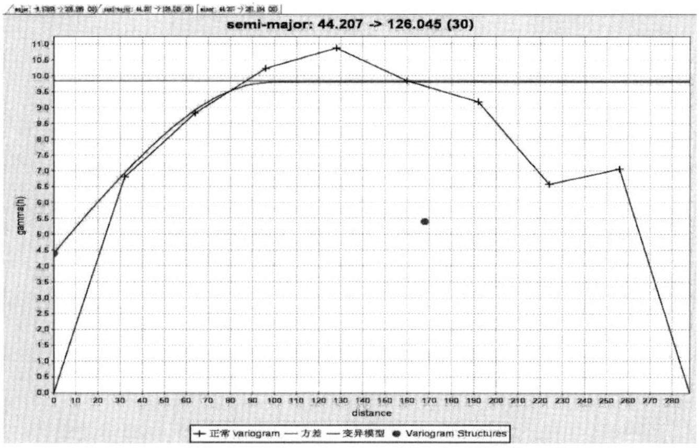

图 6　矿体次轴理论变异函数拟合图

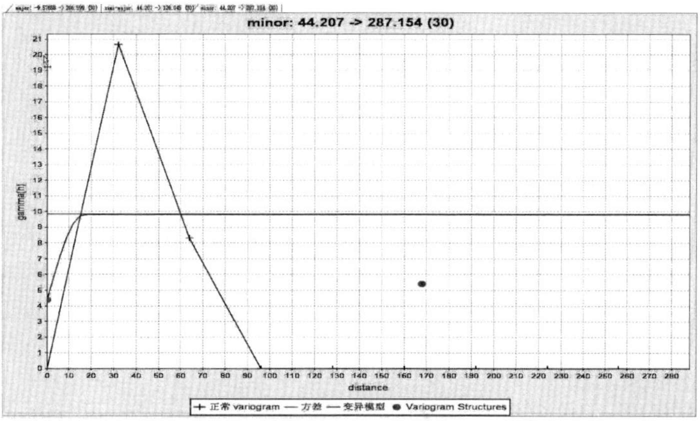

图 7　矿体最小轴理论变异函数拟合图

表 2　矿体各向异性椭球参数表

参数	方位角（°）	倾伏角（°）	倾角（°）	块金值	基台值	变程	主轴/次轴比率	主轴/最小轴比率
数值	206.6	−9.6	−45.0	4.4	5.4	168	1.706	10.115

6　模型品位估值

建立矿体块体模型，综合考虑矿体品位变化程度（较均匀）、矿区勘探网度（200m 间距）、矿体赋存状况和矿山开采方法等因素，经多次建模试验确定块体模型参数（表 3）。块体模型建立后，使用普通克里格法，输入第 5 节表 2 中得到的变异函数椭球体参数，对矿体 CaO 品位进行估值。

表 3　矿山块体模型尺寸参数表

尺寸参数	*Y*	*X*	*Z*
最小坐标	4578000	544000	−10

续表

尺寸参数	Y	X	Z
最大坐标	4579400	545500	424
块尺寸	20	20	7
次级块尺寸	10	10	3.5
总块数	约 260162 个		

7 模型验证与评估

对于任何一种估值方法，估计值和观测值之间的偏差 Φ（观测值 Z一估计值 Z^*）是不可避免的，因此对所构建的块体模型值进行验证和评估是矿山品位估值和资源量估算的一项重要工作。块体模型验证手段主要有模型值基本统计分析和趋势分析[9]。

块体模型 CaO 品位估值和勘探试样品位数据比较见表 4。由表 4 可知，估计值和观测值偏差很小。为了研究估值与勘探试样品位数据在 Z 轴方向上的变化趋势，对两者以 50m 间隔在 Z 轴方向上进行比较，所得统计分析数据见表 5 和图 8，可知在 Z 轴方向上标准差接近常数，仅局部存在较小差异。上述验证分析，表明普通克里格法在本例品位估值工作中具有合理性。

表 4 块体模型 CaO 品位估值和勘探试样品位数据比较表

项目	CaO 平均品位（%）
普通克里格法赋值	50.84
勘探试样数据	50.81
偏差	−0.03
相对偏差（%）	0.06

表 5 矿体 CaO 块体模型估值与勘探试样数据趋势分析表

项目	勘探试样数据						块体模型估值					
	海拔标高（m）						海拔标高（m）					
	130～180	180～230	230～280	280～330	330～380	380～430	130～180	180～230	230～280	280～330	330～380	380～430
样本数量	89	91	81	61	28	4	10765	14511	11631	8155	3195	371
最大值	45.79	43.09	46.50	49.94	48.82	48.67	45.48	44.48	45.14	48.09	49.93	50.28
最小值	52.20	54.07	55.30	55.68	53.37	53.10	52.33	53.55	54.13	54.13	53.51	52.4
平均值	49.64	50.35	51.70	52.50	51.51	51.29	49.82	50.10	51.21	51.82	51.54	51.29
均值偏差							0.18	−0.25	−0.49	−0.68	0.03	0.00
相对均值偏差							0.36%	−0.50%	−0.95%	−1.30%	0.06%	0.00
标准差	1.42	1.88	1.50	1.19	0.98	1.63	1.02	1.41	1.43	0.81	0.39	0.35
标准差偏差							−0.40	−0.47	−0.07	−0.38	−0.59	−1.28
变异系数	0.03	0.04	0	0.02	0.02	0.03	0.02	0.03	0.03	0.02	0.01	0.01

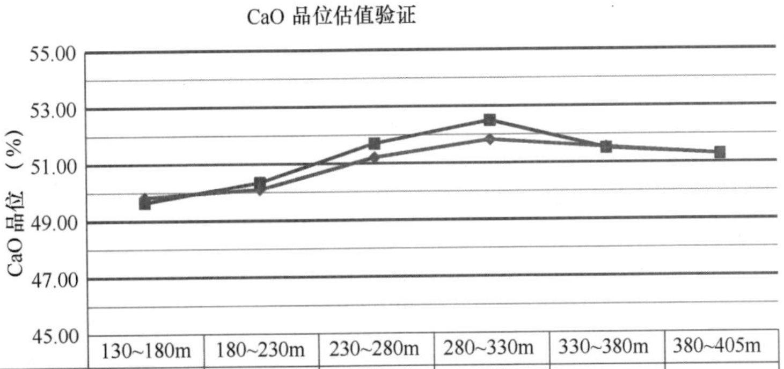

	130~180m	180~230m	230~280m	280~330m	330~380m	380~405m
样本数据	49.64	50.35	51.70	52.50	51.51	51.29
估值数据	49.82	50.10	51.21	51.82	51.54	51.29

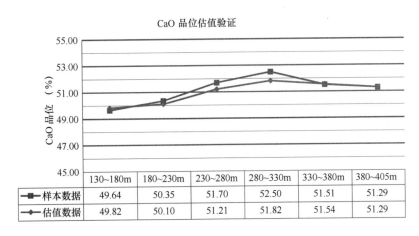

图 8　矿体 CaO 块体模型估值与勘探试样数据趋势分析图

8　结论

（1）对某水泥矿山矿体 CaO 勘探试样数据进行统计分析，得出 CaO 品位数据基本呈正态分布，确定试样组合样长度。

（2）研究矿体变异函数结构模型，得到矿体沿三个方向上的块金值、基台值和变程等结构参数，计算矿体各向异性椭球参数，使用各向异性椭球参数进行普通克里格估值计算。

（3）对估值参数进行模型验证，得出所建模型可靠的结论。

（4）基本掌握矿山矿体 CaO 品位在空间中的分布规律，可为今后矿山开采提供参考。

（5）相对于距离幂次反比法，普通克里格法整体趋势较勘探试样平缓，这源于运用普通克里格法进行估值时产生的圆滑效应[10]。

参考文献

[1]　李仲学，李翠平，李春林．地矿工程三维可视化技术[M]．北京：科学出版社，2007.

[2]　闫韦如，栾欣莉，孙维波，等．SURPAC 平台下基于克里格估值理论的勘探网度优化[J]．黄金科学技术，2013，10(5)：46-50.

[3]　孙玉建．以地质统计学为基础的矿业软件在中国的历史和现状[J]．中国矿业，2007，16(11)：79-82.

[4]　王亚飞，卢树东，刘国荣，等．基于地质统计学的吉尔吉斯斯坦库鲁铜金矿三维地质建模[J]．地质找矿轮丛，2016，6(2)：303-308.

[5]　杨桦．基于空间数据挖掘的地质数据插值方法研究[D]．北京：北京科技大学，2013.

[6]　羊劲松，冯兴隆，陈婷，等．云南普朗铜矿三维地质建模及储量估算[J]．现代矿业，2017，33(5)：48-53.

[7]　潘东，李向东．基于 SURPAC 的矿山三维地质模型开发[J]．采矿技术，2006，6(3)：499-501.

[8]　杨尔煦．金矿品位的对数正态分布[J]．地质与勘探，1984(12)：36-41.

[9]　吴炳牛．福建某铜矿三维地质建模及资源量估算[D]．北京：中国地质大学，2014.

[10]　孙洪泉．地质统计学及其应用[M]．徐州：中国矿业大学出版社，1990.

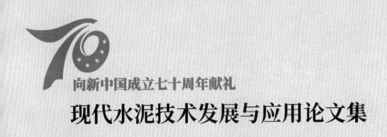

向新中国成立七十周年献礼

现代水泥技术发展与应用论文集

低碳环保技术

水泥工业绿色制造技术与生态设计的理念

狄东仁　刘瑞芝　陶从喜　高伟强　赵艳妍

摘　要：推进绿色制造与生态设计是水泥工业“十三五”时期的重大任务，这就要求水泥工厂实现绿色生态设计。水泥工业绿色制造与生态设计的基本原则是：采用可提高环境效率的水泥生产工艺和技术，生产环境协调性产品，使水泥产品的综合价值指标最大。天津水泥院在践行绿色制造与生态设计上从实际的现状中发现问题，从问题入手在低能耗环境友好型新型干法水泥技术与装备研发、粉磨系统优化、粉煤灰配料烧制低钙水泥、水泥窑协同处理废物等方面深入研究并提出改善的具体措施。在水泥工业走循环经济道路的模式研究与技术装备开发方面取得了很大进展。

关键词：水泥工业；绿色制造；生态设计；低碳发展

0　引言

《中共中央关于制定国民经济和社会发展第十三个五年规划的建议》将“绿色发展”与“生态设计”作为一大发展理念提出并在全文中一以贯之，不仅提出加快建设制造强国，实施《中国制造 2025》，而且具体要求“支持绿色清洁生产，推进传统制造业绿色改造，推动建立绿色低碳循环发展产业体系”。《中国制造 2025》将绿色发展列入了五大基本方针和五大重点工程。推进绿色制造与生态设计将是水泥工业“十三五”时期及更远的未来的重大任务。

水泥工业虽属于资源型和能源型产业，但是水泥制造的能耗与钢材相比，在节能方面有明显优势。此外，现代水泥制造业还有利用工业废渣、废物作为再生资源和能源的能力和潜力，城市垃圾、烟气脱硫石膏、有毒废油等经适当的预处理后，都能在水泥制造过程中得到有效利用或降解，成为经济效果好、处理程度彻底的废物处置方式。水泥制造业对废物的再利用和环境保护的贡献越来越受到重视。

当前，在经济新常态下，我国进入工业化后期，制造业仍有广阔的市场空间，同时也面临新工业革命以及工业 4.0 时代新一轮全球竞争的挑战。后国际金融危机时代，发达国家倡导“低碳发展”的理念，推动绿色经济发展与生态设计。在这种大的国际国内背景下，“十三五”时期大力发展绿色制造与生态设计具有重大意义，全行业大力发展循环经济，水泥工业进行绿色制造与生态设计，是实现水泥工业可持续发展的最佳战略选择，开展绿色制造技术研究与生态设计将使水泥工业的发展进入新阶段。天津水泥工业设计研究院有限公司暨中材装备集团有限公司（以下简称“天津院有限公司”）以此为目的，进行了长期不懈的努力，在水泥工业走循环经济道路的模式研究与技术装备开发方面，取得了很大进展，下面介绍天津院有限公司在水泥工业绿色制造技术与生态设计方面的理念。

1　我国水泥工业绿色制造技术与生态设计的环境分析

1.1　水泥工业高能耗、高排放现状

水泥行业作为传统产业，在促进经济发展的同时，也带来了高能耗、高排放的问题。2014 年，我国能源消费总量为 37.6 亿吨标准煤，其中建材行业总能耗为 2.87 亿吨标准煤，占全国能源消耗总量的 7.63%，水泥行业能源消耗总量约为 1.87 亿吨标准煤，占全国能耗总量的 4.97%，占建材行业能耗总量的 65%。

水泥业的资源消耗与生态破坏问题尤为突出，水泥工业碳排放量仅次于电力行业，位于全国第二，颗粒物排放占全国颗粒物排放量的 20%～30%，二氧化硫排放占全国排放量的 5%～6%。在如今雾霾横行的社会环境下，“减量化、资源化、无害化”处理，已成为城市实现和谐发展的当务之急，实现低碳转型、绿色节能减排是水泥行业实现经济可持续发展的必然选择。

1.2　水泥工业产生严重污染源的原因

1.2.1　总量需求的结果

国家统计局公布的数据显示，2013 年全年水泥产量为 24.1 亿吨，2014 年全国水泥产量达到 24.76 亿吨，2015 年水泥总产量仍达到 23.5 亿吨，可见需求总量很大。

1.2.2　节能减排技术参差不齐

据天津院有限公司对全国不同水泥企业的生产统计，有的企业生产熟料标煤耗在 100kgce/t 以下，但仍有大部分在 110kgce/t 以上［工信部下发《工业绿色发展规划(2016—2020 年)》中提到水泥熟料综合能耗 2015 年全国平均值为 112kgce/t］。熟料电耗低的小于 47kWh/t，高的达到 80kWh/t 以上。高的能耗运行势必造成资源、能源的大幅消耗，也造成环境的污染。

1.2.3　行业特点

我国水泥行业特点是大，占全世界 60%的产量，所以排放基数也大；水泥企业数量多，水泥行业的集中度低，行业竞争力较差；跨国公司少，走出去的速度慢，企业国际化程度低；排放基数大，总量减排压力就大；企业数量多，竞争力差，企业效益就差。这些都给行业节能减排带来不利影响。

1.2.4　监管力度不够

政府只重经济发展、轻环境保护的观念没有改变，减排工作责任不落实，激励约束机制不健全，基础工作薄弱，能力建设滞后。在“权”与“法”的矛盾中往往“法”不敌“权”；在眼前利益与长远利益的权衡中，往往取前者而舍后者，导致我国环境污染“局部有所改善，整体仍在恶化”。

1.2.5　措施和命令没有强制力

根据《关于北京市空气重污染日应急方案》，在 2016 年的雾霾事件中，北京 58 家企业停产，41 家企业减产，实现 30%以上的污染减排，强联水泥、平谷水泥二厂全部停产，北京水泥厂停一条线，其他水泥企业也实现了 30%以上的减排。这些措施是临时性的，治标不治本。

2 水泥工业绿色制造与生态设计的基本概念

2.1 水泥生产过程生态化

绿色制造与生态设计主要指采用绿色制造与生态化技术的水泥工业工艺与装备的设计开发，以及使用这些技术和装备的系统工程设计和控制，主要包括各种节能减排技术与装备的应用，工业废物（含有毒有害物）及城市垃圾、下水污泥的再循环利用，低品位原燃料的利用，减少CO_2、NO_x、SO_2、粉尘与重金属排放技术，污染物监测技术与装置以及生态水泥、生态混凝土的性能研究与开发等。

水泥工业的绿色制造与生态设计就是提高环境效率的水泥产品和生产工艺的设计，即水泥工厂绿色生态设计。

一个工厂绿色制造与生态设计水平主要由绿色生态设计技术要素的水平、绿色制造与生态设计控制内容和水泥产品的环境协调性决定的。

绿色制造与生态设计的技术要素水平指工艺技术方法的先进性、符合生态化要求的原燃料、生产规模与产品质量要求、生产与环保设备选型、生产过程控制及计算机网络系统的应用等。

绿色制造与生态设计的控制指标：①资源和能源的有效利用，例如采用低品位石灰石、采用代用黏土、使用工业废物、使用可燃废物、窑系统废气余热利用。②生产过程控制，例如生料粉磨系统电耗、熟料热耗、熟料电耗、水泥粉磨系统电耗、水泥综合电耗、新鲜水用水量、循环水利用率、出厂水泥散装率、计算机与网络系统应用的指标。③污染物排放控制，例如受破坏植被绿化率，采石场除尘要求，废石处理，矿山废水处理，矿山破碎机等颗粒物排放限值，回转窑、烘干机、煤磨、冷却机、窑磨联合系统颗粒物排放限值，破碎机、磨机、包装机及其他颗粒物排放限值，水泥库及其他通风设备颗粒物排放限值，回转窑窑磨联合系统SO_2排放限值，回转窑NO_x排放限值，回转窑氟化物排放限值，粉尘无组织排放，生产线物料粉尘防治，生产设备排气筒最低允许高度，锅炉排放物限值与烟囱高度要求，水污染物排放（厂内），含油废水排放，化验室废液处理，厂界噪声限值，高强噪声源指标，一般废渣治理，厂内污泥处理，耐火材料质量要求与镁铬砖处理，焚烧危险废物和排放污染物控制指标，焚烧生活垃圾排放污染物控制指标等。随着环保指标的严格化，还会有可燃废物重金属元素限值，水泥和熟料中重金属限值的要求等。④水泥产品品质要求，例如水泥和熟料的质量，水泥中是否含有放射性等。⑤环境管理，例如环境管理要求，是否有ISO 19001认证等。

2.2 水泥产品的环境协调性

水泥产品的环境协调性体现在水泥产品生命周期的各个环节中，包括原料、燃料，生产制造，包装出厂，工程应用，废弃。

在本绿色制造与生态设计中，主要提出的是水泥工厂绿色制造与生态设计，水泥的应用是以混凝土或水泥制品的形式完成的。废旧的混凝土作为混凝土骨材的再循环使用或完全废弃对环境负荷的影响，目前正在研究中，其他工业废物以及城市垃圾等，已逐步在水泥工业得到采用。

原料、燃料：能够使用低品位的原料、燃料，能否使用替代原料和燃料，是有效利用资源的关键。

生产制造：在加工生产过程中，若能采用先进技术和装备，可以降低各种消耗指标和减少排放或不排放污染物，即从源头上进行有效控制，解决末端治理存在的问题。在生产控制设计上，要使中央控制室 24h 都对废气废水排放、噪声、振动等进行环境检测与管理，同时工厂对环境有无超标影响（如粉尘、SO_2、NO_x、CO_2 等）都能远程监察，以利当地环保部门对水泥厂的监督管理。

包装出厂：中央化验室要对产品严格检测，产品要符合工业标准和不含有毒有害物。尽量散装出厂，可节省大量制袋所需的木材等原料以及造纸用水。

工程应用：用户将按照自己的需要使用产品，由于是出厂合格的产品，能满足用户的要求。

废弃：废弃的建筑物可能产生大量的混凝土垃圾（或称为建筑垃圾），用其作为新混凝土的骨材或水泥的代用原料，以减少环境负荷。

2.3 水泥工业绿色制造与生态设计的范围和内容

（1）范围：水泥工业的绿色制造与生态设计范围是从石灰石原料矿山（其他原料是从到达厂内）开始，直到产品出厂为止，包括生产和废物利用的全过程。

（2）内容：绿色制造与生态设计的内容包括两方面——水泥生产工艺和水泥产品，绿色制造与生态设计的技术和工程内容与一般传统设计没有什么不同，只是在设计中贯彻环境意识，控制水泥产品在原料燃料准备、生产过程和水泥产品质量的环境负荷。

对一个生产水泥产品的企业来说，是否进行环境经营，是否按绿色制造与生态设计来生产环境协调性产品等，可能在不久的将来是评价企业成绩与水平的主要依据，因为人们正在转变观念，即人们逐步认识到不是通过绿色制造与生态设计的产品就不是工业产品。

2.4 绿色制造与生态设计的基本原则

水泥工业绿色制造与生态设计的基本原则是：采用可提高环境效率的水泥生产工艺和技术，生产环境协调性产品，使水泥产品的综合价值指标最大。要清楚理解绿色制造与生态设计的原则，必须认识产品的三个要素：

C (Cost)——产品成本，包括原料成本、制造成本、环保措施与设备成本、运输成本、废物再利用成本等费用。

I (Impact)——环境影响，包括资源枯竭，环境粉尘、酸雨、地球温室效应等对地球环境造成的影响。

P (Performance)——性能，包括水泥强度及其他性能、安全性等。

由上述要素我们可分析出如下指标：

（1）传统设计，经济价值法产品的价值指标为：

$$W_{传统}=P/C$$

（2）绿色制造与生态设计，考虑到环境影响的产品综合价值指标为：

$$W_{生态}=P/(IC)$$

在传统设计中排除环境影响 I，只考虑 P/C，即追求产品的性能最好、成本最低，这是多年来产品设计经济价值观方法。我们必须摆脱传统的经济价值观，设法使 $P/(IC)$ 趋于最大，即考虑到环境影响的产品综合价值最大，这就是绿色制造与生态设计的根本思路。

3　水泥工业绿色制造与生态设计方法

如上所述，我们水泥工业的绿色制造与生态设计方法采用的是环境协调性产品法，主要目的是提高环境效率和生产环境协调性产品。

3.1　提高环境效率的方法

（1）减少石灰石使用量，保护和节约石灰石资源，同时减少因 $CaCO_3$ 的分解而带给环境负荷——温室气体 CO_2 的排出量。

（2）采用集约度低的原料和燃料，如使用低品位石灰石，使用代用黏土，回转窑使用无烟煤和低挥发分煤等。

（3）采用节能工艺与设备，如窑尾预分解系统采用六级预热器，回转窑采用两档短窑以减少系统热耗；在生料粉磨和水泥粉磨工艺中采用立磨、辊压机等高效节能粉磨设备，以便减少能耗、提高能源效率。

（4）在采用节约热能的新工艺、新技术的同时，大力回收余热，建立余热发电站或用其烘干物料。

（5）采用清洁生产，水泥生产全过程不向环境释放粉尘和其他有毒有害物，符合国家环保总局的要求。

（6）采用工业废物、工业副产物、城市垃圾和污泥等作为水泥的替代原料或替代燃料，替代率越高越好。

3.2　生产环境协调性产品

（1）水泥产品要符合工业标准，无毒无害。

（2）采用细磨掺合料，生产以优质硅酸盐水泥熟料为基础的低钙水泥，可以大量使用矿渣、粉煤灰、钢渣等。

（3）开发城市垃圾焚烧灰配料的生态水泥，可以大大节约石灰石配料量。

（4）开发用城市垃圾直接配料的水泥生产方法，有效地解决城市垃圾处理问题。

（5）开发非波特兰体系水泥，作为波特兰水泥性能的补充。

4　天津水泥院在践行绿色制造与生态设计上的具体措施

4.1　低能耗环境友好型新型干法水泥技术与装备研发

“低能耗环境友好型新型干法水泥技术与装备研发”项目是天津市科技计划项目，得到了天津市政府 500 万元资助。本项目的总体目标是：熟料烧成设计热耗≤98kgce/t；水泥综合电耗≤75kWh/t；NO_2≤320mg/Nm^3（O_2 为 10%）；SO_2≤100mg/Nm^3（O_2 为 10%），提出集成生产可靠、技术创新的开发设计思路及系统解决方案。天津院预计达到的熟料烧成热耗比 2016 年工信部 6 月下发《工业绿色发展规划（2016—2020 年）》规定的烧成热耗（105kgce/t）还要低 7kgce/t。

该项目集成研制的热工系统包括高效低阻型六级预热器、两档短窑、带中置辊破步进式篦冷机以及低一次风量燃烧器，均在河南孟电集团水泥有限公司一、二期 5500t/d 项目得到应用。孟电项目设计指标：熟料产量≥5500t/d；熟料热耗（98±2)kgce/t。孟电一期 5500t/d 生产线已于 2016 年 6 月 21 日点火进入正常生产阶段，实际运行熟料热耗小于 665kcal/kg (95kgce/t)，NO_2≤260mg/Nm^3（O_2 为 10%），SO_2≤50mg/Nm^3（O_2 为 10%）。

4.2 粉磨系统优化

开展“U 形动叶片选粉机技术”：U 形动叶片选粉机相比传统 O-Sepa 选粉机在相同的工况条件下阻力降低 30%，选粉效率提高 9.13%，成品 n 值降低 7%～8%，磨主机电耗降 6.5%。开展“中壳体风量平衡技术”，该技术根据旁路风量及磨机规格的不同实现降低磨机阻力 10%～30%，磨主机电耗降 5%～8%。开展“楔形盖板风环技术”，该技术相同的风量条件下风环风速梯度小、带料能力强，借助对落入风环磨盘料流的两次冲击打散效应，粗细分离更清晰，配合中壳体风量平衡技术，确保磨机阻力 20%左右降幅，风机电耗降低 7%～14%。上述三技术综合，磨机阻力降低 1500～2000Pa，系统电耗降 1.5～2.5kWh/t。

开展“辊压机系统球磨机采用陶瓷球”技术：该技术能降低球磨机的功耗，降低单位水泥电耗，满足阶梯电价的要求；降低出磨水泥温度，满足混凝土行业的需求；降低成品水泥铬含量，满足日益严格的环保要求；改造费用低，投资回收期短。该项目已经在中材湘潭水泥厂使用，效果良好。粉磨不同品种水泥时系统电耗降低 3～5kWh/t，产量降低 5%～10%，水泥温度降低 20～30℃。

4.3 粉煤灰配料烧制低钙水泥

国家科技支撑计划项目“粉煤灰配料烧制低钙水泥的研究”，研究了一种高贝利特硫铝酸盐水泥及生产技术。和国内外同类产品的研究相比较，新产品水泥熟料中含有占 C_2S 总体含量约 50%的 α' 型晶体（其他机构研究产品中的 C_2S 主要是传统的 β 型），这是新产品水泥最主要的创新点，是导致熟料强度提高（尤其是 28d 强度）的主要原因，使得我公司研究的产品在性能方面较国内外同类产品处于领先地位。新产品水泥生产原料中大量使用了高铝粉煤灰、铝土矿尾矿等工业废渣，掺入量在原料总质量中占比达 30%以上。

本项目已经在宁夏赛马水泥 2500t/d 的新型干法硅酸盐水泥熟料生产线、阳泉特种工程材料有限公司 130t/d 小型预热器窑系统、郑州市建文特材科技有限公司 500t/d 四级预热器窑上先后进行了 4 次工业化生产试验。结果表明：熟料结粒良好，窑皮均匀稳定，窑尾烟室和预热器不会因为物料的高硫含量产生任何结皮和堵塞；利用现有的硅酸盐水泥熟料或者其他特种水泥熟料生产线，几乎不需要任何技术改造就能够完成这种新产品的生产。

4.4 水泥窑协同处理废物

4.4.1 工业废物的水泥窑焚烧处置

在废物处理方面开展了大量的基础研究和应用技术的研究，主要包含对废物物性的研究和预处理技术、焚烧处理技术、工业废物尤其是危险废物预处理，主要包括：①破碎（将固体废物破碎至水泥窑接受要求）；②混合调质（对不同来源的废物完成混合调质均化，达到稳定成分的要求）。

天津水泥院设计的北京金隅集团北京水泥厂年处理 10 万吨废物示范线工程 2005 年投

产，已多年连续稳定运行，产品质量及环境指标完全达标，生产安全可靠。目前承建的尧柏水泥公司、红狮水泥集团等多条水泥窑处理工业废物（危废）都投入运行，取得了良好的运行效果。

4.4.2 生活垃圾的处置

利用生活垃圾筛上物作为水泥窑替代燃料的技术已在贵州三岔拉法基水泥公司应用，多年的运行结果表明，替代燃料的效果显著，并且研发的垃圾焚烧后的焚烧灰和飞灰在水泥窑处置技术，目前已经在北京水泥厂有限公司、浙江红狮集团等多个处置废物示范线工程上应用。

4.4.3 城市生活污泥的处置

自2000年开始研究利用水泥窑系统处置市政污泥的技术，目前采用不同技术路线的多个示范工程已建成，运行优良。其中利用自主研发的污泥深度脱水药剂和污泥深度脱水工程在浙江桐乡投入运行，使污泥含水率从95%直接降至50%以下，为后续的处理节省大量的能源及费用。

4.5 节能环保技术

开展了“袋式除尘器数字样机综合测试验证平台”项目，该项目为实现公司环保产业进一步发展，建立自己的半物理实验室，研究现代化的计算机模拟试验手段。本项目科研成果持续应用在公司各种设备性能测试验证的工作中，包括袋式除尘器、电除尘器、电改袋式除尘器、脱硫塔、脱硝设备的气流分布分析。同时，公司其他科研项目可以通过本项目搭建的半物理试验平台进行各种半物理试验和CFD计算分析。

研发了“水泥行业复合脱硫技术”，采用粉剂与水剂相结合的方式，通过催化剂增加钙基与氨基的反应活性，提高脱硫效率，降低脱硫剂用量，从而达到高效脱硫固硫的目的。当烟囱 SO_2 本底排放值在 200～2000mg/Nm^3 范围内变化时，通过调整粉剂与水剂的添加量，均可实现 SO_2 达标排放（≤100mg/Nm^3），并维持稳定运行。目前，复合脱硫技术已经在广州珠水、广东塔牌、广东茂名、浙江长兴、河南登封、河源金杰、枣庄泉头等二十多条水泥生产线上得到成功的应用。

4.6 自动化与智能化技术

开展了“水泥窑特殊工况诊断与自动处理”项目，对于正常工况，前期已经取得了非常出色的控制效果。已完成烧成系统智能控制单元开发，并在山东莒州、大连天瑞、印尼BOSWA二线等项目成功应用，长期稳定控制效果明显，准备成果鉴定；辊压机、冷却机、立磨等单机产品智能自检系统开发正在进行中，已经完成智能控制软件监控，识别并自动处理大部分可能出现的软件异常工况。

此外还开展了“远程监控系统中心建设”，该系统能够满足对国内外现场设备进行在线程序管理、数据收集和状态维护。已经完成了对系统平台的选型、测试及整体搭建工作，在经过连续测试后确定稳定性的前提下，将该项目的成果应用到了实际现场车间中，并实现了对该车间设备的远程监控管理。

5 结语

综上所述，若要实现水泥工业绿色制造的目标，还需要更多的努力，应该从实际的现状中发现问题，从问题入手提出改善措施；“十三五”时期积极构建绿色制造体系，更宜采取以正向激励为导向的政策思路，政策着力点要放在理念转变、技术支持、标准完善等方面，实施方式应以鼓励和引导为主。要加快核心关键技术研发，实现绿色制造技术群体性突破，吸引科研院所、大学和研究型企业参与，提高技术集成能力和推广应用效率。尽快建立绿色技术、绿色设计、绿色产品的行业标准和管理规范；加强人才培养体系建设，为绿色制造与生态设计提供人才保障。把人才培养作为绿色制造体系的重要举措，根据绿色生态发展的总体要求，着力培养具有战略思维和战略眼光的决策人才，以及掌握高端技术的研发人才等。“绿色制造与生态设计”将改变水泥工业的经济增长方式，真正实现循环经济目标，建设社会主义和谐社会。

参考文献

[1] 王立国．水泥企业的绿色节能减排浅析[J]．城市建设理论研究(电子版)，2014，4(25).
[2] 肖镇．实现绿色可持续发展．建设资源节约型产业[J]．中国水泥，2015(12)：24-27.
[3] 王贵生．绿色建筑建设中的可持续发展水泥[J]．混凝土与水泥制品，2014(5)：91-92.
[4] 张岚嵘．江苏省建材行业协会召开水泥工业产业结构调整指导会[J]．江苏建材，2010(1)：57-58.
[5] “十二五”期间，我国水泥工业要在 4 个方面取得突破[J]．福建建材，2011(4)：62.
[6] 加强创新 促进水泥环保事业发展[J]．建材发展导向，2010(2)：72.
[7] 曾学敏．水泥工业现状及发展趋势[J]．中国水泥，2005(4)：8-11.
[8] 田悦，王艺璇．环资委组建成立，力推水泥绿色发展[J]．中国水泥，2011(6)：25-27.
[9] 于兴敏．水泥工业绿色制造技术的研究与应用[C]//建筑材料行业发展循环经济现场交流会，2007.
[10] 魏建军，潘健．绿色再制造工程及其在我国水泥工业中的应用[C]//第五届水泥工业耐磨材料技术研讨会论文集，2011.
[11] 张人为．循环经济与中国建材产业发展[J]．中国建材，2003(10)：9-11.
[12] 雷前治．中国水泥工业即将进入健康发展的时代[J]．中国水泥，2004(11)：12-16.
[13] 蒋尔忠，崔源声．面向可持续发展的水泥工业[M]．北京：化学工业出版社，2004.
[14] 韩仲琦．关于水泥工业清洁生产的思考[J]．水泥技术，2004(6)：13-17.
[15] 山本良一．战略环境经营生态设计[M]．王天民，译．北京：化学工业出版社，2003.
[16] Hiroshi Hirao. Eco-Cement [J]. Cement & Concrete，2002，4(662)：50-51.
[17] Yuriko Yamamoto. The Forefront of Cement Production and Industrial Waste Utilization Municipal Waste Unilization System，Eco-Cement Obtaining the Japanese Industrial Stundards [J]. Cement &Concrete，2002，8(666)：9-17.
[18] 中川靖博．日本水泥工业与构筑资源循环型社会[C]//利用水泥窑焚烧垃圾技术研讨会论文集．北京：中国水泥协会，2002(10)：49-58.

（原文发表于《水泥》2017 年增刊）

水泥窑废气超低排放技术探讨与实践

王作杰

摘　要　本文全面探讨了在国家严格的环保政策下，实施水泥工业废气主要指标，烟尘、氮氧化物、二氧化硫超低排放的限值、多种技术路线对比，并提出了新的可行路线，同时介绍了部分指标的实践效果。主要参考燃煤锅炉全面实施超低排放的指标、路线和措施，分析水泥生产工艺及废气性质的特点，发扬我们现有技术的优势，充分利用我国不断发展进步的新材料、新技术，提出了达到水泥废气超低排放最高限值的可行性，兼顾综合实现水泥生产节能降耗和超低排放的实施路线。

关键词　水泥窑废气；除尘；脱硫；脱硝；超低排放

1　概述

近几年来我国生态文明建设力度加大，且取得的成果显著，以电力工业为代表的废气超低排放的环保成绩突出。钢铁、水泥、垃圾焚烧等工业的废气污染物排放控制在现行的标准基础上实行超低排放也势在必行。

"超低排放"的概念是在火电厂燃煤锅炉废气治理领域提出，是比照天然气燃气轮机组标准的排放限值设计，比目前《火电厂大气污染物排放标准》（GB 13223—2011）中规定的燃煤锅炉重点地区特别排放限值（表1）更低。

《火电厂大气污染物排放标准》（GB 13223—2011）规定的排放限值

污染物	燃煤排放限值	重点地区燃煤排放限值	燃气废气排放限值	电力行业废气超低排放限值
烟尘（mg/m^3）	30	20	5	5
二氧化硫（mg/m^3）	100（新建） 200（现有）	50	35	35
氮氧化物（mg/m^3）	100	100	50	50

电力行业环保率先做出了前瞻承诺和行动。该行业有目标，有政策，有措施，有超低排放成功实践。其他行业没有理由，也不可能例外。然而，各行业生产工艺特点不一样，实施超低排放的技术路线肯定不同。水泥行业实施废气超低排放就有多种路线，我们进行如下探讨。

2　水泥窑废气排放现状及超低排放指标设定探讨

水泥生产主要污染物是烟尘、氮氧化物及二氧化硫，行业工艺特点决定烟尘和氮氧化物污染更重，部分地区水泥废气中二氧化硫含量也相当高。现有的《水泥工业大气污染物排放标准》（GB 4915—2013）主要指标重点地区是：烟尘排放≤20mg/Nm^3；NO_x≤320mg/Nm^3；SO_2≤100mg/Nm^3。

目前，我国水泥工业废气治理及排放现状如下：

（1）按照国际环保排放监测要求，所有水泥生产线主要排尘点，特别是窑头、窑尾及生料磨，政府环保部门全部设置了废气在线监测。

（2）烟尘治理多数采用袋式除尘器或已电改袋，尘排放值目前可以达到 GB 4915—2013 标准功能区和地方政府的规定值或更低，但按今天探讨的“超低排放”限值要求多数还不能达到。

（3）氮氧化物按现行标准，控制要求较宽松。减排路线最好的是 SNCR 或低氮燃烧＋SNCR 脱硝技术，可以达到 GB 4915—2013 标准规定值，多数有过量喷氨现象，但普遍不能实现“超低排放”。

（4）二氧化硫排放对于多数生产线没有问题，但少数高硫矿石地区排放严重超标。目前治理措施有干法和湿法多种路线，效果不错。其中石灰-石膏湿法脱硫可以稳定实现超低排放指标。

虽然，目前地方政府的规定限值一般都低于国家标准限值，但绝对没有达到电力行业超低排放值。那么，水泥行业废气有无可能实现更低的排放限值呢？答案是肯定的，限值为多少更合适呢？

按照国家青山绿水的生态文明发展理念，我们相信国家必然会出台更高的水泥废气排放标准限值，即所谓超净排放标准。依据我们的理解和判断，对水泥废气主要污染物的超低排放值提出讨论指标，见表 2。

表 2　超低排放值的讨论指标

污染物	现行水泥排放标准最高限值	超低排放限值（讨论值）	超低排放限值（目标值）
烟尘（mg/m^3）	20	10	5
二氧化硫（mg/m^3）	100	50	35
氮氧化物（mg/m^3）	320	100	50

实际上大家知道水泥生产工艺复杂，废气气体成分、性质也比燃煤锅炉气体复杂，对于水泥窑废气主要排放指标进一步降低，确实也比燃煤锅炉复杂。因此，对水泥废气超低排放的指标和技术路线很难达成一致，因此，表 2 提出了水泥窑超低排放的讨论值和目标值两组数字。鉴于水泥工艺与电力不同及有不同的环保技术路线所能达到的结果不同来分析，较合理的水泥窑超低排放限值应定在“讨论值”。然而，我们的技术出发点是实现“目标值”。

3　实现水泥生产废气超低排放三项指标的技术探讨及实践

我们探讨的前提是无论在水泥生产过程中是否采用污染物减排技术，废气的烟尘、氮氧化物、二氧化硫仍有产生，且浓度会超标。怎样实现水泥废气超低排放？废气末端治理技术尤为重要。下面分项阐述我们的实践和技术探讨。

3.1　烟尘超低排放技术与实践

烟尘治理在水泥生产过程中一直是最被重视的，且一直是在所有工业废气治理中做得较好的，然而长久存在多种技术路线，例如静电除尘与袋式除尘等。不过，近年实践和研究的观点越来越趋于统一：先进高性能除尘器的研究和应用是实现烟尘稳定超低排放的关键。评价先进除尘器性能的指标主要有四点：更高的除尘效率；更低的设备阻力；更可靠稳定的设备性能和更低廉的运行维护成本。因此，我们主要进行了如下工作：

（1）高效除尘装备技术路线确定

水泥窑废气主要是指窑头废气及窑尾废气。窑头废气主要污染物就是烟尘；而水泥窑尾废气都是含与生料磨烘干系统的联合操作废气考虑的，特点是多种污染物同时存在，且工况参数经常变化。首先就工况参数变化，以典型的五级预热器系统主设备串联工艺（系统如图1、图2所示）为例，至少可以产生表3所示的工况参数。

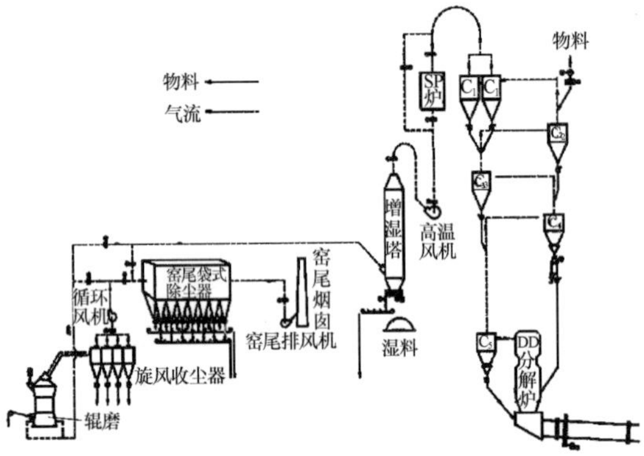

图1　三风机系统

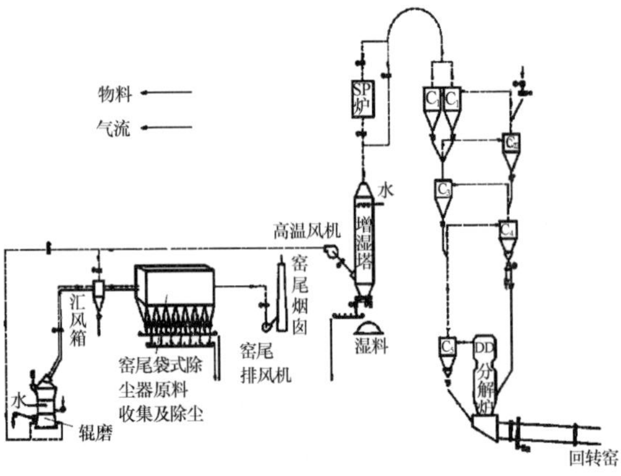

图2　两风机系统

表3　工况参数

工况	增湿塔	余热锅炉	废气温度（℃）	废气露点（℃）	废气含尘（g/Nm³）	
					三风机系统	两风机系统
直接操作	不工作或不正常	不工作或不正常	350	30	30	30
		投入工作	200	30	20	20
	投入工作	不工作或不正常	200	55	20	20
		投入工作	200	55	16	16
联合操作	不工作或不正常	不工作或不正常	120	55	80	800
		投入工作	90	55	80	800
	投入工作	不工作或不正常	90	58	80	800
		投入工作	80	58	80	800

可见诸多工况参数变化情况下，要实现超低排放对同一台除尘器必须考虑最恶劣的工况去计算除尘设备定型和结构设计。

理论上电除尘器和袋式除尘器对于水泥窑头窑尾废气处理都可达到超低排放的限值。但是从除尘机理去分析，电除尘器是靠静电吸附的机理除尘的，首先必须给烟尘颗粒荷电，荷电效果与电场电源设备相关，还与气体性质（温度、露点、尘量）相关，且是非线性相关，特别是对温度和露点最敏感。试验和工程实践都证明，窑头废气在90～200℃区间，窑尾废气的露点温度在30℃左右时，烟尘比电阻处于亚临界值以上即高于$10^{11}\Omega\cdot cm$，尘粒荷电困难，电除尘效率极低，达标排放几乎无法实现。而我们看到，窑尾废气的露点温度在

30℃左右时恰恰是增湿塔不能投运的事故状态，而其他事故状态，例如极线断、极板变形、高压电源故障等更会造成整机除尘效率大幅下降。最大问题是这些事故都不可避免，否则我们必须考虑更大裕量，即加大成本投入。因此，在烟尘超低排放技术路线研究中，我们不得不放弃终端除尘设备采用电除尘器。

袋式除尘器是治理大气烟尘污染的高效除尘设备。袋式除尘器的最大优点就是除尘效率高，它的过滤效率与气体温度、露点在较宽的适应范围内几乎无关，与入口尘量正相关，即尘量越高，效率越高，出口排放几乎是恒定的。高性能的过滤材料不断产生，使其过滤烟尘效率在实验室高达99.9999%，对气体成分、温度、露点的适应范围越来越广，在实际应用中也达到99.99%，现在的滤袋及除尘器结构技术完全可以做到烟尘排放浓度≤10mg/m³，甚至达到2mg/m³，这是袋式除尘器的过滤机理所决定的。因此我们确定了研发先进袋式除尘器的技术方向，近10年来投入很大精力在除尘清灰高效、过滤低阻、性能可靠方面做了大量的研究工作，也付诸了大量实践，很多案例达到了烟尘超低排放的成果。

（2）袋式除尘器结构性能研究

多年来我们一直致力于大型袋式除尘器装备的开发研制并取得了显著的成果。早期，我们基于引进富乐公司技术开发了气箱脉冲清灰袋式除尘器和分室风机反吹清灰袋式除尘器系列的开发，并在水泥工业各排尘点成功应用。特别是大型高温反吹窑尾清灰窑尾袋式除尘器在北京水泥厂的应用获得了1998年国家科技进步奖。但是，由于这种收尘器的结构和清灰方式所限，其过滤风速不能太高，因此，造成设备体积相对庞大，投资很高，对于大规模（大于4000t/d）水泥熟料生产线尤其如此。而气箱脉冲袋式除尘器虽然过滤风速可以提高，但又不能实现长袋清灰，因此也不适合大风量高温废气的处理。

我们从2001年开始研究脉冲喷吹清灰长袋式收尘器。新结构是自引流脉冲喷吹装置（非文氏管）（图3），分排清灰长袋式除尘器，将袋长由3m加长到6m以上，基本解决了袋长限制，于2003年首次应用于水泥生产线窑尾获得成功，此项技术获得2005年天津市及国家建材联合会科技进步二等奖，而后推广应用到了大多数干法水泥生产线。

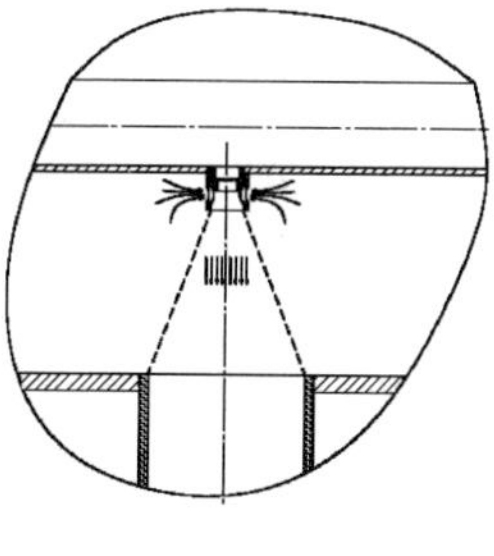

图3　自引流喷吹装置

但是，如何在性能稳定、低阻、低漏风率、低维护成本上做到更好，我们开始了新的研究。

2005年，结合琉璃河水泥厂窑尾电除尘器改造，我们开始推出净气室室内换袋结构的袋式除尘器，大大降低了整机漏风率（图4）。

图4　室内换袋单元

天瑞大连水泥厂是相同规模的两条5000t/d水泥生产线，建设中分别采用两台不同换袋形式的窑尾袋式除尘器。投入运行约一年后，无论从除尘效果（主要是破袋率不同引起）、运行阻力等方面都显示了内换袋型除尘器优于顶换袋型。特别是我们做了除尘器本体实际漏风率对比测试：普通结构的顶部换袋形式袋式除尘器漏风率达12%，而室内换袋结构的袋式除尘器漏风率只有2.3%。当然漏风率高的除尘器可能是因为检修维护时人孔门复位不到位造成，但这就是实际问题。理论计算这样大差距的风量由窑尾废气风机做功克服，造成的能耗损失是惊人的！

然而还有一个大问题，那就是本体漏风带来的废气降温足以造成大面积本体结露和早期腐蚀。因此，我们对于大型高温或高负压袋式除尘器定型结构全部采用室内换袋。因为内换袋的结构是每一个室只有一个比较小的侧面人孔门，而且是双层门。

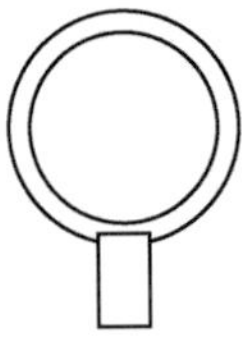

图5　圆形喷吹管

2007年开始，针对我们的非袋内文氏管或保护管喷吹结构，我们又做了一个改进：那就是将传统的圆形喷吹管（图5）改为方形喷吹管（图6），这样简化了喷嘴接口处理，提高了喷嘴定位精度和与喷管中心线垂直度公差的精度。图6所示的喷嘴明显比图5所示的喷嘴的定位公差和垂直度公差更易控制，因此更适合专业加工工具的应用和提高产品加工效率。更重要的是，自此变更后再没有出现因喷嘴偏差造成出现破袋的案例。

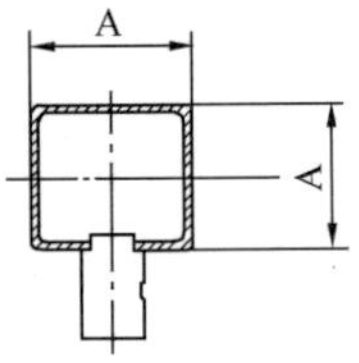

图6　方形喷吹管

袋式除尘器结构尺寸离散性很强，包括同规模生产线同一应用点的袋式除尘器都不尽相同，远不及电除尘器规范化程度高。其主要原因是缺乏统一技术标准或说标准缺乏约束力，应用中产生多种结构系列产品，同一除尘器设计制造企业也需适应不同用户和不同环境的要求随时变更结构设计。另外，国家环保标准不断提高，除尘器更新改造工作很多，结构设计更是千变万化，从某种意义上说袋式除尘器属于“非标”设计，这就造成了工作量巨大和实际应用除尘器性能容易参差不齐。怎样实现袋式除尘器产品高质量、性能稳定和提高设计效率呢？一定需要现代化的设计手段。

（3）袋式除尘器现代化设计平台开发及应用

从2008年初我们开始了“袋式除尘器数字化设计与综合研发平台”（以下简称平台）研发工作（图7），历经10年，针对袋式除尘器产品创新研发的全过程，包括结构、流场、过滤、清灰过程，以创新方法为导向，以数字化设计技术为基础，准确高效解决实际应用问题，不断提升袋式除尘器产品综合性能指标，构建了袋式除尘器产品研发数据库，分别开发了“袋式除尘器流场技术仿真分析优化系统”“袋式除尘器结构优化设计系统”“袋式除尘器综合测试平台”“袋式除尘器综合验证平台”，包括建成了袋式除尘器性能综合试验基地。

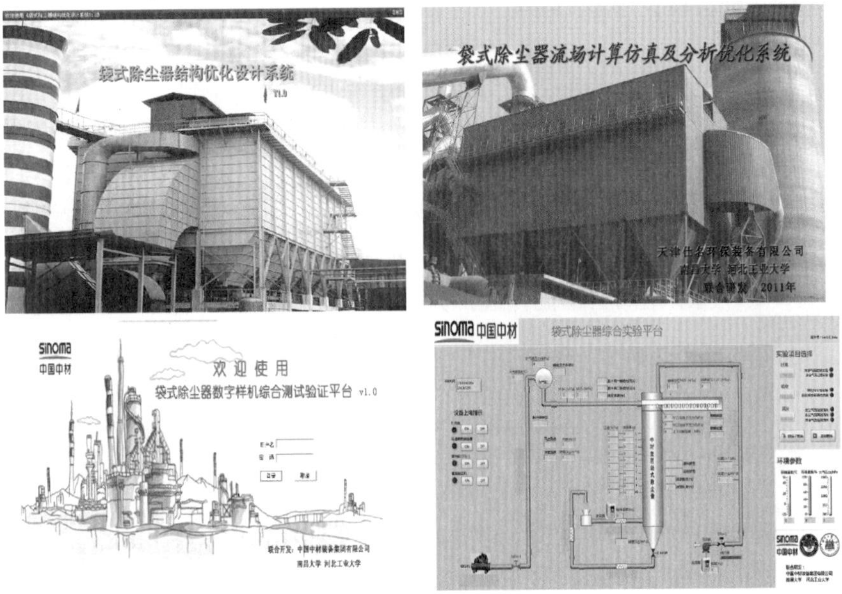

图7　袋式除尘器数字化设计与综合研发平台集成

“平台”解决了面向袋式除尘器产品创新研发过程的行业共性关键技术，包括：基于国际先进的TRIZ集成创新技术、多场仿真技术、产品快捷和定制优化技术、数字化样机模型及重构技术、数字化仿真测试评价技术及组态化试验验证技术等。

“平台”可实现开发袋式除尘器新产品变结构、新工艺、新型滤材等的综合测试试验。我们已经利用平台完成了不同基型的袋式除尘器分风、过滤及清灰等性能的数值模拟计算、数据分析、仿真测试及试验验证，获取了复杂需求前端对应的数据规律。

实际上，该综合平台是在我们的生产过程中分段开展研发的。首先是通过数字流场计算模拟确定了公司标准袋式除尘器系列及多种非标改造的低阻结构（图8、图9）。

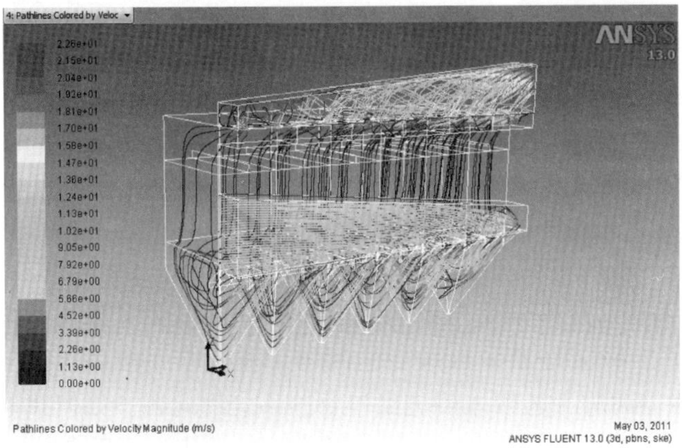

图8　低阻结构流场数字模拟

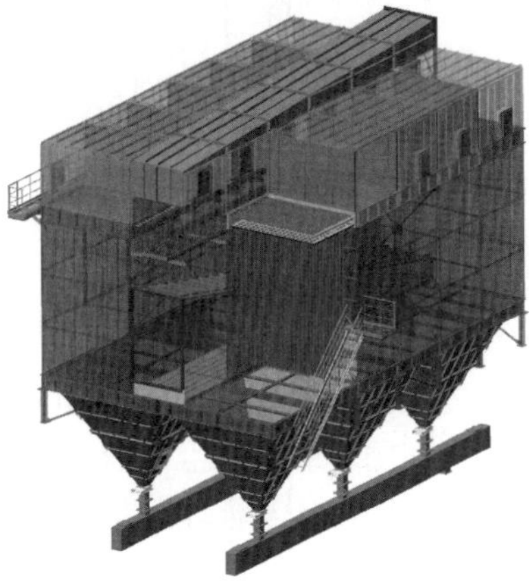

图9　定型的室内换袋系列袋式除尘器

项目技术成果应用在公司袋式除尘器设计的四大产品系列和几百台“电改袋”除尘器改造中，大大缩短了产品设计周期，有效提升了袋式除尘器的各项技术指标和工作可靠性。运行稳定，达到低排放效果，设备平均运行阻力降低，节能环保效果明显。图10是我公司几个应用典型案例。

中材湘潭5000t/d窑尾袋式除尘器

- 投运时间：2009年10月
- 入口烟尘浓度：80g/Nm³
- 排放监测值：1.3mg/Nm³
- 除尘器运行阻力：677Pa
- 除尘器漏风率：1.3%
- 滤袋使用寿命：7年

马来西亚BAHAU 2线5000t/d窑尾袋式除尘器

- 投运时间：2015年8月
- 入口烟尘浓度：80g/Nm³
- 排放检测值：7mg/Nm³
- 除尘器运行阻力：1100Pa
- 除尘器漏风率：2.8%
- 滤袋使用寿命：目前未更换

金隅赞皇水泥5000t/d窑尾袋改袋
- 投运时间：2014年2月
- 入口烟尘浓度：80g/Nm^3
- 排放监测值：7.6mg/Nm^3
- 除尘器运行阻力：960Pa
- 除尘器漏风率：3.3%
- 滤袋使用寿命：目前未更换

大连小野田水泥4000t/d窑尾袋改袋
- 投运时间：2010年3月
- 入口烟尘浓度：800g/Nm^3（高浓度）
- 排放检测值：8.3mg/Nm^3
- 除尘器运行阻力：1350Pa
- 除尘器漏风率：3%
- 滤袋使用寿命：5年

图10　典型应用案例

从检测和监测结果可见，尘排放基本可以实现“超低排放”。

“平台”在应用于产品设计的同时，我们还应用于生产，快速解决了很多除尘器及系统的实际问题。袋式除尘器运行后出现早期破袋是最令人头痛的问题。破袋原因很多、很复杂，有结构设计不合理问题，也有除尘器前后工艺接入的进出风管路不合理问题。如何找到问题的原因？我们利用这个平台确实解决了许多早期破袋问题。例如2009年，金隅集团收购赞皇水泥一条未建设完成的2500t/d水泥生产线后，直接委托我们将窑尾电除尘器改为袋式除尘器，我们按常规在短期内进行了改造（图11）。开始生产线投入运行效果良好，但后约3个月出现破袋，排放超标，我们进行检查，寻找各种设计结构、产品质量问题，但都没有找到实质问题，我们简单处理后继续生产。随着运行时间的延长，问题没有减轻的征兆，而且越来越严重，不得不停窑。

停窑后我们发现更多破袋，而且发生在同侧临近的几个室，严重的破袋已经在离袋口100mm左右出现环向1/2左右的横断口（图12）。因为是室内换袋结构，我们要求操作打开废气风机模拟工况排风，我们在净气室内观察，竟发现破袋侧室内部分袋笼处于非静止状态，起伏晃动，甚至有个别的悬浮起来转动。

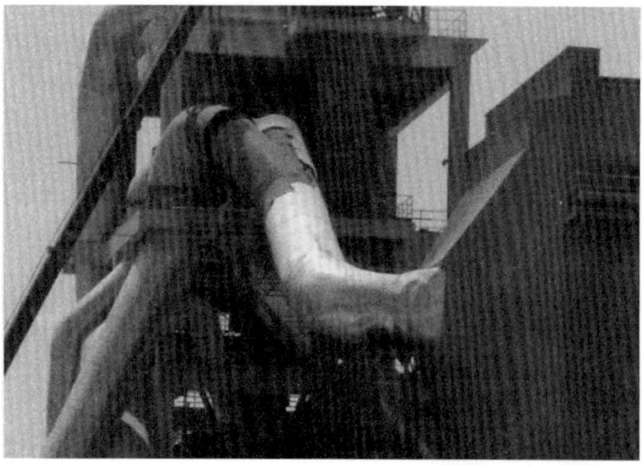

图11　赞皇金隅1线2500t/d窑尾除尘器

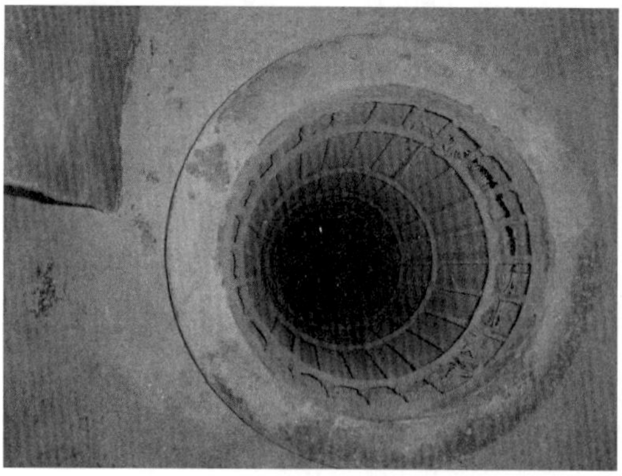

图12　袋式除尘器破袋情况

这是怎样造成的呢？我们重点关注了入风口偏于除尘器纵轴线约45°角（图11），应该与之相关，但怎样确认？于是我们启用正在研发的数字流场模拟系统，对包括入口风管在内的除尘系统实测设计3D建模，将模型及风量等参数导入计算系统后确实发现了问题，整机入口高速气流（36m/s）斜冲向除尘器后段单侧袋室；个别单室断面出现高速旋转气流，（图13）。进一步现场排查发现，入口风管直径只有 ϕ22000mm。而2500t/d（实际生产2800t/d），废气最高风量为480000m^3/h。高速气流斜向冲入袋式除尘器，严重偏风，分风不均，导致出现破袋，与实际出现破袋的位置基本吻合。

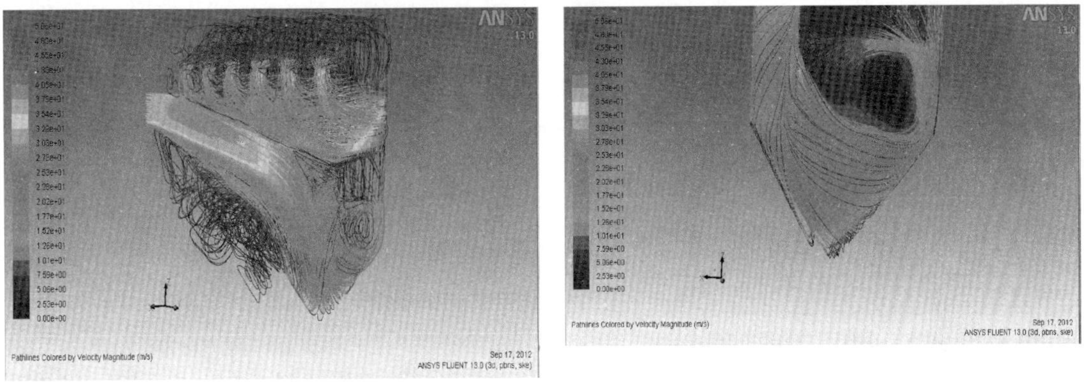

图13　赞皇金隅1线2500t/d窑尾除尘器风速流场流线图

我们通过这个平台计算系统模拟产生了最优解决办法，即加粗进风管到 ϕ28000mm，并增加入口导流板。方案实施后，系统工作正常，再没有出现破袋。

类似这种案例很多，我们都充分利用平台取得了满意的效果。

“袋式除尘器数字化设计与综合研发平台”获2018年中国建材联合会科技进步二等奖。

我们所做的技术研究及实践，完全可以实现水泥工业废气烟尘超低排放。

3.2　氮氧化物超低排放技术探讨

前面提到目前我国大多数水泥生产线都实施了低氮氧化物减排技术，包括低氮氧化物燃烧技术和废气SNCR脱硝技术，或单一SNCR脱硝技术。但SNCR脱硝需要将氨水喷入分解炉，以满足反应温度的要求，对喷氨点和喷氨量的控制要求很高，但脱硝效率也不高，一般为30%～60%，实际运行中都会有过量喷氨问题存在，致使高能耗、高运行成本和氨逃逸严重，造成二次污染。

无论从控制氨逃逸还是提高脱硝效率，实现水泥窑废气氮氧化物的超低排放，公认措施是采用SCR技术，因此国内外都在探讨和试验应用最可行的SCR脱硝技术。国外早有一些水泥生产线SCR运行案例，但其技术经济指标不尽如人意，存在许多需要探讨的问题：高尘含量问题，催化剂中毒问题等。因此，需要针对水泥生产工艺的特点，探索水泥废气SCR新技术。下面提出我们的意见：

一般认为，SCR脱硝工艺方案分为高尘（High Dust）布置方案、半尘（Semi-Dust）布置方案和低尘（Low Dust）布置方案。在煤电锅炉系统成功实施的SCR脱硝工艺方案多为高尘布置方案，可以在空预器前适合的温度段将废气引出进行催化脱硝。但这里废气含尘量一般小于20g/m^3，且燃煤气体成分较简单稳定，只要在催化反应器中适当布置吹灰装置，就完全可以实现较长期稳定的催化脱硝作用。也就是说目前成熟的钒钛体系催化剂在350℃左右应用到燃煤锅炉气体SCR脱硝工程技术是成熟可靠的。

然而，对于水泥熟料生产系统窑尾废气来讲，首先由于水泥原料成分复杂，甚至许多水泥生产线协同处置垃圾、污泥、危废，或作为辅助和替代燃料，其次，在废气余热利用前适合催化剂活性的温度段气体含尘浓度一般是60～80g/m^3，因此，直接移植煤电锅炉废气的SCR脱硝工艺有很大麻烦。于是国内外都在两个方向上探讨适合水泥窑尾废气的SCR脱硝技术：其一是适合水泥熟料生产废气成分及现有水泥熟料生产工艺的低温催化剂；其二就是调整水泥熟料现有生产工艺来适合现有成熟废气SCR脱硝的技术。本文主要针对常规催化剂探讨后者。

如果对水泥熟料生产的SCR脱硝也按高尘、半尘和低尘方案布置来区分，一般采用如下方案：

（1）水泥窑尾高尘SCR布置工艺

图14为高尘SCR布置工艺，国外有此方案实施的报道，目前运行业绩应该在十几条线。它是将催化反应器布置在预热器C1废气出口处，此处的温度较高（约350℃），可以满足常规SCR催化剂反应需要的温度。但是该处的烟尘浓度高，可达60～80g/Nm^3，对催化剂的冲刷磨损大，催化剂堵塞的风险也比较大，所以需要采用宽通道催化剂，还要采取更合理的清灰（吹灰）系统。另外，碱金属等各种有害成分引起的催化剂中毒也是风险，催化剂寿命不理想，因此一直不被广泛认可。

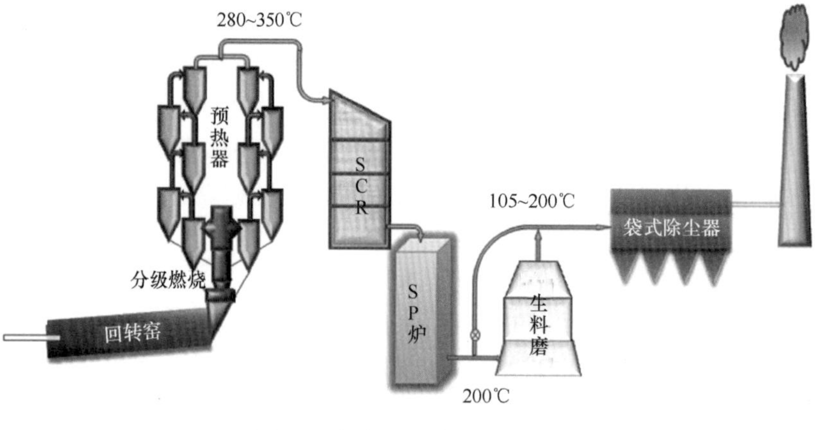

图14 高尘SCR布置工艺

（2）水泥窑尾半尘SCR布置工艺

图15为水泥厂SCR脱硝的半尘布置或中尘（Middle Dust）布置工艺示意，一般需要在SCR反应器之前安装高温电除尘器，降低烟尘浓度，特别是会沉降一些大颗粒烟尘，理论上可以减少催化剂的磨损。但是，由于水泥窑尾预热器后烟尘比电阻较高，甚至超临界值（$10^{11}\Omega\cdot cm$）较多，烟尘在电场中不易荷电，电除尘器的除尘效率无法做到很高，更主要的是电除尘器不可避免的电场事故，会致使废气含尘量较高，因此，半尘布置方案仍然与高尘方案存在同样问题，而且比高尘方案增加了高温电除尘环节的投资。

值得注意的是，水泥废气中有害元素含量远远高于燃煤锅炉废气，例如窑灰中含多种碱金属，铊（Ti）含量一般可达到5～8mg/kg。研究表明，铊会致使催化剂中毒，而且铊主要富集在微细烟尘中。那么，半尘工艺还可能使气氛中的中毒元素比例比高尘工艺更高，致

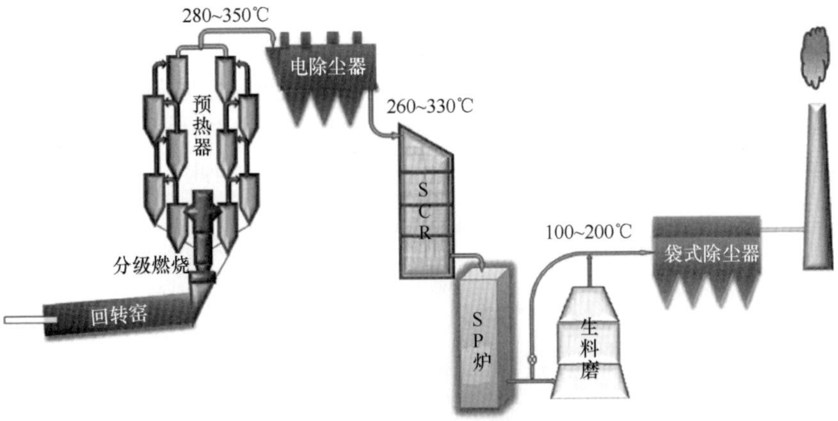

图 15　半尘布置工艺

使一般情况下不能实现催化剂更高效和更长的寿命。

由此，我们更赞成低尘布置方案，在催化反应器前完全实现了超低烟尘含量，相信能很好地解决铊等碱金属中毒问题。

（3）水泥窑尾低尘 SCR 布置工艺

图 16 为传统的低尘布置工艺，采用传统的水泥烧成工艺，在窑尾袋式除尘器后布置 SCR，系统可以保证进入 SCR 反应器的废气含尘极低，这样烟尘对 SCR 催化剂的各种影响因素极小。但传统水泥生产节能余热利用很到位，废气余热锅炉发电及生料磨烘干等，致使窑尾除尘后一般温度很低（90～180℃），为了适应氮氧化物最佳催化还原反应的温度，需要对烟气进行再加热，这样无疑使工艺复杂且能源浪费，非常不经济。实际应用一般加热到 180～250℃，加上采用现代研究的，基本被认可的中低温催化剂是可行的。

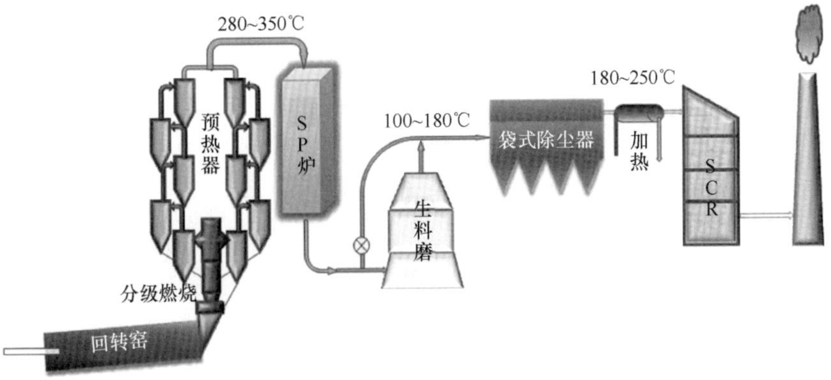

图 16　传统低尘布置工艺

当然，人们都在研发低温催化剂，一旦有效、可靠的低温高效催化剂投入工业应用，无须对气体再加热，它将成为一个理想的选择。

（4）水泥窑尾新低尘 SCR 布置工艺

随着我国材料科学发展，近年超高温过滤材料取得了长足的进步，例如金属柔性膜过滤材料、金属纤维毡过滤材料以及陶瓷纤维过滤材料都已经应运而生，并开始走向应用市场，它们能承受的温度依据材料配方不同可以达到 400～1000℃。天津水泥工业设计研究院、中材装备集团环保公司与相关厂家合作分别对以上超高温过滤材料进行了实验室测试，过滤精度完全可以媲美现有常规纤维毡类以及 PTFE 覆膜类各种滤料，并且在较高的过滤风速下易于清灰，过滤阻力保持不高于常规滤料。以此，我们提出水泥窑尾 SCR 新低尘布置工艺。我们有两种思路（工艺及主要装备均已申报国家发明专利）：C1 旋风筒出口高温袋除尘脱硝工艺和高温袋除尘替代 C1 旋风筒后脱硝工艺，见图 17。

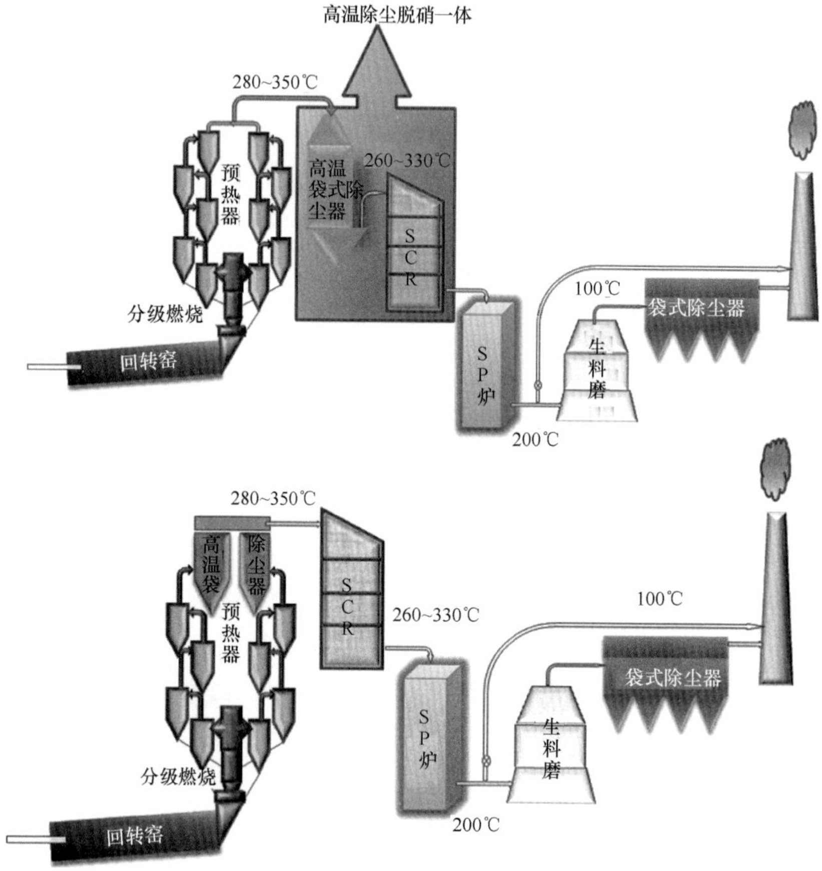

图 17　新低尘（微尘）布置工艺

依据我们实验室采用超高温滤袋测试烟尘排放数据，无论测试除尘器样机入口烟尘量怎样变化，其出口烟尘排放完全可以达到$<5mg/Nm^3$。我们有理由相信按照以上工艺布置，是解决水泥生产氮氧化物超低排放的较好方案，因为它可以保持常规催化剂最适宜的脱硝催化温度，可以达到最高的脱硝效率，并且可以实现最长周期的催化剂寿命。

另外，目前已经研究成功超高温过滤＋催化剂合体产品，其应用将大大简化 SCR 脱硝工艺，提高催化效率。其中以陶瓷纤维过滤材料与催化剂复合产品技术较为超前，我们应给予重视和研究。

许多研究和实践都证明，高硫废气实施 SCR 脱硝会产生许多问题，水泥废气 SCR 脱硝当然不例外，甚至会更麻烦。主要是在催化剂的作用下会有少量 SO_2 转换为 SO_3，在脱硝过程中由于氨的不完全反应，发生氨逃逸是必然的。它们在一定的浓度和温度下生成硫酸氢铵。

研究认为 NH_3 和 SO_3 的浓度及温度对生成硫酸氢铵呈正相关，见图 18。

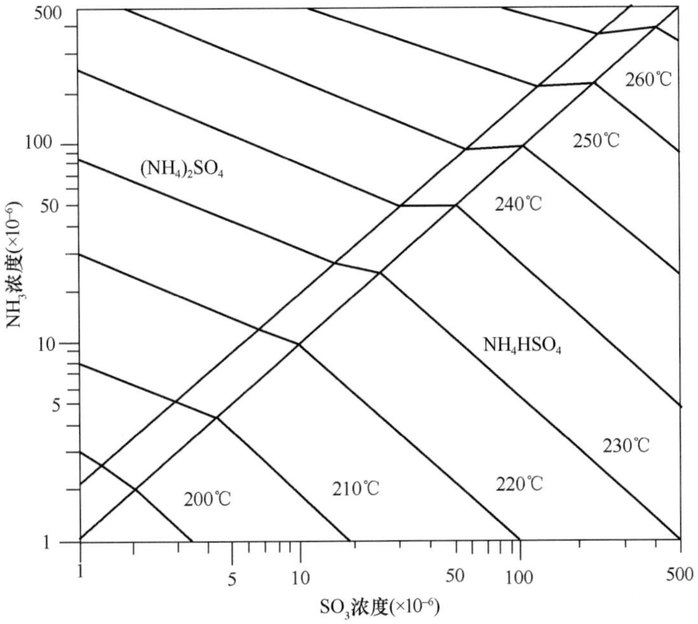

图 18　NH_3 和 SO_3 的浓度及温度对生成物的关系

在一定温度段，硫酸氢铵是液态糊状，覆盖催化剂表面，使催化剂失去活性，甚至堵塞蜂窝催化剂的开口部。如果后续设备，例如锅炉或除尘器工作在此温度段，照样会被表面覆盖或堵塞失去传热或过滤功能。因此，我们不得不考虑对 SCR 脱硝及整个工艺系统的影响。

然而，由于部分地区水泥的原料含硫量较高，在预热器前级 SO_2 就会释放到废气中，因此确实有许多高 SO_2 废气含量的水泥熟料烧成线。高硫废气的水泥生产线进行 SCR 脱硝应注意让整个废气处理过程避开这一温度段。

常压下，纯硫酸氢氨的熔点为 147℃，沸点为 350℃，即在 147～350℃段内，硫酸氢氨呈液态。当然，废气中生成的硫酸氢铵不可能是纯质的，掺入杂质后的硫酸氢铵液态温度段会有变化。一般认为，高硫烟气采用低温 SCR 脱硝（温度低于 130℃）应该不会出现液态硫酸氢铵的影响。然而，低温催化剂催化效率不高及防止硫酸中毒又是很难的课题；高硫烟气采用高温 SCR 脱硝，将整个废气处理及余热利用温度段提高到 345℃以上将是最好的选择。但是，这与水泥窑尾废气的余热利用产生了矛盾，因此，我们必须采取综合措施解决这个问题：

首先要解决好 SO_2 的氧化率和 SO_3 防治，对催化剂的 SO_2 低氧化率指标必须重视。其次要尽量避免过量氨，即使注入的氨流量分布均匀，同时合理设定 NH_3/NO_x 摩尔比在(0.8～1)∶1。最后要做好后续设备的防堵工艺和结构设计。

具体在水泥含硫废气实施 SCR 脱硝时，为避免硫酸氢铵的影响，我们必须做到以下几点：

(1) 尽量提高 SCR 反应温度，尽量保证后续余热锅炉出口温度在 250℃左右，并对锅炉后段炉膛进行表面处理，以便于清理结皮，同时要设置高压蒸汽吹扫自清洁装置，以定期清理硫酸氢铵结皮。

(2) 出余热锅炉废气用于原料烘干时，因硫酸氢铵会被原料稀释，不会造成糊袋问题，后续设置通过原料磨除尘系统。然而，当烘干磨停止时，废气不得再进入后续袋式除尘器，应直接排放，否则会造成硫酸氢铵糊袋。这就从另一角度说明高温催化脱硝与高效除尘的必要性。

（3）尽量减少氨逃逸的产生。脱硝设备结构处理要使气体流场分布均匀，应做数字流场模拟设计；操作要控制好 NH_3/NO_x 摩尔比。不建议在 SCR 催化前采用高 NH_3/NO_x 摩尔比的 SNCR，更不允许实施氨法脱硫（包括复合脱硫的水剂注入），以造成过量氨逃逸。

针对以上技术及产品，天津院环保公司的半工业试验正在进行中，初步结论认为：此方案完美实现了水泥废气烟尘和氮氧化物超低排放的预期目标。目前，我们正在观察其稳定性、持久性的指标。

3.3 二氧化硫超低排放技术与实践

石灰石是生产水泥的主要原材料，地球上的石灰石资源丰富，但品质分布不均匀，大多数水泥厂使用的石灰石含硫量很低，一般不会造成 SO_2 超标排放。但确有部分地区石灰石含硫很高，随着石灰石地域的限制和品位的降低，低钙高硫石灰石大量应用，原料预热初期 SO_2 已经分解溢出，加上采用高硫煤或高硫石油焦等燃料，超出烧成过程中的固硫量，造成水泥窑烟气中 SO_2 排放浓度严重超标。解决水泥生产中硫的超低排放问题是许多 SO_2 排放超标工厂的重要课题。

烟气脱硫的基本原理是酸碱中和反应。烟气中的二氧化硫是酸性物质，通过与碱性物质发生反应，生成亚硫酸盐或硫酸盐，从而将烟气中的二氧化硫脱除。最常用的碱性物质是石灰石、生石灰和熟石灰，也可用氨和海水等其他碱性物质，一般分为湿法烟气脱硫技术、干法烟气脱硫技术（含半干法烟气脱硫技术）两类。

湿法烟气脱硫技术是指吸收剂为液体或浆液，反应生成物是浆液态。由于是气液反应，所以反应速度快，效率高，脱硫剂利用率高。石灰石-石膏法烟气脱硫技术最为常用，该技术以石灰石浆液作为脱硫剂，在吸收塔内对烟气进行喷淋洗涤，使烟气中的二氧化硫反应生成亚硫酸钙，同时向吸收塔的浆液中鼓入空气，强制使亚硫酸钙转化为硫酸钙，脱硫剂的副产品为石膏。该系统包括脱硫剂浆液制备系统、吸收塔脱硫系统、烟气换热系统、石膏脱水和废水处理系统。由于石灰石价格便宜，易于运输和保存，因而已成为湿法烟气脱硫工艺中的主要脱硫剂，石灰石-石膏法烟气脱硫技术成为优先选择的湿法烟气脱硫工艺。该法脱硫效率高（≥95%，不计成本可达100%），工作可靠性高，但该法易堵塞和造成设备与后续烟道腐蚀，脱硫废水还需处理。

干法（半干法）脱硫是将脱硫粉剂投入炉中或掺入烧成原料中进行固硫或脱硫反应的工艺，但确切地说，干法脱硫是指脱硫后的产品是干态的脱硫工艺。由于这种化学反应在干态（无水）很难发生，需要反应系统有水或人为干预才能实现。前者如需加水，工艺自然属于半干法；后者是国际上还在研究试验中的电子束照射法（EBA）及等离子体化学法（PPCP）脱硝、脱硫技术等，但试验中其吸收剂都用氨，属于大幅度提高脱硝、脱硫反应效率的技术，但目前还不够成熟，存在运行费用高和运行不稳定等诸多问题，不能大规模进行工业应用。

关于干法（半干法）脱硫有许多技术种类：炉内喷钙尾部增湿法（LIFAC）；脱硫剂料浆喷雾干燥法、基于循环技术的 CFB 工艺、ALSTOM 公司的 NID 技术等。其基本原理都是利用 CaO 粉或熟石灰粉 $Ca(OH)_2$ 吸收烟气中的 SO_2，反应式为：

$$CaO + H_2O \longrightarrow Ca(OH)_2$$

$$Ca(OH)_2 + SO_2 \longrightarrow CaSO_3 \cdot 1/2H_2O + 1/2H_2O$$

$$CaSO_3 \cdot 1/2H_2O + 1/2O_2 + 3/2H_2O \longrightarrow CaSO_4 \cdot 2H_2O$$

对于水泥窑尾废气干法脱硫，目前还有一种方案——复合脱硫技术：该复合脱硫技术中脱硫粉剂采用钙基加催化剂配方，还要配合喷水剂在预热器的尾端风管，增加了钙基反应活性，产生硫酸盐，随生料入窑烧成水泥熟料，所谓“固硫”为主，控制良好可以达到较高的脱硫效率。

与湿法脱硫工艺相比较，干法（半干法）脱硫工艺产生的脱硫灰成分比较复杂，高硫高钙且 $CaSO_3 \cdot 1/2H_2O$ 比例较高，因而表现出不同的物化特性，在水泥烧成过程的应用可以造成水泥熟料的性能波动。同时，水泥干法脱硫剂成本较高，因而人们对干法脱硫工艺多持审慎态度。

我们认为，虽然湿法脱硫是第一代（20 世纪 70 年代）脱硫技术，但应用于水泥工业脱硫是更适合的。理由如下：

石灰-石膏湿法脱硫技术最成熟、可靠，脱硫效率高，是实现水泥窑废气 SO_2 超低排放的最好选择，特别适合硫含量高的水泥窑废气；

由于石灰粉是水泥生产的原料，取生料或窑尾回灰作为脱硫剂，经济又方便；

脱硫副产品，二水石膏完全可以用于水泥添加剂，没有废料产生。

我们近期完成投运了多条水泥窑石灰-石膏湿法脱硫技改工程，例如大冶尖峰水泥（图 19）、马来西亚马口水泥、中材云浮、亨达水泥厂等，完全实现了 SO_2 超低排放。其中尖峰水泥在初始 SO_2 含量为 2500mg/Nm^3 情况下，出口 SO_2 含量 $<$35mg/Nm^3（尘含量 $<$10mg/Nm^3），充分说明了水泥窑石灰-石膏湿法脱硫是实现超低排放的理想措施。

图 19　大冶尖峰 6000t/d 水泥石灰-石膏湿法脱硫

但是，石灰-石膏湿法脱硫确实存在问题：废水需要二次处理；低温烟气再净化及消白；过程设备防腐。好在技术上都不是难题，主要需增加投入，人们还在研究更低投入的解决方案。

4　结语

水泥废气超低排放解决方案有多种路线，包括过程减排、低氮燃烧、固硫剂自脱硫等。但实施严格的超低排放政策，末端治理技术尤为重要，且末端治理技术是水泥工业废气超低排放的把关技术。

首先，高效袋式除尘器是解决尘超低排放不争的方案。

其次，氮氧化物末端治理超低排放技术有多种可探讨的方案，如高尘 SCR 方案、低温低尘 SCR 方案等而微尘中高温 SCR 方案是最值得探讨的可靠脱硝之路。

最后，二氧化硫末端治理超低排放技术也有多种可探讨的方案，如干法（半干法）等，而石灰-石膏湿法脱硫是硫超低排放的最好技术路线。

以上探讨的几项技术的综合运用将真正实现水泥生产废气超低排放。

（原文发表于《水泥技术》2019 年第 2 期、第 3 期）

分解炉梯度燃烧自脱硝技术的研究与工程应用

陈昌华　代中元　彭学平　姚国镜*

摘　要：探讨了水泥窑炉燃烧过程中 NO_x 的生成机理，介绍了第二代分解炉梯度燃烧自脱硝的技术及实验室竖式电炉模拟分解炉内气体反应的试验，研究了不同炉膛温度、停留时间、还原剂浓度下 CO 与 NO 的反应历程。在湖北某水泥生产线技改项目中的工程应用表明，梯度燃烧自脱硝分解炉可实现脱硝效率>60%，出分解炉烟气 NO_x 浓度<400mg/m^3（标），月平均氨水用量下降 60%以上，每年可节约氨水使用成本 200 万元以上。

关键词：水泥窑；分解炉；梯度燃烧技术；脱硝效率

1　引言

为加快改善环境空气质量，中央和地方政府相继出台文件，严格控制大气污染物排放指标。我国各行业大气污染物排放标准越来越严格，其中对水泥窑烟气排放的要求也进一步提升。由于烟气 NO_x 排放标准越来越严格，水泥厂烟气脱硝系统的氨水消耗量逐渐增多，水泥生产运行成本也随之增加。工业氨水主要通过氨气水化来制备，而合成氨气的过程中会有大量的能耗，同时产生污染物排放，使用氨水脱硝不仅会增加水泥厂运行成本，也会产生二次污染。利用水泥窑烧成系统特有的原料和煅烧工艺特点，进行分解炉自脱硝技术开发，降低烟气处置的本底浓度，可以从根本上减少污染物的排放，降低水泥企业的烟气治理成本。

1999 年，天津水泥工业设计研究院有限公司率先开展了水泥窑降低 NO_x 排放技术研发工作，并在该技术领域承担了国家“863”重大专项项目《水泥预分解窑系统降低氮氧化物的技术研究》和国家重大产业技术开发专项项目《降低水泥窑氮氧化物排放的关键技术开发》等国家级科研项目。2007 年，公司在华润南宁项目应用第一代分解炉脱硝技术，在 TTF 型分解炉系统中设计脱硝风管，采用三次风分级燃烧技术路线降低出炉烟气 NO_x。2018 年，公司开发出第二代分解炉脱硝技术，采用多级梯度燃烧自脱硝技术路线，解决了分解炉运行稳定性问题，同时大幅度提升了脱硝效果，该技术已经成功应用于湖北某水泥生产线等多个技改项目。

2　水泥窑系统 NO_x 的生成机理

按照燃烧过程中 NO_x 形成的不同机理，可将氮氧化物分为三种类型：燃烧用空气中的 N_2 在高温条件下氧化形成的热力型 NO_x；燃料中的有机氮化合物在燃烧过程中被氧化分解形成的燃料型 NO_x；碳氢基团反应过程中形成的中间产物和 N_2 反应形成的快速 NO_x。水泥生成过程中，回转窑和分解炉是两个主要的燃烧设备，也是烟气 NO_x 生成的部位（图 1）。

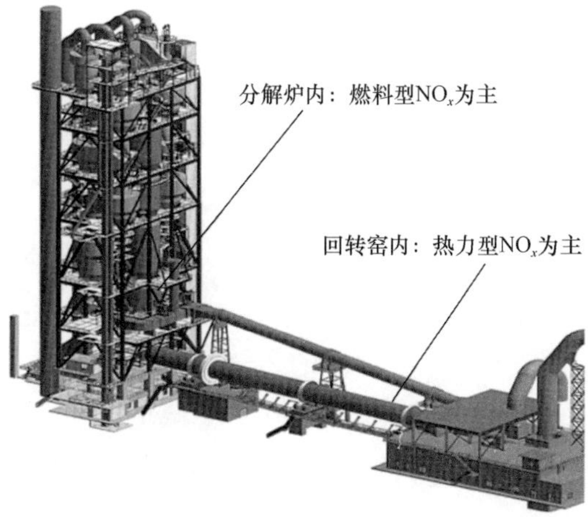

图 1　水泥烧成系统 NO_x 的生成部位

（1）回转窑内燃烧产生的 NO_x 以热力型 NO_x 为主。热力型 NO_x 的生成主要受燃烧温度的影响，其生成量与温度呈指数相关，苏联科学家 Zeldovich 提出热力型 NO_x 的形成速率表达式：

$$\frac{d[NO]}{dt} = 3\times10^{14}[N_2][O_2]^{1/2}\exp(-542000/RT) \tag{1-1}$$

式中　$[O_2]$、$[N_2]$、$[NO]$——O_2、N_2、NO 的浓度（$gmol/cm^3$）；

T——绝对温度（K）；

t——时间（s）；

R——通用气体常数［J/(gmol・K)］。

根据式（1-1），温度＜1500℃时，热力型 NO_x 很少；温度＞1500℃后，温度每提高 100℃，热力型 NO_x 增加 3～4 倍。回转窑内的最高温度一般高达 1800～2000℃，热力型 NO_x 占主导，视窑内煅烧温度的高低，出窑烟气 NO_x 浓度一般为 500～1500mg/m^3（标）。

（2）分解炉内燃烧产生的 NO_x 以燃料型 NO_x 为主。燃料型 NO_x 主要与燃料中 N 含量和燃烧气氛相关，当燃料中 N 含量高时，燃料型 NO_x 往往较高。燃烧过程中，燃料 N 先转换为—CN 基或—NH_2 基，再反应为 NO_x 或 N_2。在氧化气氛下，燃料 N 往往生成 NO_x，在还原气氛下，燃料 N 生成 N_2 的趋势增大。分解炉内燃料约占烧成系统总燃料的 60%，燃烧温度一般为 900～1100℃，热力型 NO_x 的生成量可以忽略不计，燃料型 NO_x 是分解炉内燃烧生成 NO_x 的主体。

3　分解炉梯度燃烧自脱硝技术原理

分解炉梯度燃烧自脱硝技术的基本原理是，通过燃烧产生的还原性中间产物（主要成分为 CO）还原回转窑内产生的 NO_x，同时利用还原气氛抑制分解炉内生成 NO_x，在不影响燃料燃尽的前提下，降低出炉烟气 NO_x 的浓度。梯度燃烧的核心是要在分解炉内形成强贫氧区-贫氧区-富氧区的梯度分布燃烧环境，实现分解炉脱硝功能（图 2）。

（1）强贫氧区：三次风管以下部位，其特征是过剩空气系数＜0.5，为增强还原气氛，出窑热力型 NO_x 大部分在此区域还原。

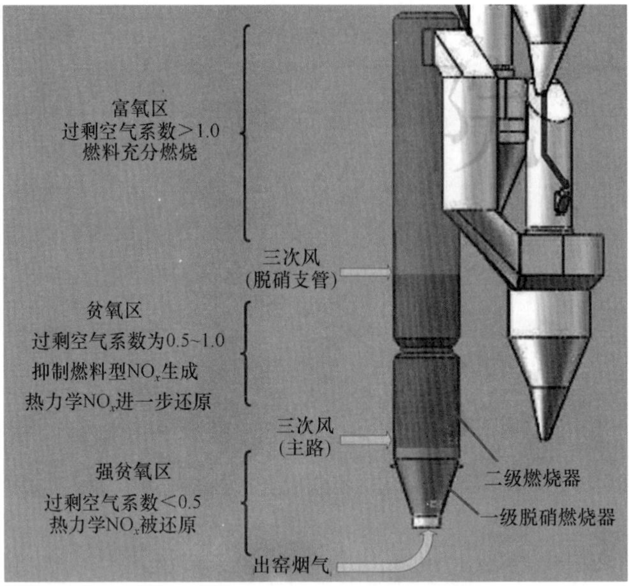

图 2　分解炉梯度燃烧示意图

(2) 贫氧燃烧区：为三次风管与脱硝风管之间的区域，其特征是过剩空气系数为 0.5～1.0，为弱还原气氛，分解炉内燃料型 NO_x 被抑制生成或被还原。

(3) 燃尽区：为脱硝风管以上的区域，过剩空气系数>1.0，燃料在此区域充分燃尽。

为了建立梯度燃烧环境，入分解炉的三次风、燃料和生料要进行分级设计，通过多点喂料、多点喂煤和空气分级燃烧建立不同气氛的燃烧区间，同时分解炉内的温度需精准控制，从而在燃料充分燃烧的前提下实现烟气脱硝。

4　实验室脱硝试验

为了摸索还原性气体 CO 与 NO_x 的化学反应特性，在实验室搭建了竖式电炉模拟反应试验装置。该装置主要分为三个单元：配气单元、反应单元和检测单元。配气单元主要由标气瓶和减压阀构成，标气可根据配气的需要进行更换，本次试验配置了 NO、CO、CO_2、O_2 和 N_2 等标气，用于模拟分解炉内烟气成分。反应单元主要由悬浮炉以及相应的温控系统构成，脱硝化学反应在炉膛内进行。检测单元主要由气体分析仪、热电偶、流量计等构成，用于测试反应前后气体的成分、气体流量、炉膛温度等。图 3 为试验装置流程图，图 4 为竖式电炉腔体结构图。

通过竖式电炉试验装置进行试验，获得在不同的炉膛温度、停留时间、还原剂浓度下的 CO 与 NO 混合气化学反应进程、NO 脱除率等，为梯度燃烧自脱硝分解炉的设计提供了参考数据。

主要试验结论有：

(1) CO 和 NO 在 500℃左右开始反应。随着炉膛内温度的升高，NO 浓度的下降速率加快，提高温度有利于加快 CO 对 NO 的还原反应。

(2) CO 浓度越高，NO 被还原程度越高。

(3) 反应时间越长，CO 和 NO 的反应程度越高，反应时间至 3s 以上 NO 仍有下降趋势。

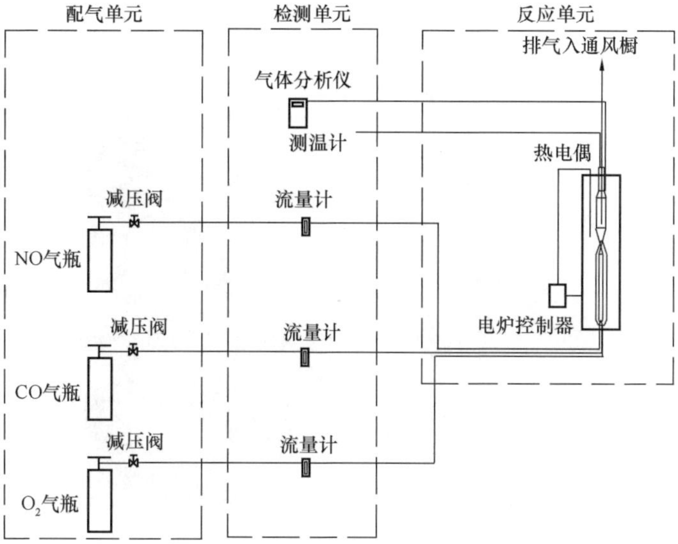

图 3　试验装置流程图

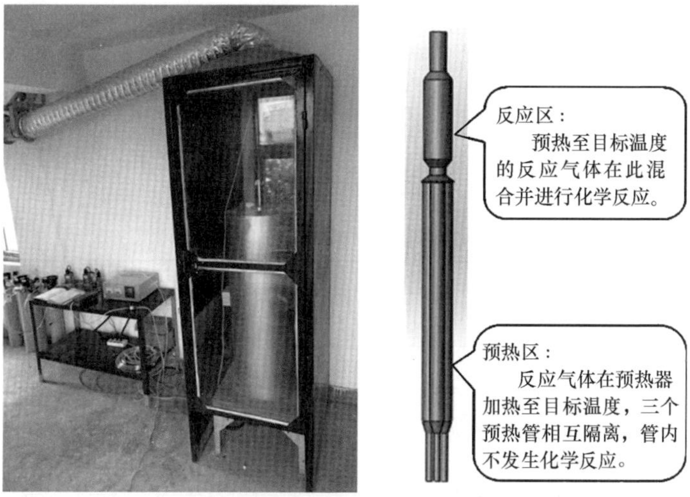

图 4　竖式电炉腔体结构图

5　工程应用

分解炉梯度燃烧自脱硝技术已经成功应用在湖北某水泥生产线等多个项目，其中湖北某生产线是天津水泥工业设计研究院有限公司首条应用该技术的生产线（图 5）。该生产线由天津水泥院设计，于 2007 年投产运行。2018 年年初，生产线实施烧成系统整体技术改造，其中分解炉的技改方案采用天津水泥院最新开发的多级梯度燃烧自脱硝技术，以降低出炉烟气 NO_x 本底浓度，节省 SNCR 系统氨水消耗成本。2018 年 4 月底，该生产线完成技术改造并顺利投料运行，经过不到两周的工业试验和生产调试，分解炉自脱硝系统顺利实现并超出技改目标，氨水用量相较改造前大幅度降低，技术水平受到厂方的高度认可。

图 5　湖北某生产线分解炉自脱硝技改现场

（1）实现了脱硝效率>60%，出分解炉烟气 NO_x 本底浓度<400mg/m^3（标）

分解炉自脱硝系统投运前后分别测试了分解炉出口（喷氨前）烟气的气体成分（表 1）。其中，自脱硝系统运行前，现场测试分解炉出口烟气中 NO_x 体积分数为 764×10^{-6}，对应的浓度为 898mg/m^3（标）（10% O_2，以 NO_2 计）；自脱硝系统运行后，分解炉出口烟气中 NO_x 体积分数下降至 262×10^{-6}，对应的浓度为 299mg/m^3（标）。自脱硝系统投运前后 NO_x 的浓度下降了 599mg/m^3（标），脱硝效率达到 66.7%。

表 1　分解炉自脱硝系统投运前后烟气测试

状态	CO（$\times10^{-6}$）	NO_x（$\times10^{-6}$）	NO_x（mg/m^3）（标）	脱硝效率（%）
投运前	50	764	898	基准
投运后	79	262	299	66.7

（2）脱硝系统氨水用量下降 60%以上

技改前，生产线单位熟料氨水用量为 3.12kg/t 熟料（2017 年年平均值）。技改实施后，截至目前生产线已经连续稳定运行了 8 个月，根据厂方月统计结果，脱硝系统氨水用量均较技改前下降 60%以上，其中 6 月降幅达到 87.6%（图 6）。

自脱硝分解炉技改后，由于氨水用量大幅度下降，厂方更加严格控制了烟气 NO_x 的排放浓度。技改前，烟气 NO_x 排放浓度平均为 200～300mg/m^3（标），技改后烟气 NO_x 排放浓度控制到 200mg/m^3（标）以下，其中 2018 年 12 月，NO_x 排放按照 100mg/m^3（标）来控制（表 2）。

表 2　技改后烟气 NO_x 月平均排放浓度

时间	2018.05	2018.06	2018.07	2018.08	2018.09	2018.10	2018.11	2018.12
排放浓度（mg/m^3）（标）	172.3	197.9	150.1	158.1	136.2	159.1	214.8	105.8

注：为减少 2018 年全年 NO_x 排放总量，生产线于 12 月按照 NO_x 排放浓度 100mg/m^3（标）控制，本月氨水用量 2.16kg/t 熟料。

自脱硝系统投运后，我们摸索了不同 NO_x 排放指标下对应的氨水用量，当 NO_x 排放浓

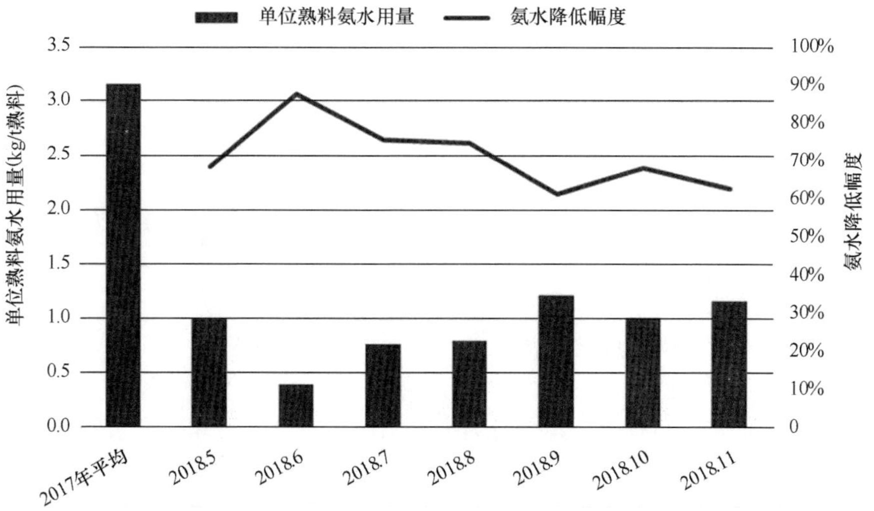

图 6　技改前后氨水用量对比

度控制在≤400mg/m³（标）时，脱硝系统氨水泵在大部分运行工况下可以停用，无须消耗氨水。2018 年 12 月尝试将 NO_x 排放浓度控制在 100mg/m³（标）左右，该月单位熟料对应的氨水用量平均为 2.16kg/吨熟料，在氨水成本不增加的前提下达到洁净排放的指标。

（3）经济效益显著

生产线改造前单位熟料氨水用量为 3.12kg/t 熟料（2017 年年平均值），吨氨水价格约为 700 元，折算单位熟料对应的氨水成本约 2.18 元/吨熟料。采用分解炉梯度燃烧自脱硝技术改造后，分解炉自脱硝效率超过 60％并保持连续稳定运行，在 NO_x 排放指标进一步严格控制的条件下，氨水用量也大幅度降低，据统计，2018 年 5 月至 12 月单位熟料氨水用量平均为 0.91kg/t 熟料，生产线年熟料产量按 130 万吨计，则每年可节约氨水成本＝(3.12－0.91)/1000×700×130＝201(万元)。除此之外，NO_x 排放指标严格控制后，该生产线烟气处理排污费用也相应减少。

6　结语

为了进一步降低水泥烧成系统 NO_x 本底浓度，减少脱硝装置的氨水消耗成本，天津水泥院推出了第二代分解炉分级燃烧技术，即梯度燃烧自脱硝技术。该技术已经在湖北某生产线等多个项目成功应用，脱硝效果均十分显著。湖北某生产线实施分解炉自脱硝技术改造后，在 NO_x 排放浓度更加严格的条件下，脱硝系统氨水用量降低 60％以上，最好月份降低 87.6％，氨水消耗成本大幅度降低，为企业创造了十分可观的经济效益。

参考文献

［1］ 陈昌华，马娇媚，李小燕．水泥回转窑内煤粉燃烧温度的计算[J]．水泥技术，2014(3)：24-26.
［2］ 武晓萍，陶从喜，彭学平，等．水泥窑三次风分级燃烧脱硝应用技术[J]．水泥，2016(3)：49-51.
［3］ 张凯，厉惠良，陶从喜，等．分解炉三次风管结构优化研究[J]．水泥技术，2015(3)：33-37.

（原文发表于《水泥技术》2019 年第 4 期）

（作者姚国镜* 任职于湖北京兰水泥集团有限公司）

水泥窑协同处置固体废物技术进展及展望

李　惠　李海龙　郑金召　马东光　赵利卿

摘　要：本文介绍了水泥窑协同处置工业固体废物及市政污泥技术的发展现状，并以珠江水泥厂干污泥处置项目为例，详细分析了水泥窑协同处置对水泥厂运行及排放的影响，最后提出了水泥窑协同处置技术的未来发展方向。

关键词：协同处置；固体废物；污泥

天津中材工程研究中心有限公司前身为天津水泥工业设计研究院有限公司技术研发中心前沿技术部，从20世纪90年代起致力于研发有中国特色的水泥窑协同处置废弃物技术，投入大量资金进行水泥窑协同处置废弃物技术及装备开发研究，经过多次技术革新，形成了完善的废弃物处置技术体系。

截至目前，公司累计完成设计及总承包废弃物工程近50项，包括水泥窑协同处置污泥、危废、污染土、RDF等。

1　水泥窑协同处置工业固体废物技术

第一代利用水泥窑处置城市工业废弃物技术，在2006年通过了天津市科学技术委员会组织的鉴定，达到国际先进水平。本项技术在北京水泥厂得到应用，创新点有：

（1）针对国内工业废弃物来源复杂及没有专门预处理中心的现状，在国内率先开发了带剪切破碎、固液调和、大推力输送的废弃物预处理工艺，拓宽了水泥窑处置废弃物的范围。预处理系统的臭气处理与水泥窑系统实现有机结合，臭气得到有效处理。

（2）通过全面分析多种废弃物的物性，建立了废弃物特性与水泥工艺相关性关系。确立不同废弃物在水泥窑中合理的处理位置、方法及技术装备，使废弃物得到最佳处置。开发了适合焚烧废弃物的烧成系统，并用自行开发的计算机软件，对焚烧废弃物烧成系统进行了仿真模拟预测，提高了装备运行的可靠性。在国内首次实现了垃圾焚烧炉飞灰的无害化处理，减少了二次污染。

（3）废气的脱硝处理采用喷氨的选择性非催化还原法技术，喷水快速降温技术、高效袋收尘技术，降低了NO_x、烟尘、二噁英的排放。

（4）建立了行之有效的废弃物运输、储存、处置的技术规范。

代表性工程包括公司第一代危险废物处置技术的示范工程——“北京金隅集团处理城市工业废弃物示范工程10万吨/年”。于2006年开始运行，至今已累计处置北京地区危险废物一百余万吨，涉及种类为四十多类。在总结北水工程经验的基础上，公司开发了第二代危险废物处置技术，并在浙江红狮水泥有限公司处置固体废物工程10万吨/年取得了应用。与第一代技术相比，第二代处置技术将固态与半固态处置系统有机整合在一起，工艺系统更加合理，运行成本更经济。2013—2015年，公司承担了“水泥窑协同处置危险废物的环境风险控制”等国家课题，并将研究成果运用到陕西尧柏富平水泥公司处置危险废物工程10万吨/年工程中。第三代处置技术更加注重水泥窑协同处置废弃物的产品质量，生产过程控制，环境保护及职业卫生，力求做到水泥窑协同处置危险废物的风险可控。

水泥窑协同处置固体废弃物技术主要有以下几种工艺路线：

（1）废液处置

废液预处理的主要设备包括废酸液罐、废有机液储罐、废乳化液罐、备用应急罐以及泵送计量设备。废液从储罐出来进入过滤装置，经过滤后的废液通过输送计量泵喷入窑头主燃烧器附近，通过高温进行焚毁处置。本工艺技术处理工业废液的特点是处理过程可连续自动、安全可靠，没有二次污染。窑头火焰温度在2000℃以上，气体停留时间约为10s，焚毁彻底，安全可靠。其系统流程如图1所示。

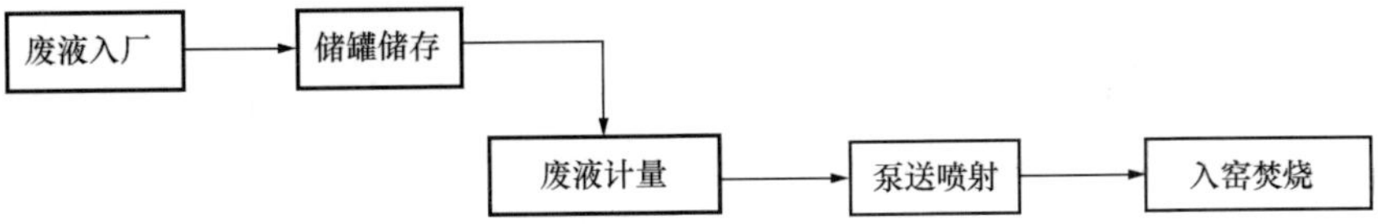

图1　系统流程1

（2）污泥（半固态废弃物）处置

污泥（半固态废弃物）经汽车运输到厂，卸入储存料仓。料仓顶部安装有自动开启盖板，来料卸车时自动开启、卸料完毕则自动关闭，可以避免污泥过多与空气接触吸水以及仓内异味外逸。料仓底部安装有滑架装置，通过仓外的液压缸驱动，重载滑架在仓底来回往复运动，将污泥顺畅、稳定地卸料，此种卸料方式可避免污泥在仓内架桥和结拱。输送至仓外的污泥通过柱塞泵送到水泥窑分解炉焚烧处理。其系统流程如图2所示。

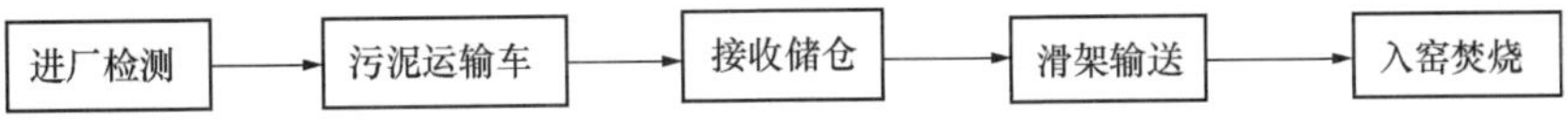

图2　系统流程2

（3）固态废弃物处置

根据固态废弃物的物化性能、水分含量及处理规模的不同，首先在预处理中心进行破碎、调和，输送至储存库，即通过输送、提升装置送至破碎机，破碎后，进入搅拌机与加入的其他处置料进行混合搅拌，以调整其水分含量和可塑性。搅拌后的物料经过计量装置进行计量，最后通过废弃物输送设备把废物喂入水泥生产线分解炉进行高温焚烧处理。车间产生的渗滤液及清洗废水经泵输送至废液储存罐，根据使用情况加入搅拌调质设备中。其系统流程如图3所示。

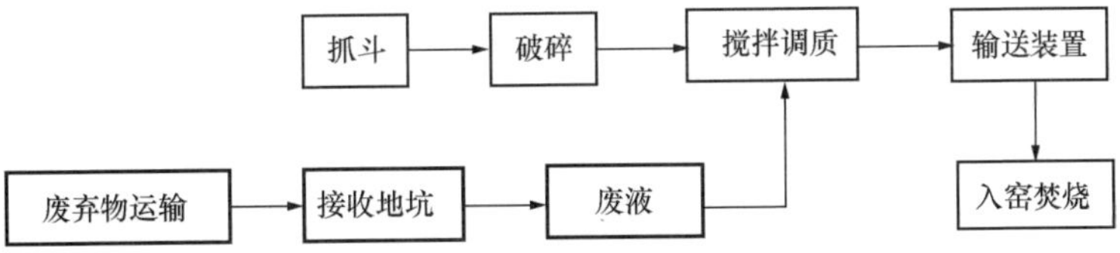

图3　系统流程3

（4）非挥发性固废处置

非挥发性固废经运输车运入厂区，卸入非挥发性固态废弃物专用储存库内，通过卸料斗和计量设备后经输送机送入原料磨，与其他生料一起送入窑内。为满足存储及工艺要求，又不对水泥生产产生明显不利影响，入磨处置的非挥发固废含水率需低于40%。其系统流程如图4所示。

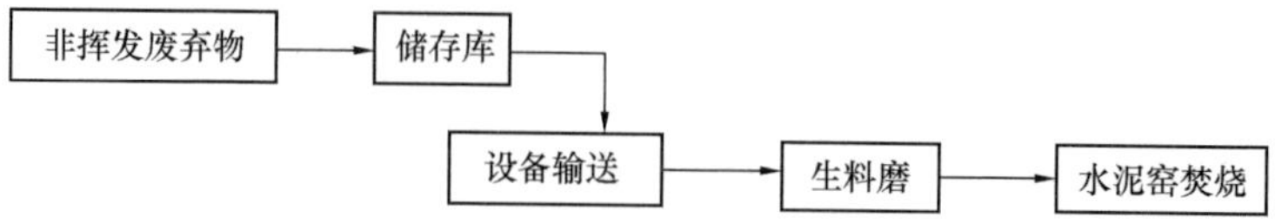

图4　系统流程4

（5）飞灰类处置

飞灰类废弃物经专用运输车运入厂区，泵入专用储存仓内，计量后经喷射进入窑头焚烧。该工艺要求飞灰类废弃物达到含水率5%以下方可正常运行。

在本项目中，采用图5所示的系统流程来实现飞灰的无害化和资源化利用。

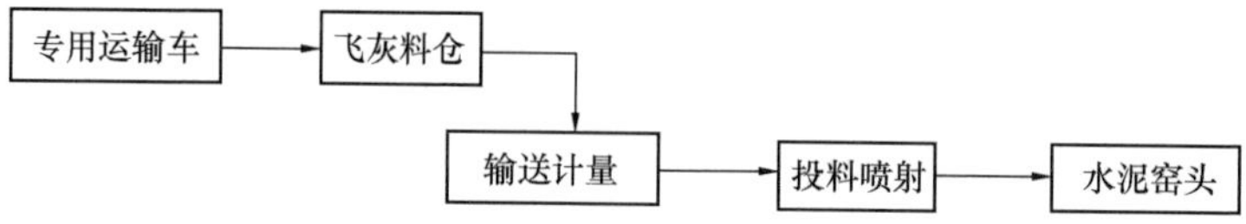

图5　系统流程5

西安尧柏环保科技工程有限公司富平水泥窑协同处置固体废物项目为我院首个大型化水泥窑协同处置危险废物总承包项目，处置能力为10万吨/年；无机泥饼处置能力为150t/d，包含固体、半固体及液体多种性状物料。工艺设计时与水泥行业传统设计有较大差别，设计参考了大量化工、石油、市政等行业的设计要求。工程建设范围包括浆渣及破碎系统（含接收车间、破碎、混合、泵送、提升喂料等系统），废液处置系统（废液接受储存喂料系统），无机泥饼系统（接受储存喂料系统）。

2　水泥窑协同处置市政污泥技术

水泥窑协同处置污泥技术，于2011年通过中国建筑材料联合会组织的鉴定，达到国际领先水平。本项技术在广州市越堡水泥厂得到了应用。本技术成果实现了水泥窑规模化、自动化、一站式处置城市污泥，对我国水泥工业向环境友好型和生态环保方向发展具有重要意义，可直接应用于新型干法水泥生产线协同处置污泥的技术改造。本项技术的创新点有：

（1）确定了利用水泥窑协同处置不同干化度污泥的工艺相关性关系和污泥的经济适宜干度。

（2）开发出利用水泥窑烟气余热作为热源大规模干化污泥并利用水泥窑协同处置干化污泥工艺，达到了日均处理污泥（含水率80%左右）600t以上的能力。

（3）开发了具有自主知识产权的利用水泥窑余热直接干化污泥的大型高效干燥设备。

（4）显著降低了水泥窑NO_x等有害气体排放。

（5）实现了生物除臭在较高温度条件下的有效应用。

水泥窑协同处置污泥技术主要有以下几种工艺路线：

（1）污泥直接入窑技术

湿污泥通过接收储存，再经过专业的输送装置直接送入水泥窑系统，彻底焚烧处置。污泥输送储存过程中的臭气直接入窑焚烧，无臭气外泄。系统流程如图 6 所示。此项技术多运营于国内中小城市，一般 5000t/d 水泥熟料生产线处置量为 100～150t。技术特点是投资少、工艺简单，适应少量污泥处置需求。

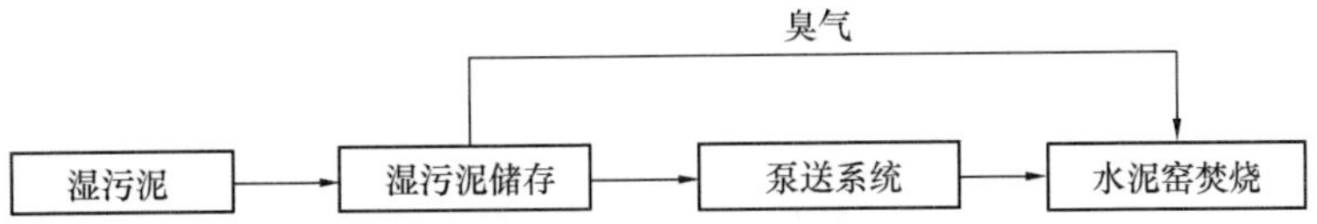

图 6　系统流程 6

（2）污泥深度脱水＋焚烧技术

湿污泥经过深度脱水后再经计量输送至水泥窑内焚烧。污泥深度脱水技术是公司自主研发的污泥复合调质药剂，能有效改变水分子在污泥中的赋存形式，将结合水和细胞水转化为自由水，提高污泥的脱水性能。调质后的污泥采用隔膜压滤机进行脱水。系统流程如图 7 所示。此路线的技术特点是针对难脱水的污泥，可提供针对性配方，泥饼脱水率高，含水率可达 42%～55%，减容效果明显。此技术适合污水处理厂＋水泥厂的分散经营模式。

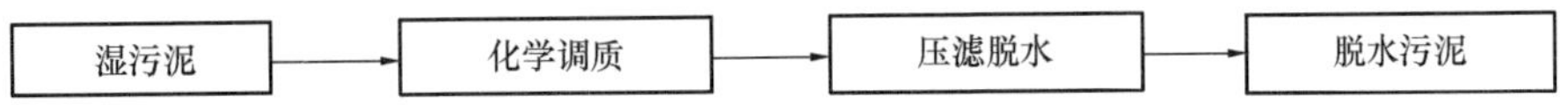

图 7　系统流程 7

（3）污泥干化＋焚烧技术

利用水泥生产过程中的废热烟气作为热源，直接或间接对湿污泥进行加热脱水，降低污泥的含水率。干化后的污泥作为替代燃料送入分解炉焚烧处置。污泥输送储存中的臭气直接入窑焚烧。系统流程如图 8 所示。

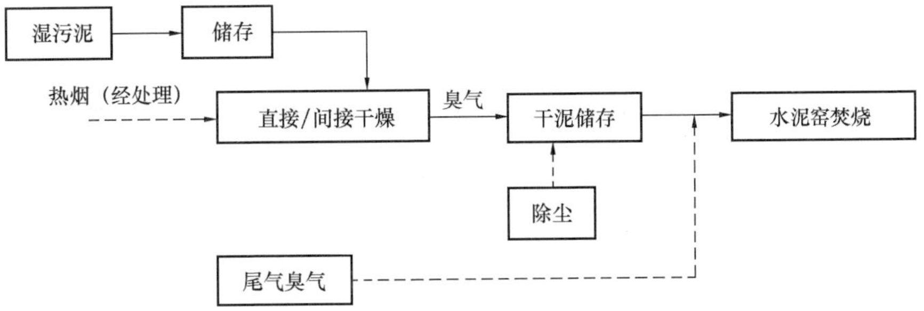

图 8　系统流程 8

该技术的特点是污泥经干化后减容明显，干污泥有一定热值可替代部分燃料，水泥窑处置量明显提升。

3　水泥窑协同处置固体废物应用情况分析

水泥窑协同处置固体废物包括工业固体废物、生活垃圾等多种物料，全国各地废弃物产生的种类、需处置量差别很大，各水泥企业因地制宜处置废弃物，没有统一的应用模式，应用后对水泥窑系统的影响完全不同。本文以珠水水泥厂为例说明应用情况。

由华润水泥控股有限公司和德国海德堡水泥集团共同投资建设的广州市珠江水泥有限公司污泥干化协同处置项目，2017 年 9 月试运行。项目处置污泥含水率 35%～40%，项目干化污泥处置能力为 300t/d。截止 2018 年年底，累计处置干化污泥 5 万吨，相当于处置含水率 80%湿污泥约 15 万吨，为广州市彻底解决“污泥围城”打造出一项全新的解决方案。

系统流程如图 9 所示。

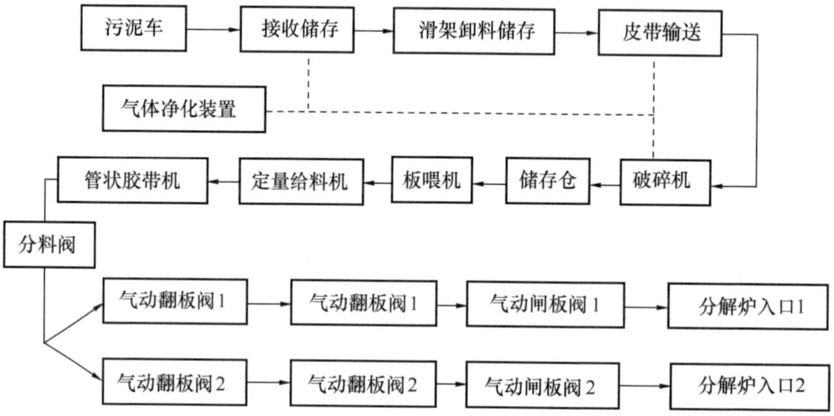

图 9　系统流程 9

干化污泥采用专用密封车辆运输至厂区污泥预处理车间，污泥预处理及输送车间设计了双道电动门卸料车库，污泥运输车行驶到卸料车库前，第一道工业提升门开启，待运输车进入卸料车库内，工业提升门关闭，第二道快速堆积门打开，运输车辆方可卸料。待卸料完毕后车辆返回至卸料车库内，快速堆积门关闭，工业提升门打开，污泥运输车驶出卸料车库后，工业提升门关闭。两道门的依次开启保障了车辆卸料时的灰尘及异味不外逸。

接收储存仓设置 4 套，可满足 4 辆车同时卸车要求，减少了卸车等待的时间。单套接收储存仓储存量为 150t。料仓为混凝土结构，仓壁铺设树脂衬板，仓底设置了滑架卸料装置，顶部为钢结构液压盖板，防止臭气外逸。接收储存仓设置于地下，方便卸车。

每套接收储存仓底部设有的滑架装置由一组楔形刮板组成，刮板由液压缸驱动在仓底做水平低速往复交替运动，利用物料之间的摩擦力将污泥推送至端部的双轴螺旋输送机。这种卸料及储存一体化的料仓形式在卸料储存出料的过程中，起到破拱、疏松污泥物料的作用，可有效破除黏性物料在储存期间出现的架桥起拱现象。污泥的给料量可通过电气控制柜，调整滑架的推动次数实现。

每个滑架仓内物料通过双轴螺旋输送机强制出料，对应料仓内的物料均可送至汇总胶带输送机，喂入立式破碎机破碎至 10mm 以下，由提升机转运至储存钢仓，钢仓储存量设置为 100t，带有 CO、CH_4在线监测装置及收尘系统。储存仓下设有板喂机及定量给料机计量入窑物料后，经过管状胶带机、电动分料阀、气动翻板阀及气动闸阀等装置送到水泥窑焚烧处理。

预处理系统采用密封混凝土结构。卸车空间设置强制通风系统，有效防止臭气外逸。在下料点设有除尘器，防止烟尘的无组织排放及臭气外逸，收尘后气体汇总由新增风机送至窑头篦冷机 F1、F2 风机进口，送至回转窑内焚毁处理，在水泥窑停产时臭气送至活性炭除臭塔处理后通过烟囱达标排放。干污泥的远距离输送采用管状胶带输送机，此胶带为全封闭输送，可避免输送过程的物料烟尘及臭气外逸。

本项目处置污泥的分析成分见表1～表3。

表1 污泥工业分析

样品名称	样品状态	Mad	Aad	Vad	Fad	Qnet，ad (MJ/kg)	焦渣
干污泥	泥状	3.81%	65.57%	30.24%	0.38%	5.91	1

表2 污泥元素分析（干燥基）

样品名称	样品状态	N含量（%）	C含量（%）	H含量（%）	O含量（%）	S含量（%）
干污泥	泥状	2.30%	14.54%	2.50%	10.36%	0.92%

表3 污泥化学成分分析（%）

编号	样品	SiO_2	Al_2O_3	Fe_2O_3	CaO	MgO	SO_3	Cl	总计
1	干污泥	43.37	17.86	14.92	12.20	2.10	—	—	90.45
2	干污泥	34.87	17.55	11.53	19.25	4.28	—	—	87.48
3	干污泥	32.58	16.41	13.27	23.68	2.75	—	—	88.69
4	干污泥	37.27	17.22	11.74	21.23	1.87	—	—	89.33
5	干污泥	35.34	17.03	12.51	22.07	2.25	—	—	89.20
6	干污泥	38.97	18.04	10.13	17.71	2.45	3.78	0.0330	91.11
7	干污泥	38.97	16.12	10.35	20.11	3.06	2.53	0.0220	91.16
8	干污泥	45.64	23.65	11.12	14.69	2.56	—	—	97.66
9	干污泥	42.53	17.86	10.39	15.69	2.23	—	—	88.70
加权平均值		38.84	17.97	11.77	18.51	2.62	2.31	0.0061	90.42

项目处置干化污泥的灰分较高，含硫量较高，其残灰的有害组分含量均较高，挥发性重金属元素汞含量适中，可投加入熟料预分解窑焚毁处理；本项目干化污泥低位发热量较低，且含水率为35%～40%，热值大部分用于干污泥中水分的蒸发，无法作为替代燃料使用，需补燃少量用煤。

经计算，本项目燃烧污泥与煤所需空气量与产生烟气量的对比见表4。

表4 污泥与煤燃烧对比

名称	理论燃烧所需空气量 (Nm^3/kg)	理论燃烧产生烟气量 (Nm^3/kg)
1kg煤	6	6.64
分解炉用烟煤（21t/h）	126×10^3	139×10^3
1kg干污泥（含水率40%）	0.98	1.75
分解炉投加干污泥（12.5t/h）	12×10^3	21×10^3

从计算结果可以看出，处置1t废弃物燃烧过程中需要的理论空气量和燃烧形成的理论

空气量和煤相比要小得多。但污泥投加至分解炉内，必须保证分解炉内有足够的热力强度，以保障生料的分解，而污泥热值较低，需补燃部分用煤，会额外增加烟气量，而烟气量增加会导致预热器风速增加，系统损力加大，换热效率下降，以上因素将导致窑系统的热平衡及物料的平衡关系产生变化，体现在窑系统的气体量上有一定幅度的上升，窑尾烟气的排气温度升高，系统的总热耗有所增加。

水泥厂统计数据及第三方热工标定情况显示，污泥协同处置项目对窑产量、质量、熟料工序电耗影响均在可接受范围内，对水泥熟料生产线影响是受控的。影响情况见表 5。

表 5　水泥窑协同处置前后生产线影响情况

指标	未处置废弃物	处置废弃物	差值
熟料产量（t/d）	5289	4893	−396
熟料标煤耗（kg/t. cl	110.80	112.06	1.26
熟料 3d 强度（MPa）	31.9	31.9	—
熟料 28d 强度（MPa）	55.6	57.6	2

从处置干化污泥前后窑主要生数据统计可以看出：熟料产量减产约 7%，熟料煤耗增加 1.1%，但热工标定结果可见余热发电增加 5.9kWh/t. cl，是因为系统热耗增加，Cl 出口温度升高造成发电量增加。处置废弃物前后水泥熟料品质无明显变化。

从以上运行情况可以看出，珠水项目市政污泥热值仅能满足污泥自身水分蒸发至窑系统温度的需要，不仅没有替代燃料效果，反而消耗热量。而系统投加量受水泥企业接受减产的程度、窑系统波动情况、燃料增加费用与处置费用经济性平衡等多种因素制约，形成目前水泥窑协同仅达到无害化处置目的的局面。目前水泥窑处置污泥多来源于市政及工业废物处理厂，受出厂标准限制，污泥性质比较稳定。工业固体废物、生活垃圾等废弃物来源更加广泛，地域气候差异、城乡发展水平、城市工业布局造成各地废弃物性质千差万别，影响水泥企业处置固体废物的效果，因此不能一概而论。

4　水泥窑协同处置固体废物技术展望

我国固体废物种类繁多，产量巨大，尚有大量固体废物未得到有效处置，如何实现各类固体废物无害化、减量化和资源化处置已经成为环保行业一大热点问题。水泥窑协同处置作为重要的处置手段之一，越来越受到广泛关注。但也要注意到我国利用水泥窑协同处置固体废物还在应用的初级阶段，还需要在配料控制、预处理手段、污染排放等方面持续研究。未来拓宽水泥窑协同处置技术方向主要应关注以下几个方面：

（1）部分固体废物具有重金属含量高、氯、硫有害高等特点，进入水泥窑后一方面影响窑况稳定性、易结皮堵塞，且影响水泥熟料质量及烟气排放。目前实施过程主要以指标控制为主，对基础燃烧、化学动力学等机理研究较少，多种因素的叠加机制影响更少，因此有必要加强重金属及有害元素析出、转化及叠加的机理研究。

（2）固体废物高温投加点主要为窑头及分解炉，不同投加位置、固体废物形貌、配风影响等处置条件对水泥生产稳定性、熟料产量、熟料成分和烟气排放的研究还不全面，需进一步加强。

（3）国外水泥窑处置废弃物以替代燃料为主，全球替代燃料率达到 18%，而我国不到

1%。随着我国对垃圾分类手段的推广及工业固体废物监管的加强，水泥窑使用替代燃料是未来技术趋势，精确的计量装置及智能化检测配料系统是未来重要的研发方向。

参考文献

[1] 张应中，陈锐章，林强，等．华润水泥协同处置干化污泥的工程实践[J]．中国水泥，2018(10)：81-84.

水泥窑协同处置垃圾焚烧飞灰技术应用进展

唐新宇　黄　庆

摘　要：水泥窑协同处置垃圾焚烧飞灰是一种资源化的最终处置方式，可以替代部分原料。本文主要介绍了垃圾焚烧飞灰的成分、危害，水泥窑协同处置垃圾焚烧飞灰的优缺点以及相应的技术路线，并简单介绍了水泥窑协同处置垃圾焚烧飞灰的示范线概况。

关键词：水泥窑；协同处置；垃圾焚烧飞灰

将垃圾焚烧飞灰作为原料投加到水泥生产工艺中，可以替代部分水泥原料，有效去除或稀释飞灰中富集的二噁英等有机污染物，最终实现飞灰的资源化处置的过程就是水泥窑协同处置飞灰。由于飞灰中存在大量的氯和重金属，因此必须有效避免飞灰对水泥生产和产品质量的影响。目前，随着我国垃圾焚烧飞灰处置需求的不断增加，水泥窑协同处置飞灰技术越来越受到重视。

1　垃圾焚烧飞灰的主要成分及危害

我国不同地区垃圾焚烧飞灰的化学分析见表1。

表1　不同地区垃圾焚烧飞灰的化学分析（%）

样品名称	SiO_2	Al_2O_3	Fe_2O_3	CaO	MgO	K_2O	Na_2O	SO_3	Cl
哈尔滨飞灰1	10.02	3.08	0.84	44.82	1.04	2.9	2.92	3.92	12.592
哈尔滨飞灰2	27.89	18.04	2.78	26.64	1.81	1.12	1.72	2.43	3.755
成都飞灰1	14.45	5.32	2.12	42.09	2.68	0.51	0.66	5.06	0.432
成都飞灰2	12.26	4.58	1.73	37.27	2.19	3.07	3.83	4.94	5.904
天津飞灰	35.08	9.76	1.98	21.64	3.58	4.1	3.62	2.18	7.767
某水泥厂生料	12.64	4.10	2.02	44.46	0.66	0.51	0.19	0.22	0.004

由于用于焚烧垃圾的锅炉类型不同（如链条炉和循环流化床）、各地垃圾的来源组成不同（如有机质含量不同）等因素，各地垃圾焚烧飞灰的氯元素含量差距较大，这就催生了不同的水泥窑协同处置方式。

2　垃圾焚烧飞灰的危害

垃圾在焚烧过程中的主要污染物有 SO_2、NO_x、CO、HCl、烟尘和二噁英。二噁英（PCDD/FS）是一种毒性很大、被引起广泛关注的有害成分，是多氯代二苯PCDD和多氯代二苯并呋喃PCDF的统称。垃圾焚烧过程中，去除二噁英的主要方式是利用布袋式除尘器将吸附在烟尘上的二噁英搜集下来，即垃圾焚烧飞灰中含有大量的二噁英。根据文献报道，我国华北、华东和华南地区二恶英毒性当量（TEQ）分别为7.53ng/g、1.52g/g和0.44g/g[1]。二噁英类有机污染物化学性质非常稳定，进入环境后，便可通过食物链不断富集，进入人体后较难排出，长此以往将对人类的健康构成危害。此外，还有很多学者对二噁英中的重金属进行研究，我国垃圾焚烧飞灰中的重金属污染主要有 Pb、Cd、Hg 和 Zn 等[2]。因此，我国对生活垃圾焚烧飞灰的运输、储存和处置都有着极为严格的规定，尽量避免对环境和人类健康构成危害，减少二次污染的产生。

3 水泥窑协同处置垃圾焚烧飞灰的优势与劣势

3.1 优势

（1）飞灰可以作为水泥替代原料

垃圾焚烧飞灰的主要成分是 CaO、SiO_2、Fe_2O_3、K_2O、Na_2O 等，与水泥的生料类似，且由于水泥生料的消耗量巨大，因此加入水泥窑后，与生料各成分搭配比较容易。

有文献报道[3]，将垃圾焚烧飞灰作为原料之一配置的水泥生料，当焚烧飞灰的替代比例在一定范围内时，不会对熟料的抗压强度造成影响。

（2）能够有效在高温区去除二噁英等有机污染物

水泥工艺窑内烧成工段，火焰的高温区温度在 1800～2200℃，物料温度在 1450℃左右，温度范围大大高于危险废物焚烧要求。在这里，二噁英类有机物能够彻底分解。另外，窑尾分解炉的温度在 850～900℃，已经达到危险废弃物二燃炉的反应温度，有利于减少二噁英的再次生成。

（3）减少酸性有害气体的排放

常规危险废弃物焚烧过程中的氯元素，容易形成 HCl 气体逃逸。而在水泥窑尾的分解炉中，碳酸钙分解为氧化钙，形成了强碱性的气氛，HCl 气体被中和，可以有效地抑制 HCl 的排放，便于水泥窑尾气排放的控制。

（4）将重金属固化在水泥熟料中

过去我国采用将垃圾焚烧飞灰直接与水泥混合固化填埋，即浪费土地资源也容易对地下水和土壤造成污染。而水泥窑协同处置垃圾焚烧飞灰后，重金属不能蒸发，只能被固定在水泥熟料中，既不产生灰渣，也不会溶出从而污染环境。

（5）处置成本较低

采用水泥窑协同处置焚烧飞灰相比其他处置技术，不需要新建成套的处理设备且不需要单独的烟气处置设施，因此建设成本大大低于其他处置方式，从运行成本上看，相比其他处置，没有增加新的能源消耗，运行成本也较低。此外，国家为了鼓励水泥企业协同处置飞灰，特别在《危险废物豁免管理清单》中提出：生活垃圾焚烧飞灰处置满足《水泥窑协同处置固体废物污染控制标准》（GB 30485—2013），进入水泥窑协同处置，水泥窑协同处置过程不按危险废物管理。在降低投资的同时，也增加了企业的积极性。

3.2 劣势

（1）氯化物循环富集

飞灰进入水泥窑协同处置时，对水泥生产有害的物质主要是氯。氯化物以氯化钠和氯化钾为例，氯化钠的熔点为 801℃，沸点为 1465℃；氯化钾的熔点为 770℃，沸点为 1420℃。

水泥窑窑尾涉及氯化物熔解和挥发的部位如图 1 所示。氯化物容易在窑内挥发，随烟气回到窑尾烟室、分解炉等且随温度降低逐渐转化为固态。氯化物在水泥窑系统不断地循环往复，不停地在气液、固相转化，非常容易结皮堵塞。

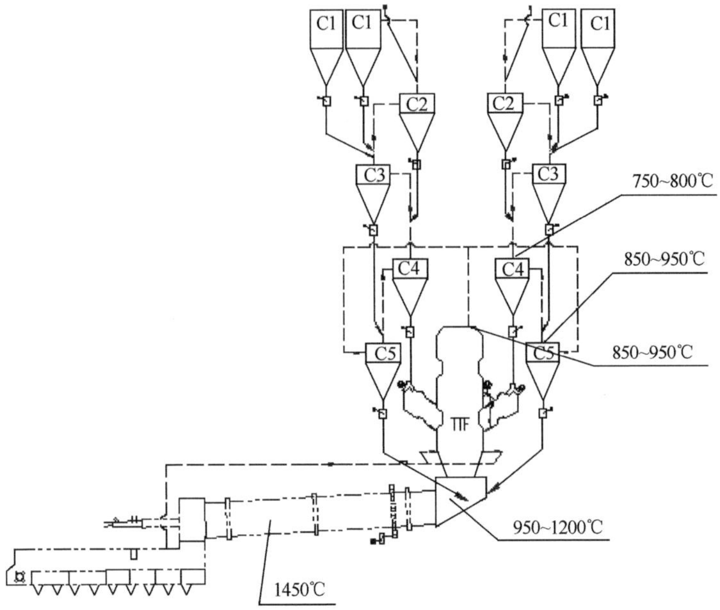

图1　水泥窑窑尾有关区域温度范围图

Shin P H 等[4]将飞灰掺加到水泥生料中制硅酸盐水泥，飞灰中含有的氯在窑系统内循环富集，在窑尾不断冷却、挥发，引发了结皮堵塞等不良影响；同时当飞灰掺加量增加时，水泥的抗压强度不断下降。他们提出利用放路、放风将氯元素放出窑系统，打破其在水泥窑系统的循环，从而使水泥窑协同处置飞灰顺利进行。

（2）二噁英排放超标的可能性

前面已经提及在水泥工艺的回转窑和分解炉中，温度均高于800℃，二噁英会被大量破坏。但是当烟气从分解炉、C5流出后，从800℃降低到300℃（C1出口）的停留时间过长，二噁英有可能在这个范围内发生二次生成。参考笔者在国内水泥厂进行RDF焚烧时测试二噁英的浓度，多次发生二噁英超标的情况。而目前国内处置垃圾焚烧飞灰的项目数量较少，排放数据尚不丰富，因此有待于进一步的研究。

4　水泥窑协同处置垃圾焚烧飞灰的技术路线

4.1　直接入窑处置

由于多种原因某些垃圾焚烧飞灰的氯含量较低，甚至低于3%，因此只要严格控制飞灰的加入量同时配套旁路防风措施，可以实现飞灰的直接入窑。图2是国内某垃圾焚烧飞灰直接入窑系统示意图。

飞灰运输进厂以后，利用飞灰输送车自带的泵将飞灰压入到飞灰钢板库中储存。利用压缩空气通过飞灰输送泵将钢板库中的飞灰输送到飞灰喂料仓，在利用飞灰输送泵将飞灰通过飞灰喷枪加入到窑尾烟室或分解炉中，实现飞灰的处置。另外，该系统同时配备了放路、放

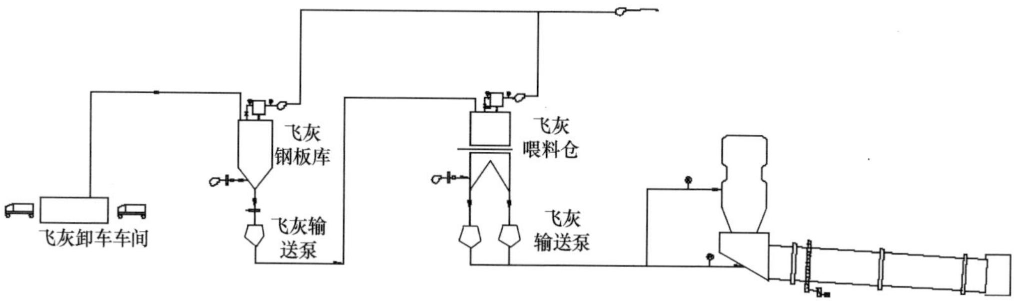

图 2 垃圾焚烧飞灰直接入窑系统示意图

风系统，将氯元素释放到窑灰中。最终窑灰与水泥熟料混合，加入到水泥磨中。

除了加入到窑尾，安徽海螺川崎工程有限公司[5]及北京新北水水泥有限责任公司[6]均有相关专利，可以把飞灰直接加入到窑头燃烧器中焚烧，实现与窑尾分解炉相同的效果。

4.2 水洗后入窑处置

很多垃圾焚烧飞灰的氯含量高达 10%～20%，这种飞灰显然不能直接入窑，否则将对水泥生产产生严重不利的影响。因此对其进行脱氯后再入窑处置，是比较可行的处置方案。目前脱氯的主要手段是水洗。目前我国唯一投入运行的是金隅琉璃河水泥厂的 3 万吨/年水泥窑协同处置飞灰示范线。根据相关文献[7]，其水洗主要工艺流程见图 3。

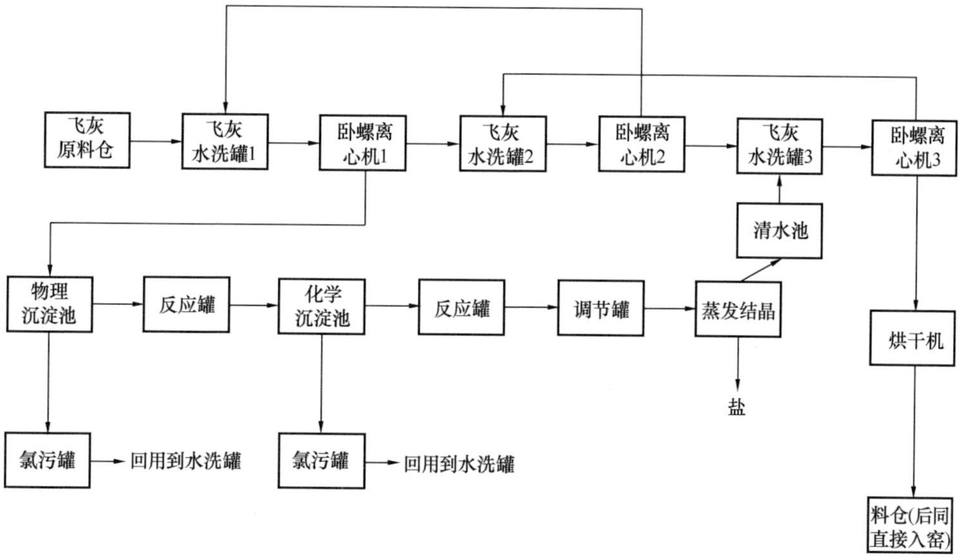

图 3 水洗主要工艺流程

将高氯含量的飞灰经过三次逆流水洗后，氯元素可以洗出 90%～95%，飞灰中的氯含量可以降低到 1%以下。国内也有大量的研究证明多次水洗后，飞灰中的氯可以被大部分除去[7]。水洗处置的核心是如果尽可能减少水的用量，同时减少废水的排出和降低旋转蒸发的能源消耗，金隅琉璃河水泥厂水泥窑协同处置飞灰示范线的飞灰实际处置量可达 110～130t/d，水灰比约为 3∶1，最终实现飞灰的无害化、减量化与资源化处置。

水洗后入窑处置技术方案的主要问题是，旋转蒸发后的盐的出路问题。《危险废物鉴别

标准 通则》(GB 5085.7—2007) 6.1 规定，具有毒性（包括浸出毒性、急性毒性及其他毒性）和感染性等一种或一种以上危险特性的危险废物处理后的废物仍属于危险废物，国家有关法规、标准另有规定的除外。旋转蒸发以后的盐，仍为危险废物。至于制备所谓“工业盐”，根据《工业盐》(GB/T 5462—2015)，其范围：该标准适用于以海水（含沿海地区地下卤水）、盐湖中采掘的盐或以盐湖卤水、岩盐或地下卤水为原料制成的工业用盐。因此，旋转蒸发以后得到的盐，不适用于工业盐标准。

虽然目前尚未得到有效的最终解决方案，但是即使将盐退回到填埋处置中，高氯飞灰经水洗后处置也实现了减量化的目标，仍然比直接填埋具有更好的环境效益。

5 总结

水泥窑协同处置垃圾焚烧飞灰不仅可以实现垃圾焚烧飞灰处置而且可以替代部分水泥原料，具有良好的社会经济和环境效益。低氯含量飞灰适用于直接入窑处置，且我国已经开始相关的工业示范，而高氯含量飞灰处置已经有了示范线，其相关的技术问题也在不断地解决当中。目前我国已经开始大力推广水泥窑协同处置飞灰项目，可以说水泥窑系统处置飞灰的前景一片光明。

参考文献

[1] 金宜英，田洪海，聂永丰，等，3个城市生活垃圾焚烧炉飞灰中二噁英类分析[J]. 环境科学，2003，24(3)：21-25

[2] 何品晶，章骅，王正达，等，生活垃圾焚烧飞灰的污染特性[J]. 同济大学学报，2003，31(8)：972-976

[3] Shi P H，Chang J E，Chiang L C. Replacement of raw mix in cemenI produc“on by muncipall solid waste incineration ash [J]. Cement and Concrete Research，2003，33(11)：1831-1836.

[4] Shin P H，Chang JE，Chiang L C，Replacement of raw mix in cement production by municipal solid waste incineration ash [J]. Cement and Concrete Research，2003，33(11)：1831.

[5] CN106678831 A 水泥窑协同处理飞灰系统及其处理工艺.

[6] CN201694958 U 一种飞灰新的处理装置.

[7] 王义春，熊运贵，张觊，蔡金山，一种通过水洗处置飞灰的方法，CN102126837A.

[8] 马保国，苏华伟，李相国，等，城市垃圾焚烧飞灰预处理技术研究[J]. 武汉理工大学学报，2013，35(4)：22-26.

[9] 李春萍，顾军. 水泥窑处置垃圾焚烧飞灰中试研究[J]. 水泥，2012(11)：1-3.

[10] 白晶晶. 水洗对焚烧飞灰中氯及重金属元素的脱除研究[J]. 环境工程，2012，30(2)：104-108.

（原文发表于《水泥技术》2019年第1期）

5000t/d 窑头电改袋方案解析

孙海全

摘　要： 华润集团平南 2 号窑窑头静电除尘器技改项目是一个系统改造，既要考虑本体应用最优化的改造方案，又要对工艺操作系统有清晰认知。虽具有较高同步效率的余热发电系统，但仍需增加空气冷却器保护袋式除尘器，并配备节能可靠的降温风机和电机，实现超低排放、系统低阻力和滤袋寿命长等特点。

关键词： 除尘器改造；设备阻力；节能减排

1　改造原因

原平南 2 号窑窑头静电除尘器采用典型的德国鲁奇结构形式，这种除尘器的设计排放浓度已经超过现在国家环保标准的规定，必须进行升级改造，原电除尘器的具体参数见表 1。

表 1　窑头电改袋设计参数

型号规格	电除尘器	袋式除尘器
	33/12.5/3×10/0.45-BS930	TDM-532/2×3
处理风量 [m^3（标）/h]	365000	365000
温度（℃）	200～250	120～150
进口浓度 [g/m^3（标）]	50	50
排放浓度 [mg/m^3（标）]	<50	≤20
压力损失（Pa）	200	≤1200
操作负压（Pa）	2000	4000

2　改造技术方案

除尘系统改造的重中之重是除尘器本体改造，但绝不是单纯改造好除尘器本体就能保证成功的。改造必须充分考虑系统工艺参数的改变对生产的影响，保证改造前后工艺生产系统的相对稳定。电除尘器改造为袋式除尘器后，过滤机理变化很大，所有的方案与实施都要充分了解生产系统的特点，否则会使改造效果大打折扣，甚至造成改造失败。本次改造采用独有的数字模拟测试系统对所有参数进行分析优化，确定了空气冷却器＋袋式除尘器的布置方案，具体改造外形见图 1。该方案最大限度地利用了空间，减小了管道阻力，确保了改造后的工艺系统正常有序和稳定。

2.1 除尘器本体改造方案

以低阻力、低排放为目标，结合标定后的风量确定了改造后袋式除尘器的参数。原有电除尘器的空间尺寸过小，只能将其改造成为一台纯袋式除尘器，保留原有的输灰系统、灰斗、壳体、进/出风口及顶梁，而内部构件、内部边缘阻流板及进风口的分风板等均需拆除。新的袋式除尘器为内换袋结构形式，此结构具有低漏风率、低阻力、结构紧凑并能实现在线检修等特点。每个净气室都配备气动百叶阀，一是方便在线检修；二是较传统提升阀系统的局部阻力更低。

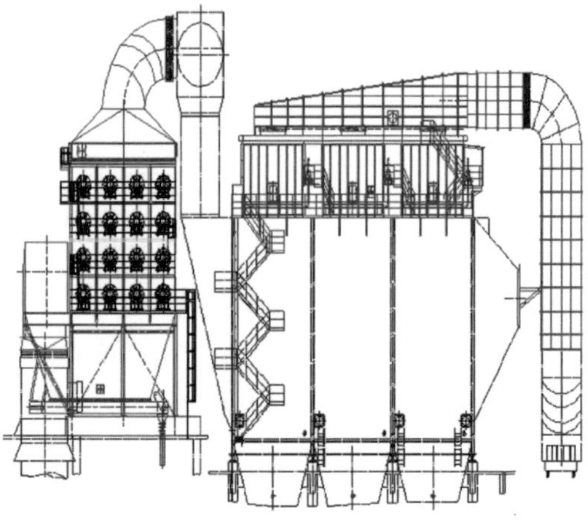

图1　窑头电改袋改造外形

除尘器内部进风口处增加新的挡风板及气流均布装置，此气流均布装置通过流体力学软件模拟后设计而成，以便让气流更加平稳均匀地进入滤袋工作区。

2.2 空气冷却器的降温方案

窑头除尘器改为袋式除尘器一般有两种降温方式：一种是空气冷却器，另一种是篦冷机喷水或管道喷水。上述两种方案均存在各自优缺点，一般来说空气冷却器降温效果较好，稳定性强，但存在占地空间大且进出管道比较长、局部阻力增加导致系统阻力增大等缺点，而篦冷机喷水或管道喷水具有占地空间小、安装方便等优点，但长期喷水易导致料层发生结块现象。

经过现场实地勘察，由于窑头已经配备了余热发电系统，正常运行时进入除尘器气体的温度≤150℃，不会发生烧毁滤袋情况。如果余热锅炉发生故障或检修，不能与窑系统同步，通过的高温气体可以达到250～450℃，将会烧毁滤袋，因此通过关闭和打开管道截止阀切入空气冷却器，可使通过的气流降至合适温度进入袋式除尘器。

新增空气冷却器需要更改局部工艺流程，由原有的局部单一工艺流程更改为两种：一种是余热系统＋布袋式除尘器；另一种是空气冷却器＋布袋式除尘器。通过各个截止阀的开启和关闭，实现两种工艺流程的转换，操作简单，利于袋式除尘器的稳定工作。

为实现第二种工艺流程，现将空气冷却器布置在篦冷机出口和袋式除尘器进口之间，且与余热锅炉并联。此现场窑头除尘器周边已被电气室、储藏室及道路等占用，相邻的生产线也没有多余的空间放置空气冷却器，经过综合比较，决定将空气冷却器布置在篦冷机厂房的顶面。空气冷却器采用下部进气、上部出气的连接方式，进出非标管道布置简单、合理，无须新增支撑架，且灰斗下的输灰系统方便连接到原有的烟尘输送带上。

结合当前标定的风量、达到的最大降温幅度（废气经过空气冷却器，温度正常工况由450℃降至200℃，异常工况由250℃降至150℃）设计热交换面积。在进口烟气流量一定的情况下，结合相应温度下烟气密度计算出烟气质流量，从传热学上查询相应的热容值，从而得出热烟气带入总热量；在知道出口烟气温度的情况下，查询相应温度下的热容值并结合烟气质流量计算出热烟气带出总热量，两种总热量差值即为需要交换的总热量 ΔQ_1。另一方面还需要结合环境温度、空气密度、查询的热容值等计算冷空气带入的热量和在冷却风机作用下出口空气带出热量，两者的差值即为空气总的带走热量 ΔQ_2，上述总热量的误差 $\leqslant 2\%$ $[(\Delta Q_1-\Delta Q_2)/\Delta Q_1]$，通过优化此值计算相应的空气冷却器规格。

另外，为了防止意外高温情况的发生，在空气冷却器进口管道上增设自动冷风阀，此冷风阀的开启和关闭均由中控操作，当入口温度较高且降不下来时，必须开启阀门以保护空气冷却器，见图 2。

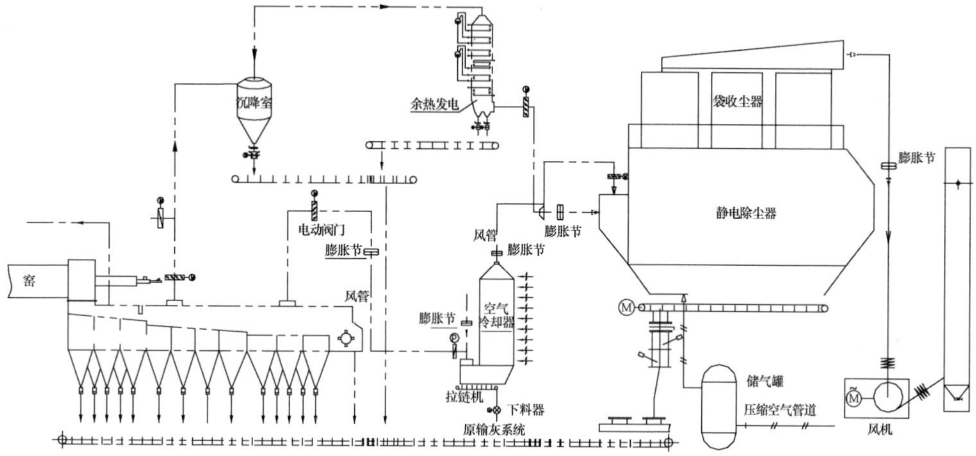

图 2　流程图

3　风机及电机配置

正确选用风机，是保证通风系统正常而又经济运行的重要步骤。风机的选用原则：一是适用性高，二是可靠性高，三是节能性好（经济性好），着重强调可靠性和节能性。可靠性高是指选用的风机的设计、制造、质量完全符合国家有关技术标准，与风机配套的电机、轴承等附件的质量均符合国家有关技术标准，主要体现是运行可靠，使用寿命长。节能性好是指风机的效率高、耗能低、噪声低、维护与维修方便。

一般改造后袋式除尘器的阻力高于原电除尘器的阻力，需将相应的头排风机的全压提高，根据对原有技术参数的核算并经现场实测，结合多年改造项目运行情况的总结，确定技术参数（表 2）。

表 2　改造后风机电机的主要技术参数

余热锅炉关闭		余热锅炉开启
风机型号		Y4-2×73 24.5F
处理风量（m^3/h）	685000	640000
风温（℃）	150	120～130
风机入口全压（Pa）	2700	3100
配用电机型号	YPT500-8	
额定功率（kW）	800	
额定电压（kV）	10	
转速（r/min）	740	

随着科技的不断发展，用变频器改变交流电机的转速方式来进行风机流量的控制，可以大幅度减少以往机械方式调控流量造成的能量损耗。变频调节的离心风机调节范围很广，在节能上有显著效果。

4 改造后的效果

经过紧张有序的施工，华润平南 2 号窑窑头技改项目提前顺利完成，在投料量最优的情况下，关闭余热发电系统出口的截止阀并打开旁路截止阀，气流通过空气冷却器降至合适温度进入袋式除尘器，运行一段时间后对系统进行了有序的检测和考核，排放值得到了当地环保部门认可，运行参数见表 3。

表 3 运行参数

序号	风量（m^3/h）	温度（℃）	阻力（Pa）	排放浓度［mg/m^3(标)］
1	685000	180	975	15
2		170	820	8
3		175	900	12
综合			898	11

考核结果优于原定的考核目标，低阻力、低排放、能耗低等一系列优势完全体现出来，有效验证了设计方案的可靠性和优越性。配备的压差、漏袋、料位计及温度监测等装置有效保障了除尘器稳定、高效地工作。

参考文献

［1］ 李永琴，李娟，宋传亮，等. 5000t/d 生产线窑头除尘器电改袋及运行经验［J］. 水泥，2015(8)：46-48.

［2］ 冀舒宁. 浅谈新型干法水泥生产线窑头除尘器电改袋应用［J］. 城市建设理论研究，2013(4).

（原文发表于《水泥技术》2017 年第 4 期）

BIM 技术与智能化工厂

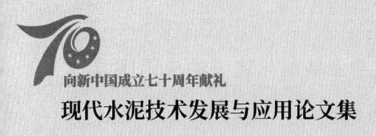

离散型制造业企业智能化建设的应用探索

何卫红　彭明德　李志丹　胡亚东　吴新其　程国华

摘　要：本文对上饶中材机械有限公司智能化建设进行了详细的剖析，分析了工厂的生产条件、信息化水平、技术瓶颈和产品特点，详细介绍了智能化建设的技术方案和实施过程，包括生产线自动化、设备信息化改造、产品全生命周期管理、工业物联网建设、生产管理信息化系统建设、智能仓储及物流体系等，为离散型制造企业的智能化建设提供了一种解决方案。

关键词：智能制造；数字化车间；生产制造执行系统；数字化转型

在新一轮科技革命和产业变革的大背景下，以数字化、网络化、智能化为特点的智能制造已成为未来发展趋势。“中国制造 2025”“德国工业 4.0”“美国工业互联网”等制造业国家战略，均旨在构建自身的智能制造体系。

智能化是趋势，但对于一个制造业企业特别是离散制造业企业，要全面实现智能化是一个浩大的工程。离散制造业与流程工业相比较，在底层制造环节由于生产工艺的复杂性，车、铣、刨、磨、铸、锻、铆、焊对制造装备的要求很高，需要大量的资金、人力资源的投入，绝不是一蹴而就的事。

本文将详细介绍上饶中材机械有限公司的智能化建设工作，为离散型制造业企业的智能化升级提供一种思路。

1　工厂现状

1.1　基本情况

上饶中材机械有限公司成立于 1970 年，是散料输送设备专业制造商，在水泥熟料输送设备方面具有技术及产品优势，为国内外数百家水泥生产厂家的一千多条水泥熟料生产线提供了熟料输送设备。

公司占地面积 394 亩，一期厂区占地面积 200 亩，拥有车、铣、刨、磨、热处理等各类大中型机械加工设备、焊接设备、大中型卷板机、大中型冲压、剪切设备等主要加工设备 400 余台，年生产能力 20000t。

1.2　生产基础条件

共有两个生产车间，一车间负责机加工件的生产及热处理，主要加工设备有金属带锯床、链板加工专机、数控车床、普通车床、普通铣床、立式钻床、摇臂钻床、卧式镗床、牛头刨床、卧式加工中心、立式加工中心、数控车床、线切割机床、开式气动冲床、开式机械冲床、台车炉、井式炉、密封箱式多用炉、中频淬火机床、液压机等。

二车间负责结构件的生产、抛丸、喷漆，主要设备有火焰切割机、等离子切割机、剪板机、卷板机、成型机、手工气保焊机、焊接工作站。

1.3 现状分析

上饶中材是离散型制造企业，现有加工设备较为传统，生产布置较为空旷，车间物流混乱，管理信息化程度低，智能化建设基础薄弱。

（1）生产设备多为传统型加工设备，大多服役超过10年，多无法进行数据采集，近几年引进的轧制生产线及加工专机等，仅解决了部分工序上的加工效率，整体自动化程度低。

（2）生产工艺不连续，加工工序间衔接不紧密，生产设备布局不合理，较空旷，且设备个体相对独立。

（3）车间物流路线复杂，运输距离较远，物流效率低，且车间物流几乎全靠传统物流设备运送。

（4）工厂信息化基础薄弱，管理信息化程度低，生产管理过程中的信息采集和传递均为人工，产品的排单、进度、质量等管理均为人工把控。

但上饶中材也有其自身的优势，作为专业的输送设备制造商，产品相对单一，设备的标准化、模块化容易实施，且产品市场占有率高，有经济条件和强烈的内在需求推进实施数字化、智能化升级。

2 智能化建设目标

智能制造是以自动化和信息化为基础，从数据的采集、大数据分析、信息化与自动化融合、数据的应用与决策四个方面寻求解决思路，从生产计划、物料管理、加工控制、质量管理、人员管理、设备管理等多个角度打造智能制造体系。

基于上饶中材自身的现状，对标工信部离散行业智能制造试点示范企业建设目标，确定以柔性制造系统、敏捷制造等信息化改造为建设目标，通过生产工艺优化，工厂信息化系统的建设，对现有加工设备的信息化升级，部分工序引入自动化程度高的数控机床和机器人，建设工厂信息传输网络，全面应用物联网技术，实现生产过程全要素的跟踪和管控。

智能化改造实施后，将实现锻链、滚轮、料槽、料斗等零件生产的自动化，物流的智能化、管理的数字化、信息的实时化、全过程可追踪、监控，有效缩短产品生产周期、压降产品库存、降低运营成本、提高生产效率、提升产品质量、降低资源能源消耗，从效率、质量、成本、服务四个方面提升工厂的核心竞争力。

3 智能化建设的技术路线与实施

智能制造是自动化、数字化、网络化、智能化在制造上的深度融合。通过数字化三维设计、产品生产周期管理、生产设备信息化改造、机器人及数控机床的引进、物联网技术应用等，主要生产设备和物流装备具备数据采集和通信等功能，打通企业资源管理（ERP）、制造执行过程管理（MES）、生产数据采集系统（SCADA）和仓库物流管理（WMS）间的数据交互，生产过程中人机物互联互通，建立互联模式的智能化工厂。

研发团队深入调研三一重工、宝武钢铁、SEW天津、丹佛斯天津压缩机等工厂的智能化工作成果，对上饶中材业务活动（研发设计、销售客服、生产制造、仓储物流、采购外协、质量、环保安全等）进行全面的诊断分析，确定了工厂智能化的系统架构，如图1所示。上饶中材的智能化体系总体分为产品数字化研发设计、生产过程数字化管理、工厂加工端的智能化。

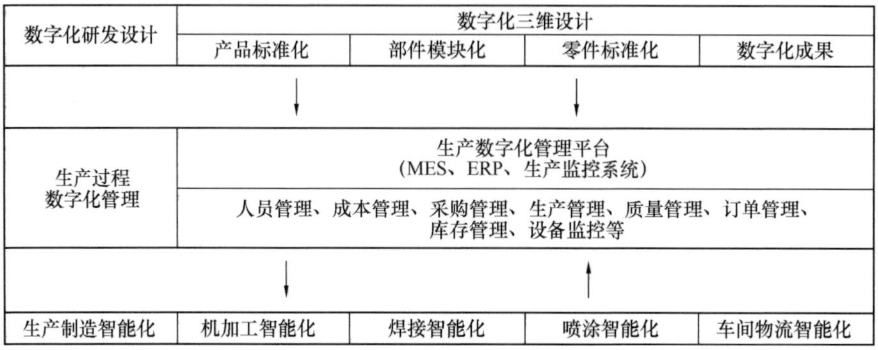

图1　上饶中材智能化系统架构

应用数字化三维设计和模拟仿真，进行产品的标准化、模块化设计，实现产品部件的模块化、零件的标准化，提交数字化的设计成果；建立完善工厂资源管理、制造执行过程管理的信息化系统，打通管理系统与上游设计和下游数控机床的数据流，实现生产过程全周期的数字化管理。进行生产设备的信息化改造，引进机器人、数控机床和智能物流设备等，实现生产设备的信息在线采集和自动化控制，应用大数据、AI技术等分析、反控，实现机加工智能化、焊接智能化、喷涂智能化、车间物流智能化等，进而实现生产制造智能化管理。生产制造智能化建设过程中，基于上饶中材的现有条件，按照“总体规划、分步实施，重点突破、效益优先”的原则，首选基础条件好、批量大的产品（如链条、滚轮、链板、料斗等）进行智能化改造提升，然后以点带面，全面推广。

3.1　数字化研发设计

首先对上饶中材各款型号的产品进行对比分析，确定标准化的产品系列。从工艺性能、制造加工、部件组装等方面综合考虑，进行产品部件的模块划分；综合分析、模拟各款产品部件的零件单元，进行零件标准化工作。在设计研发阶段，对产品进行标准化、部件模块化、零件标准化，为制造的批量化和信息化管理垫定基础。

全面应用Solidworks软件进行数字化三维设计和模拟仿真，建立产品、零部件、零件的标准模型库，规范设计的同时，提高设计质量和效率。数字化设计为生产过程数字化管理提供足够的数据支撑，包括产品数字化模型和图纸、BOM表、生产工艺过程卡片、三维数模、刀具清单、质量管控文件和数控程序等。建立设计管理系统，与生产管理系统的数据无缝衔接，实现产品信息数据从设计到制造完成全周期内的传递和管理。

3.2　生产过程数字化管理

生产过程管理主要包括ERP系统和MES系统，上饶中材现有一套功能简单的ERP系统，主要实现财务和订单的信息统计功能，生产过程的管理主要靠人工纸质作业单，整体的信息化水平较低。生产过程管理信息化建设整体将分三个阶段进行，最终实现生产过程的精细化、数字化管理。

第一阶段是对现有ERP系统进行完善升级，扩充搭建生产计划、仓储管理、人事绩效、销售管理等，对包括营销服务、研发、供应链、财务等各方面实现数字化管理，逐步推进CRM（客户信息管理、订单管理、售后服务）、SCM（产销存一体化）、GSP（供应商管理、采购管理、索赔管理）等建设。

第二阶段是建立适用于上饶中材制造特点的生产过程管理系统（MES），可以实现生产计划排产、作业人员管理、生产单元分配、资源状态管理、产品跟踪管理、质量管理、文档图纸管理、设备维护管理、设备性能分析、车间数据采集、制造过程管理等。通过采集数据的分析处理，实现生产过程、产品状态信息化、可视化，随时随地实时查询监控，并可以基于大数据应用，为生产管理提供智能决策。

第三阶段是建立ERP系统、MES系统、设计管理系统和加工制造端设备数控系统的数据接口，实现数据信息在产品全周期各个环节的实时交互。基于平台集成的加工设备数据、生产管理数据和外部数据，运用机器学习、人工智能等大数据分析与挖掘技术，建立产品、工艺、设备、产线等数字化模型，提供生产工艺与流程优化、设备预测性维护、智能排产等新型工业应用。

如图2所示，MES系统从ERP系统和设计管理系统获取订单、物料、库存、供货商、客户等信息。MES系统管理生产车间的资源，包括设备、人力和物料的规范管理，自动识别、跟踪制造过程，监视加工设备运行情况，异常情况立即呼叫处理，实现对车间作业行为的实时监管，生产汇报与统计的即时化，生产进程的可视化。生产过程完成后，MES系统会将成品信息、入库数据、产品编码等信息回传给ERP系统，完成库存信息的更新。MES系统将生产过程的即时记录反馈到订单的整体生产计划进度上，清晰反映产品的制造流向和状态，可根据记录对产品进行有效追溯。

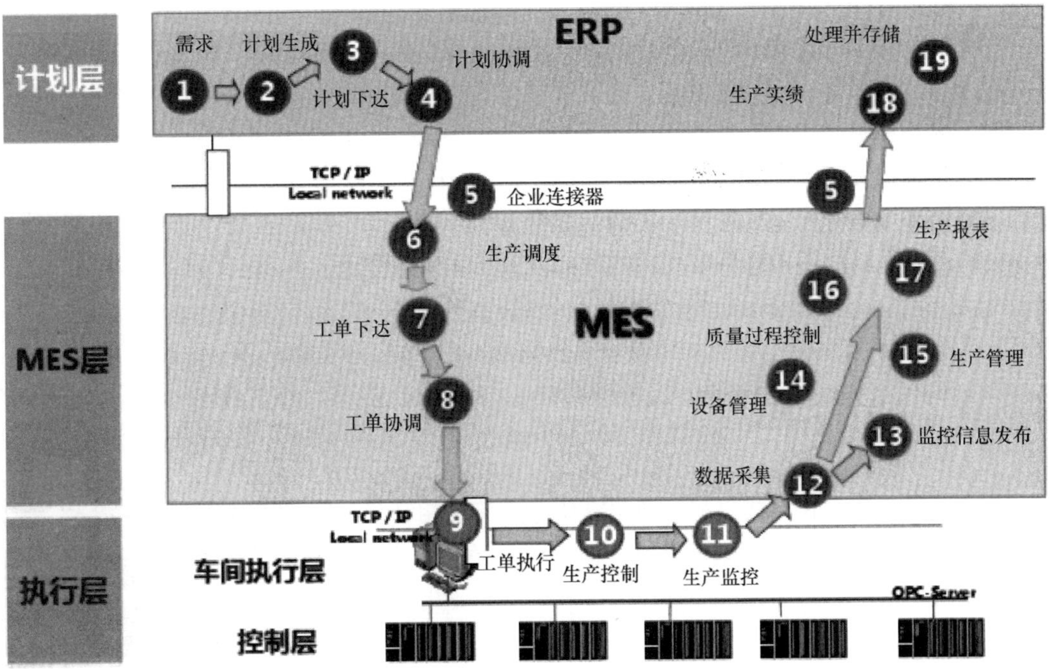

图2 制造过程管理流程图

3.3 生产制造智能化

上饶中材的产品相对单一，通过研发设计进行产品的标准化，实现大部分零件的标准化制造。优化加工工序，提升加工设备的自动化水平，以实现大批量产品加工的高度自动化、小批量产品加工的柔性化，加工单元式生产，生产设备满足信息化管理和生产数据采集的要求，依靠信息化系统和网络、自动物流设备，不同的加工单元建立连接，实现全局、全过程数据采集，全生产流程的连续和协同。

上饶中材的生产制造端智能化包括机加工智能化、焊接智能化、喷涂智能化三部分。通过对工厂现有加工设备的信息化升级，对于不具备升级条件的将引进自动化程度高的加工设备，并引入机器人进行装卸料、焊接、喷涂等工作，建立设备数据采集控制系统，实现设备数据的实时采集、监控和反控。

上饶中材制造智能化整体分三个阶段实施。

第一阶段以批量产品的工艺改革为重点，实现料槽、料斗生产过程的自动化、锻链装配的自动化。完成料槽底板成型生产线、料槽侧板成型生产线、料槽焊接工作站、料斗底板成型下料生产线、料斗焊接工作站的建设及信息化改造升级，使之具备联网功能；建设料槽机器人焊接、锻链链板智能化加工、料斗底板折弯工作站、料斗焊接工作站、NC 加工中心等自动化加工单元，采用焊接机器人、搬运机器人、数控系统等。

第二阶段主要完成机加工产品的工艺智能化，重点完成销轴、滚轮、小轴加工单元的建设，根据需要选配刀具寿命管理系统、刀具自动补偿、产品在线检测等功能。对成型生产线联网功能和成品件收料进行改造，增加机器人实现轧制成品自动收料，为物流的自动化做好准备。

第三阶段重点对涂装、包装等环节进行智能化改造和信息化管理。对其他现有加工设备进行筛选，后续仍需使用到的设备，进行智能化改造实现联网功能，将信息化推广应用到更多的加工设备和单元。

生产设备智能控制系统与 MES 系统无缝对接，自动接收工单、实时反馈制造数据，实时在线监控制造设备的运行效率、产量，故障提前预警。基于生产工序、制造工艺和制造数据等，建立装备运行的仿真模型，迭代优化，保证装备运转率，提升制造效率和质量。

3.4 智能仓储与物流

优化加工设备布局，整体设计物流路线，缩短物流距离，采用输送线、无人叉车和 RGV 等，实现工位之间的零件自动周转，建立机加工车间和热处理车间的智能物流输送系统。

仓储模式将平面仓库储存和自动化立体仓库储存相结合，应用扫码和 RFID 技术，实时监控仓库所有货物的位置信息和货品信息，自动接收出入库指令，进行出入库的线上管理，库存信息实时更新。

3.5 基础网络设施建设

设备联网是实现工厂自动化与信息化融合的关键，先实现关键制造环节的智能化，再通过加装物联网模块和传感器，逐渐应用到其他传统加工环节，实现设备的互联互通，信息的实时采集。

建立车间级的工业通信网络，系统、装备以及人员之间实现信息互联互通和有效集成。建立工厂内部互联互通网络架构，实现设计、工艺、制造、检验、物流等制造过程各环节之间以及与制造执行 MES 系统和 ERP 系统的信息互联互通和集成。建立工业信息安全管理制度和技术防护体系，具备网络防护、应急响应等信息安全保障能力。

4 结语

本文以上饶中材机械制造厂的智能化建设作为案例，分析了其基础生产条件、信息化水平和管理瓶颈，介绍了工厂智能化改造升级的建设目标、技术方案和实施过程，从产品研发设计、生产过程信息化系统建设、加工设备自动化和信息化改造、工厂基础网络设施建设等几个方面，详细论述了其工厂智能化改造的实施过程，为离散型制造业的智能化升级提供了一种解决方案。

参考文献

[1] 艾明慧．智能化技术在机械制造中的发展及应用[J]. 黑龙江科学，2018，9(9)：66-67.
[2] 卢秉恒．离散型制造智能工厂发展战略[J]. 中国工程科学，2018，20(4)：44-50.
[3] 程咏斌．离散型制造企业实施智能制造的分析[J]. 机电工程技术，2019，48(8)：155-156.

全专业正向协同设计在水泥工程项目中的应用

刘涛　王威　胡亚东　张明生

摘　要： 随着BIM技术在国内的深度应用，如何应用BIM技术进行正向设计及利用BIM模型的三维直观特点辅助设计人员达成设计愿景是实现其价值落地的主要目标。本文着重介绍了三维协同设计在水泥工程领域的应用，阐述了三维协同的设计方式、设计流程和设计理念。通过三维协同设计，在设计和施工之间建立起无缝的沟通桥梁，实现有效的信息交互，减少错误率，提高设计质量，降低项目成本，将项目管理提升到一个新的高度。

关键词： BIM正向设计；专业协同；可视化；BIM协同设计

近年来，BIM在中国被广泛认识，深入到工程建设行业的方方面面。无论是大规模设计复杂的概念性建筑，还是普遍存在的中小型实用建筑，BIM技术的应用已势不可挡。随着工程规模的不断扩大、工程技术含量和国际化程度的逐步提高，以及由于日益激烈的竞争所带来的对于造价、工期、质量的要求不断提高。水泥行业的设计单位正努力寻求突破来迎接这些挑战。全专业正向协同设计是一种全新的设计手段，是工程设计行业的一次技术革命，是新一代数字化、虚拟化、智能化设计平台的基础。相比于传统的二维设计，它带来的是一种全新的设计模式和协同状态，不仅可以提升设计质量、提高设计效率，还可以在设计过程中将整个工程的各种信息整合在一起，使得后续的施工以及运营过程中可以利用这些信息，从而提高设计成果的附加值，为设计领域打开了更广阔的发展空间[1]。

1　工程概况

1.1　项目概况

芜湖南方水泥项目位于安徽芜湖市繁昌县荻港镇新河村芜湖南方水泥有限公司厂区内，项目规模：日产熟料4500t的生产线，配套9MW余热发电系统。该项目为水泥厂项目总承包，项目服务范围包括设计、采购、物流、施工、安装、调试、培训等。项目效果图如图1所示。

图1　项目效果图

1.2　工程特点与难点

项目位于水泥厂区老厂内，空间地域狭小，施工周期短，结构形式复杂且施工难度高。为了在限定的时间内高质量完成设计施工的全部工作，项目参与方需深度应用BIM技术，充分发挥BIM的精确化、可视化、协同化工作的优势，提高工作效率，降低开发成本，提升建筑品质，实现提升工程协同效率的目标。

2 项目BIM实施策划

2.1 BIM应用目标

芜湖水泥厂项目以打造全过程BIM应用为目标，在设计过程中实现图纸由Revit正向设计出图，并通过BIM可视化优势对设计方案进行设计优化，提高设计品质。基于BIM模型实现精确统计各专业材料用量，输出材料清单，减少施工现场碰撞冲突；在施工过程中进行施工方案、施工进度、质量安全、可视化施工等一系列实施内容，为后期运维阶段提供支持，打造项目全生命周期的应用。

2.2 协同方式

传统设计模式下各专业间相对独立，信息沟通以人为主，沟通较少或沟通不畅，与业主、施工方等的沟通也缺乏有效的可视化工具，往往造成设计错误、返工等问题。基于BIM的协同设计是通过BIM软件和环境，以BIM数据交换为核心的协作方式取代或部分取代传统设计模式下低效的人工协同工作，使设计团队打破传统信息传递的壁垒，实现信息之间的多向交流，减轻了设计人员的负担、提高了设计效率、减少了设计错误，为智慧设计、智慧施工奠定了基础[2]。

本项目在设计过程中基于Revit软件，采用网络中心工作集方式（图2）进行协同设计，将项目文件建立工作集作为中心文件存放到网络位置，各成员建立本地文件副本，各成员将所做的修改发布到中心模型中，所有成员都可以随时从中心模型载入其他成员所做的修改。这种方式适合不同专业之间模型关联度比较高的情况，各专业根据需要通过工作集，进行权限控制和权限转移，能有效解决工作中的模型协同和技术交流。

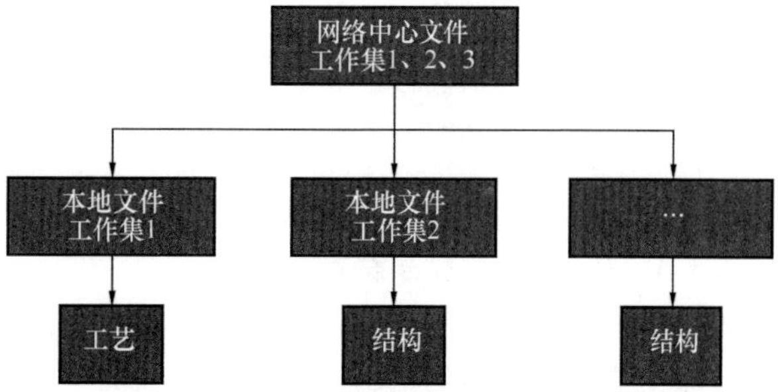

图2 网络中心工作集方式

2.3 模型深度与标准

2.3.1 模型深度

模型深度应遵循“适度”的原则，应在能够满足BIM应用需求的基础上尽量简化模型。模型深度包含两个方面内容：模型造型精度、模型信息含量。

各专业工程对象单元设计深度由几何图形深度等级（LOD）定义如下：

（1）初始模型（LOD100～LOD200）：模型需表达设计方案，主机设备位置，结构形式，通行方案等。各专业模型构件进行“占位”，能够提供概算深度的工程量明细表。

（2）中间模型（LOD300）：模型构件外形准确，主机设备基础模型及设备荷载信息表达清楚。构件所包含的信息应包括主要尺寸、规格及其他关键参数和属性。

（3）成品模型（LOD350）：模型构件应表现实体的详细几何特征及属性。构件应包含后期施工阶段所需要的详细信息（如工程算量、材料统计等应用）。图纸达到以前成品图阶段的详细程度。

2.3.2 标准手册

完善的质量控制体系是保证项目协同设计顺利开展的基础，项目开始之初，我们制定了一系列的标准手册（图 3）保证项目的顺利开展，累计完成了 BIM 协同设计手册、BIM 协同设计审校内容、族库设计指导手册、Vault 及工作流平台使用手册、基于 BIM 的工程量统计方法说明书、BIM 设计成品交付标准等十三项标准的编制。

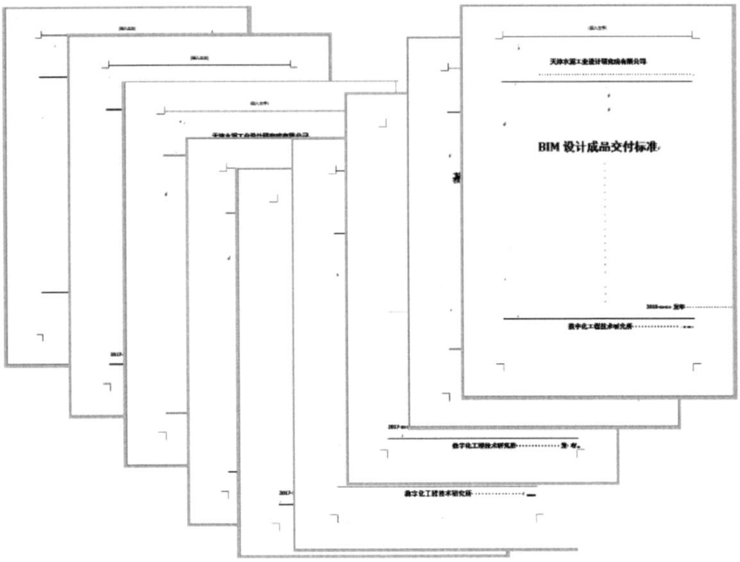

图 3　标准手册

2.3.3 Revit 出图标准制定

为保证项目的顺利出图，针对项目的单位、文字样式、尺寸等基础设置内容，以及线样式、对象样式、图层颜色、出图设置等内容统一设置（图 4），形成标准的出图样板。

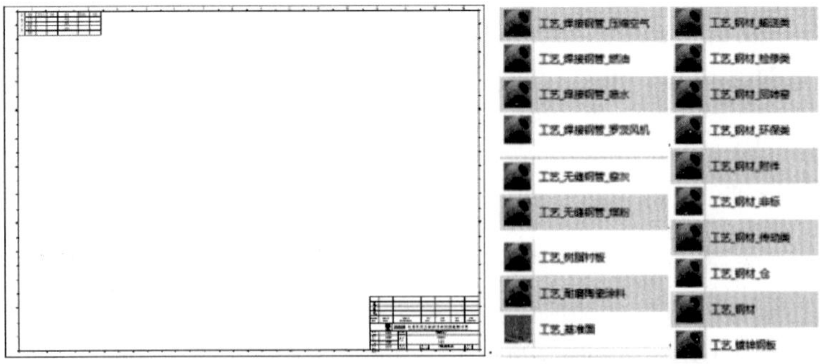

字体名称	颜色	线宽	背景	引线箭头	文字字体	文字大小	标签尺寸	宽度系数
字高7	黑色	1	透明	箭头30度	Arial	7	12.7	0.7
字高5	黑色	1	透明	箭头30度	Arial	5	12.7	0.7
字高3.5	黑色	1	透明	箭头30度	Arial	3.5	12.7	0.7
字高2.5	黑色	1	透明	箭头30度	Arial	2.5	12.7	0.7

图 4　Revit 出图规定

2.4 应用软件

结合该项目实际情况，本项目以 Autodesk Revit 建模为主，在需要时应用其他软件加以辅助，如使用 Autodesk AutoCAD Plant 3D 做全专业 P&ID 流程图、设备表设计，Autodesk Navisworks 进行三维校审，部分应用采用公司自主开发的一系列插件。配套族库主要应用公司自主开发族库系统。

3 BIM 三维协同设计在该项目中的应用

3.1 智能化族库

随着 BIM 技术的应用发展，设计模式由传统的二维设计向以 BIM 应用为主的三维设计模式转型之时，如何保障设计效率，如何对模型构件进行规范化管理成为企业关注的焦点。Autodesk revit 中的所有图元都是基于族的，族可以帮助设计者更方便地管理和修改搭建的模型，如果事先拥有大量的族文件，将对设计工作进程和效益有着很大的帮助。设计人员不必另外花时间去制作族文件，并赋予参数，而是直接导入相应的族文件，便可直接应用于项目中。因此公司自主开发了一系列各专业智能化族（图 5），系统地建立起各类参数化族，（有 9 大类，96 小类，2000 多个参数化族），并对族库进行统一规范管理，极大地提高了设计人员的设计效率。

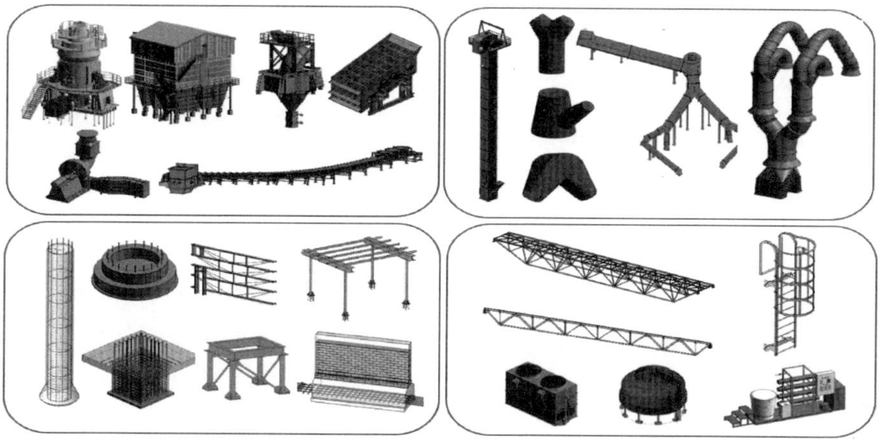

图 5　族示例

3.2 基于 Revit 二次开发应用

项目执行过程中，针对如何提高设计效率和设计质量，除了完善的族库之外，对一些特殊的构件，如胶带输送机、非标准件、结构钢筋、电缆等，通过二次开发进行数字化建模，极大地提高了设计效率和质量，累计二次开发 18 项，相比于普通建模，效率提高 35%。图 6 为我院研发的部分插件应用截图。

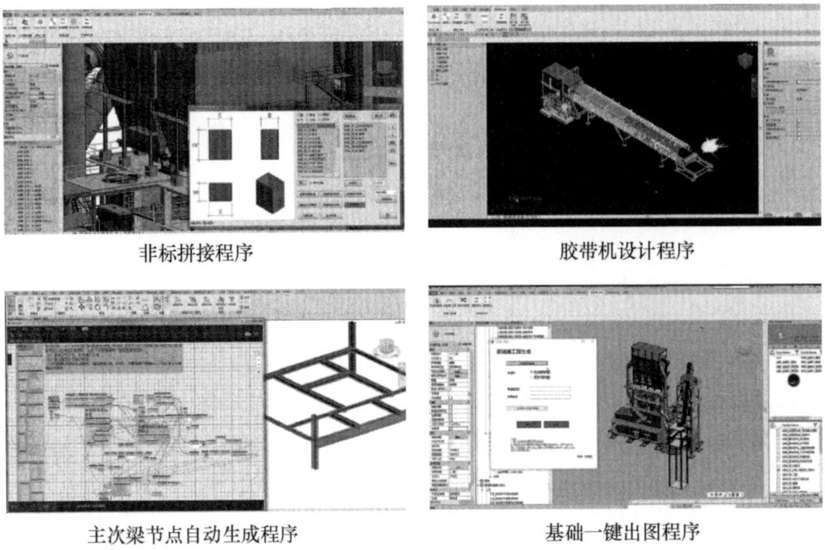

图 6　二次开发

3.3　协同过程

本项目在施工图设计过程中进行的多专业配合与协同，图 7 是各专业协同设计过程中各专业提资及设计协同情况。本协作流是在原施工图正向设计流程基础上，结合 BIM 正向设

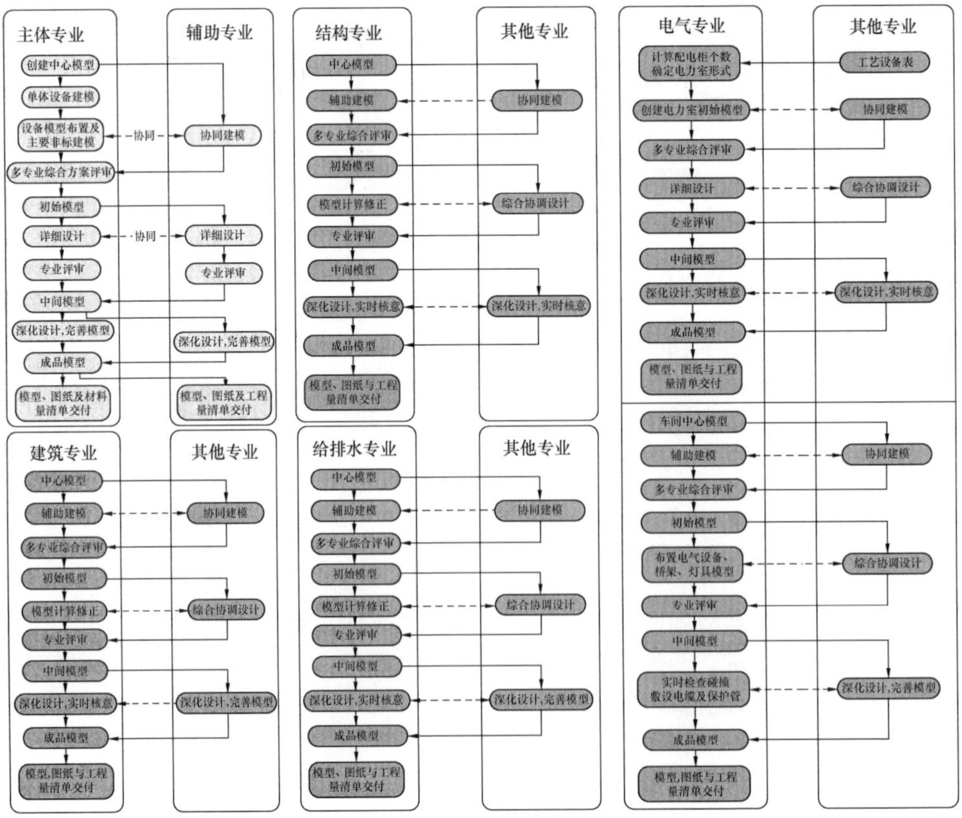

图 7　协同流程

计的特点总结而出，设计流程是交互式的、并行的，一个专业的改动会导致最终成果的自动更新，其数据和设计成果可实时共享，高效快捷通过协同设计、大量减少或缩短专业间的配合环节。

3.4 P&ID 技术应用

本项目在实施工程中，使用 Autodesk AutoCAD Plant 3D 做全专业 P&ID 流程图、设备表设计（图 8）。标准化的编号规则，文字符号、图形实例等为设计标准的统一提供了基础；标准化的数据库，利于保证数据的一致性和完整性，便于统计分析；本项目实际应用过程中，通过标准化的数据，自动生成物资编码，提高了采购效率；同时将 PID 技术应用到 BIM 中，通过 BIM 平台将 PID 中携带的信息传递到 BIM 模型中，实现了相关信息在项目全生命周期中的应用。

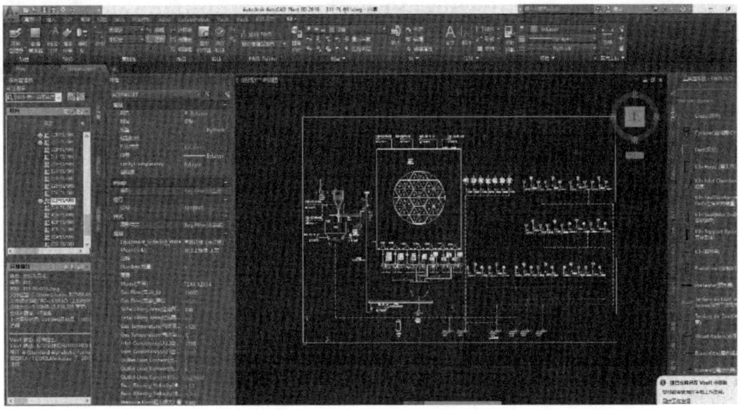

图 8 PID 流程图

3.5 设计优化

本项目基于 Autodesk Revit 软件进行设计，在设计过程中，通过可视化方案比对，进行了部分优化设计（图 9），更加直观高效地表达设计人员的设计意图，大大提高设计团队的效率和设计产品的质量；优化 70%的设计方案，减少 80%的施工图中的错漏，减少 60%施工现场调节问题以及减少 60%的技术返工，从而极大地降低工程建设成本，例如在设计某一建筑厂房，通过设计优化，混凝土量由原先合同投标文件中的 1086m 减少到 812m，钢结构由 148t 减少到 102t。

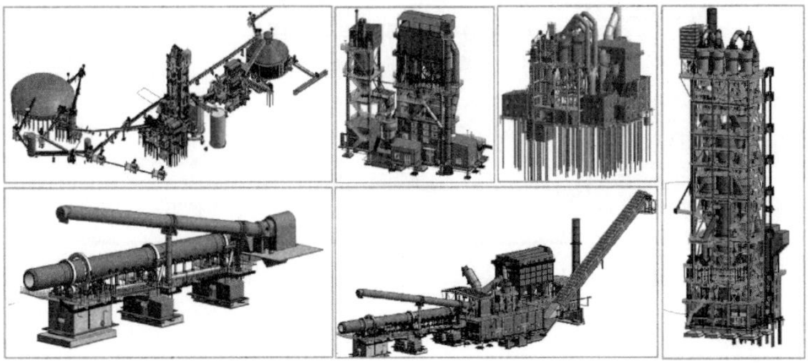

图 9 优化设计

3.6 可视化图纸

三维协同设计的最终成果仍以二维图纸为主。从设计好的三维模型中切出平面、立面、剖面图等，在组图的过程中，可以利用三维设计可视化这一优势，多采用新的表达方式，来丰富图面的内涵[3]。本项目的所有图纸均基于模型进行生成（图 10、图 11），部分图纸通过三维轴测图方式进行展现，二三维一一对应，贴合实际，方便现场施工安装。

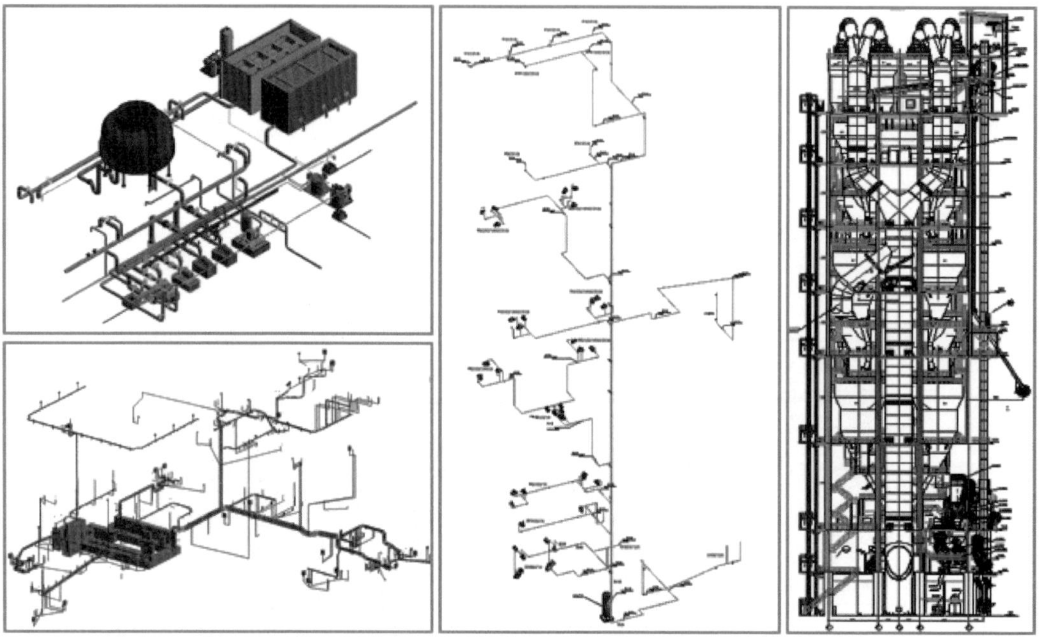

图 10　应用案例

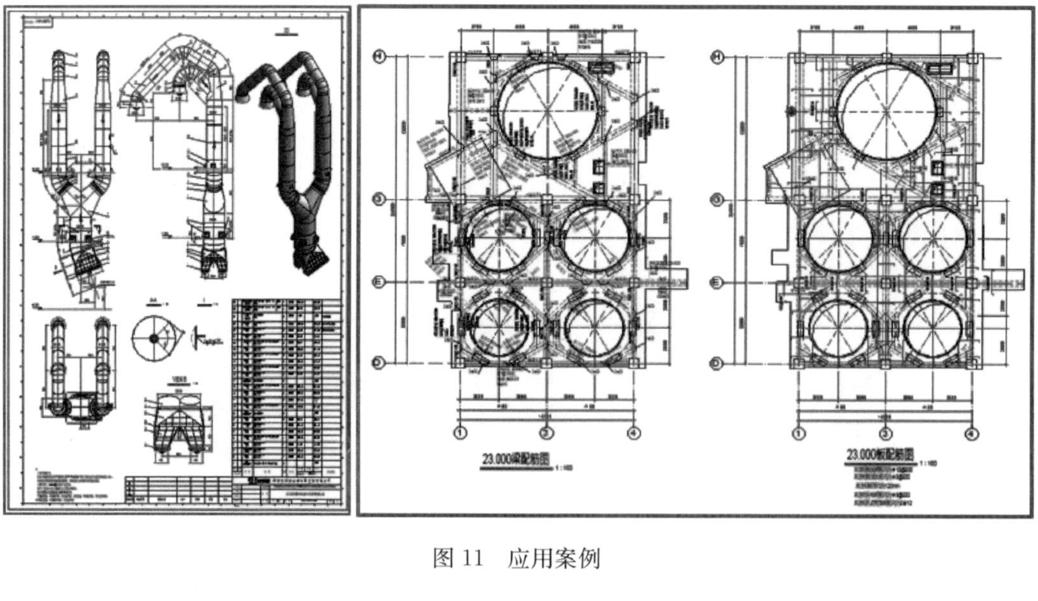

图 11　应用案例

3.7 精确的工程量统计

项目开始之初，整个团队制定了一些列标准明细表模板，在设计过程中，通过三维模型，自动完成工程量的统计（图 12），为项目前期的材料采购提供支撑。

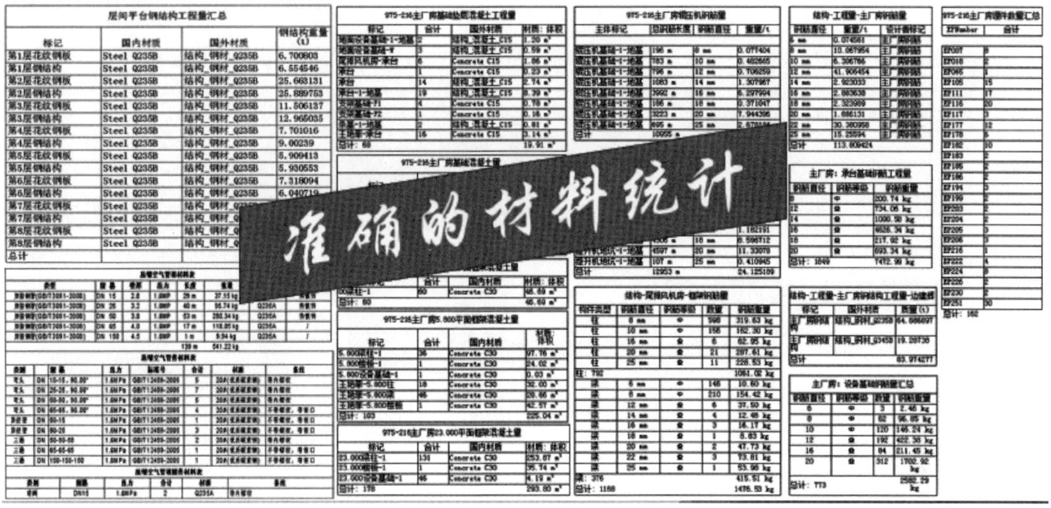

图 12　工程量统计

3.8 可视化审校

本项目执行过程中，使用 Autodesk Navisworks 进行碰撞检查和模型校验（图 13），大幅减少会审时间，通过自动化批注跟踪管理，提高校审效率，减少校审工作量；提高校审意见的管理水平，减少结构内部的错、漏、碰、缺现象。

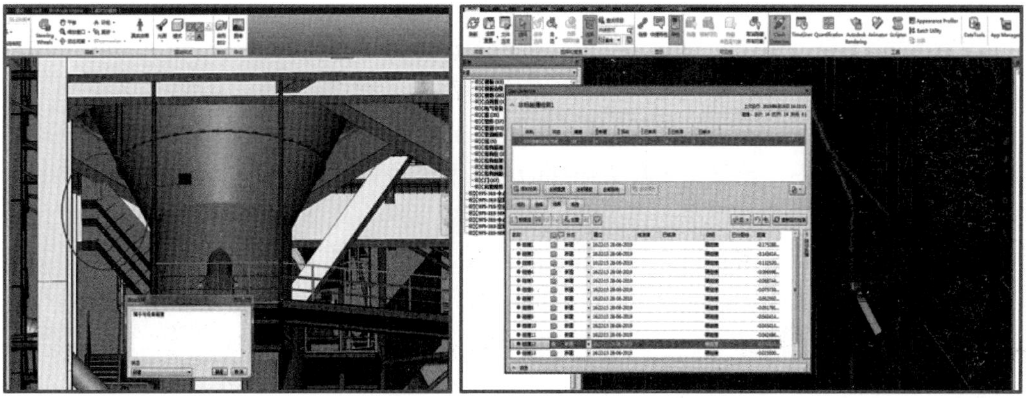

图 13　碰撞检查和模型校验

3.9 其他应用

本项目在实际执行过程中，基于设计模型在施工过程中进行施工方案、施工进度、质量安全、可视化施工等（图 14），依据模型自动生成进度计划，模型与进度计划自动关联；扫码技术的应用实现对设备全生命周期的管理，包括设备制造、装箱发货、物流运输、现场移交、出入库管理、设备安装等；同时在施工过程中通过扫码进行进度、质量反馈，提高了项目精细化管理；模型轻量化、扫码、物联网、GPS定位、视频监控、人脸识别等技术的应用，大幅提高了工程管理的信息化、智能化水平。为后期运维阶段提供支持，打造项目全生命周期的应用，提高设计成果的附加值。

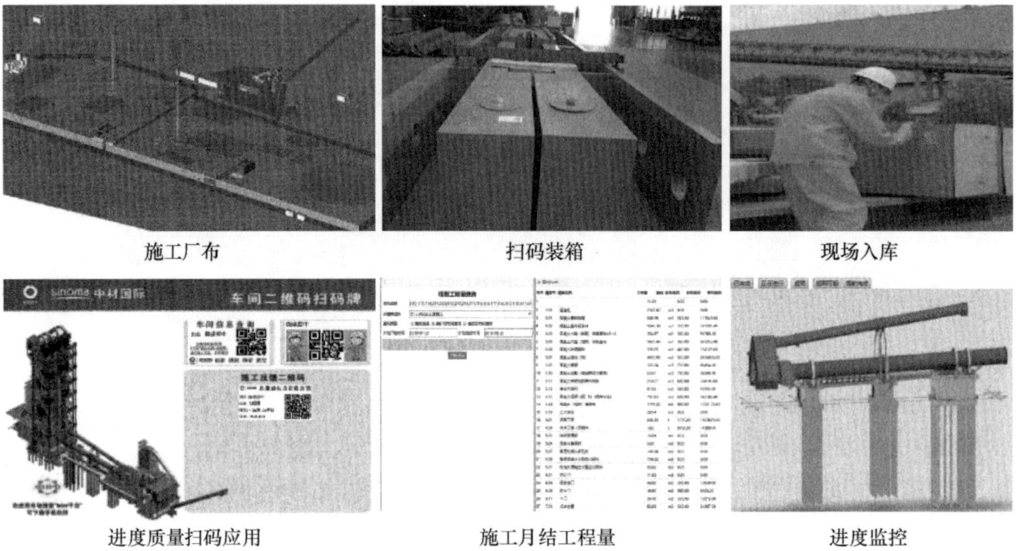

图14　应用案例

4　结语

本项目从BIM正向设计、BIM辅助设计等角度全面推进工程应用，多专业在并行设计中相互协调，减少了协同过程中的障碍，将设计问题消除在初始状态，而不必全部依赖于设计后校审的碰撞检查。一旦发现设计问题，各专业设计师能够实时进行讨论和修正，极大缩短了设计周期，有利于工程材料量的准确统计，提高了工程设计的经济性。

应用BIM技术，可大幅度提高建筑工程的集成化程度，促进建筑业生产方式的转变，提高投资、设计、施工乃至整个工程生命期的质量和效率，对于投资，有助于业主提升对整个项目的掌控能力和科学管理水平、提高效率、缩短工期、降低投资风险；对于设计，支撑可持续设计、强化设计协调、减少因“错、缺、漏、碰”导致的设计变更，促进设计效率和设计质量的提升；对于施工，支撑工业化建造和绿色施工、优化施工方案，促进工程项目实现精细化管理、提高工程质量、降低成本和安全风险；对于运维，有助于提高资产管理以及物业使用和应急管理水平科学决策和管理水平[4]。

参考文献

[1]　相冲，刘刚，三维协同设计在水泥工程中的应用[J]. 水泥技术，2012(5)：31-33.

[2]　浦至，郑昊．超高层办公楼建筑多专业协同BIM正向设计[J]. 土木建筑工程信息技术，2019，1(02)：110-119.

[3]　宋明佳．水利水电行业三维协同设计中三维可视化的应用与研究[J]. 水利规划与设计，2018(1).

[4]　焦向军．港珠澳大桥澳门口岸管理区项目施工BIM应用与实践[M]. 北京：中国建筑工业出版社，2018.

基于 BIM 技术的工程项目数字化管理

常　斌

摘　要：本文结合 BIM 技术在工程建设行业的应用现状阐述了 BIM 技术的内涵，论述了智能化时代的项目管理变革，对技术变革所带来的管理变革进行了一些思考，并分享了天津院在数字项目管理方面所做的一些工作，供工程建设行业同行参考。

关键词：BIM 技术；智能化时代；项目管理变革

1　智能化时代的机遇和挑战

步入新时代，以信息化培育新动能、用新动能推动新发展、以新发展创造新辉煌，中国互联网积蓄的潜能正持续释放。以互联网、大数据和云计算为三大要素的智能化时代已经来临，未来 30 年数据将是生产资料，云计算将是生产力，而互联网将是生产关系，未来 30 年将是重新定义的变革时代，我们必须有对未来的思考、对未来的把握。

对于工程建设行业来说，要想跟上时代的发展，始终保持活力和竞争力，就必须对目前的项目管理模式做出改变，实现项目管理的数字化、信息化及智能化势在必行，而 BIM 技术的出现和发展恰恰为实现项目信息化管理提供了有效手段。那么，问题是在工程建设行业应该由谁去推动 BIM 技术的发展和应用？如何有效地推动？这一变革是技术变革还是管理变革？

2　BIM 技术的内涵

什么是 BIM？BIM 是 Building Information Modeling 的缩写，在美国等发达国家 70%的项目使用 BIM。国内一般翻译为建筑信息模型，字面理解貌似一个建筑模型，其实这种理解是片面的。Building 所代表的不仅是建筑，也包括工厂、市政、规划，甚至是城市等整个建设领域，代表了 BIM 的广度。未来的建设领域发展必然是一个高度信息化和智能化的过程，Information 代表了 BIM 的深度。Modeling 所表现的是一个过程而不是一个模型，因此对 BIM 的理解应该是建设领域的信息过程模拟，是一种信息管理手段，是一个概念，而不是一个软件或模型。BIM 技术以三维模型作为数据载体，实现项目设计、施工、运维全周期全过程手段和方法上的信息化。在设计阶段，可以实现多专业三维协同设计，提高设计质量与效率，并可进行虚拟施工和碰撞检测，为顺利高效施工提供有力支撑（BIM 3D 技术）；在施工阶段，依托三维模型可以准确提供各个部位的施工进度及各构件要素的成本信息，实现整个施工过程的可视化控制与管理，有效控制成本、降低风险（BIM 4D、5D 技术）；在运营阶段，通过模型实时获取系统运行状态及设备工作参数，及时快速有效地实现运营、维护与管理（BIM 6D 技术）。

3 依托BIM技术实现项目数字化管理

目前国内BIM技术应用蓬勃推进，很多施工企业、设计院及业主都进行了很多有益的尝试，但应用基本集中在碰撞检查、造价算量、二维图纸优化等技术层面的应用，且只应用在项目全周期的某一环节，没有做到项目全周期数据协同共享，因而无法发挥BIM技术在项目全周期管理的优势。基于BIM的概念及应用现状，从事项目设计、采购、物流、施工及运维全周期管理的总包方无疑是BIM的最佳推动者，总包合同一般固定工期、固定价格，BIM技术能帮助总包方更好地控制成本和工期，降低项目风险。

天津院有限公司作为设计院转型的工程总承包企业，拥有自己的设计研发、采购物流、工程管理及运营管理团队，具备在项目全生命周期应用BIM技术实施数字化管理的资源优势。近年来公司以BIM技术为依托，以打造工业工程数字生态系统为目标，综合运用云计算、大数据、物联网等新一代信息技术，大力推进公司数字化转型，着力实现数字项目管理，努力为客户提供数字化工厂服务。

4 数字项目管理的实施及效果

实现数字项目管理必须以数字化思路梳理、优化项目管理流程，进而优化公司组织结构，以信息技术来改进项目各干系组织、协同作业的方式，进而提高管理的效率和有效性。在组织优化方面，天津院自2017年起逐渐推动组织结构优化，将按专业分工的各设计所重组为多专业协同工作的综合设计所，成立数字化工程研究所，专业从事BIM技术研究及平台的开发，成立BIM应用部，推进BIM技术在项目管理中的应用，公司各业务部门均设置数字化推进团队，各级数字化团队为数字项目管理提供了组织保证。项目数字化管理方面，采用平台化的管理思路，自主开发了BIM平台，将优化的项目管理流程固化在管理平台上，并将云大物移等新一代信息技术综合应用于管理的各个环节，提高了信息的采集和管理效率，优化了信息传递方式。BIM平台是项目数字化管理的工作平台，目前已升级到2.0版本，包含市场管理、设计管理、工程管理、运维管理、装备管理、安全管理、供应商协同等功能模块，已在公司全部重点总包项目中应用，取得了较好的效果（图1～图3）。

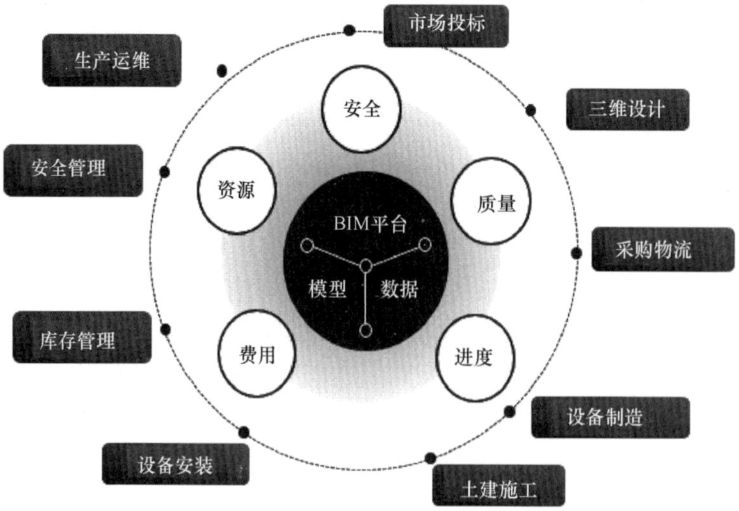

图1 BIM平台功能示意图

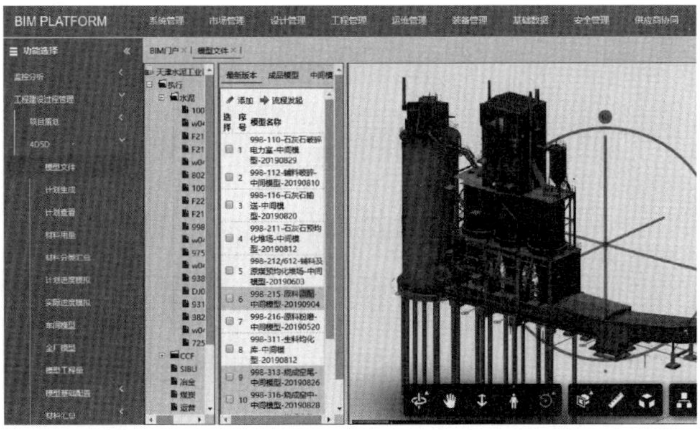

图 2　BIM 平台网页端图

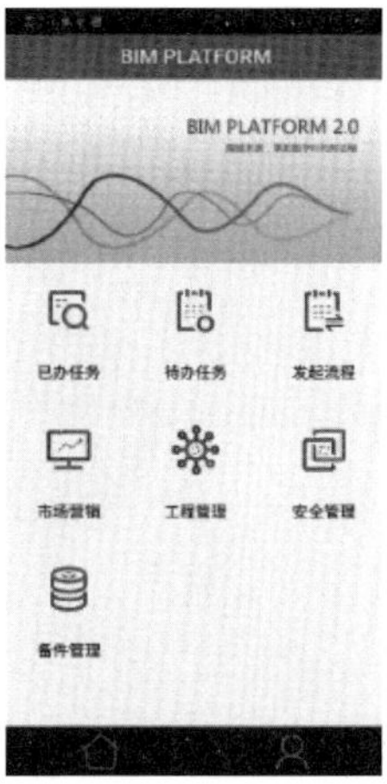

图 3　BIM 平台移动端

基于 BIM 平台的项目数字化管理涵盖数字设计、数字采购、智慧物流、智慧进度、智慧质控、智慧成本、智慧安全等多场景的应用（图 4）。数字设计即多专业协同的三维设计较传统二维设计在效率和质量上有很大提升，并实现了可视化设计、协同设计、性能化分析、虚拟施工等的相关内容，形成的数字模型是数字化项目管理的基础，集成在模型中的数据是项目管理中多方协同工作的基础。数字采购突出流程平台化和多方协同，采购全部流程均在平台上操作，信息规范、集成、统一，便于实时掌握状态和数据积累，采购全部相关方都在平台上协同工作，有效提高信息传递和分享效率。智慧物流通过一物一码及二维码扫码反馈信息，使物料的管理更有序、高效，有效避免了错发、漏发等问题并实现了物料追踪，是物联网和移动互联网技术的典型应用。智慧进度是通过进度与数字模型关联，实现进度可视化管理，并可实现拖超期提示和预警。智慧质控实现手机移动端提交发起质检流程，方便快捷，质检信息与模型关联，质检报告上传平台存档管理。智慧成本是平台根据进度自动统计完工工程量，并自动计算成本，让项目管理人员实时掌控项目费用情况，最大限度规避风险。智慧安全则实现了劳务实名制管理、人员机具实时定位、风险点二维码巡更、高风险作业票审批、摄像头全覆盖等，让安全管理体系更可靠运转。

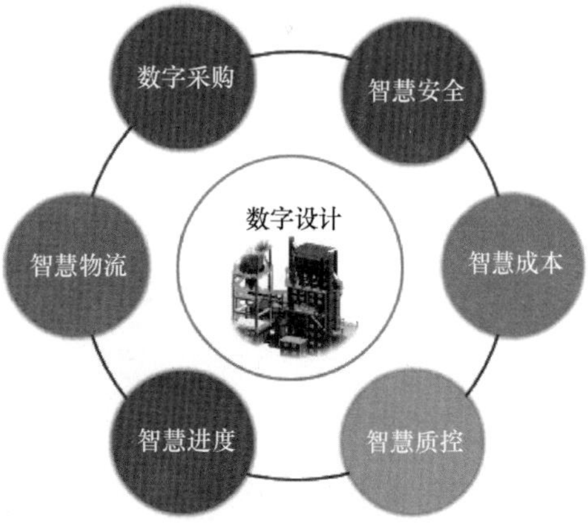

图 4　项目数字化管理应用场景

项目管理流程的优化和公司组织结构的优化为信息技术发挥效能创造了条件，信息技术的有效应用也助推了管理流程的进一步优化。借助 BIM 平台的功能，公司项目管理基本实现了作业数字化、管理系统化及决策智慧化，实现了对人机料法环等项目因素的更加高效的管理，进而优化了资源投入，加强了在项目质量、进度、成本、安全等方面的管控能力，确保了项目实现盈利（图 5～图 9）。

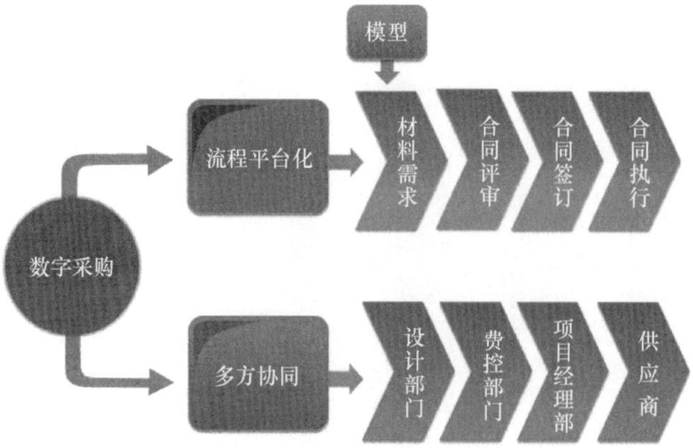

图 5　平台化协同数字采购

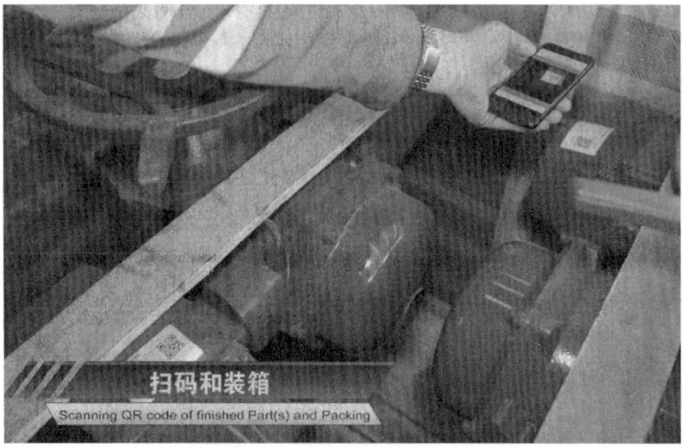

图 6　智慧物流扫码装箱

图 7　智慧物流扫码入库

图 8　可视化进度管理

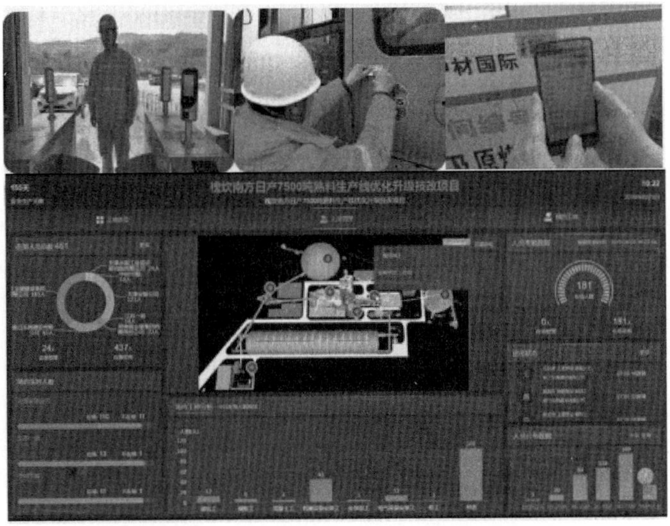

图 9　智慧安全管理

5　结语

数字化、智能化正在加速融入社会的各个领域，积极拥抱数字化转型，以数字技术驱动，用数字技术释放产业价值，是所有行业的唯一选择。以 BIM 技术为代表的新一代信息技术的运用必将引发工程项目管理的新变革，作为企业管理者必须做好充足的准备去迎接和拥抱变革：

（1）企业管理者要培养战略意识，增强捕捉、鉴别、运用以信息科技为重要特征的新生事物的能力。

（2）注重企业人才培养，有计划地组织和培养相关的信息技术人员，特别是一些必需的骨干力量，及早进行技术和知识的储备。

（3）在技术创新方面要有眼界和气魄，舍得投入，不断为企业注入新活力。让企业伴随行业的发展，上升到一个全新的高度。

BIM 可视化技术的应用研究

王 威　胡亚东　杨 超

摘　要：本文简述了 BIM 可视化技术在工程前期、设计、施工、运维等方面的应用研究。基于 BIM 可视化技术，可以进行工程设计优化、三维审校，提高建筑设计的合理性、经济性；可以直观地进行碰撞检查、施工模拟，降低施工期间的冲突造成的成本增长和工期延误；可以指导安全管理，模拟分析建筑物性能，提高工程运营管理效率，配合 VR 技术可以实现虚拟现实演示，提高相关人员的真实体验感。

关键词：BIM 可视化；三维审校；碰撞检查；施工模拟；安全管理；建筑性能分析

1　引言

近年来，随着 BIM 可视化技术在工程建设领域的发展和应用，BIM 可视化技术已成为一种高效的项目管理手段。从项目前期的招投标管理，到项目实施、运营管理，都体现了 BIM 可视化技术的优势[1]。

BIM 技术引导着传统粗放型的建筑行业向精细化、智能化方向发展。现阶段，设计方、施工方包括业主方都在积极引入 BIM 技术，国家也在大力倡导 BIM 技术的应用，BIM 技术在建筑行业的应用呈现出积极向上、快速发展的趋势。

BIM 技术具有协调性、可视化、模拟性、优化性和可出图性五大特点。可视化即“所见即所得”，能将复杂的结构形体以三维立体模式呈现出来，降低了读图难度，使工作人员一目了然，尤其适用于造型奇特、结构复杂的建筑项目[2]。通过 BIM 的可视化技术可减轻设计方的工作强度，减少施工变更，保证施工的质量和安全，提高业主方的满意度，有利于创造和谐的产业环境。

2　BIM 可视化技术

BIM（Building Information Modeling）技术是一种应用于工程设计、建造、管理的数字化工具，以建筑工程项目的各项相关信息数据为基础，通过数字信息仿真技术来模拟建（构）筑物、机电设备、各种管道系统等，是对工程项目设施实体与功能特性的数字化表达，能够实现设计、采购、运输、施工安装以及运营等项目全生命周期的数据、过程和资源互联互通。

BIM 技术的核心是通过建立虚拟的建筑工程三维模型，利用数字化技术，为这个模型提供完整的、与实际情况一致的建筑工程信息库。该信息库不仅包含描述建筑物构件的几何信息、专业属性及状态信息，还包含非构件对象（如空间、运动行为）的状态信息。利用 BIM 技术建成的三维模型可大大提高建筑工程的信息集成化程度，为建筑工程项目的相关利益方提供一个工程信息交换和共享的平台[3]。

BIM 可视化有两层含义：一是对人而言，信息可视，BIM 技术将线条式图形转化成三维立体的实物图形，人们能够更为直观地描述建筑物构件的几何、材料、视角、位置等信息；二是对计算机而言，信息可计算，计算机能够直接获取 BIM 模型的各种几何、参数信息，实现实时数据统计、分析、计算。

3 BIM 可视化技术的应用

3.1 基于 Revit 可视化协同设计

我们基于 Autodesk Revit 2018 建模平台建立建筑工程三维模型，Autodesk Revit 2018 是一款由 Autodesk 公司研发的具有强大的三维参数化建模能力的设计平台，可提供高精度、高质量的建筑设计、结构设计、电气工程、HVAC、卫浴管道、电气设计的功能，可以将工程师的设计思路直观、清晰地展现出来，并可以方便快捷地生成二维平面工程图，还可以将工程项目中各构件的建筑信息完整地存储在三维模型的数据库中。

单纯利用平面二维图纸进行各专业间协同设计的传统设计方法，已经不能满足建筑信息化日益加快的进程。BIM 技术的出现弥补了传统设计的缺陷，通过 BIM 软件可实现各专业协同设计，提高设计效率。图 1 是基于 Revit 协同设计的成果展示。

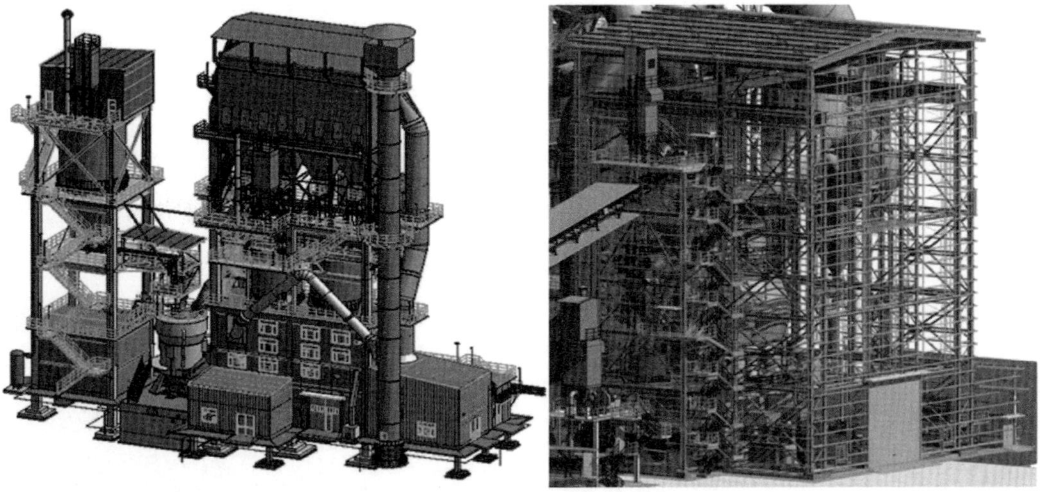

图 1　基于 Revit 协同设计的成果展示

3.2 三维校审

Autodesk Navisworks 是一款用于仿真、分析和项目信息交流的软件。作为 3D 模型浏览和校审工具（图 2），Navisworks 软件提供了全面的审阅解决方案，通过对项目三维模型中潜在冲突的有效辨别、检查与报告，能够降低手动检查的差错率。通过对三维设计的高效分析与协调，用户能够及早预测和发现错误，避免因误算付出的昂贵代价。软件将精确的错误查找功能与基于硬冲突、软冲突、净空冲突与时间冲突的管理相结合，快速审阅和反复检查由多种三维设计软件创建的几何图元，完整记录项目中发现的所有冲突，使审查工作更加高效、准确，同时可以为审查纪要的整理、跟踪和关闭提供全周期的管理支持。

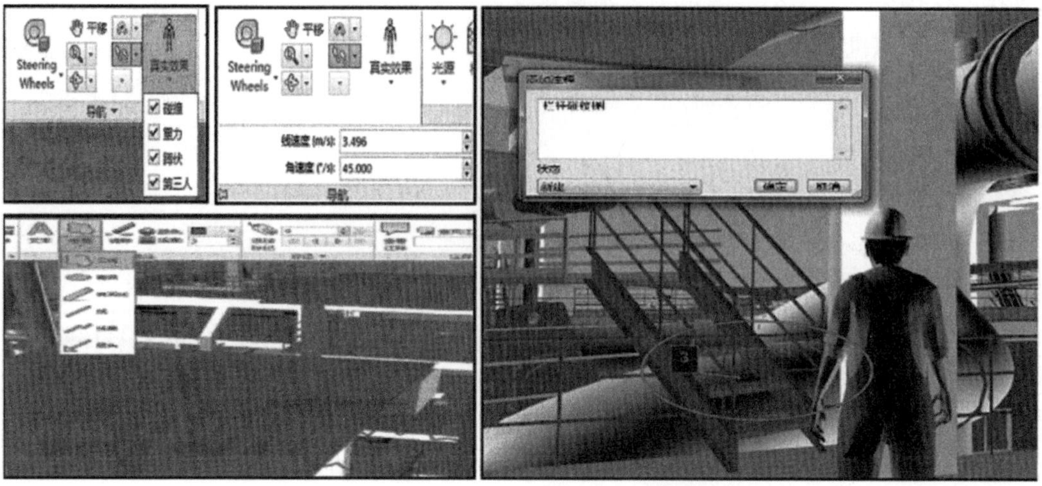

图 2　Navisworks 校审

3.3　碰撞检查

传统的 2D 碰撞检查工作模式，往往需要设计人员对很多张图纸进行套叠来一一排查，不仅费时费力，还对核查人员的工作能力、经验以及空间想象力有很高的要求，人们经常花费很大精力却不可避免地存在一些错漏碰缺。现在通过应用 BIM 技术，运用相关软件，可以对所建立的信息化模型进行可视化的碰撞检查，见图 3。通过碰撞检查模拟，可查看净高、管线之间的软硬碰撞，管线与结构之间的碰撞，自动生成碰撞报表，优化管线排布方案，指导施工人员正确、高效工作，进行施工交底、施工模拟，提高施工质量，同时也可提高与业主沟通的能力。

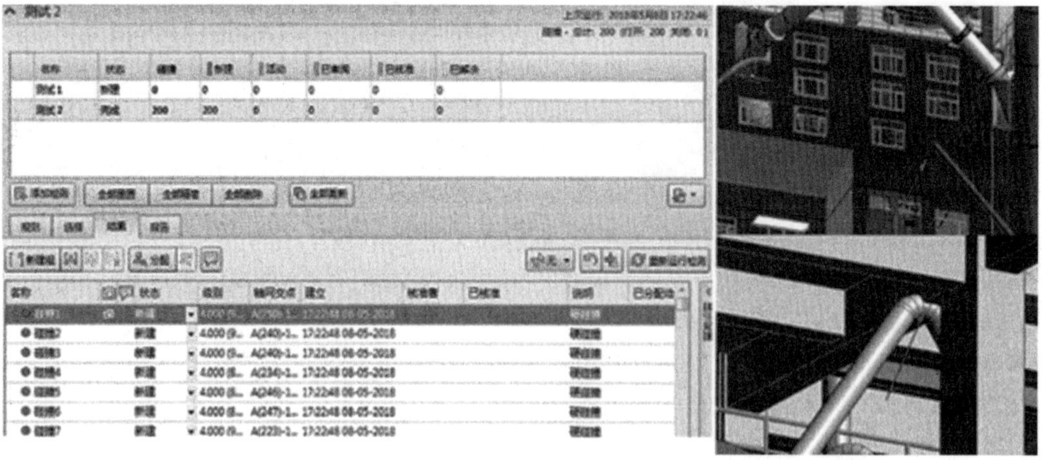

图 3　碰撞检查

3.4　施工模拟

在 2D 工作模式下，由于技术手段限制及信息收集不足，虚拟施工难以实现，施工中常凭借个人经验来确定施工方案，返工、物料浪费、进度拖沓等现象频频出现。通过 BIM 技术，可对 3D 模型进行维度的拓展，加上 4D（时间）维度，形成 BIM 4D 进度管理模型，进行虚拟施工演示（图 4），再关联日、周、月等时间信息，可随时查看项目进度与施工计划，及时对进度与计划进行调整。结合其他相关技术如云、物联网、射频技术等，可以使施工方、监理方、业主方等对项目进度、物料使用状况、人员配置、现场布置及安全管理等各方面情况一目了然，通过此方法优化施工方案，可大大减少建筑质量及安全问题，减少返工和整改情况。

图 4　虚拟施工演示

3.5　安全管理

超高、复杂、异型等建筑物的建造，施工安全难以管理。BIM 技术因具有可视化、动态化、协调性、模拟性等特征而被项目管理人员逐渐接受，在施工安全管理方面起到了较强的指导作用。与传统安全管理方式不同，BIM 技术可使项目管理人员更加直观地实时辨识现场危险源，并及时采取措施消除事故隐患，防止事故发生。同时，对施工作业人员的安全技术交底、安全告知、安全警示等，可由传统的纸质二维图转变为云端的三维动态图。三维动态图能够让施工作业人员随时关注作业场所的安全事项，从而降低事故的发生[4]。BIM 技术将可视化管理与移动终端设备相结合，运用互联网和移动通信技术，建立管理平台和应用程序，现场问题可及时反馈，安全质量隐患及时整改，管理效益显著提高。

3.6　建筑性能分析

建设项目的景观可视度、日照情况、风环境、热环境、声环境等性能指标在项目开发前期就已经基本确定，但是由于缺少合适的技术手段，一般项目很难对上述各种性能指标进行多方案分析模拟，BIM 技术为建筑性能分析的普及应用提供了可能性。建筑性能分析主要包括室外风环境模拟、自然采光模拟、室内自然通风模拟、小区热环境模拟分析、建筑环境噪声模拟分析（图 5）等，绿色建筑技术及产品的应用将大大提升产品的舒适性和环保性能，为业主提供更高品质的绿色产品。

图 5 噪声模拟分析

3.7 运营管理

传统的工程管理系统，受二维平面模型或对工程拆分不精细的三维模型限制，在管理过程中往往是以某个工程分部或者节点作为最小管理单位来进行整个工程的信息及生产管理，其精确性、可视性和交互性不足，使工程项目在发生紧急事件时不能为运维工作人员提供直观的信息和位置。另外，由于相关信息和模型都是独立的，在资产管理统计时，资产的分析统计很难将信息与实际工程部分相对应，从而影响整个工作流程的效率。

运用 Revit 软件建造的建筑模型中，包含各个构件的详细信息，具体包括所属类别、名称、材料、型号、生产厂家、价格等。利用建好的 BIM 模型进行运营管理，任何部位的设施出现问题，都能在第一时间了解该设施的详细资料，有利于实现建筑设施的信息化管理。因此相较传统的工程管理系统，基于 BIM 技术的管理平台提高了整个管理过程的精确性、可视性和交互性。基于 BIM 技术的可视化和信息化功能，管理平台可达到最大限度的拓展。如遇紧急事件，管理者可通过 BIM 模型快速找到发生预警位置的桩号、结构和预警原因等信息，并迅速安排相关人员进行紧急处理，防范事故发生或减少因事故带来的损失[4]。

3.8 三维渲染

三维渲染在 CAD 时代也可以实现，但基本都是对项目的外观效果展示（如 3DSMax），缺乏真实性，无法表现项目细部及描绘项目内部。通过 BIM 技术，可将模型进行细化及深化，再配合相关软件进行贴近现实的模拟演示。模型中不仅添加了构件信息，还可以 360°旋转以及放大细部等（图 6），项目各方均可了解建筑整体及细节，配合 VR 等技术可以实现虚拟现实的演示，增加业主或相关人员的真实体验感。

图 6　三维渲染

4　结语

全球建筑业界已普遍认同 BIM 技术对整个建筑领域的革命性影响，BIM 技术是未来的发展趋势。随着大数据时代的到来，BIM 技术融合云计算技术与图像信号处理显示技术，可将较难反映的现象、问题转化为可见的模型和符号，把这些错综复杂的数据以三维模型展示，较之传统的分析方式更加精确、直观。BIM 可视化信息综合管理系统打破了传统分析方式，结合 VR、AR、GIS 等应用可实现教育、科研及企业应用中的智能化管理。由此可见，BIM 技术的可视化应用，必将在项目全生命周期过程中发挥巨大的作用，促进建筑业的可持续发展。

参考文献

[1]　欧阳业伟，石开荣，张原．基于建筑信息模型的地铁工程建模技术研究[J]．工业建筑，2015，45(10)：196-201.

[2]　杨潇．基于 BIM 的可视化技术在某综合楼项目中的应用[J]．四川建材，2018，44(10)：71-72.

[3]　俞洪良，毛义华．工程项目管理[M]．浙江：浙江大学出版社，2014.

[4]　薛飞宇，赵赛辉，夏诗画．基于 BIM 技术的公路运维管理系统设计研究[J]．公路交通技术，2018，34(2).

（原文发表于《水泥技术》2019 年第 5 期）

BIM 技术在工业 EPC 项目上的应用研究

胡亚东　杨　超　刘　涛　孙利波

摘　要：传统设计方式的 EPC 工程项目，工艺、建筑、结构等各专业设计相互独立，缺乏有效、精准的协调与互动，工程管理粗放，信息化水平低，造成成本上升、资源浪费等。基于 BIM 的 EPC 项目管理方法，通过构建 BIM 平台可实现设计、采购、物流、施工现场的有效协同和数据传递，能有效管理项目的进度（4D）和费用（5D），提升企业对工程总承包项目的宏观管控能力，实现降本增效；通过生产运营和维护（6D）技术的应用，能实现工厂生产运行维护的信息化管理。

关键词：EPC；BIM 技术；4D；5D；6D

1　引言

BIM 指的是建筑物信息化模型（Building Infor mation Model），以工程项目的各项相关信息数据作为模型的基础，通过数字信息仿真技术，模拟机电设备、各种管道和建筑物设施实体的功能特性。通过 BIM 管理技术和平台，业主、设计、供货、建设、安装等各参与方可创建、管理和共享设计、采购、物流、施工安装以及运营等项目全生命周期的数据、过程和资源，数字化设计、建造和管理工程建设，可大幅度提高工程建设质量和效率，减小风险。

3D 模型是信息的载体，4D、5D、6D 是 BIM 技术在项目全生命周期的应用。4D 是 3D＋进度管理，5D 是 4D＋费用管理，6D 是生产运营和维护。工业 EPC 项目的全生命周期包括市场前期、设计、采购、物流、施工、调试和投产运营等阶段，BIM 技术在全过程的系统应用将大幅提高项目的管理水平和效率，提高盈利水平。

随着工程总承包市场的发展，业务竞争越来越激烈，项目的利润空间越来越小，传统二维设计，工艺、建筑、结构、电气等各个专业缺乏实时有效的协同，采购、物流、施工等管理粗放，效率低，资源浪费严重。工程总承包企业迫切需要采用 BIM 技术手段来提升其项目的管理水平。

2　BIM 技术工程应用研究现状

国外 BIM 技术起步较早，美国自 2003 年起，实行国家级 BIM 3D、4D 计划，2007 年规定所有重要项目都要用 BIM 进行空间规划；韩国于 2016 年前实现 BIM 在全部公共工程的应用；英国建立了系统的 BIM 标准体系，并明确要求 2016 年前企业实现 BIM 3D 的全面协同；在新加坡和欧盟，BIM 技术也都有广泛应用。

国内 BIM 技术起步较晚，但发展迅速。近年来，国家和地方政府相继出台有关政策，大力推行 BIM 技术，众多企事业单位和高等院校纷纷开展 BIM 技术的应用研究。赵彬等将 4D 虚拟建造技术应用在进度管理中，并与传统进度管理进行比较，论证 4D 技术的优越性[1]。谢佳乐等分析了 BIM 虚拟施工技术的应用价值和现状[2]。在工程应用方面，学者们的研究集中体现在对项目管理模式、项目目标以及对项目全生命过程的管理方面。利用 BIM 技术开展的信息集成化管理，为建筑业的企业管理带来了新的思路和方法，改变了施工企业的传统管理模式，实现了建筑企业集约化管理。潘怡冰认为，大型项目群利用信息集成管理可提高组织效率，而信息集成管理的核心是 BIM，运用 BIM 可以构建项目产品、全寿命过程和管理组织的大型项目群管理信息模型[3]；张昆从接口集成和系统集成两大方面，对 BIM 软件的集成方案进行了初步的研究[4]。

因此，如何结合 BIM 技术对工程进行指导，提高工程总承包项目精细化管理水平，实现项目信息的集成化，推进建筑业向技术密集型转型是 BIM 技术的发展方向。

3 基于 BIM 技术的 EPC 项目管理方法

针对工业 EPC 项目建设特点，应用 BIM 3D～6D 可视化三维模型技术，实现模型与图纸、进度、费用、质量、人机资源、文档等信息的关联，建立基于 BIM 技术的工程管理方法；通过自主开发的 BIM 综合管理平台，高效协同设计、施工、采购、物流、设备制造、业主等各个方面，实现工程建设全过程的精细化管理，提高项目的盈利水平。

BIM 在工业 EPC 项目全生命周期管理的系统应用将充分发挥 BIM 技术的价值，BIM 技术覆盖了市场投标、设计、采购、设备制造、物流、现场施工、设备调试、生产运营维护等过程。市场投标阶段采用 BIM 技术，建立项目投标的 3D 初始模型，可视化展示投标方案，基于投标模型自动计算工作量；施工图设计阶段，各专业协同设计，完成项目施工图模型，采购、物流、设备制造等过程信息实时反馈；运用 BIM 4D、BIM 5D 技术，对工程建设过程进行进度、费用、质量等精细化管理；工厂建成后，建立与工厂控制系统的数据接口，实现生产运营维护的信息化管理（6D）。

3.1 三维正向协同设计

工业 EPC 项目在投标阶段即开始采用 BIM 技术，设计阶段采用 BIM 技术三维正向协同设计，能体现出设计的高效率和高质量的特点，高质量的 BIM 模型是 4D、5D、6D 技术应用的基础。

正向协同设计基于同一个模型文件协同工作，如图 1 所示。工艺、结构、建筑、暖通等各专业同时开展工作，相较于传统专业间互提图纸资料的串行工作模式优势明显，将缩短设计周期，提高设计效率。

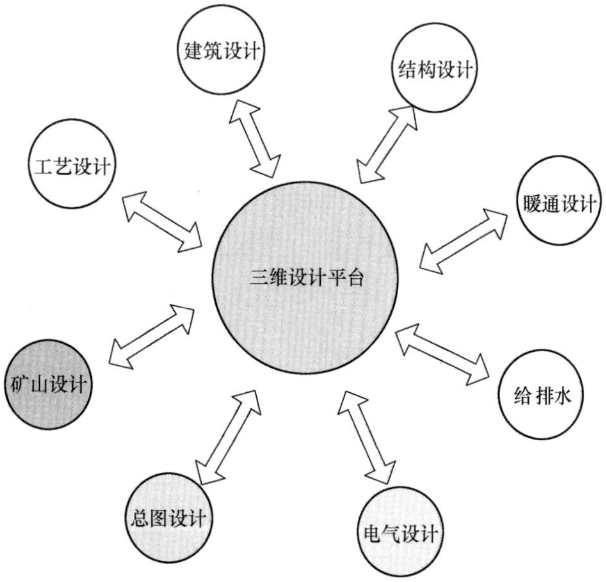

图 1　三维正向协同设计

在项目的全生命周期过程中施行正向协同设计的优点更加突出，如图 2 所示。X 轴表示工程项目的执行过程，从前期到投产运营，Y 轴表示工作的影响力；

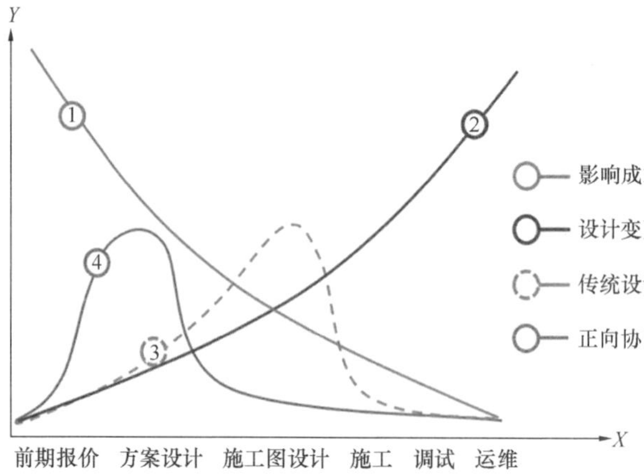

图 2　正向协同设计优势对比曲线

曲线 2 表示设计变更对项目成本的影响，越是项目执行后期出现的变更，对成本的影响越大；曲线 3 表示传统二维设计；曲线 4 表示正向协同设计，曲线波峰表示设计高峰期。由此可见，相较于传统二维设计，正向协同设计的工作高峰期大幅提前，而变更多是在设计高峰期产生，所以正向协同因设计变更所致的项目成本增加较传统二维设计要小得多。

正向协同三维设计，专业间沟通更加顺畅，利用 BIM 软件的辅助检查功能，可以快速准确地解决错漏碰缺问题，提高设计质量；所有施工图纸和工程量均由模型生成，相互关联，模型变，图纸和工程量随之改变，设计质量高，方案修改效率高；基于可视化的 3D 模型环境，可以更好地进行方案优化，节省工程量，降低项目成本。

在协同设计中，公司采用 Autodesk 系列软件统一管理数据，对全部设计数据进行系统跟踪，可以制定工程设计团队进行数据模型的创建、仿真和文档编制的流程；可以利用软件修订管理功能，管理设计数据，快速找到和重新使用设计数据，更加轻松地管理设计信息；可以可靠地实现设计模型的统一归档存储，记录模型变更情况、变更原因和历史版本，方便查找和问题追责。

3.2　工程建设过程管理

采用轻量化模型技术实现模型与工程管理业务数据的关联，实现基于 BIM 的工程项目 4D、5D 管理，从而使得 BIM 技术从 3D 向 4D、5D 等更高维度发展，逐步优化工程项目进度、成本、质量等。

BIM 4D 技术指基于 3D 模型进行项目的进度管理。设计完成 3D 模型、进行轻量化处理后，通过自主开发的 BIM 平台软件进行进度管理，施工 WBS 分级与模型相互关联，如图 3 所示。技术人员结合项目的具体情况，基于此 WBS，可以编制更加精细的进度计划和资源配置。完成进度计划和资源配置后，软件可以进行整个项目施工过程的 3D 模拟，检查施工组织计划是否合理。

项目执行过程中，技术人员可以通过平台实时反馈项目的进度信息、人机资源信息和质量信息等，通过计划进度与实际进度的对比反映项目的进度状态，对有拖期可能的任务提前预警，实现进度管理功能。BIM 4D 的数据流程如图 4 所示。

BIM 5D 技术指基于三维模型进行费用管理。4D 模型中的 WBS 任务分级可自动计算工

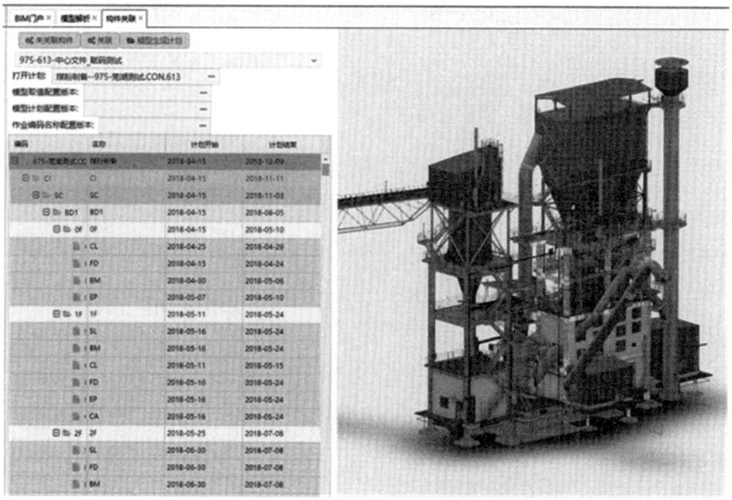

图3 4D模型示意图

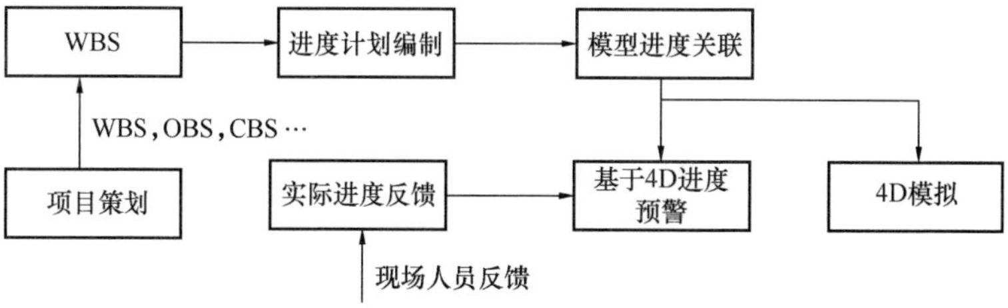

图4 BIM 4D数据流

程量和成本，模型、进度和费用关联；结合项目合同的具体情况，配置费控指标，模型与预算、费控关联对应，实现成本控制。技术人员通过平台实时反馈建设过程中发生的费用信息，实现费控、设计与实际发生成本之间的精细化管理。

3.3 设备管理

工业EPC项目中的设备管理包括设备请购、设备采购、设备制造、装箱发运、现场移交、现场库存、设备安装、调试运营等过程。BIM平台运用扫码、物联网等技术，实现对设备全过程的系统跟踪和控制。

BIM平台可配置设备管理的细度，进行设备相关进度和质量计划的编制；项目执行过程中，通过扫码，实时反馈设备的进度信息、质量信息、成本信息等。计划与实际对比，实现对设备进度、成本和质量的控制。

3.4 生产运维管理

BIM 6D技术即生产运维管理，是对EPC项目BIM模型的功能延伸。基于信息完备的BIM模型，BIM平台软件可以提取生产运维所需要的设备信息数据库、备件信息数据库等。通过自主开发的数据接口，接入工厂智能化监测系统的运行数据。运行数据与平台数据库实时对比，可以监控机电设备的运行状态，对异常情况实时预警。

基于工厂BIM竣工模型的可视化环境和数据信息，实时显示生产线和机电设备的运行数据和状态，为工厂生产的信息化管理提供展示平台和基础数据库。

4 结语

本文根据公司 BIM 技术的研发成果，分析了 BIM 技术应用于工业 EPC 项目管理的方法。BIM 技术应用于市场投标，将提升企业市场竞争力；正向协同设计会提高设计效率和质量，大幅减少错漏碰缺，优化设计，降低项目成本；4D、5D 技术的应用，实现对工程项目进度、费用、质量的精细化管理，提高项目管控水平；6D 技术的应用是 BIM 价值的延伸，为工厂智能化管理提供可视化平台和数据支撑。

BIM 技术在 EPC 项目全生命周期管理中应用价值很高，但它的实施对公司的人员配置和硬件配置要求都高，一次性投入大，这也是许多公司应用 BIM 技术经常遇到的问题。

参考文献

[1] 赵彬，牛博生，王友．群建筑业中精益建造与 BIM 技术的交互应用研究[J]．工程管理学报，2011(5)：482-486.

[2] 谢佳乐，沈紫晴，曾智诚，贺成龙．BIM 技术在虚拟施工中的应用价值[J]．价值工程，2016(14)：35-38.

[3] 胡文发，黄晴，潘怡冰．项目群进度管理体系研究[J]．知识经济，2012(1)：9-10.

[4] 张昆．基于 BIM 应用的软件集成研究[J]．土木建筑工程信息技术，2011(1)：37-42.

（原文发表于《水泥技术》2019 年第 3 期）

浅析 BIM 技术在水泥行业电气工程中的应用

孙瑞斌

1 引言

20 世纪 90 年代，G. A. van Nederveen 和 F. P. Tolman 正式为 BIM 命名——Building Information Model（建筑信息模型），提出项目参与者需整合各层面、各视角的信息，以满足各专业和各功能提取信息的需要[1]。

从图纸设计、工程施工到项目投入运行，BIM 可实现其全部周期的维护，将各种信息整合在三维模型中，各方工作人员可以基于三维模型协同工作。

水泥行业的电气设计工作目前主要是通过传统设计软件 AutoAD 完成，设计图纸为二维图纸，无法及时做到与其他专业的协同设计。随设计工作的变化，设备与材料的造价及物流和施工状况也会发生改变，但在二维设计中采购部门、物流部门和施工方无法实时了解相关的更新状态。

在水泥行业 EPC 项目中应用 BIM，必定会节约工程造价，缩短项目工期，提高工程服务质量。电气专业作为水泥 EPC 项目中不可或缺的一环，应紧跟时代步伐，将 BIM 应用于电气工作中。

2 BIM 在水泥行业电气方面的应用分析

（1）基于 BIM 软件系统的电气族库开发，是电气设计、采购、物流、施工、维护的基础。BIM 的软件系统并非只是单独一种类型的软件，而是包含绘图、专业、管理三种类型的软件。我公司采用 Revit 绘图设计软件，作为电气族库的开发以及电气设计、采购、物流、施工、维护的基础。

这一过程实际上是为传统二维设计赋予更多的信息，是在 Revit 中将 2D 的电气设备绘制为 3D。对于每个设备，我们均可以为其添加各个参数，方便项目各方在具体设计、应用过程中了解设备的各种信息。

举例来说，变压器是水泥厂中常见的电气设备，在传统设计中，我们可以从厂家设备图纸中找到二维设备图，但具体参数诸如电压等级、短路阻抗百分比、连接组别、质量、容量等参数则需要翻阅说明书才可找到，这无疑增加了设计以及施工阶段的工作量。另外，在传统模式中，设备的采购需要由设计部门将设计文件传递给采购部门，由采购部门完成采购后，再将技术文件返回设计部门，程序较为复杂。同时，现场施工方会经常询问物流部门该设备的物流情况。对于海外项目，由于运输及清关时间长，物流信息的传递需要不同部门之间相互沟通，一定程度上影响了其时效性。而对于业主方，更为关注的是设备投入运行后，需要为设备配备的备件种类与数量，这一点在传统设计过程中并没有过多提及，多数需要在后续工作中补充备件清单。

在 BIM 模式下，我们可以绘制变压器的 3D 模型，更为直观地看到该设备的全貌。可以根据不同规格、不同尺寸的变压器绘制不同规格3D模型，方便设计阶段调用。同时，将变压器各项电气参数填写在对应的信息栏，在单击该设备或输入该设备项目编码时，可随时调用其各项电气参数。在采购阶段，采购部门也可在系统中提取相关设备，输出包含各参数的电气设备表，直接用于设备的采购。在物流阶段，我们可以及时在设备信息栏里更新物流信息状态，如生产制造、国内运输、集港、海运、清关等，还可以为物流添加倒计时的功能，方便施工现场实时跟踪该设备的位置信息，安排及调整现场施工方案。在备品备件方面，我们可以为设备添加备件信息，业主可直接调用该设备的备件，进而统计全厂电气设备的备件清单，极大方便了业主的维护工作。以上工作均以族库为基础，在减小工作量的同时，增强了针对性和时效性。

图1 在Revit中的变压器模型

图1为在Revit中的变压器模型。图2为在Revit中变压器的电气参数界面，该参数会随着族库的完善而不断完善。

（2）与其他各专业配合，进行设计。水泥工程设计流程通常以工艺为主专业，工艺专业提出流程及布置方案后，土建专业为各设备布置提供架构，电气专业为各设备提供电源，并监控工艺流程的运行情况。基于BIM的设计，电气可与其他专业协同设计，将族库内各电气设备按照设计者的思路放置在三维设计环境中，并直接绘制电气配电设备至用电设备的路径。图3为在三维环境中进行的照明设计。

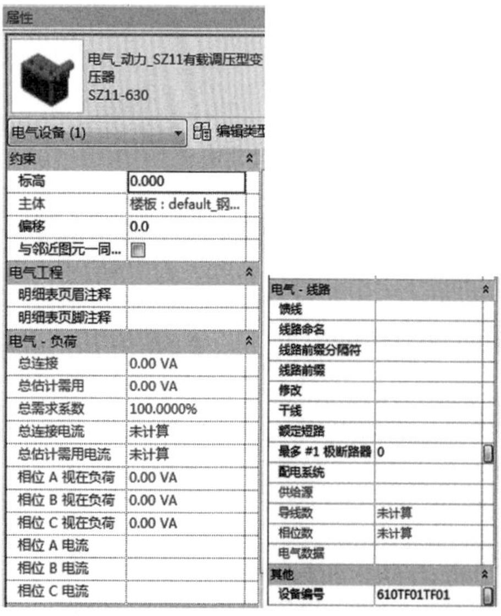

图2 在Revit中变压器的电气参数界面

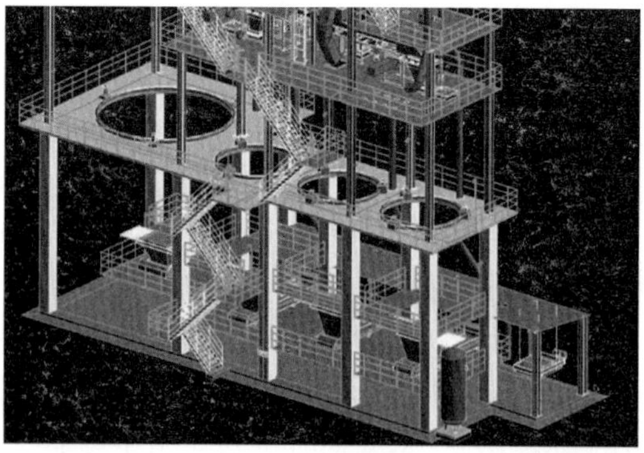

图3 三维环境中进行的照明设计

在电气设计的同时，进行设备与材料的统计，该统计比人工统计更为准确，并且在更新设计的同时，可以做到设备与材料的同步更新。图4为随着照明设计不断进行更新的设备与材料统计界面。

这种设计更大的意义在于，当其他专业或者设备的资料出现变更时，可以将对于电气设计的影响实时反馈在 BIM 系统中，提醒设计者更新电气设计。例如当结构基础发生改变时，是否会与原电气管线的设计发生碰撞，在传统设计中，需要设计者校对图纸，而设计者有可能遗漏，但在三维设计中，这种碰撞是很容易被发现的。在传统设计中还会出现的一种情况是，在设计临近末尾的阶段，时常会有设备资料的变更，但在电气设计中没有随之更改；或者施工图已经提交，但是设备资料出现更新的情况。采用 BIM 系统协同设计管理进度与设备资料，则能避免现场施工与设计不符的情况发生。

<照明设备表>

A	B	C
族与类型	配管长度	合计
电气_照明_壁灯：高效节能反射型投光灯具(70W)	0	30
电气_照明_立杆灯：高效节能反射型投光灯具(70W)	0	18
电气_照明_配管：DN20	368207	137
电气_照明_配管：DN25	7872	3

图 4　Revit 中照明设备与材料的实时更新界面

（3）赋予各个电气设备时间与造价的概念。各电气设备信息除基本电气参数外，还可将设备造价与设备实时的位置及状态反馈到 BIM 系统中，为物流及施工工程提供极大化的数据支持。

以电缆为例，电气设计结束后，由于在电缆的族库中添加了型号、规格与长度等参数，可以通过系统自动统计出各型号规格的电缆量，提出采购请求，之后根据采购合同，填入对应的单位价格。与此同时，可实时更新电缆的物流信息，提高施工管理效率。

BIM 5D 是在 3D 虚拟空间的模型基础上，融入“进度维度”与“成本维度”，形成由“3D 建筑模型＋1D 进度＋1D 成本”的五维建筑信息模型。表面上是简单地增加了两个维度，而实际上是更宽泛地拓展了 BIM 技术的信息视角，探索了施工项目整个周期的更多层面[2]。

（4）增强现实 AR 与现场安装指导及运营维护。Augmented Reality（增强现实世界），简称 AR，是在真实的世界内，通过计算机技术增加虚拟的场景事物，在一定视角上使虚拟世界和现实世界相融合的技术[3]。现场施工人员可以通过特定的工具如 AR 眼镜，在现实世界中建立虚拟的电气设备。这样，在施工阶段，即可有效对电气设备定位，同时由于在族库中已包含设备的各项参数，可通过 AR 眼镜即时看到设备的各种信息，更便于施工。

AR 技术亦可运用在设备的运营维护上，例如将设备的运营周期及维护记录等数据放置在族库系统中，并通过各种颜色区分各设备待维护的紧急程度，管理人员可迅速在现场确认某个设备是否需要维护或更换。AR 技术为设备的管理与维护提供了极大的便利，相关技术人员能够根据动态的数据库，统计各设备及备件信息，方便客户的运营工作。

3　BIM 存在的问题与展望

（1）BIM 涉及工程项目从开始到结束后的运营全周期以及各个领域。如何引领工程、物流、采购、设计等各专业之间协同配合，最大化发挥 BIM 功能，是值得我们深入研究的问题。

（2）BIM 作为一项新技术，相关技术人才短缺，需要重点选拔与培养。

BIM 技术的应用对节约资源、提高效率、创造经济价值有着重要作用，可以预见，在不远的将来，BIM 技术将会在越来越多的工程项目中得到应用。

参考文献

[1] 纪博雅，戚振强，金占勇．BIM 技术在建筑运营管理中的应用研究——以北京奥运会奥运村项目为例[J]．北京建筑工程学院学报，2014(1)：68-72.

[2] 周妍．BIM 5D 技术在绿色施工风险管理中的应用[J]．内蒙古大学学报(自然科学版)，2016(4)：440-447.

[3] 张宏伟，王立明，陈文宝，等．建立 VR/AR 工程建设与管理体系的分析与展望[J]．市政技术，2017(6)：191-193.

（原文发表于《水泥技术》2018 年第 6 期）

BIM 信息平台在水泥工程项目管理中的应用

王海军　肖 锟　赵茁跃　朱向国

摘　要：本文以天津院 BIM 1.5 系统为平台，重点介绍 BIM 在芜湖南方水泥项目进度管理及项目安全管理中的应用。芜湖南方水泥项目依托 BIM 3D 信息模型的规范化，通过 BIM 4D、BIM 7D 实现项目进度管理精细化、安全管理智慧化，打造创新创效个性化项目。

关键词：正向三维协同设计；BIM 4D 进度管理；BIM 7D 安全管理

1　引言

公司已开发 BIM 1.5 平台，具备 3D 设计、4D 进度管理、5D 成本管理、7D 智慧安全管理，可用于指导 EPC 项目从设计阶段至竣工验收阶段的过程管理工作。3D 正向设计趋于成熟，3D 模型将作为项目管理信息的载体，包括施工进度管理、施工质量管理、施工成本管控，以及设备采买、物流发运过程管理等建设工程实施阶段的所有阶段的信息，我们把这些集成于三维模型上的信息称为 4D、5D 信息。对这些信息进行策划管理即是 BIM 4D、BIM 5D 管理。BIM 7D 包括安全管理体系和智慧安全两部分。芜湖南方水泥项目依托 BIM 3D 信息模型的规范化，通过 BIM 4D、BIM 7D 实现了项目进度管理精细化、安全管理智慧化。

2　BIM 3D 实现精准、高效的正向三维协同设计

2.1　提高设计效率

系统能够根据 3D 模型自动生成各种图形和文档，而且始终与模型逻辑相关（图 1）。当模型发生变化时，与之关联的图形和文档自动更新；设计过程中所创建的对象存在着内建的

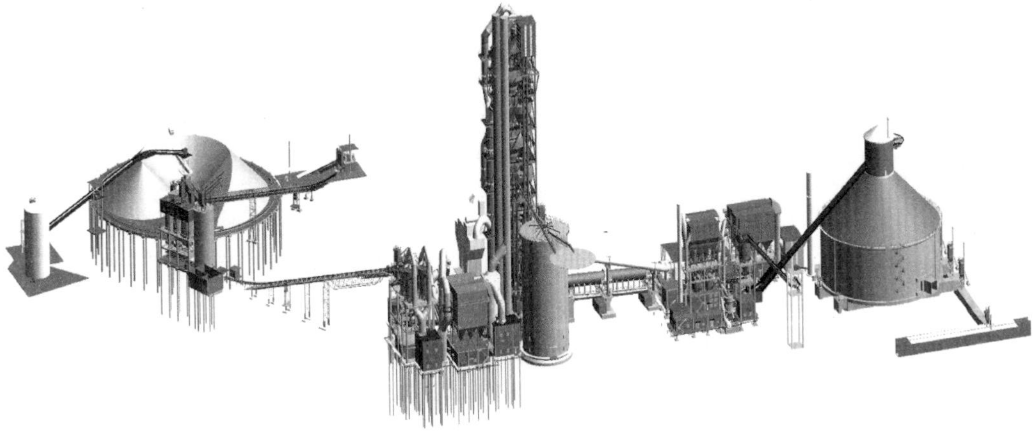

图 1　芜湖南方项目 3D 模型

逻辑关联关系，当某个对象发生变化时，与之关联的对象随之变化。各专业 CAD 系统可从信息模型中获取所需的设计参数和相关信息，不需要重复录入数据，避免数据陈余、歧义和错误。各专业设计信心均在同一个模型中，直接通过模型查询相关信息。

2.2 提高设计质量

对各专业的碰撞（硬和软）问题进行模拟（图 2），生成与提供可整体化协调的数据，可解决二维设计的查询、返回审耗时长、效率低和发现问题难度大的问题。可利用工具软件创建 3D 模型，完成结构条件图，对结构进行分析，得出合理的结构施工图。可进行能效的分析与计算。

图 2　芜湖南方项目 3D 模型碰撞模拟

2.3 提供准确的工程量

工程量由模型生成，施工图预算自动生成，可更早预知成本（图 3、图 4）。通过与工程量系统的整合，可实现对工程量的精确计算，减少材料浪费，使项目的成本管控有所提升。预计材料浪费可降低约 20%，同时可预知材料使用量，降低材料采购时间。

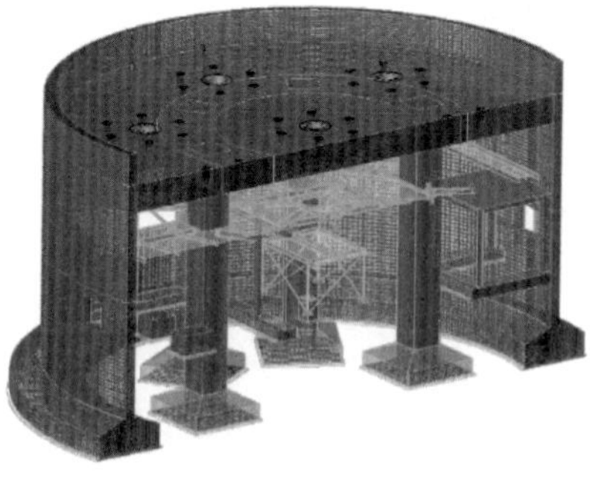

图 3　生料库底板配筋模型

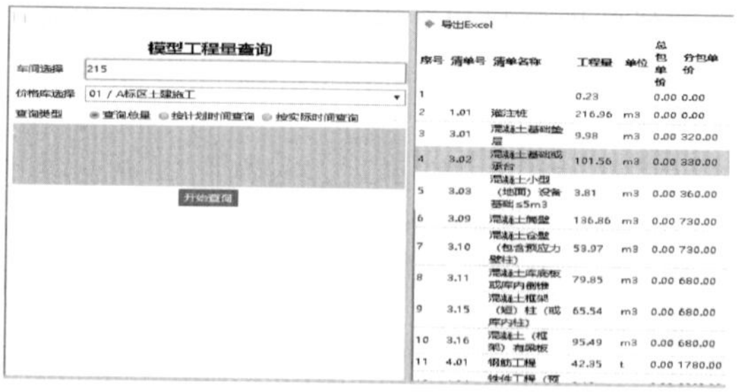

图 4　生成工程量清单

3 BIM 4D 实现项目进度管理精细化

3.1 施工进度可视化管理

将建筑物及施工现场 3D 模型与施工进度相连接，并与施工资源和场地布置信息集成一体，建立 4D 施工信息模型。可实现建设项目施工阶段工程进度、人力、材料、设备、成本和场地布置的动态集成管理及提高施工过程的可视化程度，实现动态、集成和可视化的 4D 施工管理。通过高质量的项目可视化和项目虚拟，使管理团队能够实时监控项目进度和成本的计划状态和实际状态，减少大量的报表整理工作，提高准确率，以达到时间管理的高效性。预计减少约 10%的管理时间，准确率达到 100%。通过 BIM 4D 项目进度可视化（图 5)，参与项目的各个部门可进行内容共享和协同工作，一定程度上可降低部门之间、项目现场与公司总部间的沟通时间，提高沟通效率，减少沟通时间约 50%。

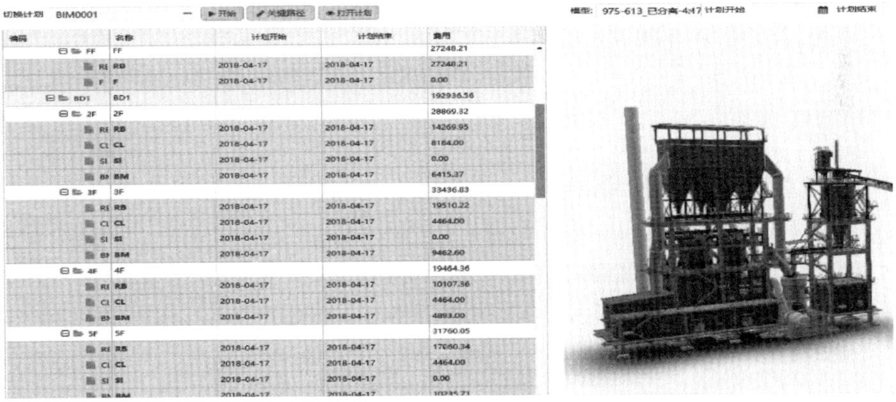

图 5 芜湖南方项目施工进度可视化管理

3.2 实时提供工程量，材料准备更精准，人员、机具准备更有针对性

BIM 管理可覆盖所有施工构件、设备、材料的虚拟管理及实际监控，无遗漏区域，可实现整体性地进行资源调配，缩短 20%项目交付时间，使项目范围管理明细化、具体化，可更有针对性地进行目标管理。

BIM 4D 系统可自动收集劳动力及机具数据，用于大数据积累，提高公司新市场开拓力度及项目执行的资源管理效率。此系统可减少收集、处理、定位项目任务资源信息的时间，同时大数据经过处理后可用于指导同类型工作的资源计划，以进行资源的合理调配，宏观掌控项目进度，避免进度滞后或资源浪费。

4 BIM 7D 实现项目安全管理智慧化

4.1 视频监控

在现场各人员进出入口，施工区域、重点建筑物、办公场所安装有监控摄像头 17 个

（图 6、图 7）。通过大屏幕每天对现场进行视频巡检，对现场各类危险源、高风险作业情况，实施全天候的安全监控。现场视频监控系统通过网络与公司视频监控中心实现共享连通，以及时发现、制止和纠正违章行为，及时反馈隐患整改情况等。

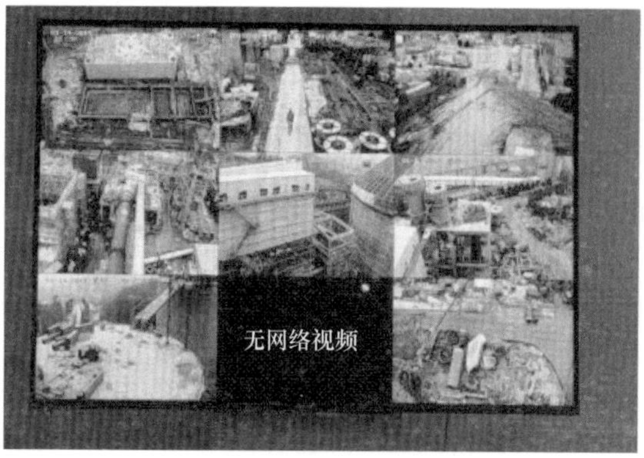

图 6　芜湖南方项目监控台

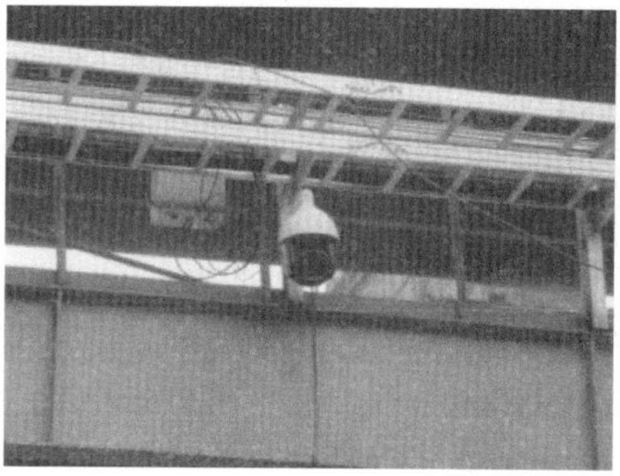

图 7　芜湖南方项目监控摄像头

4.2　人员机具管理

为加强人员进出管理，施工现场大门口设置有三台闸机（图 8）。所有人员身份证实名登记，个人信息录入电子系统。经培训合格后发放授权胸卡，人员上下班凭胸卡刷卡（或刷脸）出入。在施工区、办公区设置信号基站 6 个。所有人员安全帽上均安装 GPS 定位芯片（图 9），以实时掌握现场人员分布及活动情况。所有重型、特种设备和车辆，均安装 GPS 定位系统，张贴二维码识别标签，以实时监控、检查每台设备的安全状况及工作动向。

图 8　芜湖南方项目门禁系统

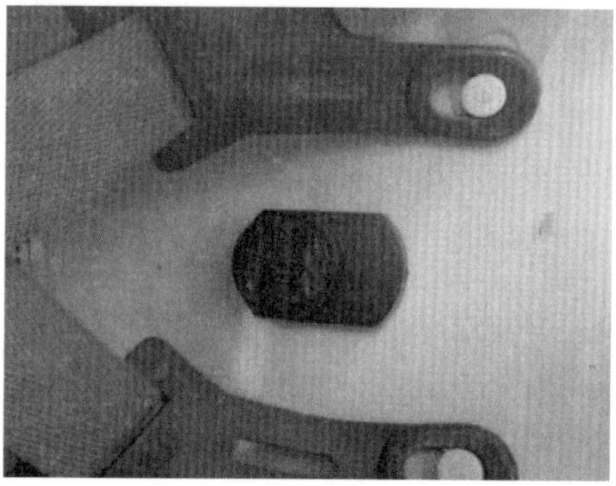

图 9　GPS 定位芯片

4.3　安全检查管理

每个车间按照设计图纸编号标示，并张贴巡更二维码（图 10），安全人员通过手机终端每天对各车间进行巡视扫码。各类高风险作业（如高空作业、起重吊装作业、动火作业等）均按照规定办理工作许可证，按流程进行网上审批（图 11）。

图 10　安全扫码巡更

图 11　在线作业工作许可证审批

4.4　环境监测管理

工地大门口设置有环境监测显示屏（图 12），全天候对现场施工噪声、空气质量进行检测，根据实测数据自动启停相关施工环保设备（图 13），并将监测数据实时上传网络系统，可以随时查询。

图 12　环境监测显示屏

图 13　扬尘抑制设备

BIM 技术结合安全管理在工程项目建设中的创新与应用

张 周　常云波　吕长青

摘　要：本文介绍建筑行业施工安全管理的内容及我国建筑行业安全管理的现状。根据水泥工厂建设工程安全管理的特点，天津院构建了安全体系化、安全标准化、安全信息化的安全管理模式，通过引入信息化管理技术手段、多维度管控模式，提升了项目安全管理的能力与水平。

关键词：安全管理；信息化；多维度管控

1　建筑行业安全管理现状

1.1　建筑行业施工安全管理的内容及其重要性

建筑行业施工安全管理是指，按照国家建筑标准，采用对应的安全管理措施，以排除施工中存在的安全隐患[1]。在中国经济飞速发展的今天，以人为本的安全理念被越来越多的人认可和重视，安全管理制度和措施从粗放转向精细，安全管理工作成为工程管理中的一项重要工作，直接决定了项目的成败。尽管当今中国建筑行业的技术水平有了很大提高，但是国内安全标准与国际安全标准相比，还有一定的差距。随着中国工程建设企业走向国际市场，传统的安全管理模式与较高的安全管理标准的要求不相匹配，因此如何改善安全管理的技术手段和过程中的管控模式是建筑行业工程管理工作亟须解决的问题。

1.2　2018 年国内建筑行业施工安全事故情况

建筑行业因其劳动密集、投资大等特点，安全事故造成的人员伤亡和财产损失比较大。2018 年截止到 11 月，全国建筑行业共发生生产安全事故 698 起、死亡 800 人，比 2017 年同期事故增加 55 起、死亡人数增加 47 人，分别上升 8.55%和 6.24%[2]（图 1、图 2）。以上数据显示，国内建筑行业安全事故仍频频发生，2017 年和 2018 年平均每起安全事故死亡

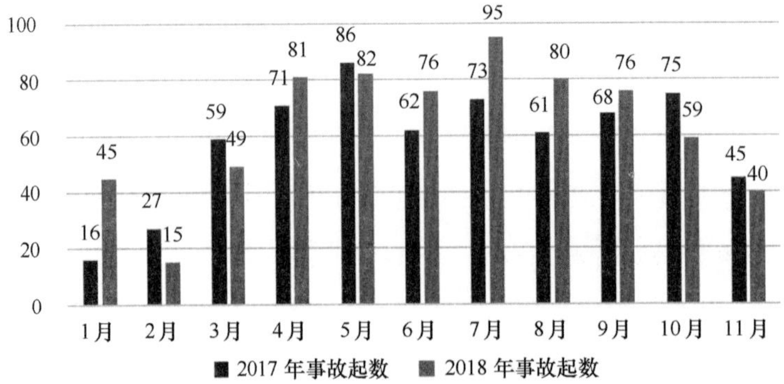

图 1　2018 年 1 至 11 月事故起数与 2017 年同期对比

人数分别为 1.17 人和 1.15 人，建筑行业的安全状况并没有显著改善。

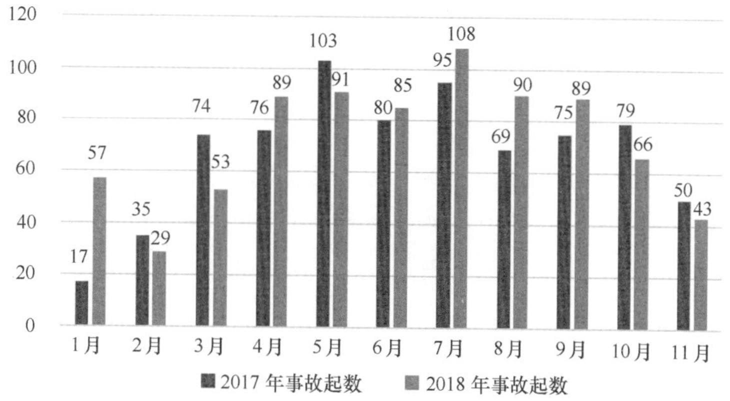

图 2　2018 年 1 至 11 月事故死亡人数与 2017 年同期对比

2　水泥厂建设工程的安全管理特点

水泥厂建设工程包括桩基工程、土建工程、机电设备安装工程等。建（构）筑物的结构形式多样，有多层混凝土框架结构，也有混凝土筒仓结构，还有空间网架结构、门式框架结构及多层钢结构等。施工过程中涉及的风险点较多，包括施工人员流动性较大，无法实时掌控现场施工人员工作情况；安全管理人员难以全方位把控全现场情况；高风险施工许可审批流程烦琐；施工中动火作业、高空作业、吊装作业等暴露在外面的施工风险大、作业频繁；项目机具管理信息滞后；传统的“人对人”讲解式的安全培训效率低且工人参与的积极性较低；在一些经济水平比较发达国家建设项目，安全标准和要求明显高于国内标准，现场实施的安全标准难以满足国际化的要求等。

针对以上水泥厂建设工程中面临的安全管理相关问题，天津水泥工业设计研究院有限公司（以下简称天津院）阿联酋项目通过提升技术手段，注重安全管理过程，强化过程监督，在水泥工厂建设工程中构建了安全体系化、安全标准化、安全信息化的“三化”安全管理体系，实施多维度管控，对新形势下的安全管理模式进行了积极有益的探索。

3　安全信息化、体系化、标准化在阿联酋项目上的应用

3.1　智能监控系统

安全管理人员的常规工作主要是通过日常安全巡视来检查施工作业过程中可能的违规及排查隐患，这种工作方法的缺点是显而易见的，安全人员无法全方位地实时监控到每一个施工点，而智能监控系统则有效弥补了安全管理中的这一缺点。根据总平面图提前设计监控点位，可实现项目全方位视角监控，由专职安全管理人员视频监控现场作业动态，如有情况发生，现场安全管理人员可按照标准及时迅速解决问题。智能监控系统的具体应用情况如下：

（1）作业现场装设覆盖所有施工区域、生活区及围墙等位置的视频监控系统，项目部设置监控室，并和天津院总部监控系统连接，总部及项目部能实时查看作业现场的情况。

（2）明确作业现场的视频监控责任人，确保图像资料画面清晰，始终和现场保持连线状态，保证录像资料的长期保存，任何人不可擅自删除、破坏图像信息资料的原始数据，以保证事件录像记录的可追溯性。

（3）由专人负责记录施工现场的监控情况，发现违规作业和安全隐患立即通知现场整改，或下达《隐患整改通知书》限期整改。

（4）公司总部通过视频监控系统发现现场的安全隐患后，可及时通过系统反馈到现场。

阿联酋项目智能监控系统上线后，项目现场工作人员的安全意识大幅提高，隐患整改数量增加，现场工作人员按照安全管理规定施工的习惯正逐步养成。目前，现场已实现连续安全工作 40 万人工时零事故。

3.2 闸机及人员定位管理

建筑行业人员项目现场流动性大，进出项目现场的人员难以及时统计，突发事件发生时，难以准确定位伤员的位置，施工单位引入闸机和定位系统后，这些问题迎刃而解。通过闸机以及人员定位管理，项目管理人员可以精确了解人员进出的情况，禁止项目无关人员进入现场，且项目部和公司总部可实时查询项目施工人数、工种等详细信息，若有突发情况，任何人的定位信息都可以通过后台查询，以便及时找到受伤人员进行救治。

闸机和人员定位管理的应用情况如下：

（1）通过闸机系统，使用身份证进行实名制登记并建立员工信息库，发放 GPS 定位芯片，人员进出现场必须通过闸机实行人脸/刷卡/指纹识别等实名制管理，芯片信息和指纹信息不匹配者拒绝入场；系统可识别有关人员的培训状态，合格者准入，不合格者或未经培训者拒绝入场。通过闸机管理系统，可及时掌控进入施工现场人员的数量及相关信息，并将信息共享。来宾、访客等经登记审批后，持临时卡进出。图 3 为智能监控系统投入使用前后平均每月隐患整改前后对比情况。

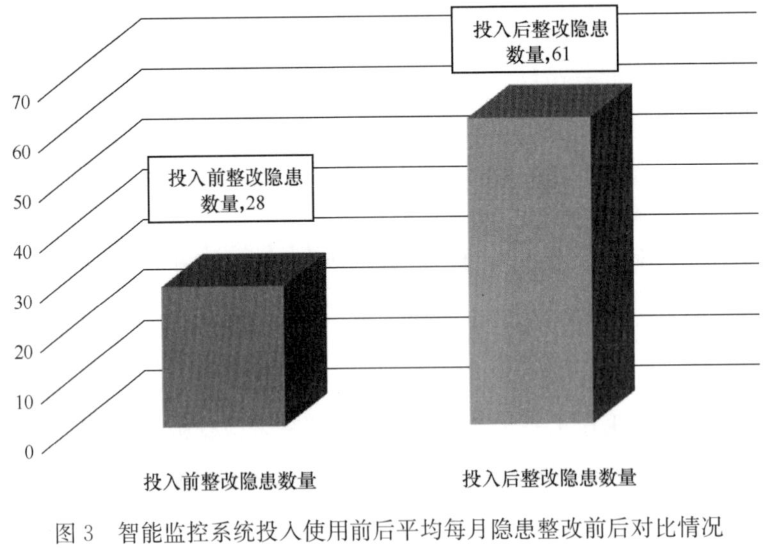

图 3　智能监控系统投入使用前后平均每月隐患整改前后对比情况

（2）现场人员工时以打点进入现场开始计时，打点离场为止，可实时同步工人的考勤记录，统计工人在场的工时。

（3）作业人员进入现场后，管理人员能够在系统中通过芯片信号实时关注其行动轨迹。

同时，通过定位基站的分布位置及在线状态，管理人员可查看该基站所覆盖的现场总人数、日累计总人数、实时人数，可进行当日作业人员趋势分析、近7日作业人员情况分析，总人数按工种、年龄、民族、国家、地域、分包人分析，可进行进出场人员趋势、特种工种持证人数、工地区域人数分析等。

3.3 多功能培训箱和安全体验培训

传统的“人对人”讲解式的安全培训有局限性，工人缺乏学习积极性，有的是初次从事水泥行业施工工作，培训效果有限。针对此种情况，天津院率先在施工现场使用多功能培训箱，其是一款便于携带、可应用不同培训方案的可视化移动设备，主要分为“进入培训”“人员管理”“培训方案”“培训记录”“课程管理”五大模块。

通过“进入培训”模块可进行考勤、培训和考试；“人员管理”模块中，可以通过刷身份证、录入指纹对单位人员进行编辑和管理；“培训方案”模块可实现各个课件自由组合，形成满足各类需求的培训方案；通过“培训记录”模块可以查看现场已完成的所有培训记录；“课程管理”模块中，可实现自主添加培训资源的补充课程内容。员工可通过多功能培训箱中的视频动画学习各类作业的标准操作，汲取安全隐患带来的教训，同时，各项培训信息可自动打印，大大提高了安全管理人员的工作效率；员工，对此种可视化移动设备的接受度较高。

安全体验培训依托于体验馆。公司总部设立了智能安全培训体验馆，通过VR技术逼真模拟现场常见的20类VR安全教育应用场景，让现场施工人员亲身感受违规操作造成的危害，熟练掌握安全操作技能。项目现场设立安全帽撞击体验、安全鞋撞击体验、综合用电体验、现场急救体验、高处坠楼等安全体验项目，要求入场的新员工均进行体验式培训，让员工在观看、参与、体验的过程中加深对安全重要性的认识，加强安全意识。安全体验培训让工人自身去感受相应的防护措施所对应的危险源，从自身心理上排除侥幸心理，实现从“要我安全”到“我要安全”的真正转变。

3.4 车辆机具信息

车辆机具的管理主要针对现场大型施工机械、各类吊车等。常规机具管理是通过检查纸质文件，记录相应的进出场时间和检修记录，而车辆机具信息管理信息化将合格车辆机具的行驶证、司机信息、车辆合格证书、保养记录等信息集中后形成二维码，张贴于各个设备的显著位置，通过手机软件扫码即可轻松获取各个设备的信息，及时对复检到期的车辆进行检修。通过GPS定位系统可实时查看车辆在现场的运行轨迹，配合监控系统，动态掌握司机是否按照标准规范操作。

3.5 BIM在安全管理上的应用

BIM建筑信息化模型是天津院近年来重点打造的工作平台，其对项目安全管理起到了重要作用，可实现与分包人和安全管理人员的信息共享，极大提高了工作效率。

阿联酋项目为BIM建筑信息化的示范应用项目，其中的安全平台是项目安全管理工作的云平台。通过云平台和手机软件的信息同步，手机软件可实现安全巡检工作，包括隐患整改信息、高风险作业审批工作等，极大提高了安全管理人员的办公效率，降低了施工安全的风险。

（1）项目管理人员和安全管理人员可随时登录 BIM 平台，及时掌握项目部的安全管理动态，在其权限范围内查阅、使用平台的相关数据。

（2）施工现场安全管理人员根据现场施工特点，辨识现场风险作业等级，要求分包单位利用 BIM 平台实现施工作业许可的在线申请与快速审批。

（3）在现场风险作业区域设立安全巡视牌，张贴安全巡更二维码，安全管理人员在作业现场定时巡更。通过扫描车间二维码，安全管理人员可以实现安全状态和隐患的排查与处理，安全施工方案的在线提交，资料上传并存档，总结分析，实现巡检的智慧办公。其提交的信息与 BIM 系统连接，所有项目相关方均可通过 BIM 系统查看现场记录情况。

（4）根据施工作业危险源辨识情况，通过 BIM 系统设置若干风险作业车间，生成车间二维码，张贴至相应作业点，各级管理人员均可通过扫描二维码监测危险源的管控情况和了解相关负责人。

4 “竖向到底，横向到边”的多维度管理模式的应用

天津院致力于建立与项目施工相适应的安全管理责任制，以加强安全管控，同时加大对现场的监督力度。“一岗双责”是实施多维度管控的基础[3]。天津院阿联酋项目制定了“竖向到底，横向到边”的多维度管理模式，横向是指项目部每一位成员均需参与到相应工作范围的安全管理中，全员参与智能化视频监控，并在工作范围内配合安全管理措施的实施，纵向是业主、总包、分包人中对每一类作业授权相应责任人。具体应用如下：

4.1 安全执勤授权

安全工作不是某个人的事情，项目安全工作倡导全员共治、群防群治，每一个人均需严格履行各自安全职责。重要岗位如班组长、工段长、专业技术负责人、危险工序操作、危险环节主导者，是全场安全风险管控的重中之重，项目部通过筛查重要岗位人员的工作能力，确认登记授权，旨在从源头上消除导致事故的人为因素，避免重要工作出现偏差和异常。也就是说，任何一项施工作业或者危险源管控均由相应负责人管理，落实到具体工作人员。

项目部把重要岗位责任人定位为此项工作的安全执勤人员（佩戴安全执勤标），安全执勤人员是每一类作业的小组长，受安全经理领导；安全执勤人员负责自身工作范围内的安全工作，如吊装作业设有吊装作业执勤人员，架体搭设设有架子工安全作业执勤人员等。各专业安全经理在工作安排过程中要对其范围内的安全风险控制措施做相对应的安排，专职安全员要对“人、机、料、法、环”进行安全合规性监督检查，排查隐患，维护安全生产秩序，积极响应业主、监理及所在国安全主管部门关注的安全问题，及时消除事故风险，确保安全生产。

通过重要岗位责任授权，项目现场任何作业违章活动均可找到相应责任人，降低了安全管理人员的工作强度，相应岗位安全责任人能够深度了解其工作的风险点，更好地服务现场安全管理。

4.2 安全督察与保证金动态管理

安全部组织由各单位专职安全员组成的项目安全督察组；制订项目安全督察工作执行程序；根据安委会工作安排和现场实际情况，自主对现场施工过程进行安全合规性监督检查，

自主排查安全隐患，对风险异常情况做出快速反应和恰当处理。以下是督察权限和实施路径：

（1）有权停止违规施工，要求强制整改，并追究问责处置；有权制止违规行为，执行再教育，有权永久取消多次违规、产生严重后果和影响恶劣的违规人员的作业资格。

（2）有权依据规定对事故及险兆责任单位、安全执勤人员执行处罚。

（3）有权考核履职方安全绩效、根据绩效分值核定履职方的安全奖励。

督察信息获取路径：定期、不定期联合行动、群众监督、业主及相关方安全投诉、无人机航拍电子监控。督察路径不仅仅依靠现场检查，也包括工人投诉信箱、无人机航拍等手段，多样化的督察手段能多角度发现现场监察死角，更好地监察现场安全隐患。

覆盖全场所有工作的重要岗位责任人，需向总包项目主管部门缴纳规定额度的安全保证金，备案后方可获得安全执勤授权。项目部设立保证金专门账户，建立安全执勤履职监督台账，由项目督察组依照规定对安全执勤人员及其保证金进行双向动态管理。安全执勤保证金管理公开透明，督察组依照规定根据执勤人员的履职表现适时增减保证金余额；保证金余额归零，则永久取消责任人安全执勤授权。安全执勤人员全部工作任务完成后，项目部退还保证金账户余额，并根据履职安全绩效分值予以安全奖励。

4.3 问责追究与激励考核

任何工作都必须落实责任，任何履职行为都必须纳入有效监督，任何违规都必须问责追究，任何履职绩效都必须进行考核，任何考核结论都必须关联激励措施。

问责追究工作主要包括明确和落实普通员工、管理人员、责任单位、安全执勤人员、安全督察人员的安全职责，明确问责追究处置程序并严格执行。每个现场作业均有现场负责人即重要岗位授权人，监督现场全部施工，重要岗位的执勤情况是现场安全大环境的基石；项目部把狠抓重要岗位执勤人员安全职责落实责任追究作为安全工作重点；重要岗位安全执勤人员对工作范围内的人员行为、工作环境条件、管理合规性负有不可推卸的管理职责；针对现场任何安全违规及异常情况，督察组均需按规定对相关安全执勤人员的管理过失做出处置。

项目部考核激励机制主要是针对责任单位、项目管理人员、安全执勤人员和对安全做出特殊贡献人员，督察组具体负责此项工作。

根据分包人合同执行过程安全合规性和管理效果，每月给出安全绩效分值，根据分值核定批复分包人全员安全激励。根据项目管理人员工作范围内的安全工作合规性和管理效果，每月给出安全绩效分值，根据分值核定项目人员安全激励。根据重要岗位安全执勤人员工作的执行情况，适时增减执勤人员保证金余额，根据执勤人员所有工作完成的效果，在离场前给出安全绩效分值，依据分值核定安全激励。

5 结语

信息化技术在我国正处于蓬勃发展的阶段，信息化技术应用于项目全寿命周期是未来发展的趋势[4]。未来会有越来越多的工程项目将安全管理与信息化技术相融合，天津院阿联酋项目通过智能化管理手段及多维度管控，提升了项目安全管理的能力和水平，有效促进了项目的安全工作。

参考文献

[1] 熊海军．建筑安全施工管理策略在建筑施工中的应用[J]．工程管理，2018(12)：140.
[2] 中华人民共和国住房和城乡建设部[EB/OL]，2018/12/07.
[3] 伍培，陈龙，赵子莉，彭江华．浅议建筑工程全过程的安全管理及实现途径[J]．工业安全与环保，2016，(42)：97-99.
[4] 胡亚东，杨超，刘涛，孙利波．BIM 技术在工业 EPC 项目上的应用研究[J]．水泥技术，2019(3)：29-32.

（原文发表于《水泥技术》2019 年第 4 期）

集团级信息管理控制系统的应用

冯兰洲　李志丹　殷　杰*　张晓丽*

摘　要：目前国内外还没有形成一个被广泛认可的水泥集团级信息管理控制系统，各项分系统如生产管理、能源管理、设备管理和质量管理系统还处于信息孤岛的状态，将这些重要的信息合理规划统筹运用，有利于优化组合生产要素，合理配置资源，完善业务流程，控制生产成本，提高水泥企业生产效率，实现企业信息的共享和有效利用。针对水泥企业的现时需求，本文提出了一种集团级信息管理控制系统，旨在提高水泥集团的经营效益和管理水平。

关键词：集团化；信息管控系统；水泥企业

1　引言

目前国内外还没有形成一个被广泛认可的水泥行业集团级信息管理控制系统。国外水泥设备制造商中，ABB、施耐德、西门子、F. L. Smidth 等公司虽然都有自己的能源管理系统、优化控制系统、信息管理系统，但是各个系统几乎都是独立的，无法在统一的平台上共享数据，也未形成管控一体化的体系，只是对一部分能源管理和设备巡检、运维管理进行了初步的统计。本文详细介绍了为南方水泥集团有限公司开发建立的一套集团级水泥生产信息管理系统，将生产监控、停机维护、熟料生产计划、库存管理等整合成为全阶段、全流程和全范围的信息化管理平台。搭建水泥集团级管理控制系统平台，实现先进水泥制造技术中多系统平台间的数据互通，打通企业信息孤岛，在统一平台上进行工业大数据深度发掘，将是水泥行业智能制造的发展方向。

2　技术架构

根据上海南方水泥有限公司对于集团级信息管理控制系统的要求，确定系统的建设遵循“实用、可靠、整体化、标准化、可延展”的原则，突出实用性，符合 ISA95 MES 功能规范，确保系统具有安全性、稳定性、可扩展性、实时性、可执行性、集成性和可视性等特点。系统采用的 Hipermatic 平台软件拥有自主知识产权，符合国际 ISA S95 标准。该软件采用 J2EE 技术，基于 SOA 架构，支持集群热备，支持 Oracle、SQL Server 等多种数据库，提供应用客户端（C/S）、网页客户端（B/S）、Web Services 客户端等多种形式，支持热部署。Factory Talk Production Centre 提供了丰富的业务对象，如工艺路径、物料清单、生产线、设备、操作员、工单、工艺路径等，具有强大的建模能力，可以创建完整的生产模型和工作流，采用模型驱动的方式规范实际生产作业流程。Hipermatic 提供了丰富的辅助工具，如智能报表工具 Jasper Report、数据迁移工具 Live Transfer、二次开发工具、网页发布工具等，可以最大限度地满足客户个性化需求。

相较于目前主流的平台软件产品，Hipermatic 平台的关键差异化优势有：跨平台支持，

Hipermatic 平台支持 UNIX、Linux、Windows 等不同平台的操作系统；负载均衡技术，对中型及大型 MES 系统的部署，Hipermatic 平台支持多节点冗余和负载均衡（Load Balance）技术；生产数据库与历史数据库实时备份，通过生产数据库和历史数据库的自动迁移技术，优化生产数据库，形成高效稳定的数据库；基于 UNIX、Linux 操作系统的高性能服务器支持（大规模，稳定性）；二次开发平台的程序版本管理，不影响生产环境的运行，测试与运行分离；开放的集成接口等。

3 设计原则

一致性原则：项目实施的最终目的是提高生产效率，提高产品质量，减少浪费，降低工作难度，提高生产管理水平。系统的设计目标必须与此保持一致，结合长兴南方的实际需求，减少不必要功能，控制成本，尽量避免增加系统使用人员的工作量或复杂程度。

整体性原则：正确规划企业所需要的应用系统，确定各应用系统之间的界限和相互联系，尤其要关注在不同阶段实施的应用系统之间的衔接关系。信息系统关系到企业生产经营的方方面面，它们共同构成一个有机的整体，因此在制定总体规划时，应考虑各个部门对信息系统的需求。随着信息技术的发展、企业内外部环境的变化，总体规划亦需要相应调整，要具备较好的扩展性，可以根据需要增加或减少子系统，对整体没有负面影响。

可扩展性原则：要求系统以足够的灵活性提供更快的实施速度、更方便的客户化功能、更少的系统维护费用来适应这种变化。

安全性与稳定性原则：集团级信息管理控制系统是生产管理和执行的关键，应当具有非常高的可靠性、安全性及容错性。关键服务器要冗余配置，保证系统能够不间断地运行；将内网与外网相隔离，避免病毒的侵入；充分考虑数据的保密，在设计时，对不同的用户设置严格的访问权限；充分考虑系统的异常情况及处理方法，并对系统运行情况进行详细的记录。当系统出现故障时，可以快速地解决问题和恢复运行。

标准性原则：以 ISA S95 标准中定义的功能模型为蓝本，在技术实现上采用遵循 SOA 平台架构、模块化和组件化成熟的商品化软件平台和配套产品；规范应用系统之间的数据集成，减少与周边系统的耦合度，以便成果的示范和推广。

4 系统主要功能介绍

该系统开发目的在于管控集团旗下的 17 家水泥厂的 27 条熟料生产线的生产，系统主要有生产监控和生产报表两大功能。

4.1 生产监控功能

27 条生产线的每条生产线都有 2 幅画面反应其实时生产情况。第一幅画面为烧成系统画面，主要包括 DCS 中原料均化库、烧成窑尾、烧成窑头、煤粉制备内容的组合，在一幅画面中反映了整条生产线烧成系统的概况以及所有 DCS 系统中的主机设备的开关量和模拟量指标，通过关键参数可以直接观察烧成系统的工作情况。第二幅画面是原料系统画面，主要包括 DCS 画面中的原料粉磨和废气处理内容的组合，在一幅画面中反映生产线中原料粉磨系统的生产情况。由于生产线的实际情况各不相同，磨机的选择有辊磨、球磨、辊压机，预热器的选择也有单系列和双系列之分，而因设计年限和设计院的不同，整体的工艺流程也有较大的区别。为了能真实反映实际生产情况，系统提供了大量的素材单元，通过合理的组合以及精确的布局，完美地实现了 DCS 系统的升华。集团负责人可以随时掌握 27 条生产线的实际生产情况，便于统筹安排生产，给出合理的规划意见。

生产监控画面见图 1、图 2。

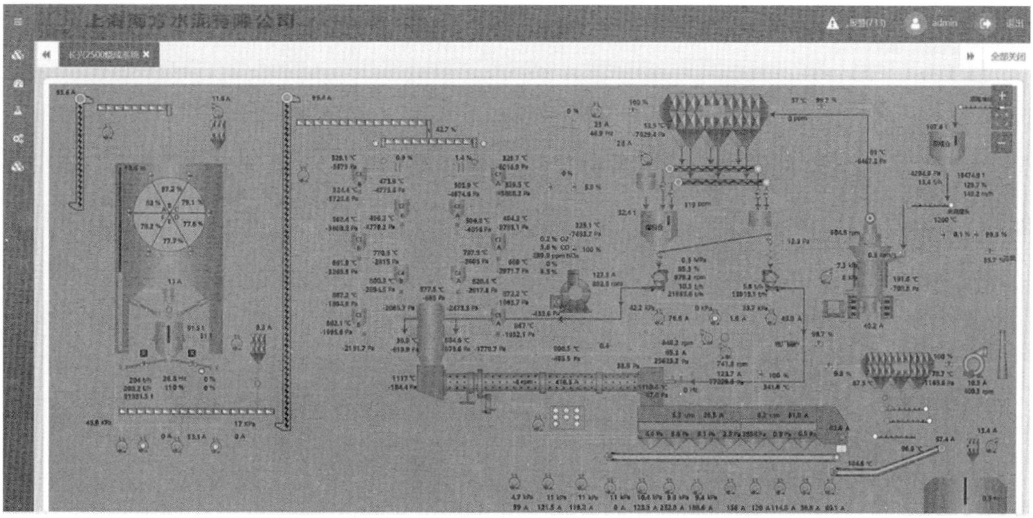

图 1　长兴南方 2500t 熟料生产监控画面

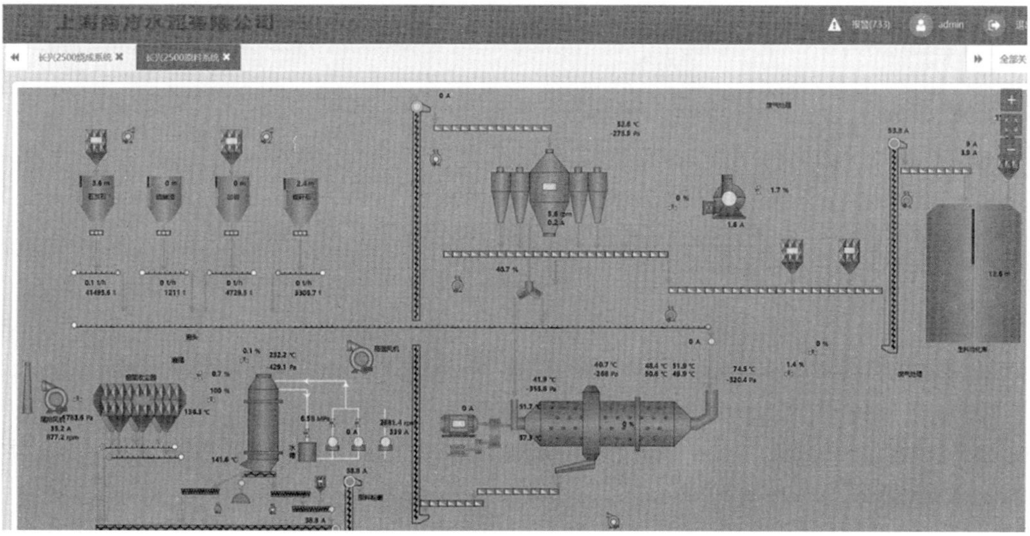

图 2　长兴南方 2500t 原料粉磨生产监控画面

4.2　报表功能

生产报表功能在空间范围上分为单厂生产报表和大区汇总生产报表，在时间维度上分为生产日报表和生产月报表。

单厂生产日报表（图 3）中包括单日的熟料产量、停窑时间及原因、停窑次数、窑连续运转天数、可靠性系数、运转率、余热发电量、吨熟料发电量、入窑煤粉发热量、库容、当日库存以及当日库容比，这些信息可以充分反映生产线当日的总体生产情况。

图 3　单厂生产日报表

单厂生产月报表（图 4）中包括当月的熟料月产、运转率、可靠性系数、标煤耗、煤应用基低位发热量、实物煤耗、煤粉空干基低位发热量、吨熟料煤成本、吨熟料石灰石成本、熟料综合电耗、吨熟料发电量。月报表的功能主要是统计不同厂区的熟料产量和生产吨熟料的成本，协助厂区管理人员合理安排生产计划，解决发现的生产问题。

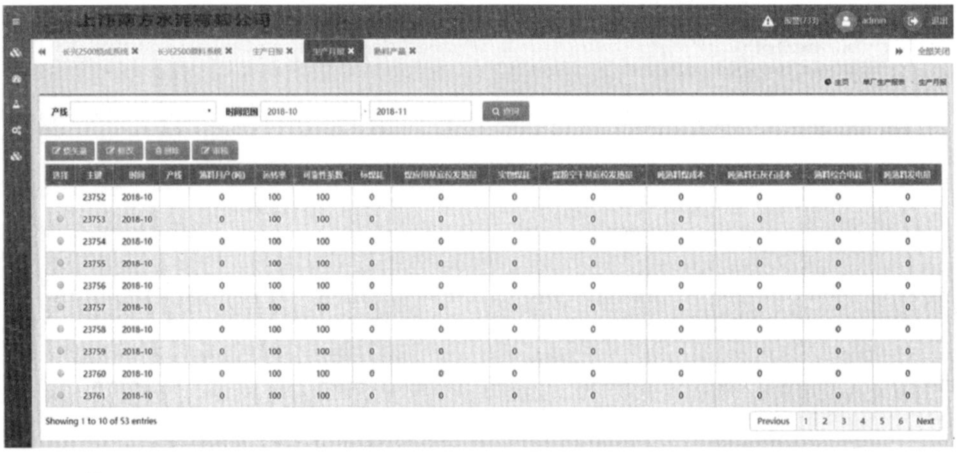

图 4　单厂生产月报表

在左侧弹出的菜单栏中详细地列出了大区的报表统计，包括熟料产量、熟料停窑情况、吨熟料发电量、煤粉发热量、熟料库存以及日报审核。而大区生产月报表（图 5）包括熟料产量、窑运转率、窑可靠性系数、标煤耗、实物煤耗、原煤发热量、煤粉发热量、吨熟料煤成本、吨熟料石灰石成本、熟料综合电耗以及月报审计。大区报表的主要功能是对大区范围内各厂的情况加以统计并对比，找到厂级之间的关联和区别，有助于协同管理，共同提升管理水平。

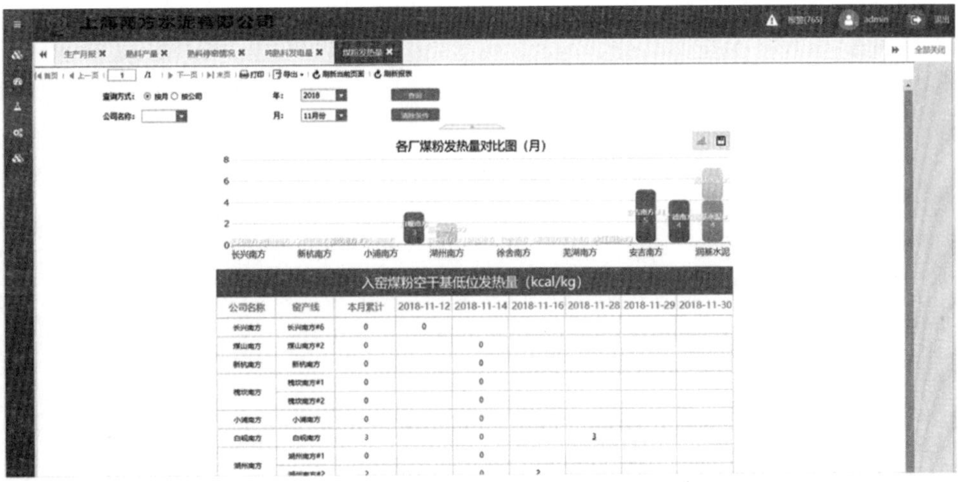

图 5　大区生产月报表

4.3　基础信息管理功能

基础信息管理（图 6）功能主要分为对工厂的管理以及对用户的管理两个方面。对工厂的管理，包括可以对工厂生产线分别设置班组成员、其他基本信息等。而用户管理功能，包括可单独赋予不同的用户以不同权限，也可赋予整个用户组不同的权限，方便批量操作。系统可创建不同的用户角色及用户。用户数据包括：用户个人信息、厂别、部门别、班别、角色、类型等信息。对于用户密码的管控，系统建立新用户时设定初始密码，用户自定密码由用户第一次登录系统后自行修改确认。

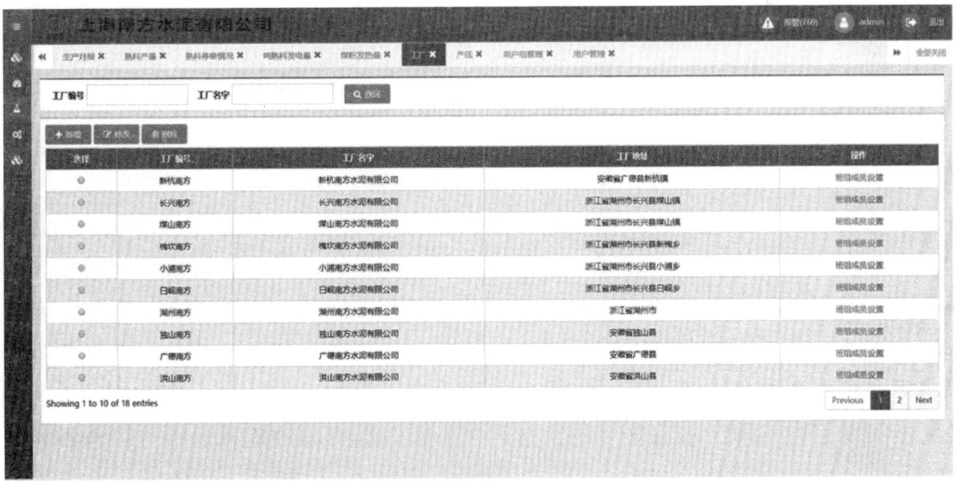

图 6　基础信息管理

4.4　其他可扩展功能

目前集团级信息管理控制系统的功能针对的是生产管理方面，而系统的多元化接口以及模块化设计模式，可以方便地接入其他系统或者是开发新的功能管理模块，其中包括质量管理系统、设备管理系统和能源管理系统。

（1）质量管理系统

质量管理系统的前端化验仪器数据自动采集软件，自动接收分析仪器的最新化验数据。采集的数据，经规范化处理后，传输存储到质量信息管理系统服务器数据库中。其他人工化验数据，经数据录入，传输存储到服务器数据库中。质量数据录入存储流程，完全按照设定的业务流程规范进行，对异常数据进行预警提示并发回重做，整个业务流程细节可追溯。系统提供数据查询、统计分析、图形化展示功能、化验人员绩效考核、异常自动提醒并智能分析可能原因。在流程控制、质量控制、统计分析、绩效考核、智能辅助决策等方面，辅助质量管理及生产管理者推进质量管理精细化、智能化。

（2）设备管理系统

设备管理系统以设备台账为基础，以工单的提交、审批和执行为主线，以提高维修效率、降低总体维护成本为目标，提供故障检修、计划维修、状态检修等维修保养模式，集成物资管理、预算管理、项目管理、财务管理等应用，实现对设备全生命周期管理，支持设备管理的持续优化。

（3）能源管理系统

水泥生产能源管理系统，实时在线采集能源消耗数据、工艺数据、电气数据、品质数据，实时计算监测生产线、车间、班组及主要耗能设备的能耗数据及综合能效水平，当能耗指标超限时自动发出报警信息。通过系统展现的实时和历史能耗动态信息以及变化趋势，深入分析研究，掌握能源使用过程中存在的不合理环节，为查找能耗偏高和异常情况提供灵活的分析和诊断工具。同时系统生成的各种能耗统计数据和管理报表，为实施能效对标、设备及人员绩效考核提供科学依据，为生产管理运营精细化和生产运营调度提供有效决策辅助。在帮助用户实现节能增效、降低成本的基础上，有效提升企业能源管理水平和生产运营水平。

5 结语

集团级生产管控信息化平台，是水泥智能生产的核心支撑系统，以工艺参数、物料消耗、能源消耗、质量、设备运维、物流销售等数据为基础，构建多维度、精细化的水泥企业一体化管控平台，可以集成生产管理、设备管理、能源管理、质量管理等功能模块，构建企业生产运营数据资源中心，优化生产调度及运营决策。依托工业实时库与关系库的无缝融合，通过对企业生产过程中涉及的海量工艺运行参数、设备运行数据、能源消耗数据以及众多质量相关化验数据的多维度调用，实现多参数、多平台技术的融合。借助直观、简洁的可视化展现，实现综合查询、多数据对比、直观性分析，能有力地提升企业生产操控水平和企业生产效率。

生产管控信息化平台在一定的深度和广度上利用计算机技术、网络技术和数据库技术，控制和集成化管理企业生产经营活动中的各种信息，实现企业内外部信息的共享和有效利用。企业依托此平台，能做出有利于生产要素组合优化的决策，合理配置企业资源，完善业务流程，控制生产成本，适应瞬息万变的市场竞争环境，提高经济效益。

参考文献

[1] 王立建，何青，赵晓彤．基于集团级数据库的电力物资全寿命周期管理方法及应用[J]．电力与能源，2018，39(2)：147-165.

[2] 张贺．金华夏集团办公自动化管理解决方案[D]．天津：天津大学，2016.

[3] 陈曦，周峰，郝鑫，等．我国SCADA系统发展现状、挑战与建议[J]．工业技术创新，2015，2(1)：103-114.

（原文发表于《水泥技术》2019年第2期）

（作者殷杰*、张晓丽*任职于长兴南方水泥有限公司）

模型预测控制技术在水泥制造中的应用

俞利涛　魏　灿　朱永治　臧建波*

摘　要： 中材邦业（杭州）智能技术有限公司与天津水泥工业设计研究院有限公司联合开发ICE智能优化控制平台。该平台采用以模型预测控制为核心的先进控制技术，以及以神经网络为核心的复杂过程建模技术，通过采集DCS系统的实时生产数据，并结合化验室的质量数据，实现水泥生产工艺中关键生产环节的过程优化控制，达到安全、稳定、最优化的自动控制效果。该平台可提高产量，降低能耗，保证产品质量，满足环保要求，最大限度地提高水泥生产企业的经济效益。

关键词： 模型预测控制；水泥

模型预测控制是1970年左右提出的新型控制理论，经过四十余年的发展，对应的理论和应用软件已经比较成熟，在工程实践领域也有着非常广泛的应用。

模型预测控制是一种基于预测模型的闭环优化控制策略。模型预测控制的基本出发点与传统控制（如PID控制）不同：传统控制是根据过程当前和过去的输出测量值与设定值的偏差来确定当前的控制输入；预测控制不但利用当前和过去的偏差值，还利用预测模型来预估过程未来的偏差值，以滚动优化确定当前的最优输入策略。因此，从基本思想看，预测控制优于传统控制。

水泥窑系统和磨系统均存在多变量、多约束、强耦合的复杂过程的控制问题。由于常规PID控制仅从被控对象的单输入单输出关系实现闭环控制，不能协调水泥窑系统中分解炉温度、二次风温、窑电流、NO_x气体浓度等，采用模型预测控制技术，可以有效地解耦和抗干扰，使操作趋于平稳，更为准确地控制关键过程变量，使之操作在或接近于它们的约束，进一步提高装置的自动化水平，实现优化运行，降低能耗。

由中材邦业（杭州）智能技术有限公司与天津水泥工业设计研究院有限公司联合开发的ICE智能优化控制平台，针对窑系统、分解炉、篦冷机、生料稳料控制、生料磨控制、煤磨控制、水泥粉磨等生产环节，通过采集DCS系统的实时生产数据和化验室的质量数据，并结合生产的工艺特点和实际运行中面临的过程控制问题，采用模型预测控制策略，利用多变量预测控制、模糊控制、鲁棒控制、最优控制和自适应控制等多种先进过程控制技术以及神经网络的过程建模技术、非线性模型预测控制技术等核心技术，建立了水泥窑系统先进控制系统和水泥磨系统先进控制系统。水泥窑系统投产运行后达到了稳定分解炉温度、稳定二次风温的效果，提高了窑系统的稳定性，降低了煤耗。水泥磨系统先进控制系统结合在线粒度仪，稳定地提高了水泥产品合格率，降低了吨水泥电耗，通过经济性能优化，取得了显著的经济效益。

1　模型预测控制技术[1]

模型预测控制一般有三个基本特征，即预测控制、反馈校正和滚动优化。图1是模型预测控制的简明结构图。

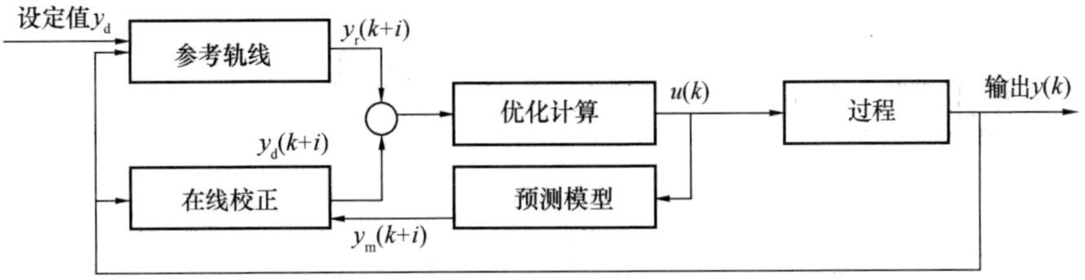

图1 模型预测控制的简明结构图

（1）预测控制

预测控制需要一个描述系统动态行为的模型（称为预测模型），它应具有预测功能，即能够根据系统当前时刻的控制输入以及过程的历史信息，预测过程未来的输出值。预测模型通常采用在实际工业过程中较易获得的脉冲响应模型或阶跃响应模型。

（2）反馈校正

由于实际过程存在各种各样的不确定因素，采用预测模型预估的过程输出值不可能完全与实际相符。因此，在预测控制中，通过比较输出的测量值与模型的预估值，得出模型的预测误差，再利用模型预测误差来修正模型预测控制器的输出结果。这种模型加反馈校正的方式，使预测控制具有很强的抗干扰和克服系统不确定性的能力。

（3）滚动优化

预测控制是一种优化控制算法。但是，优化过程不是一次离线完成的，而是反复在线进行的。即在每一采样时刻，优化性能指标只涉及从该时刻到未来的有限时间内，而到下一个采样时刻，这一优化时段会同时向前推进，这就是滚动优化的概念。这种在线反复进行的优化算法，能有效克服和校正过程中的各种不确定性，保持最优控制。

实际的工业过程是灰色的，过程的一部分是确定的，可以用模型关系来描述，另一部分是不确定的。在确定的部分，预测控制保证了控制器有良好的控制效果；在不确定的部分，反馈校正和滚动优化保证了控制器有良好的适应性。因此，预测控制、反馈校正和滚动优化这三个特征是不可或缺的整体。

如上所述，根据模型预测控制的算法，变量之间必须定义预测模型。预测模型通常采用实际工业过程中较易获得的脉冲响应模型或阶跃响应模型，一般通过阶跃测试和模型辨识的方法获得。

图2是一个简单的一阶阶跃响应模型图。输入变量在某时刻产生一个从0到1的阶跃，输出变量会在输入变量的阶跃变化后的一段时间域内产生响应，称为阶跃响应模型。阶跃响应模型可以是参数化的（即用参数进行拟合），也可以是非参数化的（即不用参数进行拟合）。参数化的模型包括零阶模型、一阶模型、二阶模型等。对于大部分过程，都可以用一阶模型拟合。

一阶模型包含三个模型参数：增益（Gain）、死时间（T_d）、时间常数（τ）。增益为CV变化率和MV或DV变化率的比值；死时间为MV或DV变化后观察到CV变化的时间；时间常数为CV到达稳态值的63%的时间。其中，CV为被控变量，MV为操作变量，DV为干扰变量。

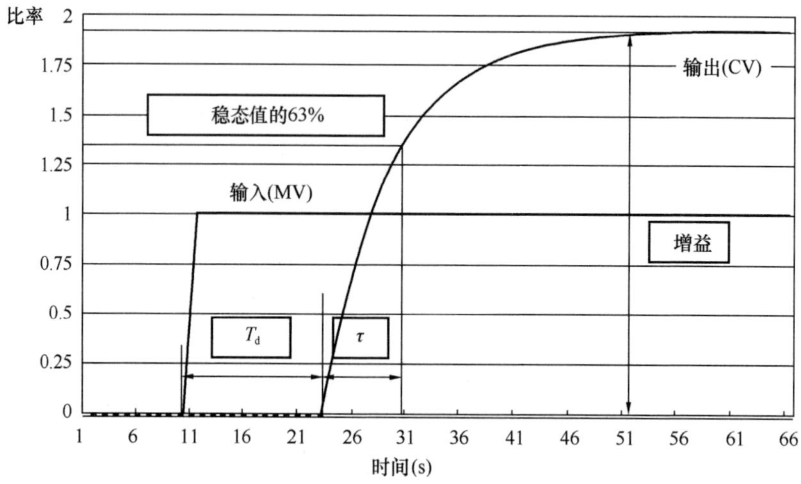

图 2　一阶阶跃响应模型图

2　模型预测的核心算法简介[2-3]

模型预测的核心算法为 DMC 算法，是应用最为广泛的一种模型预测控制算法，主要包括内部预测模型、反馈校正和滚动优化三个部分。具体描述如下：

假设对象动态模型为：

$$y = Au + d(k) \tag{1}$$

式中 $y=\begin{bmatrix} y_1 \\ M \\ y_s \end{bmatrix}$，为被控变量矩阵；$A=\begin{bmatrix} a_{11} & \Lambda & a_{1r} \\ m & O & M \\ a_{s1} & \Lambda & a_{sr} \end{bmatrix}$，为操作变量矩阵；$u=\begin{bmatrix} u_1 \\ M \\ u_r \end{bmatrix}$，为辨识的增益矩阵；$d(k)$ 为系统可测扰动；$u_{low} \leqslant u \leqslant u_{high}$，$y_{low} \leqslant y \leqslant y_{high}$。

这样，DMC 控制的目标函数就可描述为：

$$\min J = \sum_{j=1}^{P}(\|\delta_{high}(k+j)\|^2_{Q_{high}} + \|\delta_{low}(k+j)\|^2_{Q_{low}}) + \sum_{i=1}^{M-1}(\|\Delta u(k+i)\|^2_R) \tag{2}$$

$$\text{s. t}\begin{cases} y = Au + d \\ u_{low} \leqslant u(k+i) \leqslant u_{high} \\ y_{low} - \delta_{low} \leqslant y(k+j) \leqslant y_{high} + \delta_{high} \\ \delta_{low}、\delta_{high} \geqslant 0 \end{cases} \tag{3}$$

式中　$\min J$——目标函数；

s. t——约束条件；

P、M——预测时域和控制时域长度；

k——第 k 个时刻；

j——在上下限范围内的稳态时刻；

i——在上下限范围外的稳态时刻；

δ_{high}、δ_{low}——预测输出超出区域上下限的软约束调整；

Q_{high}、Q_{low} 和 R——超出上下限部分偏差和输出增量的惩罚（增大调节力度）。

2.1 无扰动工况时的优化

当被控对象不存在扰动，同时存在多余自由度时，系统首先需要实现被控变量的控制要求，其次是满足被控对象经济性能方面的优化要求，即让生产过程可以有最大的收益或者最小的能量损耗。

对于有多余自由度的生产过程，我们构建二层优化控制策略来实现控制和优化。这时，上层优化指标可以选择为经济指标：

$$\min J = \pm\left(\sum_{i=1}^{m} S_i \cdot y_i + \sum_{j=1}^{n} t_j \cdot u_j\right) \tag{4}$$

式中，$m<n$；S_i 和 t_j 一般为对应项的价格系数；J 是生产过程的经济性能或者收益指标，当生产过程产生正收益时 J 为正，当生产过程产生负收益时 J 为负。

根据系统无干扰模型建立优化层和控制层，其中优化层加入经济性能指标对系统进行稳态优化。稳态优化的目的是，根据系统当前状态，按照多目标分层优化要求，计算出系统的最佳稳态值。控制层主要根据优化层得到的最佳稳态值进行跟踪控制，则无扰动时的优化控制策略可以表示为：

$$\min J_2(k) = \sum_{j=1}^{P} q_j[W - \hat{y}(k+j)]^2 + \sum_{i=1}^{M-1} r_j \Delta u^2(k+j-1) \tag{5}$$

$$\text{s.t}\begin{cases} \min J_1(k) = \pm(\sum_{i=1}^{m} S_i \cdot y_i + \sum_{j=1}^{n} t_j \cdot u_j) \\ \text{s.t}\begin{cases} y = Au \\ u_{\min} \leqslant u \leqslant u_{\max} \\ y_{\min} \leqslant y \leqslant y_{\max} \end{cases} \\ y = Au + d \\ u_{\text{low}} \leqslant u \leqslant u_{\text{high}} \\ y_{\text{low}} \leqslant u \leqslant y_{\text{high}} \end{cases} \tag{6}$$

式中 P、M——预测时域和控制时域长度；

W——优化层计算出的最优被控变量；

q、r——被控变量和操作变量的正定误差权矩阵，利用模型辨识软件包得到被控变量和操作变量控制过程的模型矩阵；

$\hat{y}$——被控变量预测值；

k——第 k 个时刻。

2.2 有扰动工况时的优化

实际生产过程大多是一个多种干扰共同作用的系统，这些干扰将影响生产过程的控制要求和优化要求。当无扰动的生产过程已经满足了控制要求和优化要求，达到稳定以后，若生产过程出现可测扰动，同样可以构建优化控制策略，实现扰动加入后的控制和优化。操作变量权重越小，控制器越多使用该操作变量；操作变量权重越大，控制器越少使用该操作变量。因此，根据无扰动系统优化层的优化函数来确定操作变量的权重系数，操作变量的价格系数对应的即是其权重系数。

此时，上层优化指标可以选择为被控过程从无扰动稳定状态到有扰动稳定状态时的操作目标函数：

$$\min J = \| u - u_{\text{prev}} \|^2 \cdot W_{\text{u}} \tag{7}$$

式中 u_{prev}——被控过程在无干扰时达到稳定状态的操作变量；

u——加入扰动后被控过程的操作变量；

W_{u}——操作变量的权重系数。

加入干扰后的优化控制策略可以表示为：

$$\min J_4(k) = \sum_{j=1}^{P} q_j [W - \hat{y}(k+j)]^2 + \sum_{i=1}^{M-1} r_j \Delta u^2 (k+j-1) \tag{8}$$

$$\text{s. t}\begin{cases} \min J_3 = \| u - u_{\text{prev}} \|^2 \cdot W_{\text{u}} \\ \text{s. t}\begin{cases} y = Au \\ u_{\text{low}} \leqslant u \leqslant u_{\text{high}} \\ y_{\text{low}} \leqslant y \leqslant y_{\text{yhigh}} \end{cases} \\ y = Au + d \\ u_{\text{low}} \leqslant u \leqslant u_{\text{high}} \\ y_{\text{low}} \leqslant u \leqslant y_{\text{high}} \end{cases} \tag{9}$$

式中 P、M——预测时域和控制时域长度；

W——无干扰时优化层计算出的最优被控变量；

q、r——被控变量和操作变量的误差权矩阵，利用模型辨识软件包得到被控变量和操作变量控制过程的模型矩阵；

$\hat{y}$——被控变量预测值；

k——第 k 个时刻。

这样，多层预测控制策略的实现过程可以用图 3 来表示。

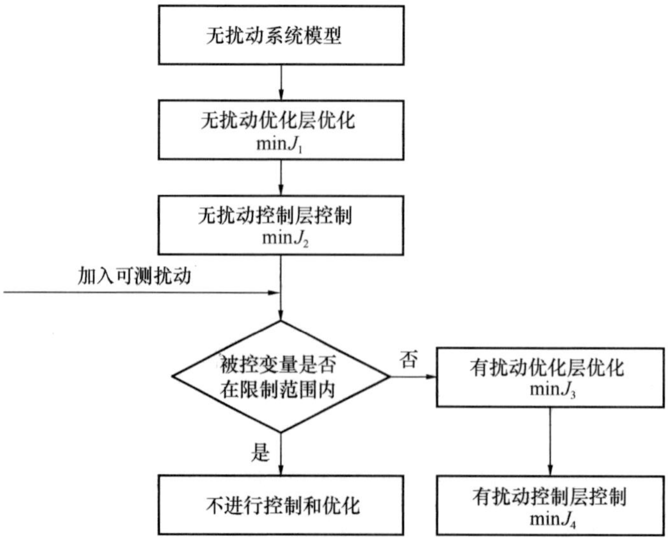

图 3 预测控制策略的实现流程图

3 ICE 智能优化控制平台软件

ICE 智能优化控制平台软件由中材邦业（杭州）智能技术有限公司与天津水泥工业设计研究有限公司联合开发，该软件已获得软件著作权登记证书（图 4）。

ICE 智能优化控制平台软件包括 MPC 算法、专家控制脚本、软测量技术等。

3.1 在线运行软件 ICE-RT

ICE 智能优化控制平台中的在线运行软件 ICE-RT 是整个智能控制系统的核心部分，包括应用管理、用户界面、数据管理、用户管理四个模块。

中华人民共和国国家版权局
计算机软件著作权登记证书

软件名称：中材智能优化控制平台软件 V1.0

著作权人：中材邦业（杭州）智能技术有限公司

开发完成日期：2018年03月10日

首次发表日期：2018年05月01日

权利取得方式：原始取得

权利范围：全部权利

登记号：2018SR409752

根据《计算机软件保护条例》和《计算机软件著作权登记办法》的规定，经中国版权保护中心审核，对以上事项予以登记。

No.

图 4 ICE 软件著作权登记证书

应用管理：是所运行的应用程序的管理平台，包括应用程序的导入、导出、启动、停止、调试等功能，以及操作日志和运行日志的查看等。

用户界面：是所运行的应用程序的用户交互平台，包括趋势图和效能分析图的展示、控制参数或模型参数的调整等。

数据管理：是应用程序与过程控制系统进行数据交互的平台，包括通信接口的定义与连接、输入/输出位号的查看、位号的测试等。

用户管理：是应用程序权限管理的平台，包括用户名、级别、操作权限的定义等。

3.2 专家控制脚本 Script

ICE 智能优化控制平台支持专家程序功能，以应对工业生产中各类不同的需求。

专家控制脚本 Script 基于功能强大、计算速度快的即时编译语言 LUA 构建而成，用户可以使用 LUA 语言编写脚本来自定义计算或者自定义逻辑，以实现一些特定的功能。该应用程序是模型预测控制器的一个良好的补充。

专家控制脚本包含输入变量组（Inputs）、输出变量组（Outputs）和缓存数组（Buffers）三个变量组。输入变量和输出变量分别是脚本的输入和输出，而缓存数组则可以存储一些脚本计算的内部数据，这些数据在每周期开始时被调用，在每周期结束时存入新的结果，如图 5 所示。

该算法特点如下：

（1）利用 LUA 脚本来实现输入变量、输出变量的运算逻辑的自定义，在脚本中支持多种数学函数的应用；

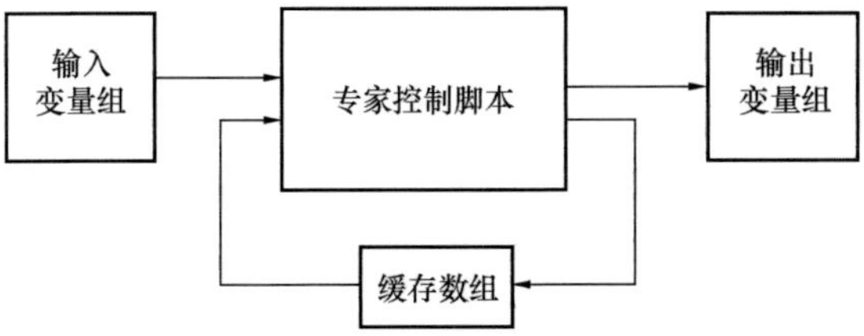

图 5 专家控制脚本控制器数据结构图

（2）提供了语法检查和脚本测试，初步测试运算逻辑结果；

（3）通过缓存数组，实现了不同运算周期内的脚本内部计算数据的共享；

（4）定义了 IsWrite 属性，可以控制输出变量是否输出，从而减少一些不必要的输出。

3.3 软测量技术

软仪表用于导入线性模型文件，配置相应的模型参数后实现模型的在线运行。线性模型支持时间常数以及时间滞后的配置，在配置好这两个参数以后，软仪表在运行的过程中将对模型的输入变量进行相应的惯性以及滞后处理。

该算法特点如下：

（1）提供了 What-If 模块来进行软仪表结果的初步测试；

（2）提供了软仪表输出的上下限约束配置，也提供了模型稳态输出的配置，更加方便了软仪表的使用。

由于未知扰动的存在，软仪表在线运行不可避免地会产生偏差，为了解决这个问题，较为通用的做法是输入化验值来校正软仪表，以消除未知扰动带来的偏差。

化验值有对应的采样时间，通过对比化验值与采样时间处的软仪表预测值来计算相应的校正系数，使用校正系数对软仪表的预测值进行校正，从而使其更加接近真实情况。

大部分情况下，我们只需对软仪表预测值（Pred）进行校正即可，在需要进行质量控制、范围控制以及观察预测值与输入值之间关系的情况下，图 6 中的三种值也可能被用于确定校正系数。

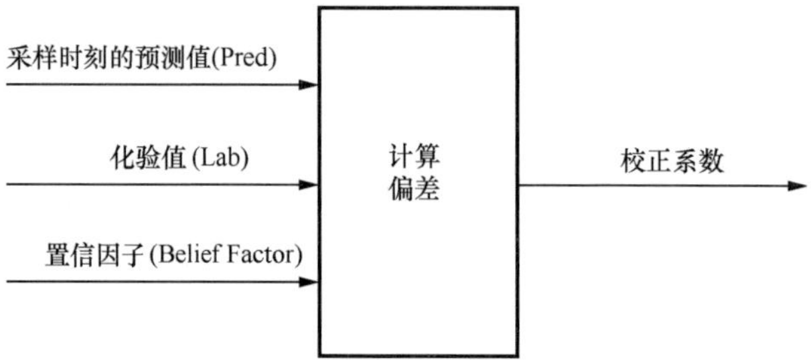

图 6　软测量结构图

3.4 工业数据通信

数据通信软件 ICE-COM 的主要功能是作为通信接口，实现 ICE 主程序（或数据采集软件 ICE-DA）和工业现场（包括过程控制系统如 DCS/PLC 系统、仪器仪表、设备）之间的双向数据通信。ICE-COM 支持工业现场常见的技术协议，包括 OPC 协议、Modbus 协议、串口协议等（当前版本仅开发了 OPC 协议）。

ICE-COM 的系统架构如图 7 所示。ICE-COM 作为 OPC Client，与 OPC Server（包括

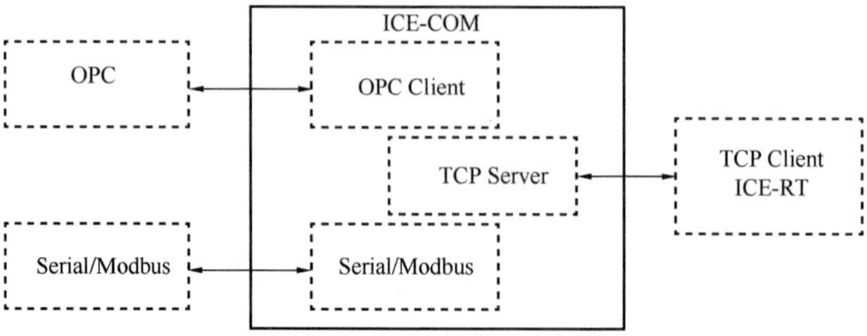

图 7　ICE-COM 的系统架构图

DCS/PLC 系统或支持 OPC 协议的智能仪表、设备等）进行数据通信；同时，ICE-COM 作为 TCP Server，与 TCP Client（包括 ICE-RT、ICE-DA 等）进行数据通信。图 8 为 ICE 软件运行界面，图 9 为 ICE 软件工业应用图。

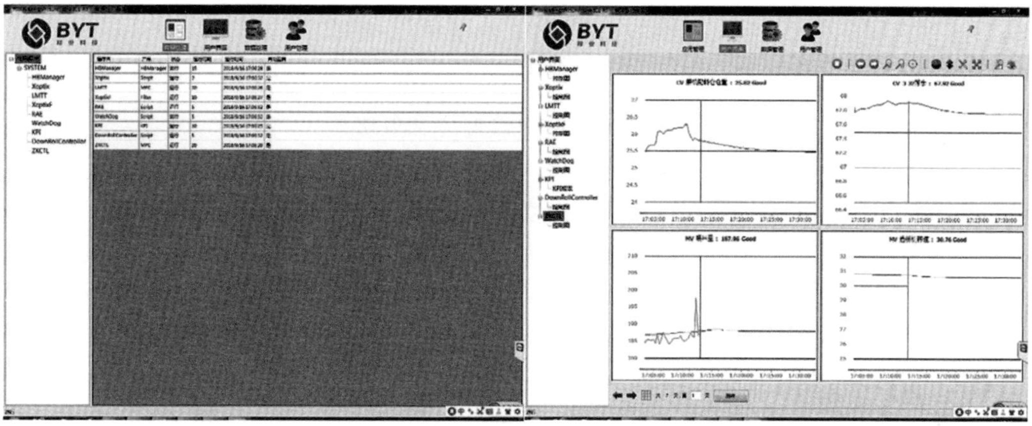

图 8　ICE 软件运行界面

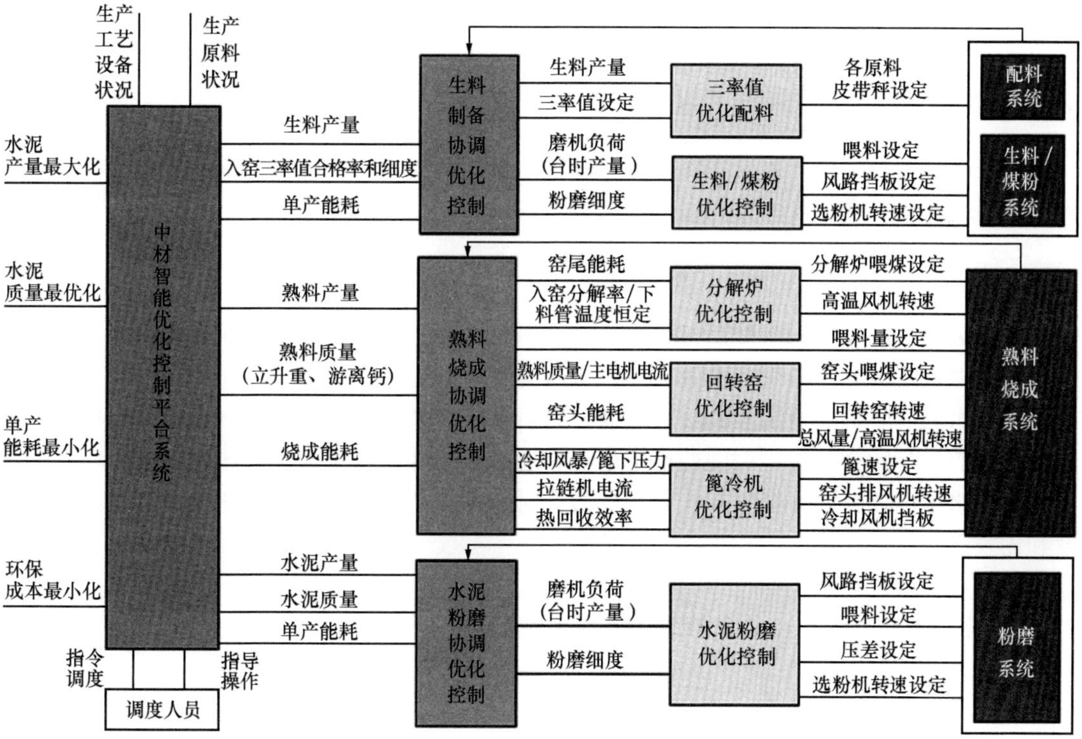

图 9　ICE 软件工业应用图

4 ICE 智能优化控制平台在水泥生产中的应用

ICE 智能优化控制平台目前应用于水泥窑系统、分解炉、篦冷机、生料稳料控制、生料磨控制、煤磨控制、水泥粉磨等生产环节。

4.1 窑系统模型预测控制系统模块

分解炉控制器的主要用途是保持分解炉出口温度和五级旋风筒出料温度的稳定。分解炉控制器主要功能如下：

(1) 保持五级旋风筒出料温度或者分解炉出口温度在设定点或范围内。

(2) 五级旋风筒出料温度与分解炉出口温度为二选一控制，一旦选择一个温度为设定点控制（CV），另一个自动为范围控制（CCV）。

(3) 参考喂煤罗茨鼓风机压力和 CO 含量，防止不完全燃烧等现象发生。

4.2 篦冷机模型预测控制模块

篦冷机控制模块的主要目的是利用空气对高温熟料进行急冷并回收热量。篦冷机在对熟料骤冷的同时，高温熟料与强冷空气热交换产生大量的热空气，形成可以再利用的高温二次风和三次风。篦冷机通过二次风管和三次风管将这些热风分别送入回转窑和分解炉内助燃，达到热量回收、节约能源的目的。

4.3 水泥磨系统模型预测控制模块

水泥磨自动控制系统主要用途是：提升辊压机稳流仓的稳定性，使辊压机运行在最佳运行区间，最大化磨机产量，提升水泥成品细度的稳定性，节能降耗。

(1) 智能优化系统基于神经网络为内核的多变量模型预测控制技术，实现粉磨系统智能控制。

(2) 辊压机稳流仓仓重控制：通过控制喂料量，综合考虑循环斗式提升机电流、动辊侧斜插板开度、定辊侧斜插板开度、循环风机转速等参数，稳定控制稳流仓的仓重。

(3) 水泥球磨机的稳定控制：通过监控磨机电流、循环斗式提升机电流、磨头负压以及水泥产量部分参数来确保水泥磨的稳定运行；通过磨尾风机控制磨头负压。

(4) 水泥细度控制：根据在线粒度仪的实时数据，调整循环风机转速，保证水泥成品细度和比表面积的最优化。

根据水泥成品粒度，自动调整选粉机转速。将粒度值控制在设定点附近，控制 3～32μm 粒度成品在 67%左右，提高水泥产品质量的合格率。

5 结语

ICE 智能优化控制平台经过多个水泥生产现场的运行调试、考核显示，该系统抗干扰能力强，提高了水泥生产的平稳性，减轻了操作人员的工作负荷，降低了生产能耗，增加了企业效益。

参考文献

[1] 王树青，等. 先进控制技术及应用[M]. 北京：化学工业出版社，2001.

[2] 吴明光，钱积新. 基于多目标分层的预测控制定态优化技术[J]. 化工学报，2005，56(1)：105-110.

[3] 李海强. 双层结构预测控制算法设计与理论分析[D]. 杭州：浙江工业大学，2012.

（原文发表于《水泥技术》2019 年第 2 期）

（臧建波*任职于长兴南方水泥有限公司）

水泥智能优化控制系统在海外项目中的应用

魏 灿 张园园 艾 军

摘 要： 本文介绍了公司自主研发的水泥智能优化控制系统在印尼 BOSOWA 项目的应用，实现了烧成系统的自动控制，显著提高了烧成系统运行的稳定性，提高了产品质量，实现了节能增效，其中分解炉温度及游离氧化钙的控制效果突出。

关键词： 水泥；窑优化系统；优化控制；TCOCS

1 水泥智能优化控制系统 TCOCS[1]

水泥智能优化控制系统 TCOCS 是由天津水泥工业设计研究院有限公司电气自动化设计研究所和中材（天津）控制工程有限公司联合开发的、针对水泥厂复杂生产过程的一款新型自动控制系统。系统软件利用计算机控制技术，采集 DCS 系统的实时生产数据，并结合化验室的质量数据，利用多变量预测控制、模糊控制、鲁棒控制、最优控制和自适应控制等多种先进控制技术，实现原料粉磨、烧成窑尾、烧成窑头、水泥粉磨车间所有关键生产环节的过程优化控制，并能够及时检测且自动处理经常发生的特殊工况，达到安全、稳定、优化的自动控制效果，提高产量，降低能耗，保证产品质量，达到环保要求，稳定系统控制，最大限度地提高水泥生产企业的利润。

TCOCS 系统集合了大量的水泥生产工艺知识及操作经验，更加适用于水泥生产的实际工况；该系统采用了多变量带约束的预测控制算法，并配有特殊工况识别模块、应用监控模块、故障诊断模块等，运行更加稳定可靠。

TCOCS 系统通过 OPC 服务器采集 DCS 数据。实时数据通过信号处理模块、软仪表模块、失效数据检测模块、噪声检测模块等方式进行处理。处理后的数据用于生产工况识别模块，可及时发现特殊工况并执行相应的自动处理算法；用于预测控制模块，计算目标控制变量的变化趋势、幅值及控制律，从而进行优化控制；用于监视设备及软件运行，可及时发现故障并自动处理，并在超出控制范围的情况下语音报警，提醒操作员进行手动干预。

采用该 TCOCS 系统，预期能够使水泥生产增产 1%～12%，将过程变动性减少 40%～80%，从而减少废料和原料，每吨能源成本减少 1%～10%，达到环境排放法规所需的成本降低大约 50%，在不超过环境限制的前提下能最大限度地提高产量、提升产品质量，同时安全稳定生产；能够极大地降低操作员的工作强度，大大提升企业的自动化、信息化管理水平，给企业带来可观的经济和社会效益，增强企业的综合竞争力。

2 窑优化系统的构成

本次在印尼 BOSOWA MAROS LINE 25000t/d CLINKER PLANTS 投用的水泥智能优

化控制系统为窑优化系统（KOS），主要包括三个模块——烧成窑尾模块、烧成窑头模块、篦冷机模块，实现了窑转速、窑喂料、窑喂煤、高温风机转速、窑头负压、篦冷机各室风机等的优化控制，显著提高了窑系统运行的稳定性，提高了熟料产品质量，实现了节能增效。窑系统优化控制构成及原理如图1所示。

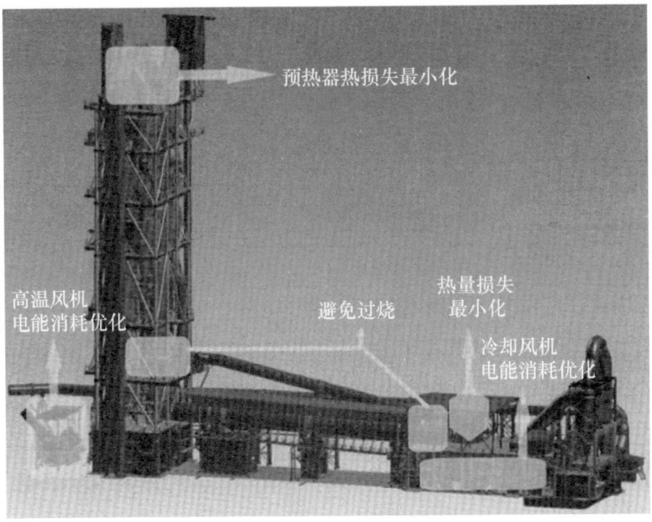

图1　窑系统优化控制构成及原理

（1）烧成窑尾控制模块：主要包括分解炉温度自动控制系统、高温风机及预热器氧含量自动控制系统等。水泥窑系统优化节能控制模块能够稳定并最优化烧成工况，稳定产品质量，提高产量，降低电耗，稳定 O_2、CO 和 NO_x 的含量，减少人为干扰，实现窑系统的自动控制。

（2）烧成系统控制模块：针对多变量非线性控制模型，采用专家控制算法，通过分析比色高温计、烟室温度、窑主电流等参数，计算得出回转窑烧成带温度，并将其模糊化，综合分析燃烧带温度、分解炉气体分析仪以及窑尾烟室气体分析仪 O_2 含量来控制窑喂料量、窑喂煤量、窑转速以及高温风机转速。

（3）篦冷机优化控制模块：主要包括篦冷机风量（风机转速或进风阀门）自动控制系统、篦冷机压力自动控制系统、窑门罩负压自动控制系统等。篦冷机优化节能控制模块能够稳定并最优化烧成工况，稳定产品质量，提高产量，降低电耗，稳定 O_2、CO 和 NO_x 的含量，减少人为干扰、实现窑系统的自动控制。

3　窑优化系统的配置

TCOCS系统采用C++语言从底层开发而成，不依赖于DCS系统，因此操作简单灵活，一般安装在一台操作站中即可。系统的操作过程主要包括 TCOCS 软件安装、OPC 服务器配置、数据库配置、软件授权安装、DCS 接口配置、数据采集、参数调试等。

TCOCS系统工作原理：水泥优化控制系统通过 OPC 通信，实时从 DCS 系统中读取需要的变量数据，并将数据保存到 SQL Server 数据库中；对采集到的数据进行处理和分析；分析变量数据得到控制系统的模型；把输入、输出变量代入到智能算法中，由智能算法得到可以使控制变量达到预定值的控制律；传递智能算法得到的控制律，经 OPC 通信写回到 DCS 系统中，进而控制执行器的动作。因此在使用本软件之前需要进行一些必要的配置，包括 OPC 服务器配置、数据库配置和 DCS 接口配置。

3.1 OPC 服务器配置

BOSOWA Ⅱ线的 DCS 采用 ABB 800XA 系统，由于该系统安装相对复杂，我们采用本地 OPC 服务器方式连接 DCS 系统。具体步骤如下：

（1）KOS 服务器的安装；

（2）KOS 服务器加入 DCS 域；

（3）800XA 服务器添加 KOS 服务器节点；

（4）KOS 服务器本地机连接节点；

（5）测试 KOS 本地 OPC 服务器。

3.2 数据库配置

TCOCS 系统的数据层采用 SQL Server 2008 数据库，主要存储优化系统必需的变量、实时数据，以及控制模块运行时间，当控制模块停止时，自动将运行时间写到数据库中，以备后期查看统计投用率等。具体步骤如下：

（1）SQL Server2008 安装；

（2）数据库恢复；

（3）自动备份数据表格；

（4）获取数据库连接符。

3.3 DCS 接口配置

为了提升 TCOCS 系统操作便捷性，本系统支持 DCS 端启停控制模块，这样可以有效地减小用户操作难度。TCOCS 软件运行后，用户可以通过 DCS 端画面上的启动按钮来启动该控制回路，并可以在画面上设置控制值，实现该控制模块的启动及控制。

我们根据 BOSOWA 项目具体情况开发出优化控制系统专用功能块库 TCOCS 1.0。该功能块库具有简洁的人机交互界面、操作站优先/服务器优先自由选择、符合操作员习惯的功能块方式、操作简单可靠、优化服务器端免维护等特点。该功能块库包括分解炉控制模块接口功能块 TCOCS _ Preheater、烧成系统控制模块接口功能块 TCOCS _ Kiln、通信监视功能块 TCOCS _ Kilnheart 等，部分功能块界面（faceplate）如图 2 所示。

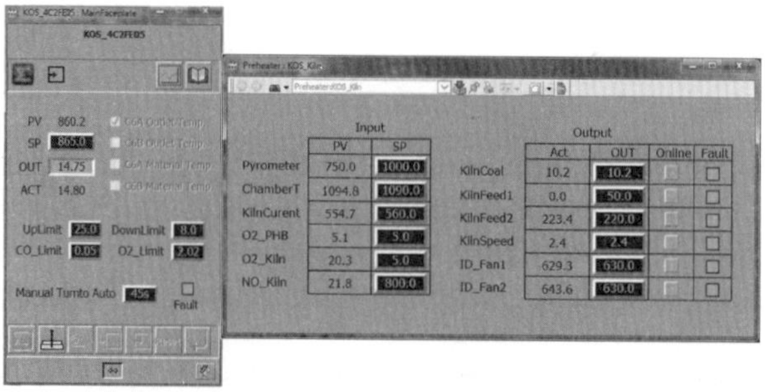

图 2　功能块 TCOCS _ Preheater 及 TCOCS _ Kiln heart 界面

该功能块具有以下特点：

（1）在线/离线切换，目标值设定；

（2）操作上下限设定；

（3）查看关键参数历史趋势；

（4）查看用户操作手册；

（5）自由切换控制变量；

（6）自由切换三种工作模式。

本项目的窑优化系统实现了窑喂料、窑喂煤、窑转速、高温风机等 7 种设备的自动控制，操作界面如图 3 所示。

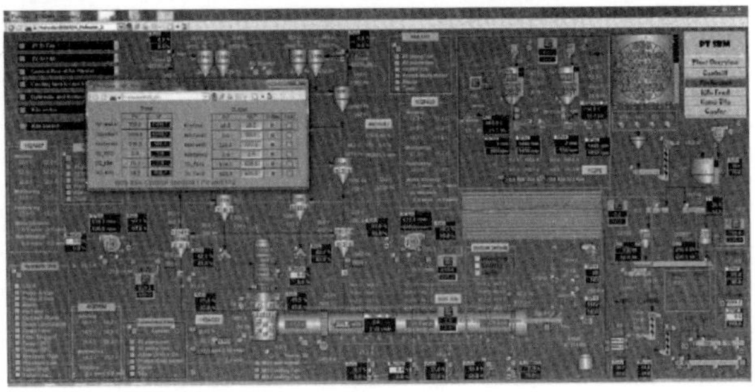

图 3　KOS 操作界面

4　窑优化系统的调试

按照本文第 3 节的配置步骤及《水泥智能优化控制系统 TCOCS 用户手册》将系统配置完毕后，通过数据采集系统采集实时数据，然后使用我们自主开发的模型识别软件——TCOCS Identification，用辨识出的控制模型参数指导后继调试工作。

KOS 软件共分三个主页面，分别对应烧成窑尾、烧成窑头及篦冷机。以烧成系统为例进行介绍，该界面共分为以下部分：①界面切换按钮；②调试参数按钮；③历史曲线界面；④过程数据界面；⑤控制命令界面，Preheater 和 Kiln 界面共用。烧成系统界面如图 4 所示。

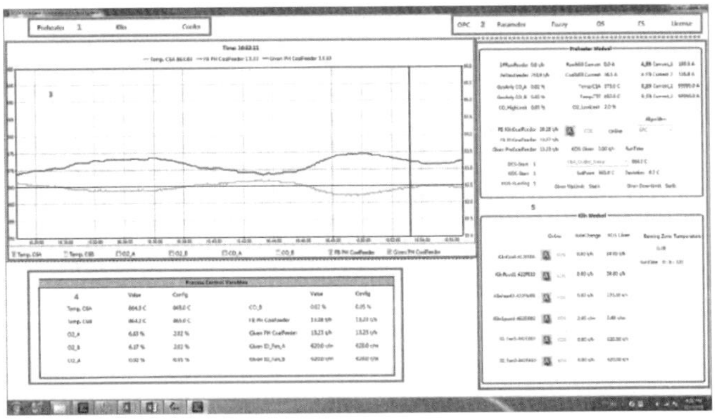

图 4　烧成系统界面

（1）历史曲线界面：图显示过程控制参数的历史曲线。子界面下侧有 8 个复选框，勾选后该复选框的变量会在 Trend 里显示，在 Trend 显示区域单击鼠标右键，则会弹出 Trend Option 对话框，对趋势显示进行配置。可以设置左右坐标轴以及时间轴的显示范围。选中左右坐标轴的自动范围复选框，系统则自动根据曲线值缩放到合适的显示范围。

KOS 程序自动将已勾选复选框的前两个吸附到左侧坐标轴，其余已勾选复选框吸附到右侧坐标轴，Trend 最多可同时显示 5 条曲线。图 5 中，勾选 CO_A、CO_B 和 Given PH Coalfeeder 三条曲线，因此 CO_A、CO_B 吸附到左侧坐标轴，Given PH Coal. feeder 吸附到右侧坐标轴，将 Trend Option 对话框中左右坐标轴自动范围勾选。

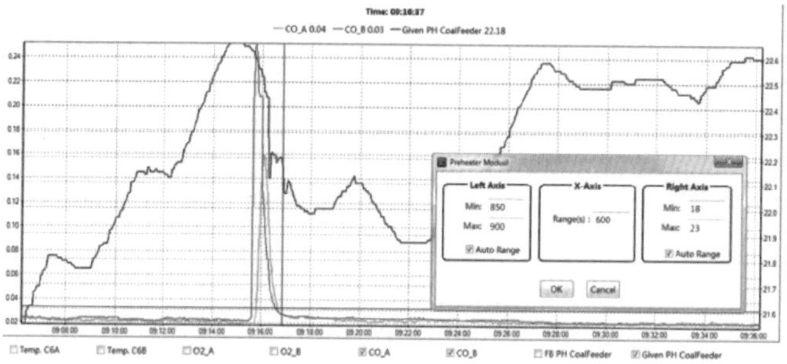

图 5　Trend 界面及 Trend Option 对话框

（2）过程参数界面（图 6）。显示过程控制参数实时值及配置，分为两列：Value 为实时值，Config 为过程参数配置。在该数值单击鼠标左键弹出配置对话框，SetPoint 为过程参数设定值；FilterLength 为参数滤波水平；HLimit 为数据归一化显示上限；LLimit 数据归一化显示下限。

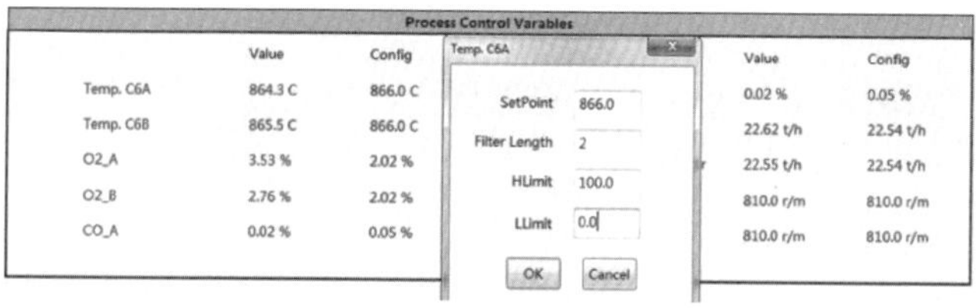

图 6　过程参数界面及 Option 对话框

（3）控制命令界面（图 7）。烧成窑尾模块的启停命令按钮，包含两个按钮及该模块所

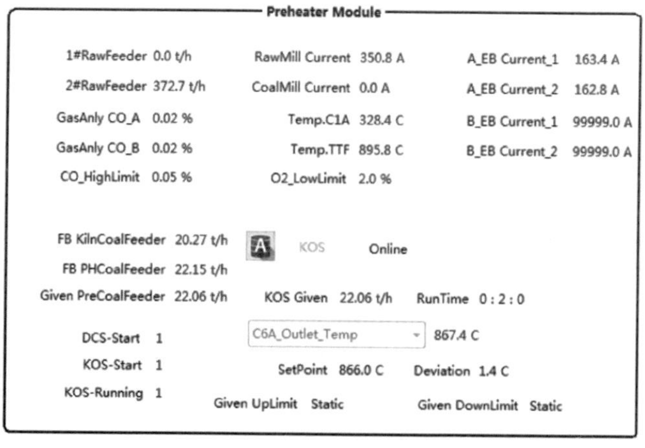

图 7　烧成窑尾模块控制命令界面

有相关的参数，启动按钮以及 Online 按钮。如果客户选择操作站优先模式，则该按钮用于调试阶段启停控制模块；如果客户选择服务器优先模式，则该按钮用于直接启停控制模块。注意：在启动烧成窑尾模块时 Online 按钮显示 Online，如果显示 Offline，则无论客户选择何种优先模式，KOS 都无法启动。

5　窑优化系统的控制效果

截至目前，系统已安全、稳定、连续、自动、优化运行近十个月，系统性能完全媲美甚至超过其他国际知名品牌，尤其是分解炉温度的控制效果得到业主的高度认可，控制效果如图 8 所示。

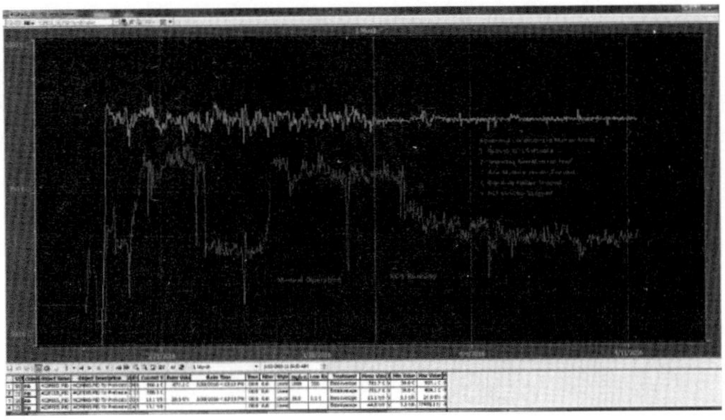

图 8　分解炉出口温度：手动操作对比 TCOCS 优化

系统投用后，分解炉温度波动范围迅速收敛，能够达到正常工况条件下±5℃以内波动，甚至能够长期保持在±3℃的范围之内，全工况在±10℃之内波动。相比之前人工手动控制，波动范围缩小了 75%，运行率达 95%以上，大幅提高了分解炉温度的稳定程度，大大改善了烧成系统的工况，稳定了产品质量。当操作员改变分解炉温度设定值时，该系统反应灵敏，跟踪迅速，控制效果明显。采用该系统，能够极大地降低操作员的工作强度，解决了不同水平操作员操作效果差异这一难题，最大限度地减少了人为因素对窑系统的影响。

TCOCS 运行时篦冷机冷却风机风量波动如图 9 所示，各室风量波动范围迅速收敛，能够达到正常工况条件下±50m^3/h 以内波动，全工况在±300m^3/h 之内波动。相比之前人工

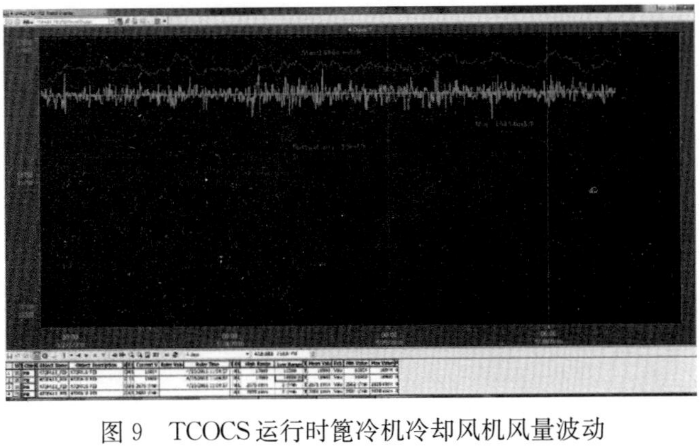

图 9　TCOCS 运行时篦冷机冷却风机风量波动

手动控制，波动范围缩小了 85%，运行率达 99%以上；篦冷机篦下压力波动范围迅速收敛，能够达到正常工况条件下±100Pa 以内波动，甚至长期能够保持在±50Pa 的范围之内，全工况在±150Pa 之内波动。相比之前人工手动控制，波动范围缩小了 70%，大幅提高了篦冷机篦下压力的稳定程度。

此外，在印尼 BOSOWA MAROS LINE 25000t/d CLINKER PLANTS 投用的水泥智能优化控制系统现已通过验收，近十个月生产数据显示，每吨熟料平均节约实物煤 5kg，节煤比率为 2%，游离氧化钙合格率（$f_{CaO}\leqslant 1.5$）提升 20%，达到了节能、降耗、减排的控制效果，预期能给业主带来可观的经济效益和社会效益，大大提升企业的自动化、信息化管理水平，增强企业的综合竞争力。

6 结语

天津院自主开发的 TCOCS 系统在海外 EPC 工程的首次成功应用，标志着公司信息化研发团队长期不懈的技术积累和技术创新已初见成效，填补了公司在水泥智能控制方面的空白，提升了公司提供高端技术服务的能力，为公司带来了较好的经济效益。

参考文献

[1] 王靖，艾军，魏灿，等．水泥智能优化控制系统的应用研究[J]．水泥技术，2016，(2)：31-34.

（原文发表于《水泥技术》2018 年第 1 期）

水泥粉磨智能优化控制系统的应用

魏 灿 俞利涛 童 睿 王纯良*

摘 要：公司开发的水泥粉磨智能优化控制系统，采用一键启停技术、基于预测模型控制的先进控制技术和在线粒度分析仪，三者的有机结合，真正实现了水泥粉磨全过程、全工况、无人值守的自动化控制。水泥粉磨智能优化控制系统的实施，使系统能在最经济和最优化的参数下运行，系统启动时间由原来的10～15min缩短到5min，明显改善水泥磨系统工况，稳流仓波动的标准偏差降低70%以上，45μm筛筛余的标准偏差由0.97降低为0.75，比表面积合格率为100%，三大主机设备平均电耗降低1.1kWh/t水泥。

关键词：水泥磨无人值守；一键启停；比表面积；在线粒度分析仪

1 引言

中材邦业（杭州）智能技术有限公司与中材（天津）粉体技术装备有限公司联合开发、实施的水泥粉磨智能控制系统于2018年9月在双鸭山新时代水泥有限责任公司1号水泥粉磨生产线成功投入运行，在三方项目组成员的共同努力及天津院技术专家队伍的大力支持下，已取得“安全、稳定、连续、自动、优化”运行的良好效果，正常工况下投用率在95%以上，主要参数标准偏差降低30%以上，平均吨水泥电耗降低1.0kWh以上。

2 水泥粉磨智能控制系统简介

水泥粉磨智能控制系统[1]包括APS一键启停技术（融合了模拟量自动控制、顺序控制、超驰控制等）、辊磨自动投料系统、基于预测模型控制的APC智能控制系统优化技术和在线激光粒度分析仪。水泥粉磨智能控制系统总体架构图见图1。

水泥辊磨智能控制系统功能如下：

（1）所有设备一键启停，并在启停过程中实现了关键模拟量的自动控制、水泥辊磨自动投料落辊和在线粒度分析仪自动运行。

（2）系统正常运行后，APC控制系统自动投运，实现风量、料量、压力等参数的自动控制。

（3）自学习水泥品种特征，自动切换控制策略。

（4）自学习生产工况特征，建立专家库；自动识别当前工况，自动切换控制策略。

（5）水泥磨系统全流程、全工况的自动控制，实现水泥磨系统无人值守的第一步。

传统水泥粉磨控制算法包括预测模型控制MPC、神经网络、自适应控制、模糊逻辑、专家算法、最优控制等，水泥粉磨智能优化控制平台在此基础上引入大数据算法模型理论，进行自主寻优，以产量最大化、质量最优化、电耗最小化、设备安全运行为寻优约束条件，利用历史数据库和当前实时过程数据构成记忆矩阵。矩阵的行向量代表某一时刻所有测点的运行数据，列向量代表测点在不同时刻的运行数据。然后通过平台内部大

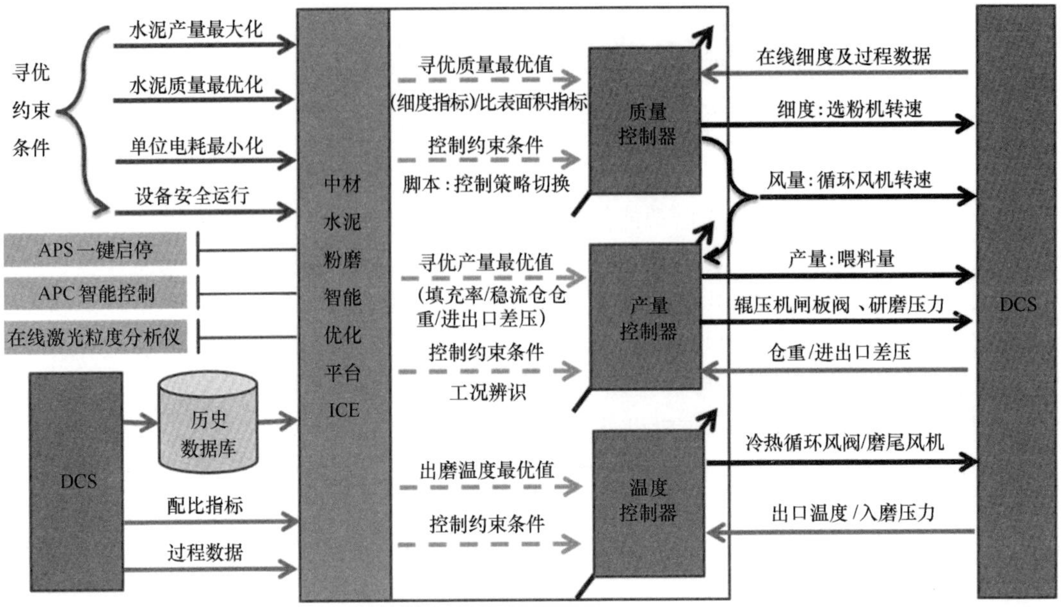

图1　水泥粉磨智能控制系统总体架构图

数据算法进行运算，梳理磨机本体和各个子系统的测点关系，形成输入量和输出量关系的映射模型。优化平台输出最优值以及控制约束条件，以供质量控制器、产量控制器、温度控制器进行实时控制。

2.1　APS一键启停系统

2.1.1　水泥粉磨系统一键启停的实施

水泥粉磨可通过APS一键启停系统降低主机设备的空运转率，从而更大限度地降低电耗。同时可降低操作员的操作强度，减少误操作，使操作流程规范、统一。DCS界面如图2所示。

该部分工作具体分三个步骤实施：

（1）修改DCS逻辑，将水泥粉磨系统按照工艺流程分组，在逻辑上实现组起组停，并添加必要的顺序联锁、保护联锁；

（2）待所有设备正常运转时，结合专家系统，实现自动逐步投料；

（3）待粉磨系统在设定的产量下正常运行后，自动将APC控制系统投入，实现粉磨系统的自动控制。

2.1.2　水泥辊磨自动落辊程序（图3）

将粉体公司技术专家及水泥厂技术人员提供的投料落辊步序及经验梳理成计算机语言，通过ICE编程实现水泥辊磨的自动投料落辊功能：当具备投料条件时（磨机压差大于设定值），根据水泥品种按一定的梯度自动逐步加压、加料、加风，并时刻监视磨机振动、料层、温度等关键参数；通过专家算法进行工况辨识，并根据辨识结果自动进行处理，最终实现自动投料落辊。

图 2　水泥辊磨一键启停 DCS 界面

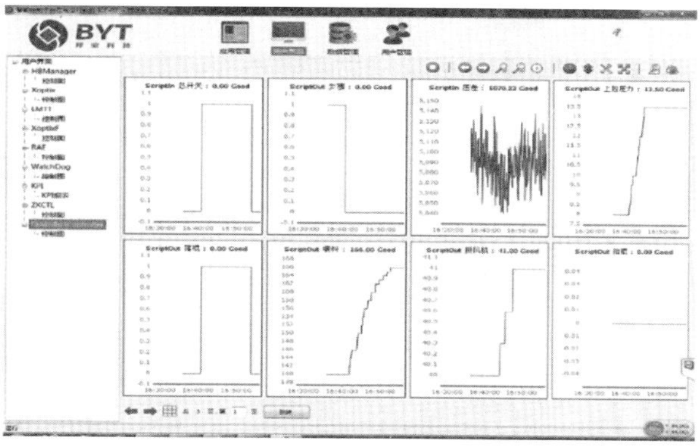

图 3　水泥辊磨自动落辊程序

2. 2　APC 智能控制系统

该系统能够全工况自适应，通过神经元网络自学习，识别水泥品种和生产工况，自动切换控制策略，实时优化调节，稳定关键控制变量，实时监控磨机状态，在线实时分析细度。

通过自动调节喂料量、自动调节选粉机转速（配备在线粒度分析仪）、自动调节循环风机转速和自动调节冷热循环风阀，稳定生产过程，提高产量，减少异常停机时间，实现水泥粉磨的智能控制，降低单位电耗。

水泥辊磨智能控制系统 DCS 界面如图 4 所示，水泥辊磨智能控制系统 ICE 界面如图 5 所示。

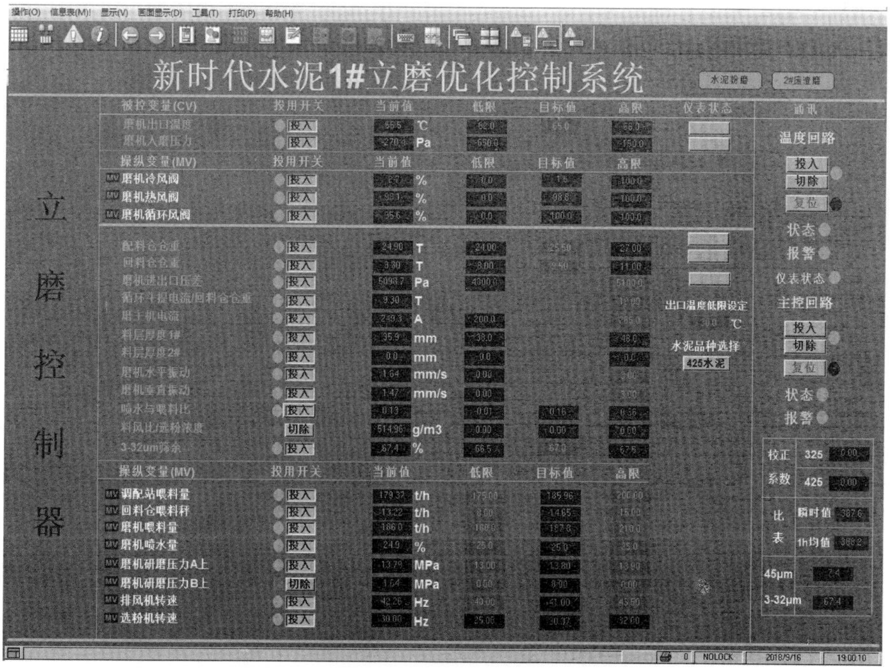

图 4　水泥辊磨智能控制系统 DCS 界面

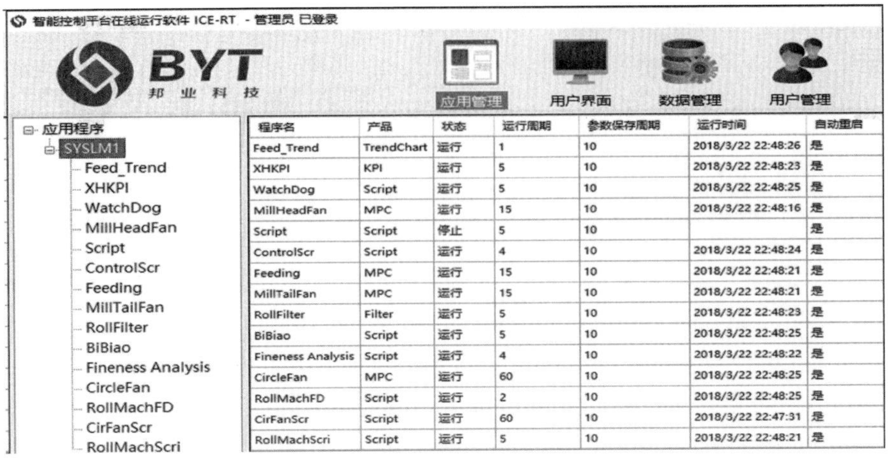

程序名	产品	状态	运行周期	参数保存周期	运行时间	自动重启
Feed_Trend	TrendChart	运行	1	10	2018/3/22 22:48:26	是
XHKPI	KPI	运行	5	10	2018/3/22 22:48:23	是
WatchDog	Script	运行	5	10	2018/3/22 22:48:25	是
MillHeadFan	MPC	运行	15	10	2018/3/22 22:48:16	是
Script	Script	停止	5	10		是
ControlScr	Script	运行	4	10	2018/3/22 22:48:24	是
Feeding	MPC	运行	15	10	2018/3/22 22:48:21	是
MillTailFan	MPC	运行	15	10	2018/3/22 22:48:21	是
RollFilter	Filter	运行	5	10	2018/3/22 22:48:23	是
BiBiao	Script	运行	5	10	2018/3/22 22:48:25	是
Fineness Analysis	Script	运行	4	10	2018/3/22 22:48:22	是
CircleFan	MPC	运行	60	10	2018/3/22 22:48:25	是
RollMachFD	Script	运行	2	10	2018/3/22 22:48:25	是
CirFanScr	Script	运行	60	10	2018/3/22 22:47:31	是
RollMachScri	Script	运行	5	10	2018/3/22 22:48:21	是

图 5　水泥辊磨智能控制系统 ICE 界面

2.3　在线粒度分析仪

本系统选配英国 XOPTIX 在线粒度分析仪，通过在线粒度分析仪实时监测水泥产品的粒度分布，包括：＜3μm、3～10μm、10～32μm、32～45μm、45～80μm、＞45μm、＞80μm 以及水泥比表面积。图 6 为在线激光粒度分析仪现场安装图。

图 6　在线激光粒度分析仪现场安装图

智能控制系统通过动态扫描在线分析仪的实时细度数据，使风量和喂料量实时保持在最佳状态。系统的安全机制保证水泥磨生产的安全和稳定，避免异常工况的发生，从而达到提产降耗、稳定产品质量的目的。

3　智能控制系统应用效果

（1）提高全工况系统投用率

智能控制系统特殊工况诊断及自动处理功能，能够实时监测磨机和各仓仓位的状态，自动识别异常工况并且自动采取措施，最大限度保证智能控制系统可靠稳定运行。水泥磨智能控制系统于 2018 年 9 月进入连续试运行阶段，全工况下保持较高的投运率。以 9 月最新投运数据为例，进行 KPI 数据统计，全工况下智能控制系统投运率在 95％以上，见表 1。

表 1　9 月份 ICE 平台软件 KPI 统计数据

KPI 日报				
时间：2018-08-25　　设备运转率：89.43%				
标准偏差				
平均值	Mean _SoilWeight 24.03	Mean _TCFCA 187.09		
投用率	ServiceFact or _Feed 98.06%	ServiceFact or _Valve 98.82%	ServiceFact or _CircleFan 98.45%	ServiceFact or _VSD 98.97%
KPI 周报				
时间：2018-09-19　　设备运转率：69.18%				
标准偏差				
平均值	Mean _SoilWeight 24.36	Mean _TCFCA 186.62		
投用率	ServiceFact or _Feed 96.43%	ServiceFact or _Valve 97.39%	ServiceFact or _CircleFan 97.34%	ServiceFact or _VSD 98.75%
KPI 月报				
时间：2018-09　　设备运转率：55.57%				
标准偏差				
平均值	Mean _SoilWeight 24.39	Mean _TCFCA 185.81		
投用率	ServiceFact or _Feed 95.44%	ServiceFact or _Valve 96.81%	ServiceFact or _CircleFan 96.21%	ServiceFact or _VSD 98.74%

（2）提高稳定性

系统投运以后，稳流仓波动的标准偏差降低了 70%以上。稳流仓稳定后，操作员可将仓位设置在最佳点，既能保证产量最大，又能避免常规控制时的仓位波动过大，导致下料口堵塞而停磨的情况发生。投运前后运行曲线对比图见图 7。

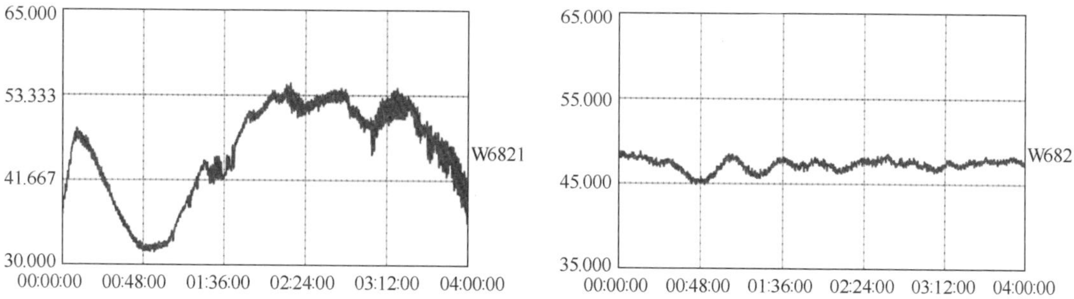

图 7　投运前后运行曲线对比图

（3）提高水泥质量合格率

水泥磨智能控制系统明显改善了水泥质量，有效降低了水泥 45μm 筛筛余的标准偏差，由 0.97 降低为 0.75，比表面积合格率均为 100%。在线粒度分析仪提供实时稳定可信的粒度分布数据，同时为实时优化控制选粉机提供依据，为保证水泥质量提供实时参考。当在线粒度分析仪测量到 45μm 筛筛余偏离设定范围时，APC 会及时调整选粉机，将 45μm 筛筛余调整到设定范围内，稳定产品质量。图 8 为在线粒度分析仪 45μm 筛筛余及比表面积数据与化验室数据对比图。

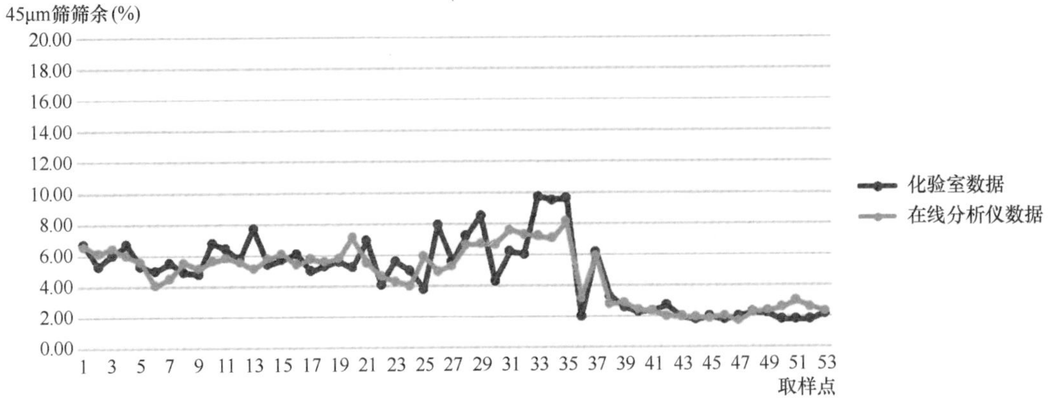

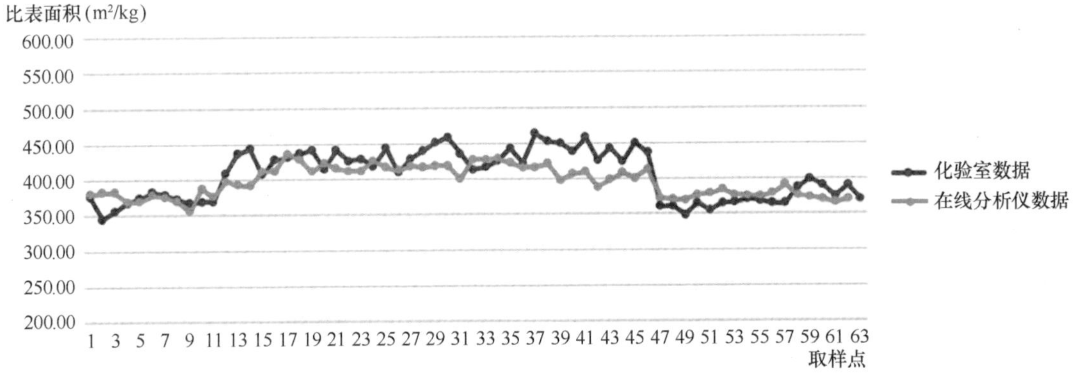

图 8　在线粒度分析仪 45μm 筛筛余及比表面积数据与化验室数据对比图

（4）提产节能

水泥磨智能控制系统明显地改善了水泥磨系统工况，使风量、料量、辊磨做功达到一个最佳的平衡状态，实时判断磨机的工作状态。当判断磨况正常时，将喂料量进行最大化控制，当判断磨况异常时，则进行减产操作，因此可以在磨机做功状态好的情况下，尽可能地提高产量，降低电耗。投用智能控制系统后，水泥磨生产较为稳定，每班电耗指标相对人工操作波动较小，在相同配比的情况下，三大主机设备平均吨水泥电耗可降低 1.1kWh 左右。控制系统投用前后电耗统计表见表 2。

表 2　控制系统投用前后电耗统计表

P·O 42.5 等级水泥优化前电耗掺量 10%					
统计时间：2018 年 8 月 18 日 18：00—8 月 19 日 9：00（共计 16h）					
序号	时间	主电机	排风机	选粉机	综合电耗
1	18：00	21.64	7.89	0.78	30.31
2	19：00	22.36	7.76	0.78	30.90
3	20：00	21.08	7.67	0.78	29.53
4	21：00	21.39	7.80	0.75	29.94
5	22：00	22.09	7.56	0.78	30.43

续表

P·O 42.5 等级水泥优化前电耗掺量 10%					
统计时间：2018 年 8 月 18 日 18：00—8 月 19 日 9：00（共计 16h）					
序号	时间	主电机	排风机	选粉机	综合电耗
6	23：00	22.47	7.87	0.80	31.13
7	0：00	24.55	8.38	0.78	33.71
8	1：00	22.94	7.65	0.75	31.34
9	2：00	20.90	7.62	0.72	29.25
10	3：00	22.86	7.72	0.69	31.26
11	4：00	22.67	8.14	0.70	31.51
12	5：00	20.67	7.26	0.69	28.63
13	6：00	24.10	8.13	0.70	32.92
14	7：00	22.35	8.11	0.69	31.15
15	8：00	22.60	7.62	0.69	30.91
16	9：00	22.53	7.97	0.70	31.20
平均值		22.32	7.82	0.74	30.88

P·O 42.5 等级水泥优化后电耗-混合材掺量 10%						
统计时间：2018 年 9 月 24 日 19：00—9 月 25 日 11：00（共计 13h）						
序号	日期	时间	主电机	排风机	选粉机	综合电耗
1	9 月 24 日	19：00	21.28	7.80	0.65	29.72
2		23：00	20.99	7.73	0.65	29.38
3	9 月 25 日	0：00	21.24	7.88	0.64	29.76
4		4：00	21.55	7.82	0.67	30.03
5		8：00	21.34	7.74	0.66	29.74
平均值			21.28	7.79	0.65	29.73
优化各项对比			主电机	排风机	选粉机	综合电耗
优化前电耗		平均值	22.32	7.82	0.74	30.88
优化后电耗		平均值	21.28	7.79	0.65	29.73
优化后节电明细			1.04	0.03	0.09	1.15

P·O 42.5 等级水泥优化前电耗-混合材掺量 14%					
统计时间：2018 年 8 月 20 日 11：00—23：00（共计 16h）					
序号	时间	主电机	排风机	选粉机	综合电耗
1	11：00	21.37	7.42	0.75	29.54
2	12：00	21.16	7.41	0.73	29.30
3	13：00	20.00	7.22	0.72	27.94
4	14：00	19.95	6.99	0.73	27.67
5	15：00	19.89	7.10	0.75	27.74
6	16：00	21.32	7.36	0.75	29.43
7	17：00	20.71	7.40	0.73	28.85

续表

P·O 42.5 等级水泥优化前电耗-混合材掺量 14%

统计时间：2018 年 8 月 20 日 11：00—23：00（共计 16h）

序号	时间	主电机	排风机	选粉机	综合电耗
8	18：00	21.31	7.37	0.75	29.44
9	19：00	21.57	7.30	0.72	29.59
10	20：00	20.93	7.42	0.76	29.11
11	21：00	21.69	7.53	0.78	30.00
12	22：00	22.05	7.69	0.79	30.53
13	23：00	21.33	7.35	0.77	29.45
平均值		21.02	7.35	0.75	29.12

P·O 42.5 等级水泥优化后电耗-混合材掺量 14%

统计时间：2018 年 10 月 6 日 0：00—8 日 12：00（期间共计 28h）

序号	日期	时间	主电机	排风机	选粉机	综合电耗
1	10 月 6 日	0：00	20.34	7.22	0.59	28.15
2		4：00	19.35	7.08	0.58	27.01
3		8：00	20.30	7.86	0.66	28.82
4	10 月 7 日	16：00	20.38	7.40	0.62	28.40
5		20：00	20.08	7.33	0.57	27.98
6	10 月 8 日	0：00	19.77	7.35	0.55	27.67
7		4：00	20.95	7.54	0.56	29.05
8		8：00	19.49	7.10	0.58	27.17
9		12：00	19.10	7.55	0.47	27.12
平均值			19.97	7.38	0.57	27.93
优化各项对比			主电机	排风机	选粉机	综合电耗
优化前电耗		平均值	21.02	7.35	0.75	29.12
优化后电耗		平均值	19.97	7.38	0.57	27.93
优化后节电明细			1.05	−0.03	0.17	1.19

数据来源：水泥厂生产报表数据。

（5）降低工作强度等

水泥磨智能控制系统的一键启停功能，降低了操作人员的劳动强度，启动时间由人工操作 15～20min 缩短到 8～10min，有效降低了主机设备空运转率，降低了电耗。

4 结语

水泥粉磨智能控制系统的成功应用，实现了公司水泥粉磨系统控制技术的智能化，提升了公司高端装备的制造能力，可给用户带来可观的经济效益和社会效益，大大提升水泥生产企业的自动化、信息化管理水平，有助于增强企业的综合竞争力。

参考文献

[1] 王靖，艾军，魏灿，等．水泥智能优化控制系统的应用研究[J]．水泥技术，2016，(2)：31-34.

（原文发表于《水泥技术》2019 年第 3 期）

（王纯良* 任职于双鸭山新时代水泥有限责任公司）

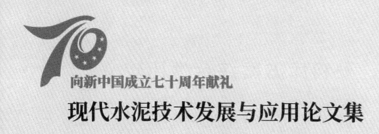

向新中国成立七十周年献礼

现代水泥技术发展与应用论文集

工 程 设 计

生料均化库、熟料库方案综合性比较

隋明洁

摘　要： 本文对三种不同结构形式生料均化库，从库内布置特点、充气方式、均化效果、工程造价和土建施工等方面进行了综合对比；对 ϕ40m 熟料库出料胶带机不同布置方案、ϕ70m 熟料帐篷库不同支承形式进行了综合造价对比。在综合分析比较的基础上，提出了方案选择建议。

关键词： 生料均化库；熟料库；综合比较

水泥工程项目生料均化库、熟料库形式多样，如何选择性价比高的储库方案，值得综合分析研究。本文分别对生料均化库的三种主流形式、熟料库出料胶带机不同布置方案、帐篷库不同支承方式进行了综合性比较分析。

1　不同形式生料均化库的综合对比

随着水泥生产技术现代化、智能化的快速发展，生料配料控制越来越多采用在线分析仪，对保证生料成分均齐起到了重要作用。因此，一部分观点认为应弱化生料库的储存和均化功能，减小生料均化库的规格和储量，以节省投资。但为了综合利用矿石资源，对成分波动大、有害成分高的低品位原料和夹层，应尽可能地搭配使用，势必带来原料成分的频繁波动，即使采用了预均化堆场和在线分析仪控制生料配料，生料均化库作为均化链中重要和最终把关环节，对保证入窑生料成分均齐，控制熟料生产的均衡与稳定，提高熟料产量和质量仍起着举足轻重的作用。

生料均化库的定位原则宜为：均化效果适当，卸空率高，单位电耗低，具有一定的存储能力以满足生产需要。

目前采用的生料均化库主要有三种形式：切向流倒锥型均化库、控制流平底型均化库、多点流混合室型均化库。三种形式均化库均能满足入窑生料 CaO 标准偏差的控制要求，国外水泥企业也普遍采用此三种库型。

三种形式的均化库，其库内结构、充气方式、出料方式、计量喂料各有特点，均化效果、土建施工和工程造价有所不同，现对三种形式的生料均化库进行综合对比。三种形式生料均化库的立面图和库底充气箱布置图如图 1 所示。

1.1　不同形式生料均化库系统综合对比

1.1.1　储量 2 万吨三种形式生料均化库系统对比

以储量均为 2 万吨的三种库型生料均化库进行对比，范围从生料入库斗提到 C1 级旋风筒喂料。工程量统计及土建费用中未包括基础（表 1）。

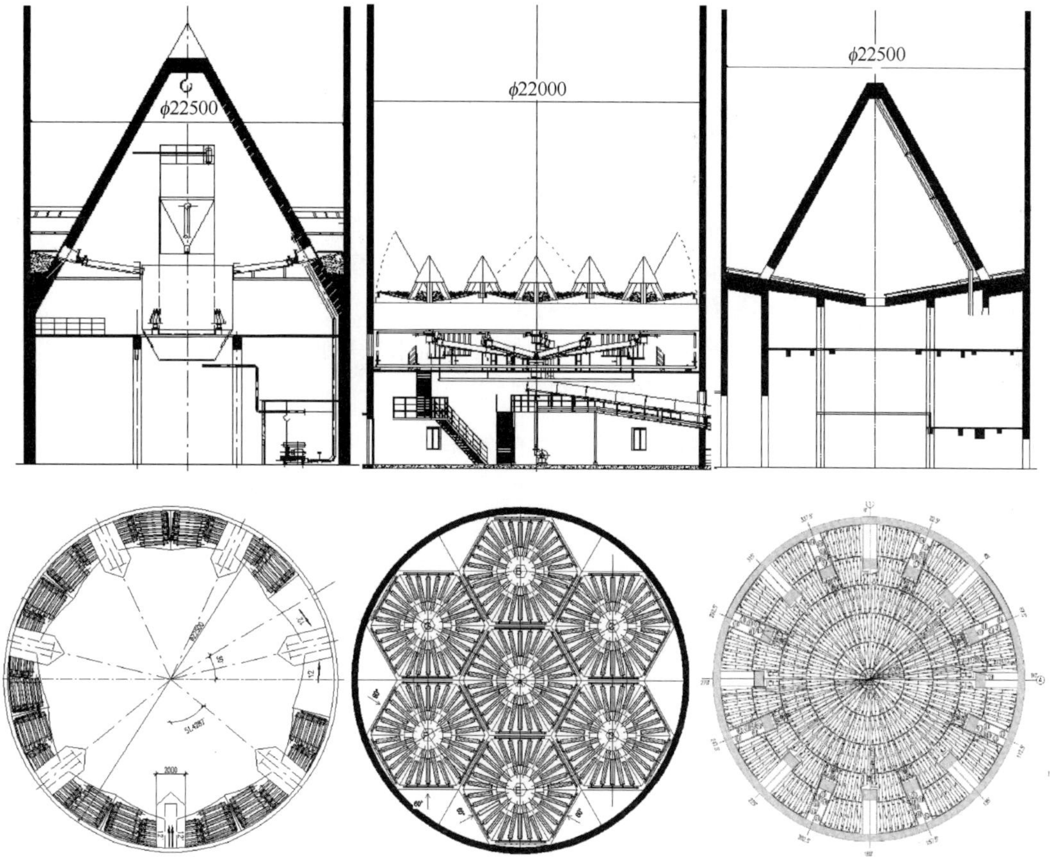

切向流倒锥库充气箱布置　　控制流平底库充气箱布置　　多点流混合室库充气箱布置

图 1　三种形式生料均化库立面图和库底充气箱布置图

表 1　三种形式生料均化库系统工程量及费用对比

库形式	切向流倒锥库	控制流平底库	多点流混合室库
规格（m）	φ22.5×61.5	φ22×55	φ22.5×60
有效储量（t）	20000	20000	20000
充气均化卸料控制	简单	较复杂	较简单
库底和计量仓底罗茨风机总功率（kW）	74	38.5	142
总充气箱面积（m^2）	45	82.32	133.23
均化系数	3.0～5.0	3.0～6.0	3.0～6.0
混凝土用量（m^3）	2901	2770	3227.6
钢筋用量（t）	366	310.8	407.2
预应力筋（t）	76.5	67.5	67.5
钢结构（t）	108	124	55.9
土建费用（万元）	842	773	845
设备投资费用（万元）	550	601.7	564.5
总投资费用（万元）	1392	1347.7	1409.5

注：1. 对比基准：库规格相当、储量相同、土建设计标准及设计条件相同。

2. 土建综合单价按目前国内价格；设备费按国内价格。

结论：

(1) 土建费用差别较大，多点流混合室库最高，与控制流平底库最大差~72 万。

土建费用从低到高顺序为：控制流平底库<切向流倒锥库<多点流混合室库。

(2) 设备投资费用差别较大，控制流平底库最高，与切向流倒锥库最大差~51.7 万。

设备投资费用从低到高顺序为：切向流倒锥库<多点流混合室库<控制流平底库。

(3) 三种库型总投资费用基本相当，差别不大。

价格从低到高顺序为：控制流平底库<切向流倒锥库<多点流混合室库。

1.1.2 ϕ18m 不同形式生料均化库系统对比

以 ϕ18m 生料库采用最多的切向流倒锥库和控制流平底库两种形式进行综合对比（表 2），范围从生料入库斗提到 C_1 级旋风筒喂料。

表 2 两种形式 ϕ18m 生料均化库系统费用对比

库形式	切向流倒锥库	控制流平底库
规格（m）	ϕ18×50	ϕ18×50
有效储量（t）	11840	12542
土建总投资（万元）	548.6	452.2
设备总投资（万元）	236.2	324.7
总投资（万元）	784.8	776.9

注：对比基准、土建综合单价取值同表 1。

从以上对比可得出如下结论：ϕ18m 生料均化库与上述储量 2 万吨库对比结果相当，即控制流平底库总投资略低，土建费用低，设备费用高。

1.2 不同形式生料均化库性能对比

三种形式生料均化库性能对比见表 3。

表 3 三种形式生料均化库系统性能对比

库形式	切向流倒锥库	控制流平底库	多点流混合室库
库顶进料	分配器多点均匀进料	分配器多点均匀进料	分配器多点均匀进料
库底结构	库内设倒置圆锥，将库壁与圆锥间形成环形空间，并分为 6（或 7）个卸料大区，每个卸料大区由两个向中间卸料口倾斜的扇形小充气区组成，每个卸料口上部设减压锥	库底分成大小相等 7 个六边形卸料区，每个卸料区由 6 个向中心卸料口倾斜的三角形充气区组成。库底一共有 42 组三角形充气区，卸料口上设减压锥	库底板上设一锥形中心混合室，混合室外环形空间分为 8 个卸料区，每个卸料区按外环、内环分为两部分，混合室内分 4 个卸料区
充气方式	充气时，由 2 个对称卸料大区的各一半小区同时充气卸料，每个小区轮流充气后再换到下一个卸料大区，每个卸料大区和小区均轮流充气	充气时 3 个六边形卸料区的其中一个三角形充气区同时出料，控制每区充气时长不同，使 7 个平行的漏斗柱在不同时间卸料	充气时，8 个环形区轮换或对吹卸料，单独一区的物料自下而上卸出，外区物料通过内区进入减压锥内混合室，混合室内分 4 个卸料区，经充气搅拌卸料
均化原理	依靠充气形成漏斗流，重力切割多层生料，实现轴向、切向混合作用，环形卸料区域形成多股料流强制出料，提高库的卸空率	依靠充气形成漏斗流，重力切割多层生料，控制各区不同流速，每个漏斗料柱在进行料层纵向重力混合的同时，实现径向混合	依靠充气形成漏斗流，漏斗沿直径排列，随充气变换旋转角度，产生重力混合，外区物料进入减压锥后，继续轮吹搅拌，经两次充气混合后均化效果提高

续表

库形式	切向流倒锥库	控制流平底库	多点流混合室库
出料控制	控制简单；控制阀数量少，共14个	控制较复杂；控制阀数量多，共49个	控制简单；控制阀数量少，共18个
卸空率	强制卸料，卸空率高，～99%	依靠充气控制卸料，卸空率较高，～98%	依靠充气控制卸料，卸空率较高，～98%
生料计量仓位置	生料计量仓位于库底，利用倒锥下部空间，出库生料直接进生料计量仓，流程简单	生料计量仓布置在窑尾塔架内，需增加生料提升机，流程较复杂	多采用库整体抬高布置，将生料计量仓布置在库底，出库生料直接进计量仓，流程简单
施工难度	库底部大型圆锥结构，施工难度大，周期长	施工方便，周期短	库底部圆锥结构，施工难度大，周期长
安装难度	生料计量仓在库底，安装略有不便	生料计量仓在库外，更便于施工安装	生料计量仓在库底，安装略有不便

1.3 工程项目中生料均化库考核结果比较

3个水泥项目中生料均化库考核结果见表4。

表4 3个水泥项目中生料均化库考核结果

项目	库型式	规格（m）	入库S（%）	入窑S（%）	保证值S（%）
印尼项目	平底库	2-ϕ20×60	S_{LSF}：1.15	S_{LSF}：0.8	$S_{LSF}\leqslant 1.0$
巴基斯坦项目	平底库	ϕ20×56	S_{CaO}：0.3878	S_{CaO}：0.1741	$S_{CaO}\leqslant 0.25$
土耳其项目	倒锥库	ϕ22.5×64.5	S_{LSF}：3.8	S_{LSF}：0.995	$S_{LSF}\leqslant 1.0$

1.4 结论

（1）费用：基准一致时，三种库型总投资基本相当，差别不大。但土建和设备费均有一定差别。其中土建费用平底库最省、倒锥库最高，设备费用倒锥库最省、平底库最高。因此，对EPC、EP和设计项目，可根据项目特点和投资综合考虑选择库型。

（2）工期：平底库比倒锥库短1.5～2个月，现场的管理费用也相应减少。

（3）均化效果：从库内和计量仓的结构、充气箱布置、出料控制程序和罗茨风机配置等进行理论分析，切向流倒锥库略逊于其他两种库，但卸空率高于其他两种库。

（4）性能保证：如原料采用预均化，配料计量能够连续通畅，均能满足入窑生料$S_{CaO}\leqslant 0.20\%$要求，对一些业主提出的$S_{LSF}\leqslant 1.0\%$，当配有在线分析仪时，也能满足要求。

2 ϕ40m熟料库出料胶带机不同布置方案综合造价对比

ϕ40m熟料库在水泥厂应用较为普遍，库底出料胶带机有两种布置方式，一种为通廊位于地面上的方案，廊内通风条件良好，生产运行期间检修安全方便，但是需要增加库壁高度，且因为地沟基础埋深浅容易因超挖增加工程量；另一种为通廊位于地坑内的方案，可降低库高，减少库壁工程量和窑头至熟料库拉链机的长度，但地坑内通风不好，检修条件相对较差，很多国外项目业主明确要求不得采用。由于两种方案各有利弊，在方案选择过程中有时难以决断。下面以 40m 直径熟料库，容积 34611m^3，储量 50000t（重度 1.45t/m^3）为例，从工程投资角度对各种方案进行对比，供方案选择时参考。

2.1 方案划分

在储量相同的前提下，根据库内胶带机通廊的不同布置方式将方案分为地面上方案和地面下方案两大类，同时根据库外输送布置方式的不同又进一步细分为四个方案，如图 2、图 3 所示

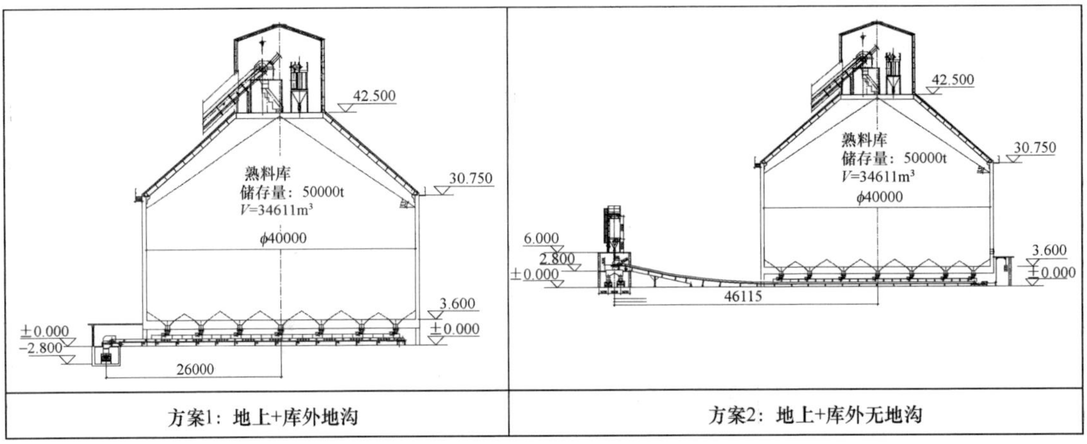

图 2 库内胶带机通廊地上方案

（内直径 40m，库顶高 42.5m，库壁高 30.75m）

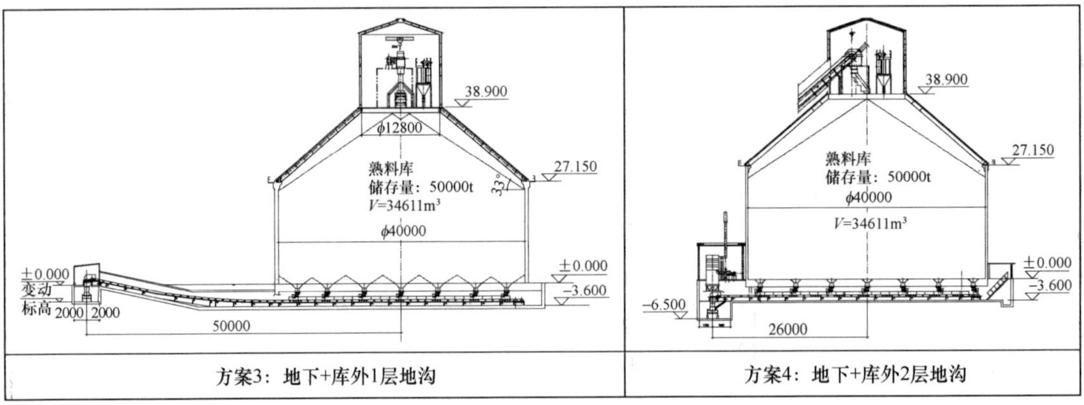

图 3 库内胶带机通廊地下方案

（内直径 40m，库顶高 38.9m，库壁高 27.15m）

2.2 工程造价对比

四个方案的土建分项工程量、设备造价、总造价对比分别见表 5、表 6、表 7。

表 5　土建分项工程量

<table>
<tr><th colspan="2" rowspan="3">分项工程</th><th colspan="6">工程量</th></tr>
<tr><th colspan="2">方案 1：地上＋库外地沟</th><th colspan="2">方案 2：地上＋库外无地沟</th><th rowspan="2">方案 3：地下＋库外 1 层地沟</th><th rowspan="2">方案 4：地下＋库外 2 层地沟</th></tr>
<tr><th>无超挖</th><th>超挖</th><th>无超挖</th><th>超挖</th></tr>
<tr><td colspan="2">土方（m^3）（挖方＋填方）</td><td>5162</td><td>7919</td><td>5495</td><td>8252</td><td>7125</td><td>6572</td></tr>
<tr><td colspan="2">混凝土（m^2）</td><td>4766</td><td>5077</td><td>4711</td><td>5022</td><td>5183</td><td>5142</td></tr>
<tr><td rowspan="3">钢筋埋件（t）</td><td>普通钢筋</td><td>887</td><td>913.5</td><td>886</td><td>913.5</td><td>927</td><td>920</td></tr>
<tr><td>预应力筋</td><td colspan="2">140</td><td colspan="2">140</td><td>140</td><td>140</td></tr>
<tr><td>埋件</td><td colspan="2">33</td><td colspan="2">33</td><td>33</td><td>33</td></tr>
<tr><td colspan="2">钢结构（t）</td><td colspan="2">219.4</td><td colspan="2">244.1</td><td>214.4</td><td>214.4</td></tr>
</table>

表 6　设备造价对比（仅差异部分）

<table>
<tr><th>方案</th><th>项目</th><th>长度（m）</th><th>总价（万元）</th></tr>
<tr><td rowspan="3">方案 1：地上＋库外地沟</td><td>库底出料胶带输送机</td><td>120</td><td rowspan="3">56</td></tr>
<tr><td>库外胶带输送机（标高≤0.000 以下）</td><td>40</td></tr>
<tr><td>熟料链斗机增加长度</td><td>5</td></tr>
<tr><td rowspan="3">方案 2：地上＋库外无地沟</td><td>库底出料胶带输送机</td><td>180</td><td rowspan="3">68</td></tr>
<tr><td>库外胶带输送机（标高≤0.000 以下）</td><td>20</td></tr>
<tr><td>熟料链斗机增加长度</td><td>5</td></tr>
<tr><td rowspan="2">方案 3：地下＋库外 1 层地沟</td><td>库底出料胶带输送机</td><td>194</td><td rowspan="2">80</td></tr>
<tr><td>库外胶带输送机（标高≤0.000 以下）</td><td>72</td></tr>
<tr><td rowspan="2">方案 4：地下＋库外 2 层地沟</td><td>库底出料胶带输送机</td><td>120</td><td rowspan="2">48</td></tr>
<tr><td>库外胶带输送机（标高≤0.000 以下）</td><td>40</td></tr>
</table>

表 7　总造价对比（单位：万元）

<table>
<tr><th rowspan="2"></th><th colspan="2">方案 1</th><th colspan="2">方案 2</th><th rowspan="2">方案 3</th><th rowspan="2">方案 4</th></tr>
<tr><th>无超挖</th><th>超挖</th><th>无超挖</th><th>超挖</th></tr>
<tr><td>土建总投资</td><td>1472</td><td>1527</td><td>1484</td><td>1539</td><td>1531</td><td>1501</td></tr>
<tr><td>设备总投资</td><td colspan="2">56</td><td colspan="2">68</td><td>80</td><td>48</td></tr>
<tr><td>总造价</td><td>1478</td><td>1583</td><td>1552</td><td>1607</td><td>1611</td><td>1549</td></tr>
<tr><td>价格排序</td><td>最低</td><td></td><td></td><td></td><td>最高</td><td>需超挖时最低</td></tr>
</table>

2.3　综合评价

（1）工程量

基础无超挖时，方案 1、2 的工程量小于方案 3、4；

基础有超挖时，方案 1、2 比方案 3、4 土方量多。

（2）工程造价

当基础无超挖时，价格比较：方案 1＜方案 2＜方案 4＜方案 3；

当基础超挖时，价格比较：方案 4＜方案 1＜方案 2＜方案 3。

（3）工程施工

方案 1、方案 2：胶带机走廊在地面上布置方案地沟无超挖时开挖量少，没有深基坑，便于现场施工；有超挖时采用墩基础会增加工期。若采用其他处理超挖方案替代墩基础需要增加较大的工程量。

方案 3、方案 4：开挖量较大，方案 4 基坑最大开挖深度近 7m，地沟处于地下也会增加防水工程量，同时对于降雨多的地区，基坑降水工作量也较大。

2.4 对比结论

（1）库内地沟采用天然地基且无超挖或采用桩基时，胶带机走廊在地面上布置方案（方案 1、方案 2）总造价相对较低，地下工程少，施工难度低，挖填方较平衡，检修环境良好，宜优先选用。方案 1 比方案 2 占地面积小，但增加了地沟，可根据项目布置情况选用。

（2）库内地沟采用天然地基且超挖较深时（埋深 4.6m），方案 4 造价最低，但存在开挖量大和深基坑的问题；方案 1、方案 2 造价略高，但由于需要处理超挖问题会增加工期或工程量。因此方案的选择上应从工程量和工期方面综合考虑。

3 ϕ70m 熟料帐篷库不同支承形式综合造价对比

熟料帐篷库由于工程量小、施工周期短被部分工程项目采用。帐篷库内有三种布置形式，如图 4 所示。

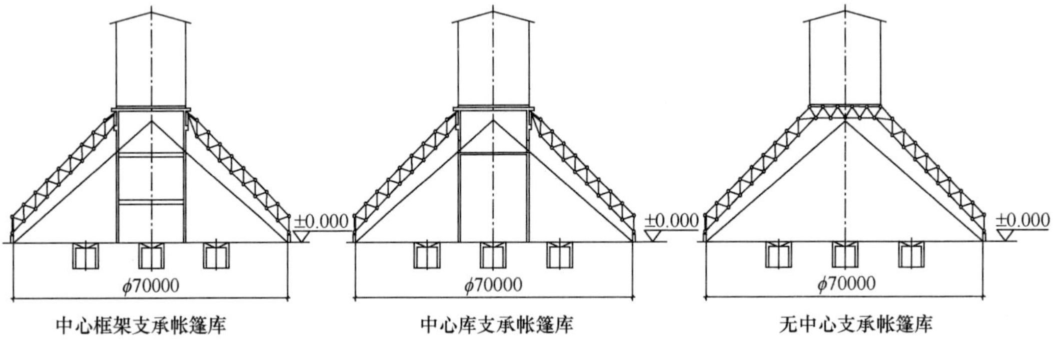

图 4　三种支承形式的 ϕ70m 熟料帐篷库

（1）带中心框架支承。

（2）带中心库支承：该中心库兼备储料功能，可适应熟料品质变化，如作为黄料库，也可方便窑产量标定。

（3）无中心支承。

因库内支承框架、中心库受物料磨损，设计时需在框架梁柱、中心库局部增加防磨措施。下面以上述三种支承形式的 ϕ70m 帐篷库进行对比（表 8）。

表 8　三种支承形式的 ϕ70m 熟料帐篷库造价对比

支承形式	钢结构（t）	混凝土（m^3）		钢筋（t）	总价（万元）
	网架+钢梁+防磨	筒壁/框架+库顶	基础		
中心框架支承	189.5	124	80	27	191.1
中心库支承	162.4	234	168	43.2	204.6
无中心支承	269	—	—	—	214.7
综合单价	7980 元/t	1340 元/m^3	855 元/m^3	6100 元/t	

注：1. 综合单价以国内价格为准，包括材料、人工、机具等综合费用。
2. 中心框架支承形式考虑了梁、柱的防磨钢板 50t。
3. 中心库按直径 ϕ10m 库考虑，局部加防磨钢板共 15t。

（1）综合造价对比

以钢网架直接落地、无混凝土库壁为对比基准，工程量及费用仅包括地面上的钢网架和中心支承，不包括库顶房、基础和输送走廊。

（2）对比结论

基于国内综合造价来看，ϕ70m 熟料帐篷库带中心框架支承费用最省；带中心库支承与无中心支承费用相差不大。

4　结语

本文对三种形式的生料均化库进行了综合对比，从造价、均化效果和施工周期等多方面综合考虑，推荐优先选用控制流平底库；对 ϕ40m 熟料库出料胶带机不同布置方案进行了综合造价对比，当采用天然地基且无超挖或采用桩基时，库内胶带机通廊优先推荐地面上布置方案，当超挖较深时需要综合评估确定方案；对 ϕ70m 熟料帐篷库不同支承形式进行了综合造价对比，中心框架支承费用最低，无中心支撑帐篷库成本略高，应考虑磨损、业主偏好等因素综合选择。

上述方案选择都是基于一些基准条件给出的参考建议，鉴于水泥厂工程的复杂性，影响储库方案选择的因素较多，所以水泥厂储库形式的选择，需要结合工程项目实际的特点与条件，就使用功能、效果、结构形式、设备及土建投资、施工条件及水平等多方面综合考虑，通过有针对性的对比分析来确定最合适的储库方案。

10000t/d 熟料水泥生产线设计

石　巍　刘　芳　左一男　郭天代　赵春芳

1　引言

德国海德堡水泥集团（Heidelberg Cement）是世界最大的水泥制品生产商之一，在水泥、混凝土及建筑材料领域处于世界领先水平。20 世纪 90 年代以来，海德堡集团通过一系列的投资及收购加快了国际化进程，于 2001 年通过控股印度尼西亚 Indocement 水泥生产公司进一步拓展了亚洲市场。Indocement 公司位于印度尼西亚爪哇岛西部茂物市，创建于 1974 年，目前拥有 12 条水泥生产线，单条熟料生产线最大能力 7500t/d，年水泥产能 1540 万吨，市场占有率达到 31%，新建 10000t/d 生产线（P14）位于 Indocement 老厂区内部。

P14 为天津水泥工业设计研究院有限公司的 EPC 总承包项目，合同范围从石灰石、砂质黏土及其他辅助原料进厂到成品水泥发运，均采用天津水泥工业设计研究院有限公司的核心技术，是世界上单线生产能力最大的生产线之一。

P14 生产线设计规模为 10000t/d，目前熟料产量在 10500t/d 稳定运行。熟料热耗 2930kJ/kg（合同热耗 3022kJ/kg），熟料综合电耗 55kWh/t，窑尾粉尘排放为平均 4.1mg/m^3（标），各项运行指标优异，运行稳定可靠，赢得了海德堡集团和 Indocement 公司的高度认可，为天津院在大型生产线的设计方面积累了宝贵经验。

2　设计条件

2.1　气候条件

P14 厂区位于印尼爪哇岛，海拔约 20m，四面环海，属于热带雨林气候，终年高温多雨，湿度大，无寒暑季节变化。全年平均温度 30℃，最高温度 40℃，最低温度 20℃。年平均湿度 85%，年平均降雨量 2300mm。

2.2　燃料

项目生产燃料采用低热值褐煤，汽车运输进厂。原煤工业分析见表 1、表 2。

表 1　原煤工业分析

原煤	M_{ar}（%）	M_{ad}（%）	V_{ad}（%）	A_{ad}（%）	$S_{t,ad}$（%）	$Q_{net,ad}$（kJ/kg）
褐煤	40.17	19.25	40.98	2.84	0.17	22578

表 2　原料物理化学成分分析（%）

原料	烧失量	SiO_2	Al_2O_3	Fe_2O_3	CaO	MgO	SO_3	K_2O	Na_2O	Cl^-
石灰石	41.00	4.93	1.97	0.47	49.40	1.43	0.47	0.33	0.01	0.02

续表

原料	烧失量	SiO_2	Al_2O_3	Fe_2O_3	CaO	MgO	SO_3	K_2O	Na_2O	Cl^-
砂质黏土	8.00	62.56	17.58	5.28	1.14	1.79	0.47	2.03	1.01	0.01
黏土	6.34	58.77	19.66	6.14	1.15	2.00	0.75	2.24	0.95	0.01
铁粉	9.13	16.57	10.65	58.65	0.01	4.08	0.01	0.18	0.01	1.19

2.3 原料

项目生产原料采用石灰石、砂质黏土、黏土和铁粉四组分配料。

石灰质原料采用 CaO 含量相对偏低、土质较多的石灰石配料，矿石开采后由老线胶带机输送入厂；砂质黏土作为硅铝质原料，矿石开采后由老线胶带机输送入厂；黏土作为硅质校正原料，从老线堆场取料通过胶带机输送入厂；铁粉作为铁质校正原料，从老线堆场取料通过胶带机输送入厂。四种原料水分均较大，其中黏土和铁粉塑性较大。

原料物理化学成分分析见表 2。

2.4 电源

本项目电源由业主 33kV 自备电站提供，上级电源距离厂区总降约 2km。

3 生产主机配置（表 3）

表 3 全厂主机设备及供货

<table>
<tr><th>项目</th><th colspan="2">主机名称、型号、规格</th><th>系统能力</th><th>数量(台)</th><th>设备供货</th></tr>
<tr><td rowspan="2">石灰石堆取料机</td><td colspan="2">侧式悬臂堆料机</td><td>5000t/h（干）</td><td>1</td><td>意大利(BEDESCHI)</td></tr>
<tr><td colspan="2">桥式刮板取料机</td><td>1000t/h（干）</td><td>1</td><td>意大利(BEDESCHI)</td></tr>
<tr><td rowspan="2">砂质黏土堆取料机</td><td colspan="2">侧式悬臂堆料机</td><td>1600t/h（干）</td><td>1</td><td>意大利(BEDESCHI)</td></tr>
<tr><td colspan="2">侧式链斗取料机</td><td>500t/h（干）</td><td>1</td><td>意大利(BEDESCHI)</td></tr>
<tr><td rowspan="2">原煤堆取料机</td><td colspan="2">侧式悬臂堆料机</td><td>500t/h（干）</td><td>1</td><td>意大利(BEDESCHI)</td></tr>
<tr><td colspan="2">桥式刮板取料机</td><td>300t/h（干）</td><td>1</td><td>意大利(BEDESCHI)</td></tr>
<tr><td>原料粉磨</td><td colspan="2">辊磨型号：LM56.4；喂料综合水分：6.5%（平均），8.54%（最大）；
生料细度：90μm≤10%，200μm≤1%；生料水分：≤0.5%</td><td>400t/h（干）</td><td>2</td><td>德国(LOESHE)</td></tr>
<tr><td rowspan="2"></td><td>系统风机</td><td>处理风量：1000000m³/h；进口静压：－11500Pa</td><td rowspan="2"></td><td>2</td><td>德国(FLAKEWOODS)</td></tr>
<tr><td>增湿塔喷水系统</td><td>处理风量：1400000m³/h；
入口气体：283～319℃（最大：450℃）
出口气体：130～200℃</td><td>2</td><td>德国(LECHLER)</td></tr>
<tr><td>窑头窑尾废气处理</td><td>废气处理袋收尘器</td><td>处理风量：1300000m³/h；
净过滤风速：0.86m/s；
出口含尘浓度：≤10mg/m³(标)</td><td></td><td>2</td><td>SINOMA-TCDRI</td></tr>
</table>

续表

项目	主机名称、型号、规格		系统能力	数量(台)	设备供货
	废气处理风机	处理风量：1480000m³/h；进口静压：－3000Pa		2	德国(FLAKEWOODS)
	辊磨型号：LM 28.3；原煤水分：≤38%； 煤粉细度：90μm≤12%；煤粉水分：≤12%		35t/h(干，LCV) 41t/h(干，MCV)	2	德国(LOESHE)
煤粉制备	煤磨袋收尘 系统风机 煤粉计量秤	处理风量：230000m³/h；出口含尘浓度：≤10mg/m³(标) 处理风量：270000m³/h；进口静压：－1030Pa 窑头计量：4～40t/h 窑尾计量：5～50t/h		2 2 1 1	美国(AAF) 德国(Venti-Oelde) 德国(SCHENCK) 德国(SCHENCK)
	双系列五级旋风预热器（四五级切换）				
	C_1 4-ϕ6400mm				
	C_2 2-ϕ9000mm				
烧成系统	C_3 2-ϕ9000mm C_4 2-ϕ9000mm C_5 2-ϕ9000mm		10000t/d	1	SINOMA-TCDRI
	分解炉 TTF ϕ9000mm×75640mm				
	回转窑 （尾端扩大） 篦冷机	规格：ϕ6.0/6.4/5.8m×90m 转速：0.5～5.0r/min 篦床面积：250m²；熟料温度：65℃＋环境温度	10000t/d 10000t/d	1 1	SINOMA-TCDRI 德国(IKN)
	辊磨型号：LM 56.3＋3；成品细度：4200cm²/g(PCC)；成品水分：≤0.5%		240t/h(干，PCC)	3	德国(LOESHE)
水泥粉磨	系统袋收尘器 系统风机	处理风量：675000m³/h；出口含尘浓度：≤10mg/m³(标) 处理风量：790000m³/h；进口静压：－9060Pa			美国(AAF)
水泥散装		移动式散装机	250t/h	2	德国(CP)
		包装机型号：Roto-Packer 12RSE			
水泥包装		自动插袋机 自动摞包塑包系统	180t/h	5	意大利 (VENTOMATIC)

4　全厂物料储存（表4）

表4　全厂物料储存方式及储期

序号	物料名称	储存形式	规格（m）	储量（t）
1	石灰石	圆形预均化堆场	ϕ118	89900
2	砂质黏土	长形预均化堆场	51.8×154	2-10920
3	原煤	长形预均化堆场	63×170	2-12870

续表

序号	物料名称	储存形式	规格（m）	储量（t）
4	石灰石（调配）	钢仓	2-ϕ6	507.5
5	砂质黏土（调配）	钢仓	2-ϕ5	325
6	铁粉（调配）	钢仓	2-ϕ4.5	375
7	黏土（调配）	钢仓	2-ϕ4.5	195
8	生料	混凝土库	2-ϕ20×65	2-20000
9	原煤	钢仓	2-ϕ5.5	2-180
10	煤粉	钢仓	2-ϕ6	2-157.5
11	熟料	混凝土库	2-ϕ50×52	2-90000
12	黄料	混凝土库	ϕ15×36	5000
13	熟料（散装）	钢仓	ϕ7.0×14	600
14	熟料（调配）	钢仓	3-ϕ8×13	600
15	石灰石（调配）	钢仓	3-ϕ6.0	360
16	矿渣（调配）	钢仓	3-ϕ6.0	225
17	火山灰（调配）	钢仓	3-ϕ6.0	300
18	石膏（调配）	钢仓	3-ϕ3.5	140
19	水泥	混凝土库	3-ϕ25×78	3-30000

5　主要技术方案及设计特点

5.1　原燃料预均化与储存

石灰石在老厂矿山破碎后通过胶带机输送入厂，堆存于 ϕ118m 圆形预均化堆场（图 1）。圆形堆场占地面积相对较小，有效储存量高。采用侧堆端取的堆取料方式，取料机采用普通料耙，适应于所用含土量偏大、水分偏高、塑性小的石灰石原料。

砂质黏土通过胶带机从老线输送入厂，堆存于长形预均化堆场（图 2），采用侧堆侧式链斗挖取的堆取料方式。针对现场水分和塑性均相对较大的砂质黏土，设计选型时特别选用链斗挖取取料方式，实际生产中稳定均匀的取料性能表现，证明了设计选型的合理性。黏土和铁粉均通过胶带机从老厂预均化堆场输送入厂，直接喂入原料调配仓。

图 1　石灰石预均化堆场

图 2　砂质黏土预均化堆场

原煤由汽车输送入厂卸入原煤卸车坑，通过板喂机、胶带机输送喂入波辊筛分机分选后，堆存于长形预均化堆场（图3）。采用侧堆端取的堆取料方式。堆料机可以水平旋转堆料，同时可以上下仰俯堆料。针对挥发性高、易自燃的劣质褐煤，此种堆料方式可以有效增加堆料宽度，降低料堆高度，降低褐煤堆存中自燃的风险。

堆料机按预设的堆料程序，共分四层自动堆料，按第一层4堆，第三层3堆……顶层1堆的布料方式，有效提高劣质原煤的均化率，保证较为恒定的燃烧热值，为烧成系统稳定运行提供有力保障。实际生产中出堆场原煤热值标准偏差仅为2%。煤堆整体高度~9m。

原煤卸车坑可供3台自卸车同时卸料，顶部设有喷淋系统，能有效控制卸车瞬间产生的扬尘（图4）。

图3　原煤预均化堆场

图4　原煤卸车坑

原煤入堆场前设置波辊筛分机，入堆场粒度控制≤65mm（90%），保证煤磨稳定运行。同时在入波辊筛分机前的胶带机上设置金属探测仪保护波辊筛分机。

全厂原燃料所用堆场，均采用了大跨度网架结构，可减少用钢量，降低钢结构构件的运输成本，同时也能大大缩短工期。

5.2　原料调配仓及卸料系统

项目所在地区常年潮湿多雨，生产所用原料黏湿是本项目的设计难点之一。根据业主提供的各类原料水分及要求，相关输送设备及储库需能保证以下物料在最大水分时的正常生产：石灰石水分最大8.3%，砂质黏土水分最大20.7%，黏土水分最大20%，铁粉水分最大8.1%。

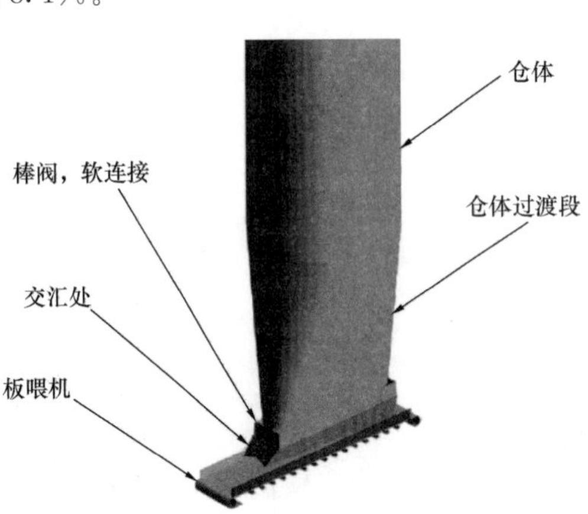

图5　原料调配仓的针对性设计

原料如此大的含水率，对正常输送系统和转运站已经是一个很大考验，而对于调配仓的储存和正常卸料无疑也是一个很大的难题，若仓形设计不当将造成生产中堵仓无法卸料的生产事故。为在短期内攻克此难关，保证设计进度，设计团队在优化方案的同时，与德国J&J公司合作，通过对不同物料的流动性、边壁摩擦系数等的理论计算，确定适合各自物料特性的钢仓形式（图5）。对仓锥部角度、卸料口大小和形状、内部衬板铺设均做了特别的布置，并配置了仓壁空气炮清堵。实际生产证明储仓对物料的适应性很好，仓底卸料流畅，仅有的几次堵料均因入仓物料块大所致，在实际生产中物料水分较设计值要小。仓壁空气炮使用频率较小，通常仅在清堵时配合使用。

仓底卸料采用板喂机和定量给料机联合卸料的方式，板喂机和秤之间通过 PID 控制回路实现速度匹配，定量给料机根据喂料溜子底部称重传感器检测到的下料量来控制板喂机速度，以维持稳定的中间溜子内料量，避免溢料或者空料。

5.3 生料粉磨及废气处理

生料粉磨系统为两套 LM56.4 型辊磨，干基能力 400t/h，烘干热源来自窑尾和窑头混合热风（~315℃），经由增湿塔降温处理后（250~260℃），入生料磨用于烘干（图 6）。

两套粉磨系统流程简单，布置紧凑，占地面积小，粉磨效率高，电耗低，系统粉磨电耗 15.2kWh/t（平均），优于合同电耗 18.8kWh/t。

窑尾废气处理由两套系统组成（增湿塔、袋收尘器、尾排风机）。针对当地原燃料水分高、生料磨和煤磨烘干所需热量大的特点，设计将窑头废气引入窑尾废气处理系统，在高温风机后与窑尾废气混合入增湿塔降温处理。生料磨运行时全部废气引入磨内烘干，生料磨停磨时全部废气经增湿塔降温后进入窑尾袋收尘器净化处理，再由尾排风机排入大气。窑尾袋收尘器正常生产排放浓度≤5mg/m^3（标）。

增湿塔设有旁路系统，废气无须降温时可由旁路系统直接引入下游设备，减少运行阻力。

5.4 生料均化库及入窑喂料

本项目生料均化库采用天津院自主开发设计的 TP-3 型控制流均化库，规格 2-ϕ20m×65m，有效储量 2×20000t。

生料库内部被分成 7 个“子库”，在一个充气周期内 7 个卸料区的充气时间是递减的，因此 7 个“子库”在一个卸料周期内也分别递减，从而实现了生料层既能垂直切割又能纵向滑动混合，进而实现生料库内成分均衡稳定（图 7）。均化后的生料经由菲斯特秤计量后，通过提升机喂入窑尾双系列五级预热器的 C2 旋风筒上升管道。

图 6 生料粉磨系统

图 7 生料均化模拟

实际生产数据表明，生料库均化效果良好，出库生料 LSF 标准偏差为 0.78。

5.5 烧成系统

烧成系统采用了天津院自主研发设计的双系列低压损五级旋风预热器、ϕ6.0/6.4/5.8m ×90m 尾端扩大回转窑和 IKN 篦冷机。系统热交换效率高，熟料热耗低。实际生产中 C_1 出口温度～315℃，C_1 出口负压～－5100Pa，$C_{5\text{-}1}$、$C_{5\text{-}2}$ 生料入窑分解率平均值分别为 91.28%、91.10%，熟料热耗考核值为 2930kJ/kg 熟料（使用劣质褐煤 LCV），合同热耗保证值为 3022kJ/kg 熟料。

针对现场原燃料水分高的特点，预热器设计为四、五级切换模式；旋风筒采用多心 270°大包角，大偏心蜗壳形式，分离效率高，运行阻力小；旋风筒内部设有耐热钢制作的分片悬挂式内筒，结构简单，方便安装和拆卸；采用天津院研发的新型撒料盒，加强了生料分散效果，提高了热交换效率；C_1 料管采用双道锁风，减少了系统的漏风，进一步降低了生产热耗（图 8）。

分解炉直径 ϕ9m，炉高 76m，料气在分解炉和鹅颈管内停留时间～7s，大的分解炉的容积、长的气体停留时间保证了料气的热交换和入窑热生料的分解率。

采用分级燃烧技术，控制 NO_x 排放（图 9）。

图 8　双系列五级旋风预热器

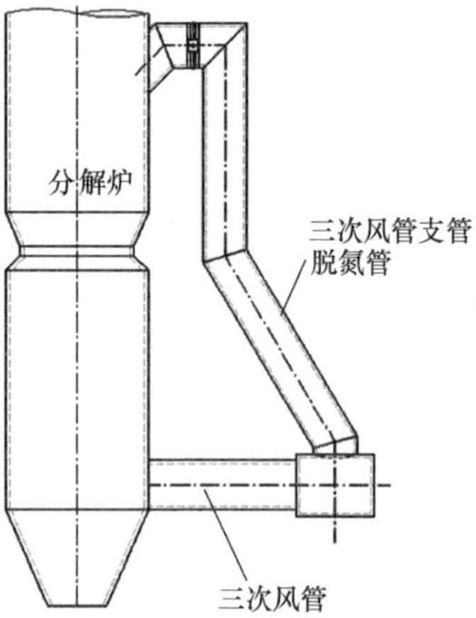

图 9　分解炉分级燃烧

三次风入分解炉形式由“对撞式”改进为“旋流式”（图 10）。“旋流式”三次风与喷腾流窑气的复合流促进了热生料在分解炉炉内的充分分散。

回转窑规格 ϕ6.0/6.4/5.8m×90m，尾端扩大，在窑产量 10500t/d 时，窑速控制在 4.3r/min 左右，此时窑填充率 13.3%，窑单位容积产量 4.87t/(m^3·d)。

篦冷机采用 IKN 中置辊式破碎机的悬摆式冷却机（Pendulum Clinker Cooler）。篦床在辊式破碎机前后分为两段，面积 250m^2，第一段篦床由两套液压系统驱动，第二段篦床由单套液压系统驱动。系统产量 10500t/d 时，篦冷机单位面积产量 42t/(m^2·d)。

IKN 采用的 KIDS（Clinker Inlet Distribution System）技术保证了熟料在篦床上的均匀分布。第一段篦床在篦冷机入料口共有 9 排固定篦板，整体呈 15°斜坡布置，固定篦板两侧使用耐火材料浇注成倒 V 形状，浇注台高～750mm（图 11）。从第 10 排至辊式破碎机前第 81 排篦板，整体呈 2°斜坡布置，采用 2 排固定篦板加 1 排活动篦板的布置方式。

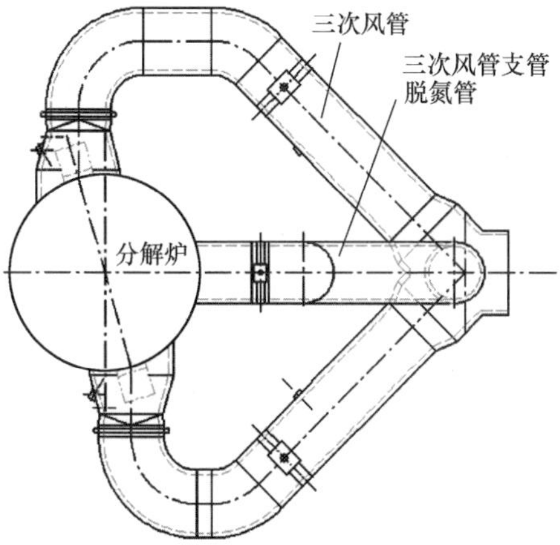

图 10　三次风分管道

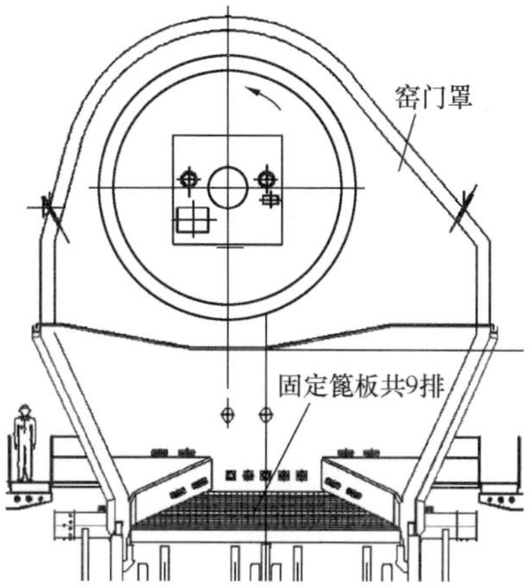

图 11　TKN KIDS 系统

冷却风从固定篦板狭缝水平吹出，冷却熟料的同时促进熟料前行。熟料在前行中向两侧扩散，在第 10 排及以后活动篦板的推动下，逐步形成全篦床均匀稳定的料层，满产运行时熟料层厚度～500mm。均匀稳定的料层有利于提高二次和三次风温，从而获得尽可能高的冷却机效率。

第二段篦床共 41 排，前 4 排固定篦板呈 15°斜坡布置，后 37 排交叉布置，篦板呈 2°斜坡布置，同样采用 2 排固定篦板加 1 排活动篦板的布置方式。

一段篦床底部设有漏料回收 TDE 输送系统，二段篦床底部由漏料溜子直接送入熟料拉链机。

篦冷机满产运行时，冷却配风量为 2.0m^3（标）/kg 熟料，冷却机效率～72％。

5.6　煤粉制备

原煤粉磨采用两套 LM 28.3 型辊磨（图 12），干基能力 35t/h。

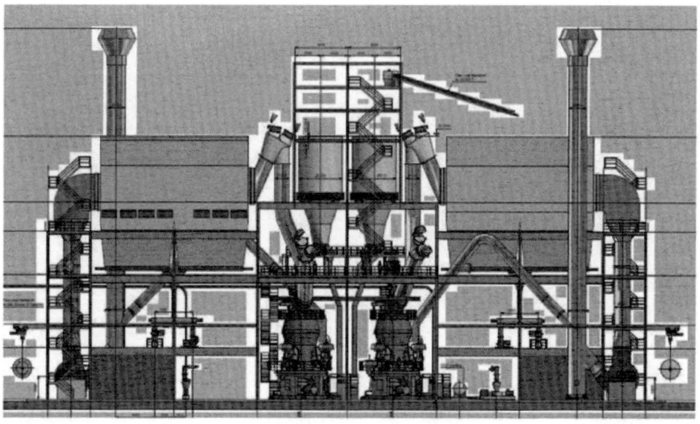

图 12　煤粉制备系统

针对褐煤挥发性高的特性，设计中煤磨烘干热风取自氧含量较低的窑尾废气，窑尾高温废气经电收尘器除尘处理后由加强风机引入煤磨系统烘干。同时针对煤磨车间距离窑头窑尾较远的总图布置特点，设计中将煤粉仓从煤磨车间分离，布置在窑头和窑尾附近，解决了煤粉入燃烧器长距离输送带来的可靠性差等问题。两套煤磨系统和窑头窑尾煤粉仓进料可相互在线切换，切换仓后煤粉输送管道设有压缩空气清吹系统，确保管道内不积煤粉，降低安全隐患。

煤磨车间采用ATEX标准设计。按照ATEX标准，煤磨车间各类设备被划分为20区、21区、22区由高到低防爆等级，其中煤粉输送泵、煤粉仓和煤粉秤为防爆20区；磨机、系统收尘器和煤粉输送管道为防爆21区；原煤仓和系统风机为防爆22区。不同的防爆区对设备防爆压力有不同的要求。

煤磨系统设计原煤水分38%，煤粉水分12%，煤粉细度90μm≤12%。

性能考核期间原煤水分37%，接近设计值，煤磨入口热风温度340℃，入口氧含量3.5%，煤磨出口温度73℃，袋收尘器出口氧含量4.8%，煤粉水分约10%，煤粉细度90μm≤11%。

系统电耗43.77kWh/t煤（d・b），合同电耗54.8kWh/t煤（d・b）。

5.7 熟料储存及输送

出篦冷机熟料经槽式输送机转运送入两座φ50m×52m的熟料库储存（图13）。熟料库储量2×90000t，储期18d。设有一座φ15m×36m黄料散装库和一个φ7m×18m熟料散装仓。

熟料通过设定的卸料程序，经Aumund弧形阀卸至库底槽式输送机。

库底3条槽式输送机输送能力均为800t/h，卸出熟料由槽式输送机慢速拖出，有效减小了库底扬尘。

熟料卸料自动控制程序使得库内不同部位熟料均等卸出，避免了因局部卸料时间过长等不均衡卸料造成熟料离析，影响下游水泥磨的稳定生产。

5.8 水泥粉磨

水泥粉磨采用3套LM56.3+3型辊磨（图14），生产OPC和PCC两种水泥产品，生产能力240t/h。

图13　熟料库

图14　水泥粉磨

水泥磨烘干热源在停窑期间由各自的热风炉提供，窑系统运行期间，热风取自窑头高温废气。窑头废气经旋风筒降尘处理后由加强风机引入水泥磨内烘干，出磨含尘气体经系统袋收尘器收尘处理后排入大气，排放浓度≤10mg/m^3（标）。

5.9 高压电的设计

33kV 总降压变电站为双进线、三主变配置。33kV 和 11kV 开关柜均采用施耐德中国原装柜型，特别是 33kV 柜体首次采用 SF6 气体绝缘柜型，该方案与常规空气绝缘柜不同，一次方案、二次接线和布置方案等都具有一定的特殊性。

考虑到电缆路径的选择对项目成本的影响，本项目采用现场设计的方案，实地考察电缆敷设路径，当面与业主沟通尽量使用已有的建筑物，最终在保证设计进度的同时，节省外线电缆钢支柱 300 多根，并有效减少了电缆用量。

5.10 低压电的设计

MCC 柜型特色：基于 BLOKSET 柜型，不同于国内抽屉式柜型占用空间大的缺陷，海德堡的柜型没有抽屉式柜型的概念，而采用了敞开式柜型，所有元件全部排列在柜体上，通过其编码系统，能够很容易地找出某个设备，并且控制清晰明确，一个设备的全部元件都能清晰地列在柜体上。这种排布的方式省去了抽屉的空间，大大减少了空间的浪费，在设计、调试阶段十分方便。

控制系统 IO 模块集成于 MCC 柜内，不同于国内单独设置 PLC 柜，能够省去很多根电缆，用于控制系统信号从抽屉柜到 PLC 柜子的电缆，每个设备至少会有一根；然后通过 DP 通信，将所有信号传送至位于中控室的 PLC 内，大大减少了电缆用量，节省了一笔可观的费用；未采用马达保护器，而采用普通断路器加上接触器的控制方式，可以省去很大一部分费用。

由此可见，海德堡的柜型方案比抽屉柜方案更能节省费用，是一种很好的设计。

5.11 DCS 过程控制程序的设计

海德堡项目由于其严格的自动化要求，在设计阶段为满足其复杂的逻辑控制要求，一共设计点数 3 万多点，远远高于同类型水泥厂。

其中，在全厂大量投入使用 PID 自动控制，减少操作员工作量，使系统运行更为稳定，工业生产更为智能化。

（1）自动控制尾煤喂料量

通过设定分解炉出口温度，自动控制尾煤喂料量。分解炉出口温度 PID 控制界面如图 15 所示。

（2）自动调节头排风机转速

通过设定窑门罩压力，自动调节头排风机转速。窑门罩压力 PID 控制界面如图 16 所示。

（3）自动调节 ID 风机转速

通过设定 C_1 出口压力，自动调节 ID 风机转速。

（4）自动调节喷水系统回水阀开度

通过设定增湿塔出口温度，自动调节喷水系统回水阀开度，从而自动调节增湿塔喷水量。增湿塔出口温度 PID 控制界面如图 17 所示。

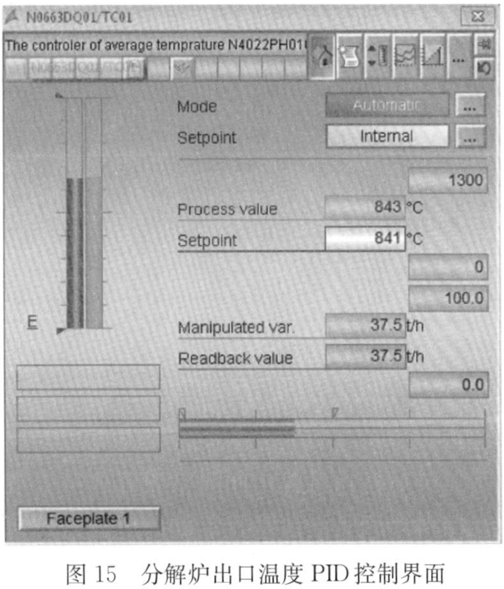

图 15　分解炉出口温度 PID 控制界面

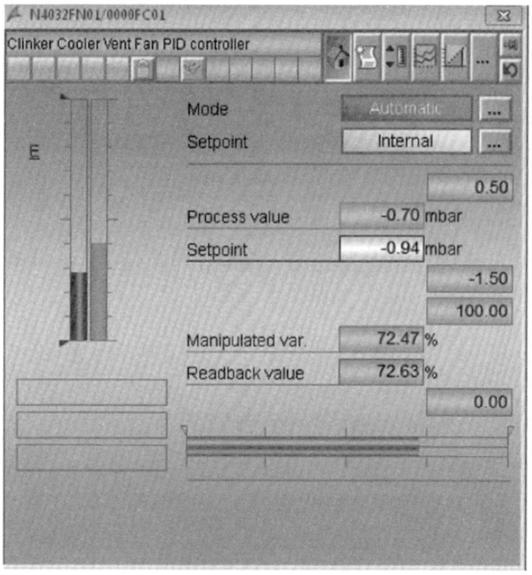

图 16　窑门罩压力 PID 控制界面

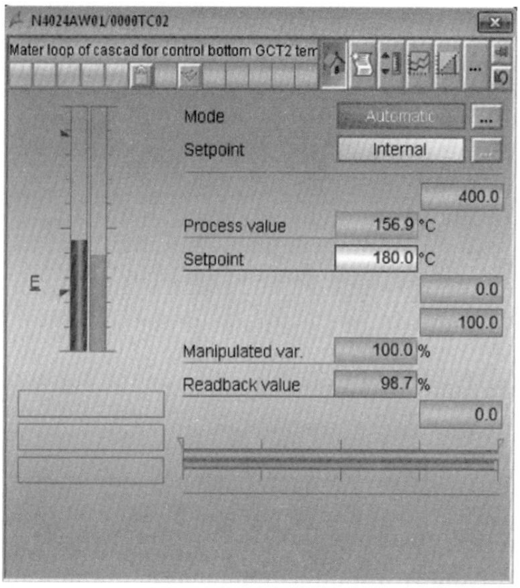

图 17　增湿塔出口温度 PID 控制界面

（5）提高系统运转率

全厂 2 台原料磨、2 台煤磨、3 台水泥磨全部引入主要运行参数的 PID 控制回路，有效减少了人为操作失误，提高了系统运转率。

a　通过磨内压差自动控制磨机喂料量；

b　通过喂料量自动控制磨机喷水量；

c　通过喂料量自动控制磨机助磨剂喷入量；

d　通过系统收尘器出口流量计读数自动控制系统风机转速；

e　通过磨机出口温度自动控制热风加强风机转速；

f　通过磨机出口温度自动控制循环风阀开度；

g　通过磨机出口温度自动控制冷风阀开度；

h　通过磨机入口负压控制循环风阀开度；

i　入磨皮带检测到有铁自动增加磨机喷水，稳定料床；

j　磨机本体振动报警自动调节正压和反压以及喷水量。

（6）篦冷机全自动控制系统

a　根据窑喂料能力大小，篦冷机冷却配风预设定 12 挡配风量。通过窑喂料量自动控制 14 台冷却风机各自的风量，各风机通过风量自动调整其转速。冷却风机配风控制界面如图 18

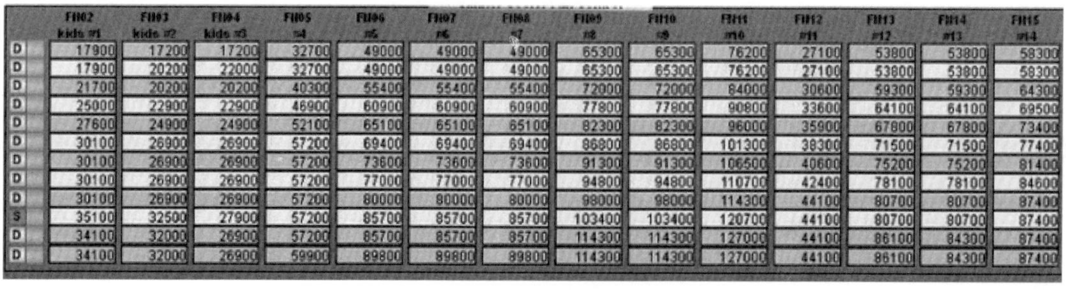

	FH02 kids #1	FH03 kids #2	FH04 kids #3	FH05 #4	FH06 #5	FH07 #6	FH08 #7	FH09 #8	FH10 #9	FH11 #10	FH12 #11	FH13 #12	FH14 #13	FH15 #14
D	17900	17200	17200	32700	49000	49000	49000	65300	65300	76200	27100	53800	53800	58300
D	17900	20200	22000	32700	49000	49000	49000	65300	65300	76200	27100	53800	53800	58300
D	21700	20200	20200	40300	55400	55400	55400	72000	72000	84000	30600	59300	59300	64300
D	25000	22900	22900	46900	60900	60900	60900	77800	77800	90800	33600	64100	64100	69500
D	27600	24900	24900	52100	65100	65100	65100	82300	82300	96000	35900	67800	67800	73400
D	30100	26900	26900	57200	69400	69400	69400	86800	86800	101300	38300	71500	71500	77400
D	30100	26900	26900	57200	73600	73600	73600	91300	91300	106500	40600	75200	75200	81400
D	30100	26900	26900	57200	77000	77000	77000	94800	94800	110700	42400	78100	78100	84600
D	30100	26900	26900	57200	80000	80000	80000	98000	98000	114300	44100	80700	80700	87400
S	35100	32500	27900	57200	85700	85700	85700	103400	103400	120700	44100	80700	80700	87400
D	34100	32000	26900	57200	85700	85700	85700	114300	114300	127000	44100	86100	84300	87400
D	34100	32000	26900	59900	89800	89800	89800	114300	114300	127000	44100	86100	84300	87400

图 18　冷却风机配风控制界面

所示。冷却风机风量调节 PID 控制界面如图 19 所示。

b　在计算模式下，根据不同喂料量以及 1 室风机出口压力，自动调节篦冷机一段篦速，联锁调节二段篦速。篦冷机篦速调节控制界面如图 20、图 21 所示。

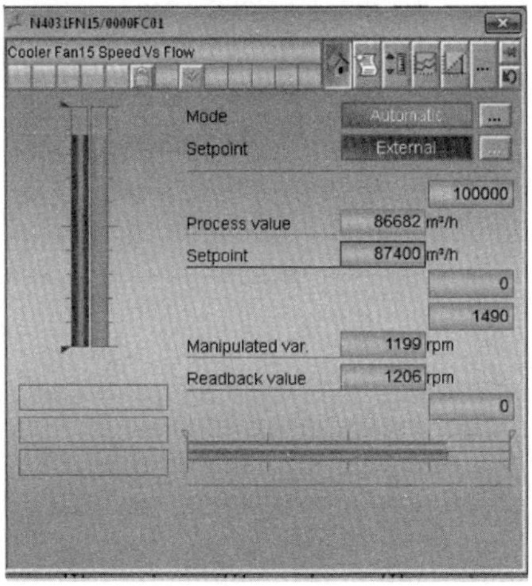

图 19　冷却风机风量调节 PID 控制界面

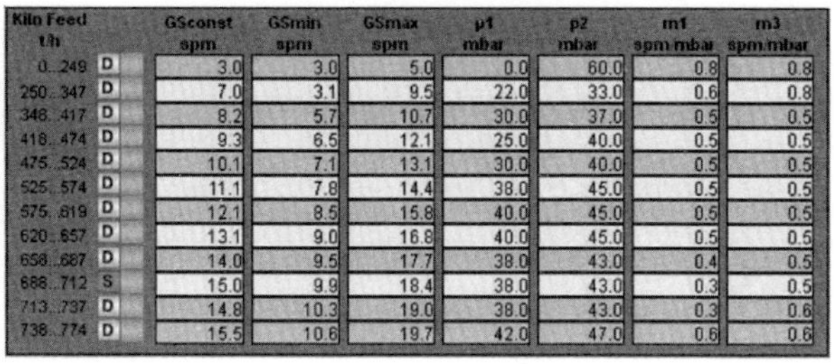

Kiln Feed t/h		GSconst spm	GSmin spm	GSmax spm	p1 mbar	p2 mbar	m1 spm/mbar	m3 spm/mbar
0..249	D	3.0	3.0	5.0	0.0	60.0	0.8	0.8
250..347	D	7.0	3.1	9.5	22.0	33.0	0.6	0.8
348..417	D	8.2	5.7	10.7	30.0	37.0	0.5	0.5
418..474	D	9.3	6.5	12.1	25.0	40.0	0.5	0.5
475..524	D	10.1	7.1	13.1	30.0	40.0	0.5	0.5
525..574	D	11.1	7.8	14.4	38.0	45.0	0.5	0.5
575..619	D	12.1	8.5	15.8	40.0	45.0	0.5	0.5
620..657	D	13.1	9.0	16.8	40.0	45.0	0.5	0.5
658..687	D	14.0	9.5	17.7	38.0	43.0	0.4	0.5
688..712	S	15.0	9.9	18.4	38.0	43.0	0.3	0.5
713..737	D	14.8	10.3	19.0	38.0	43.0	0.3	0.6
738..774	D	15.5	10.6	19.7	42.0	47.0	0.6	0.6

图 20　篦冷机篦速调节控制界面-1

当篦床上由于熟料过多，导致工作压力超过报警值时，跳过篦速表的计算数据，直接按照负载模式计算得出的数据给定篦速，以确保设备的正常运行。负载模式篦速控制界面如图 22 所示。

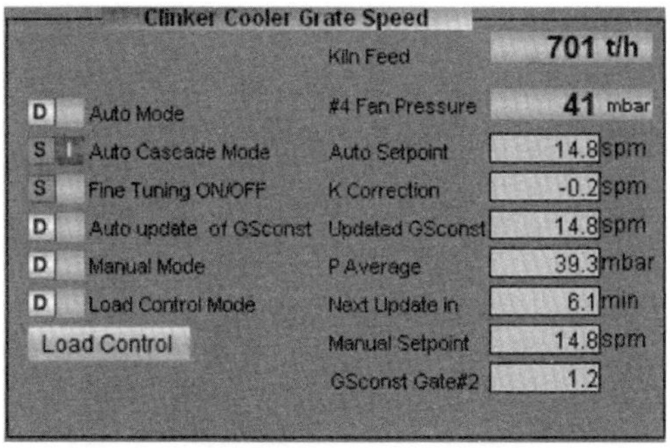

图 21　篦冷机篦速调节控制界面-2

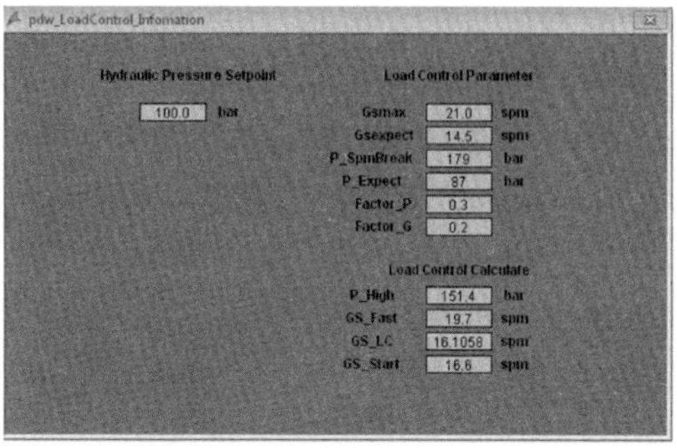

图 22　负载模式篦速控制界面

（7）燃油系统

通过给定喷油量，自动控制球阀开度。燃油量 PID 自动控制界面如图 23 所示。

（8）联合水泵自动控制系统

① 通过给定管道压力自动调节水泵频率。

② 通过液位自动控制水泵启停。

（9）空压机站自动控制系统

通过主管道压力自动控制空压机启停。

（10）辅传自动转窑控制系统

通过设定所需转窑间隔时间及角度，实现定时转窑。

（11）自动填仓

通过设定调配仓仓重，自动联锁原燃料取料系统和输送系统启停，实现定量填仓。

（12）Route 功能

根据海德堡要求，首次引入 Route 控制功能。通过 Route 功能，可将每一种操作路径清晰地显示出来，方便操作员选择和在线切换。如本项目三台水泥磨所生产的水泥可分别通过三台斗式提升机输送至三个水泥库内，总共有 21 种选择入库的路径，操作员可根据生产所需，通过 Route 界面清晰准确地进行选择或者在线切换。Route 的操作界面如图 24 所示。

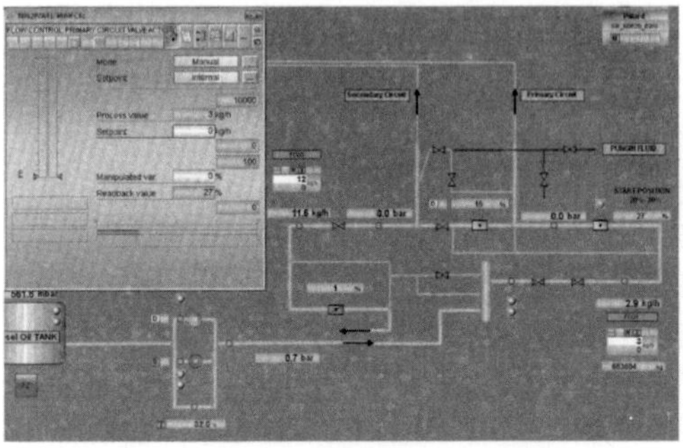

图 23　燃油量 PID 自动控制界面

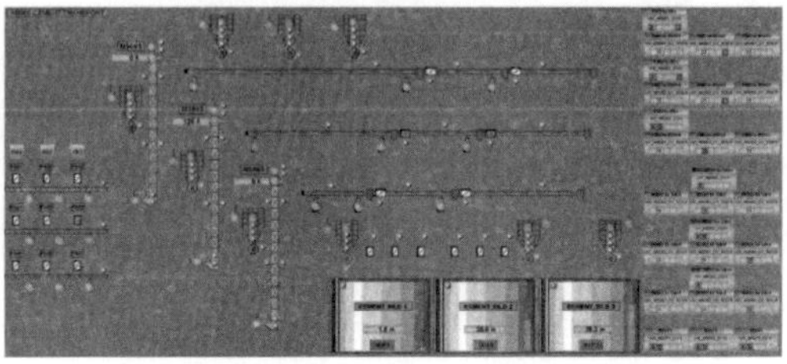

图 24　Route 操作界面

6　结语

P14 万吨生产线目前稳定运行在 10500t/d 左右，各项运行性能指标优异，总体上已经达到并超出了设计目标。从目前运行参数和状态来看，熟料线还存在一定的提产空间，这不仅源于可靠的设备质量，更来自合理的工艺流程和方案、独具针对性的设计、对项目技术特殊性的深入了解和把握。相信在后续的提产调整和磨合后，生产线的各项性能指标必将达到一个新的更优的水平，成为 Indocement 公司标杆项目。

（原文发表于《水泥技术》2017 年第 6 期）

辊压机终粉磨系统生产钢铁渣粉工艺设计及优化

侯国锋　张　黎　褚　旭　石国平　许　芬

摘　要：辊压机终粉磨工艺系统，可用于生产矿渣、钢渣微粉以及脱硫石灰石粉，系统粉磨流程短、效率高、能耗低，运行平稳，操作与维护成本低。本文主要介绍了辊压机终粉磨系统的工艺流程及运行情况，阐述了各主机设备的规格与选型，研究了系统工艺物料平衡和热平衡的计算，总结了系统调试和生产优化的方法，为辊压机终粉磨系统技术的推广应用提供参考依据。

关键词：辊压机；终粉磨；矿渣；钢渣；微粉生产；工艺流程

1　引言

粒化高炉矿渣和钢渣是钢铁生产过程中产生的固体废弃物。大量的矿渣、钢渣长期堆弃，不仅占用大量耕地，污染土壤和地下水，而且废渣晒干后产生的粉尘四处飞扬，造成空气污染。为了从根本上消除矿渣和钢渣的危害，通常将矿渣或钢渣粉磨至比表面积为 $4000cm^2/g$ 以上，激发其潜在活性，与熟料粉混合生产水泥[1]。单独粉磨矿渣、钢渣微粉的生产工艺在经济效益、资源循环利用以及生态环境保护方面都发挥了积极的作用。

辊压机终粉磨系统是一种先进的料床挤压粉磨工艺系统，与球磨机粉磨系统、辊压机预粉磨系统和辊压机半终粉磨系统相比，该系统彻底摆脱了球磨机，集烘干、粉磨、分选于一体。先进的料床粉磨原理使粉磨过程中的能耗大幅降低，原料适应性好，能单独处理粒化高炉矿渣、钢渣、石灰石以及其他不同类型的冶金渣[2]。辊压机终粉磨系统与目前较为普及的辊磨系统相比，压力损失低，主排风机规格小，系统电耗低，设备总投资少[3]。

在水泥行业，生料辊压机终粉磨系统已逐渐代替球磨和辊磨成为主流工艺。在矿渣、钢渣微粉生产领域，由公司为邯郸邦信建材有限公司设计开发的年产 30 万吨矿渣、钢渣辊压机终粉磨生产线已于 2013 年底成功投产，开创了辊压机终粉磨系统在国内微粉生产领域的先河。该系统运行到现在，在生产过程中经过不断的优化与调整，取得了非常好的生产效果。该系统采用附近焦化厂产生的副产品焦炉煤气作燃料，目前已处理了大量当地堆弃的矿渣和钢渣，在取得经济效益的同时，也产生了良好的社会效益和生态效益[4]。

2　辊压机终粉磨系统工艺流程

图 1 为公司为邯郸邦信建材有限公司设计的辊压机终粉磨系统工艺流程，该工艺流程由辊压机＋V 型选粉机＋高效选粉机＋单台主排风机组成，实现了辊压机独立粉磨生产矿渣、钢渣微粉。原物料经提升机提升后与辊压机循环物料一起进入缓冲仓混合，经辊压机挤压粉碎后直接进入 V 型选粉机，与热风炉产生的热风在 V 型选粉机内混合，实现矿渣的烘干与初级分选；排出的粗粉经循环提升机和皮带机输送至辊压机上方的缓冲仓，细粉被热风带入高效选粉机再次分选；合格的产品由尾部收尘器收集后输送至成品库，粗粉则经提升机返回

至缓冲仓。粉磨过程中的物料由溜子和皮带机输送，输送过程中设置多处除铁器和金属探测器。成品粉由斜槽及提升机输送至成品库，各扬尘点设置收尘风管至收尘器。

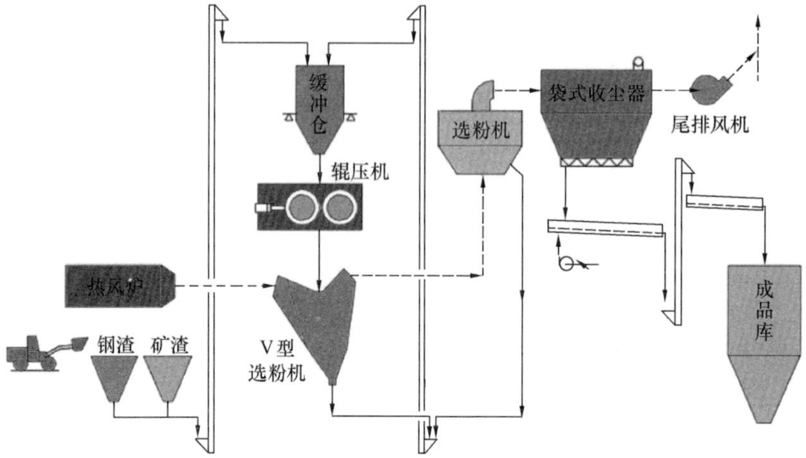

图1　辊压机粉磨系统工艺流程

该系统与生料辊压机终粉磨工艺流程有所不同，其主要特点是将V型选粉机安装在辊压机的下方，辊压机布置在楼面之上，经辊压机挤压后的物料被即时打散烘干，循环提升机处理的是失去水分的粗粉物料，细的物料粉由空气管道带入高效选粉机，微粉在此进行最终分选，成品收集部分由单台袋收尘器+单台主排风机组成，通过动态选粉机的合格产品直接进入袋收尘器收集，变频调整选粉机转速，成品比表面积可达4500cm^2/g以上。

全厂电气均采用计算机DCS控制系统。从喂料、输送、粉磨、烘干、分选、收尘到成品的储存与发运，以及工艺热风的温度、压力均由设计完善的DCS系统控制。部分工艺参数采用计算机人工智能控制算法，控制精度高，自动化水平高。图2为该厂辊压机终粉磨矿渣、钢渣微粉系统中控画面。

该系统的优点是流程短、效率高、自动化程度高、原料适应性强。经过简单的工艺调整，能单独处理易磨性较差的钢渣，也可单独生产易磨性较好的脱硫石灰石粉，还可以粉磨不同配比的混合物料。目前生产原料为85%粒化高炉矿渣掺加15%钢渣。

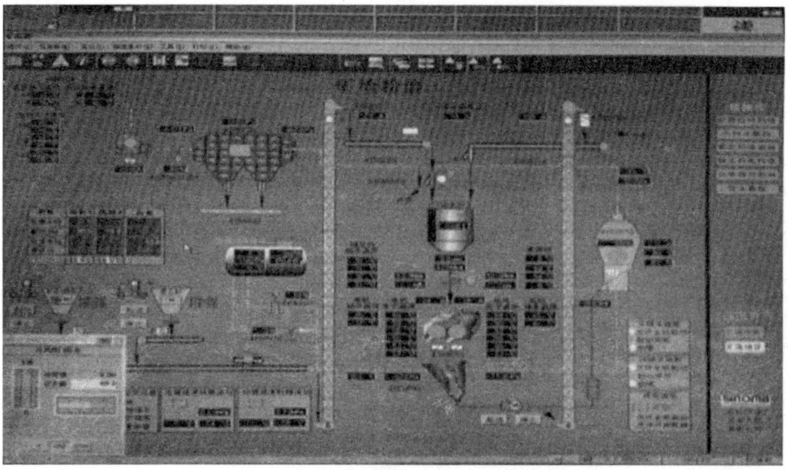

图2　辊压机终粉磨系统中控画面

3 主机设备规格与选型

邯郸邦信建材有限公司年产 30 万吨矿渣、钢渣微粉生产线配备的主要设备为：辊压机 TRP140×140 一台，辊子规格 ϕ1400mm×1400mm，装机功率 2×800kW，物料通过量 400～600t/h，采用堆焊设计的辊面寿命≮8000h；V 型选粉机 TPS160 一台，通过风量 140000m^3/h；高效动态选粉机 TLS2600 一台，主轴转速 102～301r/min，变频调速；物料循环提升机 NXDT1000 一台，装机功率 90kW；袋收尘器 LTMC128-2×9 一台；尾排离心风机一台，装机功率 500kW。系统配套热风炉 HHG2600 一台，供热能力 3.8×10^{7}kJ/h；以高温焦炉煤气做燃料，功率调节比例幅度大；配套 PLC 自动控制柜，控制精准；相比燃煤沸腾炉而言，可根据不同的工艺状况灵活调节，能满足含水率 0%～20%原料的粉磨生产。

该系统的核心部件由公司设计生产的辊压机、V 型选粉机和动态选粉机组成，总装机功率约 2400kW。由于工艺流程中没有旋风筒和循环风机，仅有一台主排风机，故动态选粉机与袋式收尘器规格相对较大，由此带来的好处是系统流程短，布置简单，压损较小，避免了循环风机的磨损。

4 系统物料平衡与热平衡计算

（1）物料平衡计算

该项目设计为年产 30 万吨矿渣、钢渣生产线，年平均运转 300d，日均 20h，生产损耗计 1%。原料来自邯郸当地石灰石以及附近钢铁厂产生的钢渣和高炉矿渣，烘干燃料采用附近焦化厂产生的焦炉煤气，产品采用汽车散装形式出厂。按目前生产原料配比计，全厂物料平衡设计见表 1。

表 1 年产 30 万吨矿渣生产线物料平衡计算表*

项目		粉磨前		粉磨后	
		干基	湿基	干基	产品
矿渣 85%	时均，t/h	43.1	50.8	42.7	42.5
	日均，t/d	862.9	1015.2	854.3	850.0
	年均，t/a	258870.1	304553.1	256281.4	255000.0
钢渣 15%	时均，t/h	7.6	9.0	7.5	7.5
	日均，t/d	152.3	179.1	150.8	150.0
	年均，t/a	45683.0	53744.7	45226.1	45000.0
合计	时均，t/h	50.8	59.7	50.3	50.0
	日均，t/d	1015.2	1194.3	1005.0	1000.0
	年均，t/a	304553.1	358297.7	301507.5	300000.0

* 矿渣水分计 15%；钢渣水分计 2%；成品水分计 0.5%；生产损耗计 1%。

通过计算原料进厂到产品出厂过程中处理的物料量，可为物料需求量、运输量、工艺设备选型和计算存储设施容量提供依据，全厂物料平衡表可为制订生产计划、控制不合理损耗、降低生产成本和实现生产工艺系统自动化控制提供基础数据[5]。

（2）热平衡计算

热平衡计算是根据辊压机终粉磨系统热量收支平衡原理计算系统所需热量的方法。辊压机终粉磨系统在粉磨矿渣等含水率较高的物料时需要引入热风对物料进行烘干。对辊压机终粉磨系统进行热平衡计算可以得出系统所需的热量和热风量，并以此为依据进行收尘器、风机等设备的选型；根据需要的热风量及其温度可计算燃料的消耗量，确定热风炉的规格和燃料成本；对粉磨系统里的气流平衡进行计算，确定系统各工段风管的直径，避免设计过程中风管选择不当造成浪费和阻力过大。

根据辊压机终粉磨系统的工艺流程，参考辊式磨系统热平衡计算理论方法，以辊压机粉磨系统为对象建立热平衡模型[6]，系统热量收支项目如图3所示。

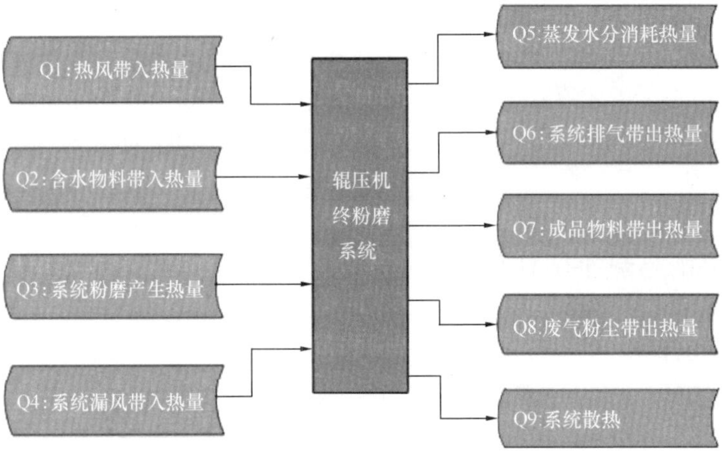

图3 辊压机终粉磨系统热收支项目图

辊压机终粉磨系统中各处气流的流量按设备所需取值（本文中不再详述），气流温度由计算机模拟推算得出，以标准状况为基准计算，理论上系统热量收支项目及计算结果见表2。

表2 年产30万吨矿渣生产线系统热平衡计算表

热收入	kJ/h	%	热支出	kJ/h	%
热风带入	29932658	84.45	蒸发水分消耗	20741935	58.52
含水物料带入	2263342	6.39	系统排气带出	8289298	23.39
系统粉磨产生	3078000	8.68	成品物料带出	4760640	13.43
系统漏风带入	170130	0.48	废气粉尘带出	342	0.00
			系统散热	1651915	4.66
合计	35444129	100.00	合计	35444129	100.00

通过上述计算得出，粉磨系统需要热风炉产生的热量为 29932658kJ/h。假定此部分热量全部由燃气燃料放热提供，不考虑物料潜热，热风炉及热风管道散热系数取值为 5%，焦炉煤气热值按 17580kJ/m^3（标）计，则可推算出产生该热量需要的焦炉煤气量：

$$V_{煤气} = \frac{29932658}{(100\% - 5\%)} \div 17580 = 1792.27m^3(标)/h$$

5 生产运行情况及优化

该辊压机终粉磨系统于 2013 年 12 月完成安装，进入生产调试阶段，在调试过程中先后克服了震动大、下料不稳定、系统产量低等问题。经过数周调试，系统各项指标达到了设计要求。

成功达标达产后，经过一段时间的工艺优化与调整，生产指标逐渐提高。目前的生产情况为：原料为 85%矿渣（水分约 15%）+15%钢渣，干基台时产量 55～60t，成品含水率<0.5%，微粉产品比表面积>4000cm^2/g，全厂综合电耗<40kWh/t。独立生产脱硫石灰石粉时，台时产量可达 90～100t；单独生产易磨性较差的钢渣时，台时产量可达 45t。粉磨系统台时产量和单位电耗指标均达到行业先进水平，成品微粉平均比表面积在 4000cm^2/g 以上；成品微粉的性能经邯郸市技术监督局检验，7d 活性指数平均在 80%以上，28d 活性指数平均在 100%以上。成品微粉的比表面积和活性指数均达到或超过国家标准。

综合系统调试与生产期间的情况，可对后续辊压机终粉磨系统工艺适当进行改进和优化，以降低生产成本，提高经济效益。为稳定物料流量，可在中间缓冲仓与辊压机入料口之间设置插板阀和手动棒条阀两道阀门；为更加节能高效，主排风机可选择变频控制；另外，在保证系统所需热量供给的前提下，可设置循环热风管道，能提高燃料利用率。

6 结语

辊压机终粉磨系统作为一种新型的粉磨工艺，成功应用于矿渣、钢渣及石灰石粉磨领域。相对于管磨和辊磨系统，该工艺流程简便高效，易布置，能耗低，检修与维修成本低，物料适应性更广泛，可粉磨不同水分、不同易磨性的矿渣、钢渣和石灰石等多种物料。

该系统生产稳定，产量和单位电耗指标均达到行业先进水平，原料为 85%矿渣（水分约 15%）+15%钢渣，台时产量 55～60t，全厂综合电耗<40kWh/t。独立生产脱硫石灰石粉时，台时产量可达 90～100t；单独生产易磨性较差的钢渣粉时，台时产量可达 45t。

该系统能科学处理“工业三废”，既解决了大量矿渣和钢渣堆放、外运造成的环境问题，又提高了矿渣和钢渣的利用价值，为企业带来经济效益的同时，还创造了社会效益。

参考文献

[1] 张云莲，李启令，陈志源. 钢渣作水泥基材料掺合料的相关问题[J]. 机械工程材料，2004(5)：38-40.

[2] 石国平，柴星腾，许芬. 用辊压机联合粉磨系统生产钢渣粉的研究[J]. 水泥技术，2006(5)：29-32.

[3] 柴星腾，石国平. 生料辊压机终粉磨系统技术介绍[J]. 水泥技术，2012(2)：81-85.

[4] 侯国锋. 辊压机终粉磨生产矿渣微粉的实践[J]. 水泥技术，2015(5)：48-49.
[5] 董鲁闽，张平，姚敏娟，师华东，齐闯，程华民. 年产 60 万吨矿渣微粉生产工艺实践[J]. 中国粉体技术，2015(3)：103-106.
[6] 谢彦君，张平，王艳梅，张树辉，马艳梅 . 年产 100 万吨矿渣微粉生产线辊磨系统热工计算及配置[J]. 水泥工程，2015(4)：13-16.

（原文发表于《水泥技术》2017 年第 2 期）

5500t/d 熟料生产线生料粉磨系统问题及优化建议

潘 沛　侯国锋　李 洪

某辊压机终粉磨系统于 2015 年底开始土建施工，2016 年 6 月开始投料试运行，后续进行了系统的调试及优化，目前运行情况良好。本文就此系统的调试及整改过程进行简单说明，并对该系统中出现的问题提出了优化建议。

1　系统概况

1.1　工艺流程

该项目为置换新建 5500t/d 熟料项目，由某设计研究院设计，一期配套水泥生料粉磨采用 CLF200-160（2×2240kW）辊压机终粉磨系统，系统能力：辊面磨损后期≥430t/h（$R_{80\mu m}$≤15%，$R_{200\mu m}$≤1.5%）；电耗 13±1kWh/t（原料入生料粉磨车间下料三通阀起，至旋风筒下成品斜槽输送止）；项目采用立式选粉机并配备双提升机布置方式，原料含铁杂质外排装置设在入 V 型选粉机皮带下料口，工艺流程如图 1 所示。

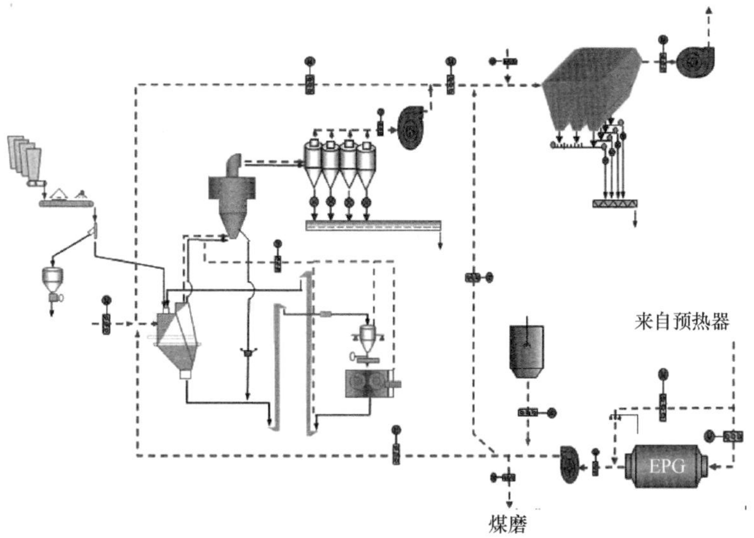

图 1　项目生料粉磨工艺流程图

1.2　主机设备

系统主机设备参数见表 1。

表 1 粉磨系统主机配置

序号	设备名称	型号	规格及参数
1	辊压机	CLF200-160	1300～1700t/h，2×2240kW～1800t/h
2	V 型选粉机	VX12020	800000～1100000m³/h，1000～1500Pa
3	动态选粉机	SRV52150-R	450～600t/h，800000～950000m³/h，2500Pa，280kW
4	旋风筒	XXF5000/4C	750000～900000m³/h，4-ϕ5000，>94%
5	系统风机	3400D1BB50	890000m³/h，7800Pa，750r/min，3150kW
6	入料提升机	NSE1600-40.35	正常 1600t/h，最大 1960t/h，2×200kW
7	出料提升机	NSE1600-35.15	正常 1600t/h，最大 1960t/h，2×185kW

1.3 原料属性

该厂采用石灰石、砂岩、黏土、铝矾土和硫酸渣五种原料配料粉磨（实际生产时铝钒土用量很小），石灰石含细粉很多；在预均化堆场里，底层铺设了粒度较均匀的石灰石，上部料堆粉尘含量较大。相对来说，砂岩含有的大粒度物料多一些，最大可达 80～100mm（表 2、表 3）。

表 2 实际操作原料配比

配比（%）	石灰石	黏土	硫酸渣	砂岩
平均值	76.3	19.7	2.5	1.5
最小值	73.0	16.5	0.8	0.1
最大值	79.5	23.3	3.6	3.8
标准偏差	1.40	1.00	0.67	0.88

表 3 实际操作原料水分

水分（%）	石灰石	黏土	硫酸渣	砂岩
平均值	1.8	15.9	11.7	7.8
最小值	1.1	13.4	10.2	6.0
最大值	2.8	17.6	14.0	12.3
标准偏差	0.37	0.81	0.66	1.14
综合水分（%）	5.3			

为了满足窑系统的三率值标准，生料配比不断发生变化。根据不同原料配料情况，生料磨台时产量也不同，总的来说，在石灰石和硫酸渣不变的情况下，砂岩和铝矾土搭配时，台时产量较低；而黏土和铝矾土以及黏土和砂岩搭配，台时产量较高，在 450t/h 左右。

1.4 运行参数

生产期间观察了几天的运行数据，并对 7 月 6 日和 7 月 7 日的参数数据进行了统计，见表 4。

表 4 粉磨系统运行参数

设备	参数	运行值
辊压机	给定压力（MPa）	7.5
	左侧压力（MPa）	6.5～7.0
	右侧压力（MPa）	7.0～7.5
	左右辊缝（mm）	20～23/23～25
	定辊电流（A）	110～130（额定 155）
	动辊电流（A）	110～130（额定 155）
V 型选粉机	入口压力（Pa）	−500～−700
	出口压力（Pa）	−3500～−3800
动态选粉机	电机转速（r/min）	914
	电流（A）	172（额定 496）
旋风筒	入口压力（Pa）	−6600～−6900
	出口压力（Pa）	−8100～−8500
循环风机	阀门开度（%）	100
	电流（A）	158（额定 215）
循环风	阀门开度（%）	100
入料提升机	电流（双驱）（A）	～230（额定 352）
出料提升机	电流（双驱）（A）	～190（额定 329）
入库提升机	电流（A）	～180（额定 292）
喂料量（t/h）		465（干基 442）
成品	细度 $R_{80\mu m}$，（%）	14.2（7.3～16.6）
	细度 $R_{200\mu m}$，（%）	1.0（0.4～1.5）
	水分（%）	0.5（0.4～0.6）

2 调试期间存在的问题及整改

从 6 月中旬投料运行开始，辊压机系统一直不太稳定，台时产量波动较大，风和料没有找到最佳平衡点，现将调试期间陆续出现的问题及解决办法总结如下：

2.1 堵料问题

生料配料库的电动两路阀设计不太合理，黏土库和硫酸渣库共用一个下料管和皮带，而两种物料水分都较大，容易糊皮带，还容易堵料；卸料溜管安装角度不对，且没有安装料位计，没有使用振打器。四个卸料管，只有两个大仓的卸料管安装正确，两个小仓的不正确，一个是黏土皮带秤的下料口容易堵，另一个是入 V 型选粉机原料管容易堵。现场对易堵料的位置进行了检查与校对，纠正了安装位置并对部分下料管进行了改造。

2.2 稳流仓容易塌仓

喂料量大幅调整时，容易造成塌仓。基本上每天都会塌仓三至五次，这与工况参数有关，选粉机开大转速时，粗粉粒度 $R_{80\mu m}$ 在 58% 左右，细粉很多，容易塌仓。中控要求稳流仓仓重控制在35t以下，即控制在仓能力的53%以下，不然容易塌仓。出选粉机温度控制在80℃以下，塌仓情况会得到较大改善。塌仓前左右压力不稳定，辊缝逐渐减小，仓重上升较快。塌仓后，出料提升机容易压死，随后增加了一个联锁保护，当提升机电流>300A时，稳流仓下料阀关闭。

2.3 辊压机跳停

压力差大会跳停，喂料秤堵料也会跳停。有时辊缝距离突然变很大，正常情况下一般为20～30mm，有时突然增至50mm以上，此时辊压机压力很低。现场检查了辊缝料量和液压系统，发现辊子两侧下料不均，调整阀门及布料装置后情况好转。

2.4 磨损大

入稳流仓的溜管、选粉机粗粉回料管、入库斜槽帆布、辊压机侧挡板、V型选粉机都存在磨损问题。一个多月换了两次辊压机侧挡板，不到两个月，V型选粉机几乎被磨穿，现场在溜子磨损处贴了耐磨陶瓷片，建议对溜子内部磨损严重部位改造增加耐磨挡板。

3 系统优化及建议

经过一段时间的调试，至7月底，该项目的系统产量、成品质量均能满足设计指标，运行的主要问题是单位电耗偏高，电耗高的原因主要体现在两个方面：一是系统阻力大，二是辊压机功耗大。针对以上问题，建议如下：

（1）校对风管上阀门开度，保证其能全开全关，与中控显示对应，校对风管上压力传感器，找出压损过大的设备，进一步处理。

（2）该生产线系统的循环风机额定压头和风量分别为7800Pa和890000m^3/h，而实际操作时，在阀门全开的状态下风机全压在8000～8500Pa，而功耗仅为额定的75%。据我们了解，生料终粉磨系统循环风机的单机电耗多数在3.5～4.2kWh/t（成品），该生产线中风机电耗在6kWh/t左右，建议检查风机安装正确与否，校对风机效率。

（3）要经常清除动态选粉机出口水平段积灰，在不漏灰的情况下尽量关小辊压机出口到斗式提升机之间的溜子的收尘，避免风旁路。

（4）检查辊压机实际原始辊缝，调整辊压机喂料溜子，保证辊缝在合理设计区间，确保侧夹板漏料量在合理区间。

总之，要减少系统电耗，其关键是减少辊压机和循环风机电耗，因此必须提高粉磨效率，同时，降低设备局部阻力损失和风路沿程以减少风机的无用功，提高选粉设备在低风量下的分选效率。

（原文发表于《水泥技术》2017年第4期）

水泥辊压机预粉磨系统电耗评价探讨

侯龙华　柴星腾　贺孝一

摘　要： 本文简要介绍了水泥粉磨技术的发展现状，详细分析了各种水泥辊压机预粉磨系统的优缺点。针对当前业内热议的水泥粉磨系统电耗指标问题，理论联系实际，提出了水泥辊压机预粉磨系统的电耗评价方法，供粉磨系统项目策划、选型设计、生产管理人员参考。

关键词： 辊压机；预粉磨；系统电耗

水泥粉磨系统是水泥生产过程耗电最高的工艺系统，也是保障水泥性能的关键，体现着粉磨装备技术进步的水平。

借助笼型选粉机的高效分选、料床粉磨装备（辊压机、辊磨、筒辊磨）的高效粉碎以及灵活多变的系统组合工艺，水泥（P·O 42.5 水泥，下同）粉磨系统电耗从球磨机系统的 40kWh/t 以上降低到辊压机循环预粉磨系统的 35kWh/t 左右和辊压机半终粉磨系统的 30kWh/t 左右，个别先进指标可达到 25kWh/t 左右，即优于“第二代新型干法水泥技术”相关指标，令人鼓舞。

近期，有多位业内专家提出，水泥粉磨系统电耗可以降低到 20kWh/t 以下！笔者认为，在满足水泥标准和水泥性能要求的前提下，如果仅依靠流程变化、选粉机创新、陶瓷研磨体的应用等，而没有其他突破性的技术进步，要达到水泥粉磨系统电耗≤20kWh/t 的目标，近期难以实现。

根据现行水泥标准，P·O 型普通硅酸盐水泥的配比要求为：熟料＋石膏＝80％～95％，混合材＝5％～20％；而水泥市场对 P·O42.5 典型水泥的一般要求为：比表面积≥3500cm^2/g，标准稠度需水量≤27％，初始流动度≥200mm，28d 抗压强度≥50MPa。

水泥粉磨系统电耗以粉磨 P·Ⅰ型硅酸盐水泥为评价基准，即水泥配比为：熟料＋石膏＝100％。当然，在实际工程中，主要产品并非是这种水泥，而是掺加不同种类和比例混合材的 P·O 型普通硅酸盐水泥。这种情况下，比较、评价系统电耗需进行校正、统一基准，否则毫无意义。

1　水泥预粉磨系统特点

粉碎原理为料床粉磨的辊压机、辊磨和筒辊磨等被认为是迄今为止效率最高的粉磨装置。随着这些料床粉磨装置的大量应用，球磨机在粉磨领域的占比不断减少，粉磨电耗不断降低，尤其在生料粉磨和煤粉制备系统中，新的球磨机订单非常少见。而在水泥粉磨领域，粉磨装备及系统则显示出多样性。

一般认为，从水泥性能上比较，球磨机水泥好于预粉磨水泥，预粉磨水泥好于终粉磨水泥，主要原因是球磨机可以改善水泥颗粒级配和形貌。实践证明，如果预粉磨和终粉磨采用的都是辊压机或辊磨，情况确实如此。但是如果预粉磨用辊压机、终粉磨用辊磨，则终粉磨水泥性能并不处于弱势，这也是水泥辊磨终粉磨系统在国际市场被广泛应用的原因。

从粉磨电耗比较来看，球磨机系统>预粉磨系统>终粉磨系统，主要原因是球磨机的粉磨效率太低，进而影响系统电耗。然而，辊磨终粉磨系统电耗并不比辊压机预粉磨系统电耗有明显优势，这是因为辊磨终粉磨系统中风机电耗太高，一般在 7kWh/t 左右，影响系统电耗。如果采用外置选粉机辊磨即外循环辊磨系统，则系统电耗有望降低，电耗优势会得到体现。

水泥辊压机终粉磨系统如能得到采用，则电耗优势会进一步体现。然而，我们进行的工业试验证明，辊压机终粉磨水泥的某些性能确实存在问题，如初始流动度和流动度经时损失等，这也是水泥辊压机系统止步于预粉磨系统的根源。

水泥辊压机预粉磨系统是目前中国水泥市场的主导方案，这是因为：(1) 采用了高效节能的辊压机装置，系统电耗显著降低；(2) 保留了球磨机，使水泥性能基本维持了传统球磨机水泥的基本特性；(3) 将粉磨作业一分为二，便于系统产能的大型化设计。辊压机预粉磨系统经过了近 30 年的发展，从最初的循环预粉磨和混合粉磨，经过联合粉磨，发展到当下的半终粉磨，总的趋势是辊压机功率与球磨机功率之比越来越大。各种预粉磨系统的优缺点详见表 1。

表 1　水泥辊压机预粉磨系统特点

序号	流程简图	流程名称	优点	缺点
1	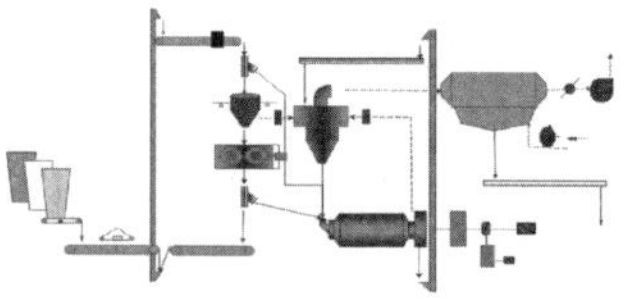	循环预粉磨	流程简单，投资省	辊压机规格受限，节电幅度小
2	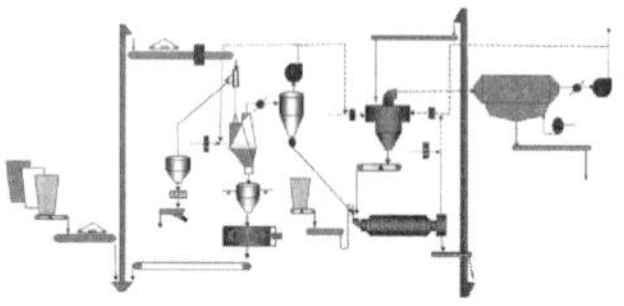	联合粉磨	出辊压机物料经过 V 型选粉机打散和初分级，辊压机规格可适当放大，系统提产和节电幅度提高	出辊压机细粉全部入磨，粉磨效率受影响；循环风机磨损严重
3	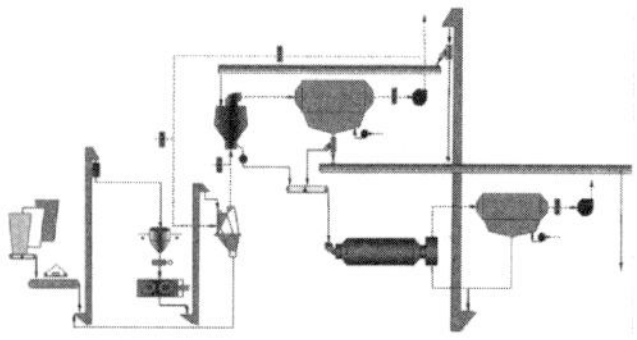	单动态选粉机半终粉磨	出辊压机经 V 型选粉机后的细粉经过二次分选，细粉入成品，粉磨效率提高；辊压机规格可进一步加大，节能效果更明显	部分成品未经球磨机研磨，水泥需水量略有增加
5	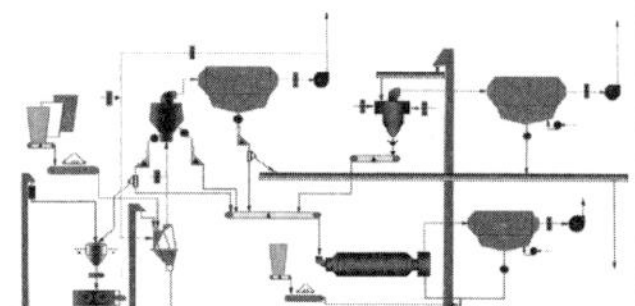	双动态选粉机半终粉磨	辊压机自带 V 型选粉机和动态选粉机自成系统，规格不受限，调节灵活，挤压效率、选粉效率、研磨效率提高，旁路成品量（未经球磨机研磨）可控	旁路成品量的比例影响成品性能和系统效率

循环预粉磨和混合粉磨（少部分选粉机粗粉回辊压机）是辊压机问世之初普遍采用的系

统，流程简单，便于现有球磨机的改造。因挤压物料未经选粉即循环挤压，含有大量细粉，易造成料床失稳，循环量受限，因此辊压机规格不能太大，提产和节电有限。入球磨物料含有粗颗粒，对球磨机的操作管理不利。

联合粉磨系统是伴随V型选粉机的应用而出现的二代辊压机预粉磨系统。因挤压物料经过分选后粗粉再循环挤压，辊压机的规格开始大型化，入球磨物料比表面积达到 $2000cm^2/g$ 左右，且不含粗颗粒，提产和节能幅度大增。首套国产化联合粉磨系统于2004年在天津振兴水泥公司投运。

单动态选粉机半终粉磨系统是在总结联合粉磨系统经验的基础上，于2006年开发的三代辊压机预粉磨系统，在亚泰哈水首次应用。该系统的最显著特点是出V型选粉机的细粉再经过二次分选，合格细粉进入成品，粗粉入球磨，球磨机的粉磨效率进一步提高，同时消除了联合粉磨系统循环风机的磨损问题，提高了运转率。

双动态选粉机半终粉磨系统是单动态选粉机半终粉磨系统的一种变形，将动态选粉机一分为二，便于调控V型选粉机用风，进而提高辊压机系统的分选效率和挤压效率，利于系统操作。该系统的应用前提是单位产品辊压机功耗较大，半成品比表面积 $>2000cm^2/g$，前置动态选粉机可以分选出较多的合格细粉。

2 水泥粉磨电耗影响因素

影响水泥粉磨系统电耗的因素很多，主要包括熟料的性质（温度、粒度和易磨性）、混合材和石膏的品种和掺量、产品的比表面积等。

2.1 熟料的易磨性

同为预分解窑熟料，其易磨性（邦德功指数）差别却较大，我们统计了连续的121项结果：其中最小值11.7kWh/t，平均值16.3kWh/t，最大值19.6kWh/t（表2）。其实对于水泥粉磨来说，邦德功指数只反映了熟料粗磨的难易程度，日本川崎公司还采用了 T_{3000}（在规定的小球磨条件下将熟料粉磨到 $3000cm^2/g$ 所需要的时间）这一指数判断熟料细磨的难易程度，他们利用这两个易磨性指数对提供的粉磨系统的运行数据进行校正，这一点值得我们借鉴。我们测定的熟料 T_{3000} 平均值为45min。

表2 熟料粉磨功指数

易磨性等级	A	B	C	D	E
邦德功指数 W_i（kWh/t）	≤8	8～10	10～13	13～18	>18
易磨性能	很好	较好	中等	较差	很差
频次	0	0	11	91	19
占比（%）			9.1	75.2	15.7

2.2 混合材品种及掺量

确定粉磨主机电耗最为复杂的是掺入混合材后的情况，因为混合材品种繁多，性能差异较大，掺量不一。众所周知，矿渣难磨，石灰石易磨，粉煤灰基本不消耗电能，这只是定性分析，在计算时要求定量化。我们通过实验室的球磨试验，重点研究了矿渣、石灰石、粉煤灰和火山灰对球磨机粉磨效率的影响，基本结论如下：

（1）熟料中掺入不同的矿渣后粉磨功指数变差，T_{3000}延长，粉磨相同的时间时比表面积下降，当掺量达到40%以上时，这些指标接近纯矿渣的数值，即大掺量的矿渣对混合粉磨不利。

（2）石灰石可以改善配合料的易磨性，即粉磨功指数变好，T_{3000}缩短，粉磨相同的时间时比表面积增加。由此说明，当用石灰石作为混合材，并且以比表面积作为计算基准时，单位产品电耗需要校正，校正的方法可以按每掺加1%的石灰石比表面积增加$50cm^2/g$考虑，即每掺入1%的石灰石可以按水泥比表面积减去$50cm^2/g$后计算主机电耗。

（3）粉煤灰也可以改善配合料的易磨性，即粉磨功指数变好，T_{3000}缩短，粉磨相同的时间时比表面积增加，但是效果不如石灰石，这是因为粉煤灰本身的易磨性不如石灰石。粉煤灰对易磨性的影响程度决定于原灰的细度，计算时一般可以按每掺加1%的粉煤灰主机电耗下降1%考虑。

（4）火山灰本身的易磨性差别很大，表层风化后的粉磨功指数<10kWh/t，底层沉积岩可能～20kWh/t。混合粉磨产品的比表面积不同，火山灰的影响程度也不同，总的来说是有利的。每掺加1%的中等易磨性的火山灰可能带来成品15～$35cm^2/g$比表面积减值。

2.3 成品比表面积和细度

在系统选型设计计算时，首先设定不掺加任何混合材（熟料95%+石膏5%），粉磨至$3200cm^2/g$时圈流球磨机（主机）的电耗33kWh/t左右作为计算基准。然后，根据配比计算各种混合材对基准电耗和比表面积带来的影响。如果实际的比表面积与设计的比表面积不一致则需进行校正。一般建议，比表面积≤$3800cm^2/g$时，按1.3次方校正；比表面积3800～$4500cm^2/g$时，按1.4次方校正；比表面积≥$4500cm^2/g$时，按1.5次方校正。

在近年的工程实践中，也有部分业主提出了水泥成品细度的控制要求，如类似P·O42.5水泥要求$R_{45\mu m}$≤7%或$R_{30\mu m}$≤20%。经过查询分析发现，水泥细度和比表面积不存在确定的换算关系，水泥配比、系统流程和选粉机型式等均可能影响水泥的颗粒级配和比表面积。因此，只有在数据积累后才能提出水泥细度与粉磨电耗的关系式。

3 辊压机预粉磨系统电耗分析

估算粉磨系统电耗的基础是计算给定系统的理论产量。辊压机预粉磨系统的理论产量计算如式（1）：

$$Q=\frac{K\times P_{R}+P_{T}}{W_{T}} \tag{1}$$

物料的粉碎过程是通过吸收机械能使颗粒不断变小而转变为表面能的过程。对于辊压机预粉磨系统来说，机械能通过辊压机和球磨机消耗电能来提供，球磨机装填到设计合理的研磨体后出力基本上为定值，因此影响系统产量的关键因素是辊压机的出力即功率消耗。

式（1）中W_T指单位水泥成品的球磨机当量电耗。如前所述，与水泥品种、配料、熟料性能和成品比表面积等因素有关。P_T是球磨机消耗的功率，P_R是辊压机消耗的功率。K是辊压机的增效系数，虽然与半成品的细度有一定的关系，但是波动范围不大，对于熟料介于1.6～2.0之间。因此，对系统产量影响最大的是辊压机功率消耗的大小，功耗越大，系统产量越高，即有$Q \propto P_R$。

主机的实际电耗为：

$$W_i = \frac{P_R + P_T}{Q} = W_T \cdot \frac{P_R + P_T}{K \cdot P_R + P_T} \tag{2}$$

这意味着辊压机的功耗P_R越大，单位成品电耗越小，极端情况是终粉磨系统（$P_T = 0$）电耗最少，$P_R = 0$时等同于球磨系统电耗。

对于球磨机来讲，要装填合理的研磨介质，控制合适的物料流速和球料比，才能达到理想的研磨效果，完成球磨机本身的任务。理论上讲，进入球磨机的物料颗粒尺寸均应＞45μm，研磨效率最佳，半终粉磨系统贴近了这一要求。

对于辊压机来讲，要施加合适的挤压力，发挥应有的预粉碎能力，提供优质的半成品给球磨机。挤压后的物料分选是保证辊压机挤压效率的关键，循环进入辊压机的物料含有的细粉（＜80μm）量越少，则含气量越少，粉体层的摩擦系数越大，料层越稳定，辊压机出力越高，挤压效果越好。这也是双动态选粉机半终粉磨系统的应用基础。

对于选粉机来讲，功率消耗不到1kWh/t，但其作用重大。如前所述，选粉机的分选效率是保证辊压机的挤压效率和球磨机研磨效率的关键。当然，目前采用的动、静态选粉机都属空气选粉机，需要消耗一定的功率提供风量、克服阻力。

近两年来，不少水泥企业采用陶瓷球替换钢球，以期实现降低粉磨电耗的目的。几乎所有的实践证明，替换后初期系统产量降低，节电效果不明显。从产量计算公式分析，用陶瓷球替换钢球后，因质量减轻，球磨机功率显著降低，产量肯定下降。从电耗计算公式分析，球磨机功率下降，主机电耗应该下降。但是因为系统产量下降，单位辅机功耗有所上升，系统电耗降低不明显。调整的措施是：提高球磨机的填充率即提高其功率消耗，保证球磨机的研磨能力；提高辊压机的功率消耗即提高预粉磨能力，改善进入球磨机的半成品细度，使其更符合陶瓷球的研磨要求。因此，使用陶瓷球后预粉磨系统的产量不降低或少降低的根本是粉磨任务的重新分配。

4 典型案例分析

A厂（技改）采用ϕ1800mm×1200mm、2×1400kW辊压机配ϕ4.2m×13m、3550kW球磨机联合粉磨系统，后在V型选粉机出口加设三分离动态选粉机，改成双动态选粉机半终粉磨系统，效果显著，调查情况如下：

水泥品种：P·O42.5；

水泥配比：熟料72.0％，脱硫石膏4.0％，石灰石6.0％，湿矿渣4.0％，干粉煤灰14.0％；

熟料易磨性：邦德功指数14.95kWh/t，$T_{3000} = 40.5$，偏好；

综合水分：1.4％；

比表面积：3200cm^2/g；

水泥标准稠度需水量：28.0％；

助磨剂情况：0.03％；

干基产量：290t/h；

系统电耗：辊压机 8.6kWh/t，球磨机 12.4kWh/t，系统风机＋循环风机 3.6kWh/t，其他辅机 2.9kWh/t，合计 27.5kWh/t。

但是，如果将熟料比例提高到 80%左右，熟料易磨性取中等，水泥比表面积折算到 3500cm²/g，则系统产量相当于 230t/h，系统电耗>30kWh/t，属正常水平。

B 厂（技改）采用 ϕ1800mm×1200mm、2×1250kW 辊压机配 ϕ4.2m×13m、3550kW 球磨机联合粉磨系统，后在 V 型选粉机出口加设组合式动态选粉机，改成双动态选粉机半终粉磨系统，报道产量 300t/h 以上，调查情况如下：

水泥品种：P·O42.5；

水泥配比：熟料 79.0%，石膏 5.0%，煤矸石 7.0%，炉渣 4.0%，干粉煤灰 5.0%；

熟料易磨性：小磨时间>30min，中等；

比表面积：3700cm²/g；

干基产量：233t/h；

水泥标准稠度需水量：28.4%；

系统电耗：辊压机 10.5kWh/t，球磨机 14.5kWh/t，系统风机＋循环风机 4.2kWh/t，其他辅机 2.9kWh/t，合计 32.1kWh/t。

运行情况表明，该系统产量、电耗指标亦属正常水平。调查同时了解到，该系统生产 P·C32.5水泥产量可达 300t/h 左右，此时熟料配比为 69%，混合材品种成为影响产量的关键因素。

C 厂（新建）同样采用 ϕ1800mm×1200mm、2×1250kW 辊压机配 ϕ4.2m×13m、3550kW 球磨机双动态选粉机半终粉磨系统，文献资料见表 3。

表 3　同一系统生产不同品种水泥数据对比

品种	配比（%）				产量（t/h）	比表面积（cm²/g）	系统电耗（kWh/t）
	熟料	石膏	石灰石	页岩			
P·C32.5	73.5	5.5	4	17	320	3480	23.8
P·O42.5	81.2	5.6	3.2	10	220	3870	31.0

值得关注的是，从 P·C32.5 水泥转换为 P·O42.5 水泥，熟料比例增加 7.7%，比表面积增加 390cm²/g，但是产量降低 100t/h，系统电耗从 23.8kWh/t 增加到 31kWh/t。

D 厂（海外总包）采用 ϕ1800mm×1400mm、2×1400kW 辊压机配 ϕ4.2m×13m、3550kW 球磨机单动态选粉机半终粉磨系统，考核结果如下：

水泥配比：熟料 91%，石膏 4.5%，石灰石 4.5%；

比表面积：3279cm²/g；

干基产量：223t/h；

系统电耗：30kWh/t；

该系统经过优化调整后，产量可达 260t/h 左右，但是电耗降低不多。

5　结语

我们利用 ϕ560mm 试验辊磨进行了大量的水泥粉磨试验研究，结论是粉磨纯硅水泥即

P·Ⅰ水泥至 3200cm²/g 时，辊磨主机电耗 20kWh/h 左右，这和工业数据一致。从粉碎机理比较分析，辊压机和辊磨同属料床粉碎装置，辊压机压力高，料床完全受限，粉碎效率略高于辊磨。但是辊压机预粉磨系统含有低效的球磨机（即使采用陶瓷研磨体，其效率也仅提高 20%左右），辊压机+球磨机的主机电耗应大于辊磨主机电耗。考虑到风机、选粉机、输送设备等辅机电耗，辊压机预粉磨系统可比电耗（P·Ⅰ水泥 3200cm²/g，或 P·O 水泥 3500cm²/g，无助磨剂）能达到二代指标的 27kWh/t 即为先进水平，要达到 20kWh/t 绝非易事。

（原文发表于《水泥技术》2017 年第 5 期）

TRMS60.3 矿渣辊磨的技术特点及应用

蔡晓亮　刘传胜　丁再珍　赵剑波　王 倩

摘　要：本文介绍了矿渣辊磨的技术特点和工艺流程，详细介绍了年产 150 万吨 TRMS60.3 矿渣辊磨在广西防城港源盛矿粉生产线中的应用情况。该生产线单日电耗 <32kWh/t，年运转率达 95%以上，具有远程在线监测及故障诊断系统，生产线的投产标志着国产矿渣辊磨大型化取得重大突破。

关键词：辊磨；节能降耗；大型化；高效选粉机；在线监测

1　引言

矿渣辊磨系统近年来发展较快，工艺流程简单，烘干、粉磨、选粉的全过程均在辊磨中完成[1]。辊磨系统基于料床粉磨原理，粉磨效率高，单位电耗低，磨内空间大，磨内温度高，烘干能力强，非常适合粉磨水分高、难磨的矿渣，因此矿渣粉磨系统在固废粉磨领域发展非常快。随着辊磨粉磨技术日趋成熟和水泥生产线规模越来越大，矿渣辊磨技术向大型化方向发展亦是必然趋势。

中材（天津）粉体技术装备有限公司（以下简称粉体公司）一直致力于为客户提供矿渣辊磨粉磨系列化解决方案。从 2005 年开发的首台国产 TRMS3131 矿渣辊磨投产运行以来，矿渣辊磨在大型化方面取得了很大进展，逐步开发了年产 60 万吨、100 万吨、120 万吨和 150 万吨及以上的矿渣辊磨，目前已经投产应用的矿渣辊磨有 170 多台。

广西省防城港源盛项目比邻广西盛隆冶金有限公司，配套处理该钢厂排放的矿渣和钢渣，实现废渣就近处理和零排放，属于绿色环保项目。该项目已经投产了三条矿粉生产线，分别为两条年产 150 万吨和一条年产 80 万吨矿粉线，工艺系统由天津水泥工业设计研究院有限公司设计，主机设备辊磨由粉体公司提供，磨机型号为 TRMS60.3 和 TRMS45.2。2014 年 10 月广西防城港源盛年产 150 万吨矿渣粉生产线顺利投产，各项指标达到并超过设计值。该生产线磨机的顺利投产，标志着国产矿渣辊磨大型化取得了重大突破。

2　矿渣辊磨的技术特点

粉体公司设计开发的矿渣辊磨采用了多项先进技术，包括 LV 型高效选粉机、螺旋喂料防堵料输送方式、在线监测及故障诊断技术等。具体特点如下：

（1）具有自动抬辊、落辊功能，可以空载启动；

（2）采用新型磨辊密封结构，可防止漏油，保证轴承使用寿命；

（3）采用 LV 型高效选粉机，可提高选粉效率，保证产品质量，降低磨机阻力；

（4）采用机械限位和电器限位装置保证设备安全；

（5）配有翻辊装置，可将磨辊翻出磨外，便于检修；

（6）采用螺旋喂料输送方式，防止堵料，降低喂料高度，减少投资；

（7）设计外循环系统，便于除铁；

（8）物料适应性强，水泥熟料和矿渣钢渣可以实现零间隔转换；

（9）产品实现系列化与模块化设计，保证质量；

（10）采用在线监测及故障诊断技术，实现对磨机关键设备（减速机和磨辊轴承等）远程实时监控。

图 1 为 TRMS60.3 矿渣辊磨三维模型。

图 1　TRMS60.3 矿渣辊磨三维模型图

3　TRMS60.3 矿渣辊磨系统的工艺流程及主要参数

3.1　工艺流程

矿渣辊磨系统的工艺流程采用单风机系统。此外，针对矿渣物料易磨性差、密度大、金属铁含量高等特点，着重改进了物料循环、系统除铁、成品输送等环节的设计，工艺流程如图 2 所示。

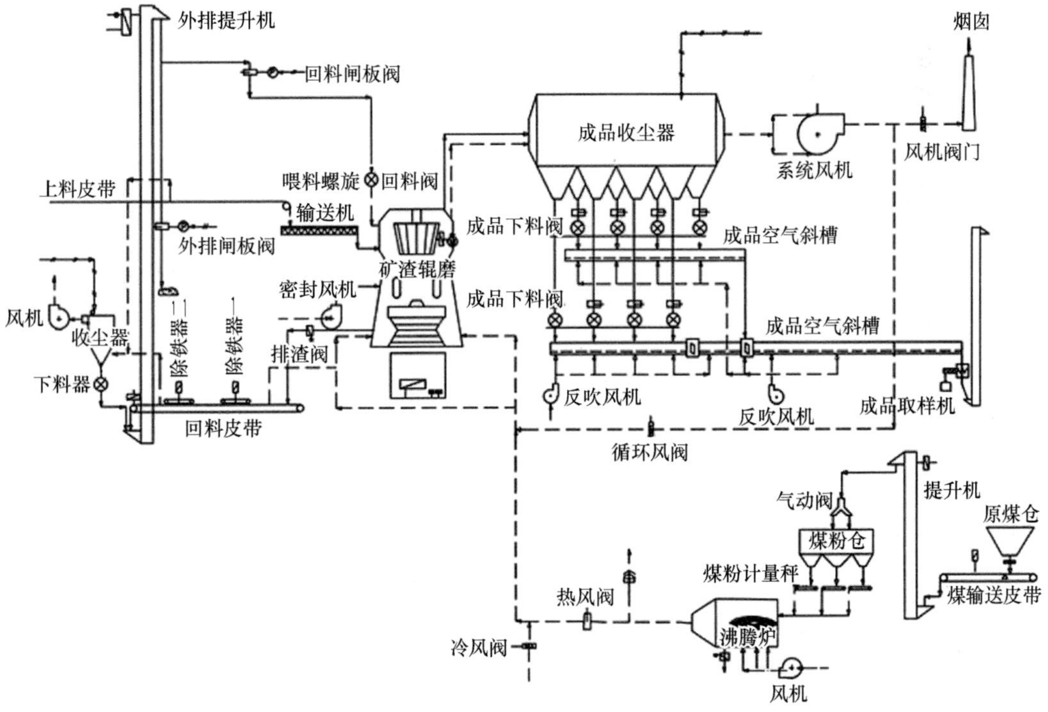

图 2　TRMS60.3 矿渣粉磨系统工艺流程简图

3.2 主机参数

系统主要设备由系统风机、辊磨、袋式收尘器、热风炉、成品和回料提升机等组成。表1为广西防城港源盛项目矿渣粉磨系统主要参数。

表1 TRMS60.3 矿渣粉磨系统主要参数

项目		参数
TRMS60.3 辊磨	磨盘直径（mm）	6000
	生产能力（t/h）	190～250
	成品细度（m^2/kg）	420～500
	出磨水分（%）	<0.5
系统风机	风量（m^3/h）	830000
	全压（Pa）	7500
袋式收尘器	风量（m^3/h）	800000
	出口浓度 [mg/m^3)（标）]	≤10

4 TRMS60.3 矿渣辊磨系统的运行情况

图3 TRMS60.3 广西防城港源盛辊磨外观图

广西防城港源盛矿渣粉生产线二线于2014年10月下旬一次带料试车成功，磨机运行平稳，很快达产达标。2018年10月通过业主和粉体公司的共同努力，产量提高10%以上，电耗大幅度降低，性能指标处于国内领先。广西防城港源盛 TRMS60.3 辊磨如图3所示。

4.1 原料和成品

原料来源为广西盛隆冶金有限公司的矿渣和钢渣，开始生产时为100%纯矿渣，2017年1月改为粉磨混合物料，掺加0.03%左右液体激发剂。原料情况见表2，成品情况见表3。

表2 原料情况

物料名称	矿渣	混合料（矿渣、钢渣、镍渣+其他）
配比（%）	100	矿渣（80），镍渣（15），镍渣+其他（5）
水分（%）	9～13	9～11
粒径	≤5mm（95%）	≤10mm（95%）
含铁量（%）	0.15	0.25

表3 成品情况

项目	45μm 筛筛余（%）	比表面积（m^2/kg）	水分（%）	活性（28d）（%）
混合料	2～4	420	0.2	≥100
矿渣（100%）	2～3	500	0.3	≥95

4.2 产量

该厂目前以加工混合物料为主，基本不加工纯矿渣，根据统计，2018 年总产量超过 250 万吨，生产规模在国内同行业中位于前列。TRMS60.3 矿渣辊磨年平均产量 220t/h，单日产量可达到 252t/h，单机能力国内领先。生产中控画面如图 4 所示。

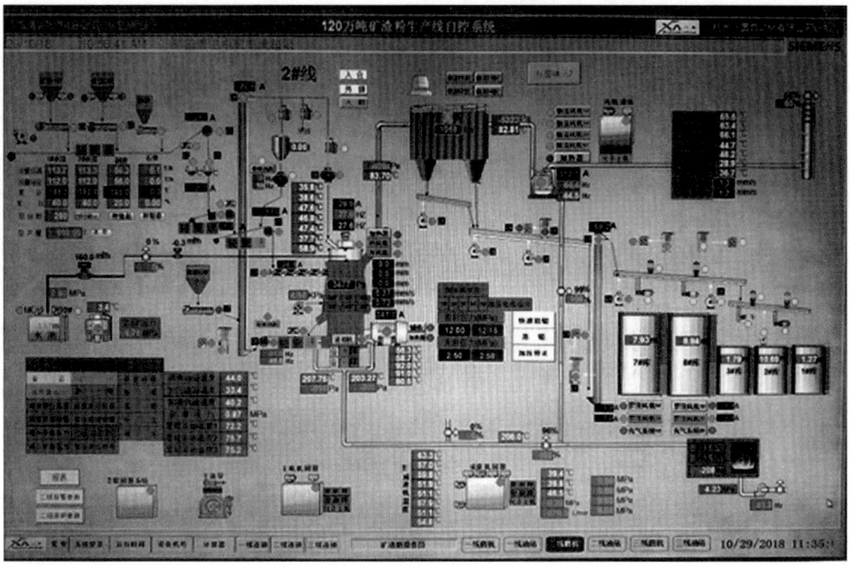

图 4 TRMS60.3 广西防城港源盛二线中控画面

4.3 用电量分布情况

2018 年 10 月 29 日，对二线磨机进行了电量统计，期间干基产量 239t/h，平均比表面积 $437m^2/kg$；12 月干基产量 215t/h，平均比表面积 $420m^2/kg$。表 4 给出了单日和月度电耗情况。

表 4 矿渣磨系统电耗统计记录表（折算 $420m^2/kg$）* （kWh/t）

设备电耗	10 月 29 日	12 月
主机电耗（磨机、风机和选粉机）	31.2（29.4）折算	31.6
系统电耗	33.7（31.9）折算	34

* 本月生产水渣未在堆场放置，平均水分 11%，对磨机产量和电耗略有影响。

根据电耗统计情况看，该磨机粉磨混合物料系统电耗在 34kWh/t 以内，单日较好指标折算后可达到 32kWh/t，处于同行业内先进水平。

4.4 运转率

TRMS60.3 矿渣辊磨配套采用国内品牌减速机，液压系统关键件采用国外品牌，在业主的精心维护下，矿渣辊磨系统生产运行稳定，设备故障率低，年运转率达到 95%以上。

4.5 煤耗

采用沸腾炉为热源提供热风，矿渣原料的水分一般在 9%～12%，磨内基本不喷水。使用热值为16720～18810kJ/kg的煤，煤耗18～21kg/t，煤耗较低。

4.6 辊套和衬板磨损

根据堆焊厂家的统计情况，粉磨纯矿渣，辊套和衬板的矿粉吨磨耗不超过5g；粉磨混合物料，辊套和衬板的矿粉吨磨耗明显增加，达到6.5～7g。由此可见，钢渣、镍渣等磨蚀性强的物料对辊套和衬板的磨损大大增加。

5 TRMS60.3矿渣辊磨系统的运行参数

5.1 挡料圈及料层

磨辊和磨盘、挡料圈的相对位置、几何尺寸及辊套和衬板的耐磨材质不同，产生不同的摩擦系数，直接影响磨机的稳定性、料层及粉磨的效率。TRMS60.3矿渣辊磨采用新型挡料圈，能很好地控制物料的压实和排出，更好地发挥磨机的粉磨能力，减少物料过粉磨，大大提高粉磨效率，降低粉磨电耗，给业主带来更好的经济效益。

5.2 研磨压力

粉磨力直接影响到磨机能力的高低，在磨机稳定的情况下，通过调整油缸压力可改变磨辊传递给物料的压力。根据成品情况，确定油缸的参数、适合的压力，决定磨机的产量、效率和能耗是否最佳。

5.3 选粉机与转速

磨机采用SLKS6234 LV型高效选粉机，该选粉机的理念是通过优化气流在磨机内部的合理分布，设计特殊结构的静叶片和动叶片，通过静叶片进行初选提高动叶片选粉效率，达到压力损失最小、转子叶片减少误伤合格品的目的。其特点是，采用"LV气室"特殊结构形式的静叶片（图5），使得"粗粉中无细粉，细粉中无粗粉"成为可能。返回磨盘的粗粉中含有更少的细粉，使料层更稳定，磨机振动减少。现场使用表明，新型高效选粉机阻力较小，产品性能稳定，比表面积和筛余控制灵活，可粉磨500m²/kg超细粉。选粉机运行情况见表5。

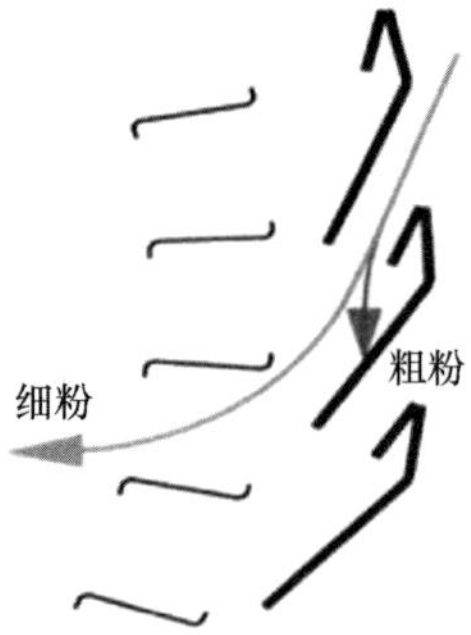

图5 静叶片结构

表5 选粉机运行情况

产品类型	频率（Hz）	比表面积（m²/kg）	细度 $R_{45\mu m}$（%）
混合料	26～31	420～500	2～4

5.4 远程在线监测及故障诊断系统

磨机配套振动传感器、速度传感器，组成数据采集系统采集数据，数据采集系统提供以太网接口，通过互联网将数据发送至地面控制室的服务器，可进行远程访问。

通过在线监测系统可以监测到减速机齿轮、齿轮轴出现的啮合以及齿轮出现的永久性变形、点蚀、剥落、断齿等问题，还有磨辊轴承出现的点蚀、剥落、磨损，内外圈磨损、开裂，保持架断裂，滚珠脱落等问题；在线测量磨辊实时转速，对应生产数据，及时调整操作。辊磨在线监测系统如图 6 所示。

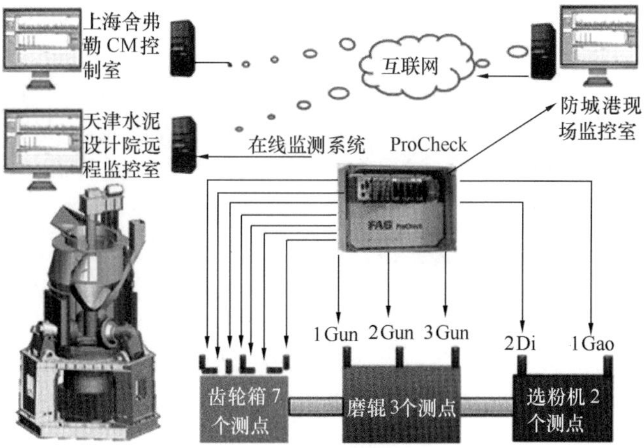

图 6　辊磨在线监测系统

5.5　风量和风压

保证辊磨粉磨系统磨机稳定生产的重要参数之一就是风量和风压。风量过大，会使矿粉中较粗的颗粒被带起来，流体中的含尘浓度增加，产品比表面积变小，磨机阻力加大；风量过低，磨机产量降低，比表面积变大，增加回料[2]，磨机稳定性变差。该项目系统使用的风机风压～4800Pa，磨机的压差～2900Pa，循环风用量较大，系统通风情况较好。

6　结语

矿渣辊磨是集机械、液压、电气自动化于一体的设备，操作相对于其他设备较复杂，每台新投产的矿渣辊磨根据物料情况需要一段时间进行调整。广西防城港源盛公司使用的两台 TRMS60.3 辊磨自投产以来，经过生产实践，矿粉质量性能指标达到国家标准中 S95 级及以上矿渣粉技术要求。在广西防城港源盛公司和粉体公司共同努力下，该矿渣粉磨系统设备及工艺参数不断优化，生产运行指标日趋良好。根据生产需要，不仅可以粉磨高比表面积的产品，还可协同处理钢渣、镍渣等难磨物料，掺加量 10%～20%，粉磨混合物料系统电耗<34kWh/t，指标先进，符合国家节能减排和低碳环保产业政策，大型矿渣辊磨必将得到更为广泛的应用。

参考文献

[1]　丛佳，孙新平．浅析矿渣微粉粉磨系统及立式矿渣磨调试要点[J]．科技创新与应用，2016(6)：146.

[2]　石光，刘箴，赵剑波．TRMS43.4 矿渣辊磨的特点及应用[J]．水泥技术，2014(2)：38-41.

（原文发表于《水泥技术》2019 年第 3 期）

水泥工厂风机效率相关问题研究

孟 军　范毓林　肖 静　高善飞

摘　要： 水泥工厂工艺系统风机的运行效率对电耗影响很大，是每个生产企业、设计单位十分关心的问题之一。本文对工艺系统风机运行效率进行核算，对比工况变化、调节方式不同对风机运行效率及偏差的影响，提出在适合的条件下，应选择高效轴流风机，并结合风机改造案例，总结了风机选型应注意的问题，为设计选型提供参考。

关键词： 风机；效率；影响因素；设计选型

1　概况

水泥工厂工艺系统风机的电耗约占全厂总电耗的三分之一，随着无球磨的推广普及，粉磨设备电耗占比越来越小，风机电耗占比越来越大，风机效率的高低直接影响系统产量、电耗及电机配置，关系到水泥企业的运行成本。现通过梳理风机设计、运行参数，结合风机改造案列，分析与风机效率有关的问题，为合理选择风机、降低运行电耗提供依据。

2　工艺系统风机的运行效率核算

通过搜集某项目工艺系统风机考核电耗及考核时的运行参数，按运行参数计算风机运行电耗，并与考核电耗对比，核算风机的运行效率。详细对比结果见表 1。考核电耗取自电表读数，运行功耗计算，风压按考核时屏幕数读取，由于未做标定，风量取自计算的运行工况风量。

表 1　工艺系统风机考核电耗及运行效率核算对比表

风机名称	原料磨循环风机	窑尾排风机	高温风机	窑头风机	水泥磨风机
进口风量（m^3/h）	1000000 /872400	1480000/ 1063424	1010000/ 842000	1400000 /965000	790000
静压（Pa）	－11500/－11668	－3000/－2000	－8000/－6100	－3000/－2000	－9065
设计效率（%）	80.5/80.8	82/84	80.7/81	80.8/83	
风机调节方式	变频＋阀门	变频＋阀门	变频＋阀门	变频＋阀门	变频＋阀门
电机功率（kW）	4600	1750	3300	1750	2650
设计产量	400t/h	10000t/d	10000t/d	10000t/d	240t/h
考核时产量	429.9t/h	10315t/d	10315t/d	10315t/d	240t/h
考核时风机入口负压（Pa）	～－9000	－1200～－1600	～－6150	～－930	～－6800

续表

风机名称	原料磨循环风机	窑尾排风机	高温风机	窑头风机	水泥磨风机
考核电耗（kWh/h）（电表读数）	平均 3023	平均 440	平均 1650	平均 550	平均 2240
计算电耗（kWh/h）	3010	435	1567	399	2064
考核电耗与计算电耗对比	3023/3010	440/435	1650/1567	550/399 偏差～37%	2240/2064 偏差～8%
运行效率判断	运行效率与设计效率基本一致	运行效率与设计效率基本一致	运行效率与设计效率基本一致	运行效率明显低于设计效率	运行效率略低于设计效率

注：进口风量和静压的两个不同数据，分别代表风机两种不同工作状态。

从表 1 可看出，原料磨循环风机、窑尾排风机、高温风机按工况运行参数计算的电耗与考核时电表读数接近，说明风机运行效率与设计效率基本一致，窑头废气风机按工况运行参数计算的电耗与考核时电表读数偏差较大，说明风机运行效率明显低于设计效率，其中风机入口负压低于设计压力 50%以上，会引起风机效率降低，或由于系统风量过大，不排除其他原因，水泥磨风机按工况运行参数计算的电耗与考核时电表读数略有偏差，说明风机运行效率略低于设计效率。

3 工况变化对采用变频调速风机效率的影响

3.1 风量、风压按比例变化对变频调速风机效率影响不大

如某项目高温风机，有 4、5 级切换两种工作状态，风量范围 73 万～101 万 m^3/h，变化幅度 38.4%，压力范围－6100～－8000Pa，变化幅度 31.1%，合计变化幅度 81%，远高于风机正常选型富裕系数，采用变频调速，风机厂家提供的选型和不同工作状态风机的效率差别很小，5 级操作两种不同工作状态，效率差仅为 0.1%，4 级操作两种不同工作状态效率差只有 0.3%，最大差别为 0.7%，具体数据详见表 2。

表 2 高温风机不同工作状态设计参数表（数据引自厂家选型计算资料）

Load number	1	2	3	4
Designation	Design-4 stage operatlon	Design-5 stage operation	Operating-5 stage operation	Operating-4 stage operation
Inlet flow	1010000m^3/h	880000m^3/h	730000m^3/h	842000m^3/h
Inlet temperature	380℃	315℃	315℃	380℃
Inlet pressure	－8000Pa	－8000Pa	－6100Pa	－6200Pa
outet pressure	0Pa	0Pa	0Pa	0Pa
Absorbed power at operating temperature including dust load	28928kW	24957kW	15855kW	18711kW
Fan efficiency	80.7%	81.3%	81.4%	81%

结论：不同工作状态，当风量、风压按比例变化时，采用变频调速对风机效率影响不大。

3.2 风量、风压不按比例变化对变频调速风机效率影响较大

如某项目窑尾废气处理，采用将窑头冷却机废气引入窑尾烘干原燃料的流程，窑尾废气风机涉及原料磨、煤磨和水泥磨开停等多种不同组合工作状态，当只有风量变化，范围从106万～127万m^3/h，变化幅度20%，风压均为－2000Pa，采用变频调速时，风机效率为80%～84.2%，差别较大。相比选型状态风量148万m^3/h，风压3000Pa，效率82%，风量风压合计变化范围209%，可见风量、风压是否按比例变化对效率影响更大。具体数据详见表3。

表3 窑尾废气风机不同工作状态设计参数表（数据引自厂家选型计算资料）

Load number	1	2	3	4	5
Designation	Design	State 1：raw mill on，coal mill off，cement mill off（5 Stage）	State 2：raw mill on，coal mill off，cement mill off（5 Stage）	State 3：raw mill on，coal mill off，cement mill off（5 Stage）	Stage 4：raw mill off，coal mill off，cement mill off（5 Stage）
Inlet flow	1480000m^3/h	1192010m^3/h	1241839m^3/h	1274758m^3/h	1062685m^3/h
Inlet temperature	170℃	133℃	154℃	170℃	143℃
Inlet pressure	－3000Pa	－2000Pa	－2000Pa	－2000Pa	－2000Pa
Outlet pressure	0Pa	0Pa	0Pa	0Pa	0Pa
Absorbed power at operating temperature including dust load	15216kW	8333kW	8749kW	9017kW	7095kW
Fan efficiency	82%	80.8%	80.2%	80%	84.2%
Calculated speed	660tr/min	524tr/min	542tr/min	554tr/min	500tr/min

结论：不同工作状态，当只有风量变化，风压不变化，即风量、风压不按比例变化时，采用变频调速对风机效率影响较大，相比风量、风压的变化幅度，风量、风压是否按比例变化对风机效率影响更大。

4 变频调速和阀门调节对风机效率影响

风机采用变频调速或阀门，不同的调节方式对风机效率的影响很大，风机选型富裕系数越大，阀门调节对风机效率影响越大。

如某项目原料磨循环风机选型，储备系数风量1.15，风压1.2，合计1.38。针对选型和工况运行两种不同工作状态，当采用变频调速调节时，两种状态效率分别为80.5%和80.8%，只相差0.3%。当采用阀门调节时，效率分别为80.5%和66.8%，差值为13.7%，可见阀门调节对风机效率的影响很大，具体数据详见表4、表4-1、表4-2。

表 4 风机厂商提供的原料磨循环风机设计参数（数据引自厂家选型计算资料）

Load number	1	2
designation	design	Nominal
Inlet flow	1000000m³/h	872400m³/h
Inlet temperature	89℃	89℃
Inlet pressure	−11500Pa	−9600Pa
Outlet pressure	0Pa	0Pa
Inlet dust rate	100g/Nm³	100g/Nm³
Reference density	1.35kg/m³	1.35kg/m³
Reference temperature	0℃	0℃
Reference barometric pressure	101325Pa	101325Pa

表 4-1 采用变频调节原料磨循环风机效率参数（数据引自厂家选型计算资料）

Load	1	2
Density at system inlet	0.879kg/m³	0.899kg/m³
Calculated pressure	11668Pa	9734Pa
Absorbed power at operading temperature	3876.5kW	2831.6kW
Absorbede power at operating temperature including dust load	4153.1kW	3035kW
Fan efficiency	80.5%	80.8%
Calculated speed	990tr/min	891tr/min

表 4-2 采用阀门调节原料磨循环风机效率参数（数据引自厂家选型计算资料）

Load	1	2
Density at system inlet	0.879kg/m³	0.899kg/m³
Calculated pressure	11668Pa	9736Pa
Absorbed power at operating temperature	3876.5kW	3436.9kW
Absorbed power at operating temperature including dust load	4153.1kW	3684.7kW
Fan efficiency	80.5%	66.8%
Calculated speed	990tr/min	990tr/min

结论：同一台风机，同样工作状态，采用变频调速调节对风机效率影响较小（0.3%），采用阀门调节对风机效率影响很大（13.7%）。

5 不同调节方式风机设计效率与运行效率的偏差

受设计工况是否与运行工况一致、风机制造、安装及管道系统等多种因素影响，风机的实际效率往往低于设计效率，我国风机行业标准是风机的实际效率值与设计值允许存在 0～

5%的偏差，了解到有些国外厂商，当采用变频调节时，其效率偏差为−2%，当采用阀门调节时，其效率偏差为−5%。如某国外风机厂商提供原料磨循环风机，采用变频和阀门调节时设计与工作状态各项参数的偏差，具体数据详见表5-1、表5-2。

表5-1　原料磨循环风机变频调节各项参数偏差表（数据引自厂家选型计算资料）

	设计选型	工况运行
Tolerance of flow	±2.5%	0%
Tolerance on pressure	±2.5%	0%
Tolerance on power	+3%	+2%
Tolerance on efficiency	−2%	−2%

表5-2　原料磨循环风机阀门调节各项参数偏差表（数据引自厂家选型计算资料）

	设计选型	工况运行
Tolerance on flow	±2.5%	0%
Tolerance on pressure	±2.5%	0%
Tolerance on power	+3%	+5%
Tolerance on efficiency	−2%	−5%

6　轴流风机的特点及应用

水泥厂中工艺系统风机普遍采用离心风机，风机效率一般为75%～82%，少数情况可以达到～85%，基本不采用轴流风机。对于一些风量大、低阻力的工况条件，选用离心风机效率非常低，更适合选用高效率的轴流风机。目前轴流风机已广泛应用在钢铁、电力等行业，轴流风机适用范围：流量9万～576万m^3/h，压力300～25000Pa，运行温度20～200℃。

6.1　轴流风机特点

轴流风机由于内部运动损失小，普遍效率高。其分为静叶可调和动叶可调两种型式。静叶可调型是通过安装在风机外电动执行机构调节静叶的角度，调整风机的风量，风机内部的叶片不动；动叶可调型是通过液压系统调节转子叶片的角度，调整风机的风量，动叶可调轴流风机效率更高。

动叶可调轴流风机具体特点：

1）主动进行风量调节，调节性能好，效率高，可避免在小流量时处于不稳定工况区内；

2）低负荷时效率比离心风机和静叶可调轴流风机高；

3）转动部件多，结构比较复杂；

4）耐磨性差；

5）液压调节系统复杂，结构精密，维护难度大。

6.2　轴流风机与离心风机技术经济对比

某项目窑尾废气处理排风机，针对工况参数，厂家分别提供了采用离心风机和轴流风机方案，具体技术经济对比详见表6。

表6　不同型式窑尾废气风机技术经济对比

风机名称	窑尾废气风机	
设计风量（m^3/h）	1800000	
正常静压（Pa）	－1500	
设计静压（Pa）	－1650	
烟气特性	温度100℃，含尘浓度≤5mg/Nm^3	
风机类型	离心风机	动叶可调轴流风机
设计工况-效率（%）	63.3	84.50
设计工况-轴功率（kW）	1296	992
正常工况效率（%）	68.0	84.80
正常工况轴功率（kW）	954	778
电机功率（kW）	1500（变频）	1200（非变频）
占地面积：长×宽（m）	10×9	13×12
是否需要变频器	是	否
调节性	挡板＋变频调节，自动化程度较低	动叶调节，调节快速准确，自动化程度高
配套调节装置	简单（测振、测温）	复杂（测振、测温、失速、油站）
风机质量（t）	70.7	45
风机结构	简单	复杂
设备可靠性	该参数不是离心风机的常用范围，风机的设计（如轴系计算）难度大，可靠性降低	该参数是轴流风机的常用范围，风机是常规设计，有成熟的应用，可靠性高
机械＋电气设备综合成本	基本持平（不含土建部分）	
水泥行业业绩	成熟	没有业绩

综合上表，选择两种不同形式风机特点如下：

（1）选择动叶可调轴流风机具有如下优点：

节能：轴流风机比离心风机正常工况效率高16.8%，配置电机功率低300kW；

布置：轴流风机为上进风，管道布置简单；土建基础较小，只需300～500mm风机支墩，相比离心风机的大基础，土建工程量省；

检修：轴流风机主要检修电机和转子叶片，叶片单个质量为60kg，检修质量轻，净空低，检修方便。

（2）选择动叶可调轴流风机存在如下缺点：

控制系统：轴流风机测点较多，控制较为复杂；

占地面积：轴流风机水平结构布置，占地面积稍大。

（3）价格：综合考虑机械加电气设备成本，两者持平。

结论：综合考虑技术经济因素，当工况条件适合时，水泥厂应考虑选择效率更高的轴流风机。

7 低效率运行风机的更换改造

实际生产过程中，很多水泥企业风机运行效率明显偏低，有时会低于50%甚至更低，导致提产受限电耗高，不得不更换高效率风机。

7.1 高温风机的更换改造

某5500t/d项目高温风机长期高转速运转，运行电流接近额定电流，电机常出现发热、跳停现象，影响窑稳定运行且限制提产空间，风机长期的高速运转，致使叶轮磨损严重。请风机厂家对工况进行测试，测试结果显示风机运行参数与设计参数偏差很大，运行效率明显低于设计效率。企业根据测试结果重新更换了风机，保留原有电机，新风机运转后，风机转速降低，电耗降低明显，窑产量提高，经济效益显著。改造前后风机各项参数详见表7。

表7 高温风机改造前后各项参数

时间	改造前		改造后	
状态	设计	运行（标定）	设计	运行
窑产量（t/d）	5500	6250	5500	6530
风量（m^3/h）	920000	742000	750000（Max. 850000）	—
风压（Pa）	7200	6430	6600（Max. 7000）	6560
温度（℃）	310	218	220（Max. 310）	210
风机效率（%）	80.7	63.5	82（80.5）	80.1
电机电流（A）	170（额定）	168（实际）	170（额定）	140（实际）
电机功率（kW）	2500	2380	2500（利旧）	1860
风机电耗（kWh/t）	—	8.7	—	6.5

分析此台风机效率低的原因，主要是原高温风机风量、风压参数是按余热锅炉停时选取的，此状态为短期工况，余热锅炉开是长期工况，因此风机不能在最佳效率点附近运行，改造风机参数按余热锅炉开状态选取，并考虑余热锅炉故障时系统可旁路运行，因此风机运行在合理区间，电耗降低明显。

7.2 水泥立磨系统排风机的改造

某项目水泥立磨系统排风机，运行过程中电机电流一直偏高，达到额定产量时，电机超额定电流20%，后对此风机进行标定，系统额定产量下风机风量26万m^3/h左右，全压7000Pa左右，与设计选型风量18.5万m^3/h，全压9000Pa偏离较大，风机选型风量偏小，无法满足系统所需风量，系统压损较低使风机运行风量大，引起风机超电流。后更换了风机电机，加大电机功率，风机得以正常运行。

8 设计中应注意的问题

风机在使用过程中常出现的运行效率低、电耗高问题，对单台工艺系统风机电耗能产生1～3kWh/t的影响，主要原因分为设计和制造两方面。设计的主要原因是风机选型参数计算不准，风管布置不合理，管道系统阻力大，导致风机不能在高效率工况点附近运行；制造的主要原因包括叶轮材质受风压影响变形量大，影响风速均匀性，同心度不精准，平衡精度低等。

风机设计选型一般是按正常工作状态计算风量、风压，根据海拔高度进行校正，同时考虑系统漏风，并留有一定的储备系数，满足工况变化和系统提产空间。由于水泥厂工艺系统复杂，工况参数波动大，同时设备结构复杂，非标设备和连接管道变化多样，有的设备随着运行时间的延长阻力随之加大，也有设备受积灰、粘结及磨损等影响，阻力也会发生变化，因此，准确估计系统的运行参数比较困难。

在风机设计选型和管道系统布置方面，设计中应注意以下几点：

（1）准确掌握设备运行参数，须持续深入研究设备特点，不断跟踪系统运行工况参数并分析对比设计参数，使设计选型与实际工况逐步接近；

（2）采用先进的变频、磁力耦合等调速手段，并采购高质量的风机和电机，提高风机运行效率；

（3）合理布置系统风管，注意与风机相接的进出口管路应留一直管段，由于风机进、出口管道布置不合理造成流场突变，会导致风机效率下降，因此风机进、出口管道内流速应均匀无涡流，进口管应等直径或略收敛，出口不宜接 90°弯管或逆向弯管，管路系统应尽量短并减少局部阻力。

综上，本文通过对影响风机运行效率的各因素进行梳理分析，便于了解影响风机运行效率的各种因素及影响效果，准确提供风机选型参数，合理选择风机型式和调节方式，提高风机的运行效率。

水泥厂煤粉气力输送计算与技术方案探讨

徐松林　赵永刚

1　概述

我国在20世纪80年代中期引进了FK-M泵中低压连续式气力粉状物料输送技术，1990年开始批量生产系列产品。笔者根据FK泵资料，研究了其计算过程，逐渐掌握了生料、水泥和煤粉FK泵气力输送技术的各种计算方法，并在水泥厂实际工作中得到了印证。本文将重点介绍水泥厂常用的窑炉用煤粉气力输送技术，供大家参考。

2　FK泵的选型计算要点

2.1　FK-M型泵的基本参数

（1）两端（滚珠）轴支撑，生料输送量可达550t/h，输送量可在0～100%范围内变化；叶片磨损低；气源压力≤200kPa，无脉冲；轴密封采用压缩空气进行气封。

采用FK泵时，风机选型时考虑混合室内喷嘴阻力3Psig，即20.4kPa。

（2）物料细度：100%通过0.297mm筛，75%通过0.149mm筛，60% 通过0.074mm筛，45% 通过0.044mm筛。

（3）物料温度：200℃。

（4）输送距离：>1000m或1372m。

（5）输送压力：出口表压5～30Psig或0.034～0.204MPa。

（6）输送能力：≤500m^3/h。

2.2　选型计算条件

（1）要求的输送能力；

（2）物料品种、重度、细度、水分、黏性等；

（3）喂料方式（压力喂料、控制喂料）；

（4）输送距离（水平、垂直），不推荐采用倾斜管道；

（5）弯头和换向阀门数量：0～4个，0Psig；5～9个，1Psig；≥10个，2Psig。但最好折算每个来考虑计算。弯头不折算输送长度；

（6）海拔高度：超过2000ft（约610m）需校正。

2.3　确定管径及输送系统操作压力

$$ID=(LPD\cdot TPH\cdot 6713.8/K\cdot C)^{1/3}$$

式中　ID——管道内径，in；1in=25.4mm；

LPD——最长泵送距离（水平，垂直），ft；1ft=0.3048m；

TPH——输送能力，st/h；1st=0.907t；

K——压力常数，随管路压力而定；

C——物料常数，随输送距离而定，≥500ft（152.4m），*C*=2200；<500ft（152.4m），*C*=2100。

2.3.1 线路压力选择（表1）

表1 线路压力选择

管路压力（Psig）	K	管路压力（Psig）	K	管路压力（Psig）	K	管路压力（Psig）	K
1		11	11280	21	272.57	31	480.31
2	15.06	12	126.47	22	291.26	32	503.56
3	23.55	13	140.67	23	310.43	33	527.24
4	32.66	14	155.39	24	330.07	34	551.36
5	42.37	15	170.63	25	350.17	35	575.91
6	52.69	16	186.38	26	370.73	36	600.89
7	63.58	17	202.63	27	391.74	37	626.29
8	75.05	18	219.38	28	413.21	38	652.11
9	87.08	19	236.63	29	435.13	39	678.27
10	99.67	20	254.36	30	457.50	40	705.61

2.3.2 煤粉管道要求

（1）煤粉燃烧气力输送最大距离700ft（210m），采用定气固比0.3～0.5的计算方法。

（2）分解炉的分流器前至少保持20ft（约6m）的垂直输送管，分流器的压损为3Psig（20.67kPa），在进入燃烧器喷嘴的风速保持5000～6000ft/min（25.4～30.5m/s）。

2.3.3 输送风速选择图表（图1）

2.3.4 气力输送管道布置要求（图2）

2.4 输送空气量的确定（英制单位）

$$SCFM=(FPM)(FT^2)(14.7+P_2)\cdot 530/14.7(460+T_3)$$

式中 *SCFM*——标准输送空气量（表压14.7ib/in² 70℉或101325Pa，21℃时），ft³/min（1ft³/min= 0.0283m³/min）；

FPM——起始风速，ft/min（1ft/min=0.3048m/min）；

FT^2——管路横截面积，ft²（1ft²=0.0929m²）；

P_2——输送管路压力，Psig（1Psig=6.89kPa）；

T_3——输送空气温度，$T_3=T_2-30$，℉［1℃=(1℉-32)×5÷9］；

T_2——滑片机或罗茨风机出口风温，℉。

注：当海拔超过2000ft（610m）时，上述所得空气需要量，应乘以相应修正系数。

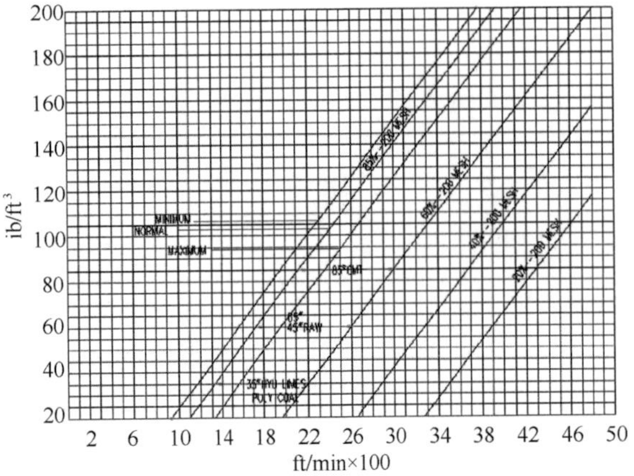

注：距离>300ft 时，每增加 100ft，风速应增加 10%。上图中分别代表 85%、60%、40%、20%通过 0.074mm 筛筛孔；输送起始风速取决于物料重度、细度和输送距离三个因素。

图 1　输送风速选择

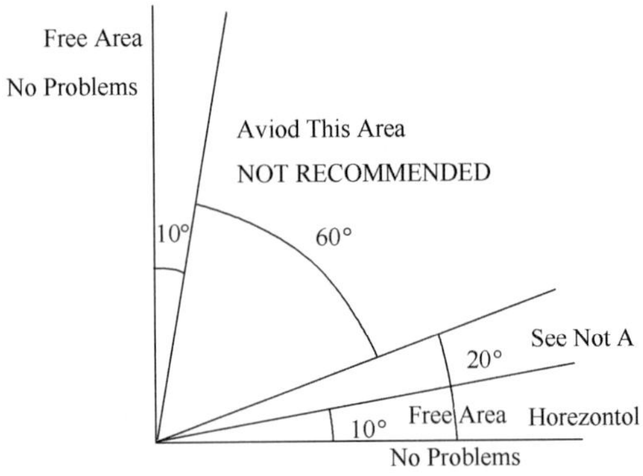

A 从 10°倾斜管道增加到 20°倾角，需增加输送速度 20%；

B 如果实际的倾斜长度超过整个管路长度的 20%，则需增加输送速度 35%；

C 如果实际的倾斜长度小于整个管路长度的 20%，则不需增加输送速度；

D 从 20°到 80°倾斜范围，尽量避免或不推荐。

图 2　气力输送管道布置要求

2.5　FK 泵电动机选型

$$BHP=(A\cdot P\cdot K\cdot C\cdot f\cdot V)/(33000\cdot E)+F$$
$$M_{KW}=BHP\times(1000/1160)\times 0.746/0.860$$

式中　BHP——轴马力；

M_{KW}——电机功率，1000r/min；

A——面积，ft^2；

P——管道压力，Psig；

K——管道压力常数；

f——摩擦系数，$f=0.14$；

C——物料常数，重度/100；

V——速率，r/min；

E——效率；

F——回转螺旋传递功率。

3　煤粉气力输送计算案例

以下为笔者计算（或核算）的两个水泥厂煤粉计量与输送案例，供参考。案例一是拟用现有设施的技改项目；案例二是采用了 IBAU 泵的技改项目。

3.1　案例一：GZH 水泥厂技改工程

3.1.1　设计（核算）背景简介

GZH 水泥厂煤粉输送项目为提产改造项目，重新采购 Pfister 煤粉秤，其所提送煤风要求：

窑头风量：6210m^3（标）/h（最大喂煤量 15t/h，水平 173.1m，垂直 12m，弯头 6 个）；风压 65kPa；$D_内$（管道内径）＝283mm，$D_外$（管道外径）＝299mm。

HDB 技术中心专家认为：根据 Pfister 公司的计算，窑头风量、风压太大，HDB 计算认为窑头风量 3500m^3（标）/h、风压 60kPa 足够，可以使用目前窑头用的风管（$D_内$＝207mm）和罗茨风机（4140m^3/h、70kPa）；并与 Pfister 公司专家沟通讨论，双方基本达成一致，但需 GZH 水泥厂确保操作压力（表压）≤40kPa，这是 Pfister 煤粉秤喂煤稳定的前提条件。因此，GZH 水泥厂希望天津院核算确认（仅窑头核算）。

3.1.2 计算条件和依据

（1）回转窑熟料产量：5000t/d（208.34t/h），最大 5400t/d（225.0t/h）。

（2）熟料热耗：3103kJ/kg。

（3）煤的干燥基低位热值：21744kJ/kg。

（4）煤粉细度：80μm 筛筛余 6％。

（5）煤粉水分：1.5％。

（6）分解炉用煤∶窑头用煤＝60％∶40％。

（7）燃烧器阻力：4000～5000Pa（厂方提供：目前生产值）。

（8）螺旋泵出口阻力：即管道总阻力 30kPa（厂方提供：目前生产值）。

根据以上条件计算煤粉用量为：

225×3103/21744＝32.11t/h（干燥）

32.11/（1－0.015）＝32.60t/h（含 1.5％水分）。

其中分解炉用煤：32.60×60％＝19.56t/h（厂方要求：最大 25t/h）。

其中窑头用煤：32.60×40％＝13.04t/h（厂方要求：最大 15t/h）。

3.1.3 计算过程及结果

（1）验算料气比

窑头：

按煤粉用量范围 G＝15.0t/h（G 为窑头最大煤粉用量）；罗茨风机风量 Q＝4140m^3/h，则料气比 A 为：

A ＝G×1000/Q（Q 为窑头送煤罗茨风机风量）

＝15×1000/4140＝3.6kg/m^3

（对于 Pfister 秤来说，理论上可行，但实际偏高）

（2）验算管道风速

依据业主提供的现有罗茨风机风量和燃烧器阻力及管道阻力、管径，计算煤粉输送管道起始风速和入燃烧器风速（m/s）。

窑头燃烧器入口风速：

$Q_入$（窑头燃烧器入口工况点风量）＝4140×(273＋50)×101325/(273＋20)×(102900＋50000)＝4286.0(m^3/h)

管道截面积：(0.207/2)^2×3.14159＝0.0336535m^2

风速：4286.0/3600×0.0336535＝35.4m/s(偏高)

管道起始风速：

$Q_入$＝4140×(273＋70)×101325/(273＋20)×(102900＋40000)＝3436.5m^3/h(50kPa 时

为 3212m^3/h）。

风速（40kPa时）：3436.5/3600×0.0336535=28.36m/s，50kPa时26.5m/s，均偏高。

（3）验算管道系统阻力

最大喂煤量：15t/h

输送距离：水平173.1m，垂直12m，即607.3ft

弯头个数：6个

输送气体量：Q=4140m^3/h

管径：$D_{内}$=207mm，或8.15in

根据：$D_{内}=(L \cdot W \cdot 6713.8/K \cdot C)^{1/3}$，喂煤量最大值15t/h；$K=L \cdot W \cdot 6713.8/(C \times D_{内}{}^3)$=607.3×15×1.1023×6713.8/(2200×8.15^3)；K=56.61或相当于6.45Psig（表1）；或管道阻力为43.8kPa；弯头阻力：100×1.36×6/(9×20)=4.5(kPa)；即秤出口管道阻力：燃烧器阻力+管道阻力+弯头阻力=5+43.8+4.5=53.3(kPa)；>40kPa。若按正常喂煤量12.5t/h；K=47.18或相当于5.57Psig；或管道阻力为37.8kPa。

管道系统总阻力为47.3kPa，>40kPa

根据公式 $SCFM=(FPM)(FT^2)(14.7+P_2) \cdot 530/14.7(460+T_3)$

4140/(0.0283168×60)=(26.5×60/0.3048)×0.3622×(14.7+P_2)×530/[14.7×(460+158)]14.7+P_2=2436.7×14.7×618/(1889.4×530)=22.11

P_2=7.41Psig或管道阻力为50.4kPa；>40kPa。

因此，在利用现有管道和罗茨风机的情形下，管道系统总阻力均远超过Pfister煤粉秤（出口表压）≤40kPa要求。

3.1.4 按利用罗茨风机原则改管道计算

（1）按Pfister煤粉秤（出口表压）≤40kPa要求和不变径管道考虑。

管道阻力控制在40−5−4.5=30.5kPa；即4.485Psig。

$D_{内}=(L \cdot W \cdot 6713.8/K \cdot C)^{1/3}$=(607.3×15×1.1023×6713.8/2200×37.96)$^{1/3}$=9.311in，即236.5mm；选$D_{内}$=255mm，壁厚9mm。

$K=L \cdot W \cdot 6713.8/(C \times D_{内}{}^3)$=607.3×15×1.1023×6713.8/(2200×10.04^3=1011.85)

K=30.28，或相当于3.71Psig；或管道阻力为25.2kPa；

管道系统总阻力为34.7kPa；<40kPa；满足Pfister要求。

此时窑头燃烧器入口风速：

管道截面积：(0.255/2)^2×3.14159=0.05107m^2

风速：4286.0/3600×0.05107=23.3m/s（偏低，一般要求25～30m/s）

管道起始风速：

起始风速：3436.5/3600×0.05107=18.7m/s（40kPa时），偏低。

（2）按Pfister煤粉秤（出口表压）≤40kPa要求和变径管道考虑。

即煤粉秤出口仍按$D_{内}$=207mm考虑，另一段则按$D_{内}$=255mm考虑。为保证煤粉秤（出口表压）≤40kPa，则$D_{内}$=207mm，长度为30m（98.42ft）。

$D_{内}$=255mm，长度为155.1m（508.86ft）试算。

$K_1=L \cdot W \cdot 6713.8/(C \times D_{内}{}^3)$=98.42×15×1.1023×6713.8/(2200×8.15^3=541.34)=9.18，或相当于1.219Psig。

$K_2=L\cdot W\cdot 6713.8/(C\times D_{内}^3)=508.86\times15\times1.1023\times6713.8/(2200\times10.04^3=1011.85)=25.376$，或相当于 3.23Psig。

（3）按 Pfister 煤粉秤（出口表压）≤45kPa 和不变径管道考虑。

管道阻力控制在 45（秤出口控制表压）－5（燃烧器阻力）－4.5（管路弯头阻力）＝35.5kPa；即 5.22Psig。

$D_{内}=(L\cdot W\cdot 6713.8/K\cdot C)^{1/3}=(607.3\times15\times1.1023\times6713.8/2200\times44.234)^{1/3}=8.848$in，即 224.7mm；选 $D_{内}$＝229mm，壁厚 8mm。

$K=L\cdot W\cdot 6713.8/(C\times D_{内}^3)=607.3\times15\times1.1023\times6713.8/(2200\times9.016^3=732.83)$

$K=41.81$ 或相当于 4.934Psig；或管道阻力为 33.5kPa；管道系统总阻力为 43.0kPa。

此时窑头燃烧器入口风速：

$Q_{入}=4140\times(273+50)\times101325/(273+20)\times(102900+5000)=4286.0m^3/h$

管道截面积：$0.229^2\times3.14159/4=0.04119m^2$

风速：4286.0/3600×0.04119＝28.9m/s（合适）

管道起始风速：

$Q_{入}=4140\times(273+70)\times101325/(273+20)\times(102900+43000)=3365.8m^3/h$

管道截面积：$(0.229/2)^2\times3.14159=0.04119m^2$

起始风速（43kPa 时）：3365.8/3600×0.04119＝22.7m/s

（4）按 Pfister 煤粉秤（出口表压）≤40kPa、不变径管道，窑头煤粉 14t/h（业主）考虑。

管道阻力控制在 40－5－4.5＝30.5kPa；即 4.485Psig。

$D_{内}=(L\cdot W\cdot 6713.8/K\cdot C)^{1/3}=(607.3\times14\times1.1023\times6713.8/2200\times37.96)^{1/3}=9.099$in，即 231.1mm；选 $D_{内}$＝231mm，壁厚 7mm，这样 $D_{外}$＝245mm(业主要求)。

3.1.5 计算结论

根据工厂提供的数据和合同条件，经详细计算，结论如下：

（1）按窑头喂煤量的最大值 15t/h，使用目前的 $D_{内}$＝207mm 风管（窑头），罗茨风机风量 $4140m^3/h$，70kPa；计算管道系统阻力＞50kPa；远高于 Pfister 煤粉秤＜40kPa 要求。而且，燃烧器入口风速和管道风速均偏高。

（2）按利用罗茨风机原则改管道、Pfister 煤粉秤（出口表压）≤40kPa 要求、不变径管道考虑。计算结果：管道 $D_{内}$＝255mm（厚度为 9mm），此时管道系统总阻力为 34.7kPa；满足＜40kPa 要求，且有一定的余度。但燃烧器入口风速偏低，建议全部加 3mm 内衬。

（3）按利用罗茨风机原则改管道、Pfister 煤粉秤（出口表压）≤40kPa 要求、变径管道考虑。计算结果：$D_{内}$＝207mm 长度为 30m（煤粉秤出口段）；$D_{内}$＝255mm 长度为 155.1m，此时管道系统总阻力为 39.76kPa；满足＜40kPa 要求，但基本无余度。更换燃烧器时需格外注意结构形式，其阻力应≤5kPa，可能的话，建议减少弯头，不建议加内衬。

（4）选 $D_{内}$＝229mm，壁厚 8mm 时，其管道系统总阻力为 43.0kPa，则要求 Pfister 煤粉秤放宽条件，即秤（出口表压）＜45kPa。

（5）如果选 $D_{外}$＝245mm，则壁厚选 7mm，$D_{内}$＝231mm，窑头最大喂煤量为 14t/h，此时其管道系统总阻力为 40.0kPa，刚好满足 Pfister 煤粉秤厂家要求。但窑头最大喂煤量为 14t/h，在满足最大窑产量 5400t/d 时，操作调节范围极窄。

案例一是典型的技改项目，业主要求利用现有设备和管道。从案例一各种计（验）算方法可看出：

（1）Pfister 公司专家提出 GZH 水泥厂确保煤粉输送管路系统操作压力（表压）≤40kPa，这是 Pfister 煤粉秤喂煤稳定的前提条件。这与 2000 年 SY 厂调试限定≤45kPa 相比又提高了标准，说明输送浓度又要降低，需加大输送空气量和增加窑热耗。

（2）富乐方面认为：煤粉燃烧气力输送最大距离 700ft（210m），指的是在无 FK 泵情形下的煤粉气力输送。本计算管道长度为 173＋12＝185m，而且是在采用 Pfister 转子秤的情况下，说明在新设计的大规模水泥工程（5000t/d 或 10000t/d），不一定要将煤粉仓单独设在窑头或窑尾，以免增加工程投资或使流程复杂化。

（3）本计算采用了分段管道计算的方法，这是基于压力降的原理，一般在高浓度和中高压长距离气力输送中常常被采用，这样可以充分利用现有管道，节省成本。在采用 FK 泵气力输送中当输送距离＞1000ft（300m）时可以考虑分段计算，两分段和三分段均可采用，原则是每段的管道阻力降基本相等。

（4）技改项目的煤磨车间往往不能设置在合适的位置，输送距离较远或利用现有的设备和管道时，应当先计算选用何种型式的秤。由于申克秤（Schenker）采用了压差管，其输送管路压力可更高些。

3.2 案列二：SWCC 石油焦磨技改项目，石油焦粉（IBAU 泵）气力输送计算

3.2.1 计算（核算）背景简介

SWCC 石油焦磨调试期间，气力输送 IBAU 泵运行状况不佳，辊磨产量合同要求是 22t/h，磨机喂料量 17.5～19t/h 时，已多次出现 IBAU 泵上游可逆绞刀顶溢料现象。IBAU 泵厂家技术服务人员赴现场解决螺旋泵输送能力问题期间，在现场所做的调整工作如下：将泵体轴承密封由原来使用压缩空气改为使用罗茨风机出口风量，把罗茨风机输送风泵喷嘴孔径扩大，但效果甚微。

3.2.2 计算条件和依据

（1）石油焦磨机产量 22t/h（90μm 筛筛余≤2%，水分≤1%）。

（2）输送泵能力 30t/h，石油焦粉重度 $0.46t/m^3$。

（3）输送距离：水平 15m，垂直 25m，弯头 3 个，SK 阀 1 个。

（4）石油焦水分：8%～10%。

（5）石油焦粉细度：90μm 筛筛余≤2%。

（6）石油焦仓顶设袋收尘器，设计 $5096m^3/h$（$85m^3/min$），阻力 1.7kPa。

（7）海拔：143m。

3.2.3 计算（核算）过程及结果

（1）泵选型：按 FK 泵技术方法

泵设计产量为 30t/h，换算成 ft^3/h；

$(30\div0.6)\times35.3147=1765.7ft^3/h$

根据能力转换系数 1.3 则 $1765.7ft^3/h\times1.3=2295.5ft^3/h$

选 M200-190×120 泵，$2400ft^3/h$；$>2295.5ft^3/h$

现场实测石油焦重度为 0.46 时，$(30\div0.46)\times35.3147=2303.1ft^3/h$，$2303.1\times1.3=2994.0ft^3/h$

选 M250-140×90 泵，$3300ft^3/h$；$>2994.0ft^3/h$

现场实测石油焦重度为 0.46，选 IBAU 泵 IB-D200，最大能力应可以达到 24t/h。

（2）求输送管径和管道压力

依据 $ID = (LPD \cdot TPH \cdot 6713.8/K \cdot C)^{1/3}$，输送长度 $LPD = (15+25)/0.3048 = 131.2ft$

已知：

弯头和阀门 4 个，则(4/5) ×1=0.8Psig，或 5.44kPa

泵混合式阻力：3Psig 或 20.40kPa

冷却器阻力：1Psig 或 6.80kPa（结构不详）

仓顶收尘器：1.70kPa

按 IBAU 泵选型结果考虑总操作压力 100kPa

则管道压力 65.66kPa，则相当于 9.656Psig，查表 1 算得 $K=93.43$。

$ID = \{131.2 \times 30 \times 1.1023 \times 6713.8/(93.43 \times 2100)\}^{1/3} = 5.29in$，或 $D_{内} = 134mm$

（3）空气量

考虑输送管道末端风速为 25m/s，其管道截面积为 $A=3.14\times(0.134/2)^2=0.0141m^2$

$Q_m=Q_X\times(273+50)\times101325/(273+20)\times(101325+1700)=1.084Q_X$，$m^3/h$

$Q_X=3600\times25\times0.0141/1.084=1170.7m^3/h$，或 $19.5m^3/min$

(4)FK 泵传动电机功率

依据 $BHP=(A \cdot P \cdot K \cdot C \cdot f \cdot V)/(33000 \cdot E)+F$；$M_{KW}=BHP\times(1000/1160)\times0.746/0.860$

$BHP=(1150\times13.75\times0.34\times0.55\times0.14\times603)/(33000\times0.23)+8=40.89HP$

电机功率：选 M200-190×120 泵

$M_{KW}=40.89\times(1000/1160)\times0.746/0.860=30.6kW$，选 37kW

电机功率：选 M250-140×90 泵

$BHP=(2139\times13.75\times0.34\times0.55\times0.14\times383)/(33000\times0.29)+15=45.82HP$

$M_{KW}=45.82\times(1000/1160)\times0.746/0.860=34.3kW$，选 37kW

IBAU 公司和南京艾尔康威公司的计算结果见表 2。

表 2　IBAU 公司和南京艾尔康威公司计算结果

设备情况	IBAU 供货结果	向南京艾尔康威咨询结果
泵能力（t/h）	30	30
电机功率	37kW	YX3-250M-6-37kW
转速（r/min）	1000for ATEX zone 22	980
罗茨风机选型风量（m^3/min）	21.9	$18.1m^3$（标）/min
罗茨风机选型压力（kPa）	100	120
气力输送管道直径选型	DN125（139.7×4，0）	ϕ140mm×6mm

案例二计算（核算）结论：

（1）选规格 M200-190×120 型泵欠合理，其选用了该规格的最大螺距，因物料细度和重度均小，如果螺旋泵物料挤压不足以克服输送压力，气压反穿透则会造成给料系统的溢料。

（2）罗茨风机选型压力 100kPa，需采用双级罗茨风机；如果管道规格考虑大一些，管道阻力控制在 50kPa 以内，或许可选择单级罗茨风机。

（3）仓顶采用正压式袋式除尘器，不知是否是 ATEX 规范要求，如果采用负压式收尘对螺旋泵气力输送会减小“脉动”现象。

（4）关于物料重度是 0.6 还是 046，对于螺旋泵规格的选型是关键参数，尽管该参数由业主提供，但最终还是由总承包商负责处理和承担费用。一般物料细度越细，重度越小，气料未分离时物料容重也小。

（5）关于罗茨风机的选型压力，IBAU 公司未考虑备用系数，南京艾尔康威公司考虑了 20%左右的余度。

（6）关于输送风量和管径选型问题，IBAU 公司风量 21.9m^3/min，算得管道末端风速为 28.9m/s（偏高），管径基本准确，但壁厚考虑在无内衬的情形下 $\delta=6$ 应更好。

总之，IBAU 公司对于此石油焦项目的计算选型不理想，尤其是 IBAU 泵的选型规格包括螺距（未查到）选型均欠合理，罗茨风机的风量偏大，操作压力偏小。当然，该结论是从富乐公司的技术角度分析得出，IBAU 技术和富乐技术包括经验参数选取可能有差别。

（原文发表于《水泥技术》2017 年第 5 期）

现代化水泥工厂工艺设计特点

冯继松　刘保良　郭玉兴　周　伟

摘　要：现代化水泥工厂设计采用先进的第二代新型干法水泥技术，以及前沿的BIM技术，打造智能化工厂，降低工程投资和运营成本、提高经济效益，同时使节能减排效果达到国际先进水平。

关键词：BIM技术；工艺设计；均化技术；节能减排

1　前言

随着水泥行业高速发展，水泥工程设计也在向着精细化、数字化、智能化方向发展，本文简单介绍了现代化水泥工厂工艺设计方面的几个重要特点，包含BIM正向设计、矿山智能开采、均化技术、烧成系统、粉磨工艺、智能化设计和环境保护七个方面。

2　BIM正向设计

2.1　BIM正向设计的特点

随着工程项目建设周期的缩短，对工程设计提出了更高的要求，各专业基于同一个模型文件协同工作，相较于传统专业间互提图纸资料的串联工作模式优势明显，可以缩短设计周期，提高设计效率。

BIM正向设计在第二代新型干法水泥工厂设计中的优势：

1）资料模型化，信息传递更精准。

2）各专业提前介入工作，协同设计，减少重复工作，提高工作效率，压缩设计周期。

3）三维模型和计算模型互通，将“出图”从“设计”中分离出来，更专注于“设计”本身。

4）设计协同化，实时核查，及时修改，提高设计质量，减少缺漏碰缺等设计缺陷。

5）设计过程实现无纸化办公。

2.2　BIM实例

公司在EP、EPC项目中已全面开展三维全专业协同正向设计，目前我院在执行的阿联酋JSW项目（3000t/d）、俄罗斯白水泥项目（700t/d）、湖州槐坎项目（7500t/d）、杭州山亚项目（5500t/d）等均采用BIM正向设计，取得了很好的效果，并且模型也通过BIM平台应用于施工和运维等过程。图1为BIM正向设计3D示意图。

3　矿山智能开采

根据水泥用石灰岩矿勘探地质报告资料，在矿山设计中充分运用最先进的技术，以计算

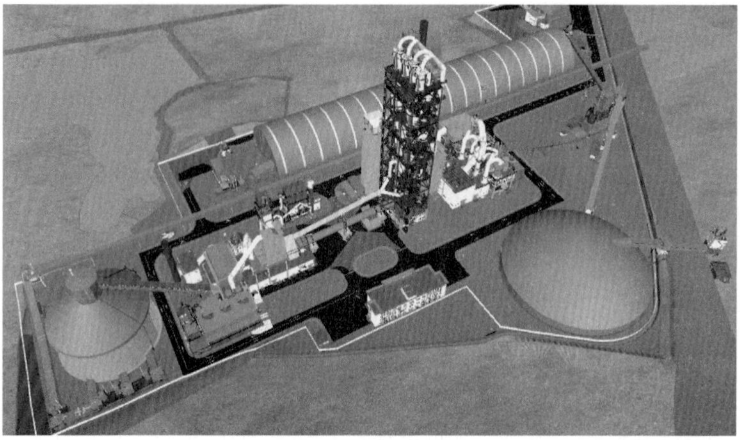

图1　BIM正向设计3D示意图

机及其网络为手段，实现矿山三维空间和数据的数字化存储、传输、表达和加工，建立全方位生产管理系统。根据地质资料建立三维数据模型，而后自动分析，使整个矿山的情况更加清晰地展现在工作人员眼前，既提高了开采效率，又保障了人员安全。矿山开采按“边开采、边恢复”的原则，实现绿色开采。

3.1　数字化矿山

根据地表地形图、地质剖面图、平面图、钻孔数据等资料，创建矿区基础地质数据库，建立地表和矿体三维地质模型，可直观地反映矿体和地表的三维空间关系，为矿区生产管理、技术决策、成果汇总、展示应用提供一种全新的、直观高效的方式。对于品位波动较大的矿体，可利用块体模型中的品位数据，进行精准配矿设计，提前编制采剥进度计划，从而保障矿石品位平稳，合理有序地提供入厂。

3.2　智能化开采

根据矿体三维地质模型，通过计算机软件指导矿山均化开采；采用矿石出矿在线分析仪器及信息传输系统，实时监控出矿山石灰石质量并传输数据至智能调度中心；采用配矿软件及智能调度系统，根据出矿山石灰石质量要求和不同部位矿石质量情况及在线分析数据，实现智能调度运矿车辆，达到均匀搭配；采用矿山开采监控系统，确保矿山均化开采及智能化配矿的高效率。

3.3　绿色矿山

矿山开采应严格按照相关标准规范进行，开采台阶应规范平整，按“边开采、边恢复”的原则，及时对终了边坡和平台覆绿，实现绿色开采。破碎站地面及运输道路应进行硬化处理，边界处种植树木，对路基边坡要进行治理和复绿，以美化环境、抑制扬尘、吸收生产噪声。卸料仓应进行洒水降尘，防治卸料扬尘四溢。

4 均化技术

原燃料预均化对于提高产品质量及生产效率，降低能耗，长期安全稳定运转起着重要作用。原燃料矿物的均匀性离不开矿山开采搭配、预均化堆场、原料调配和生料均化四个重要环节，其中原燃料预均化堆场和生料均化是均化系统中最重要的两个环节。

4.1 石灰石矿山搭配开采

针对地质条件较为复杂的矿山，矿石中原料成分分布不均匀，以及对矿体中夹层搭配的需要，在矿山设计中运用三维地质采矿软件，将矿山中的夹层进行搭配利用，实现矿山开采零废石排弃，确保矿石进厂质量满足水泥厂生产需要。设计中在破碎后胶带机上安装中子活化在线分析仪，实时、精准地检测矿石质量，并将结果及时反馈到矿山生产车间，以便矿山进行质量搭配开采（图 2）。

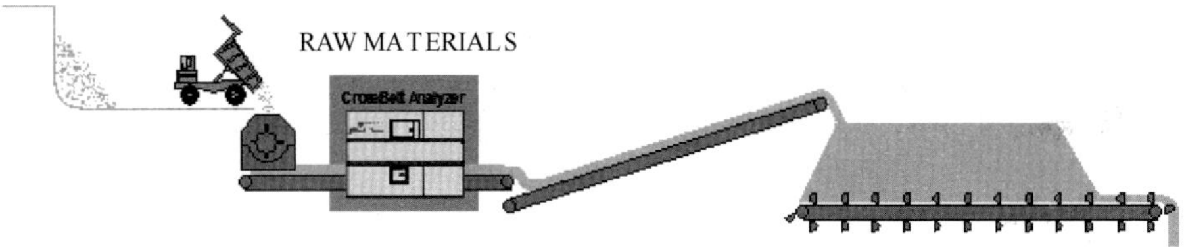

图 2 用于石灰石矿山开采的工艺流程

4.2 原燃料预均化堆场

水泥项目的预均化堆场主要型式有长形和圆形。单种物料（如石灰石和原煤）常用的型式是圆形预均化堆场，因为其具有占地面积小、基建投资较低的优势；多种物料常用的型式是长形预均化堆场。两种预均化堆场的堆料层数均能达到≥500，从而可以降低入窑生料质量的波动。以 5000t/d 规模，同样储量（37000t）的两种预均化堆场的比较详见表 1。

表 1 两种预均化堆场特点对比表

类型	占地面积	投资费用	维护费用	可调整	均化效果
圆形预均化堆场	较少（少 30%）	较少（25%）	较少	不可扩建	满足要求
长形预均化堆场	较大	较高	较高	可以扩建	较好

4.3 原料调配在线分析仪的应用

为了更加准确及时地调整入磨生料的各率值，在出原料调配站的入磨胶带输送机上设置在线分析仪（图 3）。通过计算机系统传送给生料质量控制系统，控制系统根据入磨混合料的化学成分，计算出入磨混合料 KH、SM、IM 三个率值的检测值，通过和生料质量控制系统 KH、SM、IM 三个率值的设定值对比，通过质量控制系统实时调节各原料下料配比，使得出磨生料的 KH、SM、IM 三个率值基本接近设定值。

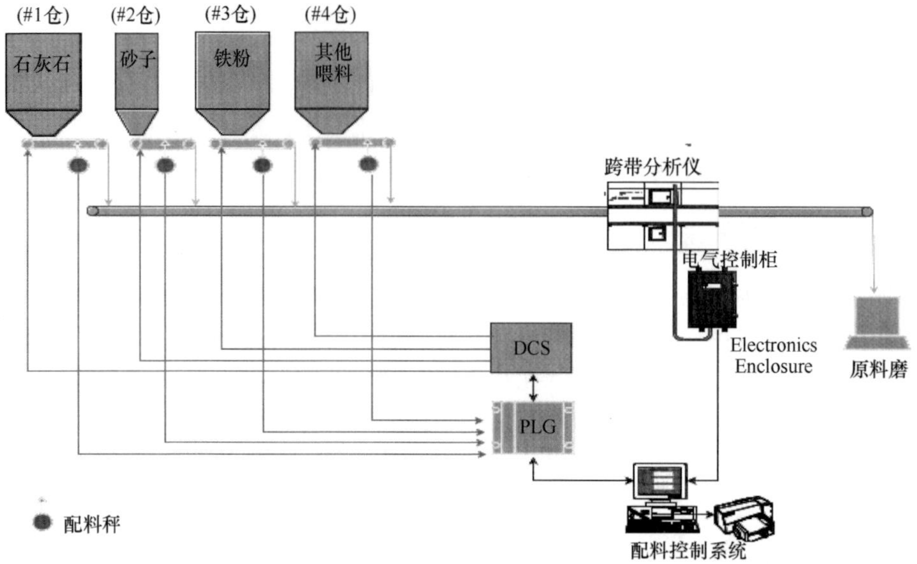

图 3　用于原料调配控制的流程图

4.4　生料均化技术

目前生料均化主要采用多点料流生料均化库形式。

多点料流生料均化库，库底通常设置 7 个减压锥下料点，42 个三角形充气区由程序控制，轮流充气，使 7 个平行的漏斗柱在不同流量的情况下卸料。每个漏斗料柱在进行各料层纵向重力混合的同时，实现库内各料柱的最佳径向混合，它集生料储存、均化与喂料于一体，具有投资省、占地小、均化效果好、电耗低、系统简单、易于管理等特点，出库生料 CaO 标准偏差可控制在±0.2%；平底库土建结构合理，方便施工，工程造价低，设备维修方便，运行安全可靠等特点。

5　烧成系统

烧成系统为新型干法水泥生产技术的关键核心。烧成系统流程图如图 4 所示。

（1）采用高效低阻型六级预热器，梯度燃烧自脱硝分解炉以及精准 SNCR 等系统实现了低耗生产和低氮排放。烧成系统电耗小于 18kWh/t. cl。分解炉自脱硝可控制在 300mg/Nm^3，自脱硝和 SNCR 结合可实现 NO_x≤100mg/Nm^3。

（2）采用第四代中置辊破篦冷机，实现熟料高效冷却和热量高效回收，熟料温度≤65℃+环境温度，回收热效率≥75%。

（3）预热器、三次风管及窑门罩全部采用纳米隔热材料代替硅酸钙板和陶瓷纤维板，散热损失可降低 8～10kcal/kg. cl，采用高性能纳米耐火隔热材料，低漏风窑密封以及回转窑采用复合传热，减少漏风和散热损失，烧成系统表面散热≤45kcal/kg. cl。

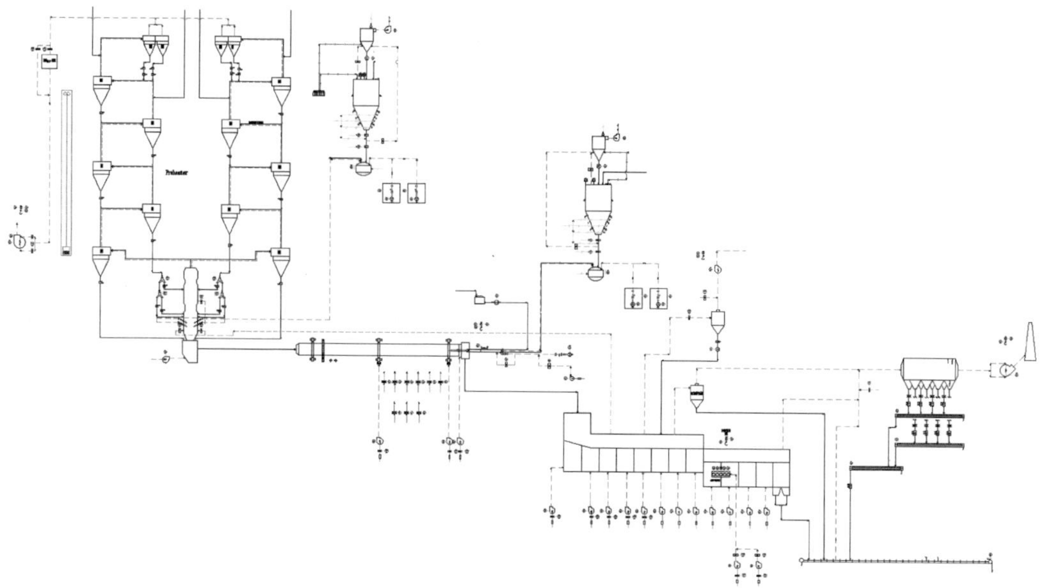

图 4　烧成系统流程图

6　粉磨工艺

6.1　原料粉磨系统

当原料综合水分小于 6%时，原料粉磨宜采用辊压机终粉磨系统，立式转子组合式选粉机能有效控制 200μm 筛余，改善生料质量，同时满足高水分原料的烘干要求。单位生料粉磨电耗一般在 11～13 kWh/t。相较传统的中卸磨粉磨工艺流程电耗（～23kWh/t）有很大的优势。当原料综合水分大于等于 6%时，原料粉磨考虑采用立磨粉磨。外循环生料立磨是把粉磨与选粉工艺分开，与采用类似生料辊压机终粉磨的工艺流程，物料不再通过气力输送到选粉机进行分选，而是采用机械输送，粉磨电耗与辊压机终粉磨电耗接近（图 5）。

原料粉磨三大系统的电耗比较详见表 2。

表 2　原料粉磨三大系统电耗比较

项目	辊压机终粉磨系统	立磨系统	外循环立磨系统
磨机（kWh/t）	7.3	7.5	7.3
风机（kWh/t）	3.7	7.5	3.7
选粉机（kWh/t）	0.2	0.4	0.2
提升机（kWh/t）	1.1		1.4
其他辅机（kWh/t）	～0.4	～0.4	～0.4
合计（kWh/t）	～12.7	～16.0	～13.0

注：原料中等易磨性 10.5kWh/t。

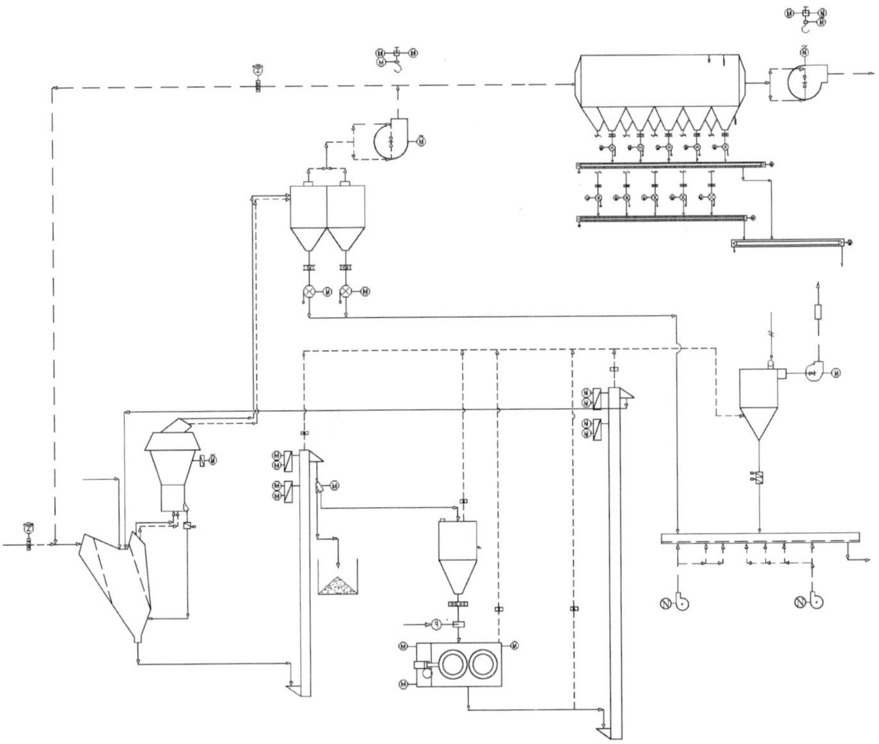

图 5　生料辊压机终粉磨系统流程图

6.2　水泥粉磨系统

水泥粉磨系统主要是辊压机球磨机联合粉磨和立磨粉磨系统，两系统粉磨电耗相近，联合粉磨系统水泥性能较好，更符合国内市场需求。外循环立磨终粉磨系统与立磨系统工艺流程类似，粉磨电耗低于辊压机联合粉磨系统（图 6）。立磨系统组成更为简单，设备维护简单，国外业主普遍倾向于立磨系统。水泥粉磨三系统的电耗比较详见表 3。

表 3　水泥磨三大系统电耗比较

项目	辊压机半终粉磨系统	立磨系统	外循环立磨终粉磨系统
辊压机（立磨）（kWh/t）	12.3	20	20
辊压机（立磨）循环风机（kWh/t）	2.4	6.2	3.5
辊压机（立磨）选粉机（kWh/t）	0.3	0.5	0.3
球磨机（kWh/t）	7.8		
球磨机选粉机（kWh/t）	0.7		
球磨机系统风机（kWh/t）	2.5		
球磨机通风风机（kWh/t）	0.2		
其他辅机（kWh/t）	~0.4	~0.4	~0.4
合计（kWh/t）	~26.6	~27.1	24.2

注：P.O 42.5 成品比表面积 3500cm^2/g，熟料易磨性指数 15kWh/t。

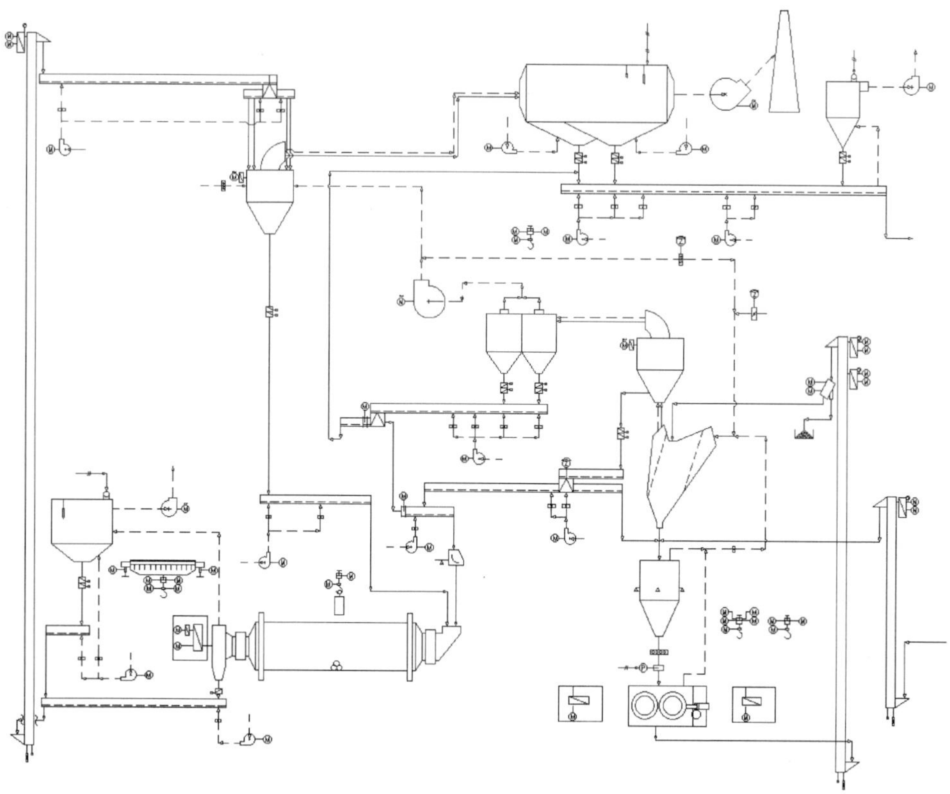

图 6　水泥辊压机半终粉磨系统流程图

7　智能化设计

7.1　智能堆取料机

智能堆取料机通过无线或有线通信方式与 FCS 智能控制系统交换数据，将工作状态、运行信息及堆位位置报告给中控。调试及试生产时，堆取料机可通过手动在现场进行操作；正常生产时，中控操作员将结合智能监控系统的现场视频，通过智能控制系统对堆取料机进行远程控制，实现了堆取料机的无人值守运行。

7.2　智能质控

在水泥工厂的关键位置合理地设置粒度分析仪和自动取样送样系统等智能设备，可以实时快速地对生产过程中的质量数据进行采集，并自动传输到云数据中心，有效地保证了最终产品的质量。

（1）在入库提升机前设置自动粒度分析仪，在线检测生料的细度指标。与智能化系统中的系统细度控制模块配合使用，可自动进行选粉机的转速和风量调节，达到生料（水泥）的细度要求。

（2）设置出磨生料、入窑生料、热生料（烧失量分析仪）、熟料（在线游离氧化钙分析）和煤粉的自动取样送样系统，配有全自动化验室，实现实验室机器人取样、制样、自动检验、数据记录、数据传输等全过程无人化，减少化验室人员配置，并且提高实验室工作效率，在设定的取样频次进行取样分析，以确保工艺稳定并且可以优化燃料的消耗。

7.3 自动包装、装车系统

水泥包装系统采用全自动无人包装机，其具有自动插袋、自动包装、自动输送、自动计数、自动称重等全过程包装功能，对检测不合格的袋装水泥还可以自动破包。该设备的使用可以使水泥包装完全实现无人值守，提高了工厂的包装效率和劳动生产率。

水泥装车系统采用全自动装车机，机器手能将袋装水泥高效整齐地装入各种水泥运输车辆中，自动装车机配合自动包装机、高效收尘系统和智能物流系统，将可以实现从水泥包装机到装车销售的全过程无人化运行，明显提高了装车效率，节约了大量人员定额，有效地改善了工厂环境。

8 环境保护

8.1 噪声防治

水泥厂噪声防治主要从噪声的传播途径入手，采用吸声、隔声和消声技术以及改变噪声的传播途径，从而达到降噪的目的。

高噪声车间工艺布置及设计的原则：

（1）高噪声车间尽量远离厂界；

（2）高噪声车间厂房采用全封闭处理，封墙材料应具有良好的隔声性能；

（3）若因通风等需要设置门、窗或其他开孔，应尽可能背向厂界及居民区一侧，开孔应采用隔声材料密封，必要时采用隔声门窗；

（4）若存在反射噪声，则通风口应设置通风消声器；

（5）输送门洞应采用帘幕阻挡噪声，减小噪声传播；

（6）风机首选放在混凝土平台上，如放在钢平台上应加隔振底座；

（7）对于高噪声设备如罗茨风机等应采用封闭处理，加隔声罩。

（8）高落差流量大的溜子设计内部缓冲结构，外部包裹降噪处理；

8.2 废气处理

根据《水泥工业大气污染物排放标准》并结合具体项目合同要求，配置布袋式除尘器可以控制粉尘排放浓度小于 5～10mg/Nm^3，根据原料情况配置脱硫系统，可以达到硫化物小于 50mg/Nm^3（@10% O_2）的排放要求。配置自脱硝及精准 SNCR 技术，可以达到氮氧化物小于 100mg/Nm^3（@10% O_2）的排放要求。

8.3 废水处置

水泥工厂在保证用水水质的前提下，遵循水资源循环使用、重复利用的节水原则。余热发电工程循环系统废水经收集后用水车送至矿山用作开采浇洒除尘用水；厂区生活污水经排水管道汇总至污水处理，污水处理车间处理后，满足中水回用标准回用到生产循环系统补水和绿化及道路洒水，实现工厂污（废）水零排放。

9 结语

通过应用BIM正向设计、矿山智能开采、原燃料均化技术、新型干法水泥生产技术、新型粉磨工艺、智能化系统及环境保护等技术措施，能够设计出能耗低、运行稳、效率高、绿色环保的第二代新型干法水泥生产线。

浅谈自然环境对水泥厂厂址选择的影响

王成鹏　孙　建

摘　要：本文简要介绍水泥工厂厂址选择的一些特点，以及工厂内部、厂区与周边人与自然和谐相处的一些原则。对当前日益重视环境保护、贯彻"绿水青山就是金山银山"理念，落实建设与保护并举，有一定的参考和借鉴作用。

关键词：厂址选择；环境保护

1　中国人对自然的认识

早在六七千年前，中华先民们对自身居住环境的选择与认识就已达相当高的水平。仰韶文化时期聚落的选址已有了很明显的"环境选择"的倾向，其表现主要有：

（1）靠近水源，不仅便于生活取水，而且有利于农业生产的发展。

（2）位于河流交汇处，交通便利。

（3）处于河流阶地上，不仅有肥沃的耕作土壤，而且能避免受洪水侵袭。

（4）如在山坡时，一般处向阳坡。

从上古文化遗址情况中还可判断，人们聚居的地区已出现了较为明确的功能分区。在半坡遗址中，墓地被安排在居民区之外，居住区与墓葬区的有意识分离，这成为后来区分阴阳的标准（山南水北为阳）。后来发展成为一个独特的中国文化景观，将地理、地质、星象、气象、景观、建筑环境、自然生态以及人的因素综合考虑，通过周密地考察、了解自然环境，来顺应自然、有节制地利用和改造自然，创造良好的居住与生存环境，从而赢得最佳的天时、地利与人和。

中国传统文化不乏人与大自然和谐相处的论述。朱熹作为儒家的集大成者，提出人与物由于气禀的不同而存在差异，应教化天下做出节制和约束，而这种教化不只在伦理道德方面，也包括开发和利用自然方面，而使"万物各得其所"。其核心就是，一方面世界要行各自的分内之事，另一方面百姓要"裁成辅相"。《程颢、程颐之河南程氏遗书》中程颐解释道："天人所为，各自有份"。

中国人强调人与自然的和谐，追求理想的生存与发展环境。这些思想影响着古人对城市、村落、民居、葬地等位置的选择，与传统的佛教、道教、儒家伦理和风景园林、山水诗画等有着深厚的渊源关系。

2　绿水青山就是金山银山

人与自然的关系是人类社会最基本的关系。马克思主义认为，人靠自然界生活。……中华文明强调要把天地人统一起来，按照大自然规律活动，取之有时，用之有度。习近平总书记指出："自然是生命之母，人与自然是生命共同体，人类必须敬畏自然、尊重自然、顺应自然、保护自然。"保护自然就是保护人类，建设生态文明就是造福人类。（《习近平新时代

中国特色社会主义思想学习纲要》第 167 页）

习总书记指出：“我们既要绿水青山，也要金山银山。宁要绿水青山，不要金山银山，而且绿水青山就是金山银山。”深刻阐述了经济发展和生态环境保护的关系，揭示了保护生态环境就是保护生产力、改善生态环境就是发展生产力的道理，指明了实现发展和保护协同共生的新途径。

我们开展工程建设，必然会产生矛盾。对待矛盾，不能激化，更不能回避。与自然和谐相处，必须要平衡保护与发展之间的关系。

3 水泥工厂的厂址选择

一座完整的水泥工厂一般包含矿山、水源地、生产区、厂前区、生活区等部分。总体来说，选择厂址大环境时阳光要充足、风宜柔和，不要位于低洼地势，避开风口等强对流区；平面布置应充分利用自然地貌，尽可能少地改变原始地形，与周围环境保持和谐。

水泥工厂应尽量靠近矿山，但距离不宜过近，尤其是即将或正在开采的矿山。厂址最好背靠矿山以外的其他山体，以为屏障；其前方宜为水库或湖泊，如左侧有交通干线、右侧有河流当然就更好了（图 1）。水泥工厂理想格局的中轴线宜为南北方向，最好有一定坡度。

对于改扩建工程的选择，扩建生产线宜在近山一侧与原有生产线平行布置，并设置台段，以增加层次感（图 2）。

图 1　较佳位置

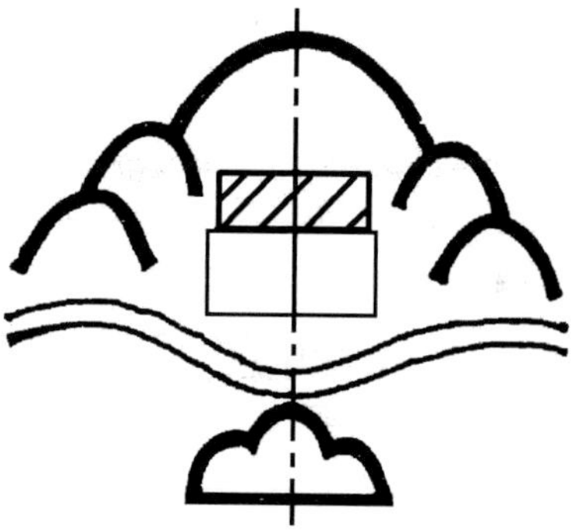

图 2　扩建厂址

这些与我们平时学习到的标准规范、设计原则并不矛盾。靠近矿山可以减小石灰石等大宗原料的输送成本，距离矿山太近则对安全生产不利；临近交通干线可以方便原燃料进厂和成品的发运；设置台段既可减小场地平整的土石方工程量，又有利于场地的雨水排除；毗邻河流、湖泊，工厂水源的水质和用水量都有保证；不位于低洼处，洪水的排泄畅通，亦不存在内涝问题；建筑物方向朝南，则有利于生产厂房的通风、采光。

关于厂区平面布置，总降压变电站宜布置在南方；办公楼为全厂指挥中心，宜布置在西南方；东侧可设置物料堆存区；厂前区、生活区建筑层数最好为奇数；建筑物外墙及屋面粉刷的颜色，宜采用橙色等暖色系；建筑物的朝向可参见表 1；各种情况不一而论，其目的均是为了实现安全生产、满足心理需求。

当山形水势有缺陷时，可以通过修景、造景、添景等办法达到风景画面的完整与和谐。有时还可利用调整工厂大门（出入口）的朝向、生产线的轴线方向等来避开突兀的、不愉快的背景或前景，以期获得视觉及心理上的平衡。

表 1 全国主要城市建筑的最佳朝向

地区	最佳朝向	地区	最佳朝向
北京	南至南偏 30°	长沙	南偏东 9°
上海	南至南偏 15°	广州	南偏东 15°、南偏西 5°
石家庄	南偏东 15°	南宁	南、南偏东 15°
太原	南偏东 15°	西安	南偏东 10°
呼和浩特	南、南偏东、南偏西	银川	南至南偏东 23°
哈尔滨	南偏东 15～20°	西宁	南至南偏西 30°
长春	南偏东 30°、南偏西 10°	乌鲁木齐	南偏东 40°、南偏西 30°
沈阳	南、南偏东 20°	成都	南偏东 45°至南偏西 15°
济南	南、南偏东 10～15°	昆明	南偏东 25～56°
南京	南偏东 15°	拉萨	南偏东 10°、南偏西 5°
合肥	南偏东 5～15°	厦门	南偏东 5～10°
杭州	南偏东 10～15°	重庆	南、南偏东 10°
福州	南、南偏东 5～10°	旅大	南、南偏西 15°
郑州	南偏东 15°	青岛	南、南偏东 5～15°
武汉	南偏西 15°	海口	南、南偏东 15°、南偏西 10°

图 3 是水泥工厂厂址选择及平面布置的一个实例。

从大环境说，厂区位于山南水北，朝向亦座北朝南，是一块吉地（图 3）。厂区距离矿山较近，石灰石破碎设置在矿山，采用胶带机输送，可降低运营成本。临近公路主干线，交通通畅，方便商品熟料和水泥的运输。靠近河流，可在厂区西侧河流上游设置取水泵站，厂区雨水从东侧排出（该河河水自西向东流，中国大部分河流皆是如此）。结合这些常规设计原则分析，该厂址应该是一处十分理想的工厂建设地点。

由于道路级别限制无法变更线路，原有厂区范围限制无法大范围调整生产线的总体布局，只能从平面布置的角度来做细节优化。水泥工厂的实际生产中必须利用石灰石，矿山的开采也是理所当然的。为了满足业主的心理需求，在方案确定阶段做了如下调整（图 4）：

（1）在道路与矿山之间建设大型黏土堆棚，面向厂区一侧设置挡土墙，物料进出通道设置另一侧，既能进一步隔离矿山开采带来的弊端，又可增大堆棚储量、减少粉尘对厂区的污染。

（2）调整大门朝向。

（3）将厂区与矿山之间的道路取直。

这样一方面可加大厂区布置空间，另一方面可提高交通干线的通行速度，减小噪声对厂区的干扰。

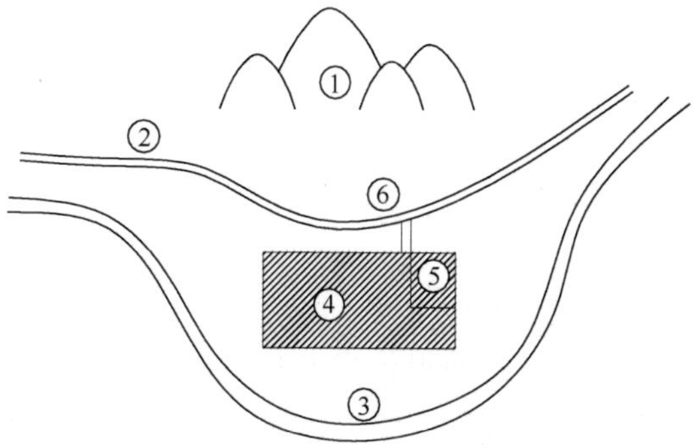

图 3　早期设计方案
① 石灰石矿山；② 交通干线；③ 河流；
④ 生产区；⑤ 厂前区；⑥ 大门

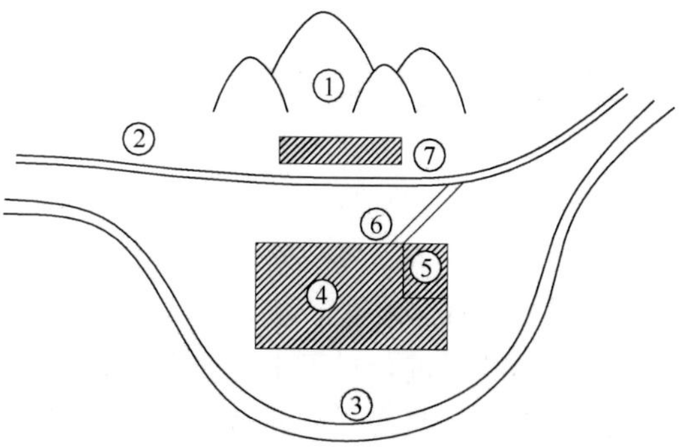

图 4　调整后的方案
① 石灰石矿山；② 交通干线；③ 河流；④ 生产区；
⑤ 厂前区；⑥ 大门；⑦ 黏土堆棚

4　结语

地理之道，山水而已吉地不可无水；未看山时先看水，有山无水休寻地……这些原则都不是绝对的，需在实践中灵活掌握。

当然，厂址选择需要考虑的因素还有很多，如工程地质、水文气象、工艺流程、运输成本、职工生活、子女就学等，我们这里想要说的只是在其他条件具备或者相当的前提下，怎样选择厂区的位置、生产线轴线的朝向、物料流动的方向等，以及与周围环境如何协调。这其中，协调才是关键。

水泥厂在美化、绿化和亮化等方面的工程实践

冯 雷 闫 虹 刘云庆

摘 要：在一般观念看来，水泥厂总是不能摆脱污染、耗能和烟尘等人们的传统看法，随着社会进程的不断推进，对于工业企业也带来了全新的要求，这使得传统水泥工业在某种程度上也必须做出一些改变。在此背景下，天津水泥工业设计研究院有限公司和长兴南方水泥公司在水泥厂美化、绿化和亮化方面做了积极的探索和尝试，旨在使水泥厂摆脱传统重工业形象，使其更符合当地新建现代工业产业园的要求，为今后水泥厂的发展提供一些新的思路和方向。

关键词：水泥厂；美化；绿化；亮化工程

1 背景

在中国水泥产能严重过剩的大背景下，水泥厂数量在经历了十几年前的爆发式增长之后，进入了一个较为平稳发展的阶段。目前国内水泥厂主要以产能置换为主，新增工厂数量较少，作为水泥工业工程承包商，我们的项目在近十余年也主要集中在国际市场，国内市场的空白期较为明显。

当前国内水泥厂多为十年前或更早时间设计建造的，随着社会的快速发展，许多城市的工业区已经发展为现代化的工业园区，发展和建造速度十分迅猛，新型现代化工业厂房鳞次栉比，低耗能、低污染、高附加值的高端精密制造业成为园区的产业主体。反观水泥厂，随着生产运转多年，当年的设计和产业模式已经逐渐与现代工业园区有些冲突，体量巨大的建筑和开敞外露的设备与周边现代化的工业厂房形成鲜明对比，同时噪声、震动、粉尘和美观程度，都与周边环境发生或多或少的矛盾，所以如何使水泥厂适应飞速发展的社会进程，并与当地的环境形象相协调，成为了本文的主要课题。

此前国内也有些工厂美化方面做过尝试，但主要体现在绿化方面，同过绿植的栽种改善厂区内的环境，同时起到降低粉尘和噪声等效果，本文主要在水泥厂“美化”“绿化”和“亮化”（简称“三化”）工程三个方面进行阐述，介绍天津院在此方面所做的工程应用。

2 项目介绍

2.1 项目名称及地址

长兴南方水泥公司“三化”改造项目。

浙江省长兴县煤山镇，距市区约 25km，属于经济发达地区。项目厂区北邻 S10 煤白线，西邻煤槐路，镇政府办公新址距厂区仅为 2km，项目地理位置较为优越。

2.2 区域定位

目前项目所在地积极发展新型工业产业，努力提高环境水平，国家级开发区绿色制造产业园已颇具规模。同时厂区所在地煤山镇积极提升镇容镇貌环境，文化产业公园、市民休闲公园及街角景观绿化等配套工程均已完工，市容风貌秀丽。

2.3 设计构想

水泥工厂原有较为粗放的发展模式与现代工业产业发展思路略有出入，故在厂区内对建筑物及景观进行美化、绿化、亮化的“三化”改造。

3 总体定位及规划

3.1 场地概况

长兴南方水泥有限公司目前拥有2500t/d和5000t/d两条水泥生产线，同时沿厂区北侧靠近煤白线建有熟料储存库、长输送皮带廊及转运站若干。该厂的两条水泥生产线分别为天津水泥工业设计研究院于2001年至2002年设计，至今运转良好，其中5000t原料粉磨今年完成辊压机改造，现已投入使用。

厂区围墙最近处离煤白线省道仅为10m左右，5000t熟料储存库、预热器及原料粉磨等车间布置于厂区北侧，紧邻煤白线。水泥厂车间体量巨大，其中预热器塔架约为105m高，熟料储存库约为60m高，巨大的建（构）筑物给周边环境带来一定的压迫感。同时随着煤山镇绿色制造产业园的开发，多家现代化工业企业陆续落地并投产，原有的大体量的水泥厂建筑与新型工业产业发展模式略显冲突。

3.2 改造前的现场情况（图1～图6）

图1 改造前远处视角

图2 改造前厂界外视角

图3　改造前熟料储存库

图4　改造前预热器塔架和生料预均化库

图5　改造前过街输送廊道

图6　改造前厂区外远观视角

3.3　设计范围

5000t生产线：窑尾塔架、生料均化库、熟料储存库、余热发电、原料调配和原料粉磨；
2500t生产线：窑尾塔架和熟料储存库；
煤白线过街输送廊道。

3.4　建（构）筑物特点

通过对周边已形成的工业园区建筑风格的研究，抓住与城镇风貌紧密衔接的切入点，是本设计规划的基础。交通、景观资源等角度的叠加、重组，构成了该设计的基本格局。需改造的构建筑物多为开敞式框架，内部安装有大型工艺设备，造型基本规整，同时外挑平台及检修空间较多，管线繁密。

4　方案设计及理念

4.1　设计理念

本项目充分利用基地周边资源，采用因地制宜的布局方式和人性化的结构特征，打造优美的城市景观，提供更为亲切的空间尺度和视觉感受。

依照原有建构筑物的体量，在立面装饰上重新设计，力求达到建筑风格与当地地貌与周边建筑的融合，通过设计方法弱化高大的体量的视觉感受，使建筑更为贴近现代工业建筑以及周边工业园的风格，达到建筑、景观与当地环境的统合。

4.2 设计目标和思路

通过现代建筑的设计手法，运用民用建筑的思路和材料，力求做到重塑煤山建筑天际线。

设计上采用现代建筑的表现手法，使建筑风格与当地环境和建筑物相适应，方案上尽量选择轻质、高强且耐用的外墙材料，采用漏空的立面处理，尽可能减小风荷载对外墙面及整个建筑结构的影响，从而减少加固、大截面构件的使用，降低工程量及造价。

材料选择上，选择轻质高强的铝板、铝方通、钢管及漏空钢板等材质，共同组成外立面体系。其中铝板和铝方通密度小、强度高，适合在窑尾的外立面使用，降低墙体自重，同时能够承受较大风压，保证使用安全性及耐久性。型钢使用在熟料库和生料库等筒体结构上，型钢的结构性能决定了其既可作为结构构件，亦可作为装饰面层，从而免去了构造连接件，精简结构构造。穿孔钢板用在原料调配、原料粉磨及过街输送天桥等位置，用以遮挡后面的高大设备和管线，同时穿孔能够减小风荷载，降低结构工程量。

4.3 立面风格

厂区所在地区的绿色工业产业园已初具规模，厂区其他企业建筑风格较为统一，均为现代简约的工业建筑。我们的风格设计思路也向厂区环境及类型贴近，采用铝板包覆及竖向镂空格栅结合的方式，同时加以线条的错落变化，突出建筑挺拔向上的体量感，同时又不显沉闷。

厂区西北侧靠近煤白线和梅槐路的交口现为闲置土地，面积较大，植被茂密。拟在该场地设计堆山景观一座，用以遮挡背后厂区内的高大建筑，使人们的视觉中心前移，从而降低厂区建筑对马路方向的视觉压迫。

建筑立面造型多采用方通错落造型，线条和韵律结合，观感和谐、形式统一，与当地环境及风格呼应。

5 方案初设效果

5.1 建筑方案表现（图 7、图 8）

图 7　省道方向远观视角效果表现图

图 8　工业场地方向远观视角效果表现图

5.2　照明方案表现（图 9、图 10）

照明设计方案遵照规定的设计范围，统一、齐全、完整遵循长兴南方水泥厂的工业化特征，并通过照度计算保证方案的适用性、可靠性和灵活性。利用现代照明的技术手段，满足对丰富细节及层次的呈现，具有层次感，无明显光斑、暗区。

对于泛光照明，主要采用立杆远投光的方式照亮立面，对于需安装在立面上的灯具设备，采用抱箍或设置基础块放置于平台上的方式。灯具均采用 LED 灯具产品。通过合理的设计、照度计算、现场试验，选择合理的灯具产品及功率，保证方案的经济性。

图 9　近处视角夜景效果表现图

图 10　省道视角夜景效果表现图

5.3　景观方案表现（图 11）

拟在厂区西北角闲置土地布置堆山景观一座，用以遮挡远处的高大建筑，同时提升煤白线和梅槐路交口的景观形象。

图 11　堆山景观效果表现图

6 项目实施

6.1 项目工程材料及工程量（表 1）

表 1 项目材料工程量

项目	子项名称	立面表面积（m^2）	出挑高度	出挑表面积（m^2）	装饰材料
2500t	预热器	5640	16.8	1109	铝饰面+铝管
	熟料储存库	5261	20.6	1754	型钢
5000t	余热发电	1459	28.5/24.0	1460	钢饰面
	预热器	8179	19.2	1718	铝饰面+铝管
	生料均化库	4218	5.4	397	型钢
	过街输送	825	—	—	钢饰面
	熟料储存库	7518	22.5	2877	型钢
	原料粉磨	1214	—	—	铝饰面+铝管
		1118	23.5/19.5	11187	钢饰面
	原料调配	425	9	426	钢饰面

注：以上工程量数据为设计值，因该项目为改造项目，实际发生工程量以现场施工为准。

6.2 实施概况

项目完成设计工作，随即进入现场施工阶段。天津水泥院作为总包单位，在面对水泥生产线不能停止生产、安装场地狭小、原有结构加固、高空交叉作业、设备管线稠密而且业主后期对设备及结构改造较多，许多位置的实际情况已经与原设计图纸出入较大等复杂情况下，自施工开始前进行了细致的工作准备和安排，从而保证项目的顺利实施。

6.2.1 预热器塔架（图 12）

厂区内有预热器塔架两座，2500t/d 生产线预热器塔架约 82m 高，5000t/d 生产线预热器塔架约 110m 高，设计采用铝板作为幕墙的主材，在层间以铝方通格栅作为竖向装饰，从而形成完整的建筑立面，使整体塔架结构被幕墙包覆的同时，尽可能减小风载对于塔架结构的影响。

施工工作首先从对原有预热器结构的加固开始，从而保证新增构件对原有结构不会产生安全隐患，同时在预热器塔架上部新增 20 余米高的网架结构，用以安装幕墙来遮挡后方的风管和旋风筒。结构加固和改造完成之后，进行幕墙龙骨的安装，脚手架的逐级攀升，幕墙龙骨和预热器新增网架也全部施工完毕。紧接着幕墙的铝板和方通材料陆续进场，一块块幕墙被塔吊吊至设计区域，并安装到位。

6.2.2 生料均化库、熟料储存库（图 13、图 14）

厂区内需要进行立面改造的分别是 2500t/d 水泥线的熟料储存库和 5000t/d 水泥线的生料均化库和熟料储存库。设计上采用竖向交错的抽象处理方式，与煤山镇远处的群山形成视觉上的呼应，增加建筑立面的层次和美感。

熟料储存库顶通过网架结构加高，通过新增的建筑立面遮挡库顶房及收尘器等设备。立

图 12　预热器塔架改造后实景

面竖向线条采用型钢造型来实现，龙骨挂架通过胀栓预埋在混凝土库壁上，300mm 宽的型钢以 570～590mm 的间距依次排列在混凝土库壁上，长短交错的线条形成错落之感，消除建筑物的体量和压迫感。

图 13　部分构造节点

图 14　熟料储存库改造后实景

6.2.3　余热发电、原料调配、原料磨（图 15～图 17）

余热发电、原料调配和原料粉磨车间大体采用冲孔钢板作为立面装饰材料。余热发电因设备体量巨大，为尽可能减少新增结构对原有结构的影响，故该子项新增了结构基础，上部通过网架结构安装装饰钢板，将整个余热锅炉遮盖完全，外部结构的增加完全与原有结构脱离，检修通行及设备维护不受改造影响。

水泥粉磨车间今年刚刚完成辊压机改造，距离烧成系统较近，体量巨大，故在车间结构二层以上框架内，以与预热器塔架相同的立面处理方式，通过铝板和竖向线条的方式形成立

图 15　余热发电改造后实景

面，同时上部的风管和喂料系统则在原有结构上增加网架，安装钢板饰面。原料调配车间上部为三座圆形筒仓，在原有结构上增加网架，安装钢板饰面。

图 16　辊压机改造后实景

图 17　原料调配改造后实景

6.2.4　过街输送（图 18）

过街输送下净空 5.8m，共两处，分别坐落于 S10 煤白线沿厂区外的东西两侧，原有结构为钢桁架与压型钢板外墙。立面采用钢板带彩色饰面，同时辅以灯带的衬托，增加层次感。饰面以煤山的自然景观为主要元素，层山绵延，以不同饱和度的颜色和不同出挑厚度的钢板饰面，来塑造整个廊道的立面效果。

6.2.5　夜景照明（图 19～图 22）

作为“三化”项目的重要组成部分，夜景照明的设计和完成情况直接影响着项目在夜晚

图 18　过街输送改造后实景

的效果，为了最大限度提升照明的视觉效果，在设计之初便经过多次推敲和模拟，从现场的实际照明效果来看，符合预期设计。

图 19　熟料储存库改造后实景

图 20　预热器塔架改造后实景

图 21　输送廊道改造后实景

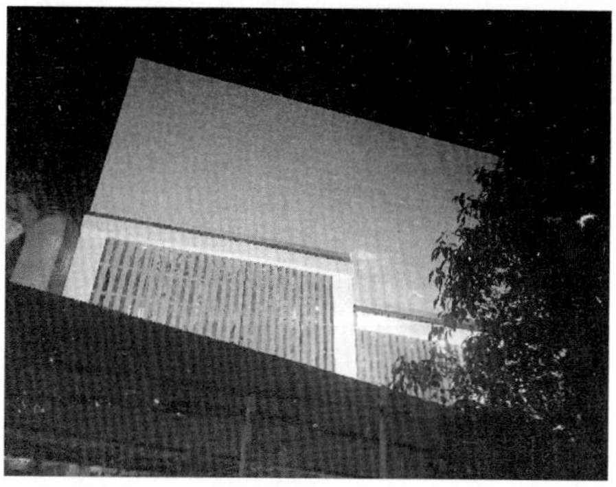

图 22　原料粉磨改造后实景

7 结语

长兴南方水泥“三化”项目是国内水泥行业一次突破性的尝试，将民用建筑的设计方法和材料运用于水泥厂，还属首次。通过此次以 EPC 总承包的形式完成的项目，也为今后水泥厂的建筑及环境改造提供了一个良好的样板和案例。同时，在结构安全方面，设计之初便经过了细致的考虑和计算，使得项目在今年最大台风“利奇马”的肆虐下，建筑立面完整性、结构安全性都没有出现任何问题，真正做到了设计和施工质量的一致，同时也证明了类似水泥厂美化改造项目的可行性。

采用贫混凝土基层的道路结构设计方法

刘永刚　高宏伟　肖桂清*

摘　要：贫混凝土作为一种刚性基层材料，具有良好的防水和防渗特性，在降雨量较大的南方地区具有广阔的应用前景。本文以工业场地道路为背景，研究了贫混凝土基层道路的设计流程、方法以及各种参数的选取。该研究可作为工业场地贫混凝土基层道路设计的基础数据，为今后工业场地的贫混凝土道路结构设计提供参考。

关键词：贫混凝土；荷载应力；温度应力；弯拉强度

由于工业场地的道路重载车辆行驶较多，通常采用素混凝土或钢筋混凝土作为面层，基层采用半刚性的级配碎石、水泥稳定碎石等，而这些基层材料在雨天施工时容易发生唧浆、底板脱空等破坏现象[1]。贫混凝土作为一种刚性基层材料，具有良好的防水和防渗特性，可有效防止唧浆、底板脱空等破坏。我们将贫混凝土基层的道路结构设计方法用于印尼 YTL 水泥粉磨站项目，避免了唧浆、底板脱空等破坏现象，笔之成文，供道路项目设计参考。

1　标准轴载换算

标准轴载是以某一轴载作为标准来衡量不同轴载的累计当量作用次数，我国最新的混凝土路面设计规范以单轴载 100kN 作为标准设计轴载[2-3]，对不同的轴型进行当量换算。表示为

$$k_{p,i} = \left(\frac{P_i}{100}\right)^{16} \tag{1}$$

式中　P_i——单轴级位的轴重，kN；

$k_{p,i}$——不同单轴级位 i 的轴载当量换算系数。

1.1　ADTT 计算

ADTT（Average Daily Truck Traffic），即设计车道年平均日交通量，表示为

$$ADTT = ADTT' \times k_1 \times k_2 \tag{2}$$

式中　$ADTT'$——道路的年平均日交通量，辆；

k_1——方向分配系数；

k_2——车道分配系数。

对于工业场地重载道路方向分配系数通常取 0.5，车道分配系数取 1.0，年平均日交通量根据工业场地的工艺物料平衡表计算得出，表示为

$$ADTT' = \sum_i Q_i / L_i \tag{3}$$

式中　Q_i——i 种物料的年均日运量；

L_i——运载 i 种物料货车的载重。

1.2 标准轴载的日作用次数

标准轴载的日作用次数的计算可分为现场统计法和车辆分类法。现场统计法即通过随机统计 3000 辆 2 轴 6 轮及以上车辆中单轴、双轴、三轴等不同轴型出现的单轴次数，分别取其单轴轴重，并结合各级轴所占比重得出，如式（4）所示。车辆分类法是以车辆类型为基础进行计算，即根据各种车辆所占比重以及车辆自身轴级分布比重计算得到，如式（5）、式（6）所示。

$$N_s = ADTT \frac{n}{3000} \sum_i (k_{p,i} \times p_i) \tag{4}$$

$$N_s = ADTT \sum_k (k_{p,k} \times p_k) \tag{5}$$

$$k_{p,k} = \sum_i (k_{p,i} \times p_i) \tag{6}$$

式中 N_s——设计车道的设计轴载日作用次数；

$k_{p,i}$——不同单轴级位 i 的轴载当量换算系数；

$k_{p,k}$——k 类车辆的轴载当量换算系数；

p_i——不同单轴级位 i 的比重；

p_k——k 类车辆的比重。

工业场地通常建在较为偏远的地区，对于现场车辆的统计很难实现，因此通常采用车辆分类法进行计算。根据业主提供的车型资料，结合工业场地的工艺物料平衡表得出运输量，计算出标准轴载的日作用次数。

1.3 设计基准期内作用次数

工业场地的设计基准期通常取 20～30 年，不考虑基准期内的交通增长率[4-5]，可表示为

$$N_e = N_s \times 365 \times 20 \times \eta \tag{7}$$

式中 N_e——基准期内设计车道的设计轴载累计作用次数；

η——临界位荷处车辆轮迹横向分布系数。

2 贫混凝土道路结构计算流程

结合工业场地重载道路贫混凝土基层特点，对混凝土道路结构设计计算流程进行简化[6]，如图 1 所示。

3 混凝土面层及贫混凝土基层应力分析

3.1 荷载应力

根据贫混凝土基层道路的结构特点，应按弹性地基双层板进行荷载应力计算，首先计算设计轴载在混凝土面层临界位荷处应力 σ_{ps}、贫混凝土基层临界位荷处应力 σ_{bps} 和最重轴载在混凝土面层临界位荷处应力 σ_{pm}：

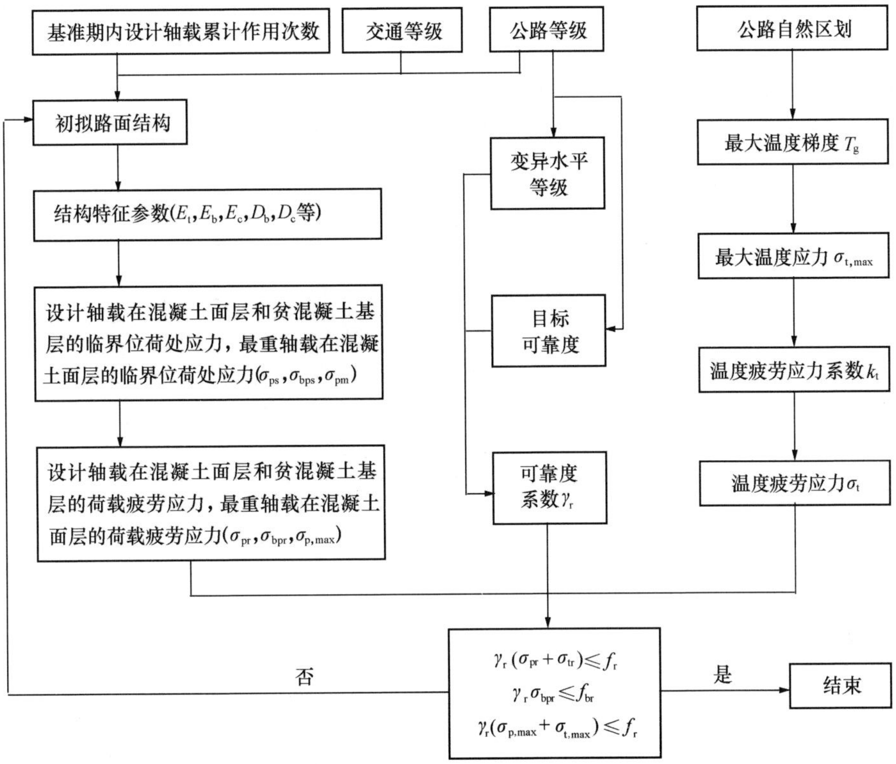

图 1　贫混凝土基层道路厚度计算流程

$$\sigma_{ps}=\frac{1.45\times10^{-3}}{1+D_b/D_c}r_g^{0.65}h_c^{-2}P_s^{0.94} \tag{8}$$

$$\sigma_{bps}=\frac{1.41\times10^{-3}}{1+D_c/D_b}r_g^{0.68}h_b^{-2}P_s^{0.94} \tag{9}$$

$$\sigma_{pm}=\frac{1.45\times10^{-3}}{1+D_b/D_c}r_g^{0.65}h_c^{-2}P_m^{0.94} \tag{10}$$

$$D_b=\frac{E_b h_b^3}{12(1-\nu_b^2)} \tag{11}$$

$$D_c=\frac{E_c h_c^3}{12(1-\nu_c^2)} \tag{12}$$

$$r_g=1.21[(D_b+D_c)/E_t]^{1/3} \tag{13}$$

式中　h_b——贫混凝土基层的厚度，m；
E_b——贫混凝土基层的弯拉弹性模量，MPa；
D_b——贫混凝土基层的弯曲刚度，MN·m；
ν_b——贫混凝土基层的泊松比；
h_c——混凝土面层的厚度，m；
E_c——混凝土面层的弯拉弹性模量，MPa；
D_c——混凝土面层的弯曲刚度，MN·m；
ν_c——混凝土面层的泊松比；
r_g——混凝土面层和贫混凝土基层的总刚度半径，m；

P_s——设计轴载，kN；

P_m——最重轴载，kN；

E_t——地基当量回弹模量，MPa。

地基当量回弹模量 E_t 可根据粒料层当量回弹模量和路床顶回弹模量计算得到，采用公式表示如下：

$$E_t = \left(\frac{E_x}{E_0}\right)^{\alpha} E_0 \tag{14}$$

$$E_x = \sum_{i=1}^{n}(h_i^2 E_i) \Big/ \sum_{i=1}^{n} h_i^2 \tag{15}$$

$$\alpha = 0.86 + 0.26\ln h_x \tag{16}$$

$$h_x = \sum_{i=1}^{n} h_i \tag{17}$$

式中 E_x——粒料层当量回弹模量，MPa；

E_0——路床顶回弹模量，MPa；

n——粒料层的总层数；

h_x——粒料层的总厚度，m；

α——粒料层相关的回归系数；

E_i——第 i 层粒料的回弹模量，MPa；

h_i——第 i 层粒料的厚度，m。

在临界位荷处应力计算结果的基础上，再计算设计轴载在混凝土面层的荷载疲劳应力 σ_{pr}、贫混凝土基层的荷载疲劳应力 σ_{bpr} 和最重轴载在混凝土面层的荷载疲劳应力 $\sigma_{p,max}$：

$$\sigma_{pr} = k_r k_f k_c \sigma_{ps} \tag{18}$$

$$\sigma_{bpr} = k_f k_c \sigma_{bps} \tag{19}$$

$$\sigma_{p,max} = k_r k_c \sigma_{pm} \tag{20}$$

式中 k_r——应力折减系数，工业场地道路通常采用混凝土路肩且路肩面层与路面面层等厚度，因此取 0.87；

k_f——设计基准期内荷载应力累计的疲劳应力系数；

k_c——综合系数，工业场地道路为二级公路，取 1.05。

疲劳应力系数 k_f 根据设计基准周期内设计轴载的累计作用次数 N_e 和材料疲劳指数 λ 计算得到：

$$k_f = N_e^{\lambda} \tag{21}$$

式中 λ——材料疲劳指数，普通混凝土取 0.057，贫混凝土取 0.065。

3.2 温度应力

分别对混凝土面层在临界位荷处产生的温度疲劳应力以及最大温度梯度时混凝土面层最大温度应力进行计算，表示为：

$$\sigma_{tr} = k_t \sigma_{t,max} \tag{22}$$

$$\sigma_{t,max} = \alpha_c E_c h_c T_g B_L / 2 \tag{23}$$

$$k_t = \frac{f_r}{\sigma_{t,max}}\left[\alpha_t\left(\frac{\sigma_{t,max}}{f_r}\right)^{b_t} - c_t\right] \tag{24}$$

$$B_L = 1.77e^{-4.48h_c} C_L - 0.131(1 - C_L) \tag{25}$$

$$C_L = 1 - \left(\frac{1}{1+\xi}\right)\frac{\sinh t\cos t + \cosh t\sin t}{\sin t\cos t + \sinh t\cosh t} \tag{26}$$

$$\xi = -\frac{(k_n r_g^4 - D_c)r_\beta^3}{(k_n r_\beta^4 - D_c)r_g^3} \tag{27}$$

$$t = \frac{L}{3r_g} \tag{28}$$

$$r_\beta = \left[\frac{D_c D_b}{(D_c + D_b)k_n}\right]^{\frac{1}{4}} \tag{29}$$

$$k_n = \frac{1}{2}\left(\frac{h_c}{E_c} + \frac{h_b}{E_b}\right)^{-1} \tag{30}$$

式中 σ_{tr}——混凝土面层临界位荷处的温度疲劳应力，MPa；

$\sigma_{t,max}$——最大温度梯度时面层产生的最大温度应力，MPa；

k_t——温度应力累计疲劳作用的温度疲劳应力系数；

α_c——混凝土的线膨胀系数；

T_g——工业场地所在地 50 年一遇的最大温度梯度；

B_L——综合温度翘曲应力和内应力的温度应力系数；

C_L——混凝土面层的温度翘曲应力系数；

L——混凝土面层横向接缝间距，板长；

ξ——与双层板结构有关的参数；

r_β——层间接触状况参数，m；

k_n——面层与基层间竖向接触刚度，设沥青夹层时取 3000，MPa/m；

α_t、b_t、C_t——回归系数，按所在地区的公路自然区划确定。

3.3 结构极限状态应力

贫混凝土基层的道路结构在设计时应确保混凝土面层临界位荷处在设计轴载和温度梯度综合作用下不产生疲劳断裂，在最重轴载和最大温度梯度综合作用下不产生极限断裂。此外，还需保证贫混凝土基层临界位荷处在设计轴载作用下不产生疲劳断裂，即必须同时满足如下公式：

$$\gamma_r(\sigma_{pr} + \sigma_{tr}) \leqslant f_r \tag{31}$$

$$\gamma_r(\sigma_{p,max} + \sigma_{t,max}) \leqslant f_r \tag{32}$$

$$\gamma_r \sigma_{bpr} \leqslant f_{br} \tag{33}$$

式中 f_r——面层混凝土弯拉强度标准值，MPa；

f_{br}——基层贫混凝土弯拉强度标准值，MPa；

γ_r——可靠度系数。

可靠度系数可根据变异水平等级和目标可靠度确定，工业场地道路为二级道路，变异水平等级为中级，因此可靠度系数取 1.13。

如道路结构极限状态应力不满足式（31）～式（33），必须增加混凝土面层或（和）贫混凝土基层厚度，直至满足为止。

4 工程实例

本文以印尼 YTL 水泥粉磨站项目为工程实例，该项目坐落在印度尼西亚雅加达工业区 Marunda 中心，设计标准采用中国规范，当地年均降雨量>2000mm，为减少基层渗水和唧浆现象的发生，设计采用贫混凝土作为基层结构材料。下面对该项目道路的贫混凝土基层及面层结构进行计算分析。

4.1 标准轴载计算

根据业主提供的当地车型资料，该项目的主要车型载重 30t，满载时总重 56t，前轴 6t，为单轴单轮组，中轴 20t，为双轴双轮组，后轴 30t，为三轴双轮组。经计算得到此类车辆的标准轴载作用次数为 5 次。根据该项目的工艺物料平衡表，由式（2）～式（4）可计算出，设计车道年平均日交通量 $ADTT$ 为 440 辆，设计轴载日作用次数 N_s 为 2200 次。结合该粉磨站的实际情况，设计基准期取 20 年，轮迹横向分布系数取 0.39，不考虑交通量年均增长率，根据式（5）可以得到基准期内设计车道的设计轴载累计作用次数 N_e 为 6261413 次，属于极重交通荷载等级。

4.2 道路结构应力计算

水泥粉磨站道路通常取二级公路标准[7]，根据极重交通荷载等级和中级变异水平，初步确定普通混凝土面层厚 23cm，贫混凝土基层厚 12cm，级配碎石垫层厚 20cm，面层和基层之间采用 5cm 厚的沥青夹层。面层混凝土板尺寸为 3m×4m，纵缝为设拉杆的平缝，横缝为设传力杆的假缝[8]。确定路面材料的参数：混凝土面层弯拉强度标准值 5.0MPa，弯拉弹性模量 31GPa，泊松比 0.15，热膨胀系数 10×10^{-6}℃；贫混凝土基层弯拉强度标准值 4.0MPa，弯拉弹性模量 27GPa，泊松比 0.15。

经计算得到设计轴载在混凝土面层临界位荷处应力 σ_{ps} 以及贫混凝土基层临界位荷处应力 σ_{bps} 分别为 1.68MPa 和 0.74MPa，最重轴载在混凝土面层临界位荷处应力 σ_{pm} 为 1.68MPa。在此基础上可以计算出设计轴载在混凝土面层的荷载疲劳应力 σ_{pr} 和贫混凝土基层的荷载疲劳应力 σ_{bpr} 分别为 3.74MPa 和 2.14MPa，最重轴载在混凝土面层的荷载疲劳应力 $\sigma_{p,max}$ 为 1.53MPa。此外，计算出混凝土面层临界位荷处的温度疲劳应力 σ_{tr} 以及最大温度梯度时混凝土面层最大温度应力 $\sigma_{t,max}$ 分别为 0.39MPa 和 1.27MPa。

4.3 极限状态应力校核

基于荷载疲劳应力和温度应力计算结果，对该项目道路的极限状态应力进行校核：

$$\gamma_r(\sigma_{pr}+\sigma_{tr})=1.13\times(3.74+0.39)=4.67\text{MPa}<5.0\text{MPa}=f_r \tag{34}$$

$$\gamma_r(\sigma_{p,max}+\sigma_{t,max})=1.13\times(1.53+1.27)=3.16\text{MPa}<5.0\text{MPa}=f_r \tag{35}$$

$$\gamma_r\sigma_{bpr}=1.13\times2.14=2.42\text{MPa}<4.0\text{MPa}=f_{br} \tag{36}$$

因此，所选路面结构满足车辆荷载和温度梯度的综合疲劳作用，以及最重轴载在最大温度梯度时的一次极限作用。

5 结语

本文研究了贫混凝土基层道路的设计方法和参数的选取，并以印尼 YTL 水泥粉磨站项目为工程实例，计算了该项目道路在设计轴载作用下面层板临界位荷处应力、基层板临界位荷处应力以及在最大轴载作用下面层板临界位荷处应力。结果表明，所选面层和基层材料及厚度可以满足该粉磨站项目的道路运输要求。本文作为贫混凝土基层道路的设计案例，可为大降雨量的南方地区的道路结构设计提供参考和依据。

参考文献

[1] 孙兆辉，许志鸿，等. 水泥稳定碎石基层材料干缩变形特性的试验研究[J]. 公路交通科技，2006，23(4)：27-32.

[2] 孟书涛，徐建伟. 轴载、轮胎内压与轴载换算的研究[J]. 公路交通科技，2004，21(6)：4-7.

[3] 刘朝晖，李宇峙，秦仁杰. 标准轴次交通量增长率分析方法研究[J] 公路交通科技，2001，18(5)：78-81.

[4] 李娟 . 相关系数法在通道交通需求预测中的应用[J]. 中国公路学报，2006，19(5)：98-101.

[5] 林震，杨浩. 城市交通结构的优化模型分析[J]. 土木工程学报，2005，38(5)：100-104.

[6] JTG D40—2011，公路水泥混凝土路面设计规范[S].

[7] GBJ 22—87，厂矿道路设计规范[S]

[8] CJJ 37—2012，城市道路工程设计规范[S].

（原文发表于《水泥技术》2018 年第 1 期）

（作者　肖桂清* 任职于天津市市政工程设计研究院）

喀斯特地貌岩溶对水泥厂桩基工程的影响

王兆明

摘　要：通过喀斯特地貌岩溶场地中水泥厂桩基工程不同阶段的数据对比，给出了强发育岩溶对桩基工程的影响，同时，针对桩基施工过程中出现的实际问题，给出了处理措施。

关键词：喀斯特地貌；岩溶；水泥厂桩基

某水泥厂处于喀斯特地貌岩溶强发育地区。设计阶段地质勘察报告显示，钻孔见洞率为53%，施工阶段超前钻结果也充分证实了本场地岩溶十分发育，其中生料库钻孔见洞率达61%。现场基槽开挖也显示了喀斯特地貌特点：水泥库等车间的基槽开挖后岩面状如石林，窑中车间开挖后岩层呈现悬崖状，相邻几米远的岩层高差可达6～7m。基槽开挖岩石状况如图1所示，桩基施工现场情况如图2所示。

图1　基槽开挖岩石状况（悬崖状）

图2　桩基施工现场（泥浆护壁）

1　桩基工程简介

本工程桩基直径分为ϕ1000mm、ϕ600mm两种，均为嵌岩端承桩，桩端持力层为石灰岩，总桩数为578根，共分布于10个车间，具体车间桩基情况见表1。

表1　车间桩基情况

序号	车间	桩径（mm）	桩数
1	原料调配	ϕ1000	22
2	原料粉磨	ϕ600	131
3	生料库	ϕ1000	36
4	煤粉制备	ϕ600	61

续表

序号	车间	桩径（mm）	桩数
5	窑尾	ϕ1000	48
6	窑头	ϕ600	51
7	熟料库	ϕ1000	125
8	水泥粉磨	ϕ1000 ϕ600	82 4
9	窑头余热锅炉	ϕ600	10
10	窑尾余热锅炉 桩总数	ϕ1000	8 578

设计入岩深度为 1.5D，根据桩径及岩石硬度情况，并结合桩机施工速度，综合确定 ϕ1000mm 桩采用冲击成孔施工工艺，ϕ600mm 桩采用旋转钻进成孔施工工艺。超前钻方案采用一桩一孔，并根据钻探中显示出的岩溶发育及相邻钻孔高差情况适当补充钻孔。

本桩基工程施工由某勘察研究总院承担，共投入冲击钻机 23 台、旋转钻机 8 台，历时两个半月完成。

2 不同阶段桩基数据对比

2.1 详勘-超前钻两阶段数据对比

设计阶段的详勘钻孔布置较少，施工阶段的超前钻为一桩一孔（个别位置有补充钻孔），钻孔越多，对基岩状况的判断越准确。为了解钻孔数量对判断基岩状况的影响，以设计详勘及超前钻资料为依据，进行了详勘、超前钻两阶段的数据统计，分别给出了各车间基岩埋深变化范围、基岩高差、平均埋深差值等，详见表 2。

由表 2 可见，对于基岩高差数据，超前钻比详勘大较多，对于平均埋深数据，两者差值较小。

由于岩溶的复杂性，即使超前钻钻孔数量较多，少量数据仍然不能完全符合岩石真实情况，例如，个别钻孔可能打入岩间裂隙，造成基岩埋深失真。在实际桩基成孔过程中，也反映出了与超前钻不符的情况，存在溶洞减少及基岩面标高变化的情况。

表 2 详勘-超前钻两阶段基岩埋深及高差数据对比*

车间	钻孔数量		基岩埋深变化范围（m）		基岩高差（m）		平均埋深（m）		
	详勘	超前钻	详勘	超前钻	详勘	超前钻	详勘	超前钻	差值
原料调配	2	22	11.5～12.8	10.1～14.6	1.3	4.5	12.2	12.6	−0.4
原料粉磨	11	131	8.4～18.6	7.0～18.1	10.2	11.1	12.1	11.5	+0.6
生料库	3	36	7.0～8.4	5.2～15.0	1.4	9.8	7.5	9.2	−1.7
煤粉制备	8	61	11.0～18.9	8.0～24.8	7.9	16.8	14.0	13.8	+0.2
窑尾	4	48	10.7～17.6	7.0～20.4	6.9	13.4	12.8	11.8	+1.0
窑头	8	51	4.6～11.1	1.5～13.2	6.5	11.7	7.1	6.7	+0.4

续表

车间	钻孔数量		基岩埋深变化范围（m）		基岩高差（m）		平均埋深（m）		
	详勘	超前钻	详勘	超前钻	详勘	超前钻	详勘	超前钻	差值
熟料库	9	125	2.8～12.9	1.9～19.4	10.1	17.3	9.0	10.2	−1.2
水泥粉磨	9	109	0.6～9.4	0.0～21.0	8.8	21.0	4.8	7.3	−2.5
按总数计	54	583					9.7	10.2	0.5

* 各车间不都在同一个台段，埋深数据均基于按总图整平后的本车间地面标高。

基岩高差是指车间范围内最低与最高岩石顶面的标高差值，并非指一个岩面的倾斜高差。

2.2 设计-超前钻两阶段数据对比

为了进行溶洞影响的数据对比，以超前钻资料为依据，进行了设计、超前钻两阶段桩数据统计。其中，设计数据未计入溶洞影响，超前钻数据计入了溶洞影响，两阶段的总桩长、入岩总长度、预估混凝土量对比见表 3、表 4。

表 3 设计-超前钻两阶段桩基数据对比（1）*

车间	根数	钻孔见洞率*及最大溶洞	总桩长				
			设计总桩长（平均桩长）（m）		超前钻总桩长（平均桩长）（m）		超前钻/设计
			ϕ600mm	ϕ1000mm	ϕ600mm	ϕ1000mm	
原料调配	22	73% 8.3m（空）		255 （11.6）		361 （16.4）	1.42
原料粉磨	131	42% 13.0m（填）	1035 （7.9）		1486 （11.3）		1.44
生料库	36	61% 9.0m（空）		241 （6.7）		455 （12.6）	1.89
窑尾	48	56% 8.3m（填）		399 （8.3）		664 （13.8）	1.66
窑头	51	37% 11.1m（填）	263 （5.2）		437 （8.6）		1.66
熟料库	125	45% 11.5m（填）		1309 （10.5）		1726 （13.8）	1.32
窑尾余热	8	38% 1.6m（填）		105 （13.1）		114 （14.3）	1.09
窑头余热	8	60% 2.3m（填）	43 （4.3）		69 （6.9）		1.60
按总数计	429	47%	3650		5312		1.46

* 钻孔见洞率及最大溶洞为超前钻数据。水泥磨、煤粉制备数据未统计。

钻孔见洞率为有溶洞孔数与总孔数之比。

表 4　设计-超前钻两阶段桩基数据对比（2）*

车间	入岩总长度			预估混凝土量		
	设计总入岩（平均入岩）（m）	超前钻总入岩（平均入岩）（m）	超前钻/设计	设计（m^3）	超前钻（m^3）	超前钻/设计
原料调配	33（1.5）	139（6.3）	4.2	261	361	1.38
原料粉磨	118（0.9）	569（4.3）	4.8	387	539	1.39
生料库	54（1.5）	268（7.4）	4.9	261	463	1.77
窑尾	72（1.5）	337（7.0）	4.7	421	671	1.59
窑头	46（0.9）	220（4.3）	4.8	103	162	1.57
熟料库	188（1.5）	605（4.8）	3.2	1351	1744	1.29
窑尾余热	12（1.5）	21（2.6）	1.7	106	114	1.08
窑头余热	9（0.9）	35（3.5）	3.9	17	26	1.53
按总数计	532	2194	4.1	2907	4080	1.40

* 预估混凝土量包括 0.8～1.0m 的超灌及 1.2 的充盈系数。

针对表 3、表 4 给出的相关数据，如：总桩长、入岩总长度的超前钻与设计比值，钻孔见洞率及最大溶洞等，分析如下：

（1）总桩长数据中超前钻与设计比值为 1.46，也就是说受溶洞影响后的总桩长是未考虑溶洞时的 1.46 倍，可见本工程桩基受溶洞影响很大。值得注意的是，比值 1.46 与桩的长度及岩溶情况两个要素有关，本工程各车间平均桩长范围在 6.9～16.4m，桩长总体上偏短，溶洞影响的相对占比就大。

（2）入岩总长度数据中超前钻与设计比值为 4.1，即受溶洞影响后的入岩总长度是未考虑溶洞时的 4.1 倍，此比值直接反映了溶洞发育情况，比总桩长比值更有参考价值。

（3）本场地石灰岩钻孔见洞率为 47%，按照《建筑地基基础设计规范》规定，见洞率＞30%为岩溶强发育等级。另外，超前钻结果显示，本场地石灰岩中可能存在较大溶洞，例如：原料粉磨可能有 13m 高的充填溶洞，生料库可能有 9m 高的空溶洞，必须做好溶洞处理预案。

2.3　成孔-超前钻两阶段数据对比

由于桩径远大于超前钻孔直径，因此超前钻的结果还不能完全反映桩孔及周围岩石的情况。桩长的调整，不论是加长还是缩短，均是以桩基施工记录为新的依据，所以，应充分分析超前钻结果及桩基施工记录，并实时作出新的判断。桩长调整要充分考虑相邻桩孔的孔底深度，控制高差，以确保安全为原则。本工程桩基成孔过程中主要出现了以下情况：桩端遇到裂隙、严重倾斜岩层、溶洞减少、岩面变浅等，这些情况均引起了桩长调整，具体见表 5。

表 5　成孔-超前钻两阶段桩基数据对比*

车间	涉及调整的孔号	超前钻溶洞情况		覆土厚度（m）	受溶洞影响岩层厚（m）	桩底深度（m）（自地面 $A+B+1.5D$）			
		高度（m）	充填情况	A	B	成孔	超前钻	差值	调整原因
原料粉磨	54	3.0	充填	9.0	12.1	21.0	22.0	−1.0	不是溶洞
生料库	29	6.8	充填	8.0	13.5	20.4	23.0	−2.6	不是溶洞

续表

车间	涉及调整的孔号	超前钻溶洞情况		覆土厚度（m）	受溶洞影响岩层厚（m）	桩底深度（m）（自地面 $A+B+1.5D$）			
		高度（m）	充填情况	A	B	成孔	超前钻	差值	调整原因
煤粉制备	55	8.1	充填	10.9	25.2	24.2	37.0	−12.8	不是溶洞
窑尾	2	3.4	充填	10.5	6.5	23.0	18.5	+4.5	与超前钻严重不符，19m才见岩石
	25	11.1	空	16.7	16.1	32.0	34.3	−2.3	与超前钻不符
	27	5.0	充填	12.6	14.4	27.0	28.5	−1.5	不是溶洞
窑头	14	9.9	充填	12.0	14.8	18.0	27.7	−9.7	不是溶洞
熟料库	5	—		10.1	1.4	12.0	13.0	−1.0	岩面变浅
	49	—		11.7	3.3	14.9	16.5	−1.6	岩面变浅
	69	—		9.8	11.2	14.5	22.5	−8.0	岩面变浅
	73	11.5	充填	7.8	33.5	28.8	42.8	−14.0	不是溶洞
	86	1.6	充填	4.8	6.0	10.7	12.3	−1.6	不是溶洞
	124	4.4	充填	11.3	17.4	23.0	30.2	−6.8	不是溶洞
	127	—		2.4	1.7	7.0	5.6	+1.4	岩面变深
水泥粉磨	31	—		9.5	2.0	9.9	13.0	−3.1	岩面变浅
	37	2.5	充填	9.5	6.8	14.8	17.8	−3.0	溶洞位置变浅
	48	—		12.0	3.0	15.2	16.5	−1.3	相邻49孔溶洞变小，高差影响变小
	71	2.6	充填	14.2	11.2	20.4	26.9	−6.5	不是溶洞
	81	—		13.5	5.5	16.4	20.5	−4.1	相邻79孔溶洞变小，高差影响变小
	82	—		13.7	3.8	16.3	19.0	−2.7	岩面变浅
	84	—		12.9	4.6	15.2	19.0	−3.8	岩面变浅
	89	—		21.0	0	18.0	22.5	−4.5	岩面变浅
	94	—		8.7	2.3	11.0	12.5	−1.5	岩面变浅
汇总	23个孔							−87.5	

* 原料调配、窑头余热锅炉、窑尾余热锅炉车间没有调整。

根据以上数据对比，可得出以下结果：

详勘-超前钻两阶段的平均埋深接近，因此在工程前期工程量估算时，地勘中的平均埋深更有参考利用价值。

设计-超前钻两阶段的入岩总长度，超前钻与设计比值为4.1，即受溶洞影响后的入岩总长度是未考虑溶洞时的4.1倍，此比值直接反映了溶洞发育对入岩工程量的影响。

成孔-超前钻两阶段的桩深对比中，成孔阶段有23个孔进行了调整，占超前钻总桩数的3.9%，桩长共调整减少了87.5m，占超前钻总桩长的1.6%。

3 溶洞处理预案

从超前钻施工勘察情况来看，场地内溶洞、裂隙发育，大部分桩孔有溶洞、裂隙且漏水严重，多数溶洞内充填着可塑黏土、软塑黏土，少量空洞。本区域溶洞发育特征主要为垂直发育，一般为近于垂直的溶隙，个别溶洞呈串珠状，水平溶蚀不发育，钻孔中所发现的溶洞多以垂直溶隙为主，未发现大型溶洞群。根据超前钻勘察资料，结合当地施工经验，对场地内不同规模、不同性状的溶洞拟采取的处理措施见表 6。

表 6　溶洞处理预案

处理方法	适应情况	具体做法	优、缺点
黏性土加块石充填法	桩孔内溶洞不大，漏水且无充填物	采用黄泥加块石充填，所填高度超出溶洞高度 2m，用钻头冲击捣实，再冲击钻进	优点：快速、经济。 缺点：所填块石不能振捣密实，在冲击过程中容易垮孔，欠缺稳定性
水泥砂浆封堵法	岩石破碎，裂隙发育且裂隙不大，漏水严重	当钻孔过程中漏浆时，可在孔口往下灌入水泥砂浆，待灌注水泥砂浆 8h 后冲击钻进	优点：可以有效解决裂隙发育地层漏浆和孔壁不稳定的问题
混凝土充填法	溶洞内无充填物且漏水严重	采用低强度等级混凝土 C10 灌注充填，待混凝土灌注 24h 后继续冲击钻进	优点：处理无充填物的溶洞最为可靠，根据当地经验，当遇到较大溶洞时，优先考虑该方法。 缺点：当溶洞较大时处理成本高
钢护筒跟管钻进法	溶洞较大且无充填物时	钢护筒用 5mm 厚钢板卷制而成，护筒直径可比孔径小 10mm	优点：安全可靠，当其他处理方法无效时，可采用该方法。 缺点：成本高

表 6 中的处理方法只是一种预案，溶洞情况千差万别，施工时应根据实际情况选取最合适的措施进行及时处置。对于需要处理的溶洞桩孔，施工组织要紧凑，施工速度应加快，尽量缩短成孔、待灌、灌注时间。

4 桩基施工中的问题及处理

（1）桩基成孔前超前钻孔的补充

避免“一孔之见”，要结合相邻钻孔的持力岩层深度，尽量将相邻桩底的高差控制在一倍桩间距范围内。在悬崖处时，桩端扩散角内均应为连续稳定岩体，以保证桩外有一定厚度的岩体。因此，为进一步查明悬崖、溶洞范围等特殊情况，先前制定的超前钻布孔方案需要随着超前钻施工进程进行调整。本工程在超前钻过程中，遇到了悬殊高差、大溶洞等不利情况，均在其周围补做了超前钻孔。

（2）短桩的处理

岩面高低起伏、落差很大，岩面至承台底面的距离也就长短不一，有的很短，就形成了短桩。据有关资料介绍，同一承台下桩长不同，受力不同，甚至差别很大。短桩由于刚度大，受力更加复杂，承受更大的剪力，易出现脆性的剪切破坏等。短桩是天然形成的，很难通过改变岩面来增加桩长，所以设计中应采取必要的措施，例如，有些情况可采取增加桩基配筋的方法来提高短桩的结构附加承载能力；有些情况因桩太短而改变了桩的受力特性，需要重新对桩身进行设计受力分析；个别情况需特别处理，甚至更改设计方案。

（3）冲击成孔中的问题

本工程场地处在喀斯特地貌区域，很少见平整基岩面，因此成孔过程中遇到较多的问题是倾斜岩面无法成孔，甚至损伤冲击钻头，处理方法是：抛填片石，目的是消除倾斜岩面，重新冲击成孔；冲击时，采用低冲程慢冲击，不求速度，有的桩孔甚至多次抛填片石才会达到纠正效果。另外，除了抛填片石方法外，也可采用灌注混凝土方法，要根据实际情况选择。

（4）混凝土灌注中的问题

混凝土灌注过程中出现最多的问题主要集中在漏浆、混凝土超量、两桩连通等。漏浆的处理方法是抛填黏土，堵塞裂隙，注意观察泥浆液面变化情况；混凝土超量的处理方法是判断溶洞及裂隙的情况，及时补充混凝土，注意观察桩顶下沉情况；两桩连通的处理方法是两桩同时灌注，注意两桩间的相互影响。

5 结语

处在喀斯特地貌中的岩溶十分复杂，桩基实施方案需要根据施工超前钻及成孔过程中对岩溶的重新判断进行实时调整。所以，岩溶强发育场地中的桩基工程实施步骤较多，主要有：设计详勘、桩基设计方案、施工超前钻、依据超前钻确定桩长、溶洞处理预案、成孔及问题处理、灌注及问题处理、桩基检测。在这些步骤中，依据超前钻确定桩长是最重要的承上启下的一步，现场工程师需要根据桩孔及相邻钻孔综合分析确定桩长；成孔及问题处理也是要重点关注的一步，要根据成孔过程实时接受成孔中的信息，依据成孔对岩层的具体反馈来调整桩长。因此，岩溶强发育场地中的桩基，部分桩的长度只有在成孔完成后才能最终确定。

（原文发表于《水泥技术》2018年第4期）

结构新技术在水泥工程中的应用分析

郭　云　王兆明　李振强　刘云庆

摘　要：结构工程技术发展迅速，新技术、新材料、新结构层出不穷，推动了水泥厂结构工程技术的创新与发展。本文主要介绍一些典型的结构工程新技术，并对其在水泥工厂中的应用提出了建议。

关键词：结构工程；新技术；水泥厂应用

0　前言

水泥工业技术的不断发展为结构方案的创新与应用提供了广阔的空间，也给结构工程师们创造不同类型的结构方案带来了众多灵感。目前，建筑结构工程技术发展迅速，新技术、新材料、新结构层出不穷。大跨度钢结构、装配式绿色建筑、膜结构、高强度钢结构及混凝土结构、组合结构等已经得到广泛应用，这些结构工程新技术给水泥厂结构工程的创新发展带来了发展机遇，推动了结构工程的创新与发展。

1　气膜钢筋混凝土储仓

（1）储仓简介：气膜钢筋混凝土储仓（又称 Dome 库）是一种新型大跨度空间薄壳结构，它是以性能优良的柔软织物为外膜并将其固定在环型基础上，向膜内持续输入空气并保持膜内恒压状态作为施工荷载支撑，随后依次在膜内喷涂界面剂、聚氨酯泡沫层、分层绑扎结构钢筋、逐层喷射混凝土，最终形成具有一定刚度、能够覆盖大空间的结构体系。

（2）技术优势：①空间薄壳结构，坚固耐用，力学性能好；②外面膜材防水自洁、保温防潮；③外形美观、密闭防尘、节能环保：④施工简单、不受外界环境气候影响，便捷安全。

（3）经济对比：储量 5 万 t 熟料库，采用 Dome 库（ϕ40×40.1m）、预应力钢筋混凝土筒仓（ϕ40×40.1m）两种结构形式，以国标为基准，对地面以上库体部分进行了造价对比，结果显示，库体部分的土建费用，Dome 库高于预应力钢筋混凝土筒仓，采用国产膜高 157 万元，采用进口膜高 257 万元，Dome 库造价高主要原因是膜材费用高。

（4）工程应用：在国外应用非常普遍，欧美技术已相当成熟。在我国，煤炭行业自 2014 年引进美国技术，先后建成 8 座储煤库，分别是鄂尔多斯葫芦素煤矿、门克庆煤矿选煤厂各 3 个 ϕ54×52.25m 单库储量 6 万 t 的储煤库（图 1）、大屯热电厂 2 个 ϕ71.3×39.15m 单库储量 3.5 万 t 的储煤库。电力行业 2012 年建成的保定大唐清苑热电厂储煤库是我国境内建成的首个 Demo 库，该项目为 2 个 ϕ65.8×40.5m、储量 6 万 t 的 Dome 库，由美国公司设计建造（图 2）。2018 年国家能源局颁布实施了《气膜钢筋混凝土结构设计规范》（NB/T 51079—2017）和《气膜钢筋混凝土结构工程施工与验收规范》（NB/T 51080—2017）两部行业标准，标志着国内 Dome 库技术已经处于基本成熟的应用阶段。当前 Dome 库也开始在粮食行业应用。

图1 中煤集团门克庆选煤厂煤储库
（ϕ54×52.25m，储量3×6万t）

图2 大唐清苑热电厂储煤库
（ϕ65.8×40.5m，储量2×6万t）

2 膜结构

（1）结构简介：膜结构是由高强薄膜材料（PEDF、PVF、PTEE）为张拉主体，与支承构件（或充气）共同组成的结构体系，主要分为骨架膜结构体系（图3）与充气膜结构体系（图4），是大跨度空间结构的主要形式之一。骨架膜结构：膜材铺设在刚性骨架上面，经张拉与骨架一起共同构成的骨架式膜结构。充气膜结构：膜覆盖的密闭空间内，通过风机向内部鼓风送气，使膜内外保持一定的压力差，并产生一定的预张应力，以保证膜结构体系的刚度，维持所设计的形状。

图3 某石化公司污水池骨架膜

图4 北京水泥厂污染土充气膜堆棚

（2）经济特点。骨架膜经济特点：自重轻；外形优美；透光率在7%～20%，可充分利用自然光；施工速度快。充气膜经济特点：重量轻，地基基础简单；施工周期短，一般在一个月左右；白天可利用自然采光，无须人工照明；膜体是通过高温热熔连接在一起，不渗漏，也不会生锈。

（3）工程应用：我国膜结构建筑虽然起步较晚，但发展应用非常迅速，已广泛应用于体育、环保、商业、交通、景观、遮阳、仓储等建筑领域。中国钢结构协会空间结构分会正组织编制《充气膜结构设计与施工技术指南》和《充气膜结构技术规程》。在水泥厂可用于各类堆棚及预均化堆场等储料库。骨架膜结构目前在水泥厂储料库还没有得到应用信息，仅在长兴南方作为小型停车棚有所应用；充气膜结构在北京水泥厂的污染土堆棚已经应用，该堆棚充气膜结构，建于2008年，长120m、宽68m（图4），膜材为进口材料，用于储存污染土，鼓风机功率7kW，库内污染空气通过管道送至回转窑燃烧。

3 大跨度预应力钢结构屋盖

（1）结构简介：大跨度预应力钢结构屋盖是把现代预应力技术引用到网壳、管桁架拱等结构，由网格结构、索、撑杆等组成了大跨度张力结构，从而形成一类新型的预应力大跨度空间钢结构体系。其主要特点是通过适当配置拉索，可使结构产生与外荷载作用相反的内力和挠度。

（2）技术经济：这一“杂交”结构体系将改善原结构的受力状态、降低内力峰值、增强结构刚度；减小结构支座水平推力。适当配置支座滑动构造措施，利用预应力技术甚至可形成很小水平反力接近自平衡的结构体系；该结构体系技术经济效益明显，据相关资料介绍，网壳结构采用预应力技术后，一般可降低用钢量10％～30％，跨度越大，经济效益越明显，跨度大于90m时，效益十分明显，如内蒙古土右跨度192m的电厂干煤棚，用钢量指标仅有70kg/m^2左右。

（3）工程应用：大跨度预应力钢结构屋盖已在大型公共建筑、工业储库中得到了广泛应用。例如，天津梅江会展中心主展厅跨度89m的钢屋盖，为断面呈倒三角形的空间管桁架，采用了预应力拉索（图5）；广西钦州某电厂干煤棚，采用了跨度191m的空间管桁架预应力钢结构（图6）。对于公司工程项目中的大跨度储料堆场屋盖，根据堆场内工艺布置空间情况，也可选择适宜的拉索布置方案，采用大跨度预应力钢结构。

图5　天津梅江会展中心跨度89m主展厅

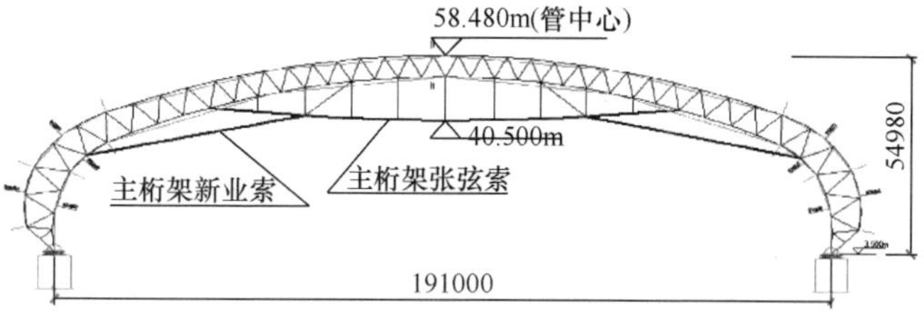

图6　广西钦州跨度191m干煤棚

4　装配式钢结构建筑体系

（1）建筑体系简介：装配式建筑是在建筑的全生命周期中应用标准化设计、工厂化生产、装配化施工、一体化装修、信息化管理和智能化应用的建筑，是将结构构件、建筑围护结构件、机电管线、装修系统集成的建筑。装配式钢结构建筑体系就是由钢结构构件（部件）组成的建筑体系，由下列子体系组成：结构体系：采用标准化、模数化钢框架结构，全螺栓连接；三板体系：楼面板体系、屋面板体系、墙面板体系，是钢结构建筑主要配套体系；建筑集成部品：结构及三板体系以外具有相对独立功能的建筑产品，主要指建筑配套设施，包括楼梯、门窗、栏杆扶手、厨卫、建筑设备、智能化等集成系统。

（2）技术经济：装配式建筑是对传统房屋建造方式的变革，在缩短建造工期、实现“四节一环保”、全面提升工程质量和施工安全等方面具有显著优势。以中建钢构GS-building多层装配式钢结构建筑体系为例，与传统混凝土结构相比，造价方面：人工成本降低30％，基础重量减少约40％，基础工程量降低21％，造价节省13％，但上部结构材料造价较高，综合成本比混凝土高10％～12％；工期方面：不带地下室建筑工期节省50％，带地下室工期节省30％以上；现场管理：建筑构件实现工厂预制、现场装配、整体装配化率达到70％，达到国家绿色建筑三星标准，建筑垃圾减少70％。

（3）工程应用

目前比较有代表性的工程应用体系有：中建钢构的多层装配式钢结构框架体系（图 7）；东南网架集团多腔钢板剪力墙装配体系（图 8）；杭萧钢构的钢管束组合结构“工业化住宅”建筑体系；西安建筑科技大学的盒子型模块化装配建筑体系等。在公司工程项目中，结合项目特点及业主需求，可将该技术应用于办公楼、中控楼、电力室等适宜的建筑。

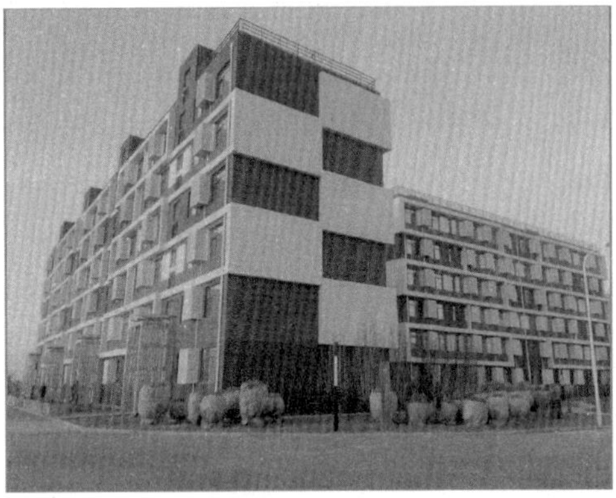

图 7　中建钢构多层装配式钢结构体系

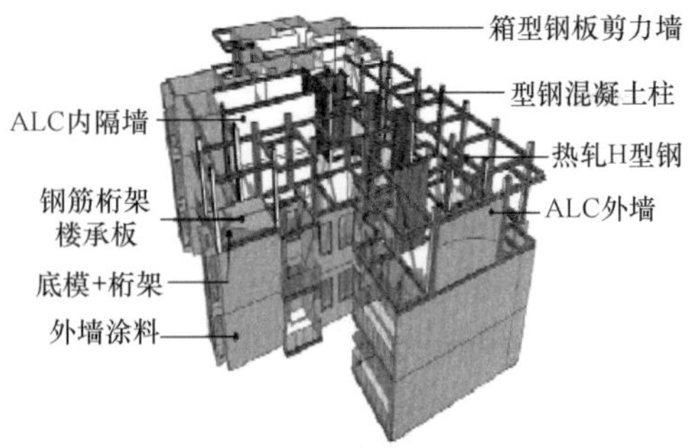

图 8　东南网架箱形钢板剪力墙钢结构体系

5　模块化输送栈桥

（1）结构简介：模块化输送栈桥是从澳大利亚引进，由中煤建安集团与上海交通大学联合进行技术消化吸收、合作研发的产品。模块式栈桥由六大部分组成，包括：1 顶板、2 侧墙板、3 底板、4 吊挂式胶带输送机、5 横梁、6 附属设施（图 9、图 10）。顶板为压型钢板、采光板等，侧墙板为 4mm、5mm 厚波纹钢板，底板为走道板，胶带输送机采用悬挂式，便于清理和冲洗走道面，横梁一般为槽钢。侧墙板参与结构受力计算，按薄壳单元考虑。一跨模块式栈桥由若干标准节组成，标准节长度规格为 9m 和 12m 两种，不同规格标准节可以组成不同跨度的模块栈桥，具体跨度可为 18m、21m、24m、27m、30m、33m 和 36m。如一榀 36m 长的模块栈桥可由 3 节 12m 的标准节组成。

图 9　模块化栈桥组成

图 10　栈桥整体吊装

（2）经济比较：以 3.5m（宽）、3.6m（高）、36m（跨度）的栈桥为例进行对比，模块式栈桥用钢量明显低于传统钢栈桥，本算例降低约 40%，主要原因是二者的结构形式、构件布置及结构受力模式不同。模块式栈桥中的侧墙板既做围护结构，也参与结构受力计算，起到了传统钢栈桥桁架腹杆的作用。但目前模块式栈桥造价高出传统钢栈桥较多，本算例高出约 70%，与产品研发投入、未形成大批量生产规模等有一定关系。

（3）工程应用：目前中煤建安集团和中煤张家口煤矿机械有限责任公司先后获得了模块化运输栈桥的相关专利，该产品在内蒙古鄂尔多斯市乌审旗图克镇图克工业园区项目上得到应用。模块输送栈桥能够实现工厂化加工制造、现场装配化施工，施工工艺流程简单，减少现场工人投入、降低对工人技术能力要求，质量可靠、工期可控，适应未来工程建设领域的发展需求。这种产品成套化、一体化、装配化的创新理念和思路，对公司结构技术创新具有一定的借鉴意义。但由于该产品目前经济指标没有优势，现阶段不宜在公司工程项目中推广应用。

6　钻孔灌注桩后注浆技术

（1）技术简介：灌注桩后注浆，就是利用在桩钢筋笼底部和侧面预先埋设的注浆管（图 11），在成桩后 2～30 天内用高压泵进行高压注浆，浆液通过渗入、劈裂、填充、挤密等作用与桩体周围土体结合，固化桩底沉渣和桩侧泥皮，起到提高承载力、减少沉降等效果。后注浆技术包括桩底后注浆、桩侧后注浆和桩底、桩侧联合后注浆。浆液压入桩端后，首先和桩端的沉渣、离析的“虚尖”“干碴石”相结合，增强该部分的密实程度，提高了承载力；浆液沿着桩身和土层的结合层上返，消除了泥皮，提高了桩侧摩阻力，同时浆液横向渗透到桩侧土层中也起到了加大桩径的作用。

（2）经济效益：住房城乡建设部发表的《建筑业 10 项新技术》（2017 版）中，将灌注桩后注浆技术列入其中，文中提到：“在优化注浆工艺参数的前提下，可使单桩竖向承载力提高 40%以上，通常情况下粗粒土增幅高于细粒土、桩侧桩底复式注浆高于桩底注浆。桩基沉降减小 30%左右”。根据相关研究统计资料，后注浆的费用仅占节省的桩基费用的 10%左右。

图 11　侧面注浆环形花管

（3）工程应用：在公司印尼 YTL 粉磨站、马来西亚高层两个投标项目的桩基优化中采用了该项技术后，显著降低了投标桩基工程量，提升了投标竞争力。鉴于此项技术的诸多优点，公司在工程项目的桩基工程中，当地基条件适宜时可采用灌注桩后注浆技术，尤其是摩擦桩，既提高桩基成桩质量又降低工程造价，具有显著的技术经济效益。

7　真空联合堆载预压法加固软弱土层技术

（1）技术简介：真空联合堆载预压法是在真空预压的基础上，在膜下真空度达到设计要求并稳定后，进行分级堆载，并根据地基变形和孔隙水压力的变化控制堆载速率（图 12）。

与单纯的堆载预压相比，加载的速率相对较快。在堆载结束后进入联合预压阶段直到地基变形的速率满足设计要求。

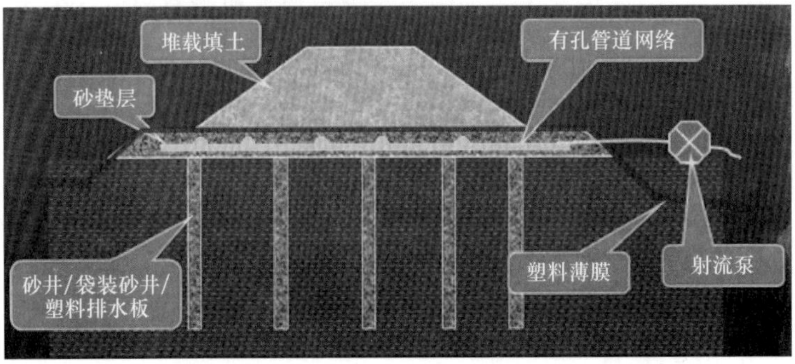

图 12　真空堆载联合预压法示意图

（2）技术经济：一般的真空预压法所能达到的最大预压荷载为 90kPa 左右，加固后的地基容许承载力通常在 100～130kPa 之间，对于承载力要求更高的地基土体来说，真空预压法无法达到要求，这时需要联合堆载施工，通过堆载增大预压荷载，达到地基处理要求。因此，真空联合堆载预压法比真空预压法的预压荷载大，应用范围更加广泛，与单纯的堆载预压法比较，也能缩短工期，降低成本。

（3）工程应用：该加固方法作为住房城乡建设部推广应用的新技术之一，目前已得到了广泛应用，它适用于软弱黏土地基的加固，尤其需大面积处理时更为有效。在具体应用该方法时，可根据工程需要单独采用真空预压法或联合预压法，例如，在公司印尼 YTL 粉磨站投标项目中，针对粉磨站厂区的填海造地软弱土，为解决场地过于软弱、施工困难等问题，采用了真空预压法，有效提高了场地土的承载力。当工程对场地土承载力有更高要求时，可采用真空联合堆载预压法。

8　桩承载力自平衡法静载检测技术

（1）技术简介：传统的桩基静载试验方法有两种，一是堆载法，二是锚桩法，存在的主要问题是费用昂贵，试验时间较长，而且易受吨位和场地条件限制。桩基自平衡法是桩基静载试验的一种新型方法，具有省时、省力、安全、无污染、综合费用低和不受场地条件、加载吨位限制等优点。该方法是在桩的施工过程中将主要加载设备（荷载箱）安设于事先确定的平衡点处。荷载箱中的压力可用压力表测得。竖向加载时，通过油泵向荷载箱内加压（图 13）。根据荷载箱上、下盖板的位移与加载的对应关系，可以绘出向上、向下的力-位移曲线（Q-s 曲线）及相应的单对数法 s-lg$t$、s-lg$Q$ 曲线，由此可以分别求得荷载箱上、下两段桩各自的承载力。将上段桩侧阻力经一定处理后与下段桩端阻力相加即为桩的极限承载力。

（2）经济效益：自平衡法静载试验时间短、费用低、省时省力，尤其适用于大吨位桩基以及一些不具备堆载和锚桩条件的桩基，由于无须设置锚桩及反力梁，较常规静载试验法大幅降低了试验费用。与传统方法相比可节省试验总费用的 30％～60％，具体比率视吨位与地质条件而定。

（3）工程应用：自平衡法静载试验适用于除预制桩外的所有桩型，目前已在国内外重大工程中广泛应用。住房城乡建设部于 2017 年发布了行业标准《建筑基桩自平衡静载试验技

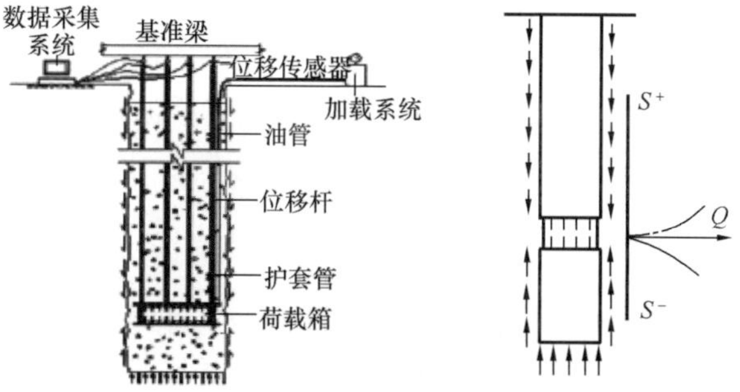

图 13　自平衡法试验示意图

术规程》(JGJ/T 403—2017)。但值得注意的是，在平衡点的选择以及摩擦力转换系数的取值上有一定的经验性，需要有较多实践经验的前提下准确把握。对于公司承担的工程项目桩基，当采用堆载和锚桩等加载方法条件困难、费用高或周期长时，可采用自平衡法静载试验。

9　筒仓预制锥体施工技术

（1）预制件划分：划分锥体预制件尺寸时，需要结合锥体直径、高度等相关因素，并考虑现场最大起吊能力。预制锥体整体强度计算与传统现浇锥体强度计算相同。每一片预制件需要进行吊装验算（图 14、图 15）。

图 14　锥体预制件

图 15　预制件吊装

（2）吊装方案：①单片预制件采用三点式吊装。起吊至合适高度后通过连接两个下吊点的倒链调整角度，就位后通过拉索将锥体预制板与库壁连接；②第一组三片预制件按照上述方法间隔 120°吊装完成后，再起吊定位圆环至定位标高，调整定位圆环至水平位置，通过微型液压千斤顶调整锥体预制板底部位置和水平，确保锥体预制板中心线与库壁内支座标记中心线、定位圆环分度线重合，张紧丝杠进行角度调整，确保锥体预制板与水平线夹角为 60°。③第一组安装固定后，按照上述方法进行其余各组预制件的吊装，每块板间隔 120°，吊装时沿顺时针方向和逆时针方向交替进行，完成全部锥体预制件和顶部盖板吊装后，将锥体预制件与顶部盖板焊接成为整体；

（3）综合比较：以 ϕ22m 生料库为例，预制吊装与整体现浇比较，节省脚手架 120t，节省模板 1400m^2，节省工期 60 天，安全风险小，但施工精度和吊装能力要求高。

（4）工程应用：预制锥体施工精度要求较高，运输及吊装设备能力需求较大，但施工技术基本成熟。因此，在项目场地可满足预制要求，能够保证预制精度，并具备运输和吊装能力的情况下，锥体施工采用预制方案不仅能够节约大量脚手架模板用量，简化人工操作，还能显著节省施工工期，条件适宜或工程需求时可采用此方案。

参考文献

[1] 吴族平，龚景海．中煤建安集团研发中心体育馆气膜钢筋混凝土穹顶薄壳结构设计[C]．第十五届全国现代结构工程学术研讨会论文集：P540-545.

[2] 陆赐麟，尹思明，刘锡良．现代预应力钢结构[M]．北京：人民交通出版社，2003.

[3] 张思才，荣亚坤，等．生料库预制减压锥施工工艺的研究与应用[J]．水泥技术，2018(2)：82.

中美标准地震反应谱对比分析

李俊义　吴灵宇　胡亚东

摘　要：依据现行的中国抗震规范 GB 50011—2010 和美国规范 ASCE/SEI 7-10，绘制并对比同一场地的地震反应谱曲线，得出中美标准反应谱之间的对应关系，供设计人员参考。

关键词：结构抗震设计；美国规范；地震反应谱对比

2015 年，天津水泥工业设计研究院有限公司签署了印尼某水泥生产线建设合同，业主要新建一条完整的 5000t/d 水泥生产线。根据合同要求，烧成窑尾、窑中、生料库、熟料库、水泥库、辊磨基础按美国标准设计，其余车间按中国标准设计。因此，熟悉中国和美国规范地震反应谱的取值，对合同的执行有着非常重要的作用。

1　中美规范抗震设防目标

中国建筑抗震设计规范 GB 50011—2010 以三个水准为抗震设防目标，即“小震不坏，中震可修，大震不倒”。根据国内统计分析，以 50 年内超越概率为 63％的地震烈度为第一水准烈度，即多遇地震（小震）；以 50 年内超越概率为 10％的地震烈度作为第二水准烈度，即设防烈度（中震）；以 50 年内超越概率为 2％～3％的地震烈度作为第三水准烈度，称为罕遇地震（大震）。当遭遇第一水准烈度时，建筑处于正常使用状态，从抗震角度分析结构为弹性体系，采用弹性反应谱进行弹性分析；当遭遇第二水准烈度时，结构进入非弹性阶段，但非弹性变形或结构体系的损坏控制在可修复的范围；当遭遇第三水准烈度时，结构有较大的非弹性变形，但控制在规定的范围内，以免倒塌。

中国规范要求采用二阶段设计实现上述三个水准的设防目标。通过第一阶段设计-承载力验算，取第一水准的地震动参数，计算结构的弹性地震作用标准值和相应的地震作用效应，使结构既满足了在第一水准下具有必要的承载力可靠度，又满足了第二水准的损坏可修的目标。第二阶段设计是弹塑性变形验算。对于大多数结构，只需进行第一阶段设计，通过概念设计和构造措施，使结构满足第三水准的要求。

美国规范 ASCE 7-10 Minimum Design Loads for Buildings and Other Structures 是以 50 年内超越概率 2％的地震作用作为最大考虑地震作用，在实际计算中乘以相应的修正系数。

2　场地技术条件

通过解读项目地勘报告，场地土的剪切波速为 183～366m/s，根据 ASCE 7-10 表格 20.3-1 场地土的判定标准，场地类别为 D 类（坚硬场地土，剪切波速位于 182.88～365.76m/s 之间）。

根据地勘报告及印尼当地官方地震加速度信息：场地短周期反应谱加速度 S_S 为 0.52（g），1s 反应谱加速度 S_1 为 0.33（g），场地调整系数 F_a＝1.31，F_v＝1.81。

根据 ASCE 7-10 第 11.4.3 章节可计算出 MC-ER-场地地震最大影响系数：

$$S_{MS}=F_a\times S_S=1.31\times0.52=0.681$$

$$S_{M1}=F_v\times S_1=1.81\times0.33=0.597$$

根据 ASCE 7-10 第 11.4.4 章节可计算出设计水平地震影响系数：

$$S_{DS}=2/3\times S_{MS}=2/3\times0.681=0.454$$

$$S_{D1}=2/3\times S_{M1}=2/3\times0.597=0.398$$

根据表 1、表 2（国标 GB 50011—2010 第四章表 4.1.3、表 4.1.6），场地土的类型应为中软土/中硬土，同时考虑覆土深度，判定场地类别为Ⅱ类，第二组。

根据表 3（国标 GB 50011－2010 第五章表 5.1.4-2），场地特征周期为 0.40s。

表 1　土的类型划分和剪切波速范围*

土的类型	岩土名称和性状	土层剪切波速范围（m/s）
岩石	坚硬、较硬且完整的岩石	$V_S>800$
坚硬土或软质岩石	破碎和较破碎的岩石或软和较软的岩石，密实的碎石土	$800\geqslant V_S>500$
中硬土	中密、稍密的碎石土，密实、中密的砾、粗、中砂，$f_{ak}>150$ 的黏性土和粉土，坚硬黄土	$500\geqslant V_S>250$
中软土	稍密的砾、粗、中砂，除松散外的细、粉砂，$f_{ak}\leqslant150$ 的黏性土和粉土，$f_{ak}>130$ 的填土，可塑新黄土	$250\geqslant V_S>150$
软弱土	淤泥和淤泥质土，松散的砂，新近沉积的黏性土和粉土，$f_{ak}\leqslant130$ 的填土，流塑黄土	$V_S\leqslant150$

* f_{ak}为由载荷试验等方法得到的地基承载力特征值，kPa；V_S 为岩土剪切波速。

表 2　各类建筑场地的覆盖层厚度*（m）

岩石的剪切波速或土的等效剪切波速（m/s）	场地类别				
	I_0	I_1	Ⅱ	Ⅲ	Ⅳ
$V_S>800$	0				
$800\geqslant V_S>500$		0			
$500\geqslant V_{SE}>250$		<5	≥5		
$250\geqslant V_{SE}>150$		<3	3～50	>50	
$V_{SE}\leqslant150$		<3	3～15	15～80	>80

* V_S 为岩石的剪切波速；V_{SE}为土层的等效剪切波速。

表 3　特征周期值（s）

设计地震分组	场地类别				
	I_0	I_1	Ⅱ	Ⅲ	Ⅳ
第一组	0.20	0.25	0.35	0.45	0.65
第二组	0.25	0.30	0.40	0.55	0.75
第三组	0.30	0.35	0.45	0.65	0.90

3 不同结构形式的中美标准反应谱

3.1 设计反应谱加速度

根据图 1（ASCE 7-10，第 11.4.1 章节，图 14.1-1），地震反应谱如下：

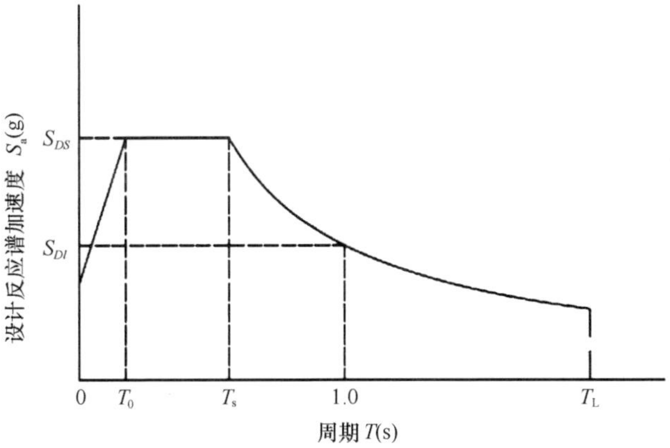

图 1 设计反应谱加速度

（1）周期<T_0，设计反应谱加速度 S_a 应按式（1）（ASCE 7-10，公式 11.4-5）计算：

$$S_a = S_{DS}(0.4 + 0.6T/T_0) \tag{1}$$

（2）周期≥T_0，且<T_S，设计反应谱加速度 S_a：

$$S_a = S_{DS} \tag{2}$$

（3）周期>T_S，且<T_L，设计反应谱加速度 S_a 应按式（3）（ASCE 7-10，公式 11.4-6）计算：

$$S_a = S_{D1}/T \tag{3}$$

（4）周期>T_L，设计反应谱加速度 S_a 应按式（4）（ASCE 7-10，公式 11.4-7）计算：

$$S_a = \frac{S_{D1}T_L}{T^2} \tag{4}$$

式中 S_{DS}——短周期设计反应谱加速度系数；

S_{D1}——1s 周期设计反应谱加速度系数；

T——建筑物的特征周期：

$$T_0 = 0.2 \times \frac{S_{D1}}{S_{DS}} = 0.2 \times \frac{0.398}{0.454} = 0.175$$

$$T_S = \frac{S_{D1}}{S_{DS}} = \frac{0.398}{0.454} = 0.877$$

T_L——长转换周期，美国地区处于 4～16s 之间；为便于对比，参照中国规范，取值 6s。

3.2 中美标准反应谱计算实例

本水泥厂项目采用美标设计的车间结构形式主要分为三种：中心支撑钢框架（烧成窑

尾)、钢筋混凝土筒仓(各种储库)和大块式设备基础(窑中,辊磨基础),本文着重从中心支撑钢框架和混凝土筒仓两方面进行中美标准反应谱的对比分析。

3.2.1 中心支撑钢框架反应谱计算实例($R_a=3.25$)

根据美标 ASCE 7-10,水泥工厂的建筑设计风险级别可定义为Ⅱ级,结构的重要性系数可取 1.0。根据美标 ASCE 7-10 第 12.2-1 章节,中心支撑框架反应谱加速度调整系数 R_a 可取 3.25。为计算需要,同时考虑更直观的对比,将结构重要性系数和反应谱加速度调整系数融合到反应谱曲线中。

中心支撑钢框架美标修正后的反应谱参数如下:

$$S_{DS}=0.454/(R_a/I_e)=0.140$$

$$S_{D1}=0.398/(R_a/I_e)=0.122$$

I_e 为地震力影响系数,此处取 1.0。

根据上述参数可绘制出美标反应谱,如图 2 所示。

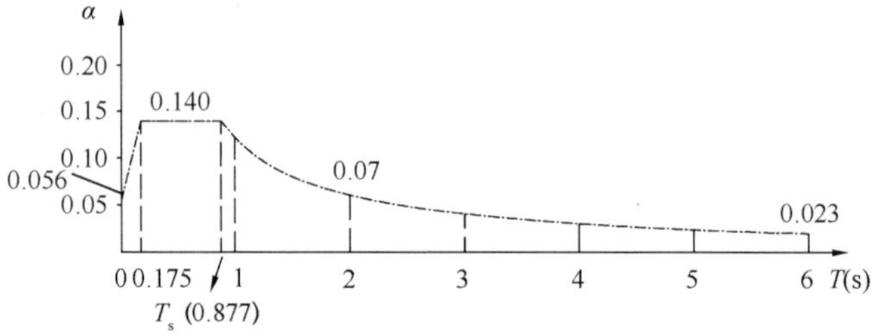

图 2 美标反应谱曲线($R_a=3.25$)

参考美标峰值加速度信息,国标反应谱按 8 度,0.20g 考虑,峰值加速度为 0.16(阻尼比 $\zeta=0.05$)。根据图 3(GB 50011—2010,第 5.1.5 章节),中国标准的地震反应谱如下:

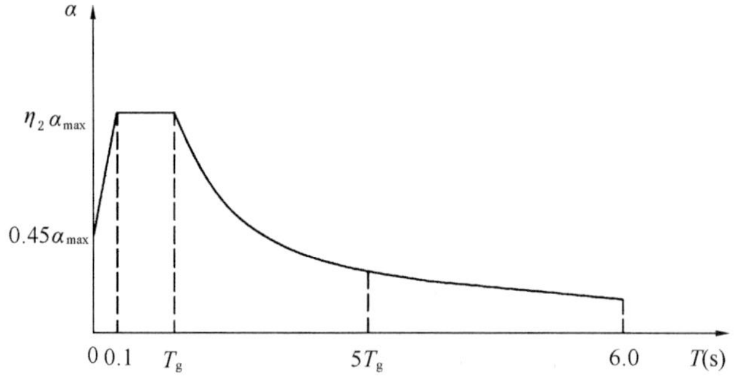

图 3 地震影响系数曲线

当周期位于 $T_g \sim 5T_g$ 时:

$$\alpha=(T_g/T)^{\gamma}\eta_2\alpha_{max} \tag{5}$$

当周期位于 $5T_g \sim 6s$ 时:

$$\alpha=[\eta_2 0.2^{\gamma}-\eta_1(T-5T_g)]\alpha_{max} \tag{6}$$

式中 α——地震影响系数;

α_{max}——地震影响系数最大值;

η_1——直线下降段的下降斜率调整系数;

γ——衰减指数;

T_g——特征周期；

η_2——阻尼调整系数；

T——结构自振周期。

其中：

（1）曲线下降段的衰减指数 γ 应按式（7）确定：

$$\gamma = 0.9 + (0.05 - \zeta)/(0.3 + 6\zeta) \tag{7}$$

式中 γ——曲线下降段的衰减指数；

ζ——阻尼比。

（2）直线下降段的下降斜率调整系数 η_1 应按式（8）确定：

$$\eta_1 = 0.02 + (0.05 - \zeta)/(4 + 32\zeta) \tag{8}$$

式中 η_1——直线下降段的下降斜率调整系数，<0 时取 0。

（3）阻尼调整系数 η_2 应按式（9）确定：

$$\eta_2 = 1 + (0.05 - \zeta)/(0.08 + 1.6\zeta) \tag{9}$$

式中 η_2——阻尼调整系数，当<0.55 时，应取 0.55。

本车间高度为 90.45m，结构阻尼比 ζ 按 0.03 考虑，可相应绘制出国标对应的反应谱，详见图 4。

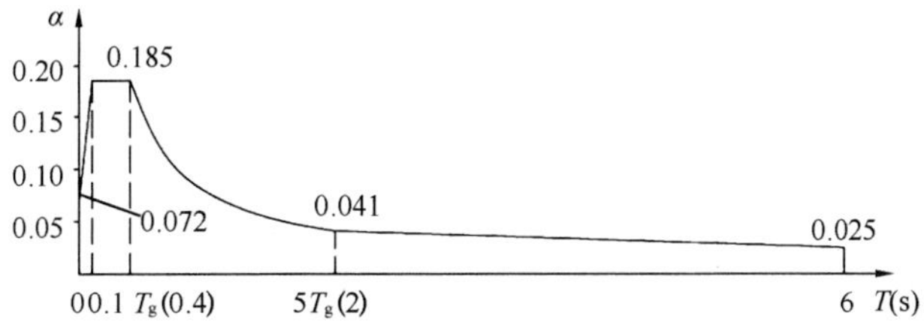

图 4　国标反应谱曲线（阻尼比 0.03）

通过对比图 2 和图 4，国标反应谱峰值高于美标，但国标反应谱加速度随周期衰减较快，为了更直观对比其关系，我们将两个反应谱叠加在一起，详见图 5。

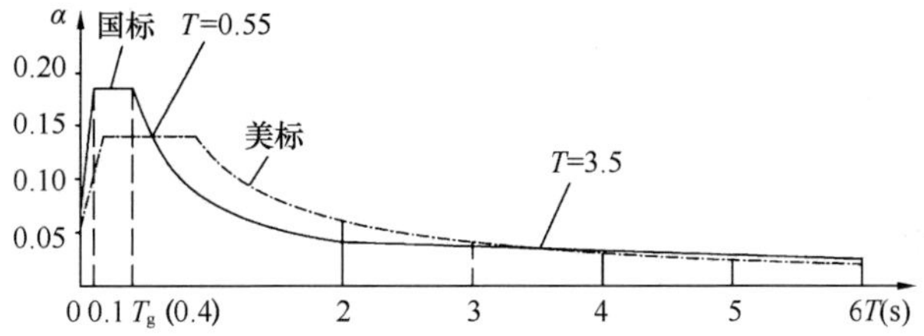

图 5　反应谱对比（阻尼比 0.03，R_a=3.25）

从图 5 可明显看出，在周期 0～0.55s 之间，国标加速度值明显高于美标；但从 0.55～3.5s，由于国标衰减较快，在此范围内美标的加速度值要高于国标；从 3.5～6s，国标加速度稍高于美标，但相差不大，两条曲线基本重合。

从分析结果看，本车间第一周期约为 2.5s，对应美标加速度值为 0.049(g)，国标加速度值为 0.039(g)，美标加速度较国标加速度高出约 25.6%。

3.2.2　钢筋混凝土筒仓反应谱计算实例（R_a=3）

根据美标 ASCE 7-10 第 15.4-2 章节，钢筋混凝土筒仓的反应谱加速度调整系数 R_a 可取 3。

则美标修正后的反应谱参数如下：

$$S_{DS} = 0.454/(R_a/I_e) = 0.151$$

$$S_{D1} = 0.398/(R_a/I_e) = 0.133$$

根据上述参数可绘制出美标反应谱，如图 6 所示。

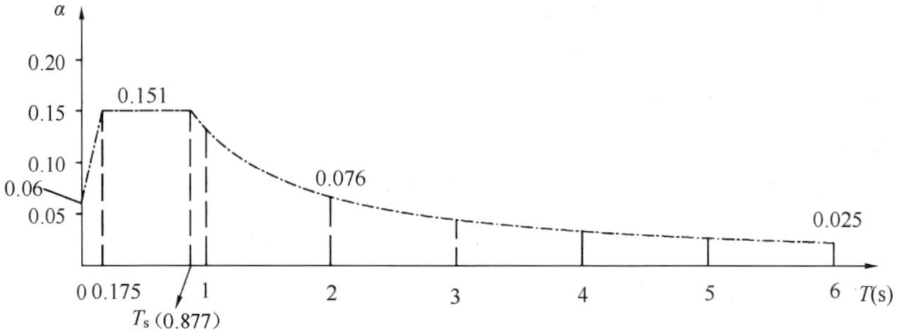

图 6　美标反应图谱曲线（R_a=3）

以生料库车间为例，筒仓内径为 20m，高度为 63.5m，结构阻尼比 ζ 按 0.05 考虑，可相应绘制出国标对应的反应谱，详见图 7。

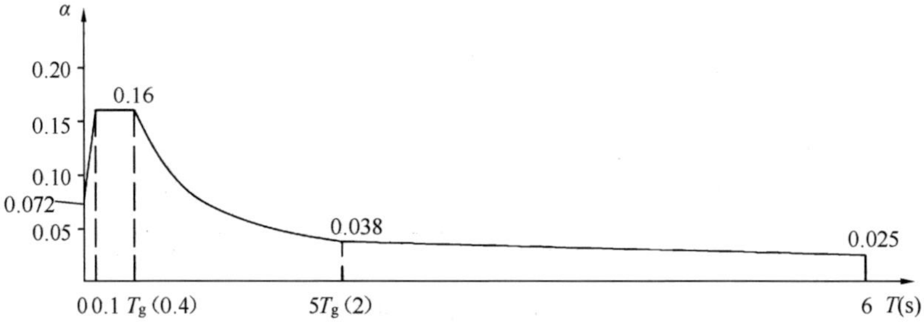

图 7　国标反应谱曲线（阻尼比 0.05）

通过对比国标和美标反应谱信息发现，国标反应谱峰值高于美标，但国标反应谱加速度随周期衰减较快。同样，我们将两个反应谱叠加在一起，见图 8。

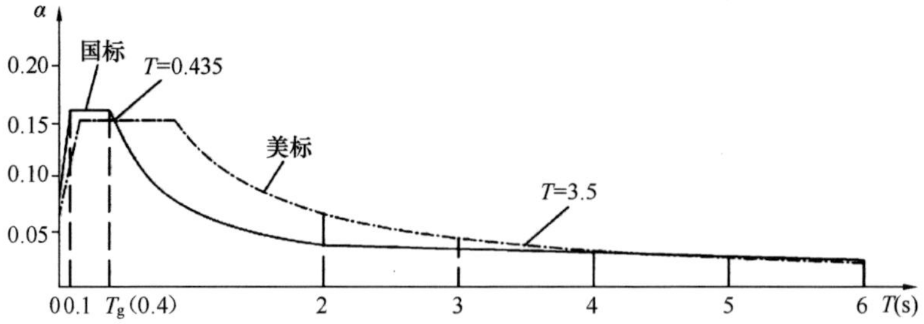

图 8　反应谱对比（阻尼比 0.05，R_a=3）

从图 8 可明显看出，在周期 0～0.435s 之间，国标加速度值明显高于美标；但从 0.435～3.5s，由于国标衰减较快，在此范围内美标的加速度值要高于国标；从 3.5～6s，国标加速度基本等同于美标，两条曲线基本重合。

从分析结果看，生料库空仓状态下第一周期约为 0.473s，对应美标加速度值为 0.151

(g)，国标加速度值为 0.141（g），美标加速度较国标高出 7.1%，两者相差不大；生料库满仓状态下，第一周期为 0.60s，对应美标加速度值为 0.151（g），国标加速度值为 0.114（g），美标加速度较国标加速度高出约 32.5%。

通过以上计算实例可以看出，同一结构的不同状态，由于自震周期的区别，水平加速度的差别非常大。

4 结语

通过分析相应的中美标地震反应谱，我们对采用中美标准计算的结果差异有了一个初步的认识。国标反应谱峰值加速度较大，但随着周期衰减较快；美标反应谱峰值加速度较国标偏小，但随周期衰减较慢。通过本文的两个计算实例可以看出：在 0～0.5s，国标的反应谱加速度较大；在 0.5～3.5s，美标的反应谱加速度较大；3.5s 以上，美标和国标的反应谱加速度差异不大，基本相同。但需注意，对不同的场地，因为特征周期的不同，曲线规律会有一定的区别。

参考文献

[1] GB 50011—2010，建筑抗震设计规范[S].
[2] ASCE SEI 7-10，Minimum Design Loads for Buildings and Other Structures1[S].

（原文发表于《水泥技术》2018 年第 4 期）

圆形钢管混凝土柱框架典型节点受力性能分析

王庆江

摘　要： 圆形钢管混凝土柱框架结构节点构造复杂，目前国内对其受力性能的研究较少。对于很多工程中应用到的节点，没有规范或规程可以作为其设计的依据，因此有必要对圆形钢管混凝土柱框架节点的受力性能进行深入研究。本文采用有限元软件 ANSYS 建立节点域精细化模型，进行节点受力性能的非线性有限元分析。结果表明，圆形钢管混凝土柱框架结构节点具有良好的承载能力，满足设计要求；加劲板能够有效改善支撑内力较大节点的受力性能。

关键词： 圆形钢管混凝土柱框架；节点；受力性能；支撑；加劲板

圆形钢管混凝土柱框架空间节点连接梁、柱和支撑等关键构件，受力性能复杂。目前对于在 GB 50017—2017《钢结构设计标准》、JGJ 99—2015《高层民用建筑钢结构技术规程》、GB 50936—2014《钢管混凝土结构技术规范》中未进行设计规定的节点，普遍先采用有限元分析方法进行受力分析，再根据分析结果判定节点域是否满足承载力要求[1-3]。

笔者以天津水泥工业设计研究院有限公司某项目中的圆形钢管混凝土柱框架结构典型节点为研究对象，采用有限元分析软件 ANSYS，分类建立了节点有限元模型，针对圆形钢管混凝土柱框架复杂节点受力性能进行了非线性有限元分析。同时，根据分析结果对节点的设计给出了建议。

1　节点分类

根据圆形钢管混凝土柱框架结构节点构造形式将框架节点分为 5 类，如表 1 所示，各类节点构造如图 1 所示。

表 1　节点分类及模型编号

类型编号	构造特点	模型编号
1	连接 1 根支撑	1～7
2	连接 2 根共面支撑	8～15
3	连接 2 根不共面支撑	16～37
4	无柱节点	38～46
5	无支撑节点	47～52

以类型 1 节点为例说明连接构件规格，类型 1 包括 7 个节点，主要为框架边柱节点。该类节点由 4 根梁、1 根支撑、上下柱、节点板、肋板和端板组成，其中 L 代表梁，Z 为柱，ZC 为支撑，J 为支撑节点板，JJ 为加劲板。7 个节点主要连接构件截面规格见表 2。

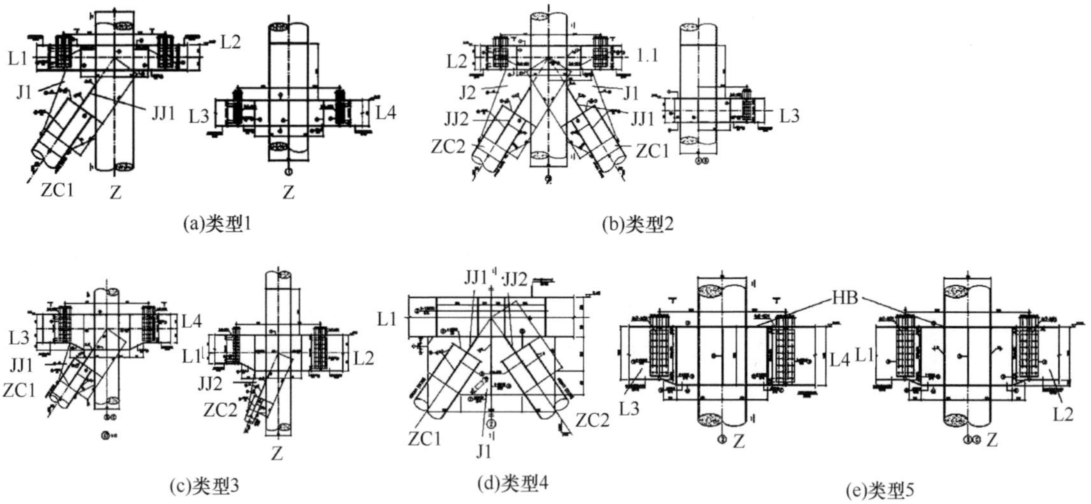

(a)类型1　(b)类型2　(c)类型3　(d)类型4　(e)类型5

图 1　典型节点构造图

表 2　类型 1 节点连接构件规格（mm）

节点编号	柱	支撑	梁			
			L1	L2	L3	L4
1	ϕ914×16	ϕ508×16	1800×300×18/20	1800×300×18/24	1600×300×12/20	1800×300×16/20
2	ϕ914×16	ϕ508×16	1800×350×18/24			
3	ϕ914×16	ϕ660×20	1600×300×18/20	1600×300×18/20	1600×250×12/18	
4	ϕ914×16	ϕ711×25	1600×300×18/20	1600×300×18/20	1600×300×12/20	1600×300×18/20
5	ϕ914×16	ϕ813×25	1600×300×16/20	1600×300×16/20	1100×400×20/26	1800×400×10/22
6	ϕ660×12	ϕ351×18	1900×350×12/20	1900×350×12/20	1900×300×12/20	1900×300×12/20
7	ϕ920×18	ϕ560×16	11300×400×14/20	1600×250×10/12	1600×250×10/12	1600×300×12/20

2　节点有限元模型建立

2.1　有限元模型

节点区域选择梁、柱反弯点位置作为节点边界，即柱长度取为层高的 1/2，梁长度取为主梁跨度的 1/2[4]，建立节点有限元模型，钢管壁、钢梁及板件采用壳单元 Shell181 模拟，混凝土采用体单元 Solid45 模拟[5]，如图 2 所示。柱脚刚接，约束柱底面节点的全部自由度。提取整体结构计算模型在不同工况下的内力计算结果，施加在节点模型上，轴力通过杆件截面处的节点施加，弯矩、剪力通过在连接构件端截面定义刚性面和质量点的方式施加。

2.2　材料本构

支撑钢材为 Q235，其他连接构件和板件均为 Q345，钢材弹性模量 2.06×10^5N/mm^2，泊松比 0.31；混凝土为 C40，弹性模量 3.25×10^4N/mm^2，泊松比取 0.20。

钢管混凝土中钢材选用双线性随动强化本构模型，该模型服从 VON-MISES 屈服准则，强化模量取为弹性模量的1%，失效应变取为0.6，本构关系如图3所示。

钢管混凝土中混凝土采用典型的Tresca屈服准则的摩尔库伦模型，材料模型选择模拟平面屈服应力与压力模型，参考损伤与失效的双屈服面模型的参数取值方法加以合理简化。

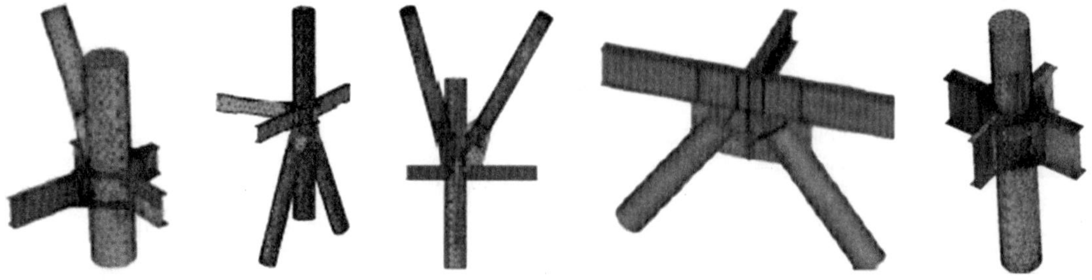

图2　节点有限元模型

2.3　粘结滑移

钢筋和混凝土之间的抗滑力由化学胶结力、机械咬合力和钢管与混凝土接触面之间的摩擦力三部分组成[6]，其中钢管与混凝土界面粘结强度受多方面的影响，混凝土轴心抗压强度、钢管径厚比、钢材屈服强度、轴压比和构件长细比、混凝土的浇注方式及养护条件均是较重要的影响因素。笔者以构件平均粘结应力和构件端部滑移的关系作为粘结滑移本构关系[7]，初始时刻钢管与核心混凝土之间处于固连状态，当接触应力 σ_n 和剪应力 σ_s 满足式（1）时固连作用失效，钢管和核心混凝土之间可以分离和滑移，失效准则如图4所示[8]。

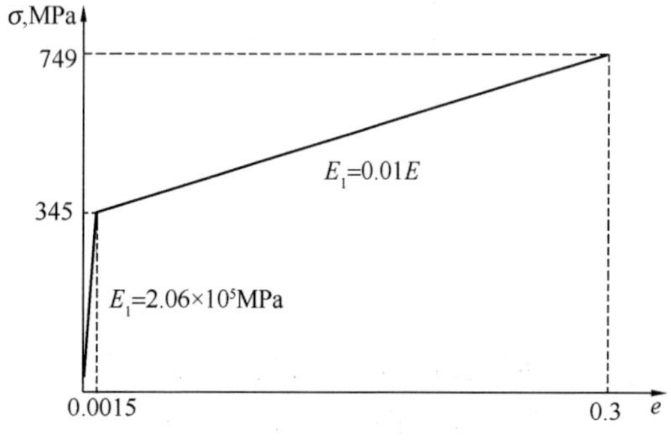

图3　钢材本构

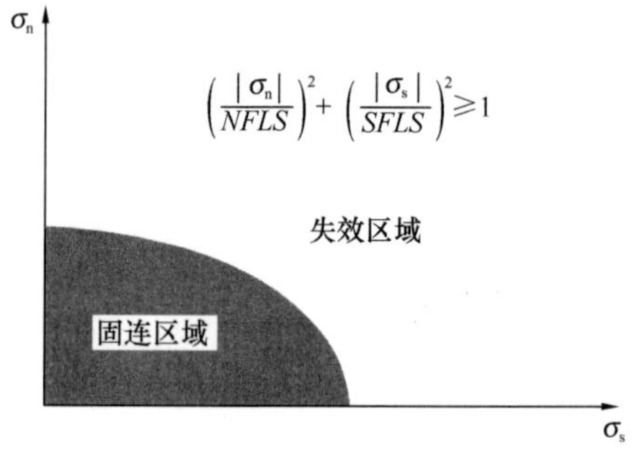

图4　固连失效准则

$$\left(\frac{|\sigma_n|}{NFLS}\right)^2+\left(\frac{|\sigma_s|}{SFLS}\right)^2\geqslant 1 \tag{1}$$

式中　σ_n——法向接触应力；

σ_s——切向接触应力；

$NFLS$——法向失效拉应力；

$SFLS$——切向失效应力。

3 节点受力性能分析

3.1 荷载作用

节点受力分析时主要考虑了以下荷载工况：

（1）永久荷载起控制作用的荷载效应组合（工况 1）：

$$1.35S_{GK}+1.3\times0.7S_{QK}+1.4\times0.6S_{WK}$$

（2）可变荷载起控制作用的荷载效应组合（工况 2）：

$$1.2S_{GK}+1.4S_{WK}+1.3\times0.7S_{QK}$$

（3）考虑地震作用的荷载效应组合（工况 3）：

$$1.2S_{GE}+1.3S_{Ehk}+0.5S_{Evk}+1.4\times0.2S_{WK}$$

式中 S_{GK}——永久荷载标准值的效应；

S_{QK}——可变荷载标准值的效应；

S_{WK}——风荷载标准值的效应；

S_{GE}——重力荷载代表值的效应；

S_{Ehk}——水平地震作用标准值的效应；

S_{Evk}——竖向地震作用标准值的效应。

对五类节点 52 个模型分别进行分析，分析其在三种工况下的受力性能，对于连接有支撑的 1～4 类节点，分别考虑设置与未设置加劲板两种情况。

3.2 受力性能分析

提取各节点 3 种工况下的计算结果，各类型最不利节点的应力最大值见表 3。

表 3 各类型最不利节点应力最大值（N/mm²）

节点类型	模型编号	工况 1	工况 2	工况 3
1	6	301.1	238.5	202.4
2	10	265.4	289.8	267.9
3	26	284.1	258.2	274.1
4	39	236.4	211.8	215.0
5	50	290.7	274.9	283.0

以类型 1 节点为例进行说明，类型 1 中 7 个节点三种工况下的应力最大值见表 4。

表 4 类型 1 节点应力最大值（N/mm²）

模型编号	应力 1	应力 2	应力 3
1	193.2	179.1	248.0
2	82.1	117.1	131.0

续表

模型编号	应力 1	应力 2	应力 3
3	205.2	211.9	188.0
4	243.0	133.5	208.7
5	231.3	226.9	226.9
6	301.1	238.5	202.4
7	202.3	217.6	183.5

由表 4 可知，节点 6 为类型 1 最不利节点，其应力最大位置为梁与环板连接处，整体及局部应力云图如图 5 所示。此时节点 6 节点域受力情况见表 5。

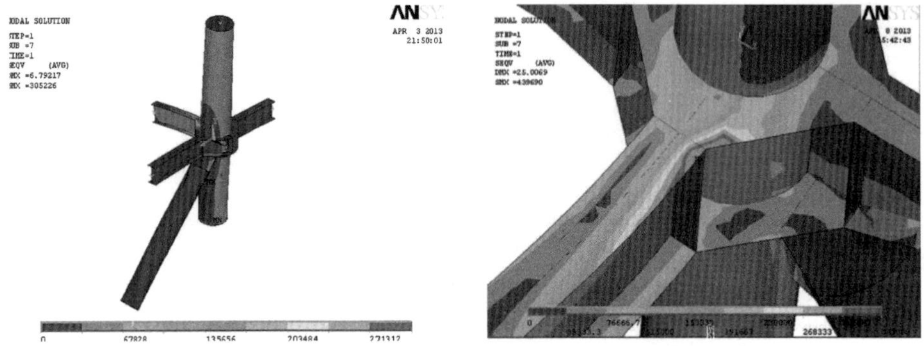

(a) 整体应力云图　　(b) 局部应力云图

图 5　节点 6 应力云图（工况 1）

表 5　节点 6 相关构件和板件应力最大值*（N/mm^2）

板件/构件	ZCL	J1	JJ1	L1	L2	L3	L4	JJL
应力	31.1	45.2	166.6	58.8	38.1	301.1	262.6	51.6

* J 为连接支撑的节点板，JJ 为节点板平面外设置的加劲板，JJL 为梁加劲肋，IB 为连接环板。

经过对类型 1 节点的受力分析，7 个节点应力均未超过设计强度，节点承载力满足要求。

通过 52 个节点的分析可知，节点受力最不利位置主要为环板与框架梁连接处。其原因是，框架梁根部受力且与环板连接位置框架梁截面发生突变，连接位置易出现应力集中。因此，受力较大的框架梁节点的加强环板建议做成弧形，梁高改变处坡度尽量做缓。

3.3　加劲板影响分析

5 类节点中，类型 1～类型 4 节点连有支撑，支撑连接处，节点板两侧的加劲板对节点板提供一定的侧向刚度，对比分析设置与未设置加劲板节点的受力性能，考察加劲板对节点受力的影响。各类型节点中最不利节点加设和不加设加劲板时应力最大值对比见表 6。以类型 1 节点为例，加设和不加设加劲板情况下计算结果对比见表 7。

表 6 各类型最不利节点设置和未设置加劲板应力最大值对比（N/mm^2）

节点分类	模型编号	支撑处			节点板		
		设置加劲板 σ_1（N/mm^2）	未设置加劲板 σ_1'（N/mm^2）	σ_1'/σ_1	设置加劲板 σ_2（N/mm^2）	未设置加劲板 σ_2'（N/mm^2）	σ_2'/σ_2
1	6	121.1	174.3	1.44	45.2	79.0	1.75
2	10	104.0	123.4	1.22	243.5	328.7	1.35
3	26	62.0	98.3	1.59	132.4	398.6	3.01
4	39	30.6	55.2	1.80	132.2	150.5	1.34

表 7 类型 1 节点设置和未设置加劲板应力最大值对比（N/mm^2）

模型编号	支撑处			节点板		
	设置加劲板 σ_1（N/mm^2）	未设置加劲板 σ_1'（N/mm^2）	σ_1'/σ_1	设置加劲板 σ_2（N/mm^2）	未设置加劲板 σ_2'（N/mm^2）	σ_2'/σ_2
1	19.1	21.6	1.13	32.2	39.5	1.23
2	25.8	30.7	1.19	31.3	35.5	1.13
3	40.9	71.4	1.75	46.8	78.2	1.67
4	31.1	49.6	1.59	48.1	67.6	1.41
5	14.9	13.0	0.87	119.9	119.6	1.00
6	12.1	14.3	1.18	45.2	79.0	1.75
7	79.6	91.8	1.15	217.6	201.5	0.93

7 个节点中支撑连接角度（支撑与框架柱所成夹角）从 30°～45°不等，其中 5 号节点支撑连接角度为 30°，7 号节点支撑连接角度为 45°，以节点 5 和节点 7 为例进行分析说明。相较于设置加劲板时，未设置加劲板时节点板应力最大值变化不大。节点 5 和节点 7 设置与不设置加劲板时节点板和支撑应力云图如图 6、图 7 所示。图中所示各区域应力变化见表 8、表 9。

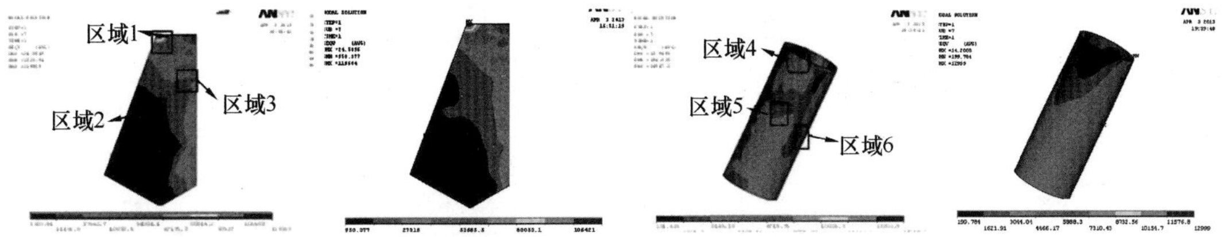

(a) 设置加劲板时节点板　(b) 未设置加劲板时节点板　(c) 设置加劲板时支撑　(d) 未设置加劲板时支撑

图 6 节点 5 节点板和支撑应力云图

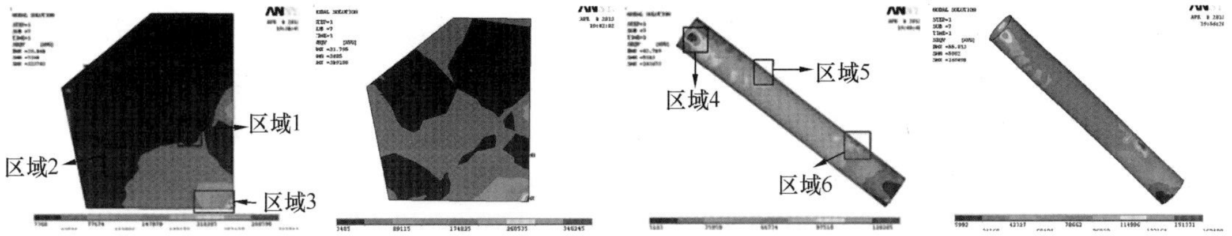

(a) 设置加劲板时节点板　(b) 未设置加劲板时节点板　(c) 设置加劲板时支撑　(d) 未设置加劲板时支撑

图 7 节点 7 节点板和支撑应力云图

表 8　节点 5 设置和未设置加劲板应力对比（N/mm^2）

项目	单元区域	设置加劲板 σ	未设置加劲板 σ′	σ′/σ
节点板	1	119.9	119.6	1.00
	2	28.3	29.7	1.05
	3	58.9	31.0	0.53
支撑处	4	8.8	14.4	1.64
	5	14.9	13.0	0.87
	6	5.5	3.4	0.62

表 9　节点 7 设置和未设置加劲板应力对比（N/mm^2）

项目	单元区域	设置加劲板 σ	未设置加劲板 σ′	σ′/σ
节点板	1	217.6	201.5	0.93
	2	76.0	60.1	0.79
	3	126.8	150.0	1.18
支撑处	4	28.8	64.4	2.24
	5	79.6	91.8	1.15
	6	25.5	93.4	3.66

由以上分析可知，对于节点 5，区域 1 设置加劲板时应力最大，未设置加劲板时应力值几乎不变，其他区域设置加劲板时应力较小，未设置加劲板时应力值有所增加，但应力均未达到节点板屈服强度；对于节点 7，区域 1 和区域 3 是否设置加劲板应力变化不大，区域 6 应力变化最大，由 25.5N/mm^2 增大为 93.4N/mm^2。

类型 2、类型 3 和类型 4 节点中部分节点存在以下不同于类型 1 节点的情况。未设置加劲板时，节点板进入塑性，由此可知加劲板的设置能够有效改善节点板的受力性能。表 10 列出当节点板进入塑性时，加设和不加设加劲肋两种情况下节点板应力最大值。

表 10　未设置加劲板时进入塑性节点应力最大值

节点类型	节点编号	连接支撑内力（kN）	设置加劲板（N/mm^2）	未设置加劲板（N/mm^2）
2	10	−2 940	243.5	328.7
2	13	−2 940	126.0	370.9
3	26	−2 320	132.4	398.6
4	40	−2 006	223.7	365.1
4	42	−2 006	277.7	324.1

通过 46 个连接支撑节点的分析结果，总结加劲板的设置原则。未设置加劲板时节点板应力存在发生塑性破坏的情况，加劲板的设置能够较大限度地减小节点板应力，支撑内力越大的节点连接支撑处，加劲板的作用效果越显著。由表 10 可知，对于支撑内力＞2000kN 的节点，连接支撑的位置必须设置加劲板以保证节点满足承载力要求。

4 结论

经过对圆形钢管混凝土柱框架结构 52 个典型节点受力性能的分析，得到以下结论：

（1）节点承载力均满足设计要求。节点受力最不利位置为环板与框架梁连接处，对于连接受力较大框架梁的节点建议柱环板做成弧形，梁高改变处坡度尽量做缓。

（2）连接支撑的节点，加劲板对节点受力有一定影响，尤其对节点板和支撑的影响最为显著。建议对于所连支撑的内力＞2000kN 的节点均设置加劲板，以保证节点域满足承载力要求。

参考文献

［1］ 尹越，陈志华．水泥圆形钢管混凝土柱预热器钢塔架优化设计研究[J]．工业建筑，2008，38(5)：109-112.

［2］ GB 50017—2017，钢结构设计规范[S].

［3］ CEN. Pr EN 1998-1：2003 Euro code 8(Stage 49 Draft No. 6)：Design of structures for earthquake resistance [S]. Brussels：2003.

［4］ SURANAKS. Geometrically nonlinear formulation for curved shellelements[J]. International Journal for Numerical Methods in Engineering，1983，(19)：581-615.

［5］ 杨娜，沈世钊．板壳结构屈曲分析的非线性有限元法[J]．哈尔滨工业大学学报，2003，35(3)：338-341.

［6］ 薛立红，蔡绍怀．钢管混凝土柱组合界面的粘结强度[J]．建筑科学，1996(3)：22-28.

［7］ ANSI/AISC 341-05. Seismic provisions for structural steel buildings[S].

［8］ 张福．水泥厂圆形钢管混凝土柱框架结构抗震性能分析[D]．天津：天津大学，2012.

（原文发表于《水泥技术》2018 年第 1 期）

生料库内倒锥的有限元分析

马德宝

在水泥厂中生料库是重要的建筑物，生料库内采用倒锥形底板是常见的形式。锥形底可以跨越较大的直径，而不需在仓内设置柱子，仓底下的空间较大，可以设置收尘器等设施。锥形底在堆料荷载作用下，锥膜内力全部为压力，符合混凝土受压性能好的特点。

以下以某水泥有限公司 5000t/d 水泥熟料生产线工程——生料均化库/生料入窑喂料系统为例，进行建模。

1 工艺资料及料压荷载

（1）工艺资料提供的布置图如图 1～图 3 所示。

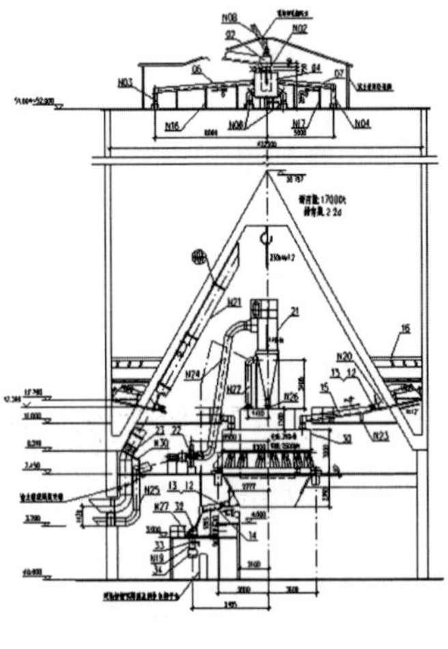

图 1 工艺立面布置图

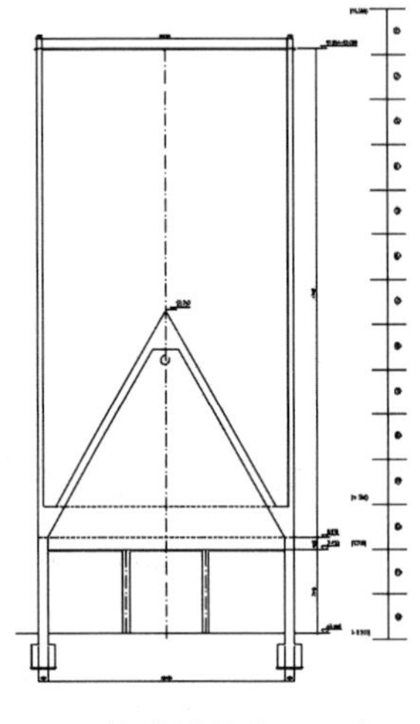

图 2 整体建模简化立面布置图

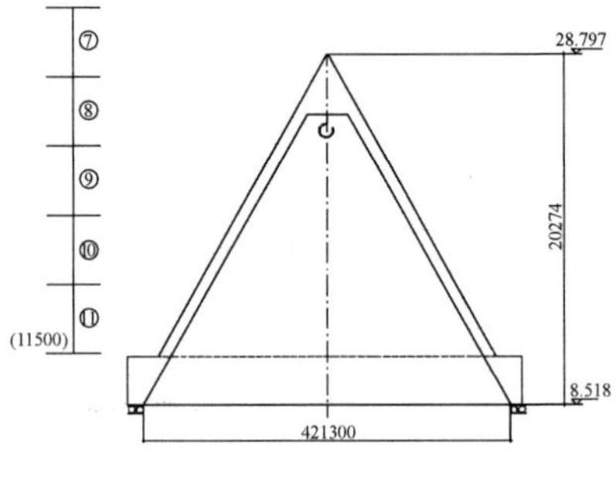

图 3 单独建模简化立面布置图

（2）库壁及倒锥的料压面荷载：

γ=14kN/m^3，φ=30°，μ=0.58，Cv=1.4，α=60°，ρ=5.625，k=0.333，ξ=0.5

其中：γ——贮料的重力密度；

φ——贮料的内摩擦角；

μ——贮料与仓壁的摩擦系数；

Cv——深仓贮料竖向压力修正系数；

α——倒锥锥面倾斜角；

ρ——筒仓水平净截面的水力半径；

k——侧压力系数；

ξ——锥面上法向压力与竖向压力的转换系数。

根据 GB 50077—2017《钢筋混凝土筒仓设计标准》得出：

倒锥部分面荷载：

$$P_t = 155.2\text{kN/m}^2, P_n = 77.6\text{kN/m}^2$$

其中：P_t——锥面切向压力；

P_n——锥面单位面积上的法向压力。

倒锥以上库壁部分面荷载：

$P_{h1}=11.7\text{kN/m}^2$　$P_{f1}=5.3\text{kN/m}^2$

$P_{h2}=37.9\text{kN/m}^2$　$P_{f2}=40.2\text{kN/m}^2$

$P_{h3}=71.0\text{kN/m}^2$　$P_{f3}=75.5\text{kN/m}^2$

$P_{h4}=103.6\text{kN/m}^2$　$P_{f4}=106.2\text{kN/m}^2$

$P_{h5}=125.2\text{kN/m}^2$　$P_{f5}=133.0\text{kN/m}^2$

$P_{h16}=144.0\text{kN/m}^2$　$P_{f6}=156.3\text{kN/m}^2$

$P_{h7}=160.3\text{kN/m}^2$　$P_{f7}=176.8\text{kN/m}^2$

$P_{h8}=174.6\text{kN/m}^2$　$P_{f8}=194.4\text{kN/m}^2$

$P_{h9}=187.1\text{kN/m}^2$　$P_{f9}=210.0\text{kN/m}^2$

$P_{h10}=198.0\text{kN/m}^2$　$P_{f10}=223.4\text{kN/m}^2$

$P_{h11}=207.3\text{kN/m}^2$　$P_{f11}=235.1\text{kN/m}^2$

其中：P_h——贮料顶面或贮料锥体重心以下距离 s（m）处，贮料作用于仓壁单位面积上的水平压力；

P_f——贮料顶面或贮料锥体重心以下距离 s（m）处的计算截面以上仓壁单位周长上的总竖向摩擦力。

（3）荷载组合　　$U = 1.2D + 1.3L\_liao + 1.4 \times 0.5L\_equ$　　（1）

式中　U——各种荷载的组合值，kN；

D——恒荷载，kN；

L_liao——储料荷载，kN；

L_equ——设备活荷载，kN。

2　根据工艺资料创建 sap2000 模型

（1）倒锥与库壁整体建模，连接处设置一环梁，如图 4～图 7 所示。

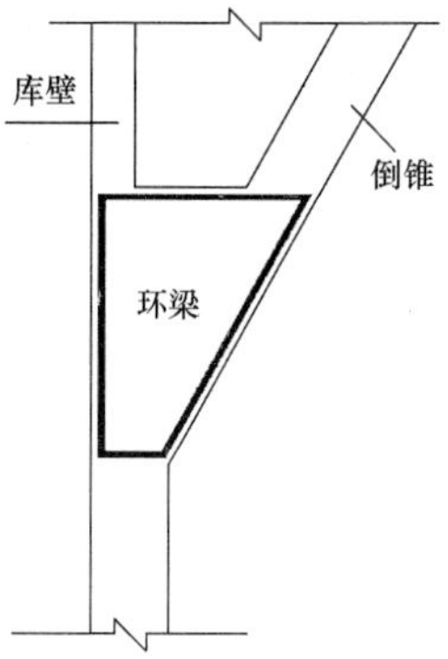

图 4　倒锥与库壁整体建模示意图

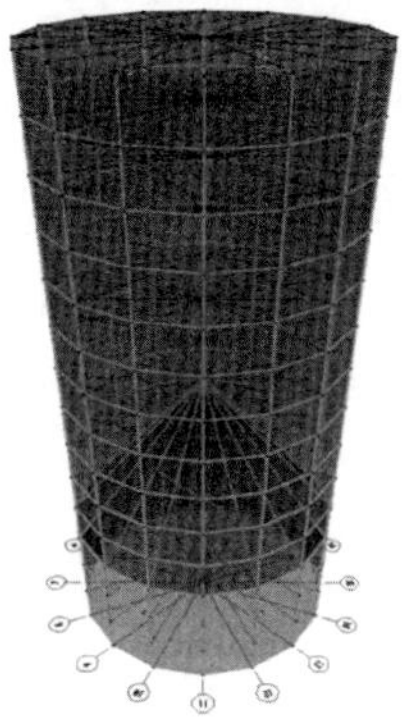

图 5　倒锥与库壁整体建模 sap 模型

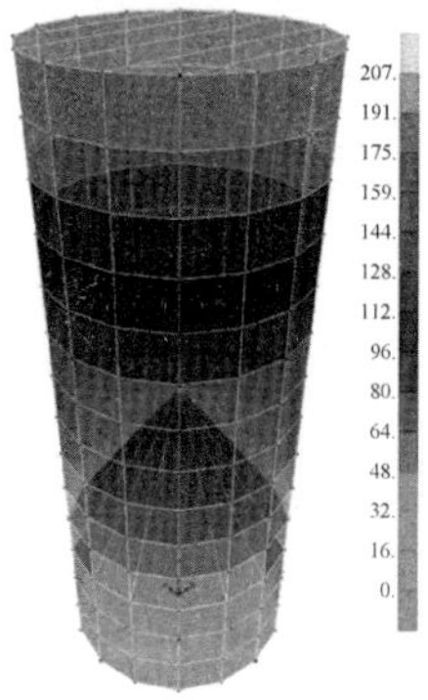

图 6　倒锥与库壁整体建模时库壁水平料压

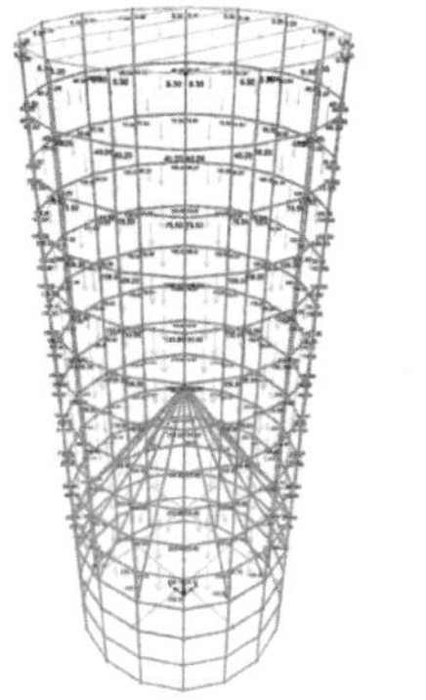

图 7　倒锥与库壁整体建模时库壁竖向摩擦力

（2）将倒锥单独建模，倒锥底部设置一环梁，并将支座设置为滚动支座，如图8～图11所示。

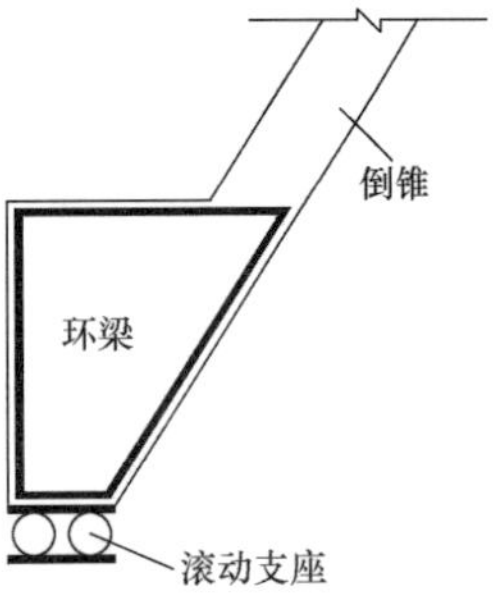

图8 倒锥单独建模示意图

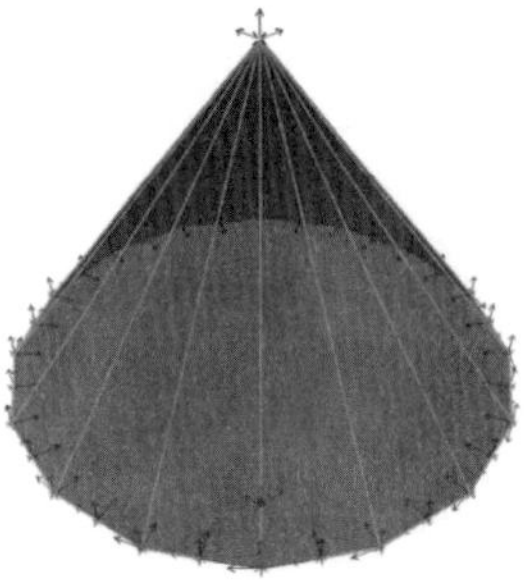

图9 倒锥单独建模sap模型

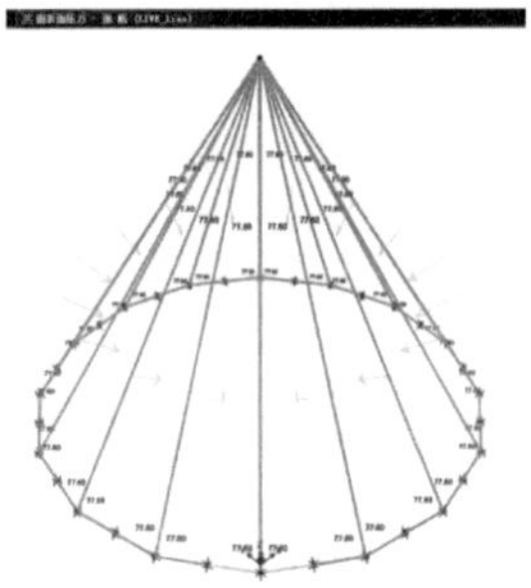

图10 倒锥单独建模时倒锥所受料压

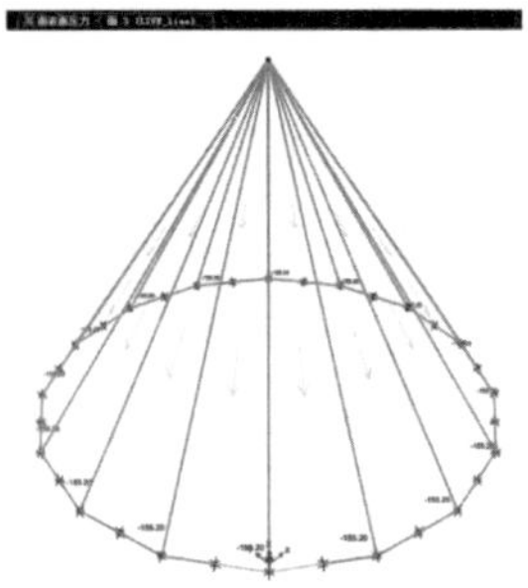

图11 倒锥单独建模时倒锥所受摩擦力

3 计算结果及分析

3.1 倒锥与库壁整体建模，连接处设置一环梁的内力结果及分析见表1。

表1 不同环梁截面和不同倒锥壳厚度情况下内力结果表（倒锥与库壁整体建模时）

环梁截面（mm×mm）	倒锥壳厚度（mm）	倒锥壳内环向膜力 F_{11}（kN）	倒锥壳内径向膜力 F_{22}（kN）	倒锥壳内环向弯矩 M_{22}，（kN·m）	倒锥壳内径向弯矩 M_{11}，（kN·m）	环梁轴向力 kN	环梁支座径向位移 U_1（mm）
500×500	400	297.18	−574.06	−3.7804	0.4768	127.35	−0.192
	800	403.84	−667.76	−18.7833	2.0325	103.43	−0.156
1000×1000	400	263.52	−572.84	−3.6337	0.448	455.52	−0.172
	800	372.03	−666.82	−18.2251	1.9438	386.03	−0.146
2000×2000	400	164.02	−568.27	−3.2054	0.3473	1286.6	−0.121
	800	268.55	−663.01	−16.4222	1.5979	1220.2	−0.115

（1）环梁支座径向位移受环梁截面尺寸和倒锥壳厚度影响，对倒锥壳厚度反应较敏感，但位移绝对值很小，且为指向远离库中心方向。

（2）环梁轴向力随环梁截面增加而变大，加大倒锥壳厚度对减小环梁轴向力有效果，且环梁轴向力为拉力。

（3）倒锥壳厚度对壳内双向弯矩影响较大，但弯矩绝对值较小，可不考虑。

（4）倒锥壳内环向膜力为拉力，而径向膜力为压力，且膜力随厚度增加而变大。

3.2 将倒锥单独建模，倒锥底部设置一环梁，并将支座设置为滚动支座的内力结果及分析见表2。

表2 不同环梁截面和不同倒锥壳厚度情况下内力结果表（倒锥单独建模时）

环梁截面（mm×mm）	倒锥壳厚度（mm）	倒锥壳内环向膜力 F_{11}（kN）	倒锥壳内径向膜力 F_{22}（kN）	倒锥壳内环向弯矩 M_{22}（kN·m）	倒锥壳内径向弯矩 M_{11}（kN·m）	环梁轴向力（kN）	环梁支座径向位移 U_1（mm）
500×500	400	−364.17	−553.58	−0.873	−0.0419	−158.41	0.238

续表

环梁截面（mm×mm）	倒锥壳厚度（mm）	倒锥壳内环向膜力 F_{11}（kN）	倒锥壳内径向膜力 F_{22}（kN）	倒锥壳内环向弯矩 M_{22}（kN·m）	倒锥壳内径向弯矩 M_{11}（kN·m）	环梁轴向力（kN）	环梁支座径向位移 U_1（mm）
500×500	800	−292.96	−647.82	−6.5259	−0.3129	−51.06	0.077
1000×1000	400	−325.28	−553.58	−1.0522	−0.0504	−536.41	0.201
	800	−279	−647.81	−6.7825	−0.3252	−186.80	0.070
2000×2000	400	−243.67	−553.56	−1.4283	−0.0685	−1329.6	0.125
	800	−240.94	−647.78	−7.482	−0.3587	−556.91	0.052

（1）环梁支座径向位移受环梁截面尺寸和倒锥壳厚度影响，对倒锥壳厚度反应较敏感，但位移绝对值很小，且为指向库中心方向。

（2）环梁轴向力随环梁截面增加而变大，加大倒锥壳厚度对减小环梁轴向力效果明显，且环梁轴向力为压力。

（3）倒锥壳内双向弯矩几乎为零，可不考虑。

（4）倒锥壳内两个方向的膜力均为压力，径向膜力较环向膜力大约一倍，占主导地位。

4　结语

综合以上计算结果，按上述倒锥角度计算，与库壁整体建模时倒锥下部环梁为拉力，倒锥单独建模时倒锥下部环梁为压力。我们看到当倒锥与库壁整体建模时，由于库壁受到贮料荷载的作用，在底部环梁位置的库壁产生很大的水平作用效应；而将倒锥与库壁脱开单独建模时，倒锥只受到贮料整体趋势为竖直向下的压力作用，所以环梁的轴向力在当倒锥与库壁整体建模时为拉力作用，在倒锥与库壁脱开单独建模时为压力作用。

当构件的内力为压力时，如采用混凝土材料则符合混凝土受压性能好的特点，材料消耗相对较少。但采用倒锥与库壁脱开单独建模时，在倒锥环梁下部的库壁处需要设置库壁圈梁，而采用倒锥与库壁整体建模的方案时，则只设置唯一环梁即可。在混凝土用量的经济性方面应根据具体项目的要求和整体经济指标确定倒锥与库壁的连接方式。

实际工程中，在倒锥角度与本文一致时，应用倒锥和库壁脱离的方式更符合混凝土的受力性能，更能发挥混凝土的耐压优势。

（原文发表于《水泥技术》2018 年第 1 期）

中美欧规范混凝土框架结构后处理程序的开发

李红雨

摘　要：在建筑行业（工业建筑、民用建筑）的各种结构形式中，钢筋混凝土框架结构在数量及工程量上在整个工程项目中都占有很大的比例，其设计的水平及完成进度的快慢对于项目建设的优劣及整体进度起到关键的控制作用。随着越来越多的中国工程及设计公司走出国门，承接的国外总包及非总包项目越来越多。由于采用国外规范、审批流程或当地劳工的原因，目前在国内普遍被接受的平法出图表达方式在国外承包项目的土建施工图设计中不再或很难被接受，需要采用抽筋图及材料表的方式进行设计输出，给设计带来了很大的困扰。本文介绍了适合中美欧等国家规范的混凝土框架结构后处理程序的技术路线及软件的开发。

关键词：混凝土框架；中美欧规范；抽筋图；后处理程序

1　前言

随着越来越多的中国工程及设计公司走出国门，其承接的国外总承包及非总承包项目也越来越多。大多数国外项目的业主要求采用美、欧结构设计规范或当地国家标准进行土建设计，对于混凝土结构的施工图，国外业主及咨询商通常不认可平法出图方式，国外项目的监理、施工方也对此持有异议，均要求结构施工图标识深度为构件图深度，且需要出具抽筋图及材料表，此种表示方法更为直观，便于现场施工下料及过程管理，对施工人员的要求也降到最低。

目前采用常规的平法表达出图模式已不能满足国外项目的要求，给项目审批及施工带来了一系列的问题，有时甚至影响到整个工程项目的进度。采用抽筋另加材料表的出图方式将占用大量的人力并花费较长的设计时间，而如果采取外包方式执行，其外包费用及完成时间有时却不是我们能控制的。

2　混凝土框架结构后处理程序的开发

为了满足国外项目的要求，同时节省人力及时间、加快出图进度及减少外包投入，满足相关规范（中美欧等规范）的构造要求，我们专门开发了一款接口出图软件。作为一款后处理软件，我们可以不用考虑中、美、欧规范在计算分析上的区别，而只从其计算结果入手，在计算结果的基础上考虑各国规范对于混凝土框架结构中钢筋的相应构造要求及表达形式。为达到这一目的，需要以计算软件的模型及配筋结果数据为基础，在此我们以国际通用的结构计算程序 SAP2000 及国内某公司软件的计算结果为根据（其他软件的设计结果后处理模式也是一样的），开发钢筋混凝土框架结构（梁、柱）后处理抽筋出图程序，该程序具备出具材料表和统计工程量的功能。

2.1 完善后处理软件的方案

（1）配备 SAP2000 软件接口工具。其接口处理方式有两种：一种方式为真实读入 SAP2000 的设计计算结果，另一方式为完全读入模型（包括构件、支座、荷载等各种信息）导入其他分析软件进行二次计算，要求其计算结果对比真实有效，能满足工程需要。

（2）开发钢筋混凝土框架—抽筋图、材料表及工程量统计功能。将计算结果进行后处理并进行二次开发，以平法表达的方式进行配筋控制，做出对梁、柱构件控制出图的相应关键参数表，调整此表相应参数即可满足对应的中、美、欧等国家规范的构造要求，继而出具构件抽筋图及材料表，并具备统计工程量的功能。

（3）编制工具箱。为了便于对出具的材料表进行调整或增减等操作，需编制具有各种钢筋形状的绘图工具箱以完善后处理出图程序的功能。

以上方案实现的技术流程如图 1 所示。首先读取结构计算分析的配筋结果文件，以平法方式进行转化输出，在此过程中涉及选筋的过程。在平法输出图的结果上，可调整构件编号及配筋结果。总参数表和分参数表分别对构件抽筋图出图进行控制，总参数表控制钢筋种类、锚长等对整体结构构件产生影响的因素，分参数表分为框架梁、非框架梁、框架柱等多个子表，以期对每种结构构件的关键配筋位置进行参数化控制，从而满足中、美、欧等国家规范的构造要求。在所有参数调整完毕后可进行详图输出，为了后续的细节调整及修改，增加了多种类型钢筋的材料表的快速录入工具，以对材料表进行补充完善，此快速录入工具也可用于其他结构形式（如地沟、地坑等非框架结构形式）的材料表的制作，可有效缩短设计时间。

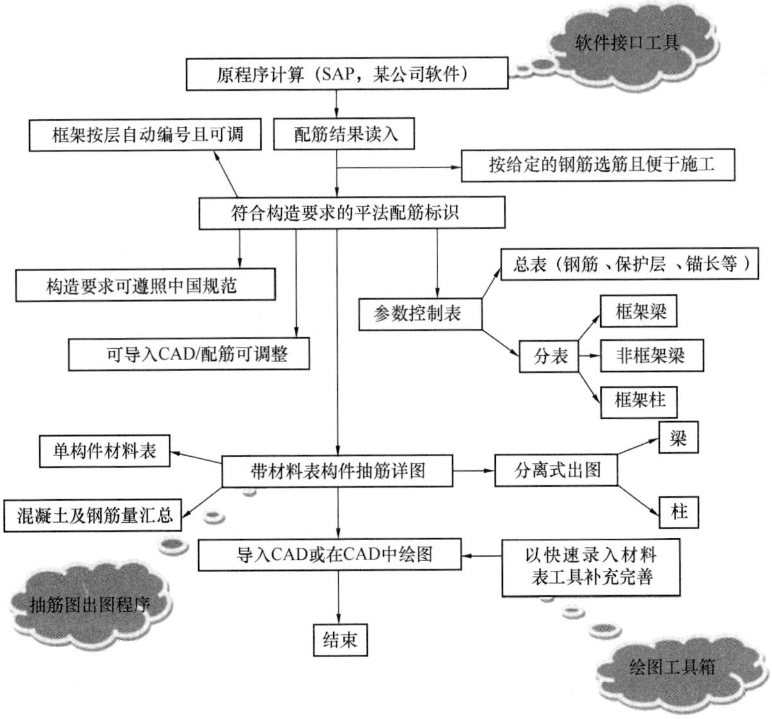

图 1　流程图

该后处理程序包含软件接口工具、混凝土框架抽筋出图程序及相关工具箱，涉及内容相当广泛，若要在短期内完成，其工作量是巨大的。对此，我们决定与经验丰富且在国内结构分析及后处理领域有一定影响力的某软件公司合作，按上述技术流程进行后处理软件开发，目前各功能的开发均已顺利完成。

2.2 后处理软件的核心功能

（1）程序可自由选择接力 SAP2000 设计数据或某软件设计数据。根据指定数据源配筋，接力 SAP2000 设计数据时，不但可以正确读入计算配筋面积，还可读入 SAP2000 中输入的配筋规格。

（2）程序可实现构件的自动归并、分组、编号及各种钢筋的交互修改与调整。从 SAP2000 导入的计算结果文件以平法表达的形式进行输出，实现了各层梁的自动归并、分组、编号及可交互式调整，通过修改构件名称，可以方便地调整构件的分组编号，改名时可选择修改整组构件的名称或者仅修改一根构件的名称，单根构件改名即相当于将此构件从原来的同名构件组中拆分出来，若改名时遇到同名构件，软件会提示是否将原来的两组构件归并为一组。

参数化控制符合构造要求的钢筋细节，此部分为整个后处理的核心所在。参数分为两个方面：其一为选择实配钢筋时需要用到的绘图及控制参数，如绘图设置、搭接锚固长度等，其二为绘制立剖面详图时可以使用的细部构造参数，如箍筋加密区、弯钩长度等，细部构造参数使得详图的输出更为灵活，由先画图后修改的工作模式变为使用公式化参数控制自动成图的工作模式，大大减少了详图的修改工作量，提高了生产力。

（3）具备完善的立剖面抽筋详图表现形式，并可绘制完整准确的钢筋材料表。

（4）增加了钢筋表的快速录入工具，可以快速录入需要修改及增加的钢筋。可实现如图 2 所示的多种钢筋形式。

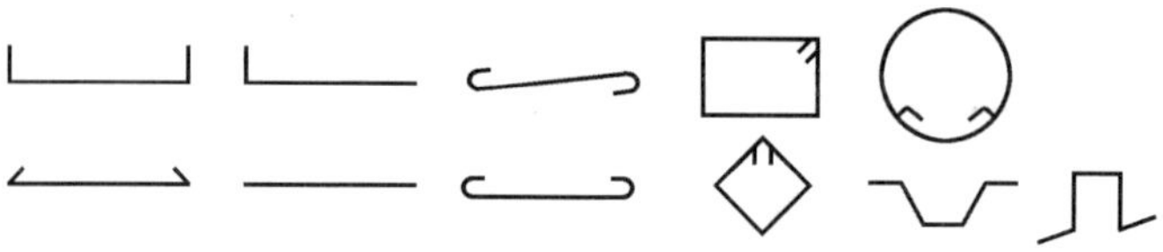

图 2　多种钢筋形式

（5）软件在建模完成后即可统计全楼的混凝土及钢材用量，出施工图后还可统计全楼的钢筋用量，统计结果可以以文本形式汇总输出。

3 结语

钢筋混凝土框架后处理程序的开发对于各涉外公司承接国内外项目具有深远的意义，可以满足国内外项目结构设计的需求，为项目提供有力的支持，节省人力、提高工作效率、减少外包投入，对现场的施工也能起到良好的推动作用，应用前景广阔。

参考文献

［1］ GB 50010—2010，混凝土结构设计规范[S].

［2］ Building Code Requirements for Structural Concrete（ACI 318-11）and Commentary101[S].

［3］ BS EN 1992-1-1：2004 Eurocode 2：Design of concrete structures[S].

［4］ 混凝土结构施工图平面整体表示方法制图规则和构造样图集 11G101-1～4[S].

（原文发表于《水泥技术》2017 年第 1 期）

ETAP 软件在低压大功率电动机起动校验方面的应用分析

刘森　汪洋　李思　田哲

摘要：在工厂供配电设计时，大功率电动机是否采用软起动、变压器容量如何满足大功率电动机起动的问题往往困扰设计者，设计方案的选择需要大量手工计算才能确定。本文使用 ETAP 软件对大功率电动机起动建立了典型电动机起动模型，通过调整模型参数即可校验不同功率电动机在何种情况下采用何种起动方式能满足电压降的要求，最终形成了一个速查表，体现了 ETAP 软件电动机起动模块的便捷性、高效性和准确性。

关键词：ETAP 软件；电动机起动；电压降

在工厂供配电设计时，大功率电动机起动时引起的电压降对车间变压器的选型和大功率电动机的起动方式选择都有很大的影响。传统大功率电动机的起动是按照《工业与民用配电手册》中表 6-16 的计算公式计算校验，但这种手工计算的计算量较大且每次设计时都要校验结果。同时手册中的公式仅有全压起动、电抗器降压起动和自耦变压器降压起动的公式，对目前常用的软起动器起动并未描述，没有可使用的公式。ETAP 软件的电动机起动模块能自定义软起动器的特性，我们使用该软件搭建了一个典型电动机起动模型，通过改变电动机功率、变压器容量等参数，得到了不同参数时的起动压降，且形成了一个速查表，使用此表即可轻松查到符合不同设计要求的电压降，方便快捷。

1　建模思路的理论基础

根据《工业与民用配电手册》及国家标准 GB 50055《通用用电设备配电设计规范》，电动机起动时在配电系统中会引起电压下降，这种电压偏差将影响工厂配电系统的电能质量。国家标准中对这种电动机起动时在配电系统中引起的电压下降规定了电压允许值，即“电动机起动时，其端子电压应能保证所拖动的机械要求的起动转矩，且在配电系统中引起的电压波动不应妨碍其他用电设备的工作”。这包含两方面具体要求：

（1）电动机起动时的端电压满足电动机的起动转矩。

（2）电动机所在的配电母线电压需要满足下列要求：

① 在一般情况下，电动机频繁起动时，不宜低于额定电压的 90%；电动机非频繁起动时，不宜低于额定电压的 85%。

② 配电母线上未接照明或其他对电压波动较敏感的负荷，且电动机非频繁起动时，不宜低于额定电压的 80%。

从实际经验上看，电动机自身起动的问题并不大，最重要的就是大功率电动机起动时对所在配电母线的影响是否满足国家标准的要求。在 GB 50055 标准“条文说明”中可以找到类似的阐述：“仅需在电动机末段线路很长且重载起动时，才需要校验起动转矩；同时仅在电动机功率达到电源容量的一定比例（如 20%或 30%）或配电线路很长时，才需要校验配电母线的电压，而不必对各个系统的各级母线进行校验”。但“条文说明”仅仅给出了一个经验限值“20%或30%”，当接近这个限值时，还是需要通过计算来校验电压降是否满足要求。通过ETAP软件可以搭建一个典型的“等效电网+变压器+大功率电动机+其他等效负荷”的电动机起动模型，通过输入不同参数，最终能够准确得出这个临界点。

2 ETAP软件介绍

ETAP是由美国OTI公司开发的一款全图形界面的电力系统仿真计算软件[1]。在美国，ETAP确立了电力系统设计和分析软件的标准，是全美第一个特许提供给核电站进行电力系统分析的商用软件[2]，目前已广泛应用于全球工程设计咨询行业。

对比目前国内广泛应用的电气仿真计算软件[3]，MATLAB广泛应用在高校的理论科研中，而ETAP在面向工程应用时更有优势。ETAP拥有各种应用在实际工程中的设备模型库（如ABB、施耐德、西门子等产品），方便用户快捷建模；可以生成标准化的分析报告，使用户一目了然；计算速度更快，能满足庞大的仿真计算工作量。

3 ETAP软件在电动机起动分析方面的应用

ETAP软件电动机起动分析模块功能全面，可以起动一台电动机，也可以转换系统状态，还可以分析一组电动机的起动。同时，该模块还提供了直观的单线图图形显示，使用户能够了解电动机起动过程中系统的参数变化。

系统模型一旦建立，即可便捷、高效、精确和全面地分析不同起动模式、选择不同负载模型、设置不同起动类型、选择不同系统连接方式等各种情况，根据分析结果做出正确的设计选型。

3.1 ETAP电动机起动分析模块介绍

ETAP提供了两种电动机起动计算方法：动态电动机加速和静态电动机起动。在动态电动机加速计算中，以动态模型模拟发动机，用程序模拟电动机的整个加速过程。用这种方法来确定电动机是否可以采用该形式起动，电动机需要多长时间达到额定速率，以及确定电压降对系统的影响。在静态电动机起动方法中，在加速期间，用堵转的方法起动电动机，模拟对正常运行负荷最坏的影响。这种方法适合于在不能用动态模型起动电动机的情况下检测电动机起动对系统的影响。

本文主要研究大功率电动机起动时对配电母线电压的影响，采用静态电动机起动方法即可。

3.2 典型电动机起动模型的搭建

本文根据工厂常见的配电方案，建立了由10kV电网给车间变压器供电，低压母线上考虑一台最大功率电动机，其他电动机和负载通过一个等效负荷模型等效，进行ETAP软件建模仿真。

如图1所示，10kV电源的短路容量按100MVA设置（如图2，参数可调整），10/0.4kV车间变压器容量按630kVA设置（如图3，参数可调整），大功率电动机按90kW设置（可调整），电动机电缆长度按100m设置（可调整），电缆截面按电动机功率选择（可调整），等效负荷按照变压器容量70%设置（可调整）。

在填写大功率电动机参数时，除了需要添加铭牌页数据外，还需要起动计算的数据。对于静态起动，起动数据包括模型页（图4）的起动电流倍数（LRC）和起动功率因数、负载模型页的起动时间以及起动类型页。

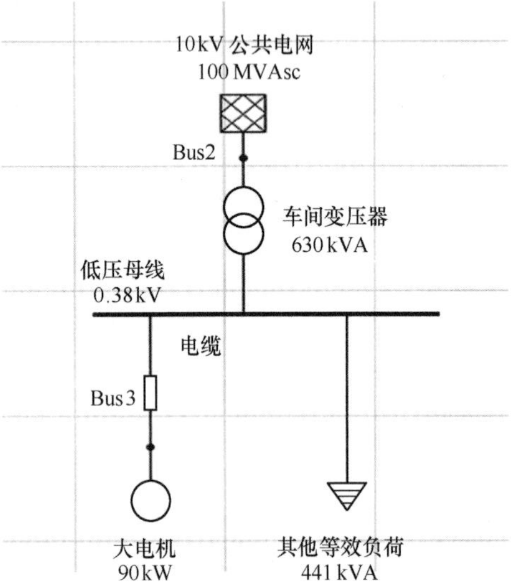

图1　ETAP仿真系统图

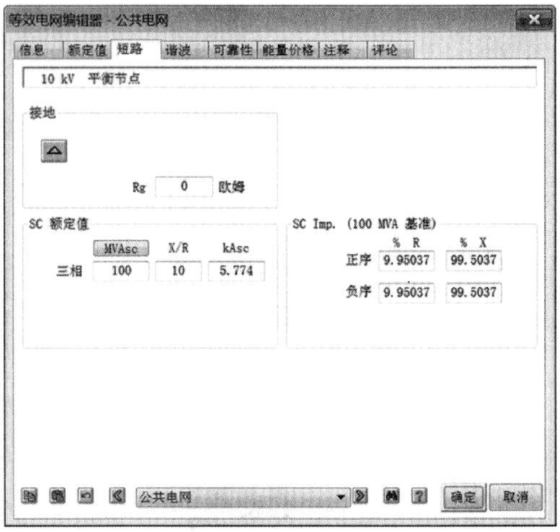

图2　电源短路容量参数设置界面

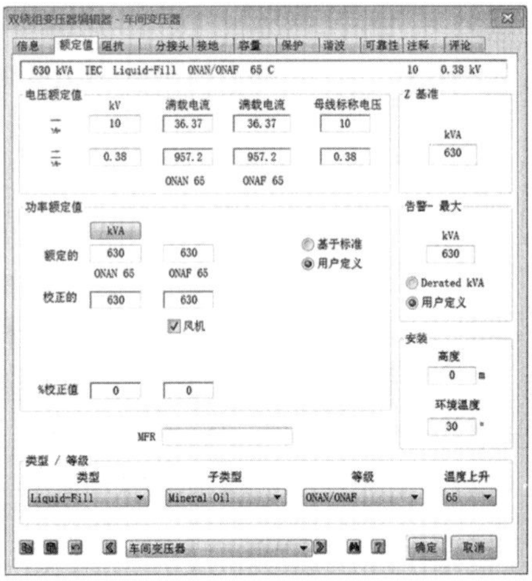

图3　变压器容量参数设置界面

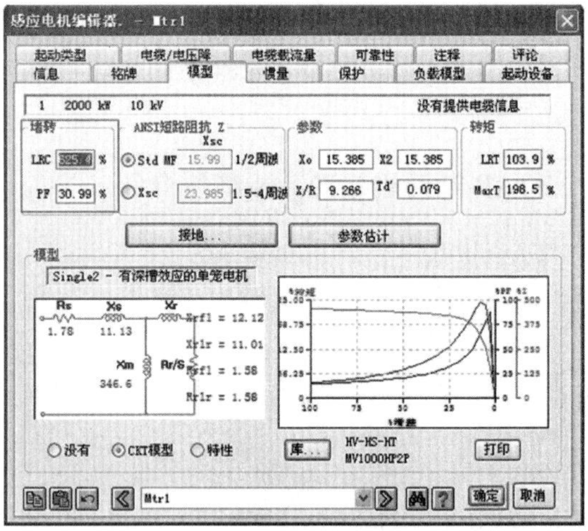

图4　电机模型参数设置界面

3.3　电动机起动分析

静态电动机起动方法，假定电动机总是可以起动的。在“电动机编辑器”中设定电动机在空载和满载情况下的加速时间，程序在这两个值的基础上根据负荷改写加速时间。在加速过程中，用堵转转子阻抗表示电动机，它可以从系统中获得最大电流，对系统中其他负荷运行的影响也最大。一旦加速过程结束，电动机就是一个恒定功率负荷。ETAP根据在电动机编辑器中设定的起动和最终负荷来模拟负荷的斜坡增长过程。

启动电动机起动分析后，从单线图（图 5）中可以直观地看到电动机起动过程中电动机端的电压百分比 87.4%和低压配电母线的电压百分比 92.97%及瞬时的起动容量等。如果需要，ETAP 软件还可以生成电动机起动分析报告并绘出所需要的参数曲线（如母线电压、电机电流等）。

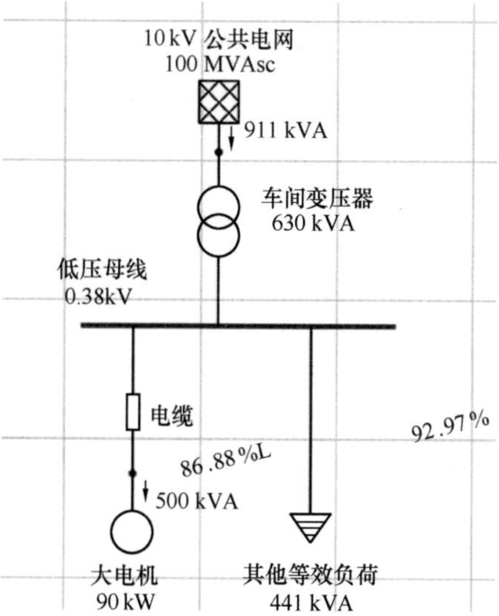

图 5　起动压降结果

3.4　电动机起动分析结论

针对不同变压器容量、不同大功率电动机功率，通过使用 ETAP 软件进行了大量仿真计算试验，并将所得到的结果生成为一个速查表（图 6）。仿真的情况包括了直接起动和软起动、单传动和双传动电机、功率从 90kW 到 200kW 的大电机等各种多变量的情况。从表中可以轻松查到在何种情况下大功率电动机起动会对低压母线造成严重影响，超过了国家标准的要求。

变压器客量(kVA)阻抗电压(%)	单双传动	电机功率(kW)											
		90(3×95)		110(3×120)		132(3×185)		160(3×240)		185[(2(3×120)]		200[(2(3×120)]	
		直启	软启	直启	软启	直启	软启	直启	软启	直启	软启	直启	软启
63.0	单	92.21%	93.25%	91.31%	92.72%	90.34%	92.19%	89.17%	91.55%	87.89%	90.86%	87.28%	90.21%
4.5	双					84.76%	88.19%	82.86%	86.98%	80.83%	85.35%	79.64%	83.99%
800	单	93.02%	93.88%	92.27%	93.44%	91.46%	92.99%	90.48%	92.46%	89.40%	91.89%	88.89%	91.62%
4.5	双					86.76%	90.21%	84.90%	88.92%	82.97%	87.75%	82.06%	87.06%
1000	单	94.21%	94.97%	93.16%	94.74%	92.49%	94.37%	91.69%	93.93%	90.82%	93.50%	90.40%	92.47%
4.5	双					88.41%	91.43%	86.79%	90.35%	85.11%	89.40%	84.32%	88.82%
1250	单	94.14%	94.78%	92.72%	94.55%	93.0[illegible]%	94.14%	92.36%	93.73%	91.64%	93.43%	91.13%	93.15%
4.5	双					89.[illegible]7%	92.40%	8[illegible].37%	91.5[illegible]%	87.02%	90.85%	86.21%	90.23%
1600	单	94.65%	95.15%	94.12%	94.84%	93.66%	94.54%	93.08%	94.22%	92.34%	93.91%	92.02%	93.76%
4.5	双					91.26%	93.54%	90.11%	92.79%	88.79%	92.11%	88.18%	91.71%
2000	单	94.80%	95.31%	94.36%	95.05%	93.77%	94.65%	93.02%	94.21%	92.33%	94.03%	91.86%	93.68%
6.0	双					92.66%	93.47%	89.10%	91.87%	87.81%	91.17%	87.19%	90.75%

图 6　电动机起动分析速查表

4 结语

通过 ETAP 软件电动机起动分析模块搭建了一个典型电动机起动模型并进行了大量的仿真计算，将得出的结果形成了一个速查表，方便选择不同功率电动机的起动方式和变压器容量，包括直接起动和软启动方式，省去了大量的手工计算工作，设计更加快速、准确、省时。该速查表在我公司项目设计时已经被广泛使用，极大提高了设计效率。

参考文献

[1] 美国 OTI 公司 . ETAP 用户手册 7.1.0[M]. Irvine. USA：Operation Technology，Incorporation，2009.

[2] 冯煜理，王雷，陈陈 . 电力系统仿真软件 ETAP 的特性与功能简介[J]. 供用电，2005，22(5)：23-26.

[3] 李升 . MATLAB 和 ETAP 电力系统仿真比较研究[J]. 南京工程学院学报：自然科学版，2006，4(2)：50-55.

[4] 刘森，汪洋，周莹莹，张柳 . ETAP 软件在水泥厂短路计算及继电保护整定的应用[J]. 中国水泥，2012，6：70-72.

[5] 任元会 . 工业与民用配电设计手册[M]. 北京：中国电力出版社，2005.

（原文发表于《水泥技术》2018 年第 3 期）

浅析水泥厂电机功率分布规律

叶小卫　李　思　徐自强

摘要： 基于现有的水泥生产线，分类汇总全厂的用电设备，从其类别、容量等进行分析，得出其分布规律，对后续项目提供典型的数据支持。

关键词： 用电设备；类别；容量；规律

1　引言

当前水泥厂的生产规模从日产2000t至10000t不等，生产规模的不同导致全厂的装机容量、电机电压等级、电机容量等分布均有所不同。同时，水泥生产线是一种相对已成熟的技术，故电机的电压等级、电机容量存在一定的规律性。本文尝试基于现有的水泥生产线，对其进行归纳、分析，得出其规律性。

2　电机功率汇总

选取已实施的日产3000t、5000t、6700t、7000t生产线配套电机进行统计，结合各自项目特点汇总于表1、表2、表3、表4。

表1　日产3000t生产线

<table>
<tr><th>类别</th><th>用电数量</th><th>装机容量</th><th>用电数量比例</th><th colspan="2">用电数量百分比</th><th>装机容量比例</th><th colspan="2">装机容量百分比</th></tr>
<tr><td>1. ≤22kW</td><td>200</td><td>1627.23</td><td>73.26%</td><td rowspan="5">低压</td><td rowspan="5">94.87%</td><td>6.50%</td><td rowspan="5">低压</td><td rowspan="5">23.05%</td></tr>
<tr><td>2. 22kW<P≤75kW</td><td>28</td><td>1291</td><td>10.26%</td><td>5.16%</td></tr>
<tr><td>3. 75kW<P<160kW</td><td>10</td><td>1084</td><td>3.66%</td><td>4.33%</td></tr>
<tr><td>4. ≥160kW 软启动</td><td>3</td><td>540</td><td>1.10%</td><td>2.16%</td></tr>
<tr><td>5. 低压变频</td><td>18</td><td>1224.5</td><td>6.59%</td><td>4.89%</td></tr>
<tr><td>6. 690V 变频</td><td>4</td><td>1640</td><td>1.47%</td><td rowspan="3">中压</td><td rowspan="3">5.13%</td><td>6.55%</td><td rowspan="3">中压</td><td rowspan="3">67.08%</td></tr>
<tr><td>7. 中压变频</td><td>1</td><td>1250</td><td>0.37%</td><td>5.00%</td></tr>
<tr><td>8. 中压电机</td><td>9</td><td>13895</td><td>3.30%</td><td>55.53%</td></tr>
<tr><td>电机合计</td><td>273</td><td>25022.37</td><td></td><td></td><td></td><td></td><td></td><td></td></tr>
<tr><td>9. 执行器气动阀门</td><td>41</td><td>9.64</td><td></td><td></td><td></td><td>0.04%</td><td rowspan="2">其他</td><td rowspan="2">9.87%</td></tr>
<tr><td>10. 设备配套电控</td><td>140</td><td>2461</td><td></td><td></td><td></td><td>9.84%</td></tr>
</table>

表 2　日产 5000t 生产线

类别	用电数量	装机容量	用电数量比例	用电数量百分比		装机容量比例	装机容量百分比	
1. ≤22kW	293	2299.91	75.91%	低压	96.37%	6.42%	低压	25.25%
2. 22kW<P≤75kW	31	1480	8.03%			4.13%		
3. 75kW<P<160kW	18	1994	4.66%			5.56%		
4. ≥160kW 软启动	9	1560	2.33%			4.35%		
5. 低压变频	21	1717.5	5.44%			4.79%		
6. 690V 变频	1	720	0.26%	中压	3.63%	2.01%	中压	65.40%
7. 中压变频	7	11885	1.81%			33.16%		
8. 中压电机	6	10835	1.55%			30.23%		
电机合计	386	35843.49						
9. 执行器气动阀门	79	6.37				0.02%	其他	9.35%
10. 设备配套电控	140	2461				9.84%		

表 3　日产 6700t 生产线

类别	用电数量	装机容量	用电数量比例	用电数量百分比		装机容量比例	装机容量百分比	
1. ≤22kW	235	1893.53	71.87%	低压	94.50%	4.69%	低压	23.08%
2. 22kW<P≤75kW	29	1222	8.87%			3.03%		
3. 75kW<P<160kW	13	1467	3.98%			3.63%		
4. ≥160kW 软启动	11	1990	3.36%			4.93%		
5. 低压变频	21	2751.3	6.42%			6.81%		
6. 690V 变频	1	1000	0.31%	中压	5.50%	2.48%	中压	67.60%
7. 中压变频	6	9134	1.83%			22.61%		
8. 中压电机	11	17170	3.36%			42.51%		
电机合计	327	40389.536						
9. 执行器气动阀门	55	24.86				0.06%	其他	9.31%
10. 设备配套电控	140	2461				9.84%		

表 4　日产 7000t 生产线

类别	用电数量	装机容量	用电数量比例	用电数量百分比		装机容量比例	装机容量百分比	
1. ≤22kW	235	1893.53	71.87%	低压	94.50%	4.69%	低压	23.08%
2. 22kW<P≤75kW	29	1222	8.87%			3.03%		
3. 75kW<P<160kW	13	1467	3.98%			3.63%		
4. ≥160kW 软启动	11	1990	3.36%			4.93%		
5. 低压变频	21	2751.3	6.42%			6.81%		
6. 690V 变频	1	1000	0.31%	中压	5.50%	2.48%	中压	67.60%
7. 中压变频	6	9134	1.83%			22.61%		
8. 中压电机	11	17170	3.36%			42.51%		

续表

类别	用电数量	装机容量	用电数量比例	用电数量百分比		装机容量比例	装机容量百分比	
电机合计	327	40389.536						
9. 执行器气动阀门	55	24.86				0.06%	其他	9.31%
10. 设备配套电控	140	2461				9.84%		

3 数据分析

结合上述不同规模水泥厂用电设备数量、功率、电压等级的汇总，可以得出如下规律。

从装机容量分析，不同规模水泥生产线中压设备占装机容量的68%左右，低压设备占装机容量的32%左右，中低压装机容量占比基本恒定，与平均值相比较增减在5%之内；日产5000t以上生产线中，中压装备的装机容量占比略有增大的趋势，详见表5。

从电机数量分析，日产3000t水泥生产线电气设备总量约为273台，日产5000t生产线需要386台，日产6700t生产线需要327台（该线存在部分车间与老线共用的情况），而日产7000t生产线则增至498台，总体上，随着生产线规模的增加，电机数量呈线性上升。

从设备功率分析，低压设备占多数，不同规模的生产线功率 $P \leqslant 22kW$ 的电机总数占比在70%～80%，$22kW < P \leqslant 75kW$ 的电机总数占比在8%～10%，$P > 75kW$ 的电机总数占比在5%～7%之间，低压变频电机总数占比5%～7%，低压电机占比不受生产线规模的影响。从中压设备上看，中压占总数的5%上下浮动，也不受生产线规模的影响，详见表6、表7。

表5 装机容量、不同电压等级百分比对比

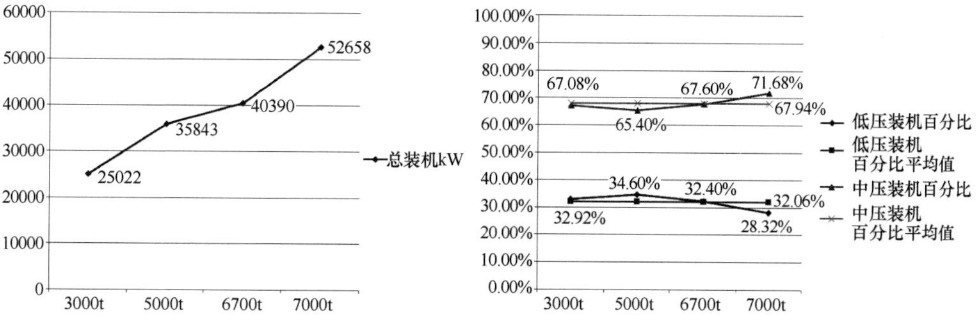

表6 电机功率占比

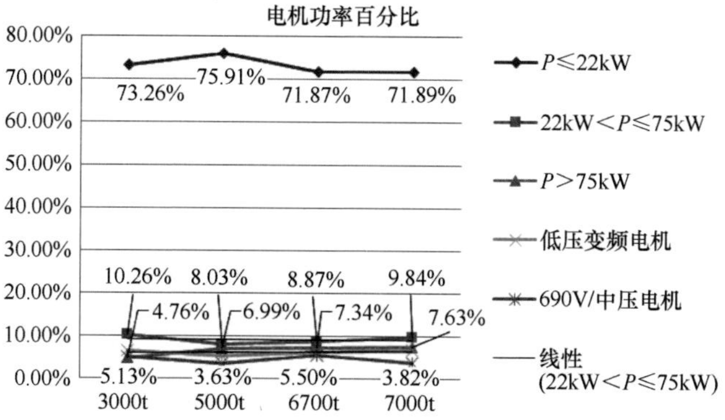

表 7　不同功率电机数量百分比

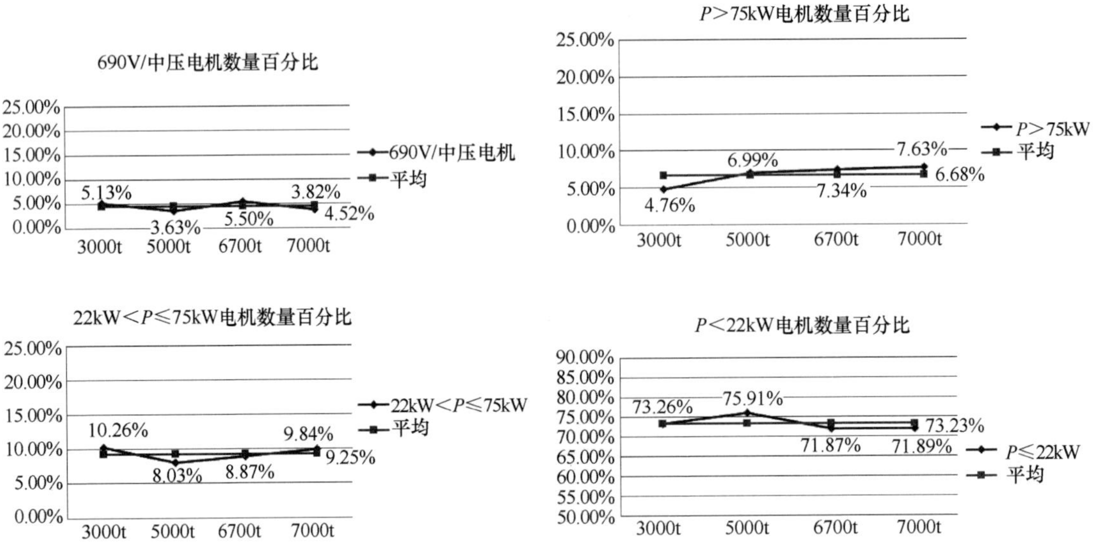

4　结语

本文基于现已运转的水泥生产线，分类汇总全厂的用电设备，从其类别、容量等进行分析，得出其分布规律，可为后续不同项目的供配电系统提供报价基准，提高其准确率，以增强公司的竞争力。

电气工程量软件的研究与开发

张 煜　李金海

摘　要： 本文基于 Excel VBA 的程序开发平台，结合相关数据资料，开发了电气工程量软件，该软件可以提高工程前期阶段工程量估算速度。

关键词： 工程量；VBA

1　引言

随着海外水泥市场的发展及我国技术装备力量的提高，越来越多的企业参与到海外总承包项目的竞争中，如何发挥技术优势和管理经验，在竞争中有效控制和规避风险而取得优势，是 EPC 项目能否成功的关键。

EPC 项目总承包投标报价非常重要，报价保守会失去机会，但漏项或对风险估计不足会造成经济损失。EPC 工程中电气工程量报价的依据是电机清单及总平面布置图，由于电机清单数据很多，处理起来单调、烦琐。为此，我公司利用 VBA 程序平台开发了电气工程量软件，采用该软件处理电机清单，可以提高报价工作的效率，减少人为误差，使报价人员有更多的精力投入到报价方案的优化中，充分发挥公司的技术和管理优势。

2　VBA 语言

Visual Basic for Applications（VBA）是 Visual Basic 的一种宏语言，是由微软公司开发的在其桌面应用程序中执行通用的自动化（OLE）任务的编程语言。

VBA 为软件的二次开发提供了一个良好的平台，在 Excel 中应用 VBA，可以使电气工程量报价的工作效率大大提高。

3　程序设计依据及流程

电气工程量软件开发的目的就是提高电气工程量报价的效率，让设计人员从繁杂重复的工作中解脱出来，将更多的精力投入到设计方案的精细优化中。为此，程序主要实现了以下功能：

（1）基于马达清单的中低压柜数量自动生成，此部分是电气盘柜报价的基础；

（2）基于马达清单的 IO 点数量自动生成，此部分是 DCS 系统报价的依据；

（3）基于马达清单的电缆规格数量自动生成，此部分是电缆报价的依据；

（4）建立中低压柜、IO 点及电缆统计的设计规则数据库，同时向设计人员开放，可以根据实际项目情况进行修改；

（5）实现电缆长度规格、IO 点及中低压柜数量的快速统计功能。

3.1 马达清单的中低压柜统计程序

马达清单中低压柜统计程序流程如图 1 所示，按照此流程编制程序可以统计中低压柜数量。

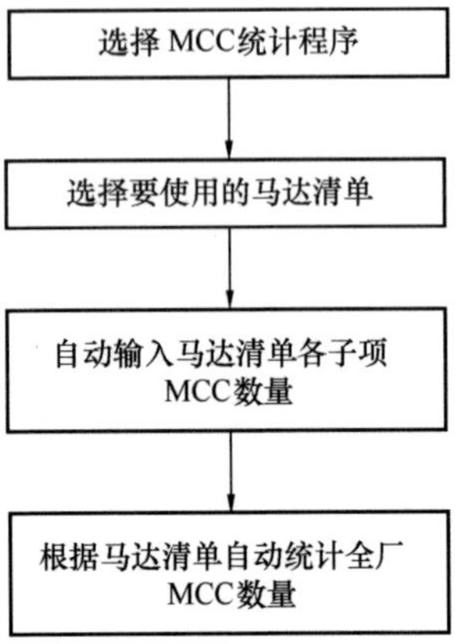

图 1　中低压柜自动统计程序流程图

根据电机和馈电设备制成了程序所需的数据库，程序自动根据这一规则进行中低压柜数量生成与统计。

3.2 马达清单 IO 点统计程序

马达清单 IO 点统计程序流程如图 2 所示。

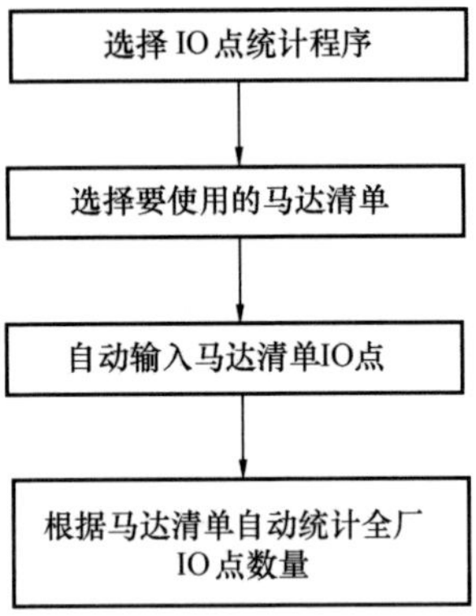

图 2　IO 点自动统计程序流程图

根据水泥厂常见设备常规所需的 IO 点数，制成了程序所需的数据库，设计人员可以根据实际情况进行修改以满足项目报价的实际需要。

3.3 马达清单电缆统计程序

马达清单电缆统计程序流程如图 3 所示。

本程序提供了两种电缆长度的估算方法：

(1) 平均长度计算法

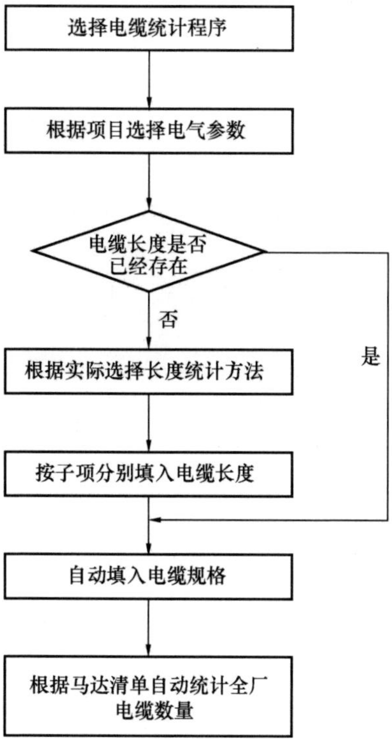

图 3　电缆统计程序流程图

以电力室至所配电及控制的各子项中的电机平均长度为基准，进行长度统计。

（2）步进长度计算法

以电力室至所配电及控制的各子项中的电机最短长度为基准，设置一个平均步进值，进行长度统计。

采用此方法时，motor list 的顺序应由近至远（距电力室距离），可以相应提高准确程度。

电缆统计中电缆参数确定后，再输入电缆的长度，这样就可以自动生成电缆的不同规格。

4　程序编制过程

软件采用面向对象的程序设计思路，构建人机交互界面，借助 Excel VBA 技术，将电气报价中对马达清单的人工处理变成程序中的按钮，减少人为造成的失误。同时程序大量采用模块化的设计，增强了通用性、操作性与可移植性。

4.1　调用窗体

首先利用 VBA 程序中的控件命令建立三个窗体，分别对应着马达清单电缆统计程序、马达清单 IO 点统计程序和马达清单的中低压柜统计程序，同时在背景中插入水泥厂图，如图 4 所示。然后在窗体程序中利用 call 语句调用这三个核心数据处理程序。

图 4　马达清单报价统计程序窗体

4.2　马达清单 IO 点和中低压柜统计程序

该部分程序设计的界面如图 5 所示。

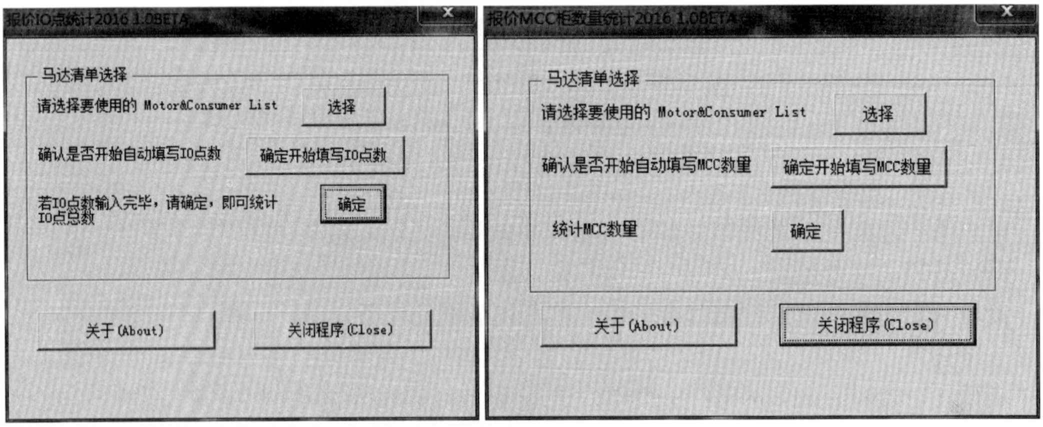

图 5　马达清单 IO 点和 MCC 柜统计程序界面

两个程序都是首先选择要执行的马达清单，然后单击按钮即可统计出 IO 点数和 MCC 数量。IO 点统计的数据库是以机旁优先方式控制为基础的，这部分数据库可以根据实际情况进行修改，从而满足项目要求。程序设计中采用了 If 选择判断语句、Do Loop 循环语句和 Case Select 选择语句。

4.3　马达清单电缆统计程序

该部分程序设计的界面如图 6 所示。

第一步，参数选择，根据电缆厂家的资料及项目设计积累做成了电缆数据库。

第二步，电缆长度输入，报价过程中电缆统计一般是以电力室位置至现场进行估算，同时电缆长度输入做了两种选择方法，一是平均长度计算法，二是长度步进法。两种方法均可以满足工程报价要求。

第三步，单击按钮后可以自动统计整个项目的电缆规格。

程序设计中采用了 If 选择判断语句和 For Next 和 Do Loop 等循环语句。

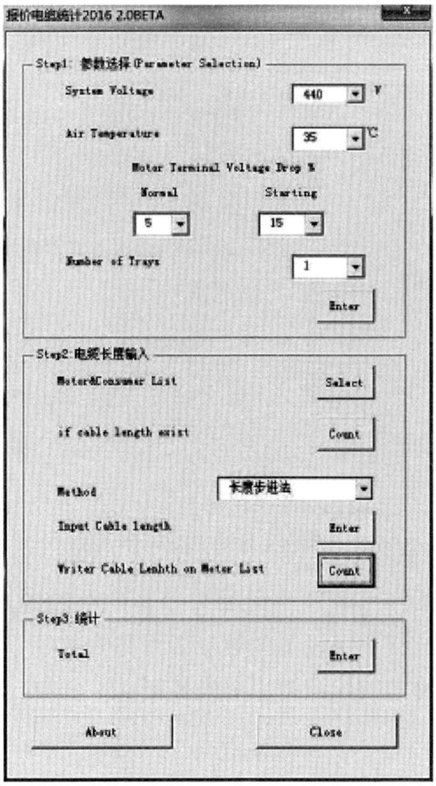

图 6　马达清单电缆统计程序界面

5　程序执行实例

此程序应用于海外某工程报价项目，马达清单如图 7 所示，分别执行三个程序后结果如图 8 所示，执行中 MCC 柜统计会弹出提示栏，输入备用率即可。

110-LIMESTONE CRUSHING

1	110AC02EC01	VSD for Apron Feeder		1			400/230					F			
	110AC02MT01	Veriable Frequency Motor	55	1	55		400	SC	IP54	F/B		VSD			
2	110AC02EC02	VSD for Apron Feeder		1			400/230					F			
	110AC02MT02	Veriable Frequency Motor	55	1	55		400	SC	IP54	F/B		VSD			
	110AC02MT04	Spillage Conveyor Motor	5.5	1	5.5		400	SC	IP54	F/B		DOL			
3	110AC04EC01	VSD for Apron Feeder		1			400/230					F			
	110AC04MT01	Veriable Frequency Motor		[illegible]	55		400	SC	IP54	F/B		VSD			
	110AC04MT03	Spillage Conveyor Motor	4	1	4		400	SC	IP54	F/B		DOL			
4	110HC05MT01	Hammer Crusher Motor	900	[illegible]	[illegible]		[illegible]	SR	IP44	F/B		LR			
5	110HC05MT02	Hammer Crusher Motor	900	[illegible]	900		6000	SR	IP44	F/B		LR			
	110HC05MT03	Hammer Crusher Motor	5.5	1	5.5		400	SC	IP54	F/B		DOL			
	110HC05MT04	Hammer Crusher Motor	45	1	45		400	SC	IP54	F/B		DOL			
6	110BC06MT01	Belt Conveyor motor	55	1	55		400	SC	IP54	F/B		DOL			
7	110BF07EC01	Control box for Bag Filter	0.1	1	0.1		400/230					F			
	110BF07MT02	Screw Conveyor motor	2.2	1	2.2		400	SC	IP54	F/B		DOL			
	110BF07MT03	Rotary Airlock	1.1	1	1.1		400	SC	IP54	F/B		DOL			
8	110FA08MT01	Bag Filter Fan	132	1	132		400	SC	IP54	F/B		SS			
9	110LD02MT02	Motorized Louver Damper	0.1	1	0.1		400/230					A			
10	110BC09MT01	Belt Conveyor motor1	300	1	300		690	SC	IP54	F/B		VSD			
11	110BC09MT02	Belt Conveyor motor2	300	1	300		690	SC	IP54	F/B		VSD			
12	110AZ10EC01	Cross Analyzer		1			230					F			
13	110CA11EC01	Double Girder Electric Crane(电动双梁起重机)		1			400/230					F		MPB	
	110CA11MT01	Motor(起升电机)	17	1	17		400	SC	IP54	F/B		DOL			
	110CA11MT02	Motor(起升电机)	13	1	13		400	SC	IP54	F/B		DOL			
	110CA11MT03	Motor(运行电机)	6.3	1	6.3		400	SC	IP54	F/B		DOL			
	110CA11MT04	Motor(运行电机)	6.3	1	6.3		400	SC	IP54	F/B		DOL			
	110CA11MT05	Motor(运行电机)	6.3	1	6.3		400	SC	IP54	F/B		DOL			
14	110BS14EC01	Belt Scale(皮带秤)		1	0		230					F			
15	110BF19EC01	Control box for Bag Filter	0.2	1	0.2		400/230					F			
	110BF19MT02	Rotary Airlock(回转卸料器)	1.1	1	1.1		400	SC	IP54	F/B		DOL			
16	110FA20MT01	Fan (风机)	18.5	1	18.5		400	SC	IP54	F/B		DOL			
17	110CM21MO01	Screw Compressor(螺杆空压机)	22	1	22		400	SC	IP54	F/B		DOL			
18	110HD23EC01	Refrigeration Dryer(冷冻式干燥机)		1			400/230					F			
19	110ST25EC01	Stacker(侧式悬臂堆料机)	138	1	138		400/230					F		MPB	
				LV Motor	644.2										

图 7　马达清单实例

A	B	C	D	E	F	G	H	I	J	K
未统计控制电缆、仪表类电缆及					DI点数	DO点数	AI点数	AO点数		请注意，过程类仪表点数，大电机相关IO点数，大收尘IO点数，
非标设备从现场控制箱到现场设备的电缆					2331	591	196	102		空气炮IO点数及油站类IO点数没有统计，这部分需要手动统计
	YJV-0.6/1	3x2.5	3674							
	YJV-0.6/1	3x4	80							
	YJV-0.6/1	4x2.5	12327		子项代号	MCC	MCC柜数量估算	裕度取值为	1.2	
	YJV-0.6/1	4x4	3886		110	20	2.666666667			
	YJV-0.6/1	4x6	1416		115	19	2.533333333			
	YJV-0.6/1	4x10	2340		110	30	4			
	YJV-0.6/1	4x16	2242		115	19	2.533333333			
	YJV-0.6/1	3x25+1x16	925		111	23	3.066666667			
	YJV-0.6/1	3x35+1x16	1137		116	32	4.266666667			
	YJV-0.6/1	3x50+1x25	2147		118	24	3.2			
	YJV-0.6/1	3x70+1x35	1055		120	69	9.2			
	YJV-0.6/1	5x2.5	7545		135	21	2.8			
	YJV-0.6/1	5x10	9663		125	28	3.733333333			
	YJV-0.6/1	5x16	163		126	45	6			
	YJV-0.6/1	3x25+2x16	230		130	20	2.666666667			
	YJV-0.6/1	3x35+2x16	157		131	35	4.666666667			
	YJV-0.6/1	3x50+2x25	521		132	39	5.2			
	YJV-0.6/1	3x70+2x35	101		136	17	2.266666667			
	YJV-0.6/1	3x95+2x50	168		140	47	6.266666667			
	YJV-0.6/1	3x120+2x7	28		165	92	12.26666667			
	BPYJVP-0.	4x2.5	461		170	44	5.866666667			
	BPYJVP-0.	4x4	113		175	73	9.733333333			
	BPYJVP-0.	4x6	326		176	24	3.2			
	BPYJVP-0.	3x25+1x16	400		182	16	2.133333333			
	BPYJVP-0.	3x35+1x16	239							
	BPYJVP-0.	3x50+1x25	308							
	BPYJVP-0.	3x70+1x35	739							
	BPYJVP-0.	3x95+1x50	264							

图 8　自动执行结果

该程序可以根据马达清单快速统计出大部分设备的电缆长度规格、IO 点数量、中低压柜数量，设计人员只需单独统计非标设备的数量即可得到数据，整体的工作效率提高，满足了报价项目的要求，项目报价中的风险得以有效控制。

参考文献

[1] 王乔，窦延宝，石立华，等．应用 Excel VBA 编制煤田钻孔综合成果整理程序[J]. 煤田地质与勘探，201644(1)：27-30.

[2] 任小龙，宋国春．VBA 程序接口在仪表设计中的应用[J]. 化工自动化及仪表，2016(43)：144-146.

[3] 邬昱昆，葛妹，谢新宇．基于 Excel VBA 的监测数据管理软件的研制与开发[J]. 测绘与空间地理信息，2014，37(7)：169-171.

[4] 武云辉．完全手册：Excel VBA 办公应用开发详解[M]. 北京：电子工业出版社，2008.

[5] 李兆斌．Excel 2003 与 VBA 编程从入门到精通[M]. 北京：电子工业出版社，2004.

[6] 夏强．Excel VBA 应用开发与实例精讲[M]. 北京：科学出版社，2006.

（原文发表于《水泥技术》2017 年第 6 期）

技 术 改 造

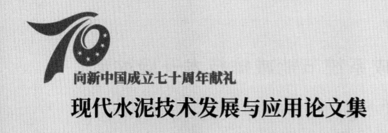

浅谈生产线烧成系统节能减排技术升级改造

孙金亮　谢小云　高　翔

摘　要：本文从技术指标、环保及市场竞争三个方面分析早期建设的5000t/d熟料生产线存在的不足，结合当前先进烧成技术提出对此类生产线的节能减排改造思路，供相关人士参考借鉴。

关键词：烧成系统产量；标煤耗；系统电耗

1　概述

中国水泥工业从20世纪90年代完成引进消化吸收新型干法水泥技术之后，就开始进入提升和再创新的阶段。进入21世纪以来，中国的新型干法水泥进入了快速发展时期，单线熟料生产规模能力从2500t/d到5000t/d再到10000t/d，技术指标在不断提升，目前已走在了世界前列。和中国的经济发展一样，中国水泥行业发展也从高速增长阶段迈向高质量发展阶段，尤其是近几年二代新型干法技术在减量置换生产线上的广泛应用，一批具有先进性能指标的水泥生产线的投产，为现有企业带来了前所未有的生存压力，具体体现在以下几个方面。

1.1　技术指标方面

新投产生产线由于采用了高能效低阻低氮六级预热器、两档窑、带中置辊破的行进式稳流冷却机、生料辊压机终粉磨系统及煤粉辊磨等低能耗技术，生产线的标准煤耗一般在92～95kg/t.cl，电耗一般在42～45 kWh/t.cl。在现有熟料生产线中，5000～8000 t/d熟料生产线为主流。而早期建设的5000t/d熟料生产线标准煤耗一般在110kg/t.cl以上，系统电耗一般在55kWh/t.cl以上。技术指标的巨大差异，导致企业的市场竞争力不强，在当前整体产能过剩的背景下，企业面临巨大的生存压力。另外，2013年10月1日，新修订《水泥单位产品能源消耗限额》标准开始实施；2015年4月29日，国家发改委价格司和工信部节能司组织召开了水泥行业阶梯电价座谈会，会上讨论了《关于印发水泥企业用电实行阶梯电价政策实施细则的通知（草稿）》，这些国家政策的实施将进一步加大企业的压力。

1.2　环保方面

2017年10月，十九大报告提出党中央的重大战略任务，打好防范化解重大风险、精准脱贫、污染防治三个攻坚战；2018年7月国务院正式印发《打赢蓝天保卫战三年行动计划》，环境污染综合治理倒逼水泥企业加大环境治理投资。在此背景下，各地制定了水泥企业的超低排放标准。以河南省为例，当前执行标准为：水泥窑废气在基准氧含量10%的条件下，颗粒物、二氧化硫、氮氧化物排放浓度要分别不高于10mg/m^3、35mg/m^3、100mg/m^3。而在最新发布的河南省地方标准DB41中，到2021年1月1日起，所有位于河南省辖市建成区内的水泥工业企业的所有生产工序，其中氮氧化物将执行50mg/m^{3}的排放限值。

老生产线由于分解炉容积偏小，进行分级燃烧改造难度大，脱硝优化改造无法达到最佳效果，生产线将面临巨大环保压力，另外，若为达到环保要求一味增加氨水用量，在氨水雾化不好时也存在闪爆的安全隐患及氨逃逸等风险。

1.3 市场方面

由于当前整体的水泥产能过剩，作为市场经济中的水泥企业既要遵循市场经济规律又要获取经济效益。当前，行业采取错峰停窑生产措施，那如何最大限度发挥现有生产线的生产能力、优化技术及环保指标、降低生产成本，是摆在水泥生产企业面前需要迫切思考的问题。

基于上述三方面的分析，对于现有熟料生产线唯有通过节能减排技术升级改造，通过提产降耗减排，最终增强企业的市场竞争实力。这里将以早期建设的 5000t/d 熟料生产线为例，来简单探讨烧成系统节能减排改造思路。

2 技术改造方案分析

2.1 生产线配置情况

早期建设的 5000t/d 熟料生产线根据不同的设计单位，其配置稍有不同，但差别不是很大，表 1 显示了某 5000t/d 生产线的主机配置情况，作为生产线技术改造分析的一种案例。

表 1 某 5000t/d 生产线的主机配置情况

<table>
<tr><td rowspan="4">回转窑</td><td colspan="2">规格</td><td>m</td><td>ϕ4.8×72</td></tr>
<tr><td colspan="2">斜度</td><td>%</td><td>4.0</td></tr>
<tr><td colspan="2">窑速</td><td>r/min</td><td>0.4～4.0</td></tr>
<tr><td colspan="2">电机功率</td><td>kW</td><td>680</td></tr>
<tr><td rowspan="2">分解炉</td><td colspan="2">型式</td><td colspan="2">喷腾型</td></tr>
<tr><td colspan="2">塔内分解炉规格</td><td>mm</td><td>ϕ7500×31500</td></tr>
<tr><td rowspan="6">预热器</td><td colspan="3">型式</td><td>双列五级</td></tr>
<tr><td rowspan="5">规格</td><td>C_1</td><td>mm</td><td>4-ϕ5000</td></tr>
<tr><td>C_2</td><td>mm</td><td>2-ϕ6900</td></tr>
<tr><td>C_3</td><td>mm</td><td>2-ϕ6900</td></tr>
<tr><td>C_4</td><td>mm</td><td>2-ϕ7200</td></tr>
<tr><td>C_5</td><td>mm</td><td>2-ϕ7200</td></tr>
<tr><td>冷却机</td><td colspan="3">篦床面积（m^2）</td><td>121.2</td></tr>
<tr><td rowspan="3">窑尾高温风机</td><td colspan="2">风压</td><td>Pa</td><td>6500</td></tr>
<tr><td colspan="2">风量</td><td>m^3/h</td><td>900000</td></tr>
<tr><td colspan="2">电机功率</td><td>kW</td><td>2800</td></tr>
</table>

2.2 生产线存在的主要问题

（1）产量低

早期设计的生产线由于当时的技术水平所限，一般设计为5000t/d的熟料线，实际投产后产量在5700～5800t/d，而新生产线基于同样的窑径，在充分改善窑尾预分解和窑头冷却功能后，可以达到6500t/d甚至更高。

（2）实物煤耗与电耗高

一般表现为预热器出口废气温度高，一般为350～360℃，C_1 出口废气含尘量大，C_1 出口压力高，一般到7000Pa；熟料冷却效果不好，熟料温度一般在150℃以上，二、三次风温低，冷却机热回收效率低；高温风机运行效率低。

（3）窑头篦冷机故障率高

现有生产线一般为第三代推动篦式冷却机，这类冷却机机械传动故障率较高，导致频繁停机；篦板更换频繁，熟料锤式破碎机的锤头磨损较快，导致备品备件费用高。

2.3 技术改造目标

以解决上述存在的问题为着眼点，以窑径不变为前提，以尽量提高烧成系统产量，优化生产线运行指标，减少技改投资和提高投资性价比，尽量降低烧成系统的热耗和电耗，以最大幅度地降低生产成本为原则来确定改造目标。这里，以某5000t/d生产线为例，介绍技术改造前后指标（表2）。

表2 某5000t/d生产线技术改造指标对比表

序号	指标	改造前	改造后
1	熟料产量	5700～5800 t/d	6500 t/d
2	标煤耗	110 kg/t. cl	105 kg/t. cl
3	熟料烧成系统工序电耗	32kWh/t. cl	29kWh/t. cl

通常情况，上述改造后指标为参考值，因企制宜，实际投产后各指标基本都优于上述指标。

2.4 烧成系统改造技术方案分析

烧成系统采用局部更换及改造相结合的方式进行技术改造，在确保达到改造目标的前提下尽量降低技改投入，提高经济效益，压缩施工周期。

（1）分解炉

考虑到现有生产线分解炉容积偏小，此次技术改造主要考虑加大分解炉的有效容积和提高炉内气体停留时间，改造后分解炉总容积一般增加至2000～2500m^3以上，保证分解炉内气体停留时间大于5.0s，在减少分解炉系统阻力的同时，确保煤粉在分解炉内完全燃烧和生料的充分分解。

另外，重新设计 C_4 下料管的上、下分料布置，可以灵活调节分解炉主燃烧区的温度，增强分解炉对产量和煤质的适应性。

（2）旋风筒

C_1 旋风筒是窑尾烟气经过的最后一级旋风筒，设计上要求具有较高的分离效率，降低出预热器烟气粉尘浓度，减少出预热器烟气带走的热量，在保持较高分离效率的同时，还应降低旋风筒的阻力。目前，在系统产量5700～5800t/d下，生产线原有 C_1 旋风筒收尘效率偏低，将来提产后 C_1 旋风筒的阻力也将显著上升。C_1 旋风筒建议整体更换蜗壳结构型式为最新结构型式，调整 C_1 旋风筒的进口、出口风速以及内筒结构，保证在提高 C_1 旋风筒分离效率的同时降低其系统阻力。

C_2～C_4 旋风筒主要考虑降阻，途径为增加进风口的面积来降低进口风速，从而降低旋风筒的阻力。试验表明，在一定范围内进口风速对压损的影响远大于对效率的影响，因此，在不明显影响分离效率和进口不致产生过多物料沉积的前提下，适当扩大旋风筒的进口面积，适当降低进口风速，可作为有效的技改降阻措施之一。

（3）撒料装置

预热器系统风管中换热以对流换热为主，而对流换热的速率主要取决于生料分散的程度；而管道中物料的分散效果主要靠撒料装置来实现。针对目前生产线换热效率不高的情况，改造中将更换各级撒料装置，采用新型高效撒料盒改善物料分散状况，以期获得更理想的换热效果，也可以实现有效降低预热器出口温度和系统热耗的目的。

（4）窑尾烟室

在现有条件下尽量加大窑口护板拱顶至烟室喂料斜坡垂直距离的烟室最小断面尺寸，增大通风面积，以加强和改善窑内通风。

（5）回转窑

目前，生产线回转窑规格为 $\phi4.8\times72$m，转速为 0.4～4.0r/min，功率为 680kW，为适应提产以及极端条件的要求，一般需提高回转窑的转速至 4.5～5.0r/min，更换回转窑主传动，提高主电机功率。

（6）篦冷机

在 6500t/d 的系统产量下，现有的篦冷机篦床面积偏小，建议整体更换为带中置辊破的第四代冷却机，即将现有篦冷机整体拆除，重新安装第四代冷却机，包含辊式破碎机，驱动、润滑和控制系统等，将篦冷机整体升级为第四代，篦冷机鼓风机视配置情况部分采用。改造后篦冷机热效率≥74%，出篦冷机熟料温度为 65℃＋环境温度。

（7）高温风机

受制于制造技术，国产高温风机的效率一般低于 70%，而高温风机的电耗则又影响到烧成电耗，在当前水泥行业高质量发展阶段，建议采用进口风机，其特点是效率高，一般可到 82%以上。采用此风机，系统电耗可以降低 2kWh/t. cl。

2.5 烧成系统改造流程、工期及投资

技改项目改造流程预定按图 1 方式进行。

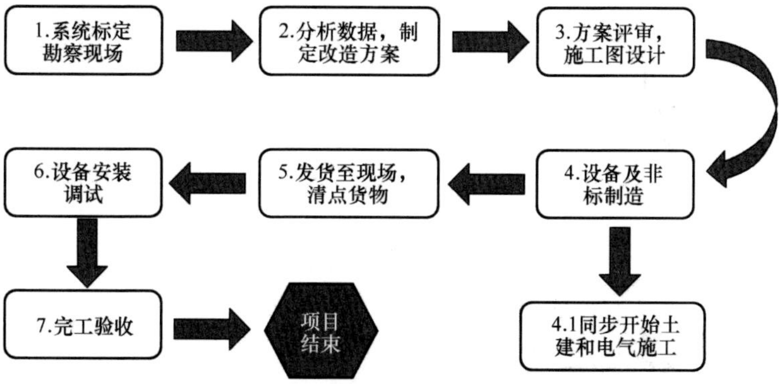

图 1　技改项目改造流程示意

如项目进行过程中有与计划流程异同方面，可视现场具体情况进行调整。对于上述范围的改造一般总工期 6 个月，其中施工工期 3 个月。对于有此类改造需求的企业可选择在错峰生产停窑时间里实施。

因各项目实际情况不同，改造范围会有差异，再加上各地物价水平不一，因此烧成系统投资会有差异，本文中介绍的改造方案的投资估算一般在 5000 万元左右。

2.6 烧成系统改造效益分析

实施此类技术改造，会给企业带来社会效益与经济效益，分析如下：

（1）社会效益

技改后，系统电耗与热耗降低，符合国家节能减排政策；各类排放进一步降低，符合国家环保要求。

（2）经济效益

主要是电耗与热耗的降低带来的成本减少和单位时间内产量的增加带来的效益增加。以当前实际运转时间 280 天来计算，改造前后增加熟料产量 22.4 万 t，减少用电 478.8 万 kWh，减少用标准煤 7980t，上述可带来 4292 万元的效益增加，投资回收期 1.2 年左右。

3 结语

在中国水泥工业已开始向资源节约型、环境友好型和高效节能减排的“绿色水泥”工业迈进和水泥行业产能严重过剩的大背景下，对于早期投产的 5000t/d 熟料生产线进行技术改造以降低能耗已是迫在眉睫，前文所介绍的烧成系统改造方案，在我公司有成功应用的案例，实施上述技改后一方面可以让企业更好地执行国家循环经济发展战略和地方节能减排要求，另一方面可为企业带来可观经济效益，提高市场竞争力，确保企业健康稳定运转，值得推广。

4000t/d 熟料生产线烧成系统技术优化

刘贵新* 陈昌华 陶从喜 彭学平 李 亮

摘　要：为了降低系统能耗，提升技术装备水平，增强企业市场竞争力，华润水泥广州珠江水泥有限公司委托天津水泥工业设计研究院有限公司以 EPC 总承包形式对其带 SLC 型分解炉的 4000t/d 熟料生产线烧成系统实施技术优化改造。技术优化前对烧成系统进行了热工标定和诊断分析，并对带 SLC 分解炉的预分解系统及窑头篦冷机系统提出了针对性的优化改进方案，优化改造后进行了 72h 连续生产考核，并由第三方进行了性能测试，结果表明烧成系统各项性能指标完全达到了预期效果，该项目顺利验收。

关键词：SLC 型分解炉；篦冷机；节能降耗；技术优化

1　概况

华润水泥广州珠江水泥有限公司新型干法水泥生产线于 1989 年 2 月投产运行，设计产量 4000t/d，采用成套引进的丹麦史密斯公司的技术与装备，为当时国内技术及指标较先进的水泥熟料生产线之一。烧成系统工艺流程如图 1 所示，其中分解炉型式为 SLC 离线式分解炉，预热器系统分为两个独立的系列，即窑列和炉列，并配置两台独立的高温风机。回转窑的规格为 $\phi 4.75m \times 75m$，窑头冷却机为富乐第三代篦冷机。

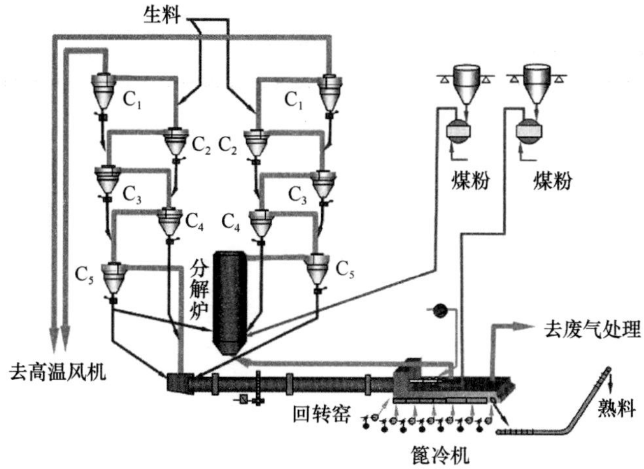

图 1　烧成系统工艺流程图

2014 年，天津水泥工业设计研究院有限公司（以下简称天津院）对该线进行了烧成系统的节能降耗技术改造，目标是进一步稳定并提高窑系统产量，降低烧成系统标准煤耗和电耗。技术改造前，由中国水泥发展中心进行热工标定，天津院技术研发中心进行诊断分析，改造后进行了 72h 连续生产考核，性能指标均达到合同要求，性能考核测试后由南京化工大学进行第三方标定验收。

2 技术改造前生产线存在的主要问题

技术改造前，生产线平均产量为4800～5000t/d，吨熟料标准煤耗为112kg左右，烧成工序电耗（不含煤磨）约26.8kWh/t.cl。为了实现节能降耗的目的，天津院配合厂方进行了热工标定、技术交流、初步调试等前期工作，认为生产线存在的主要问题如下。

（1）预热器系统分离效率低，出预热器含尘浓度高。

改造前的热工标定显示窑列 C_1 旋风筒出口含尘浓度为104.83g/m^3（标），炉列 C_1 旋风筒出口含尘浓度为139.65g/m^3（标）。经计算，窑列预热器的收尘效率为90.34%，炉列预热器的收尘效率为87.85%，预热器系统的总分离效率较低、回灰多。据厂方实物统计，正常产量下预热器的出口飞灰量约50t/h。预热器系统总分离效率通常设计为94%以上，出 C_1 旋风筒烟气粉尘浓度低于70g/m^3（标），该生产线预热器系统分离效率低于正常水平。

（2）分解炉内煤粉燃烧不充分，燃尽度低。

根据标定测试，炉列 C_5 旋风筒出口的氧含量低于分解炉出口的氧含量，且分解炉出口CO含量平均为0.21%，煤粉在分解炉内没有充分燃烧，部分煤粉出炉后继续燃烧，炉列 C_5 出口温度高于分解炉出口的温度，产生了“温度倒挂”现象。分解炉内煤粉燃烧不充分，烧成系统煤耗偏高。

（3）篦冷机热回收效率低，三次风温低，出篦冷机红料多。

窑头冷却机为富乐早期第三代篦冷机，技术比较落后，投产以来虽然进行过几次局部优化改造，但整体性能仍然较差。标定测试结果：冷却机的总鼓风量为2.03m^3（标）/kg.cl，在一般篦冷机的正常用风范围内，但出篦冷机熟料温度平均为225℃，红料较多，同时三次风温较低，仅800℃左右。根据标定测试数据计算，该篦冷机热回收效率仅64.9%，远低于近年来广泛应用的第四代篦冷机的水平（热回收效率一般在74%左右）。

（4）烧成系统阻力大。

根据改造前的热工标定，在5000t/d产量下，窑列预热器出口负压为－7319Pa，炉列预热器出口负压为－7826Pa，高于一般运行指标，烧成系统阻力偏大。同时，测试了烧成系统各部位的压力分布，认为阻力损失偏大的部位主要是各级旋风筒和三次风管。另外，该线回转窑采用了窑头收缩的结构型式，窑头段直径收缩较多，窑头缩口和窑门罩的尺寸相应偏小，不利于窑内通风。

3 主要技改目标

结合生产线的原、燃料特点以及改造前的生产运行状况，同时考虑技术指标的先进性和可实现性，本次技改的保证指标为：

（1）熟料产量≥5200t/d；

（2）标准煤耗≤106kg/t.cl；

（3）烧成系统电耗≤25kWh/t.cl；

（4）熟料28d强度平均值≥59MPa；

（5）出篦冷机熟料温度≤环境温度＋65℃；

（6）余热发电量≥29kWh/t.cl。

4 烧成系统主要技改方案

烧成系统技术改造方案主要针对稳定窑系统产量，降低熟料标准煤耗和电耗，提高煤质适应性。结合技改前问题的诊断分析，对回转窑、分解炉、预热器、冷却机、三次风管等进行了技术优化。生产线改造前后的主要配置和参数见表 1。

表 1 生产线改造前后的主要配置及参数

主机设备	性能指标		参数	
			改造前	改造后
回转窑	规格（m）		ϕ4.75×75	ϕ4.75×75
	斜度（%）		4	4
	最大窑速（r/min）		3.5	4.0
分解炉	型式		离线式（SLC）	离线式（SLC）
	主炉直径（mm）		6900	6900
	有效容积（m^3）		560	1180
预热器	型式		离线式（SLC）	离线式（SLC）
	窑列	C_1（mm）	1—ϕ4600	1—ϕ5 200
		C_2（mm）	1—ϕ4600	1—ϕ4 600
		C_3（mm）	1—ϕ4800	1—ϕ4 800
		C_4（mm）	1—ϕ4800	1—ϕ4 800
		C_5（mm）	1—ϕ4800	1—ϕ4 800
	炉列	C_1（mm）	1—ϕ6000	1—ϕ7 000
		C_2（mm）	1—ϕ6000	1—ϕ6000
		C_3（mm）	1—ϕ6300	1—ϕ6300
		C_4（mm）	1—ϕ6300	1—ϕ6300
		C_5（mm）	1—ϕ6300	1—ϕ6300
冷却机	型式		第三代篦冷机	第四代篦冷机
	供货商		IKN	天津院
	篦床面积（m^2）		119.4	140
	总冷却风量（m^3/h）		555400	550800
	熟料破碎机类型		尾置锤破	中置辊破

4.1 分解炉

图 2 为分解炉改造前后的示意图。为了促进分解炉内的煤粉充分燃尽，同时适应燃用劣质煤的需求，改造方案主要思路为增大分解炉容积、延长炉内气体停留时间和煤粉燃烧时间，从而提升分解炉内煤粉的燃尽度。综合考虑窑尾塔架内分解炉和预热器的布置情况，改造方案将分解炉进行加高，即向上增加一钵，分解炉容积由 560m^3 提高至 1180m^3 左右。

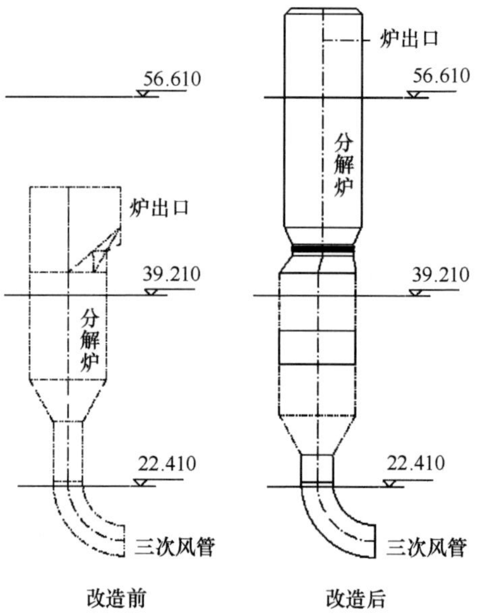

图 2 SLC 分解炉改造前后示意图

4.2 预热器

根据改造前的诊断分析结果，该线预热器系统存在的问题主要有两点，即出预热器粉尘浓度高和预热器系统阻力损失大。为了解决以上问题，C_1 旋风筒的改造考虑整体更换为天津院最新结构型式，提高预热器系统的分离效率；对 C_2～C_5 旋风筒进行优化降阻改造，在保证分离效率不降低的前提下降低压损。

（1）C_1 旋风筒柱体及蜗壳整体更换

C_1 旋风筒是预热器系统中窑尾烟气经过的最后一级分离设备，对整个预热器系统的分离效率影响最大。提高 C_1 旋风筒分离效率，有利于降低出预热器烟气粉尘浓度，减少出预热器高温粉尘带走的热量，降低高温风机的磨损及窑尾收尘器的负荷。该线预热器系统分离效率较低，出预热器含尘浓度高，因此将 C_1 旋风筒柱体及蜗壳整体更换为天津院最新设计型式，以提高分离效率至 95%以上，出预热器含尘浓度降低至 70g/m^3（标）以下。

（2）C_2～C_5 旋风筒局部改造降低压损

旋风筒的压损主要由三部分组成：进口阻力损失、旋涡流场的阻力损失以及出口阻力损失。这三项阻力损失，有些对粉尘的分离起有效作用，有些则对粉尘分离不起作用。C_2～C_5 旋风筒的改造在保证分离效率不降低的前提下，通过结构的优化降低旋风筒无效阻力损失。结合原有旋风筒的设计特点以及天津院对旋风筒的冷模试验和数值模拟相关研究成果，具体改造方案为：加高旋风筒蜗壳高度，扩大进口面积，即增加图 3 中所示区域，同时内筒适当加长，使旋风筒的结构更合理。通过降低进口风速来减少进口局部阻力损失，适当加长内筒以提高旋风筒的分离效率，从而实现在分离效率不降低的前提下降低旋风筒压损。

4.3 回转窑

回转窑规格为 ϕ4.75m×75m，最大转速为 3.5r/min，电机功率为 600kW。为促进窑内通风，提高回转窑工况的稳定性，回转窑最大转速由 3.5r/min 提高至 4.0r/min，实现“薄料快烧”的要求。另外，由于原回转窑窑头缩口设计不合理，直径收缩过大（图 4），本次改造取消了回转窑窑头缩口，窑口直径由 ϕ4350mm 扩大至 ϕ4750mm，以降低窑口风速和局部阻力损失。窑头收缩取消后，可以相应地扩大窑门罩尺寸，从而降低窑头粉尘循环。

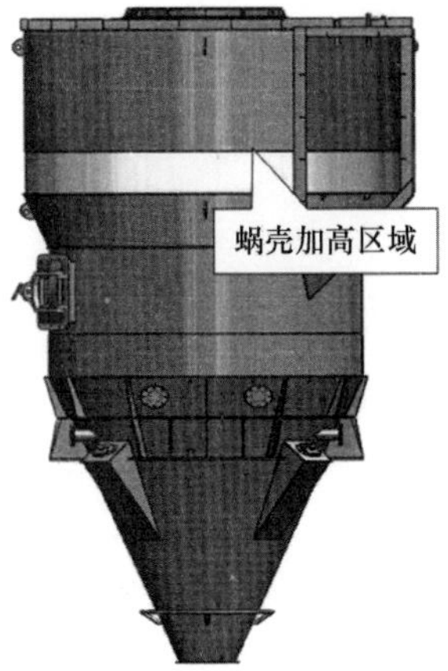

图 3　C_2～C_5 旋风筒改造示意图

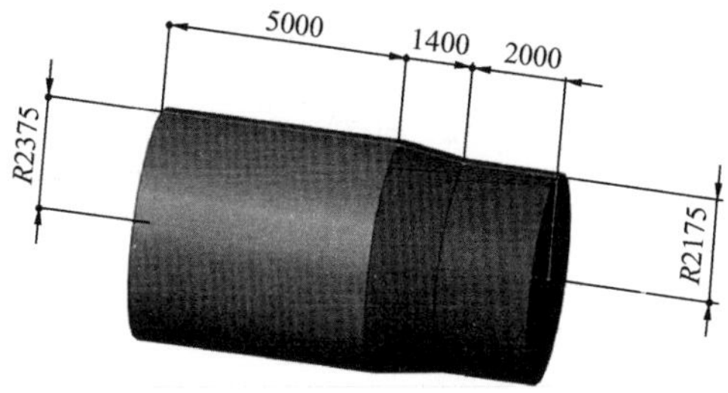

图 4　改造前的窑头缩口示意图

4.4　篦冷机

改造前的篦冷机为 IKN 早期的第三代篦冷机，由于设备老旧，维修维护困难，热回收效率低，出篦冷机熟料温度高，本次改造直接更换为天津院最新型的第四代带中间辊式破碎机的行进式篦冷机（图 5），将产品升级换代。由于该线采用高铁配料，液相量大，熟料易结大块，采用中间辊破可以彻底解决出篦冷机熟料温度高的问题，同时提高出篦冷机入 AQC 锅炉的风温，提高窑头余热发电量。

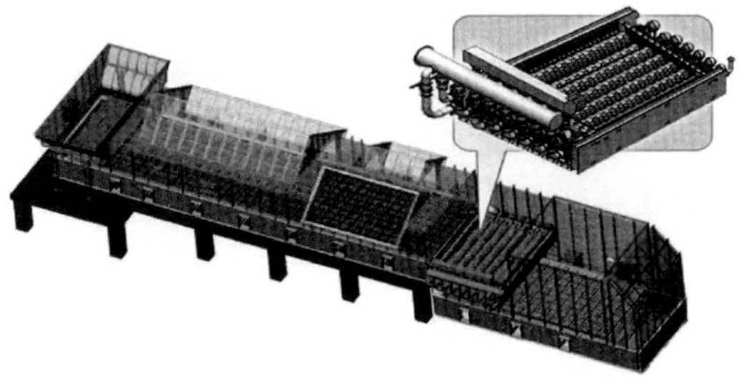

图 5　SCLW6-CM 带中间辊破的第四代篦冷机示意图

4.5　三次风管

改造前三次风管的直径为 2650mm，管道内风速偏高，压损较大。本次改造将三次风管整体更换，直径扩大至 2850mm，同时取消了原有独立的三次风沉降室，按照新的设计理念，将篦冷机抽风口扩大为沉降室，起到降低三次风含尘量的作用（图 6）。

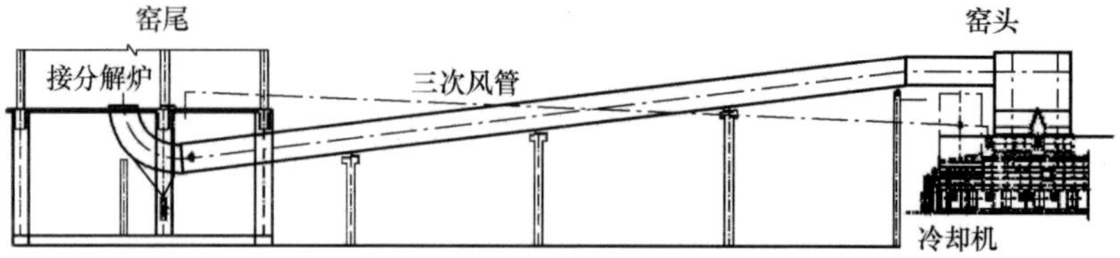

图6 改造后的三次风管布置图

5 改造前后的热工标定数据及运行指标对比

改造前后主要部位的温度和压力测试结果对比见表2、表3。

表2 改造前后主要部位温度和压力测试结果对比

部位		改造前（熟料产量5000t/d）		改造后（熟料产量5400t/d）	
		温度（℃）	压力（Pa）	温度（℃）	压力（Pa）
炉列	C_1 出口	327	−7826	322	−6590
	C_5 出口	897	−3000	856	−2620
	分解炉出口	887	−2175	885	−1780
	三次风管	848	−988	977	−654
窑列	C_1 出口	310	−7319	310	−5730
	C_5 出口	806	−2083	829	−1860
	烟室	1037	−280	1116	−520
窑头风管（入锅炉）		393	−450	441	−426
窑头余风（入收尘器）		185	−48	162	−721
出冷却机熟料		225	—	106	—

表3 生产线改造前后主要指标及参数对比

改造效果	改造前	改造后（72h考核）
熟料产量提高	4800～5000t/d	5482t/d
标准煤耗下降	～112kg/t. cl	104.4kg/t. cl
烧成电耗下降	～26.8 kWh/t. cl	24.2kWh/t. cl
系统降阻	在5000t/d产量下，C_1 出口＞−7000Pa	在5400t/d产量下，C_1 出口约−6 000Pa
预热器收尘效率提高	出预热器飞灰约50t/h	出预热器飞灰＜20t/h
三次风温提高	三次风温平均值约850℃	三次风温平均值约950℃
出篦冷机熟料温度降低	出篦冷机熟料温度150～200℃，较多红料	熟料温度100℃左右，无红料
分解炉燃尽度提高	炉出口CO偏高，温度倒挂	炉出口CO较低，温度不倒挂

从测试结果看：

（1）通过各级旋风筒、三次风管、回转窑缩口等部位的降阻改造，熟料产量从5000t/d

提高到5400t/d，炉列出预热器压力由－7826Pa下降至－6590Pa，窑列出预热器压力由－7319Pa下降至－5730Pa。通过降阻改造措施，在提产的同时烧成系统的压损降低了1400Pa左右。

（2）预热器出口温度改造前后平均值均为310～320℃，预热器的整体换热效率变化不大，可见各级旋风筒的改造在降低压损的同时没有降低分离效率。

（3）改造前炉列C_5旋风筒出口温度比分解炉出口温度高，即存在“温度倒挂”现象。改造后“温度倒挂”现象消失，说明分解炉内煤粉燃尽度提高。

（4）窑头冷却机更换为第四代带中间辊式破碎机的篦冷机后，熟料温度明显下降，由225℃降低至106℃，窑尾三次风温由848℃升高至977℃，冷却机的热回收效率大幅度提高。

改造后生产线进行了72h连续运行考核，表3是改造前后主要指标和参数的对比表。技术改造后，生产运行稳定性增强，各项技术经济指标得到全面提升。

6 结语

华润水泥广州珠江水泥有限公司通过技术优化实现了烧成系统主机设备的更新换代，降低了烧成系统的煤耗和电耗，提高了设备运行可靠性和生产运行稳定性。此次改造使该公司20世纪80年代投产的生产线各项指标在华润水泥各生产基地处于较好水平，有效地提高了公司的市场竞争力，为公司的可持续发展奠定了基础，也为水泥企业的节能减排提供了新的思路，对提升华润水泥各基地的技术水平意义重大。

参考文献

[1] 代申学，彭学平. 九江南方2×2500t/d煅烧劣质煤技术改造[J]. 水泥技术，2011(3)：80-83.
[2] 陶从喜，董蕊，等. 2500t/d烧成系统的改造[J]. 水泥技术，2014(6)：18-19.
[3] 彭学平，陶从喜. 旋风预热器阻力特性机理的研究[J]. 水泥，2008(6)：13-15.

（原文发表于《水泥技术》2016年第5期）

（作者刘贵新*任职于华润水泥控股有限公司，广西南宁）

离线炉改在线炉的节能降耗改造

陈廷伟　彭学平　刘劲松　刘运水

摘　要：本文介绍了孟电集团6#4500t/d生产线离线炉改在线炉的烧成系统改造项目，通过前期对生产线生产情况的深入考察和详细的热工标定，在充分掌握系统运行问题的基础上进行了有针对性的改造，并取得了很好的效果。

关键词：烧成改造；离线炉；在线炉；节能降耗

1　概述

孟电集团6#熟料新型干法生产线系河南建材院设计的水泥熟料生产线，设计规模为4500t/d，自生产线运行以来，厂方对生产线的操作、管理取得了丰富的经验，充分发挥了系统的潜力。为了响应国家水泥行业节能减排的号召，降低企业的生产成本，厂方决定对6#生产线预热器系统进行节能降耗的改造。

为做好该线的改造工作，我院先后多次派人到现场考察深入了解系统运行情况，并对生产线进行烧成系统的热工标定。在此基础之上，我院于2018年初对该线进行了烧成系统改造。

2　生产线现状及存在的问题

2.1　6#烧成系统概况

窑系统主要设备规格性能见表1。

表1　烧成系统主要设备规格表

工厂名称		孟电集团水泥有限公司6#		
工厂厂址		河南省新乡市辉县		
窑的编号		6#		
设计生产能力		4500t/d		
名　　称		单位	规格参数	备注
窑	规格	m	ϕ4.8×70	三挡支撑
	斜度	%	3.5	
	窑速	r/min	0.4～4.0	

续表

工厂名称				孟电集团水泥有限公司6#	
分解炉	型式			YC-F.C型	带外置流态化炉的分解炉系统
	塔内分解炉规格		mm	ϕ7800	
	流态化炉		mm	ϕ7000	
	流化床风机		kW	132	
预热器	型式			双列五级旋风式	
	规格	C_1	mm	4—ϕ4700	
		C_2	mm	2—ϕ7000	
		C_3	mm	2—ϕ7000	
		C_4	mm	2—ϕ7000	
		C_5	mm	2—ϕ7200	
冷却机系统	冷却机	型式		crossbar冷却机	
		型号		JL4＊6	
		篦床面积		141.3m^2	
冷却机余风风机		风压	Pa	3900	
		风量	m^3/h	650000	
		电机功率	kW	1000	
窑尾高温风机		风压	Pa	8000	
		风量	m^3/h	950000	
		电机功率	kW	3150	

2.2 产质量及煤耗

6#窑正常熟料日产量为5600～5800t/d，标准煤耗为115～118kg/t. cl。熟料3d强度30～32MPa，28d强度56～58MPa。标定期间窑系统产量为5631t/d，标准煤耗约为113.2kg/t. cl。

2.3 原、燃料情况

6#窑采用石灰石、砂岩、黏土和硫酸渣四种原料配料，生料中有害成分不高。采用山西无烟煤、高硫煤和内蒙古烟煤的混煤作为熟料烧成燃料，混煤M_{ad}～2%，V_{ad}15%～16%，$Q_{net,ad}$25700kJ/kg，水分不高，挥发分稍低，热值较高（表2～表5）。

表2 标定期间入窑生料成分分析

日期	班次	SiO_2(%)	Al_2O_3(%)	Fe_2O_3(%)	CaO(%)	MgO(%)	KH	SM	IM
2015/10/21	白班	13.23	2.91	2.09	42.14	1.73	0.988	2.64	1.39
	中班	13.21	2.92	2.08	42.11	1.72	0.989	2.64	1.40
2015/10/22	白班	13.28	2.93	2.10	42.12	1.73	0.983	2.64	1.39

表 3　标定期间出窑熟料成分分析

日期	班次	SiO_2(%)	Al_2O_3(%)	Fe_2O_3(%)	CaO(%)	MgO(%)	f-CaO(%)	KH	SM	IM
2015/10/21	白班	22.10	5.01	3.44	65.38	2.65	1.07	0.902	2.62	1.46
	中班	22.10	5.02	3.41	65.45	2.65	1.08	0.903	2.62	1.46
2015/10/22	白班	22.07	5.03	3.43	65.36	2.66	0.85	0.902	2.61	1.46

表 4　标定期间出窑熟料矿物组成

日期	班次	C_3S (%)	C_2S (%)	C_3A (%)	C_4AF (%)
2015/10/21	白班	51.62	24.41	7.58	10.24
	中班	52.11	24.05	7.57	10.21
2015/10/22	白班	53.24	23.24	7.58	10.18

表 5　标定期间生产线用煤粉工业分析

日期	工业分析（空气干燥基）(%)					发热量（kcal/kg）
	M_{ad}	A_{ad}	V_{ad}	F_{Cad}	细度	$Q_{net,ad}$
2015/10/21	1.92	17.45	15.72	64.91	1.25	6123
	2.12	16.73	16.6	64.55	1.50	6166
2015/10/22	1.74	17.14	15.92	65.2	1.62	6166

2.4　烧成系统存在的问题

（1）流态化炉鼓入较多冷风，增加系统热耗；

（2）离线炉系统操作复杂，且存在压床隐患；

（3）炉底放料时扬尘严重污染厂区环境；

（4）煤耗偏高，通过对烧成系统进行改造以便降低煤耗，降低生产成本。

3　标定结果及数据分析

窑尾预分解系统

表 6 为孟电 6＃窑烧成系统窑尾废气风量及含尘浓度数据。

表 6　6＃窑尾风量数据（5631t/d）

编号	测点	静压（Pa）	温度 t_b（℃）	单位熟料标况风量（Nm^3/kg. cl）	含尘浓度（g/Nm^3）
1	废气管道	−5475	329	1.6567	88.38
2	废气管道	−5481	330	1.6922	75.22
3	废气管道	−5490	332	1.6895	88.13
平均		−5482	330	1.6794	83.91

通过表中数据我们可以看到，6＃窑的单位熟料窑尾废气量较高，达到平均 1.6794Nm^3/kg. cl，即使考虑测试中存在的误差，相比于同类的生产线其数据还是偏大，这

会造成烧成系统较高的热损失。废气温度略偏高，约 330℃，说明系统的换热效率还有提升的空间。废气管道含尘浓度平均 83.91g/Nm^3，偏高，应提高预热器系统尤其是 C_1 旋风筒的分离效率。

表 7 分别为 6＃窑尾废气成分数据。

表 7　6＃窑尾废气成分部分数据

取样地点	O_2（%）	CO_2（%）	CO（ppm）	NO_x（ppm）	N_2（%）	温度（℃）	压力（Pa）
C_{5A}出口	1.35	30.78	182	183	67.75	895	−2244
C_{5B}出口	0.88	29.01	290	439	70.04	894	−2142
分解炉出口 A	2.77	25.95	108	541	71.19	880	−1599
分解炉出口 B	1.3	28.06	38	448	77.95	886	−1731
流态化炉出口	5.13	29.98	262	895	64.78	850	−781
烟室出口	2.13	8.49	212	1037	93.14	1130	−350

对比表中数据可以看出，在窑炉用风方面，烟室 O_2 含量 2.13%，CO 含量低，窑内通风正常，烟室处 NO_x 含量略低，间接反映窑内煅烧情况稍差，可以继续提高窑头燃烧器火力；烟室温度偏高，易结皮，加大了工人的劳动强度。另外测量过程中，烟室扬尘较大，容易堵塞检测管，应进一步降低烟室的扬尘。

分解炉出口 O_2含量为 2%左右，但 C4、C5 级旋风筒出口温度偏高，说明煤粉存在后燃现象；分解炉内煤粉燃烧不完全，随物料进入烟室中，也导致烟室温度较高，达到 1130℃左右，初步分析煤粉燃烧不充分的原因主要是分解炉属于流态化炉形式，虽然炉容不小，但炉内没有形成有效的高温区，分解炉燃烧效率不高，炉内燃烧状况不理想。

表 8 为预热器各级温差及压损分布情况，从表中数据可以看出，C1 旋风筒系统的温降略低，说明换热效果存在提升的空间，C2 级旋风筒的阻力偏大，分析入口处可能存在积灰导致阻力偏大。

表 3-3　各级旋风筒压差与温差表

部位	温度（℃）	压力（Pa）
C_{1A}	168	704
C_{1B}	162	723
C_{2A}	156	959
C_{2B}	136	961
C_{3A}	118	657
C_{3B}	130	793
C_{4A}	120	513
C_{4B}	126	595
C_{5A}	−15	645
C_{5B}	−8	411

4 运行情况小结

经过对现场的数据进行分析和总结，得出以下几个方面的结论：

（1）烧成系统废气量偏大，带走热损较高，造成热耗偏高。

（2）分解炉为外置离线流态化炉形式，流态化风及窑尾一次风机都增加系统热耗。没有燃尽的煤粉随下料进入五级筒及五级下料管进入烟室，造成烟室温度高，易结皮堵塞。

（3）分解炉煤粉燃烧情况不好，出口温度与C5旋风筒出口的温度存在倒挂现象。

（4）废气管道处测得含尘浓度为83.9g/Nm^3，说明预热器系统分离效率较差。

5 烧成系统改造

5.1 改造目标

（1）熟料日产量≥5800t/d；

（2）在现有的原燃料条件下，标煤耗降至≤107kg/t.cl；

5.2 窑尾预分解系统的技术改造方案

5.2.1 分解炉

标定中测量窑尾流化风机和窑尾一次风机的风量分别为0.116Nm^3/kg.cl和0.023Nm^3/kg.cl，流态化炉及窑尾一次风机注入大量的冷风，相应减少了窑头抽取的高温三次风量，造成整个预分解窑系统热耗增高。

外置离线流态化分解炉形式改造为我院在线TTF分解炉形式，去掉外置流态化炉及连接管道，加高分解炉主炉高度，塔架外增加延伸管道连接分解炉和C5旋风筒，以便在有限的空间内增加炉容，使气体停留时间大于6s，满足提高分解炉内煤粉的燃尽率，降低系统煤耗的要求。

5.2.2 C5及C1旋风筒

改为在线分解炉后，需要旋转C5旋风筒蜗壳，以便入口与分解炉连接管道相连，原C5旋风筒旋转后与土建支撑柱及斜撑相碰，因此，更换为我院新型C5高效低阻旋风筒。

测出废气管道含尘浓度偏大，保留C1旋风筒椎体和柱体部分，改造C1旋风筒蜗壳部分为我院C1旋风筒蜗壳，相应更改C2－C1风管与C1旋风筒接口部位，提高C1旋风筒分离效率。另外，原C1旋风筒为外保温，漏风较大，整体改为内保温。

5.2.3 下料管及锁风阀

C4下料管：改为上、下分料设计，可以灵活调整分解炉主燃烧区的燃烧温度。根据煤质好坏及产量等具体情况，在保证分解炉安全操作的基础上，尽量提高分解炉主燃烧区的温度，为煤粉燃烧创造较好的燃烧环境，提高分解炉内煤粉的燃尽率。

C5下料管：目前C5下料管为烟室侧面进料，改造为烟室背面进料，减少烟室扬尘。

C1下料管：预热器最上一级C1旋风筒下料管采用双道锁风阀，减少因内漏风引起的分离效率的降低及废气温度的升高，以便降低系统热耗，同时可以降低废气含尘浓度。

锁风阀：更换各级料管上的锁风阀，避免内漏风，增加热耗。

5.2.4 撒料盒

风管中换热以对流换热为主，而对流换热的速率主要取决于生料分散的程度，管道中物料的分散效果主要靠优化撒料装置来实现。更换各级撒料装置，选用新型高效撒料盒可取得良好的换热效果，降低预热器出口温度。

5.2.5 各级连接风管

各级旋风筒连接风管直径偏大，风速稍低，影响系统换热效率，通过改造风管内部耐火材料，使风管形成缩口，增加喷腾效益，以提高风管内换热效率。

5.2.6 烟室及窑尾密封

为适应新的工况，采用新烟室替换原烟室，相应更换窑尾密封，主要优势如下：

（1）扩大通风面积，改善窑内通风，同时降低系统阻力；

（2）新烟室喂料舌头包角扩大，最大限度减少跑灰，降低窑尾密封压力；

（3）新烟室喂料舌头结构合理，且有风冷，使用寿命长。

5.2.7 三次风管

更换部分长度三次风管为直径2900mm的三次风管，三次风入分解炉方式为单向旋向进风方式。

5.2.8 窑门罩及窑头密封

窑门罩破损处较多，窑头密封密封不严，漏入大量冷风，直接降低了二次风温，不利于窑头煤粉的燃烧，增加煤耗。改造中更换窑头密封，减少窑头漏风；并局部扩大了窑门罩通风面积，减少了扬起的飞砂。

6 改造后效果（表9）

表9 改造前后对比表

对比项	改造前	改造后	差值
熟料日产量	5631	5827	＋196
吨熟料标煤耗	113	102	－11
3天强度	30－32	32.2	↑
28天强度	56－58	61	↑

7 总结

通过本次离线炉改在线炉，该生产线运行稳定，熟料产质量都得到了提高，吨熟料标煤耗大幅下降，为同类生产线的节能降耗改造提供了很好的案例。

参考文献

[1] 陈廷伟，刘劲松，邓荣娟，等．5000t/d生产线烧成系统的节能改造[J]. 水泥，2014，11：39.

[2] 陈廷伟，冯长林，刘劲松，等．2500t/d生产线的烧成系统改造[J]. 水泥，2014，12：21-22.

用中材装备第四代篦冷机篦床改造旧篦冷机

汪 伟 王清虎* 李桐斌 陈学勇

1 前言

篦冷机是水泥厂熟料烧成系统的重要主机设备，其主要功能是冷却、输送水泥熟料，为回转窑及分解炉等提供热空气。“红河”、“堆雪人”、烧篦板、断螺栓、掉篦板和熟料冷却不均匀是篦冷机存在的主要问题，是制约生产线连续运转的关键。随着新型干法水泥生产技术和装备的迅速发展，以及水泥熟料篦冷机技术的不断进步，高效能、运行可靠的熟料篦冷机成为确保系统生产能力的关键。为实现篦冷机的高性能，篦床的设计是关键，篦床是整个篦冷机的核“芯”，因此针对某些现场的实际情况考虑，可以保留篦冷机外部设备，用我公司设计研发的 Sinowalk 第四代篦冷机篦床更换旧篦床，快速换“芯”，完美实现改造需求。

2 项目概况

新乡市振新水泥有限公司（原新乡市振新水泥厂，现隶属于河南省太阳石集团）采用的是国内某厂步进式篦冷机，该篦冷机主要存在以下问题：

（1）篦床段节梁经常断开，液压缸底座开裂，凹凸密封撕裂，铜套磨损极快，需要频繁更换备件。

（2）液压系统可靠性差，漏油渗油严重，业主需要长期大量地订购备件进行维护。

（3）润滑系统老化，由于工况的特殊，选用的分配管路形式不合适，导致使用寿命均偏短，而且整体润滑点偏多，很多润滑点不能顺利出油进行润滑。

（4）控制系统简单，设计的程序达不到自动智能控制，甚至在生产过程中，控制系统发生紊乱后，重启复位也很难奏效，业主只能人工操作液压系统。

（5）篦冷机工艺参数设置不合理，系统的热回收效率、二次风温低，出料温度高，不能满足工艺生产的需要。

总之，目前现场冷却机已经完全不能满足生产所需要的可靠性和稳定性，工艺性能也不能满足烧成系统的需求，需要改造升级。

3 改造方案

通过现场勘查和测绘，考虑采用我公司 Sinowalk400 系列第四代步进式篦冷机进行改造。由于 Sinowalk400 系列步进式篦冷机主机设备采用模块化设计和安装，单列宽度为 400mm，单个段节梁为 2000mm，因此可以针对不同产量或面积进行灵活组合，非常方便。我公司针对该生产线篦冷机存在的问题，并结合实际情况，在仍能利旧的情况下，保留原有设备，将此次改造方案定为换“芯”改造，将原有篦冷机内部篦床更换为 Sinowalk400-9×11 第四代步进式篦冷机，同时保留原上、下壳体和破碎机，对液压、润滑、控制进行部分改造和升级（表1）。

表1　改造方案

项目	改造	保留
主机设备	更换内部篦床	保留上、下壳体，破碎机，浇注料
液压系统	更换油泵，换向阀以及站台	保留动力电机，油箱、过滤，加热，冷却系统、管路
润滑系统	更换分配器、部分管路	保留加油泵、润滑泵以及大部分管路
控制系统	新配部分元器件、升级程序	保留大部分元器件

4　改造实施

4.1　篦床主机快速安装

Sinowalk400篦冷机的活动篦床结构为一段水平式。在拆除原有篦冷机以后，从篦冷机后部的破碎机端面将新篦床运送进篦冷机壳体内（图1）。由于我公司Sinowalk400系列步进式篦冷机采用整体模块化设计和安装，因此发货时将篦床一分为二，在现场只需要对两段篦床进行吊装和对接（图2）即可完成80%的篦床安装工作，安装工期非常短，安装难度很低。篦床安装完后，对其进行紧固加强，确保机械主机的运行可靠。

图1　篦床从破碎机端送进壳体内部

图2　两段篦床对接安装完成

4.2　液压系统精益求精

液压系统是篦冷机运行的动力来源，运行可靠极为重要，如果驱动系统出现问题，整个系统的运转率将难以保证。原液压系统采用的4台电机在运行过程中未出现故障，现场检测也无问题，经综合考虑，仍采用原4台旧电机，保留动力系统不变；现场勘测原有油箱，加热、冷却、过滤系统均完好，保留使用。此次改造采用新型负载敏感液压系统，相对于原液压系统能够节能47%。改造时液压站整体发货至现场，通过软管与原有系统连接，保证了安装的快速和高效。同时整个液压系统采用最优化的密封形式和高质量密封圈，实现了液压系统零泄漏（图3）。

图 3 利旧改造后的液压站台

4.3 润滑系统化繁就简

原有润滑系统采用双线集中润滑，通过现场检测，原有加油泵和润滑泵完全可以使用，因此保留现有的加油泵和润滑泵，同时对现有的润滑管路进行部分整改，以满足新篦床的润滑。原设备润滑点达到上千个，而且润滑管采用 8mm 胶管，尤其在篦冷机风室内温度偏高的情况下老化速度非常快，很多润滑管路都已经不出油甚至断裂。这次改造更换了新的分配器，更换了与新篦床匹配的接头，并采用金属网套的软管形式，保证了润滑的充分和可靠，同时降低润滑点 40%。

4.4 控制系统人工智能

原篦冷机的控制程序功能比较简单，不能实现油缸平稳运行，也没有故障识别等功能。由于原 PLC 及数字量和模拟量输入与输出模块都可使用，因此只需在原有硬件设备基础上添置很少部分的元器件，更换修改新的液压站控制程序即可。

在考虑液压系统的特性下，在程序中设计了加、减速斜坡（图 4），这样油缸在启停时不会因为阀口的突然开关而造成巨大的冲击，确保了油缸运动过程的平稳和顺畅，使得系统的可靠性有了极大提高。

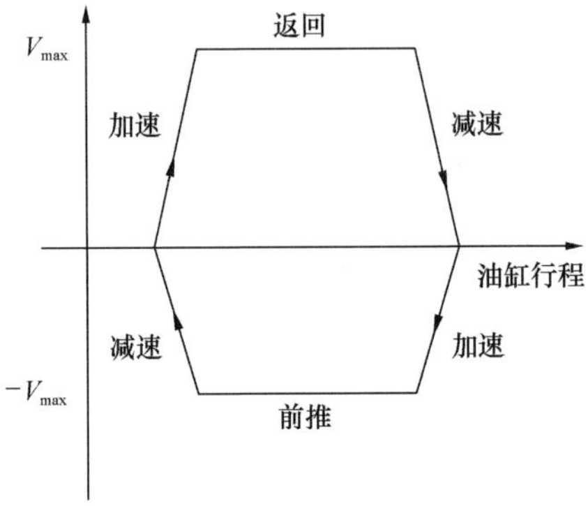

图 4 新程序中设计的油缸运动速度曲线

新程序充分考虑了系统的容错模式，在确保系统顺利平稳运转的前提下，出现故障模式时能够自行处理故障，也可以单独屏蔽某一列，而不影响整个系统的运行。

改造前后参数对比见表 2。

表 2 改造前后参数对比

	产量（t/d）	二次风温（℃）	三次风温（℃）	出料温度（℃）	热回收（%）
改造前	3200	<900	<800	>160	<70
改造后	4000	~1200	~1000	~100	>75

4.5 工艺性能完全达标

在水泥工艺生产线上，任何设备的最终目的都是服务于工艺要求，篦冷机也一样，作为烧成系统中的关键主机设备，其最终目标是满足烧成工艺的要求，只有完全满足了工艺烧成的需求，才是一台好的篦冷机，如果不能充分满足工艺烧成的需求，任何其他的技术保障和性能参数都毫无意义。

经改造后，公司水泥产量逐渐增加，最终稳定在4000t/d，完全超出了业主改造预想的产量，同时，热回收效率也有极大提高。二次风温稳定在1200℃以上，出料冷却温度在100℃左右，高温段的热回收效率达到了75%以上，完全满足了窑内煅烧的需求，节能高效地实现了篦冷机的冷却和输送功能。

5 结语

此次改造计划安排非常紧凑合理，从停窑拆除到篦冷机安装总共18d，本次篦冷机换"芯"改造，周期短，投入低，效果明显。

（原文发表于《水泥技术》2016年第4期）

（作者王清虎* 任职于河南省新乡市振新水泥有限公司）

2500t/d 熟料生产线篦冷机的改造

朱向国　刘劲松

1　前言

中国的水泥行业从 2000 年开始进入了大发展时代，在这个时期建设了一批 2500t/d 水泥熟料生产线。由于受当时的水泥生产工艺技术和装备水平的限制，这些生产线采用的均是第三代推动式篦冷机。该型式篦冷机的有效篦床面积一般为 61～66m^2，设计产量为 38～41t/d/m^2，设计单位冷却风量约 2.2m^3（标）/kg.cl，两段篦床，机械传动，尾端配套锤式破碎机。但在实际生产中，绝大部分生产线都有不同程度的超产，有些生产线甚至超产 25%以上，再加上设备本身的一些性能缺陷，使得该系列篦冷机在实际使用中普遍存在如下问题：

（1）热回收效率不高，影响烧成系统热耗。

（2）窑产量偏高时篦床面积偏小，冷却效率不高，出篦冷机熟料温度偏高。

（3）机械传动故障率较高。

（4）篦板更换频繁，备品备件费用高。

（5）熟料破碎机锤头磨损较快。

（6）篦冷机系统电耗较高。

对于熟料烧成系统而言，篦冷机性能直接影响整个系统的性能指标，使用第三代甚至更老机型篦冷机的水泥企业应当采用先进技术及装备对其进行改造。本文简要介绍篦冷机的各种改造方案，供广大水泥生产企业参考。

2　篦冷机改造目的

对篦冷机进行改造，目的是为了提高热回收效率，降低烧成系统热耗，改善冷却效果，降低熟料温度，降低备件更换频率和费用，消除设备故障隐患，提高篦冷机运转的可靠性与稳定性。

3　篦冷机改造方案

根据需求和投资的不同，一般篦冷机的改造可分为局部优化、更换破碎机和全面升级改造（表 1）。局部优化主要是在现有篦冷机的基础上，对关键部件进行改造，提升性能。例如增加篦床面积、固定篦床分区供风等。全面升级改造是将现有的篦冷机全部拆除或仅保留壳体，然后整体更换为第四代篦冷机。下面分别详细介绍各种改造方案。

3.1　局部优化

（1）更换高温区的盲板和调整浇注料矮墙的宽度，或是对上、下壳体整体外扩，增加篦床的面积。

（2）在中、高温区增加充气梁的数量。充气梁有强制供风的效果，能加速熟料的冷却。

（3）对固定篦床进行分区供风改造，或整体更换为性能更好的急冷模块，强化急冷效果，提高热回收效率。

（4）在高温区细料侧使用充气盲板或阻流篦板，以应对“红河”，保护边上的篦板，减少热磨损。

（5）根据实际的生产工况，重新调整配风，原则上尽量利用现有风机，减少风机更换数量，降低改造成本。

（6）更换新结构的隔室密封装置，减少风室间的窜风现象。

（7）对现有设备其他部件进行检查，修复已经损坏的部件，特别是夹块轴密封及漏料锁风装置，尽可能减少漏风。

通过上述措施，改造后的篦冷机可以满足烧成系统的正常运行，并能适当降低熟料温度，提高热回收效率。

3.2 更换熟料破碎机

将锤式破碎机更换为辊式破碎机，相较有如下优点：

（1）破碎后熟料的粒度均匀。锤式破碎机在锤头磨损后，破碎效率降低，粒度不均匀，大块料较多；而辊式破碎机破碎后的物料粒度基本能保证≤25mm，对水泥粉磨有好处。

（2）运行稳定，故障率低，检修方便。

（3）可降低备品备件的费用及电耗。一般锤头的更换周期为6～9个月，而辊式破碎机辊圈的更换周期约4年，大大减少了备件量和更换所产生的人工成本。另外，采用辊式破碎机后电耗平均减少0.11kWh/t.cl，每年可节电约90000kWh。

3.3 全面升级改造

将现有的篦冷机拆除或仅保留上、下壳体，然后整体更换为第四代步进式篦冷机。破碎机布置在中部还是尾部主要根据现有厂房高度而定，从使用效果上来讲布置在中部较好，这是因为，经过中部辊式破碎机破碎后的物料颗粒均匀，极大地提升了二段篦床的冷却效果，又从根本上避免了大块物料在尾端破碎后出现的红心料因来不及再次冷却而进入熟料拉链机的问题。但就改造项目而言，往往受现有厂房高度及改造工期的限制，一般会选择布置在尾端。

3.3.1 旧的篦冷机升级改造具体内容

（1）拆除原篦冷机的上下壳体、篦床、熟料破碎机、传动装置、润滑装置等，仅保留原下壳体的底座，见图1（绿色部分保留，灰色部分拆除）。安装新的第四代篦冷机，见图2（蓝色部分）。由于原有篦冷机一、二段之间有高差，需要制作部分钢结构以便连接原有底框架，见图2（紫色部分）。

（2）如图3所示，新的第四代篦冷机（蓝色部分）放置于原篦冷机底框架上（黄色部分），但是两边横梁有可能会悬臂出来一部分，这部分需要在现场进行加固处理。原熟料破碎机的下料口需要在现场进行改造以适应新的辊式破碎机下料。

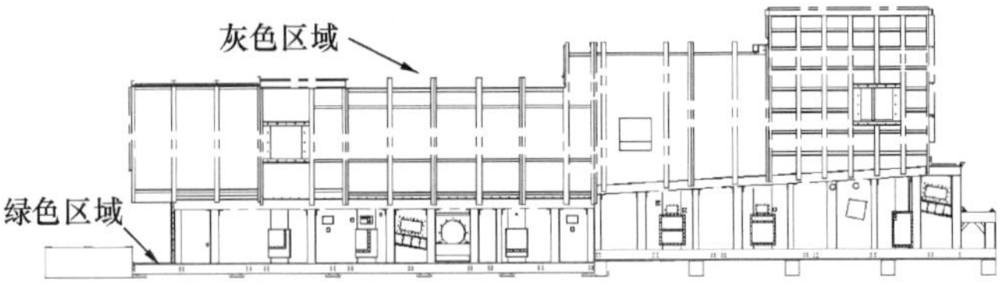

图 1　原篦冷机

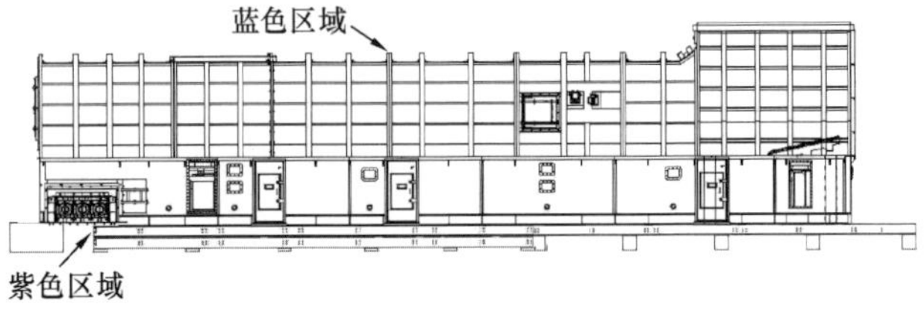

图 2　新篦冷机

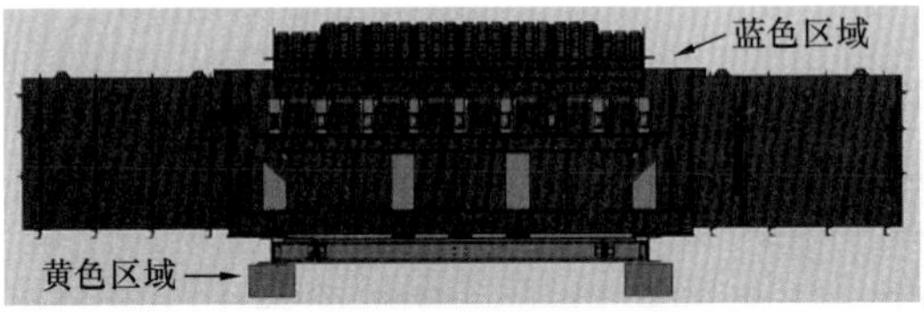

图 3　新篦冷机剖面示意图

（3）改造后篦床只有一段，全部位于+0.0m 平面以上，采用钢框架支撑。

（4）熟料锤式破碎机改为辊式破碎机。

（5）原篦冷机的机械传动装置全部拆除，采用新的液压传动。

（6）重新进行配风，由于第四代篦冷机采用风室加流量阀的供风模式，与第三代篦冷机不同，所以能利用的旧风机不多，大部分风机需要新购置。

（7）窑门罩、煤磨烘干、余热发电、余风等风口保持不变，新篦冷机与其做好衔接。

3.3.2　第四代行进式篦冷机的优势

（1）设备可靠性高。除了正常的停窑检修外，基本不会因为篦冷机的故障导致停窑。即使出现意外情况，其特有的容错和在线检修功能，也能保证在不停窑的情况下进行常规维修。

（2）由于采用模块化设计，备件种类大大减少。同时由于其特殊的工作原理，采用“料磨料”的物料输送方式解决了篦板与物料间的磨损问题，从而大幅提高了篦板的使用寿命。随着新材料的应用以及制造工艺和金属热处理方面的进步，辊式破碎机的辊圈和篦床列间密封等易损件的使用寿命也都提高到 3 年以上。

（3）特殊迷宫设计的密封，确保篦床无漏料，省去了对灰斗和弧形阀的维护。

（4）固定斜坡篦板基于 Coanda 效应设计，急冷效果好，热回收效率高。

三种篦冷机方案的对比见表 1。

表 1　方案对比表

	方案一	方案二	方案三
改造内容	利用现有设备局部改造	将锤式破碎机更换为辊式破碎机	更换为第四代篦冷机
系统投资	100 万～300 万元	160 万元	1200 万元
改造工期	18～25d	15～18d	40d
改造难易程度	简单	简单	稍复杂
优点	停产时间短； 系统投资少	停产时间短； 系统投资少； 出料粒度均匀； 备件费用低、电耗低； 运行稳定，故障率低	热回收效率大幅提高，烧成系统热耗降低，熟料冷却效果好； 出料粒度均匀； 备件费用低、电耗低； 运行稳定，故障率低
缺点	系统热回收效率不能大幅度提高	因为只是破碎方式发生变化，所以改造后热回收效率和冷却效果改善不显著	停产时间长； 系统投资多

（原文发表于《水泥技术》2016 年第 5 期）

生料中卸球磨改造为辊压机终粉磨的工程应用

谢小云　李太功*　隋明洁　石国平　马秀宽

近年来，生料辊压机终粉磨系统逐步成为生料粉磨系统的主流。相对于辊磨系统，辊压机系统具有粉磨效率更高、粉磨电耗更低的优势。

鹿泉金隅鼎鑫水泥有限公司一公司一线为2500t/d熟料生产线，于2000年建成投产。生料粉磨系统采用国内首台ϕ4.6m×10+3.5m中卸球磨系统，装机功率3550kW。当入磨物料粒度≤25mm（85%）、水分≤5%，出磨生料细度80μm筛筛余12%、水分为0.5%时，系统产量为190t/h，系统电耗为24kWh/t。项目投产以来，尤其是金隅集团接管后，依托于较高的设备管理与维护水平，该系统维持了较高的运转水平，长期超设计指标运行。由于受自身装备水平的限制，系统漏风点多，电耗高，成为制约企业竞争力的关键因素。基于“提升企业竞争能力、节能降耗和提升设备运行可靠性”的综合考虑，公司决定升级改造现有的原料中卸球磨系统。在做了大量调研工作的基础上，经过公开招标，最终确定选用天津院的辊压机终粉磨系统改造方案。项目于2013年3月开工建设，在不影响工厂正常生产的情况下，经过四个半月的施工，于2013年7月20日投入运行。经过近半年的实际运行，实际运行指标超过了预期，下面对该系统的改造情况进行简要介绍，供广大水泥业者借鉴参考。

1　系统能力的确定

鹿泉金隅鼎鑫水泥有限公司一公司一线投产以来，熟料产能长期稳定在2800t/d以上的水平，业主希望通过本次改造能够彻底解决制约生料粉磨系统产能的问题，实现节能降耗，尽可能加大生料系统产能，借以适当降低生料粉磨系统运转率，通过错峰运行降低生产成本。按照业主要求，经过双方反复研讨最终将生料粉磨系统的能力定位在不低于250t/h。根据物料特性，结合所选设备，最终确定系统设计能力为270t/h。

为了保证入窑生料的稳定性，确保熟料生产线的连续稳定运行，我们特意增加了一个窑灰仓，当生料辊压机停运时，将收尘系统收集的回灰喂入窑灰仓，待辊压机投料运行时再将回灰与生料成品按比例喂入生料均化库，从而避免回灰直接进入生料均化库造成入窑生料质量波动。

2　改造方案流程简述

在现有原料磨厂房的北侧空地新建辊压机厂房，土建施工与主机设备安装过程中不影响现有系统的正常运转，合理利用停窑检修的时间，将原有的喂料皮带头部加高，下侧新增加一条胶带机将混合料送至新系统V型选粉机；同时，改向接驳废气处理系统的风管，完成废气处理系统与新系统的转换。

先将混合料喂入V型选粉机，实现物料烘干和初选；初选后的细料进入高效选粉机；粗颗粒经提升机送入中间仓，进入辊压机进行挤压；挤压后的物料由提升机送入V型选粉机与混合料一起再进行选粉。进入高效选粉机的物料经选粉后，细粉作为成品由旋风筒收集；粗粉重新回到辊压机进行挤压。旋风筒收集后的成品经斜槽、提升机输送入生料库内储存均化。系统烘干用热风来自增湿塔出口。出系统循环风机热风一部分作为循环风入V型选粉机烘干物料，其他进入原有收尘器，经处理后排入大气。

改造后系统主机设备见表1，改造后的系统流程见图1。

表1 主机设备表

序号		项目	参数	备注
1	辊压机	辊压机型号	TRP180-140	新增
		辊压机规格（mm）	ϕ1800×1400	
		主电机功率（kW）	2×1400	
2	辊压机循环斗提	输送能力（t/h）	1250	新增
		电机功率（kW）	185	新增
3	V型选粉机	V型选粉机型号	TVS-96/20	新增
		通过风量（m^3/h）	380000	
4	V型选粉机循环斗提	输送能力（t/h）	1100	新增
		电机功率（kW）	185	
5	动态选粉机	规格型号	TVSu-360	新增
		额定风量（m^3/h）	380000	
		能力（t/h）	260	
		电机功率（kW）	160	
6	旋风分离器	旋风分离器规格（mm）	2-ϕ5200	新增
		通过风量（m^3/h）	400000	
7	循环风机	循环风机	2450DI BB50	新增
		通过风量（m^3/h）	480000	
		风机全压（Pa）	7500	
		电机功率（kW）	1400	变频

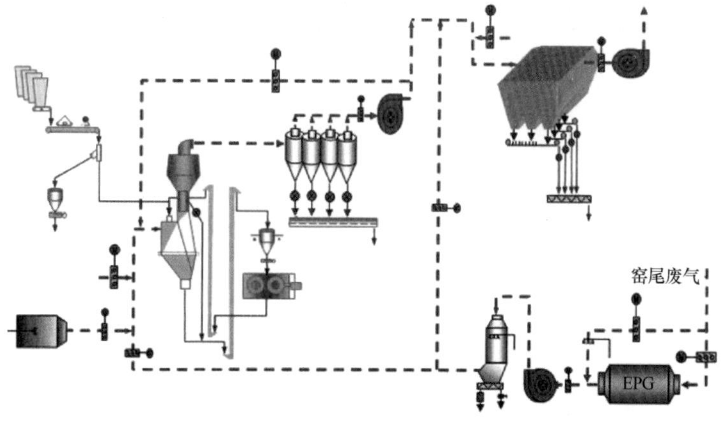

图1 工艺流程图

3 改造前后生产数据对比

改造后，原料粉磨系统产量从190t/h提升至270t/h，生料系统电耗降低10kWh/t以上。改造前后系统指标对比见表2。

表2 改造前后系统指标对比

项目		改造前	改造后
		中卸磨	辊压机终粉磨
主机规格		ϕ4.6m×10+3.5m	TRP（R）180-140
主机装机功率（kW）		3150	1400×2
80μm筛筛余（%）		14～15	12～13
200μm筛筛余（%）		0.8～1.2	0.8～1.5
系统产量（t/h）		190	270
电耗（kWh/t）	磨机本体	15.5～16.5	8
	循环风机	4.3～4.7	3.8
	其他	1.5	1.4
	系统	22～24	13.2
日运转小时数（h）		22.1	15.6

4 系统解决方案的亮点

鹿泉金隅鼎鑫水泥有限公司一公司一线生料粉磨系统的节能技术改造工程的亮点：

（1）新增辊压机粉磨车间与原有粉磨车间相互独立，在辊压机厂房建设期间，原有系统可以继续生产，当辊压机厂房的建设完成后，才需要将原有球磨机系统停止运行，对喂料系统和热风管道等联结部分进行施工，施工时间为10d左右，合理安排工期，可以在停窑检修期间完成新老系统对接改造，改造过程基本不影响整条生产线的正常生产。

（2）新建辊压机系统投产后，原有的中卸磨厂房可以拆除，改成绿化用地，既节省用地又能改善工厂环境。

（3）在项目前期论证阶段，双方进行了充分的技术交流与设计方案论证，技术先进、布局合理、符合实际、能够提供全方位技术服务的系统解决方案，确保了项目投产后在较短的时间里达产达标，实现了预期目标。本项目实际投产后，系统可稳定在280t/h正常生产。

（4）本项目所选的辊压机采用了全新一代的复合辊套。复合辊套采用整体铸造工艺，相对于传统的堆焊辊套，具有加工过程简单、耐磨性高、使用时间长、辊套寿命期内免维护的多方面优势，尤其是对于较难磨、磨蚀性高的物料其综合优势更加明显。

5 经济效益分析

5.1 项目投资情况

本次技术改造项目投资约2900万元。

5.2 经济效益分析

项目的经济效益主要由三部分构成，一是节能技术改造完成后节省的电费；二是有意适当加大系统产能而错峰运行后，峰谷分别运行电价的差额部分；三是节能技术改造完成后节省的维修及备品备件费用。

（1）从项目投产运行后的实际运行效果看，保守计算改造后单位生料电耗降低了10kWh，按照含税综合电价 0.58 元/ kWh、窑系统实际产量 2800t/d、窑系统运行天数310d、生熟料折合比 1.5 测算，每年节省的电费支出计算如下：

2800×1.5×310×10×0.58=755.16 万元

（2）按照每天 6.5h 高峰和低谷电价时间段测算，高峰含税电价 0.8 元/kWh、低谷含税电价为 0.3 元/ kWh 计算，错峰运行后节省的电费计算如下：

190×6.5×310×(0.8−0.3)=19.14 万元

（3）由于采用了新一代的超级复合辊套，与传统的堆焊辊套相比基本可以实现免维护运行，每年在设备的维修和备品备件方面的支出也会大幅度减少。初步保守测算，每年维修和备品备件的费用支出至少降低 65 万元以上，具体见表 3。

表 3 改造前后备品备件费用对比

项目		改造前	改造后
		中卸磨	辊压机终粉磨
主机规格		ϕ4.6mm×10+3.5m	TRP（R）180-140
研磨体/辊面磨耗（g/t）		65～70（全磨）	2（辊面）
衬板及篦板/辊面寿命（年）	端衬板	1	
	出磨篦板	1	
	粗磨仓衬板	2～3	≥16000h
	细磨仓衬板	7～8	
每年备品备件费用，万元		85	20

以上三项费用合计为 839.3 万元，即节能技术改造完成后，每年降低成本支出 839.3 万元，折合单位熟料含税成本降低接近 9.7 元。按照项目投入 2900 万元简单测算，仅需 3.5 年即可收回投资，项目的综合效果非常可观。

总的来说，鹿泉金隅鼎鑫水泥有限公司一公司一号窑生料粉磨系统节能技术改造项目成功实施，取得了超过预期的综合效果。在辊压机终粉磨技术日益成熟的今天，采用辊压机终粉磨系统对原有的中卸磨系统进行节能技术改造，具有投入相对较少、成本大幅度降低的实际效果，对于降低企业的生产成本、提高企业的竞争能力具有十分明显的作用，对于早期投产的采用中卸磨系统的工厂来说，极具推广价值。

（原文发表于《水泥技术》2014 年第 2 期）
（作者李太功* 任职于鹿泉金隅鼎鑫水泥有限公司）

大型生料辊压机系统的应用实践

石国平　李洪双　李征宇　柴星腾

摘　要　从系统设计、主机设备及实际运行情况等方面，介绍了国内与5000t/d水泥熟料生产线配套的最大规格生料辊压机终粉磨系统，该系统具有节电效果显著，生料质量好、操作容易等特点，可作为新建熟料线生料粉磨系统的首选方案，也可用于对其他形式生料粉磨系统的改造。

关键词　辊压机；生料终粉磨；节能

生料粉磨技术随着粉磨装备技术的进步而不断发展[1]，经历了从球磨到立磨和辊压机的发展过程，各种装备技术各有优缺点，总的发展方向是朝着提高粉磨效率、降低粉磨电耗的道路前进。加之液压系统、自动化控制以及材料科学等方面的技术进步，生料辊压机终粉磨系统已成为生料粉磨系统的首要选择。

1　生料辊压机终粉磨的特点

辊压机终粉磨系统比立磨系统节电的主要原因在于：辊压机系统中的“选粉-烘干-风扫”用风风量和阻力比立磨低，表现为系统通风电耗降低。辊压机系统阻力约为立磨系统阻力的60%，风量约为立磨系统风量的95%，这样系统通风电耗约为立磨的57%，一般立磨系统风机电耗为7.0kWh/t左右，则辊压机系统风机电耗仅为4.0kWh/t左右。假设原料易磨性中等，在生料细度相同的情况下，辊压机系统可比立磨系统节电3.0kWh/t左右，即节电20%。生料辊压机系统和立磨系统的电耗对比见表1。

表1　生料辊压机系统与立磨系统电耗比较（kWh/t）

项目	磨机	风机	选粉机	提升机	其他辅机	合计
辊压机系统	7.2	4.0	0.2	0.8	0.8	13.0
立磨系统	7.5	7.0	0.3	0.1	1.1	16.0

研究表明[2]，生料中粗颗粒SiO_2的含量>200μm颗粒>0.05%、90～200μm颗粒>1%、>45μm颗粒>2%，且>125μm颗粒$CaCO_3$含量>5%时，说明生料的磨细度不够，易出现熟料煅烧问题。因此，为了能够更好地控制生料中粗颗粒的含量，改善生料的易烧性，同时方便辊压机的检修维护，我们对早期的生料辊压机终粉磨系统工艺进行了改进。

2　TRP220-160生料辊压机的应用

随着水泥熟料生产线规模的增大，以及国内机械加工技术的进步，生料辊压机终粉磨系统设备的大型化也随之应运而生。对于相同粉磨能力的粉磨系统，设备规格越大，设备数量越少，同时对入磨物料粒度的适应性也更强。

与5000t/d水泥熟料生产线配套的、单台辊压机组成的生料辊压机终粉磨系统，要求系统产量不小于450t/h，这是目前国内用于水泥行业规格最大的辊压机。对于邦德功指数为11kWh/t左右的中等易磨性生料，粉磨至0.08mm筛筛余12%～14%时，辊压机本身电耗约为7.5kWh/t。因此，在辊压机运行功率为装机功率85%左右时，辊压机的装机功率应当达到4000kW，天津院采用的是TRP220-160生料辊压机。

到目前为止，共有3套TRP220-160生料辊压机终粉磨系统投入运行。其中2套于2013年4月在祁连山水泥股份有限公司的漳县和古浪5000t/d生产线投入运行，另1套于2015年11月在大冶尖峰水泥有限公司投产。

在项目设计之初，由中国水泥发展中心物化检测所对原料进行了工艺性能试验，试验结果表明，漳县和大冶原料的邦德功指数相当，属中等偏差水平，高于古浪原料，原料易磨性对比见表2。

表2　祁连山漳县、古浪和大冶尖峰原料情况

企业	原料	配比（%）	水分（%）	邦德功指数/（kWh/t）	磨蚀性
漳县	石灰石	83.06	≤1.0	13.4	0.0123
	煤矸石	9.26	3.66	14.5	0.0764
	粉煤灰	6.14	≤1.0		
	硫酸渣	1.54	16.94		
	混合料			12.5	
古浪	石灰石	86.05	≤1.0	10.2	0.0077
	黏土	7.71	≤12.0		
	砂岩	3.76	≤3.0	15.3	
	铁粉	2.48	≤10.0		
	混合料			9.4	
大冶尖峰	石灰石	88.0～90.0			
	铜渣	2.2～2.5			
	砂岩	2.5～3.5			
	黏土	4.0～7.0			
	混合料			12.71	

3　工艺布置

新喂物料由皮带直接喂入V型选粉机，出辊压机物料也由提升机送入V型选粉机内，物料在V型选粉机内经分选和烘干后，粗物料由另一台提升机送入辊压机上面的荷重小仓，继而被辊压机辊压粉磨；较细物料由风带入高效选粉机再次被风选，经高效选粉机分选后，合格的成品由风带入后面的旋风除尘器收集送入成品库，未达到成品要求的粗粉经溜子进入辊压机上面的荷重小仓。工艺流程如图1所示。

该系统工艺流程的特点为采用双提升机方案，辊压机布置在地面上，出辊压机和出V型选粉机各设一台提升机，可以降低厂房高度，降低提升机的要求，方便设备检修。同时，系统采用了专门开发的TVSu型生料动态选粉机，其特点：①可以更加方便有效地控制成

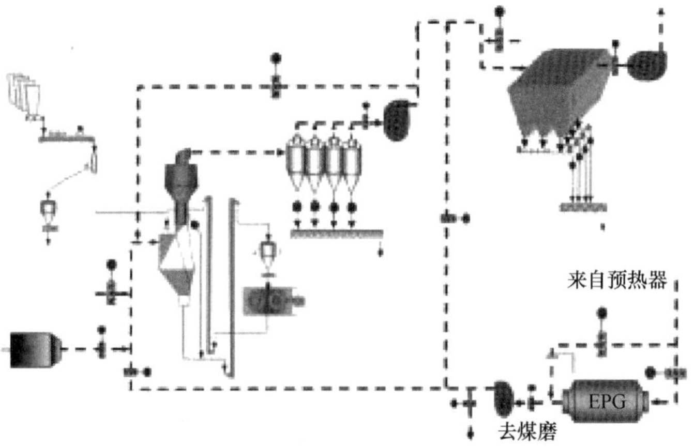

图 1　生料辊压机终粉磨系统工艺流程

品细度，尤其是粗颗粒的含量 $R_{200\mu m}<1.5\%$，从而改善生料的易烧性；②从选粉机的通风量和设备的烘干容积上与同规格的立磨相当，因此，系统的烘干能力与立磨相当；③采用先进的耐磨材料和技术，确保达到理想的使用寿命。

4　主要设备及参数

4.1　生料辊压机

辊压机的稳定可靠运行是整条熟料线正常生产的保障，因此在 TRP220-160 辊压机设计和制造等方面都做了相应的考虑。

1）辊套式结构：合理的锻造比提高了辊轴的锻造质量，堆焊以及硬质合金等新型耐磨辊面大幅提高了辊轴的使用寿命，运行成本大幅降低。图 2 即为我公司现有的几种辊面形式，从上到下分别为堆焊辊面、双金属复合辊面和镶嵌硬质合金柱钉辊面，对于中等磨蚀性物料，辊面寿命分别可达 8000h、12000h 和 15000h 以上。

图 2　辊套式结构和辊面形式

2）辊子支承：主要由轴承座及轴承组成，其中，固定辊轴承座采用与机架直接相联的专有技术，提高设备的整体刚度，使振动大幅降低；活动辊轴承座采用浮动结构，运转中压辊与轴承座整体偏斜，解决了轴承密封问题，有效地提高了轴承使用寿命；与油缸接触面采用铰接连接，这样能很好地解决由于轴承座偏斜而加大对油缸的不均匀磨损问题，使油缸的使用寿命增加了一倍；轴承采用四列圆柱滚子轴承，与调心滚子轴承相比具有承载力高、寿命长及密封性能好等特点，可比双列调心滚子轴承寿命高数倍。辊子支承结构示意如图 3 所示。

3）简洁的扭矩支撑装置将扭转力矩传递给基础，辊压机运行更加平稳，如图 4 所示。

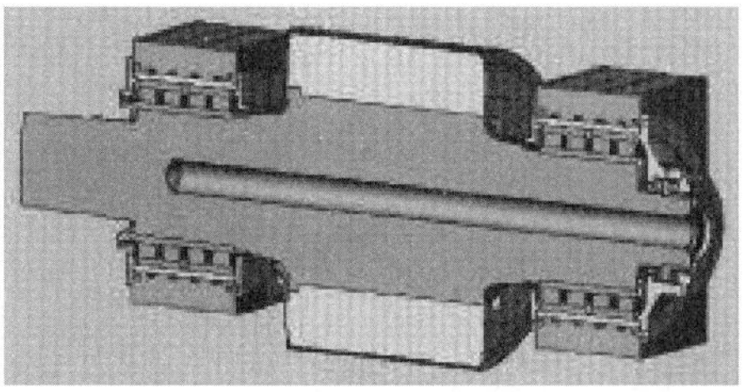

图 3 辊子支承

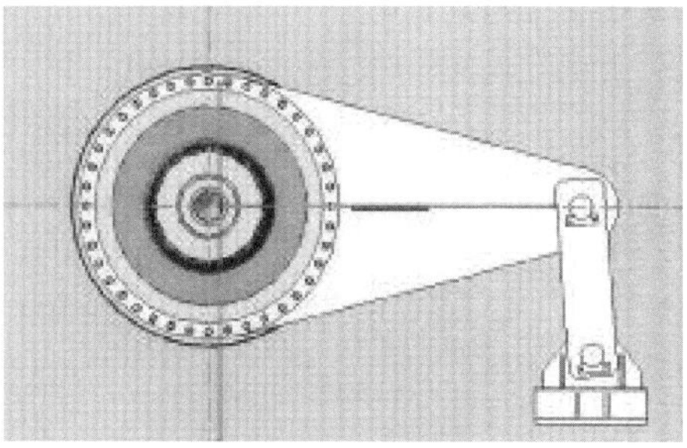

图 4 扭矩支撑装置

4）先进的液压系统、自动化控制系统，可靠性不断提高，故障率降低。液压系统与专业液压厂合作，采用德国力士乐公司的技术支持，关键件采用国际上知名公司产品，高度集成化的液压系统保证了系统高可靠性。系统的油管安装更简单，无须再对液压系统进行冲洗；极少的管路接头设计保正系统无泄漏；大直径液压油缸采用进口密封件及专有技术使寿命更长。

图 5 为正在组装的 TRP220-160 辊压机。

图 5 正在组装的 TRP220-160 辊压机

4.2 生料动态选粉机

TVSu 型生料动态选粉机是该系统的另一重要设备，该选粉机主要由出风管、上中下壳体、转子及密封圈、导向叶片、分级叶片、粗粉回料锥管、折流锥和进风直管组成，具有对物料的适应性和分散性好、空气阻力和能量消耗低、选粉效率高等特点，能够满足不同原料、产品细度的控制要求。选粉机结构如图 6 所示，转子结构如图 7 所示。

含尘气体从下部的进风管进入选粉机内，在风速降低失去动能和与折流锥冲撞的双重作用下，粗粉沿壳体内壁落入下壳体边壁的粗粉出口并排出，细粉则继续被带入到分级转子的分选区进行分选。在折流锥与粗粉回料锥管下端之间有合理的间隙，可以将粗粉物料流态化悬浮，使得粗粉回料锥管内不易积料和堵料，物料经下部三个回料管进入到粗粉出口被排出机外。同时，特殊的壳体结构设计可控制各个断面的风速，合理分配物料流和空气流的流动趋势，减少不必要的局部小涡流，降阻增效显著。该选粉机主要有以下几个特点：

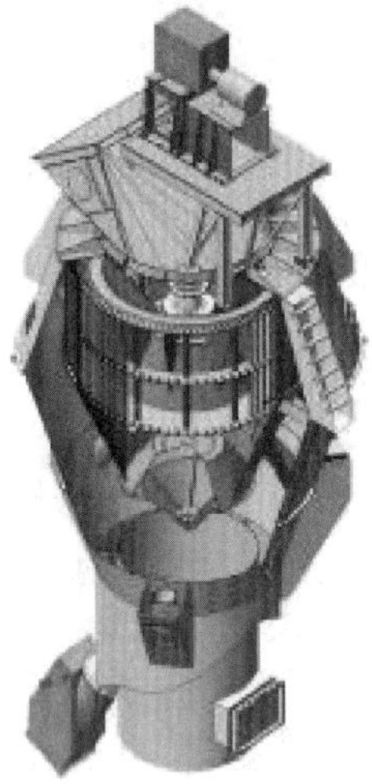

图 6　TVSu 型生料动态选粉机

图 7　TVSu 型生料动态选粉机转子结构示意

1）特殊结构的选粉机导向叶片能减少颗粒反混现象，避免了细颗粒在进入转子分选区时掺入过多的粗粉。

2）分级转子取消了多层格栅板，采用中间为一层格栅板结构，加大转子内倒锥体的尺寸和提高锥体的高度，并增加了消除涡流的折流板装置，新的选粉机转子结构可消除转子内形成的涡流空间，减少转子内部积料、耙料现象。

3）选粉机采用了一种独特的组合式密封结构，它由双迷宫密封、气室密封和小叶片密封组成，这种结构的密封形式可以有效地控制 200μm 筛筛余<1%。

祁连山漳县、古浪和大冶尖峰项目中主要设备及参数见表 3。因祁连山漳县和古浪两个项目所处海拔高度及原料条件相近，而且几乎同时建设，所以主要设备规格等完全相同。但大冶尖峰项目因原料易磨性差，系统产量要求达到 480t/h 以上，所以辊压机的装机功率调整为 2×2240kW，循环风机全压为 6800Pa，电动机功率为 2240kW。

表 3　祁连山漳县、古浪和大冶尖峰项目的主要设备及参数

设备名称	型号、规格及参数
辊压机	型号 TRP220-160，通过量 1400t/h，装机功率 2×2000kW（大冶尖峰为 2×2240kW），料片厚度 50mm，压辊线速度 2.1m/s，喂料粒度≤80mm（>95%），最大挤压力 17600kN，油缸设计压力 20MPa
静态选粉机	型号 TVS-144.24，风量 650000m^3/h，通过量 Max1850t/h，阻力 1200Pa
动态选粉机	型号 TVSu-520，风量 700000m^3/h，成品能力 420～490t/h，阻力 2500Pa，电动机 250kW
旋风除尘器	规格 4-ϕ5200，风量 720000～800000m^3/h，阻力 1200Pa

续表

设备名称	型号、规格及参数
循环风机	风量 800000m³/h，全压 7845Pa（大冶尖峰为 6800Pa），电动机 2500kW（大冶尖峰为 2240kW）
出辊压机提升机	能力 1800m³/h
出选粉机提升机	能力 1800m³/h

5　系统运行效果

5.1　漳县、古浪运行情况

由于两个项目均位于中国西部，气候干燥，加之 4 月份降水少，因此在烧成系统尚未提供热风之前，适当选择较干物料，生料粉磨系统可在冷态下运行，为烧成系统投料提供合格的生料，系统产量偏低。以漳县项目为例，在无热风的情况下，喂料量最高 330t/h，生料细度 80μm 筛筛余 5%～8%，200μm 筛筛余 0～0.6%，水分 0.6%。总体来看，两个项目生料辊压机终粉磨系统的实际运行情况都优于设计指标，漳县生料粉磨系统喂料量 450～470t/h，系统电耗 13.7kWh/t，而且生料成品 80μm 筛筛余 6%～8%；古浪生料粉磨系统因为石灰石的易磨性好，且配料中有 20%左右的黏土，所以喂料量高时可达 510t/h，系统电耗仅有 10.8kWh/t。最重要一点是两套生料粉磨系统的生料成品 200μm 筛筛余始终<1%，对改善生料的易烧性非常有利。TRP220-160 生料辊压机终粉磨系统中控运行画面如图 8 所示。漳县和古浪 TRP220-160 生料辊压机系统运行参数见表 4 和表 5。

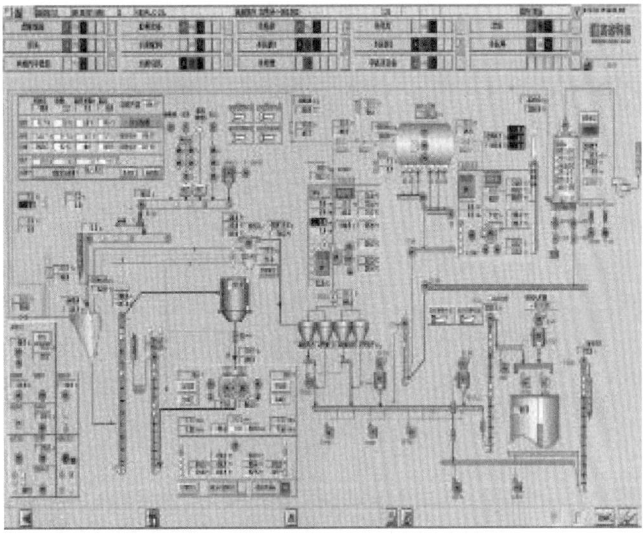

图 8　TRP220-160 生料辊压机终粉磨系统中控运行画面

表 4　漳县 TRP220-160 生料辊压机系统运行情况（考核完成时间 2013-06-22）

项目		合同保证值	系统考核值	实际运行值
成品细度 $R_{80\mu m}$（%）		14	9.17	6～8
成品细度 $R_{200\mu m}$（%）		<2.0	0.5	0.5
系统喂料量（干基）(t/h)		440	445.31	450～470（平均 468）
成品水分（%）		<0.5	0.3	0.3
电耗（kWh/t）	辊压机		8.98	7.33
	循环风机		3.95	4.56
	其他		1.70	1.82
	系统	<14.7	14.63	13.71

表 5　古浪 TRP220-160 生料辊压机系统运行情况（考核完成时间 2013-07-01）

项目		合同保证值	系统考核值	实际运行值
成品细度 $R_{80\mu m}$（%）		14	10.31	8～11
成品细度 $R_{200\mu m}$（%）		<2.0	0.4～0.8	0.4～0.8
系统喂料量（干基）(t/h)		450	453.6	470～510（平均 490）
成品水分（%）		<0.5	0.29	0.2～0.4
电耗（kWh/t）	辊压机			4.98
	循环风机			4.14
	其他			1.37
	系统	<14.0	13.03	10.79

5.2　大冶尖峰运行情况

大冶尖峰原生料粉磨系统为两台中卸球磨机系统，为了响应国家的“节能降耗”政策，于 2015 年在原生料粉磨车间旁边的空地上新建一套生料辊压机终粉磨系统，在土建施工与主机设备安装过程中不影响现有球磨系统的正常运转。在 15～20d 的时间里，将原有原料调配库的来料胶带机改造，输送物料至 V 型选粉机。选粉机选粉后细颗粒进入高效选粉机；粗颗粒经提升机提起送入中间仓，并最终进入辊压机进行挤压，挤压后物料由提升机提起后送入 V 型选粉机进行选粉。进入高效选粉机的物料经选粉后，细粉作为成品由旋风筒收集；粗粉重新回到辊压机进行挤压。旋风筒收集后的成品经斜槽、提升机输送入库储存。系统烘干用热风来自于高温风机出口。出系统循环风机热风一部分作为循环风入 V 型选粉机烘干物料，其他进入原有窑尾除尘器，经处理后排入大气。

另外，新建生料辊压机粉磨系统与原两套球磨系统属于并联关系，完整保留原球磨粉磨系统，在辊压机生料终粉磨系统检修期间作为备用，从而保证窑的运转不受影响。通过节能改造，生料粉磨系统产量从 460t/h 提升至 530t/h，单位生料系统电耗降低约 10kWh/t。改造前后系统指标对比见表 6。

表 6　改造前后大冶尖峰生料粉磨系统指标对比

系统		合同 保证值	改造前 （中卸球磨）	改造后 （辊压机终粉磨）
主机规格			2-ϕ4.6 ×（10.0+3.5）	TRP220-160
主机装机功率（kW）			2-3550	2×2240
成品细度 $R_{80\mu m}$（%）		15	18	17
成品细度 $R_{200\mu m}$（%）		<2.0		1.5
系统喂料量（干基）(t/h)		480	2-230	530
成品水分/%		<0.5		0.5
电耗（kWh/t）	辊压机（生料磨）		15.62	6.94
	循环风机		4.30	4.08
	其他		2.86	2.44
	系统	<14.0	22.78	13.45
日运转时间（h）			24.0	18.2

6 改造后对相邻系统的影响

1）烧成系统

球磨机系统改为辊压机系统后，生料的易烧性有一定的改善，窑产量得到一定提高，熟料 f-CaO 含量降低。

2）废气处理

改造前球磨机系统，因中卸球磨机漏风量大，入球磨机热风量少，在窑尾排风机全开的情况下有时也不能满足系统放风要求，高温风机后经常出现正压。改造完成后，窑尾热风可以全部从 V 型选粉机进入生料粉磨系统，进入窑尾收尘的风量减少，系统正压消失，而且高温风机和尾排风机电流都有所降低。

3）余热发电

由于进入生料粉磨系统的热风量增加，在保证生料烘干的情况下，出余热锅炉废气温度可继续降低，所以余热发电量也比改造前增加。

4）其他

原为两套中卸生料烘干粉磨系统，改造为一套辊压机终粉磨系统后，系统设备数量减少，加之系统设计合理，岗位人员减少约二分之一。

7 结语

我公司已向市场提供 TRP160-140、TRP180-140、TRP180-170 和 TRP200-160 等各种规格的辊压机生料终粉磨系统，运行情况表明该系统具有节电效果显著、生料质量好、操作容易等特点，可以适应 7%原料水分的烘干要求，可作为新建熟料线生料粉磨系统的首选方案，也可用于对其他形式生料粉磨系统的改造。

参考文献

[1] 柴星腾，石国平．生料辊压机终粉磨系统技术方案介绍[J]. 水泥技术，2012(2)：81-85.

[2] 白波，高文，肖秋菊，等．石英砂岩细度对熟料煅烧产生的影响[J]. 水泥技术，2007(4)：67-68.

（原文发表于《水泥技术》2016 年第 8 期）

生料外循环辊磨技术及应用实例

陈 军　于 涛　豆海建　杜 鑫　徐兵波

摘　要：生料辊磨外循环技术是辊磨系统发展的新阶段。对生料辊磨系统进行外循环改造，节能效果显著，改造后其系统电耗与辊压机生料终粉磨系统相当。外循环辊磨生料终粉磨系统改造可以保留原辊磨主机的设备和基础，与新建辊压机生料终粉磨系统相比，可以节省约一半的投资，可达到与辊压机生料终粉磨系统相当的能耗指标。2018 年，天津水泥工业设计研究院有限公司利用此技术进行了两个项目改造，实践表明，这种改造方案可以提高系统产量，降低生料细度，系统电耗与改造前相比降低了 4kWh/t。

关键词：外循环辊磨；生料辊磨；节能；改造

1　引言

随着国家环保要求的提高和水泥生产成本压力的上升，精细化生产、高效化管理的要求也越来越高，众多水泥生产线亟待技术升级改造。

2　生料外循环辊磨技术的特点

传统的辊磨系统已经在生料、煤、水泥等领域得到了广泛的应用，系统电耗比传统球磨机低 30％左右，具有系统简单、运行维护方便的特点。在生料粉磨系统中，与辊压机生料终粉磨系统相比，辊磨生料终粉磨系统的电耗尤其是循环风机的电耗明显偏高。

在传统辊磨的生产运行中，辊磨的内循环电耗高于外循环，而且物料的提升、运输皆为气力提升方式。生料辊磨的磨盘名义风速一般为 7～9m/s，有的甚至会更高。辊磨的阻力通常很大，生料辊磨的阻力常在 7000～9000Pa 之间，是生料辊磨系统中阻力最大的设备，再加上旋风筒和管道的阻力，循环风机入口的负压基本在 10500～12500Pa 范围内。系统风量大和系统阻力大是导致传统生料辊磨系统中循环风机的电耗明显偏高的主要原因。

如果将辊磨与选粉机分开，全部物料通过机械提升代替原来的气力提升，则可以显著降低循环风机的电耗，使辊磨生料终粉磨的系统电耗与辊压机生料终粉磨的系统电耗相当。将原有的辊磨生料终粉磨系统改造为外循环辊磨生料终粉磨系统，可以保留辊磨主机设备和基础，相比新建一套辊压机生料终粉磨系统可节省约一半的投资成本，同时可达到与辊压机生料终粉磨系统相当的能耗指标。因此，生料外循环辊磨技术的研究在当前形势下显得尤为重要。

为此，公司在 2014 年申请了外循环辊磨终粉磨工艺流程的专利“立式辊磨系统”并获得授权（专利号 ZL 201420246770. X）。

3　生料外循环辊磨技术方案

生料外循环辊磨系统，是将辊磨的选粉区与研磨区分开，物料不再通过气力输送到选粉机进行分选，而是通过提升机采用机械输送方式运输物料。辊磨粉磨后的所有物料都从辊磨下部的排渣口排出，然后由提升机提升至静态选粉机的喂料口。静态选粉机初选出的粗料和动态选粉机选出的未达到成品要求的粗颗粒，经由提升机提升至辊磨顶部的喂料口，进入辊磨重新粉磨。

为避免大颗粒物料对动态选粉机造成影响，在粉磨后物料进入动态选粉机之前，先将物料喂进V型静态选粉机进行初选，同时在V型静态选粉机中通入热风，完成原料的烘干，大颗粒物料返回辊磨再次粉磨。初选出的较细粉由风带进与之相连的动态选粉机中，分选出满足合格细度要求的成品，从而提高动态选粉机的选粉效率。工艺流程图如图1所示。

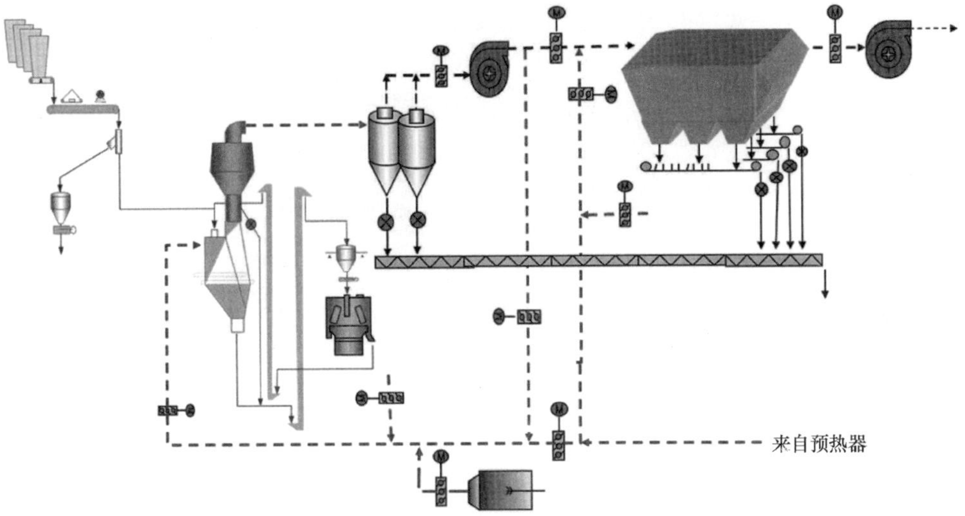

图1 生料外循环辊磨系统的流程图

利用生料外循环辊磨技术对已有生料辊磨终粉磨系统进行改造，可以明显降低循环风机的电耗，系统解决方案如下：

（1）原辊磨的粉磨部分保留，辊磨主传动保留，辊磨基础保留。

（2）拆除原辊磨的选粉机。

（3）改造磨机中壳体，增加中壳体上盖，包括位于上盖的喂料口和收尘口。

（4）改造磨机风道，改造刮料装置和出料口。

（5）增加提升机，用于提升辊磨的出料和选粉机的粗料。

（6）增加V型静态选粉机和动态选粉机，用于物料的烘干和分选。

（7）更换或改造循环风机。改造为外循环系统后，系统的阻力将大幅降低，原有高压头风机的效率会大大降低，更换或者改造原有循环风机有利于降低电耗。

（8）更换或改造旋风筒，有利于降低系统的阻力。

4 生料外循环辊磨技术的应用实例

利用生料外循环辊磨技术，我公司先后对湖北JL水泥公司和贵州HL水泥公司的生料辊磨系统进行了改造（图2、图3），均取得了显著的改造效果。改造的两条生产线均为3200t/d新型干法水泥熟料生产线，由天津水泥院设计，生料磨均为TRMR38.4型生料辊磨，为中材（天津）粉体技术装备有限公司供货。2018 年，中材（天津）粉体技术装备有限公司依托天津水泥院将这两条生产线中的生料辊磨系统改造为生料外循环辊磨系统，改造中采用了天津水泥院的最新工艺流程和天津水泥院自主研发的新一代高效组合式选粉机、新型高效低阻旋风筒等新型设备。

图 2　湖北 JL 水泥公司 2 线生料外循环辊磨系统改造后现场图

图 3　贵州 HL 水泥公司生料外循环辊磨系统改造后现场图

改造完成后，产量提高，细度降低，生料磨的系统电耗大幅度降低，得到了业主的高度认可。具体改造效果见表 1 和表 2。

表 1　湖北 JL 水泥公司 2 线改造生料外循环辊磨系统的效果

	产量（t/h）	细度 $R_{200\mu m}$（%）	系统电耗（kWh/t）
改造前	290	3	17
改造后	≥300	2.6	13

表 2　贵州 HL 水泥公司改造生料外循环辊磨系统的效果

	产量（t/h）	细度 $R_{200\mu m}$（%）	系统电耗（kWh/t）
改造前	278	2.4	17.5
改造后	318	2	13.5

湖北 JL 水泥公司 2 线改造后产量提高 3.4%以上，生料 $R_{200\mu m}$细度降低 0.4%，生料磨系统电耗降低 4kWh/t，折算到熟料综合电耗可降低 6kWh/t 以上，可降低运行成本 3 元/t. cl。

贵州 HL 水泥公司改造后产量提高 14.4%，生料 $R_{200}\mu m$ 细度降低 0.4%，生料磨系统电耗降低 4kWh/t，折算到熟料综合电耗降低 6kWh/t 以上，可降低运行成本 3 元/t. cl。

5　结语

目前国内生料辊磨系统的数量仍然很多，在当前提倡节能环保、绿色低碳的生产模式下，节能降耗是趋势所在。生料外循环辊磨技术是辊磨系统发展的新阶段，是对传统辊磨系统的创新和突破。实践证明，利用生料外循环辊磨技术对传统生料辊磨系统进行节能改造的效果显著，与新建生料辊压机终粉磨系统相比，具有明显的成本优势。

（原文发表于《水泥技术》2019 年第 4 期）

辊压机水泥联合粉磨系统的生产调试

刘广铎* 侯国锋 于海涛* 马秀宽 石国平

河北金隅鼎鑫水泥有限公司于2018年对原有两条水泥粉磨生产线（1号线和2号线）进行了技术改造，将原有两台德国进口的KHD140-110辊压机更换为天津院有限公司的两台TRP220-160辊压机，配套天津院有限公司新研发的TASc-410组合式选粉机，与原有ϕ4.2m×11m球磨机组成水泥联合粉磨系统。该项目是TRP220-160大型辊压机在水泥粉磨的首次应用，是目前国内用于水泥粉磨的最大规格的辊压机。

本文讨论的对象主要为2号线水泥粉磨系统，该线改造工程于2018年3月底成功投料试运转，在设备研发和现场技术人员的共同努力下，对系统进行了各项优化及调整[1]，目前2号线水泥粉磨系统生产运行稳定，P·C42.5品种水泥产量可达320t/h，P·O42.5品种水泥产量可达280t/h，成品细度$R_{45\mu m}<8\%$，比表面积$3500\pm150cm^2/g$，水泥成品各项性能指标均优于改造前。现将本项目TRP220-160辊压机联合水泥粉磨系统的总体工艺设计及调试情况介绍如下。

1 系统概况

1.1 工艺流程

2号线辊压机联合粉磨系统工艺流程为天津院有限公司设计，设计上为球磨机考虑了转换阀门，能实现球磨机开流或闭流控制；同时在旋风筒与球磨机之间的斜槽上预留了出口，可根据实际状况由辊压机直接分流一部分物料进入磨尾出料斗式提升机。但为了尽快完工投产，满足市场需求，目前仅按开流方案进行施工与配置，为后期预留了闭流系统的安装空间以及接口。图1和图2分别为2号线水泥粉磨系统的工艺流程设计示意图及当前运行的中央控制屏画面。

联合粉磨系统采用TRP220-160辊压机与ϕ4.2m×11m球磨机和TASc-410组合式选粉机搭配。大规格辊压机与球磨机组合，可最大限度地发挥辊压机“料床挤压”粉磨机理的优势，能大幅提高产量，降低系统的粉磨电耗。保留球磨机，可对成品水泥的形貌以及颗粒级配进行调整与优化，保证水泥各项性能指标满足国家相关标准以及实际生产的需要。

整体采用辊压机系统外置布局，与原有磨房并行；双斗式提升机循环物料，降低了整体布置高度；设置的多道除铁装置和含铁物料外排仓，可将物料排出系统，有效避免含铁杂质在系统内的循环富集，提高辊面的使用寿命。为减小系统通风阻力并降低厂房高度，本项目配套选用了天津院有限公司最新研发的TASc-410组合式选粉机（以下简称选粉机），物料经选粉机静态部分打散和粗选后，较细物料随风直接进入动态分选结构的底部，显著降低了风力带料的高度。经过选粉机动态部分分选得到的中间物料由旋风筒收集后，经斜槽输送至球磨机，动态部分分选后的粗粉和静态部分分选后的粗粉混合后由入料斗式提升机送至辊压

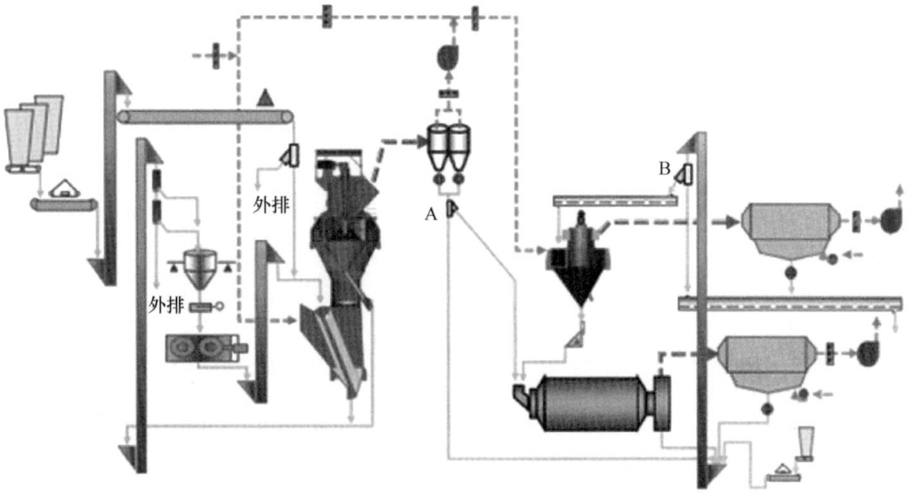

图 1　2 号线水泥粉磨系统工艺流程设计示意图

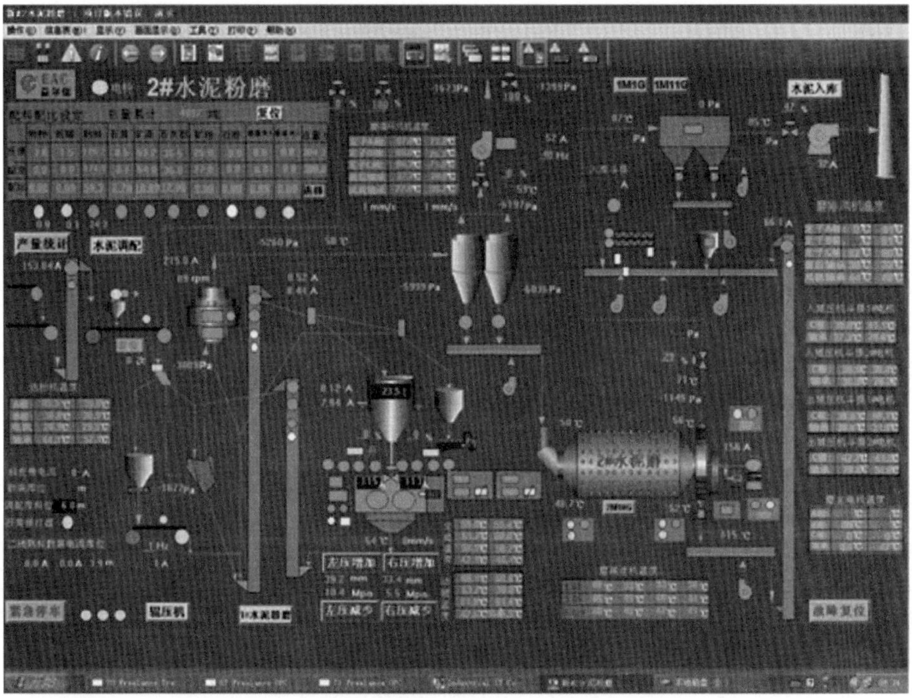

图 2　2 号线水泥粉磨系统当前运行中控画面

机上方的缓冲小仓，然后进入辊压机循环挤压粉磨，经球磨机粉磨后的物料经斜槽和斗式提升机输送入成品库[2]。

1.2　主机配置

2 号线水泥粉磨系统主机设备参数见表 1。

表 1　2 号线水泥粉磨系统主机参数

名称	规格参数	备注
辊压机	规格：TRP220×160	供货商：天津院
	电机：2×2240kW	辊面形式：堆焊
	通过量：1450t/h	油缸数量：4
组合式选粉机	型号：TASc-410	电机功率：185kW
	风量：380000m³/h	电机：永磁变频
循环风机	风量：415000m³/h	电机功率：1000kW
	全压：5700Pa	调节方式：阀门
出料提升机	型号：NBH011HFC	高度：30m
	能力：1900t/h	电机功率：2×185kW
入料提升机	型号：NBH011HFC	高度：34m
	能力：1900t/h	电机功率：2×185kW
球磨机	规格：ϕ4.2m×11m	电机：YRKK 900-8
	转速：15.8r/min	电机：2800kW
入库提升机	型号：TBD630/370	高度：47.55m
	能力：500t/h	电机功率：90kW

1.3　原料属性

该水泥粉磨系统所生产的水泥品种和配料见表 2，其中，石灰石中含有一部分矿山剥离土，除矿粉直接加入磨尾成品外，其余各物料均由调配库计量后加入辊压机系统。辊压机的运行状况对物料的湿度敏感，其原料中石膏、矿渣和湿粉煤灰中水分较高，平均可达 10%以上。从运行情况来看，如果停止使用湿矿渣，辊压机的运行状态将更加稳定，系统产量将提高 5%以上。表 2 和表 3 分别为 2 号线实际生产物料配比及主要原料的水分统计。

表 2　实际生产物料配比* (%)

品种	熟料	石膏	矿渣	石灰石（粉）	矿粉	粉煤灰
P·C42.5	~56.0	~2.0	~8.5	~17.0	~8.0	~8.5
P·O42.5	~80.0	~3.0	~4.0	~5.0	~8.0	0

* 以上数据来源于 2018 年 4 月 5 日～30 日的中控统计。

表 3　实际生产原料水分* (%)

项目	熟料	石膏	矿渣	石灰石（粉）	矿粉	粉煤灰
平均值	—	15.19	10.45	2.93	0.5	12.71
最小值	—	12.60	8.05	2.46	—	6.49
最大值	—	17.86	13.19	3.34	—	22.01
P·C42.5 综合	2.81					
P·O42.5 综合	1.06					

* 以上数据来源于 2018 年 4 月 5 日～30 日的生产统计。

2 调试期间的调整优化

该生产线自2018年3月底投料运行以来，最初系统运行不稳定，由于各种原因导致辊压机不能连续运转，台时产量波动很大，没有找到通风和物料的最佳平衡点，现将调试期间出现的主要问题及解决办法总结如下：

2.1 缓冲小仓塌仓与溢料

投料运行初期，辊压机塌仓和冲料问题频繁出现，大量物料经过辊面向外侧溢出，造成辊压机无法连续运转。曾尝试高、中、低各种仓位甚至空仓运行（冒灰严重）均无法有效缓和，之后重新校准了小仓的计量数据，将小仓量程由30t校正到45t，并与现场配合确保小仓内满料，将物料顶面维持在小仓上部的溜子内，解决了小仓的塌仓溢料问题。分析塌仓的主要原因是，物料过细且入小仓溜子过高，物料以倾斜状态快速冲入小仓后导致仓内物料流态化，当仓位较低时，物料从辊面顶部向两侧快速流出导致塌仓。后续为控制物料的液态化，对小仓进行了优化调整，在其入口处增设了一组挡料装置，以缓和物料进入小仓内的力度与速度。装置由两根工字钢做支架，在料流的中心线部位由钢板做一个挡料的盒子，平面尺寸为800mm×800mm，如图3所示。改造完成后，辊压机塌仓和冲料状况基本消除，系统运行显著好转，可实现连续正常运行。

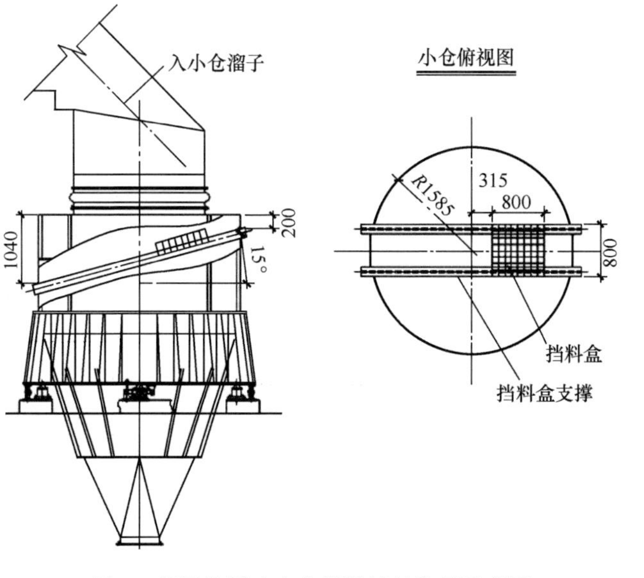

图3 辊压机缓冲小仓增设挡料装置示意图

2.2 辊压机物料通过量低

起初，系统投料运行后通过量很低，将喂料插板100%打开，辊缝仍然很小，基本维持在原始辊缝或者仅仅勉强撑开（初始辊缝为33mm），为此现场将辊压机上部喂料斜插板割掉一部分，左右均割掉约100mm（图4）。另外，在斜插板固定轴下方增开两个螺栓孔，通过更换安装孔将斜插板整体抬高，以增加物料通过量。改造后，辊压机物料通过量明显增加，辊压机的运行功率可以达到装机功率的90%以上。

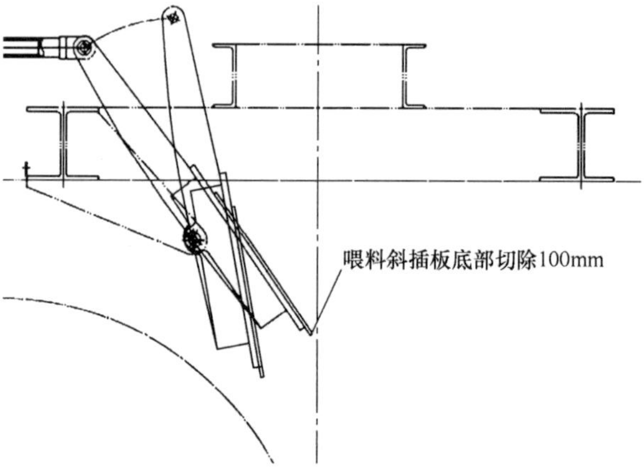

图4 TRP220-160辊压机喂料插板阀底部切割示意图

2.3 优化运行参数

通过调整入仓物料及喂料装置，系统可实现连续稳定运行，在此基础上调整了各种风量和压力以达到最优工况。为实现系统生产最佳指标，期间分别检测出旋风筒入球磨机物料和出球磨机物料的颗粒分布情况，检测结果见表4，从结果可知，入磨与出磨物料颗粒分布相差较小。分析原因，主要是球磨机内通风量过大，导致物料在球磨机内停留时间过短。之后增设了出磨风管调节阀门来控制球磨机内通风量，延长了物料在球磨机内的停留时间，系统产量也随之进一步提高。

表4 入球磨机与出球磨机物料颗粒分布检测结果

样本标识	D50 (μm)	<3μm (%)	(3～32)μm (%)	<32μm (%)	(32～65)μm (%)	≥65μm (%)	≥80μm (%)
14日中班入球磨	19.23	10.93	62.78	73.71	24.30	1.99	0.37
14日中班出球磨	14.96	16.32	66.69	83.01	16.84	0.15	0.00
16日中班入球磨	18.27	12.00	63.96	75.96	23.08	0.95	0.05
16日中班出球磨	13.93	17.06	68.91	85.97	13.97	0.07	0.00
22日中班入球磨	18.11	12.62	64.46	77.08	22.11	0.81	0.03
22日中班出球磨	14.00	14.11	70.93	85.04	14.80	0.16	0.00

3 结语

TRP220-160辊压机配套TASc-410组合式选粉机，与现有ϕ4.2m×11m球磨机组成的联合水泥粉磨系统，既充分发挥了辊压机高效粉磨的优势，又保留了球磨机对成品水泥性能指标的控制与优化。在投料初期，我们遇到了一些系统工艺及设备问题，经过金隅鼎鑫水泥和天津院技术人员的共同努力，解决了如塌仓、冲料、通过量低、产量低、运行不稳等各种问题。目前在球磨机开流的状态下，该生产线P·C42.5水泥产量达到320t/h，P·O4 2.5

水泥产量达到 280t/h，细度 $R_{45\mu m}<8\%$，比表面积 3 500±150cm²/g，水泥性能指标如水泥活性、流动度、标准稠度等显著优于改造前。随着该水泥粉磨系统工艺的继续优化及操作经验的不断积累，该生产线的运行将会为企业的增产降耗和效益的提高做出更大的贡献。

参考文献

[1] 韩晓光，杨学东，柴星腾，等．辊压机联合粉磨系统关键问题探讨[J]．水泥技术，2005(6)：19-21.

[2] 石国平，柴星腾，许芬．用辊压机联合粉磨系统生产钢渣粉的研究[J]．水泥技术，2006(5)：29-32

（原文发表于《水泥技术》2018 年第 5 期）

（作者刘广铎*、于海寿*任职于河北金隅鼎鑫水泥有限公司）

装备技术优化

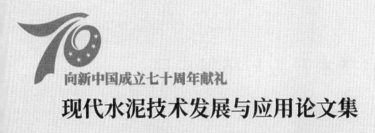

立式辊磨技术升级与拓展应用

聂文海　宋留庆　豆海建　柴星腾

摘　要：本文介绍了天津院立式辊磨的研发情况、技术特点、工业应用业绩，重点阐述了天津院外循环生料立磨、水泥立磨的最新技术进展及应用效果，同时对天津院的精品机制砂立磨技术特点及应用情况进行了介绍。

关键词：立式辊磨；立磨；水泥；机制砂

天津院自1978年开始立式辊磨的研发及应用工作，伴随着中国水泥工业从小到大的历史转变，天津院立式辊磨技术也实现了从无到有、从小到大的转变。目前天津院立式辊磨种类齐全，涵盖了生料立磨、煤立磨、矿渣立磨、水泥立磨、粉煤灰立磨、钢渣立磨等多种型号，不仅广泛应用于水泥生产每个粉磨工艺环节，而且在矿渣、钢渣、粉煤灰等固废综合利用行业一直走在技术最前沿，取得了大量的工业应用业绩，已销累计销售各类规格立磨400余台套。

在立磨系统工艺流程上，天津院大胆创新，先后提出了外循环生料立磨、外循环水泥立磨，其中外循环生料立磨已经成功应用于湖北京兰、惠水豪龙生料磨技改项目，取得了良好的工业应用效果。

1　天津院立式辊磨的技术特点（图1、图2）

图1　天津院TRM系列立磨

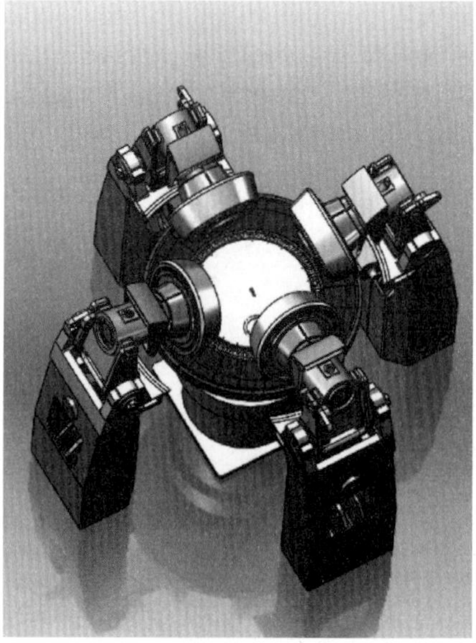

图2　天津院立磨的模块化设计

天津院立式辊磨的技术特点主要包括：

（1）平盘锥辊

同等条件下，磨辊和磨盘更小的速度差，更低的金属消耗，磨损后期产量影响小（5%）。

（2）每个磨辊单独加压

磨辊能够单独翻出，方便维修和保养。

（3）高效动静态选粉机

高精度选粉机成品控制，更好的颗粒级配。天津最新原创研发应用的第一代向心分选选粉机——U 型动叶片选粉机，选粉机阻力降低 20%～30%，选粉效率提高 8%～12%，成品颗粒分布 n 值降低 0.1～0.2，粗颗粒控制能力强，细度调节灵敏。

（4）智能化

天津院的立磨智能化除了实现常规的磨机关键部件的运行状态监测、故障诊断外，还能实现磨机系统的一键启停、无人操作、远程数据传输等功能，不仅利于磨机操作、提高效率，而且利于采用大数据技术为立磨进一步的技术优化提供第一手的数据和研发方向。

2 外循环生料立磨

外循环生料立磨的流程如图 3 所示，相比于传统立磨系统主要特征是将选粉机同磨机在空间上进行分离，并采用类似生料辊压机终粉磨的工艺流程。物料不再通过气力输送到选粉机进行分选，而是采用提升机机械输送，所有进入立磨的物料均采用外循环的途径进行分选。为了避免大颗粒物料对动态选粉机的影响，在动态选粉机之前增加了 V 型静态选粉机进行初选，同时在 V 型静态选粉机中通入热风完成原料的烘干，大颗粒物料直接返回磨机再次粉磨，从而提高动态选粉机的效率。由于物料输送形式由气力提升转变到提升机的机械提升，因而相比传统立磨系统，系统阻力和风机的压力大幅度降低，从而风机电耗接近生料辊压机的风机电耗。主要的技术特点包括：（1）产量提升约 10%；（2）系统压差降低 5000Pa；（3）系统电耗降低 20%，降幅 3～4kWh/t；折合到熟料电耗，降低 4～6kWh/t。

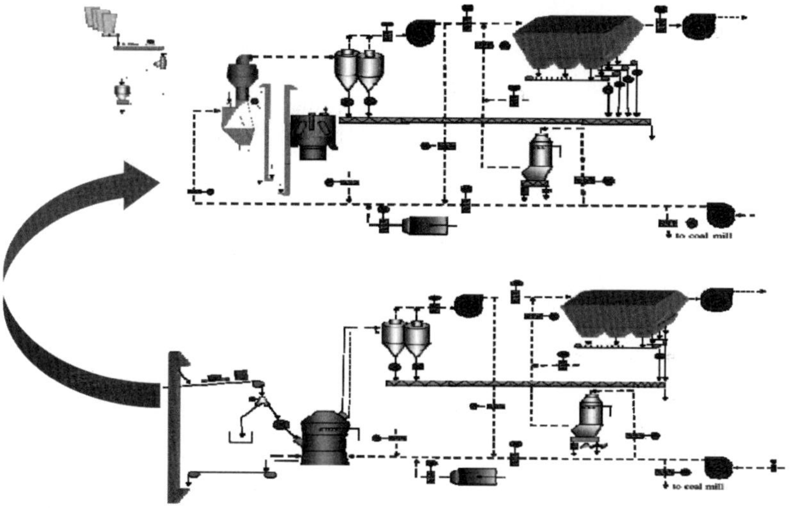

图 3　外循环立磨系统流程图

目前外循环立磨已经获授权发明专利 1 项，其主要技术特点如下：

（1）将粉磨区和选粉区分开；

粉磨压力比传统立磨压力高 15%～20%，采用挡料板/筛分挡料板提高磨机稳定性和研磨效率，降低磨机循环负荷。

（2）采用机械输送方式运输物料

增加出磨物料、V 选回料两台提升机，变气力提升为机械提升，提高物料输送效率，降低系统阻力和风机电耗。

（3）新型组合式选粉机

创新性采用 CFD 对选粉机流场进行数值模拟，有效控制成品细度 $R_{200\mu m} \leqslant 2\%$；结构紧凑，总高度降低约 8m。

该技术特别适用于现有传统生料立磨系统的技术改造，外循环立磨可以达到与辊压机终粉磨相当的技术指标，同时又可以充分利用原立磨系统的主机、部分辅机，从而在投资成本和回收周期上具有优势。投资成本为新建辊压机系统的 55%；建设工期约 3 个月，包括切改工期约 45 天；技术改造投资回收期约 3 年。

目前，外循环生料立磨技术，已经在贵州惠水豪龙和湖北京兰两个工厂的技术改造中得到了应用，对原有的 TRM38.4 生料立磨系统进行了升级，包括立磨本体、组合式选粉机、提升机、循环风机和旋风筒等（图 4、图 5）。

图 4　贵州惠水豪龙外循环生料立磨

图 5　湖北京兰外循环生料立磨

通过外循环技术改造，两个工厂均得到了理想的效果，生料粉磨系统产量提高 10%，电耗降低 20%以上（表 1、表 2）。

表 1　贵州惠水豪龙外循环生料立磨改造效果

贵州惠水豪龙	改造前	改造后
产量（t/h）	280	318
磨主机（kWh/t）	6.3	6.15
风机（kWh/t）	9.6	3.89
提升机（kWh/t）	0.1	1.5
选粉机（kWh/t）	0.20	0.21
系统（kWh/t）	17.0	12.5

表 2　湖北京兰外循环生料立磨改造效果

湖北京兰	改造前	改造后
磨主机（kWh/t）	8.03	7.27
风机（kWh/t）	7.67	3.88
提升机（kWh/t）	0.1	1.37
选粉机（kWh/t）	0.25	0.21
系统（kWh/t）	16.8	13.1

3　水泥立磨

最近几年，天津院水泥辊磨终粉磨技术日臻成熟，并得到了越来越广泛的应用，尤其是在海外水泥市场，有多条新建水泥生产线采用了水泥辊磨终粉磨技术。

3.1　技术特点

水泥辊磨系统的流程详见图 6。熟料、石膏和混合材由喂料皮带经锁风阀喂入辊磨，物料在辊磨中随着磨盘的旋转从其中心向边缘运动，同时受到磨辊的挤压而被粉碎。粉碎后的物料在磨盘边缘处被从风环进入的热气体带起，粗颗粒落回到磨盘再粉磨；较细颗粒被带到选粉机进行分选，分选后的粗粉也返回到磨盘再粉磨，合格细粉被带入袋式收尘器收集作为成品。部分难磨的大颗粒物料在风环处不能被热风带起，通过吐渣口进入外循环系统，经过除铁后再次进入辊磨与新喂物料一起粉磨。因为混合材的水分很小，所以外循环物料和新喂料共用一个喂料溜管。出收尘器的成品通过空气输送斜槽、提升机等设备送入到成品库中。磨机通风和烘干需要的热空气由热风炉提供，热风通过管道进入磨机，出磨气体通过收尘器净化后由系统风机送出，一部分排入大气，另一部分循环入磨。

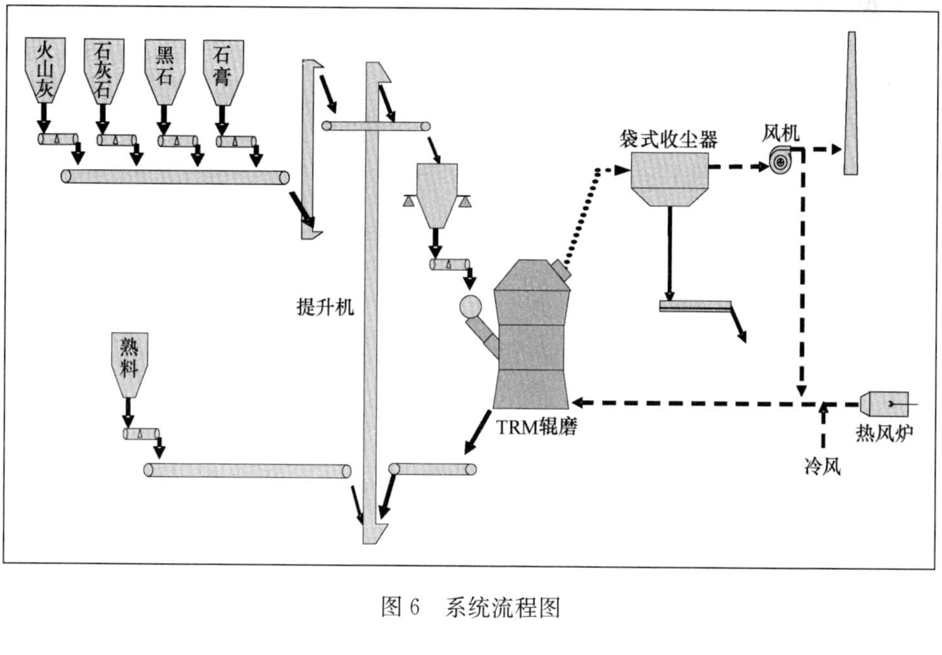

图 6　系统流程图

3.2 水泥辊磨产品性能

立磨水泥性能详见图7，从图中不难得出，立磨水泥在粒度分布、需水量、初凝时间、终凝时间、强度等方面相比于球磨水泥均无任何问题，证实了天津院立磨水泥终粉磨技术的成熟可靠。

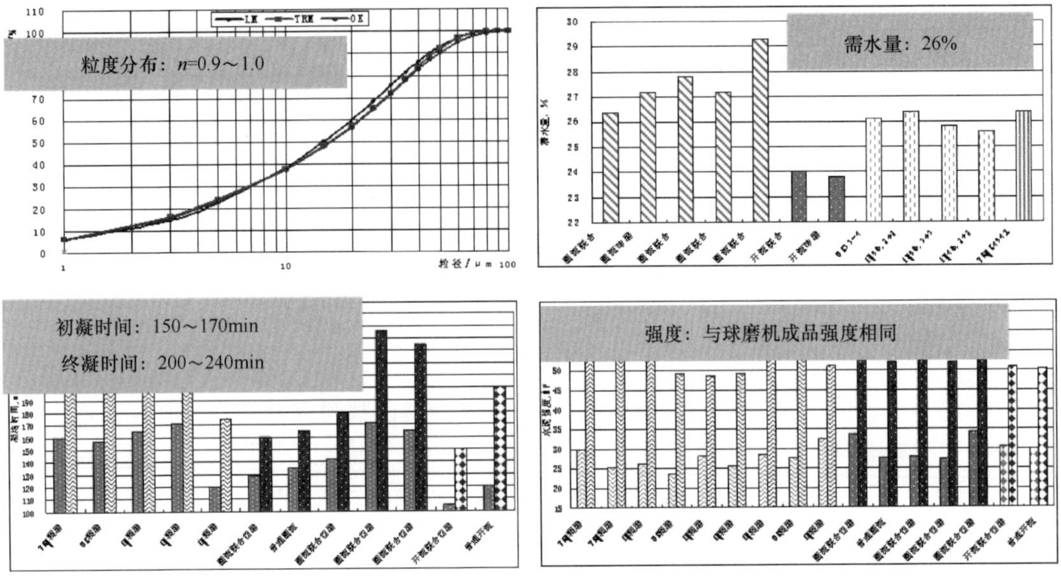

图7　立磨水泥性能

3.3 应用实例

天津院自2010年首台TRMK4541水泥立磨于越南福山投产以来，先后于国内外销售投产了51台水泥立磨，TRMK4541与莱歇LM46.2+2水泥立磨并列运行，粉磨相同熟料和配比，天津院TRMK4541水泥立磨无论在台时、电耗都有明显的优势（表3）。

表3　越南福山TRMK4541、LM46.2+2水泥立磨运行参数对比

项目	序号	磨机规格	运行时间	总量	台时	电耗
			h	t	t/h	kWh/t
水泥磨	#1	LM46.2+2C	1684.93	299684.00	177.8	29.91
水泥磨	#2	LM46.2+2C	2008.16	363388.00	180.9	29.29
水泥磨	#3	TRMK4541	1797.36	371436.00	206.6	28.78
水泥磨	#4	TRMK4541	2035.06	429419.00	211.0	28.58

自越南福山首台水泥立磨工业应用后，又先后于贵州麟山、安康尧柏、广西华宏等多个项目得到了推广应用，均取得了良好的工业应用效果（表4）。

表 4　TRM 水泥立磨国内部分应用实例运行数据

应用工厂	贵州麟山	安康尧柏	广西华宏
磨机规格	TRMK4541，4000kW	TRMK4541，4000kW	TRMK4321，3150kW
水泥品种	P·O42.5	P·O42.5	P·O42.5
水泥比表面积（cm^2/g）	3600	3500	3900
熟料配比（%）	79	79	77
系统产量（t/h）	220	195	155
系统电耗（kWh/t）	25.0	26.5	27

3.4　TRM70.4 大型水泥立磨开发

设备的大型化一直是水泥工业技术装备发展方向之一，国内外知名立磨供货商纷纷推出了装机功率在 8000kW 以上的超大型水泥立磨，天津院紧跟国际大型水泥立磨的步代，于 2018 年完成开发 TRM70.4 大型水泥立磨全部的设备和系统开发工作（图 8）。

驱动模块根据用户的需求，提供多种新型驱动形式供选择。

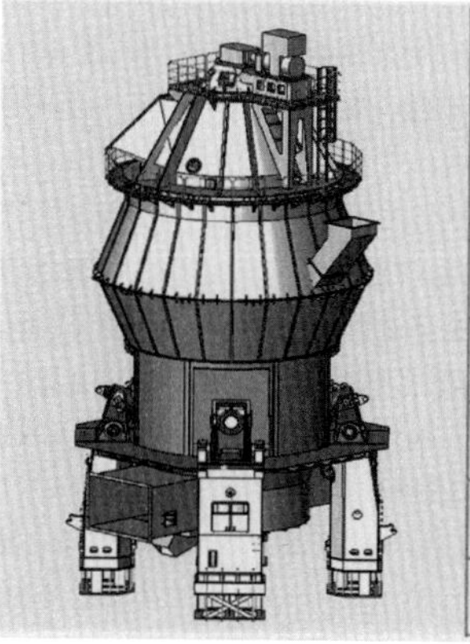

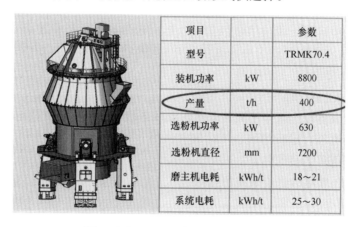

项目		参数
型号		TRMK70.4
装机功率	kW	8800
产量	t/h	400
选粉机功率	kW	630
选粉机直径	mm	7200
磨主机电耗	kWh/t	18～21
系统电耗	kWh/t	25～30

图 8　TRMK70.4 水泥立磨设计参数

4　精品机制砂立磨技术

4.1　精品机制砂立磨技术研发

4.1.1　外循环立磨技术

（1）立磨采用料床粉磨机理，物料颗粒之间相互作用能够修整尖锐棱角，改善颗粒形貌；

（2）通过调节立磨控制参数可调整立磨对不同硬度原料和不同细度成品的适应性；

（3）立磨的研磨结构采用耐磨堆焊或耐磨陶瓷材质，非常适用于河卵石与花岗岩等硬度大、磨蚀性强的物料。

（4）原料进入立磨经过一次辊压后立即排出磨外进行分选，避免因重复粉磨产生过多细粉量，降低石粉产量，提高砂产率，从而提高经济效益。

4.1.2 干法多级分选和脱粉技术

V选＋动选组合式选粉机具有高效脱粉和颗粒分级效果，能够将石粉、细砂和中砂分离。干法气力分选相较于机械筛分具有如下优势：

（1）可在线对产品进行筛分，并灵活调整粒度级配；

（2）分离设备的使用寿命长，无须频繁更换备件，大大减小检修维护工作量和设备成本；

（3）干法脱粉大大节约水资源，绿色环保，节能降耗，同时降低了下游产业链使用砂的难度。

4.1.3 全线密闭负压智能化控制技术

（1）制砂工艺全系统采用脉冲布袋式除尘器系统对扬尘点集中收尘，全生产线密闭负压操作，现场无扬尘，响应国家节能减排，绿色发展的号召。

（2）电控系统采用先进的工控计算机＋PLC＋智能配料仪表控制模式，可实现全自动、手动控制，操作简单、可靠性高、扩展灵活。

4.2 立磨制砂应用

重庆中材参天项目是天津院供货的第一个砂立磨项目，项目位于重庆市，立磨主机为TRM31，装机功率800kW，设计年产量100万t精品机制砂项目于2019年6月投产，可同时生产粗砂、中砂和细砂三个产品，0.075～4.75mm的机制砂产量达到200t/h以上，0.075～2.0mm的机制砂产量达到160t/h以上。

同常规的制砂设备相比（如锤式破碎机、双转子破碎机、立轴式破碎机等），立磨具有产量大、设备运行可靠、运转率高、产品颗粒圆润、颗粒级配连续合理、细度模数稳定可调、无扬尘、噪声低等诸多优势。

4.2.1 TRM31精品砂立磨系统的指标

精品砂立磨系统的运行指标见表5。

表5 TRM31砂立磨系统技术指标

项目	单位	运行值	
入磨物料最大粒度	mm	90%≤9.5mm	90%≤9.5mm
入磨物料最大水份	%	≤0.5	≤0.5
产品物料细度	mm	0.075～2	0.075～4.5
生产能力	t/h	160	220
粉磨电耗	kWh/t	<3.25	<2.3
系统电耗	kWh/t	<7	<4.5
粉含量（0.075mm）	%	<20	<15

4.2.2 制砂系统产品设计

先分选出粗砂（2.36～4.75mm）、中砂（1.18～2.36mm）、细砂（0.075～1.18mm）和石粉（<0.075mm）四个产品，再根据客户对细度模数、粒径分布和粉含量等指标要求进行混合调配。

4.2.3 精品砂立磨的成品质量

相比于破碎机生产的机制砂，立磨制砂产品中粗颗粒和细粉含量明显更低，更接近天然砂的粒度分布。同时，立磨制砂产品具有良好的球形度（图 9、图 10）。

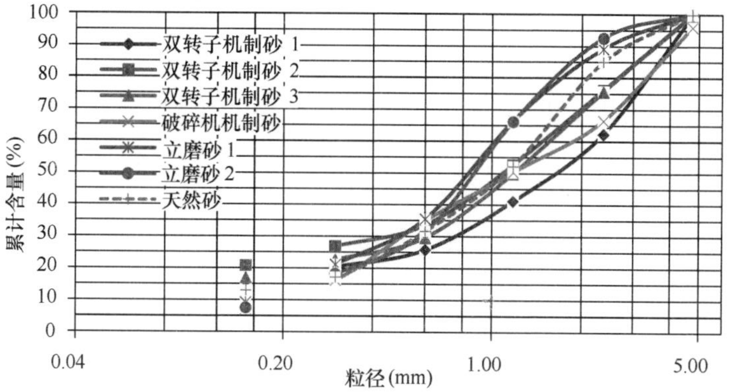

图 9　不同机制砂工艺及天然砂的粒度分布区线

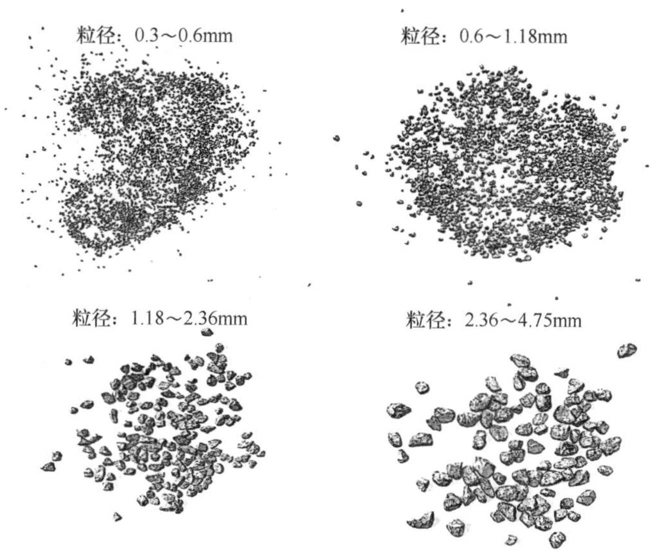

图 10　精品砂立磨的成品颗粒形貌

5 结语

天津院经过 40 多年立式辊磨研发经验积累，不仅具备了提供适应各种物料、多种成品细度要求、多种规格立磨产品的能力，而且培养了一批潜心研发、勇于创新的立磨技术专家和产品开发团队，建立了多套能够开展多种立磨试验研究、设备选型设计的立磨试验系统，打造了世界上少有的立磨技术研发硬软件平台，相继建立了选粉机数值模拟研发平台、基于能量积累的 EDEM 离散元研磨过程数值研究平台。立磨技术实现了从无到有、从小到大的历史转变，引领国产立磨技术从跟跑到并跑的转变。新的历史条件下，天津院立磨研发团队正凝心聚力，强化基础理论研究，致力立磨技术原创突破，努力提升国产立磨的原创技术水平和国际市场竞争力，以“一万年太久、只争朝夕”的精神实现国产立磨技术的高质量发展，强力支撑公司各类业务的发展。

水泥粉磨系统中球磨机的优化

王 娜　王明治　陈艺芳　石国平　柴星腾

摘　要：介绍了球磨机在水泥行业中运用的现状及在当前形势下，从理论计算上对如何提高球磨机的粉磨效率进行分析，旨在得出水泥粉磨系统中球磨机的最佳工艺参数，达到节能降耗、优质高产的目的。

关键词：水泥粉磨；球磨机；长径比；粉磨效率；衬板厚度

1　球磨机在水泥行业的应用以及现状

球磨机是水泥粉磨的传统设备，至今已有100多年的历史，虽然与辊压机、立磨等料床粉磨设备相比，其能量利用率低，系统电耗高，但经球磨机粉磨后的水泥成品，具有粒度分布宽、需水量低等特点，所以在水泥粉磨系统中，仍然有大量的球磨机在使用，而且短时间内不会被取代。为了降低水泥的粉磨电耗，同时保证较好的工作性能，人们将料床粉磨设备与球磨机组成联合粉磨系统，来获得二者的平衡。随着料床粉磨设备在水泥粉磨系统中所占比重越来越大，球磨机所占比重越来越小，系统的流程也从边料循环的预粉磨系统，到选粉机分选的联合粉磨或者半终粉磨系统，再到现在的立磨或者辊压机终粉磨系统。

从电耗角度来讲，料床终粉磨系统最优，但是从水泥产品工作性能角度来讲，球磨机的产品性能更佳。因此，料床联合粉磨兼顾了系统电耗和产品性能两方面的相对优势，成为目前国内市场水泥粉磨系统改造的主流方案。随着市场竞争的激烈，如何提高球磨机的粉磨效率，也变得十分关键。为此，本文分析球磨的长度、直径、衬板厚度等对粉磨效率的影响，以期找到更适合料床联合粉磨系统的球磨机。

2　球磨机粉磨效率的优化

2.1　球磨机功率的计算

球磨机运行时消耗功率主要用于提升研磨体和物料、克服机械部件间的摩擦以及传动损耗和电机效率等，关于球磨机功率的计算公式有很多种，本文采用国内常用的球磨机功率计算公式来分析球磨机的结构参数对球磨机功率的影响。

磨机所需功率可按下式计算：

$$P_0 = 0.184 \times D_i \times V_i \times n \times \phi \times (6.16 - 5.75\phi) \tag{1}$$

$$P_T = K_1 \times P_0 \tag{2}$$

$$P = K_1 \times K_2 \times P_0 \tag{3}$$

式中　P_0——磨机理论功率，kW；

P_T——磨机需用功率，kW；

P——磨机配用电机功率，kW；

D_i——磨机有效内径，m；
V_i——磨机有效容积，m^3
n——磨机转速，r/min；
ϕ——磨机填充率，%；
K_1——动力系数，按以下规定值取：
水泥磨：$K_1=1.25\sim1.35$，传动效率高的取低值，差的取高值；
湿法磨：$K_1=1.24\sim1.28$，传动效率低的和棒球磨取高值；
干法生料磨：同水泥磨；
K_2——电机备用系数，取 1.0～1.05（当 K_1 取较小值时 K_2 可取较大值）。

2.2 球磨机长径比对粉磨效率的影响

现在市场上主要存在的水泥磨规格有 $\phi3.2\times13$m（1600kW）、$\phi3.8\times13$m（2500kW）、$\phi4.2\times13$m（3550kW）等，也有一些采用长径比较大的规格 $\phi3.2\times14.5$m（2500/2800kW）。在市场激烈竞争的情况下，为了提高水泥粉磨系统的粉磨效率，进一步降低系统电耗，改善水泥性能，对于新建的水泥厂，球磨机规格的选择显得尤为重要。

针对系统产量约 200t/h 的水泥磨粉磨系统，按照辊压机与球磨机的装机功率比约 1∶1 为例，球磨机大约需配置 2500kW 的电机，针对 2500kW 的球磨机，该如何选择，我们从长度、直径等方面进行了简单的分析。

2.2.1 影响球磨机粉磨效率的因素——直径

从理论计算入手，磨机长度相同（13m），装球量相同（170t），磨机直径从 3.8m 到 4.4m，磨机填充率、理论功率及理论功率的增加变化见表 1：

表 1 球磨机直径变化对粉磨效率的影响计算表

公称直径 D（m）	公称长度 L（m）	装球量 G（t）	填充率 ϕ（%）	理论功率 P_0（kW）	理论功率增加（%）
3.8	13.0	170.0	28.90	1864.2	0.00
3.9	13.0	170.0	27.38	1929.1	3.48
4.0	13.0	170.0	26.32	1978.4	5.92
4.1	13.0	170.0	25.00	2039.8	8.88
4.2	13.0	170.0	23.78	2099.4	11.53
4.3	13.0	170.0	22.64	2157.5	13.97
4.4	13.0	170.0	21.59	2214.0	16.21

变化曲线如图 1 所示。

从图 1 可以看出，在磨机长度相同，装球量一样的情况下，直径小的球磨机消耗功率低。如果认为水泥细磨与研磨体提升高度关系不大（$\phi3.8$m 的球磨机提升高足够），仅与研磨体表面积成正比，那么，辊压机联合粉磨系统中球磨机直径越大，效率越低。得出结论：球磨机直径小的好。

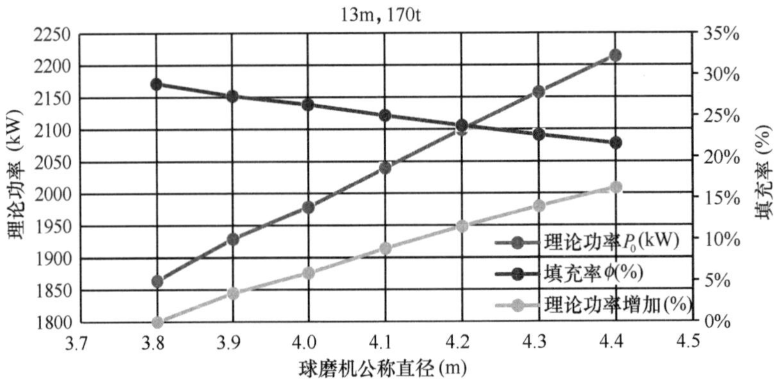

图 1 磨机填充率、理论功率及理论功率的增加随磨机直径变化的趋势

2.2.2 影响球磨机粉磨效率的因素——长度

球磨机直径相同（ϕ3.8m）、装球量相同（170t）、长度不同时，球磨机理论功率计算见表 2。

表 2 球磨机长度变化对粉磨效率的影响计算表

公称直径 D（m）	公称长度 L（m）	填充率 ϕ（%）	理论功率 P_0（kW）	理论功率增加（%）	磨内停留时间（min）	磨内停留时间增加（%）
3.8	13.0	28.90	1864.2	0.00	8.00	0
3.8	13.5	27.79	1890.6	1.42	8.31	4
3.8	14.0	26.76	1915.1	2.73	8.62	8
3.8	14.5	25.80	1937.9	3.95	8.92	12
3.8	15.0	24.91	1959.1	5.09	9.23	15

曲线变化如图 2 所示。

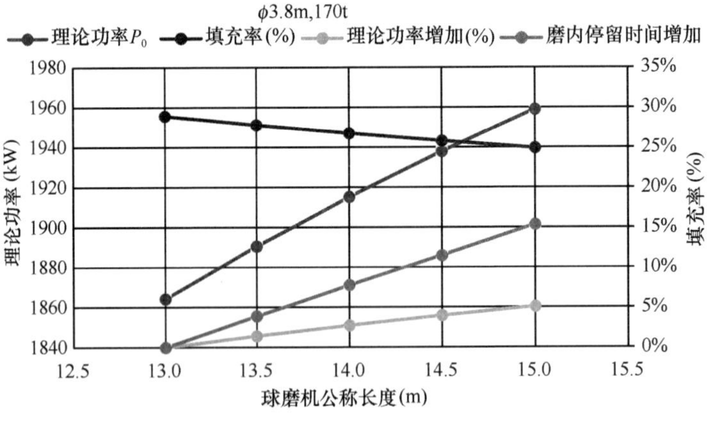

图 2 磨机填充率、理论功率、理论功率的增加及磨内停留时间随磨机长度变化的趋势

从图 2 中曲线可以看出，直径相同，装球量一样的球磨机，长度越长，运行功率越大，但功率增加比例小于物料在磨内停留时间延长的比例，所以球磨机长度长的好。

假定不同规格球磨机装球量均为 170t，根据经验公式计算结果见表 3。

表 3　球磨机直径变化对粉磨效率的影响计算表

公称直径 D（m）	公称长度 L（m）	有效容积 V_0（m^3）	装球量 G（t）	理论功率 P_0（kW）
3.8	13.0	130.7	170	1864.2
4.0	13.0	143.5	170	1978.4
3.8	14.0	141.2	170	1915.1
3.8	14.5	146.4	170	1937.9

从表 3 可以看出，在球磨机有效容积增加量相当的情况下，直径小、长度长的球磨机运行功率比直径大、长度短的球磨机小，所以球磨机“加长”比“加粗”省电。

2.3　影响粉磨效率的因素——磨机衬板的厚度

以 ϕ3.8×14.5m 的球磨机为例，装机 2500kW，装球量约 170t，当磨机内衬板平均厚度由 65mm 降至 25mm 厚时，装球量不变，磨机理论功率及总体重量的变化情况见表 4、表 5。

表 4　球磨机衬板减薄后磨机功率变化计算表

公称直径	公称长度	衬板厚度	有效直径	有效长度	有效容积	填充率	装球量	理论功率
m	m	mm	m	m	m^3	%	t	kW
3.8	14.5	65	3.67	14.00	148.0	25.52	170	1955.1
3.8	14.5	25	3.75	14.00	154.5	24.45	170	2024.6

表 5　球磨机衬板减薄后磨机重量的变化

理论功率增加	衬板厚度	理论功率增加比例	磨机本体重量	磨机本体重量降低比例
kW	mm	%	t	%
0.0	65	0.0	～400	0.0
69.4	25	3.55	～365	8.77

注：磨机本体重量含装球量。

从表 4、表 5 中可以看出，磨机衬板减薄后，球磨机的变化如下：

（1）磨内衬板减薄，则相当于有效内径增大，磨内容积也增大，在相同装球量的情况下，根据公式（1），磨机的理论功率会增加，增加百分比约 3.55%。

（2）磨机衬板减薄后，磨机的自重会减轻，磨机衬板平均厚度由 65mm 降至 25mm 厚时，磨机衬板的重量降低了约 35t，占磨机本体重量的 8.77%。尽管没有关于球磨机本体重量对球磨机运行功率影响的计算公式，但是，据实际运行情况反馈，球磨机衬板减薄后，在相同装载量的情况下，其运行功率将减小；也就是说磨机直径增大引起的功率增加量，小于磨机自身重量减轻引起的功率减小量，磨机的粉磨效率增加。

（3）磨机衬板减薄后，磨内有效直径增大，钢球的提升高度增加，其粉磨能力也会增加。

（4）磨机衬板减薄后，磨内有效直径增大，通风面积增加，相同通风风量的条件下，磨内风速降低，有利于延长物料在磨内的停留时间，降低循环负荷，提高粉磨效率。

总体来说，磨机衬板减薄后，利大于弊，可以一定程度上提高粉磨效率。

3 总结

针对与辊压机联合粉磨配置的球磨机规格，配用 2500kW 的装机时，根据以上分析可以得出：

（1）球磨机直径越大，粉磨效率越低。

（2）球磨机长径比越大，物料在磨内的流速越容易控制。

（3）球磨机越长，磨头无效长度所占比例越小，磨机粉磨效率提高。

（4）球磨机选用 ϕ3.8×14.5m 的规格较为合适。

（5）磨机衬板减薄，球磨机的粉磨效率提高。

总体来讲，除了对球磨机规格进行优化，提高球磨机粉磨效率的措施还有很多种，比如：优化磨内衬板结构、双隔仓、挡料圈，研磨介质的改变（如采用陶瓷球），球磨机转速的调整，优化进球磨机物料的粒度等措施。

永磁同步电机在水泥厂中的应用

张江涛　范毓林　孙玉峰

摘　要：对永磁同步电机与传统异步电机从电机结构、特性、使用情况、成本等角度进行了对比分析；并结合永磁同步电机的设备使用工况特点及目前水泥厂设备应用情况，对水泥厂各类设备适用性做了初步分析。

关键词：永磁同步电机；高效节能；安全可靠免维护

1　引言

永磁同步电机作为一种新型节能电机，凭借其高效率、高功率因数、起动力矩大、温升低、噪声小等特性，以及节电、安全免维护、运转率高等优势，在煤矿业、橡胶业、风力发电、水力发电、电动汽车、轨道交通、船舶电力、医疗机械、采油等行业有着广泛的应用，但在水泥行业使用不多。永磁同步电机包括调速永磁同步电机、永磁无刷直流电机、异步启动永磁同步电机。文中所述永磁同步电机仅指调速永磁同步电机，多用于工业中大功率设备的驱动系统。笔者通过对比永磁同步电机与异步电机，总结出其他行业应用永磁同步电机设备的几个使用工况，结合水泥行业目前使用情况，对水泥厂各类设备适用性进行了初步的分析。

2　永磁同步电机与异步电机的对比（表1）

表1　永磁同步电机与异步电机对比

		永磁同步电机	异步电机	差异（永磁相对异步）
基本概念	基本原理	以磁场为媒介进行机械能和电能相互转换的电磁装置	以磁场为媒介进行机械能和电能相互转换的电磁装置	无
	磁场	通永磁体来产生磁场	在电机绕组内通以电流来产生磁场	磁场产生方法不同
	转子	永磁体（稀土-钕铁硼），转子结构简单	励磁绕组，转子结构复杂	无励磁绕组、无碳刷、无滑环（相对于绕线电机）
性能参数	电机效率	93%～97%	85～95%（半载～满载）	高2～10%（满载～半载），永磁电机效率受负载率影响小，异步电机受负载率影响大
	电机功率因素	0.95～0.99	0.86～0.94（负载变化，也与电机级数相关，级数越多功率因素越低）	高5～10%，永磁电机功率因素受负载率影响小
	起动力矩电机启动电流	起动力矩大，是额定转矩的220%，电机启动电流小	起动力矩小，通常是额定转矩的55%，需配置软启，电机启动电流大	

续表

		永磁同步电机	异步电机	差异（永磁相对异步）
性能参数	电机级数	不受限制	受限	
	电机结构	简单灵活	复杂	
	电机体积	体积小，功率密度大	体积大	据有关资料，额定功率及转速下体积小30%，质量小30%；如按传动系统体积，没有了减速箱更小
	电机温升	低	高	一般可降低20k左右（永磁电机温升控制在60k以内）
	电机噪音	低	高	据有关资料，额定功率及转速下噪音比IEC限值低3～7dB
可靠性	电机本体			相当
	驱动系统	高	较低（减速机、齿轮箱等故障率高）	相对高
驱动系统	配置	永磁电机＋变频器	异步电机＋减速器＋机械软启	
	减速机效率	—	0.95	
	液力耦合器效率	—	0.95	
	变频器效率	0.97	—	
	系统效率	0.92	0.83	高～9%（不同负载下系统效率有较大差异）
节电原理		转子没有铁耗、铜耗，定子铜耗减小，低负荷时效率、功率因数降低很少，温升低冷却机械损耗小	—	损耗降低，能效提高，实现节能
使用情况	使用行业	煤矿业、橡胶业、风力发电、水力发电、电动汽车、轨道交通、电梯空调、船舶电力、纺织业、医疗机械、采油业	各行业广泛使用	在一些特殊行业应用较多
	水泥厂使用业绩	矿山及码头长输送胶带机、空压机、磨机（立磨、球磨）	各类设备广泛使用	水泥厂设备使用较少
	水泥设备使用效果	皮带机传动改后节电10～12%；磨机传动改后节电～5%		有较大节电效果
	使用维护	免维护	需要更换润滑油	免维护，节省油成本

续表

		永磁同步电机	异步电机	差异（永磁相对异步）
成本分析	电机	小电机 1.0～1.2 大电机 1.2～1.5	1	高出 20～50%
	变频器	1	—	价格取决于采用国产或进口品牌
	减速器	—	1	
	总成本	1.5～2.0	1	高出 50%～100%

表中：异步电机按高效电机对比，

永磁同步电机具有如下特点及优点：

（1）永磁同步电机与异步电机相比，如异步电机为高效电机，在满载时电机效率平均差 2%（异步电机为普通电机时相差～5%），优势不明显；在半载时，电机效率平均差 10%，有优势；在轻载时，异步电机效率至少会差 15%～20%，而永磁同步电机的效率和功率因数受负载率的影响很小，具有宽的经济运行范围，相对异步电机而言，轻载时节电效果明显。永磁同步电机功率因数平均高达 0.95～0.99，比常规高效电机的 0.86～0.94 高出 5%～10%；空载电流低，以 315kW 电机为例，空载电流为 2.5A，普通电机为 10～20A（图 1、图 2）。

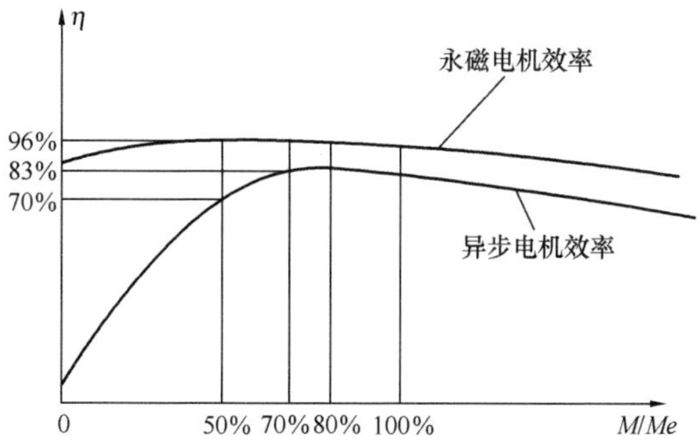

图 1　效率对比特性曲线

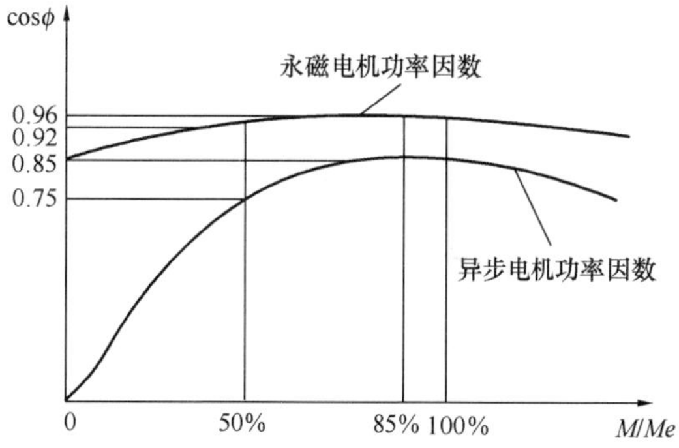

图 2　功率因素对比特性曲线

（2）永磁同步电机与异步电机相比，起动扭矩大，可达到额定值的 2.2 倍，而普通异步电机只能达到 55%左右，因此选择时比传统异步电机的功率要小。如传统需要 90kW，而永磁直驱只需 75kW 或 60kW，传动效率高，可达到 92%以上（普通在 83%左右）。传统传动在减速箱中间环节效率损失大，而永磁直驱无中间环节，效率损失主要在永磁体和变频器损耗上，同时也减少了传动维护的工作量和材料量。

（3）永磁同步电机＋变频器成本是异步电机＋减速机（国产）的 1.5～2 倍；从节电效果与回收增加的成本来看，小电机节电数值大但占比很小，性价比不高；大电机节电数值小但占比较大，可以使用，节电效果及回收期取决于其使用工况（负载情况、变化周期、运行时间）。永磁同步电机的成本主要高在稀土永磁材料价格和定子采用环氧树脂整体密封浇灌技术上（一般大型电机采用此技术）。

3 永磁同步电机适用的工况

根据永磁同步电机的特点及突出的优势，比较适合于低速大转矩、过载能力强、免维护运转率要求高、负荷变化大或负荷率相对较低的场合。具体如下：

（1）由于永磁同步电机每极的磁通值大，具有高过载能力及温升低的特点，适合于设备安全性、可靠性要求较高的领域，如：煤矿、电动汽车、轨道交通、电梯空调、医疗器械、船舶牵引等行业。

（2）由于永磁同步电机直驱免维护的特点，适用于高空中设备维护检修困难、成本高的地方，如：风力发电机及电力空冷岛风机。采用后，齿轮箱取消，可靠性提高，无须加润滑油，检修维护成本大幅降低。

（3）大功率的胶带机需要重载启动、经常轻载运行，采用传统驱动故障率高、能耗高时，适合改造为变频永磁同步电机或直接采用变频永磁同步电机，以提高设备可靠性及节能降耗，例如煤矿长距离、功率大的胶带机已大范围采用。某煤矿企业，350m 胶带机，输送能力 1200t/h，原配置传动为软启＋减速机＋异步电机 3×200kW，由于启动电流大、过载能力差，升级改造为永磁直驱系统，配置功率单台 400kW，使用后电流降低 38.8%，无功功率减小 81.7%，节电率～30%。

（4）由于永磁电机无定子绕组、无磁力切割、低转速时磁场强度高，适合于设备长期低速运行的工况，如：球磨机和辊磨，使用后可以实现满载启动，永磁电机的多级数转速低、起动转矩大、噪声低、体积小、节电、免维护等优势也得以发挥。例如，某集团一水泥分厂球磨机配置 2500kW 中心传动永磁直驱系统，至今已运行半年多，相比使用永磁直驱系统前，传动电耗降低～5%，传动故障率降低，运转率提高。该集团另一分厂生料辊磨传动 2600kW，减速机＋电机更换为永磁直驱系统后，磨机转速 27r/min 时，节电不明显，转速 29r/min 时，产量提高 8%，电耗降低 0.3kWh/t，每年减少润滑油消耗约 5 万元。

4 水泥厂各类设备使用永磁电机的经济适用性分析

4.1 胶带机

矿山、码头或厂区大功率（≥75kW）长输送胶带机经常需要带载启动，且经常在中低负荷运行时，建议采用永磁电机。使用后可以实现带料启动，节电也会较为显著。

4.2 破碎机

石灰石破碎机经常设置在矿山，运行工况恶劣，需要重载启动时要求启动转矩大，可以有条件地采用永磁电机，以保证设备长期稳定运行，同时减少维护工作量。其他能力较小、设置在厂区的破碎机，使用永磁直驱性价比不高。

4.3 提升机

入窑斗式提升机是窑喂料的关键设备，可靠性要求高，传动在高空检修难度大，建议采用永磁电机。其他斗式提升机可以根据运行故障率有选择地使用，如辊压机系统斗式提升机等。

4.4 球磨机

球磨机传动若采用永磁电机，会带来厂房及设备基础减小、土建工程量减小、电缆减少、维护成本减小、噪声小、降噪设施成本降低等影响，但这些成本的节省是否可以部分抵消电机设备增加的成本，需要综合评估；此外，需要调研节电效果，核算电机增加成本的回收期，在以上基础上考虑采用。如国外项目中业主要求采用进口减速机，设备成本与永磁电机＋变频器差不多时，应建议业主采用。

4.5 辊磨

已有几台辊磨传动采用永磁电机，有一定节电效果，驱动可靠性增加，可以有选择地采用。磨机运行稳定后基本不用调速，采用变频主要是启动考虑，而变频器自身也耗能3%～5%。建议永磁电机厂可与主机设备供货商一起开发半直驱启动系统，即采用一级齿轮加永磁电机，取消变频器，降低设备成本，可靠性提高又可节能。

4.6 辊压机

辊压机传动采用永磁电机国内尚无使用先例，其驱动也是低速大转矩，根据球磨机中心传动使用情况来看，应该也可以用，但辊压机设备机械结构需要重新设计，需要进行成本及收益分析。

4.7 大风机

工艺大风机本身就是直驱，而且大部分都配置变频器，采用永磁电机节电效果有限，不建议采用。

4.8 其他小电机

如采用永磁电机，会有节电效果但电耗占比太小，或设备本身使用频率不高，如检修设备电机等，使用后性价比不高，不推荐采用。

4.9 空压机

水泥厂空压机电耗占比较小，不到全厂电耗的3%，大规格空压机本身也是直驱，不少厂也采用变频，改造为永磁直驱性价比不高。

4.10 水泵

水泵驱动系统国内部分钢厂节能改造用过，据有关资料所述可节电25%；水泥厂水泵电耗占比较小，不到全厂电耗的1%，不少厂也采用变频，改造为永磁直驱性价比不高。

4.11 变频器

永磁电机一般都需要搭配变频器使用，变频器控制系统需适应变频电机的运行，两者应协调一致，不然会影响使用效果。变频器的质量会影响驱动系统的可靠性，选用时需重点加以关注。使用变频器时要考虑其自身占用电力室的空间，还要增加通风散热，若大范围使用更要综合考虑。

此外，在水泥厂大功率传动上使用永磁同步电机除了本身设备的节电，也可以降低噪声源的噪声，还可以改善线路和电网的损耗。

5 结语

设备高效节能、安全、免维护是工业企业进行设备升级改造追求的目标之一。随着永磁电机标准的推出、永磁材料的革新、成本的下降和电机设计制造技术的提升，其应用将会更广泛。

参考文献

[1] 邹丽．稀土永磁电机在起重机行业的应用研究[J]．起重运输机械，2014(8).
[2] 王秀和，等．永磁电机[M]．北京：中国电力出版社，2007.

（原文发表于《水泥技术》2018 年第 3 期）

NU 选粉机的工业应用性能研究

豆海建　王维莉　刘　迪　竹永奎　唐清华

摘　要：针对立式磨选粉机的工艺布置特点，设计了一种测试立式辊磨选粉机性能的方法；其次，详细研究了天津院技改禹州灵威二线 MLS3626 生料磨投用的 NU5026 选粉机性能指标，并对同一线机投用的同规格 LV5021 选粉机在相同的条件下从主机电耗、阻力、选粉效率、成品细度等方面进行了对比研究。最后得出，NU 选粉机在选粉阻力、成品细度、主机电耗等方面具有明显优势，为粉磨技术升级提供了一种良好的技术方案。

关键词：选粉机；立磨；粉体；CFD；数值模拟；U 动叶片；NU 选粉机

1　引言

选粉机是圈流粉磨工艺的核心装备之一，其性能好坏对产品质量、系统产量及系统粉磨电耗影响甚大，因此，为降低系统粉磨电耗，提高成品质量，国内外均对选粉机开展了深入的研究[1-5]。U 型动叶片选粉机[6-11]是天津水泥工业设计研究院有限公司在大量的 CFD 理论研究基础上原创提出并研发的第一代向心分选选粉机，其主要工作原理是充分利用选粉机动叶片的气动外形，在跟随转子转动的过程中，压缩相邻动叶片间的气流向转子内部运动，产生向心动压，接力气流通过选粉机转子，降低选粉阻力；同时利用 U 型动叶片的外风翅，对选粉区的颗粒施加一附加拉曳力，相比常见选粉机仅一种风机拉曳力来说，施加附加拉曳力可缩短成品颗粒穿过选粉区的时间，从而提高选粉效率。此外，U 型动叶片特有的“凹槽”型结构，在相同的转子转速条件下，相比常见的选粉机，选粉区气流具有更高的切向速度，在提高选粉效率的同时，不仅确保了分选清晰度，而且在相同的成品细度或比表控制条件下，选粉机的操作转速最低，为进一步提高选粉效率和系统台时产量提供了重要的保障。

U 型动叶片选粉机自 2015 年 10 月于河北前进冶金科技 TRMS43.3 矿渣磨投产以来，先后于河北乾宝、西南万州、浙江新明华、安徽大江、祁连山永登等[10-11]项目的近 20 台各类规格的磨机中投入应用，均取得了良好的应用效果，系统节电 10%～12%或更高，但由于所投用的磨机基本上为立磨，受制于选粉机喂料、回料的取样问题，对 U 型动叶片选粉机的工业应用性能指标一直没有进行过定量的研究。公司于 2014 年引进 LV 选粉机技术后，依托技改项目进行了大量的工业应用，取得了良好的工业应用效果。NU、LV 两种选粉机性能指标对比问题不仅是相关粉磨技术人员需解决的问题，也是广大业主比较关心的问题。据此，天津院对禹州灵威一线（1＃磨 LV5021）、二线（2＃磨 NU5026）在基本相同的操作条件研究了 NU 选粉机、LV 选粉机的工业应用性能。

2 试验

2.1 取样

2.1.1 入选粉机物料取样

由于立磨选粉机同立磨本体集成于同一个设备，且由磨内气流携带向上进入选粉机，因此对于立磨入选粉机物料的取样不如球磨系统方便。本文根据立磨选粉机的这种工艺布置特点，于转子下端面的高度位置开一 ϕ100mm 的取样孔，采用含尘仪等速抽取的方法抽取入选粉机料样。由于开孔平台位置的不同，两台磨机的开孔位置略有不同，根据磨内气流的施转方向，1＃磨的采样位置位于磨机喂料溜子的背风面，2＃磨位于磨机喂料溜子的迎风面，开孔位置及尺寸如图 1 所示。

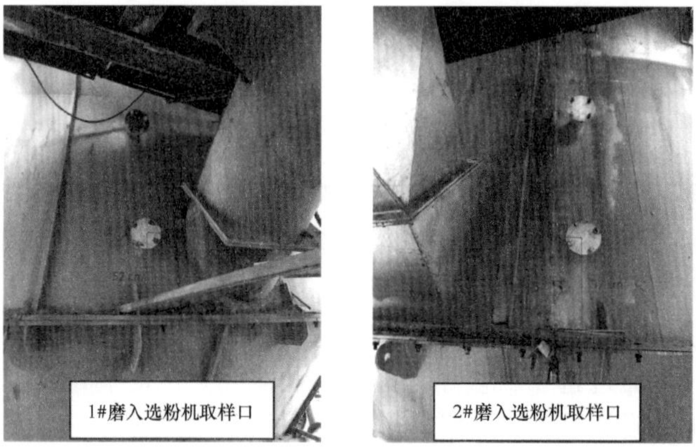

图 1　入选粉机物料取样位置

2.1.2 选粉机回料取样

由于立磨选粉机的回料于内锥体同磨机新喂料混合后，通过磨机的中心下料管喂入磨盘，因此对于立磨选粉机的回料取样同样存在不如球磨系统方便的问题。本文根据立磨选粉机的回料特点，于选粉机内锥体的顶部开 160×100mm 的椭圆孔，通过 ϕ100 钢管穿过磨机中壳体引出磨外，并在磨外的竖直管道上设计两道锁风阀，如图 2 所示。

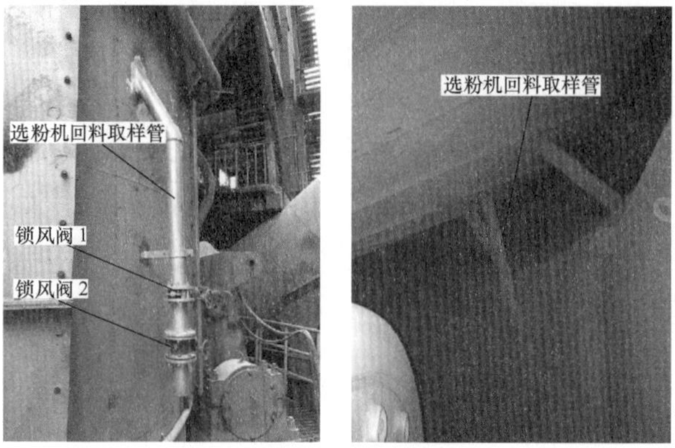

图 2　选粉机回料取样装置

取样前，同时打开锁风阀 1 和锁风阀 2，放空取样管内预存的物料，然后关闭两个锁风阀。等待约 5 分钟后，打开锁风阀 1 和锁风阀 2，放出一部分选粉机回料，然后先关闭锁风阀 2，再关闭锁风阀 1，将取样袋套住取样管出口后，打开锁风阀 2，位于两个锁风阀之间的中段选粉机回料在重力作用下进入取样袋，完成一次取样。

2.1.3 成品取样

直接从成品斜槽取样口取瞬时样。

2.2 选粉机性能测试

为确保选粉机性能参数的可靠性、系统性，本文采用系统测试的方法测试选粉机的性能，因此本文除了测试了 1＃磨、2＃磨两台选粉机在基本相同工况条件下的选粉机阻力、选粉机效率、循环负荷、分选清晰度、成品细度等参数外，还对系统的风量、产量、电耗等在测试期间及历史运行数据进行了分析研究。

2.2.1 采样及样品检测

本文对 1＃磨、2＃磨在稳定运行及基本相同的工况条件下各采集了 8 组数据。每组数据有三个样品，在现场每个样品用负压筛做 $R_{45\mu m}$、$R_{80\mu m}$、$R_{200\mu m}$，共测试 144 次样品。入选粉机物料和选粉机回料先过 200μm 的筛子，筛下料再用负压筛做 $R_{45\mu m}$、$R_{80\mu m}$（表 1）。

表 1　磨机相同工况 LV、NU 在相同转速条件下的成品细度比较

序号	粒径	选粉机	$R_{80\mu m}$（%）	$R_{200\mu m}$（%）
1	厂里负压筛＋200μm 单筛	LV	25.97	1.23
		NU	23.03	1.05
2	院里负压筛＋200μm 套筛	LV	22.48	2.53
		NU	19.59	1.70
3	院里水筛	LV	17.64	—
		NU	15.35	—

2.2.2 选粉机系统性能

选粉机是典型的工艺设备，其性能的发挥除受自身的工艺结构参数影响外，还受制于其所在的粉磨系统其他设备及操作参数的影响。为提高 1＃、2＃磨两种选粉机的性能参数的可比性，在选粉机性能测试期间，首先标定两台磨机的系统风量，并调整风机阀门，确保两台选粉机基本相同的工况风量；其次，在磨机操作参数上采用相同的喂料量 310t/h、磨辊压力（8.6～8.8MPa）、选粉机转速（770r/min）等。最后，依据 2.1 取样方法在磨机稳定运行的条件下，分别取入选粉机、选粉机回料、成品三组样品，每台磨机共计取 8 组有效样品。为避免单次取样的偏差，对 8 次取样的筛余数据做统计平均，计算每台选粉机的选粉效率、循环负荷等性能参数，见表 2。

表 2 相同条件下 NU5026、LV5021 选粉机性能测试数据

选粉机规格	LV5021			NU5026		
系统风量（m^3/h）	461851			495545		
喂料量（t/h）	310			310		
磨辊压力（MPa）	8.6～8.8			8.6～8.8		
选粉机转速（r/min）	770			770		
选粉机阻力（Pa）	2850			2165		
磨机阻力（Pa）	8000			8165		
粒径（μm）	45	80	200	45	80	200
入选粉机料筛余 a（%）	77.10	58.59	25.18	89.07	79.12	43.75
选粉机回料筛余 g（%）	99.02	98.11	70.96	97.94	96.13	70.99
成品筛余 f（%）	42.75	25.85	3.54	37.70	19.94	1.26
选粉效率（%）	97.4	97.9	87.5	84.0	85.6	68.6
循环负荷（%）	157	83	47	579	348	156

选粉机性能优劣与否除了取决于选粉效率、循环负荷、旁路值、分选清晰度等参数外，更重要的是能否对磨机及系统起到增效作用，即能否起到降低系统粉磨电耗的作用。为此本文详细统计并研究了两台磨机在 2019 年 5 月 12 日～2019 年 5 月 15 日测试期间和 2015 年 4 月份的月统计电耗，见表 3。

表 3 相同条件下 NU5026、LV5021 选粉机的磨主机及系统电耗

磨机	时间	台时产量（t/h）	细度		电耗（kWh/t）		
			$R_{80\mu m}$	$R_{200\mu m}$	主电机	风机	系统
1#(LV5021)	2019.5.12～2019.5.15	308.4	22.48	2.53	7.42	6.2	14.72
2#(NU5026)	2019.5.12～2019.5.15	305.1	19.59	1.70	6.88	6.98	14.98
1#(LV5021)	2019 年 4 月	304.6	—	—	7.36	6.38	14.5
2#(NU5026)	2019 年 4 月	304.7	—	—	6.95	7.92	15.63

3 结果与讨论

3.1 成品细度

无论是生料或水泥，成品细度不仅是影响成品质量的重要参数，也是影响系统生产电耗的重要参数，如对于水泥生料，只要能控制 $R_{200\mu m}\leqslant 2\%$，$R_{80\mu m}$细度即可达到 20%甚至更高，生料磨系统节能效果最优。一台细度控制能力优异的选粉机，同样细度控制条件下，其所需要的选粉机转速低，循环负荷小，主机和风机电耗也低。为对比 LV 选粉机、NU 选粉机的细度性能，本文对 1#磨、2#磨在相同的喂料量 310t/h、选粉机转速 770r/min、磨辊压力 8.6～8.8MPa 及基本相同的系统风量(1#461851m^3/h，2#495545m^3/h)条件下所取的 8 组样品的成品细度，按照不同的测试设备和方法分别进行了统计平均，见表 1。从表 1 不难发现，无论是采用厂里负压筛还是天津院检测设备还是水筛，NU 选粉机成品细度均较 LV 选粉机更细，其中 $R_{80\mu m}$细度降低 2～3 个百分点；$R_{200\mu m}$筛余降低 0.15～0.83 个百分点，降幅

达 12%～33%，证明了 NU 选粉机对细度控制具有显著技术优势。

3.2 选粉效率

选粉效率是选粉机最核心的技术参数，其性能指标不仅直接影响粉磨系统的台时产量和电耗，而且对成品的颗粒级配也有重要的影响，同时，也影响水泥、矿渣等产品的比表面积及性能。选粉效率同颗粒的粒径密切相关，严格来说，评估选粉效率要指定对应的粒径大小。选粉机 Trump 曲线不仅反映了不同粒径的选粉效率，也是综合评估选粉效率的性能曲线，通过对该曲线的数值处理，能得到旁路值 β、分选晰度 K、切割粒径 X_{50} 等重要的性能参数值。

为更直观对比 NU、LV 两台选粉机的性能，我们对测试期间每台磨机取回的 8 组物料的筛余数据进行了详细研究，在同一个坐标系分别绘出“入选粉机物料、选粉机回料、成品”筛余曲线，依次如图 3、图 4、图 5 所示。图 3 表明，相同的条件下，粒径 25μm 以上的颗粒，喂入 LV 的物料筛余较 NU 低 10%左右，25μm 以下的颗粒，喂入 LV 的物料筛余较 NU 低 5%左右，说明喂入 NU 选粉机的物料细度要远粗于喂入 LV 选粉机的物料细度。在相同的磨机喂料量条件下，这一方面能说明 1＃磨（LV）系统用风小，2＃磨（NU）系统用风大，这从表 2 所列系统标定风量（2＃磨较 1＃磨多 33694m³/h 风量）也能得到证实。理论上说，相同的选粉机转速条件下，喂入选粉机的物料越细、系统用风越小，成品的细度越细，但 NU 和 LV 两种选粉机却表现出相反结论，这更证明了 NU 选粉机优异的成品细度控制能力。

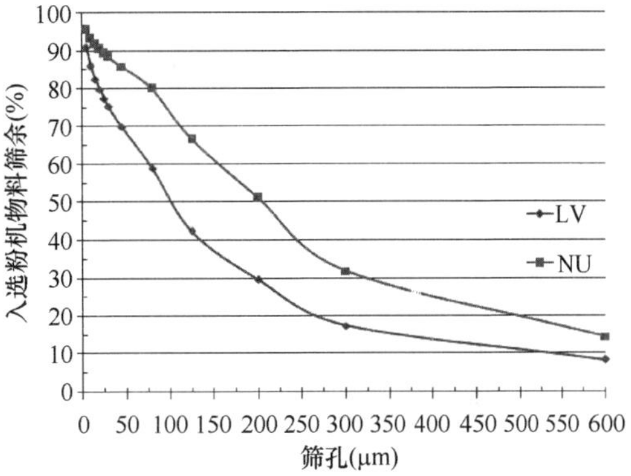

图 3 入选粉机物料筛余曲线

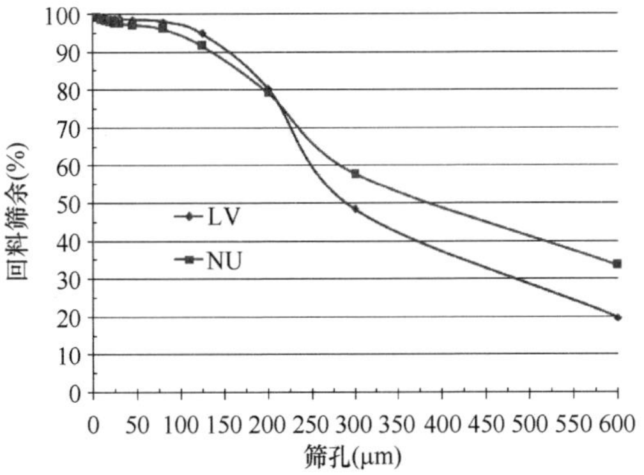

图 4 选粉机回料筛余曲线

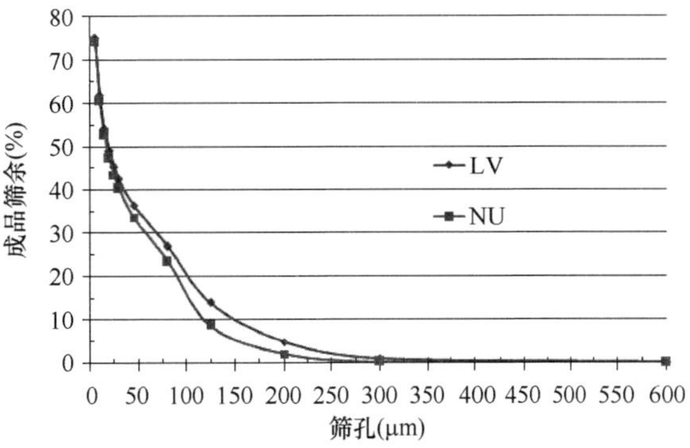

图 5 成品筛余曲线

图 4 选粉机回料筛余曲线表明，在相同的选粉机转速条件下，200μm 以下的颗粒，选粉机回料筛余 NU 较 LV 小 2～3 百分点；200μm 以上的颗粒，选粉机回料筛余 NU 较 LV 大 3～5 个百分点，250μm 以上颗粒都在 5～10 个百分点，这说明对 200μm 以上的粗颗粒，NU 相比 LV 更难跑粗。对 50μm 以下的微细粉，虽然 NU 的选粉机回料筛余较 LV 高，但二者十分接近，对微细粉的选粉能力相当，并未因为控制了粗颗粒的选粉而使微细粉的选粉

效率大幅度降低，从而影响磨机台时产量和系统电耗。图 5 成品筛余曲线直观表明，相同的条件下，NU 选粉机的成品细度小于 LV 选粉机，$R_{80\mu m}$细度 NU 较 LV 低 2～3 个百分点，$R_{100\mu m}$～$R_{200\mu m}$细度低 3～5 百分点，说明在成品的整个粒度分布区间，尤其是在 100～200μm 粒径范围内 NU 较 LV 更细，对生料来说，更利用改善生料的易烧性。

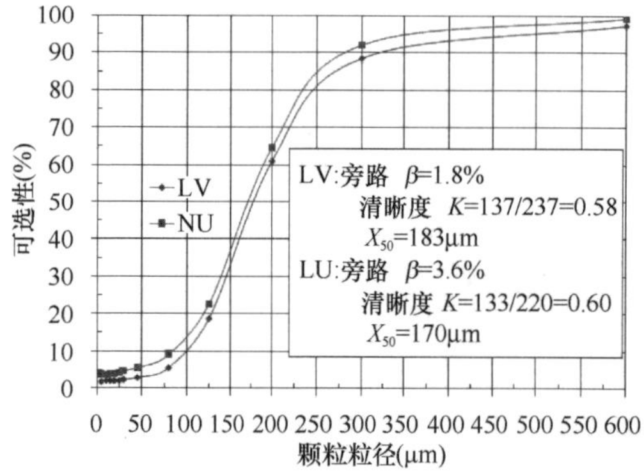

图 6 选粉机 Trump 曲线

图 6 为 NU、LV 两种选粉机在相同条件下的 Trump 曲线。根据图 6 曲线，LV 的旁路值 β=1.8%，虽优于 NU 的旁路值 3.6%，但如前述由于 LV 选粉机喂入的物料较 NU 细 5～10 个百分点，粗略估算，LV 的旁路值应较 NU 低至少 5 个百分点，而实际仅较 NU 低 1.8 个百分点，因此判定 LV 相比 NU 在旁路值上并无优势可言；另一方面，如果以相同的成品细度作为控制指标，NU 选粉机可以采用降转速的操作取得相比 LV 明显的旁路值优势。在分选清晰度 K 值上，NU＝0.6，LV＝0.58，二者基本相当。由于静电或分子作用粘附于大颗粒表面微细粉对分选清晰度有重要的不利影响，因此若考虑 NU 喂料细度要远粗于 LV 的这一物料因素，基本可以断定 NU 在分选清晰度上具有优势。NU 的切割粒径 X_{50}＝170μm，明显优于 LV 的切割粒径 X_{50}＝183μm，从分选特性上保证了 NU 的成品细度必定要优于 LV 的成品细度。

3.3 选粉阻力及系统电耗

根据表 3，在基本相同的条件下，NU 阻力 2165Pa，LV 阻力 2850Pa，NU 相比 LV 降低 685Pa，同 NU 选粉机研发阶段 CFD 理论计算相比，LV 选粉机 700Pa 阻力降幅[8][10]吻合性良好，这一方面证实了 CFD 理论计算方法的正确性，同时也证实了 NU 选粉机作为第一代向心分选选粉机，动叶片的气动特性，接力而非阻碍气流，通过转子在降低选粉阻力方面的技术优势。

选粉机对系统的增效作用主要体现在提产和降耗两个方面，在提产方面，NU 选粉机可以通过选粉效率和细度控制来实现。以表 3 所列数据作为计算依据，若将 2＃磨按 1＃磨的细度进行控制，则相比 1＃磨系统，2＃磨理论提产幅度＝305.1×[1＋(22.48－19.59)×2/100]－308.4＝14.3t/h，如再考虑放细度降转速在选粉效率、研磨效率方面的增效作用，系统应该可提产 15～20t/h。

选粉机对研磨增效作用体现在主机电耗，对风机的增效作用体现在风机电耗，对系统的增效作用体现在系统电耗。据表 3，无论是 2019 年 5 月 12 日～2019 年 5 月 15 日测试期间，还是 2015 年 4 月份月统计电耗，2＃磨主机电耗相比 1＃磨主机电耗均低 0.4～0.5kWh/t，但风机电耗 NU 选粉机并未表现出增效优势，原因一方面同 2＃磨的用风量大有关，二是同两台风机的效率差异有关。为保持基本相同的风量，1＃磨风机阀门全开，而 2＃磨阀门 80%开度，导致 2＃磨风机效率偏移，风机电耗增加；2018 年 4 月由于业主自己操作，2＃磨风机开度 95%左右，系统用风大，风机电耗较 1＃磨高 1.5kWh/t 左右。

在系统电耗增效方面，粗略计算可将 2＃磨的台时产量按 1＃磨细度 1＋(22.48－19.59)×2/100＝1.058 系数进行折算，折算后的系统电耗＝14.98/1.058＝14.16kWh/t，这样2#磨相比1#磨在基本相同的条件下NU选粉机节电=14.72－14.16=0.56kWh/t。在相同的成品细度控制条件下，NU选粉机相比LV选粉机在主机节电7.42－6.88/1.058=0.92kWh/t，如无风机效率问题，系统可节电1kWh/t以上。

综上，NU选粉机无论是在选粉机阻力、选粉效率、分选清晰度、成品细度上，还是在主机及系统电耗的增效上，都优于LV选粉机，这一方面验证了NU选粉机其独特的向心分选选粉原理的先进性，另一方面为粉磨系统的技术升级提供了一种良好的技术方案。

4 结论

本文采用试验测试的方法对NU选粉机的工业应用性能进行了研究，设计了立式辊磨选粉机的入选粉机物料、回粉、成品的取样方法和装置，建立了立式辊磨选粉机性能的试验研究方法，并在基本相同的条件下对LV选粉机的性能与NU选粉机进行了对比研究，得到如下主要结论：

（1）采用含尘仪、内锥体导料管设计立式辊磨选粉机取样方法有效实用，基本上能实现立式辊磨选粉机的选粉效率、Trump曲线等选粉机重要性能参数的试验研究。

（2）在同等的条件下，NU选粉机相比LV选粉机阻力降低24%，降幅700Pa左右；选粉效率高，旁路值β=3.6%，远低于传统选粉机10%的旁路值；分选清晰度高（K=0.6）；切割粒径小，同等条件下成品细度更细，$R_{80\mu m}$降低2～3个百分点，200μm以上粗颗粒的控制能力强，$R_{200\mu m}$降幅12%～33%。

（3）生料粉磨系统，同等条件下，NU选粉机相比LV选粉机主机节电0.4～0.5kWh/t；折算到相同细度条件下，主机节电0.92kWh/t，如无风机效率问题，系统节电≥1kWh/t，为粉磨系统的技术升级提供了良好的技术方案。

参考文献

[1] 童聪，李双跃，綦海军，任朝富．立磨选粉机叶片结构对分级区速度场影响分析[J]，化工进展，2012，31(4)：778-783.

[2] 童 聪，李双跃，綦海军，任朝富．立磨选粉机叶片参数的分析与优化设计[J]，过程工程学报，2012，12(1)：14-18.

[3] 綦海军，李双跃，任朝富，李庭婷．立磨选粉机导流圈的数值模拟与分析[J]，浙江工业大学学报，2012，40(1)：70-74.

[4] 陈杰来，姜大志，黄亿辉．O-Sepa选粉机转子结构对流场特性的影响[J]，中国粉体技术，2011，17(6)：38-41.

[5] Karunakumari L，Eswaraiah C，Jayanti S，et al. Experimental and numerical study of a rotating wheel air classifier[J]. AIChE Journal，2005，51(3) ：780-786.

[6] DOU Haijian，CHAI Xingteng，NIE Wenhai. Numerical Study of the Flow Field in a Vertical Roller Mill[J]，Applied Mechanics and Materials，52-54：659-663.

[8] 豆海建，唐清华，曾荣，等．选粉机常见动叶片阻力特性研究[J]. 科技创新导报，2012 (27)：20-22.

[9] 豆海建，曾荣，等．选粉机三维动态流场数值研究[J]. 水泥技术，2013(4)：31-34.

[10] 豆海建，唐清华，王维莉，等．NU选粉机的理论及试验研究[J]. 硅酸盐通报，2018，37(11)：3695～3699.

[11] 豆海建，秦中华，王维莉，等．一种U型动叶片选粉机的研究及应用[J]. 水泥技术，2018(6)：34-39.

生料立磨集成技术优化及应用

豆海建　王维莉　徐达融　唐清华　陈　军

摘　要： 介绍了天津院原创研发的系统集成立磨改造技术，结合永登祁连山 TRM53.4 生料磨技改项目，介绍了该系统集成技术的工业应用方案，详细研究了工业应用效果，相比改造前生料立磨系统的台时产量可提高 5%～10%，系统电耗降低 1.91kWh/t 左右，每年节约电费 116.69 万元，具有良好的节能降耗效果。

关键词： 立磨；节能降耗；工业应用；NU 选粉机

立式辊磨机具有粉磨效率高、烘干能力强、系统简单等特点，在现代水泥工业中被越来越广泛地使用，目前90%以上的水泥生料粉磨、50%以上的水泥粉磨与矿渣粉磨都采用立磨作为主要设备[1-3]。由于粉磨过程能耗较高（约占水泥生产能耗 70%）[4]，近年来立磨开始朝着大型化、节能降耗的方向发展。对于立磨节电降耗的改造措施，目前主要集中在磨机原有结构的优化方面、如降低挡料圈高度、降低旋风筒底部高度、治理系统漏风等[5,6]。本文将介绍一种用于立磨系统节能降耗的集成技术及该技术在大型生料立磨系统上的工业应用效果。

1　立磨节能降耗集成技术

该集成技术采用天津院新型低阻高效 U 型选粉机动叶片技术、中壳体风量调节技术、低阻稳料风环和大蜗壳低阻型旋风筒等新形式的技术措施，对立磨系统进行全面的节能技术改造。

1.1　U 型选粉机动叶片技术

U 型动叶片是天津院在对市场上常见的各种动叶片进行 CFD 理论分析的基础上，综合选粉区流场特征和三力（离心力、拉曳力、重力）平衡原理，提出的一种全新的选粉机动叶片。CFD 理论计算该动叶片相对于天津院原直型动叶片，在相同的工况条件下，阻力能降低 30%，选粉效率提高 9.13%，循环负荷降低 312%（立磨），还可以通过调整外风翅的角度实现调整不同粒径颗粒的选粉效率，进而影响粉磨过程，有效控制成品的粒度分布[7,8]。

试验结果表明，U 型动叶片选粉机相对直动叶片选粉机具有明显的优势：选粉机阻力降低 26.6%；主机电耗降低 12.4%；成品比表面积 L-U 选粉机提高 27.6%，N-U 选粉机提高 32.1%；$R_{45\mu m}$（%）细度 L-U 选粉机增加 0.7%，N-U 选粉机降低 2.8%，n 值 L-U 选粉机降低 7.7%，N-U 选粉机降低 8.2%[9]（图 1）。

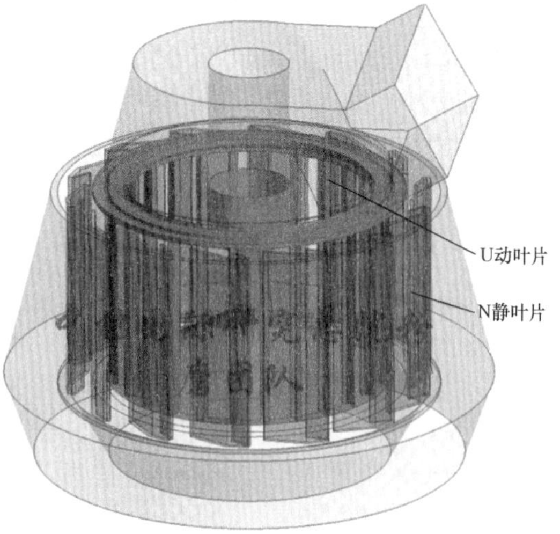

图 1　N-U 选粉机模型

1.2 中壳体风量调节技术

中壳体风量调节技术可以解决选粉风量和粉磨风量的矛盾，在保证烘干和细料提升条件下尽可能降低风环风量，选粉风量由中壳体调节风量来保证，一方面可降低风环的阻力，另一方面尽可能减少不合格的粗粉进入选粉机，从而提高选粉效率，回盘细粉量减少，料层稳定性提高，粉磨效率提高，主机电耗降低。理论计算表明，在其他工况相同的条件下，分风15%，磨整机阻力降低21.4%；分风20%，磨整机阻力降低31.2%（图2）。

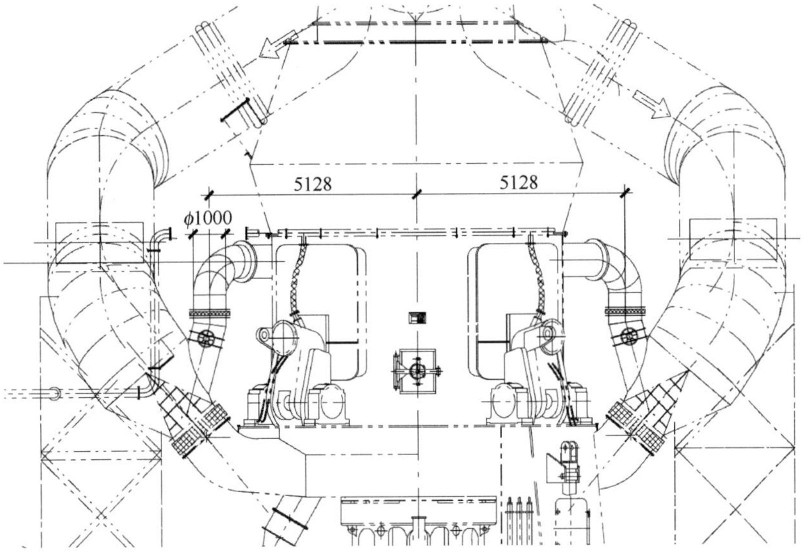

图2　中壳体风量调节方案图

1.3 楔形盖板梯度风环技术

楔形盖板梯度风环技术（授权发明专利ZL201610599316.6）的工作原理如图3、图4所示。由磨盘边缘落入风环物料流沿图4所示的虚线方向运动，分别同楔形盖板的顶板、导风侧板发生一次、二次冲击打散，使得进入风环内部的物料不以团聚的方式下落，从而使降低风速成为可能。此外，两次冲击打散，使物料的分散性更好，细粉更容易从块状物料中脱离出来，磨机回料中的细粉量减少，较低的风环风速减小了粗颗粒进入选粉机的可能性，有利于提高选粉效率，降低回盘细粉量，从而料层得以稳定、粉磨效率提高。

图3　楔形盖板梯度风环技术

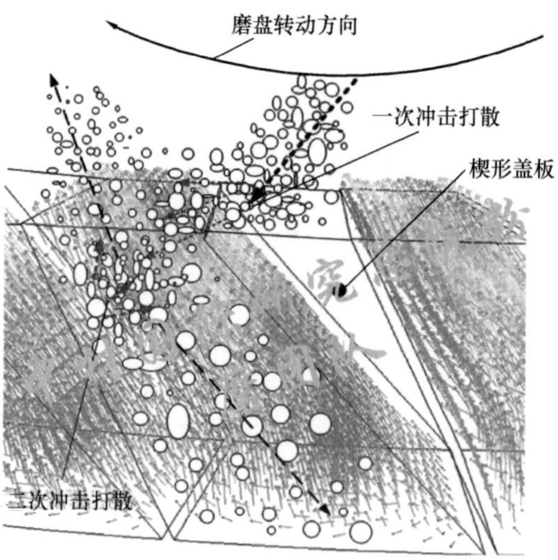

图 4　楔形盖板梯度风环技术内速度场及工作原理

2　立磨降耗集成技术的工业应用

永登祁连山水泥有限公司 3＃生产线于 2010 年建成投产，配套的生料磨为 TRM53.4 立磨，台时产量 500t/h，生料细度 $R_{80\mu m}$=12％。该系统普遍存在磨机压差大、系统负压高等不足之处，虽然台时产量不低，但系统电耗高达 17.05kWh/t。

采用立磨节能降耗集成技术对该生料立磨系统进行技术改造，使系统中磨机、管道、旋风筒等部件的阻力降低，选粉机选粉效率与料床稳定性增加，从而达到降低循环风机与主机电耗的目的。

2.1　集成技术改造的方案

（1）更换为新型选粉机 NU5832：保留原有选粉机的传动、出风口、选粉机电机和减速机；更换转子（含动叶片）、静叶片、壳体、下锥体、进料管。

（2）新增中壳体风量平衡装置：其中含有 2 个尺寸为 ϕ1000×6×4500mm 的非标管道；非标管道配有技术要求为：DN1000，0.05MPa，40m/s，含尘 40g/m^3，250℃的电动百叶阀。

（3）新增立磨的楔形盖板风环。

（4）旋风筒改造：更换为 4－ϕ5.6m 大蜗壳低阻型旋风筒。

2.2　集成技术改造后的效果

改造后的考核产量为 252610t，考核累计运行时间 488h，计算磨机考核台时产量为 517.6t/h，与改造前平均 500t/h 相比增加了 17.6t/h，提产 5％～10％。改造后，立磨主电机电流从改造前约 210A 下降为约 198A，下降 12A。立磨出口负压从改造前约 10500Pa 下降为约 8500Pa，下降幅度 2000Pa，旋风筒阻力由 2800～3000Pa 下降至 1000Pa，下降幅度近 2000Pa；风机入口压力由 13500～14000Pa 下降至 10000Pa 左右，下降幅度近 4000Pa。循环风机电机电流从改造前 270～280A 下降为 245～250A，下降约 27A，循环风机电耗降低 10%左右。

2.2.1　改造前后节电效果对比

如表 1 所示，主机与风机合计的平均电耗为 14.14kWh/t，比改造前平均 15.66kWh/t 的指标降低 1.52kWh/t；辅机电耗达到 1.0kWh/t，比改造前平均 1.39kWh/t 降低了 0.39kWh/t。结合系统中循环风机与磨机的电流变化情况可以发现，主机与风机的电耗降幅较明显，最终系统平均电耗合计为 15.14kWh/t，比改造前平均 17.05kWh/t 的指标，降低了 1.91kWh/t。改造后磨机运行状态稳定，出磨生料 80μm 细度筛余 12.7%，200μm 细度筛余 1.4%，满足生产要求。

表 1　改造前后平均电耗对比

<table>
<tr><th>用电名称</th><th>风机</th><th>主机</th><th>生料变</th><th>原料变</th><th>系统</th></tr>
<tr><td>改造前平均单机电耗（kWh/t）</td><td>9.32</td><td>6.34</td><td colspan="2">1.39</td><td>17.05</td></tr>
<tr><td rowspan="2">改造后平均单机电耗
（kWh/t）</td><td>8.31</td><td>5.83</td><td>0.79</td><td>0.21</td><td rowspan="2">15.14</td></tr>
<tr><td colspan="2">14.14</td><td colspan="2">1</td></tr>
</table>

改造后，系统用风量由 900000m^3/h 下降至改造后 804517m^3/h（下降 10.6%），风机压头由 13500～14000Pa 降至 10000Pa 左右（下降 26%～29%），致使风机的效率点偏移致低效区，风机进出口温差高 21℃，导致系统阻力虽然大幅度下降，但风机电流下降不明显。如对改造后的系统风机进行适应新工况点的效率改造，改造后风机效率取 80%，台时产量按 520t/h，粗略计算改造后的风机电耗下降幅度＝（900000×13500－800000×10000）/3600/1000/80%/520＝2.8kWh/t，再加上系统改造前后主机的降幅 6.34－5.83＝0.51kWh/t，系统电耗共下降 2.8＋0.51＝3.31kWh/t。

综上，本次立磨系统集成改造效果显著，证实了 NU 选粉机、中壳体风量平衡、楔形盖板风环系统集成应用的技术优势，为大型立磨的技术升级提供了一种良好的技术方案。

2.2.2　改造后的经济效益

根据改造后的生产数据核算，该生产线生料磨共计生产生料 152.73 万吨。当地不含税电价平均为 0.40 元/kWh，通过立磨节能降耗集成技术改造后系统节电 1.91kWh/t，该生产线每年可节约电费约 116.69 万元。

3　结论

(1) 磨机本体阻力降幅约 2000Pa，系统阻力降幅约 4000Pa，系统台时产量提高 5%～10%，主机电耗降低 0.51kWh/t，风机电耗降低 1.01kWh/t，系统电耗降低 1.91kWh/t（若再进行风机改造，可实现系统节电 3.3kWh/t），每年可节约电费 116.69 万元。

(2) NU 选粉机等技术系统集成改造，系统用风量降低 10.6%，系统阻力降低 26%～29%，系统风量和风机压头的大幅度降低导致了风机效率点的偏移，为避免风机效率偏移，建议风机改造、系统集成改造同步进行。

(3) 本次立磨系统集成改造效果显著，证实了 NU 选粉机、中壳体风量平衡、楔形盖板风环系统集成应用的技术优势，为大型立磨的技术升级提供了一种良好的技术方案。

参考文献

[1] 高长明．立磨——现代水泥工业中的首选粉磨设备[J]．中国水泥，2003(7)：45-46.

[2] 赵计辉，王栋民，王学光．现代水泥工业中高效节能的粉磨技术[J]．中国粉体技术，2013，19(4)：32-39.

[3] 国内外立磨发展概况及 LGMS4624 矿渣立磨的研制与使用(一)[J]．矿山机械，2008(3)：65-69.

[4] 陶从喜，赵林，俞为民，等．水泥工业节能减排技术及装备的研究进展[J]．硅酸盐通报，2009，28(5)：980-985.

[5] 孙磊，吴汉，朱晓斌，等．生料立磨系统提产降耗的措施[J]．水泥，2018(1)：42-44.

[6] 马考红．生料立磨系统提产降耗的措施[J]．水泥，2014(5)：37-38.

[7] 豆海建，唐清华，曾荣，等．选粉机常见动叶片阻力特性研究[J]．科技创新导报，2012(27)：20-22.

[8] 豆海建，曾荣，唐清华，等．选粉机三维动态流场数值研究[J]．水泥技术，2013(4)：31-34.

[9] 豆海建，唐清华，王维莉，等．N-U 选粉机的理论及试验研究[J]．硅酸盐通报，2018，37(11)：328-332.

半终粉磨系统回料点设计

李 洪

摘 要：本文针对配置预分离选粉机或三分离选粉机的半终粉磨系统存在的产量偏差问题，从循环负荷、比生产率、内循环负荷等几方面入手进行分析，认为通过内循环负荷的有效控制可提高系统产量和辊压机运行稳定性，同时，通过计算分析及实践证明，将辊压机圈流部分选粉机回料导入V型选粉机侧面，是实现该控制方式的有效手段。

关键词：三分离；V型选粉机；回料点

0 引言

对于半终粉磨系统，当辊压机/球磨功率比≥1时，为充分发挥辊压机做功而配置预分离选粉机或三分离选粉机，因辊压机部分可直接产生成品而在水泥制成中得到广泛应用。但即使相同设备配置，不同现场使用效果仍存在较大差异，特别在物料难磨时，产量可能出现数十吨偏差，运行效果甚至不如不直接产生成品的联合粉磨系统。本文针对该现象进行分析，并提出一种可行的处理方案，以期能为设计、使用者提供借鉴。

1 半终粉磨系统概况与问题

1.1 系统概况

图1为配三分离选粉机的半终粉磨系统工艺流程图，该系统主要特点为在V型选粉机后续风管上增加一台三分离选粉机，以期通过该三分离选粉机实现物料的两次分离，即第一次将粗粉分离并返回辊压机形成闭路循环再次粉碎，第二次将中粗粉分离进入后续球磨机研磨，而细粉则穿过笼形转子作为成品收集。在实际设计中，由于分级路径决定了在单一选粉机内实现串联两级强制涡流分级会使设备结构变得相当复杂（并联形式不能满足两级分级需

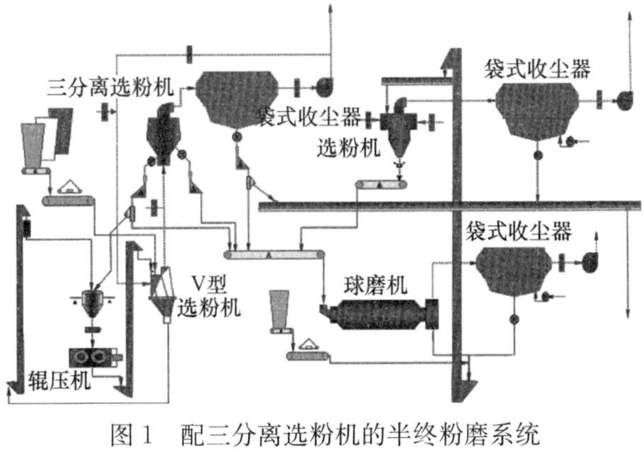

图1 配三分离选粉机的半终粉磨系统

求），或通过增加串联二次分选选粉机，但无论哪种形式，都会增加阻力而引起系统风机压头变大，甚至提高的产量不能抵消因风路阻力增加而多消耗的电耗。因此实际设计中，往往采用其他简化方式替代，如自由沉降、自由涡离心沉降、干扰沉降等，但相对于强制涡流分级，其分选效果偏低，可控制性差。

1.2 原因分析

对于“引言”中存在的问题，正是由于第一次分选时，采用简化的形式替代强制涡流分级，当物料难磨或辊压机/球磨功率比较高时，辊压机部分循环负荷增加，因其分选效率偏低，会造成返回辊压机的粗粉中细粉含量进一步增加，从而辊压机运行稳定性变差，做功降低或料层滑移导致无用功增加，同时，过低的第一次分选效率也影响辊压机部分合格成品的分选，这两点是导致该系统产量变化的根本原因。但若采用两级强制涡流分级，不仅系统或设备变得更为复杂，且会因系统阻力增加而引起电耗的增加。因此，如何优化设计三分离选粉机的半终粉磨系统工艺，在提高分选效率的情况下不过多增加系统阻力，是该系统首先需要考虑的问题。

2 循环负荷与比生产率

2.1 循环负荷和比生产率

仅从工艺形式上考虑，该半终粉磨系统仍可简化为图2所示双圈流工艺流程，其中预分离选粉机或三分离选粉机粗粉和中粗粉的回粉统一由 G_{11} 简化表示，g_{11} 为 G_{11} 中所含细粉百分比（其他字母含义类同）。

先考察圈流2部分，选粉效率 E_2 可表示为：$E_2=\frac{1}{1+C_2}\cdot\frac{f_2}{a_2}$，由于特定细度成品下分选2所得成品 F_2 中所含细粉百分比 f_2 为定值，喂入选粉机物料内细粉百分比 a_2 与球磨粉磨效率相关，因此若仅从选粉机考虑，圈流2部分的循环负荷 C_2 增加，会导致喂料浓度增加，选粉效率降低。因此，在不同循环负荷下考虑选粉效率没有意义；另一方面，循环负荷又直接影响磨机比生产率（比生产率是在考虑分选和粉磨设备前提下，衡量系统产量的相对值，其越大，说明系统产量越高），如圈流2部分的球磨比生产率 Q_2 可表示为：$Q_2=(1+C_2)\left[\ln\frac{2+C_2-\frac{1}{E_2}}{1+C_2-\frac{1}{E_2}}\right]^{1/m}$，$m$ 值取决于物料性质和粉磨方式，因此，循环负荷在圈流系统的粉磨过程中起关键作用。考虑分选和粉磨，就球磨系统而言，在配置平面涡流选粉机情况下，日本小野田在其O-Sepa选粉机汇编资料里介绍循环负荷 C_2 取200%左右时具有较高的比生产率。

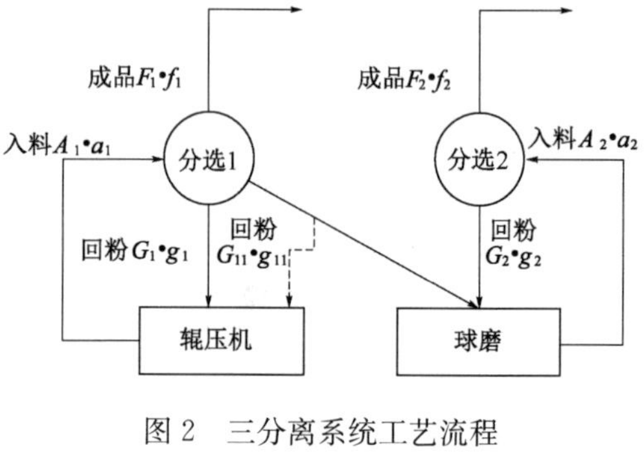

图2 三分离系统工艺流程

若综合考察圈流1部分，情况会更复杂，目前未有详细资料对料床粉碎设备的比生产率和循环负荷之间关系进行概述，另外 G_{11} 相对降低了圈流 1 部分的循环负荷，增加了圈流 2 部分的循环负荷。根据计算，在该类系统中，随着圈流 1 部分料床粉碎设备功率逐步增加，圈流 2 部分的循环负荷已逐步下降，控制在 100%以下较为合适。理论上讲，通过辊压机/球磨功率比的无限增加，而实现圈流 2 部分的开路粉磨直至取消球磨部分是设计的理想状态。但在实现该过程时，会出现两个需要解决的问题：

（1）在物料粉磨功指数过大、成品比表面积过高或其他类似状况发生时，辊压机部分循环负荷会变得越来越大，可能导致其振动甚至难以平稳运行；

（2）即使在辊压机稳定运行情况下，水泥性能也面临考验，笔者在金隅某水泥企业尝试辊压机终粉磨系统，但其粉磨出的水泥需水量大、流动度极差，难以满足市场要求。

因此，可以看出，循环负荷对粉磨、选粉、比生产率，甚至水泥性能均具有很大影响。

2.2 内循环负荷

设计时，通常会计算圈流 1 部分和圈流 2 部分粉碎设备所做功，即所谓的辊压机/球磨功率比，但使用过程中，因 2.1 所述的 2 个问题及辊压机料床稳定性需求，并不一定能在设计的循环负荷下运行，无法达到设计功率或无法满足设备高效做功（较多的功率转化成热能或声能）。因此，针对使用时出现的该问题，需要有效的调节手段，在此引入外循环负荷和内循环负荷：

（1）外循环负荷即 2.1 所述的循环负荷；

（2）由于与球磨或辊压机配套的选粉机为外置形式，因此通常会忽略内循环这一理念（在立式辊磨系统中，内循环占据主导），所谓内循环负荷，即对选出的部分或全部粗粉不经过粉磨就再次分选，理论上讲，在不考虑选粉浓度前提下，内循环负荷对选粉效率有累积效应，以圈流 1 部分为例，如果引入内循环负荷并假定选粉机效率与物料浓度无关，则选粉效率 E_1 可表示为：$E_1=\dfrac{F_1f_1+G_1g_1(F_1f_1/A_1a_1)+\cdots}{A_1a_1}$，但实际运行中，随着内循环负荷增加，分选空气中物料浓度会相应增加，导致选粉效率 E_1 降低。

因此，针对圈流 1 部分，在外循环不能满足调节要求时，如何控制合理的内循环负荷；针对圈流 2 部分，如何控制合理的外循环负荷，是带预分离选粉机或三分离选粉机半终粉磨系统高效可靠运行的关键。下文主要分析圈流 1 部分内循环控制方案。

3 内循环控制方案

在辊压机/球磨功率比≥1 时，圈流 2 部分不能完全消化 G_{11}，因此通过预分离选粉机或三分离选粉机将部分 G_{11} 导回圈流 1 部分（如图 2 中虚线所示）。而预分离选粉机或简化后的三分离选粉机产生 G_{11} 的 $1-g_{11}$，即 45μm 筛筛余在 60%～80%，表 1 为几个企业现场的统计。

表 1 几个企业现场 G_{11} 中 45μm 筛筛余统计（%）

中材 A 厂	中材 B 厂	赛马 A 厂	曲寨 A 厂	金隅 A 厂
71	74	65	69	63

通过表 1 可看出，G_{11} 中含有较多细粉，其不仅降低了成品率，且会加剧物料流动性，证实了 2.1 和 2.2 部分所述问题原因，而在圈流 1 部分采取内循环控制方案。

据笔者经验，有三种可行的内循环控制方案：

（1）通过调整折流锥与中壳体内锥体之间间隙控制实现；

（2）通过在回料点设置带独立驱动的散料装置实现；

（3）通过将全部或部分回料再次导入选粉机实现。

对于方案（1），因折流锥与内锥体之间间隙需要停机测量，且该处风速偏高，因此工况发生变化时，难以实时调整；对于方案（2），因需要设计独立的驱动装置，增加了制造成本和维护工作量；对于方案（3），是较可行的一种方案，但如何导入、回料点位置确定及料量调节装置是需要考虑的问题，笔者对回料点进行了相应分析、试验：

（1）直接导入预分离选粉机或三分离选粉机进风口，但此处风速集中，要么物料全部被带回选粉机致电流过高，要么只有少部分被带上，难以起到调节内循环负荷的作用；

（2）直接通过斗式提升机再次从 V 型选粉机喂料口导入，其结果与 A_1 分选效果一样，相当于 V 型选粉机再次对部分或全部 G_{11} 进行无差别分选，但 G_{11} 实际上是参与过一次分选的，其中细粉含量远低于 A_1，因此该回料点不合理；

（3）从 V 型选粉机侧面导入，如图 3 所示，由于 V 型选粉机截面风速度不同，越往上风速越高、带料能力越强，利用此特性，将 G_{11} 导入不同高度区域，可产生不同分选效果。

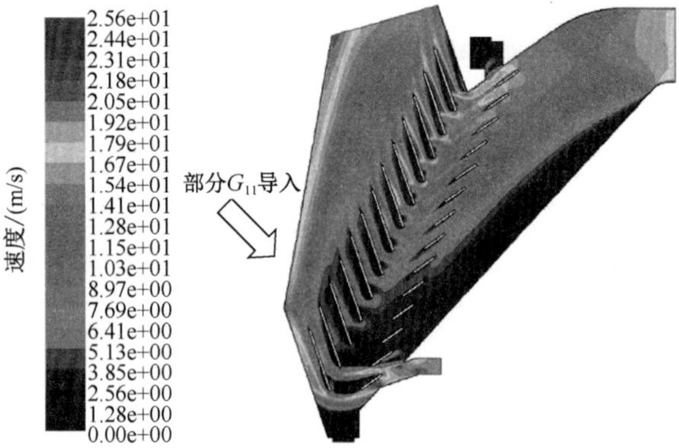

图 3　回料点及 V 型选粉机速度云图

4　回料点位置计算

假设导入颗粒完全分散且为圆球状（实际运行过程中，因为颗粒相互作用及边壁效应，实际切割粒径小于计算结果），在 V 型选粉机侧面不同位置Ⅰ、Ⅱ、Ⅲ、Ⅳ点（高度Ⅰ<Ⅱ<Ⅲ<Ⅳ）导入 A、B、C 三种颗粒（粒径 A<B<C），其中，补风设计风速 14m/s，物料流量 100t/h，分选物料真密度 3.1t/m^3，可得出不同位置点对注入颗粒影响如下。

4.1　高度Ⅰ计算结果

图 4 为回料点位置Ⅰ时 A、B、C 三种粒径颗粒运动轨迹，A 颗粒被直接带上，与气流跟随性很好，呈加速趋势；B 颗粒部分带上，部分跌落，跟随性差，部分颗粒来回碰撞，在设备内部停留时间较长；C 颗粒全部跌落，快速离开。

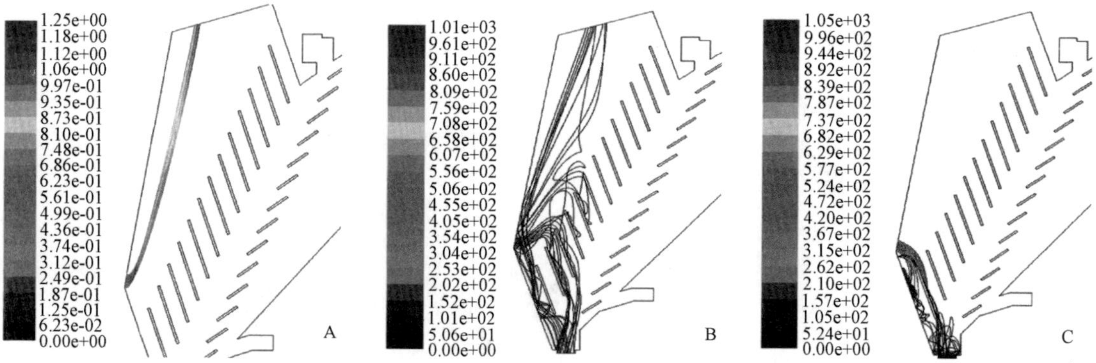

图 4　位置Ⅰ的颗粒运动轨迹（颜色为颗粒停留时间）

4.2　高度Ⅱ计算结果

图 5 为回料点位置Ⅱ时 A、B、C 三种粒径颗粒运动轨迹，A 颗粒仍呈加速趋势被直接带上；B 颗粒因导入位置提高，分散更均匀，呈部分带上、部分跌落，颗粒间、颗粒与打散板之间碰撞概率增加；C 颗粒呈抛物线，全部跌落。

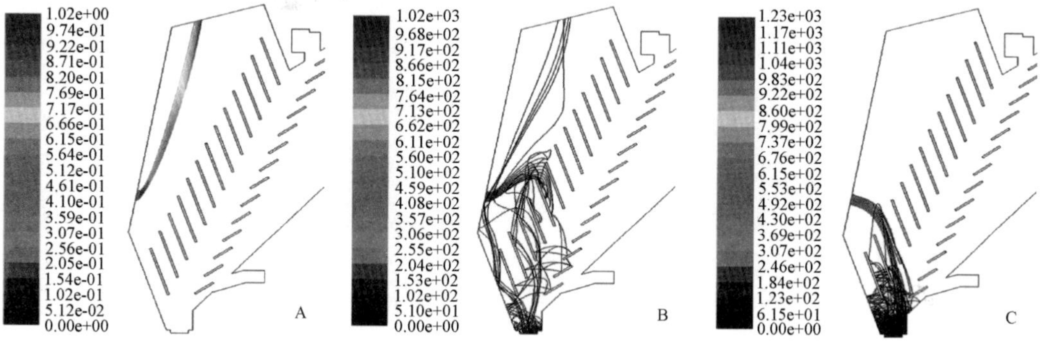

图 5　位置Ⅱ的颗粒运动轨迹（颜色为颗粒停留时间）

4.3　高度Ⅲ计算结果

图 6 为回料点位置Ⅲ时 A、B、C 三种粒径颗粒运动轨迹，此时 A 颗粒被带出用时更短；由于截面风速提高，B 颗粒尽管存在跌落趋势，但已能被完全带出；C 颗粒由于回料点位置较高，可抛撒到入风侧打散板并来回撞击后从出口排出。

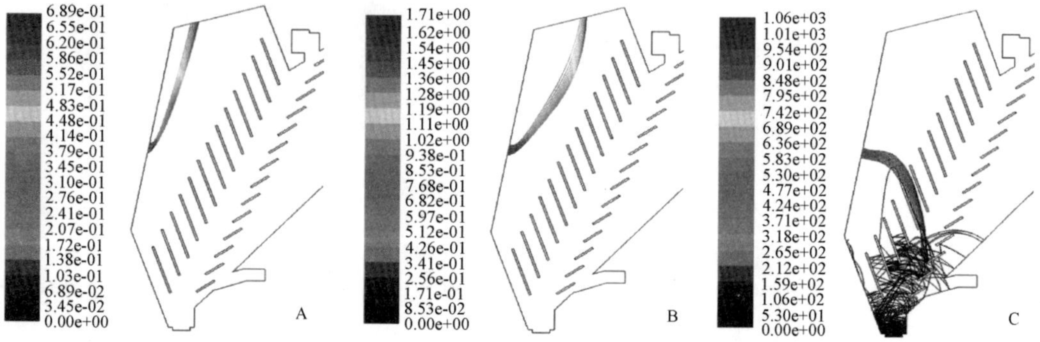

图 6　位置Ⅲ颗粒运动轨迹（颜色为颗粒停留时间）

4.4 高度Ⅳ计算结果

图 7 为回料点位置Ⅳ时 A、B、C 三种粒径颗粒运动轨迹，此时 A 颗粒、B 颗粒均被迅速带出，C 颗粒有被带出趋势，但重力仍起主导作用，在水平滞留一段时间后抛撒到进风侧打散板并来回撞击排出。

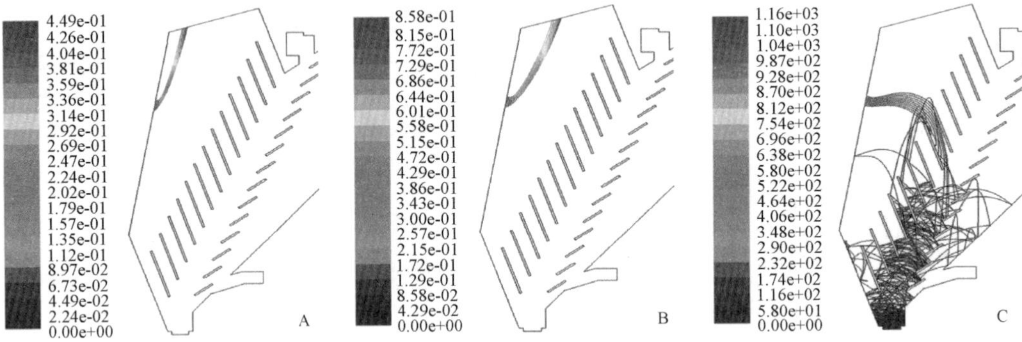

图 7 位置Ⅳ的颗粒运动轨迹（颜色为颗粒停留时间）

综上可知，颗粒粒径越小，注入点位置越高，颗粒随气流跟随性越好，空气曳力起主导作用；越靠近出风口，颗粒被带出时间越短；补风会对颗粒的运动产生影响，降低边壁效应；当颗粒很小时，即使在较低喂入点，也会被带出，而当颗粒很大时，即使较高的喂入点，也会掉落，只是停留时间会存在差异。因此通过 V 型选粉机侧面不同点导入物料，可控制内循环负荷并起到二次分选作用，利于辊压机稳定运行并减少无用功，从而提高系统比生产率。

5 回料点设计与实践

根据上述理论分析及模拟试验，证实部分 G_{11} 导入 V 型选粉机侧面以调节圈流 1 部分内循环负荷的可行性，设计如图 8 所示回料点及调节装置并在多个水泥企业实施效果如下。

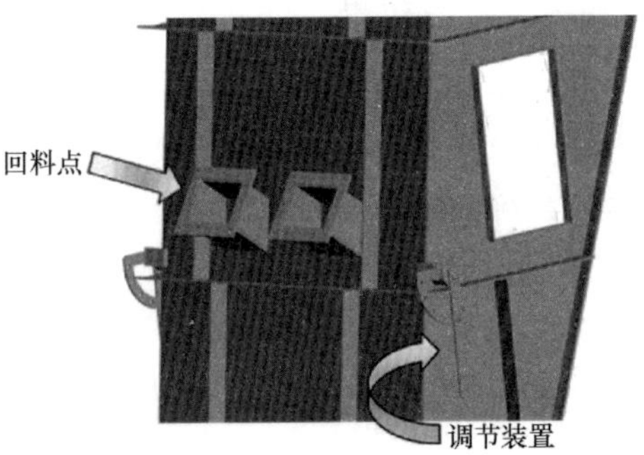

图 8 V 型选粉机回料点及调节装置

5.1 回料点设计

回料点及调节装置的设计，应保证物料良好的分散性，以避免过于集中造成颗粒间相互碰撞干扰而影响二次分选效率，因此设计成双点或者多点形式，各回料点独立喂料，互不干扰，也避免了偏料现象；回料点位置、高度根据分选切割粒径要求通过上述分析计算得出；回料点内部设计调节装置，通过该装置，可实现导入物料的扬料高度微调，进一步强化分散作用，以达到对内循环量的有效控制并提高二次分选效果。

5.2 应用实践

图 9 某现场改造照片

图 9 为该设计在某现场的实际应用，通过将部分 G_{11} 导入 V 型选粉机侧面，进行内循环负荷调节，设计中应注意物料分散均匀，同时该导入溜子应无堆积死角，以避免当物料水分、黏度偏高时可能出现堵料；实际调试时，通过调节装置对物料微调，直至系统平衡稳定，产量最大。表 2 为几个企业现场改造前后产量对比。通常情况下，当辊压机/球磨功率比较高，辊压机前期做功效果不佳时，通过该改造对内循环量负荷进行控制，可改善辊压机运行稳定性和提高比生产率，产量增加约 10%，有效减少设备运行无用功而节能降耗。

表 2 改造结果对比

项目	中材 A 厂	中材 B 厂	曲寨 A 厂	蒙西 A 厂
改造前产量（t/h）	175	190	265	260
改造后产量（t/h）	200	210	290	290
提产幅度（%）	14	10	9	11

6 小结

对带预分离选粉机或三分离选粉机的半终粉磨系统，根据运行工况，部分或全部 G_{11} 回料点的合理设计不仅可起到控制内循环负荷、提高分选效率的作用，而且利于辊压机稳定运行及减少无用功，提高系统比生产率。本文通过计算、分析，认为部分或全部 G_{11} 导入 V 型选粉机侧面并配置相应扬料调节装置，可较优地实现该目的，通过多个现场的实践应用，证明该设计是合理的，并可有效提高产量，降低单位能耗，使得工艺更为优化。同时，据笔者实践，该方式在辊压机做功不佳的生料终粉磨系统中同样适用。

参考文献

[1] 王仲春. 水泥工业粉磨工艺技术[M]. 北京：中国建材工业出版社，2000.

[2] 李洪. 半终粉磨系统动态选粉机旋流风阀的开发与应用[J]. 水泥，2015(5)：38-40.

（原文发表于《水泥》2018 年第 4 期）

辊压机压力控制分析

楚一晨　史丽娜

摘　要：各品牌辊压机控制方法虽有类似之处，但细节均不尽相同，使用效果也褒贬不一。Polysius 公司在辊压机控制中引入了辊面压力这一控制节点，在现场使用多年，反响良好，但其对于变量取值范围并没有明确规定，仍需凭借现场操作经验摸索。根据天津院 TRP 系列辊压机多年的现场使用数据，结合辊压机经典基础参数设计公式和 Polysius 的辊面压力经验公式，进行了进一步的研究，进而得出确定的辊面压力取值范围。

关键词：辊压机；辊面压力控制；分析

1　辊压机的工作原理

辊压机系统是典型的机电一体化技术产品，全系统集成了数十个检测系统和控制单元，目前大部分辊压机均采用了 PLC 控制。以往辊压机的控制指导思想大致分为恒压力和恒辊缝两种控制理念，两者各有优劣。尤其对于来料不稳定的应用现场，恒压力控制可能会导致辊缝波动大、出料质量不稳定等问题；而恒辊缝控制则可能会导致液压系统压力过高、频繁加减压等问题。综合考量压力和辊缝对辊压机运行的影响，才能找到辊压机工作的最佳状况。

辊压机的基本原理是料床粉碎，高压、慢速、过饱和喂料是辊压机料床挤压粉磨技术特性。而粉碎效率是与压力相关的函数，在一定范围内效率最高，超过此压力，效率变化不大(图 1)。而根据理论压力曲线结合国内外多年试验、应用经验，平均压力在 80～120MPa 之间时细颗粒增加速度最快，粉碎效率较高，超过 150MPa 时细粉量几乎不再增加。

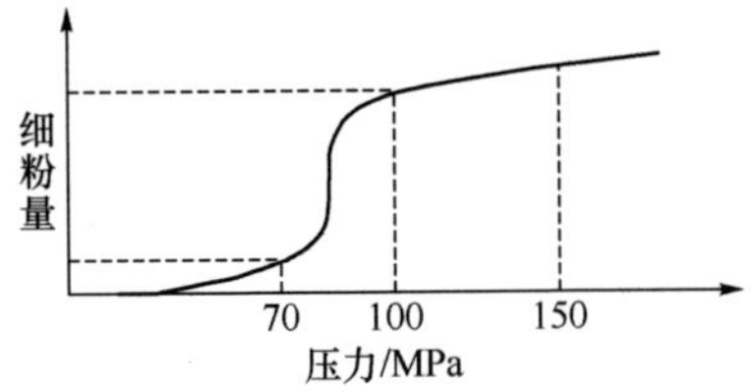

图 1　辊压机粉碎效率与压力关系

辊压机生产运行中，另外一个关键的控制点就是运行辊缝，为研究运行辊缝与辊压机压力之间是否也有类似的函数关系，我们对某使用辊面压力作为控制参数的粉磨站进行了考察和数据分析。

2　某粉磨站辊压机运行分析

2.1　运行参数

该粉磨站于 1997 年投产，使用了 2 台 Polysius150-80 的辊压机，目前已运转超过 20

年。P·O42.5水泥产量90～110t/h，考察运行数据见表1。

表1　考察辊压机运行状态

项目	资料数据	运行数据
直径 D（m）	1.5	1.5
宽度 B（m）	0.8	0.8
液压缸径 d（m）	0.4	0.4
油缸平均压力 P（MPa）	15.7	12.35
平均辊缝 S（mm）	33	22
计算压力角 α(°)	7.4959	6.1204
平均辊压 AP（MPa）	100.82	97.04
投影压力 P_T(kN/m²)	6576.21	5173.01
运行辊面压力 GP（MPa）	251.33	241.15

2.2　分析

从厂方给出的资料数据和现场考察时的运行数据来看，虽然辊压机运行状态相差比较大，但计算的平均辊压（Average Pressure，以下简称 AP）和 Polysius 控制系统中运行辊面压力（Grinding Pressure，以下简称 GP）两项数值均比较接近。而该厂控制系统实际使用中，也确实以 GP 作为核心控制参数进行控制。

平均辊压 AP 值的公式在《新型干法水泥厂设备选型使用手册》中描述为：

$$AP = \frac{F}{B \cdot \frac{D}{2}\sin(\alpha_0 + \gamma)} \tag{1}$$

式中　F——辊压机总力，kN；

D——辊压机辊直径，m；

B——辊压机辊宽度，m；

$\alpha_0+\gamma$——压力施加辊上，压力增加及减小区相应中心角，(°)。

Polysius 辊压机计算书中对运行辊面压力 GP 值计算公式为：

$$GP = \frac{F}{B \cdot D \cdot \alpha \cdot 200}, \alpha = \sqrt{\frac{2S_{WG}}{1000D}\left(\frac{\rho_{CAKE}}{\rho_{FEED}} - 1\right)} \tag{2}$$

式中　F——辊压机总力，kN；

D——辊压机辊直径，m；

B——辊压机辊宽度，m；

α——实时压力角，(°)；

S_{WG}——工作辊缝，mm；

ρ_{CAKE}——挤压后料饼重度，t/m³；

ρ_{FEED}——挤压前进料重度，t/m³。

而根据 GP 公式中 α 的计算公式可以看出，其代表意义为物料挤压前后区域范围相应中心角，这与 AP 公式中 $\alpha_0+\gamma$ 的代表意义是近似的。由此不难看出，AP 和 GP 都是以实时辊压机总力 F 和实时压力角 α 作为控制变量的压力值。

根据公式计算相同工作辊缝、不同压力条件下，该设备 AP 值和 GP 值，为便于观察曲线趋势，将两种计算压力值放在同一图中（图 2）。

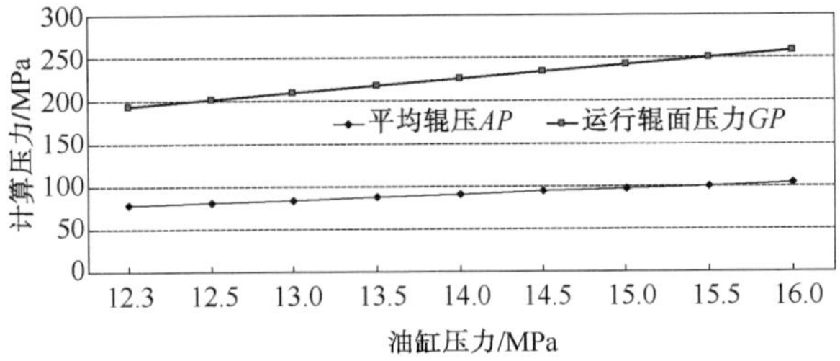

图 2　平均辊压与辊面压力曲线

由图 2 可以看出，AP 与 GP 值均为线性增长且增幅比较接近。而根据图 1 所示，平均料层压力（与平均辊压意义相同，即 AP 值）达到 100MPa 以后，细颗粒增加速度变缓，也就是粉碎效率变缓。这与该厂方控制 GP 值为 250MPa 这一参数设定，在计算结果上是可以对应的。

由于近年来经验的累积，现在辊压机使用的压力比早期已经下降了很多。于是，下面就根据已投产使用的 TRP 系列不同规格辊压机运行参数代入计算来进行比较。

3　天津院 TRP 系列辊压机运行分析

3.1　各规格计算数据比较

以下选取了 TRP 系列辊压机常用规格在水泥磨系统（表 2）和生料磨系统（表 3）中的实际现场运行参数进行计算比较。

表 2　TRP 系列水泥磨系统辊压机运行参数比较

辊压机规格	140—80	140—140	160—140	180—140	180—170
直径 D（m）	1.4	1.4	1.6	1.8	1.8
宽度 B（m）	0.8	1.4	1.4	1.4	1.7
液压缸径 d（m）	0.45	0.52	0.56	0.56	0.66
油缸平均压力 P（MPa）	7.5	10	10.5	11	10
平均辊缝 S（mm）	30	30	33	38	40
计算压力角 α（°）	7.3979	7.3979	7.2579	7.3429	7.5336
平均辊压 AP（MPa）	66.17	67.32	73.11	67.29	68.22
投影压力 P_T（kN/m^2）	4259.96	4333.99	4618.01	4300.36	4472.02
运行辊面压力 GP（MPa）	164.96	167.83	182.28	167.78	170.05

水泥磨系统辊压机 AP/GP 值在 70/170 左右这一较小区间内，压力角在 7.4°左右。

生料磨系统辊压机 AP/GP 值在 60/150 左右这一较小区间内，压力角在 7.7°左右。

3.2　分析

由表 2 和表 3 中的对比数据可以看出，就目前的现场情况，水泥磨系统 AP/GP 值为

70/170 左右，生料磨系统 AP/GP 值为 60/150 左右时，为比较理想的工作状态。此时对应投影压力为水泥磨系统 $4500kN/m^2$ 左右，生料磨系统 $4000kN/m^2$ 左右，而对应的压力角在 7.5°左右。这与以往的设计和使用经验是能够对应的。

表 3　TRP 系列生料磨系统辊压机运行参数比较

辊压机规格	160—140	180—140	180—170	220—160
直径 D（m）	1.6	1.8	1.8	2.2
宽度 B（m）	1.4	1.4	1.7	1.6
液压缸径 d（m）	0.56	0.56	0.66	0.66
油缸平均压力 P（MPa）	9	10.5	9.4	10.5
平均辊缝 S（mm）	35	42	43	55
计算压力角 α(°)	7.4745	7.7197	7.8111	7.9906
平均辊压 AP（MPa）	60.86	61.12	59.89	58.73
投影压力 P_T(kN/m^2)	3958.29	4104.89	4069.54	4082.12
运行辊面压力 GP（MPa）	151.71	152.33	149.25	146.35

4　非正常工况分析

以往的辊压机控制系统中，均以计算投影压力对应的液压压力值作为控制要点。由上述论证可以看出，在工作状况理想的情况下，计算投影压力和 AP/GP 值是能够形成对应关系的，下面以水泥磨系统辊压机为例，就两种实际生产中经常出现的非正常工况进行分析。

4.1　高压力小辊缝状况

辊压机运行过程中，往往会由于循环量较大出现细粉过多的情况，此时辊压机辊缝通常较小，做功效果差。按以往的控制方法，设定值是根据投影压力反求的结果。以表 2 中提到的水泥磨系统辊压机为例，在不改变油缸压力，辊缝为 22mm（初始辊缝 20mm）的情况下做出对比计算，结果见表 4。

表 4　辊压机高压力小辊缝状态参数

辊压机规格	140—80	140—140	160—140	180—140	180—170
直径 D（m）	1.4	1.4	1.6	1.8	1.8
宽度 B（m）	0.8	1.4	1.4	1.4	1.7
液压缸径 d（m）	0.45	0.52	0.56	0.56	0.66
油缸平均压力 P（MPa）	7.5	10	10.5	11	10
平均辊缝 S（mm）	22	22	22	22	22
计算压力角 α(°)	6.3352	6.3352	5.9260	5.5871	5.5871
平均辊压 AP（MPa）	77.22	78.55	89.46	88.34	91.87
投影压力 P_T(kN/m^2)	4259.96	4333.99	4618.01	4300.36	4472.02
运行辊面压力 GP（MPa）	192.64	195.98	223.25	220.5	229.3

从计算结果可以看出，虽然没有改变设定压力，但 AP 和 GP 值与之前发生了很大的变化。这是由于辊缝小时压力角较小（较前一种情况降低了 2°左右），此时对应的挤压区域面积也较小。在同样的液压推力下，挤压区域辊面压强较高。同时，这种状态下，辊压机系统

通常循环料中细粉含量较高，导致辊压机挤压效率降低，物料对辊面及侧挡板冲刷磨蚀效果上升。这也间接解释了在一些原料磨蚀性差异不大的现场，辊面磨损差别却较大这一现象。

4.2 高负荷状况

另一种常见非正常工况是辊压机高负荷运行状态，体现为高压力、大辊缝。此种情况时辊压机通常运行功率较高，电流经常超过 90%。若辊压机在此状态下长期运行，可能导致辊子、主轴承及减速机的使用寿命缩短，比电耗升高等现象的发生。以计算投影压力达到上限 5500kN/m^2，辊缝达到 0.025D 的运行状态为例，对表 2 中各规格辊压机进行计算，结果见表 5。

表 5 辊压机高负荷状态参数

辊压机规格	140—80	140—140	160—140	180—140	180—170
直径 D（m）	1.4	1.4	1.6	1.8	1.8
宽度 B（m）	0.8	1.4	1.4	1.4	1.7
液压缸径 d（m）	0.45	0.52	0.56	0.56	0.66
油缸平均压力 P（MPa）	9.7	12.7	12.5	14.05	12.3
平均辊缝 S（mm）	35	35	40	45	45
计算压力角 α(°)	7.9906	7.9906	7.9906	7.9906	7.9906
平均辊压 AP（MPa）	79.27	79.19	79.1	79.03	79.14
投影压力 P_T(kN/m^2)	5509.55	5504.16	5497.63	5492.74	5500.58
运行辊面压力 GP（MPa）	197.53	197.33	197.10	196.92	197.21

由于计算压力角是关于辊径 D 的函数，故此种情况下计算压力角均为 8°，这与以往对辊压机进行能力和机械强度校核时使用的压力角取值是一样的。此时，AP 值与 GP 值也均处于一个稳定的范围内，由此可以将 AP/GP 值为 79/197 左右视为辊压机系统的上限压力参数。

5 结论和推论

5.1 小结

通过前面的分析，可见过去使用的控制投影压力方法与考察厂的 Polysius 系统使用的控制 GP 值方法，在正常工况下是可以对应的。但在高压力小辊缝的情况下，两者的差异较大。鉴于目前的控制方法对解决辊缝撑不开的问题效果并不好，可以尝试按照控制 AP/GP 值的方法进行控制。

根据之前的计算，在辊缝撑不开的情况下，若要保持 AP/GP 值不变，应降低液压系统压力，以平衡压力角减小带来的影响。同时，这样的动作有利于辊缝打开，让过细料尽快通过辊压机。而辊缝增大后，为了保持 AP/GP 值不变，液压系统逐渐加压，最终可以保证辊缝恒定在合理的范围内。

5.2 推论

在确定使用 AP/GP 值作为核心控制参数后，根据之前计算的数据，GP 设定值可按如下方式取值：

水泥磨系统：调试阶段135MPa左右为宜，正常生产阶段170MPa左右为宜；

生料磨系统：调试阶段120MPa左右为宜，正常生产阶段150MPa左右为宜；

上限值：200MPa左右为宜，生产中不可更改。

（原文发表于《水泥》2019年第8期）

辊压机辊套窜套处理与辊轴辊套的设计制造

蔡 武

近年来，辊压机辊套窜套的现象时有发生，引起窜套的原因也是多方面的，如公差配合、同轴度超过公差、粗糙度不够、圆度问题、材料塑性太强等。笔者通过对辊压机的设计和加工制造进行分析，提出了设计和加工制造方面需注意的问题，并采取了相关措施，有效避免了辊压机窜套的发生。

1 设计方面需注意的问题

1.1 材料选择

当前辊压机的辊轴和辊套选用的材料有两种，一种为35CrMo，另一种为42CrMo。表1～表3为以上两种材料的化学成分、机械性能及热膨胀系数的分析及对比。

表1 化学成分分析（%）

材料	C	Si	Mn	S、P	Cr	Ni、Cu	Mo
35CrMo	0.32～0.4	0.17～0.37	0.5～0.8	允许残余含量≤0.035	0.8～1.1	允许残余含量≤0.3	0.15～0.25
42CrMo	0.38～0.45	0.17～0.37	0.5～0.8	允许残余含量≤0.035	0.9～1.2	允许残余含量≤0.3	0.15～0.25

表2 机械性能对比

材料	抗拉强度 σ_b（MPa）	屈服强度 σ_s（MPa）	延伸率 δ_5（%）	断面收缩率 ψ（%）	冲击功 A_{kv}（J）	硬度（HB）	试样尺寸（试样毛坯尺寸）（mm）
35CrMo	530	≥835	≥20	≥45	≥55	197	25
42CrMo	≥1080	≥930	≥12	≥45	≥63	≤217	25

表3 热膨胀系数对比

材料	热膨胀系数 α	备注
35CrMo	1.232×10^{-5}/℃	温度范围为20～200℃
42CrMo	1.11×10^{-5}/℃	温度范围为20～100℃

从表1～表3中可以看出，在化学成分方面，两种材料仅在碳含量和铬含量上稍有差别，其他成分都一样；在机械性能方面，42CrMo的抗拉强度和屈服强度明显比35CrMo高，冲击功和布氏硬度也高，延伸率 δ_5 小，断面收缩率 ψ 相同；在热膨胀系数方面，两者相近。虽然35CrMo和42CrMo的化学成分差别不大，但从机械性能整体而言，42CrMo明

显优于 35CrMo。辊压机的显著工作特性是利用挤压来粉碎物料，其力量相当大，所以，材料强度是选择材料时需要优先考虑的一个方面。

1.2 公差配合

辊压机辊轴和辊套的装配不是采用键连接，而是采用大过盈量的紧配合，过盈量需考虑辊压机在运转初始阶段，辊轴和辊套温度上升时的时间差。辊套工作面与物料直接接触，温度上升比较快，而辊轴不能直接接触物料，只能靠辊套的热量传导来提升温度，辊轴的温度要等辊套温度稳定后才会逐渐升高至与辊套温度一致。在此之前，辊轴和辊套存在的温度差会使辊轴和辊套产生的膨胀量不同，从而影响公差。因此，在设计过程中不能忽视公差配合产生的影响。

举例说明温度差对公差的影响（图 1），具体如下：

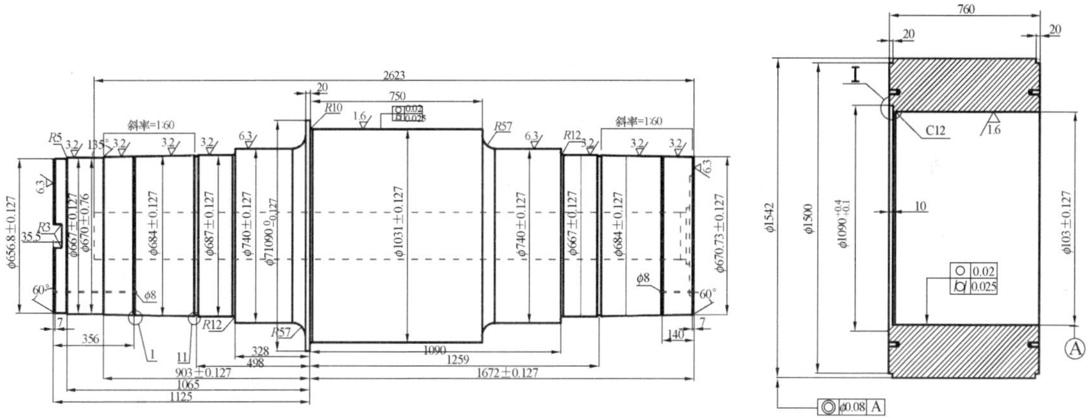

图 1　辊轴和轴套示意图

辊套内径 d_1 尺寸及公差：

ϕ1030mm±0.127mm

辊套外径 D_1：ϕ1542mm

辊轴直径 d_2 尺寸及公差：

ϕ1031mm±0.127mm

根据以上数据计算公差的极值：

轴孔配合公差的极大值：

1031+0.127−1030+0.127=1.254mm

轴孔配合公差的极小值：

1031−0.127−1030−0.127=0.746mm

理论上，辊轴和辊套温度差发生在设备起动阶段，随后温度达到均衡，假定前期的温度偏差按 60℃来考虑，其引起的尺寸偏差具体如下：

计算辊套在温度变化时的延伸长度，需先计算运转前辊套中心层直径 d_0 以及中心层圆周长度 L_0。

（1）极大值情况下温度变化引起的偏差（表 4）

表 4　极大值情况下温度变化引起的偏差

名称	计算依据	参数
辊套内径 d_1（mm）		1029.873
辊套外径 D_1（mm）		1542
辊轴直径 d_2（mm）		1031.127
辊套中心圆直径 d_0（mm）	$d_0=(d_1+D_1)/2$	1285.9365
辊套中心圆周长 L_0（mm）	$L_0=\pi d_0$	1285.9365π
热膨胀系数 α		1.11×10^{-5}/℃
温差 ΔT（℃）		60
温差 60℃ 时辊套中心圆周长 L'_0（mm）	$L'_0=(1+\alpha\times\Delta T)\times L_0$	4040.5298
膨胀后辊套中心圆直径 d'_0（mm）	$d'_0=L'_0/\pi$	1286.793
膨胀后辊套内径 d'_1（mm）	$d'_1=d'_0-(D_1-d_1)/2$	1030.729

从表 4 可以看出，在温差 60℃时，辊套内径 d'_1<辊轴直径 d_2。

（2）极小值情况下温度变化引起的偏差（表 5）

从表 5 可以看出，在温差 60℃时，辊套内径 d'_1>辊轴直径 d_2，存在窜轴的风险。

为了规避窜轴的风险，建议在辊轴直径公差设置上不要有负偏差，在辊套内径公差设置上不要有正偏差，并在运转过程中确保辊轴和辊套温差<60℃。如此设置，则不会出现窜轴现象。

表 5　极小值情况下温度变化引起的偏差

名称	计算依据	参数
辊套内径 d_1（mm）		1030.127
辊套外径 D_1（mm）		1542
辊轴直径 d_2（mm）		1030.873
辊套中心圆直径 d_0（mm）	$d_0=(d_1+D_1)/2$	1286.0635
辊套中心圆周长 L_0（mm）	$L_0=\pi d_0$	1286.0635π
热膨胀系数 α		1.11×10^{-5}/℃
温差 ΔT（℃）		60
温差 60℃ 时辊套中心圆周长 L'_0（mm）	$L'_0=(1+\alpha\times\Delta T)\times L_0$	4040.929
膨胀后辊套中心圆直径 d'_0（mm）	$d'_0=L'_0/\pi$	1286.929
膨胀后辊套内径 d'_1（mm）	$d'_1=d'_0-(D_1-d_1)/2$	1030.984

（3）在辊轴和辊套温度上升到相同温度（比如达到 60℃）时，辊轴热膨胀后的尺寸是否能满足设计要求？

辊轴的热膨胀计算公式为：$d'_2=d_2\sqrt{\dfrac{1+3\alpha\Delta T}{1+\alpha\Delta T}}$

据此可以算出辊轴的尺寸在 1031.686～1031.813mm 之间，公差取（0，0.127）。辊套内径范围在 1030.729～1030.984mm 之间。

由此可以看出，辊轴和辊套在温度上升到相同温度的情况下，辊轴的过盈量能够满足设计要求。

1.3 辊轴和辊套配合面形位公差基本要求（表6）

表6 辊轴和辊套配合面形位公差基本要求（μm）

名称	形位公差基本要求
圆柱度	0.025
圆度	0.02
粗糙度	1.6

2 加工制造方面需注意的问题

（1）选择满足精度要求的机床。机床的精度关系到工件的精度，精度不符有可能导致加工出的辊轴存在锥度或辊套内径存在锥度。选择机床时，圆度、圆柱度及粗糙度精度的要求也须考虑在内，以确保所使用的机床能满足零配件设计的精度要求。

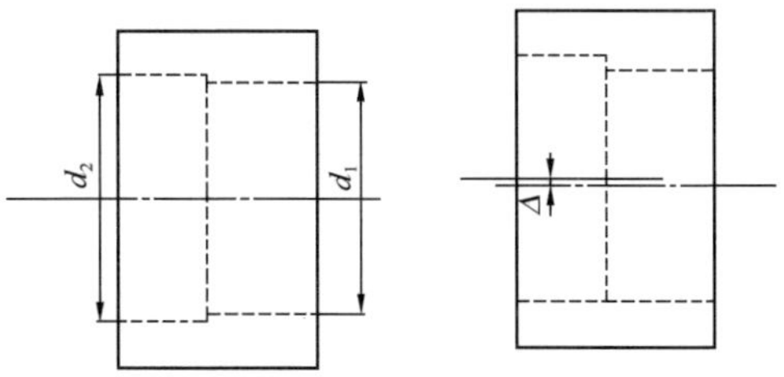

图2 加工过程中接刀可能出现的情况

（2）选择规格合适的机床，即选择的机床行程需足够。如果机床行程不够，则需翻转工件进行加工，这样接刀部位会出现台阶或产生同轴度问题（图2）。

（3）装卡辊套时要确保加工时能够“一刀到底”（尤其是内孔的精加工阶段）。装卡不当则需翻转工件重新找正加工，如此则接头位置容易出现台阶或出现同轴度偏差问题（图2）。

（4）在精加工过程中，尤其是最后一刀，一定要“一刀到底”，中途不能接刀，避免出现台阶（图2）。

一旦出现图2所示情况，即便热装后，辊轴和辊套接触面在接刀位置也会形成一定区域的间隙。即使间隙非常小，但在运转过程中，由于辊套挤压物料的力量非常大，久而久之，间隙处的两个表面会产生摩擦，从而逐渐产生磨损，磨损表面会逐渐扩大，间隙也越来越大，直至辊套在辊轴上发生窜动。

3 结语

我公司在设计校核、加工制造过程中非常重视以上问题并采取了相关措施，截至目前，我公司生产的辊压机的辊轴装置尚未出现过窜轴现象。有客户的辊压机在窜轴之后，通过对辊压机辊套内孔表面进行堆焊处理（堆焊厚度一般控制在10mm以上），在保证辊套内孔有足够加工余量的前提下，按文中建议进行处理和修复后，再也没有出过窜轴现象。目前，已按上述建议修复宁夏赛马、左权金隅等十余个项目的辊压机，其中左权金隅的辊压机修复至今已稳定运行近四年。

（原文发表于《水泥技术》2018年第5期）

回转窑大齿圈铸造质量及热处理工艺的研究

邓荣娟

摘　要： 回转窑用大齿圈通常采用铸造成型，其铸造质量决定使用安全性，热处理工艺决定使用寿命。通过改进铸造工艺，可提高铸件质量，采用超声波和磁粉两种无损检测技术判定铸件质量等级；热处理工艺由正火＋回火改为淬火＋回火，可提高齿面硬度，从而达到提升齿圈使用寿命的目的。

关键词： 回转窑；齿圈；质量；UT；MT；正火＋回火；淬火＋回火

1　前言

回转窑设备作为水泥生产最为关键的设备之一，其运行可靠性和安全性毋庸置疑，其中大齿圈作为回转窑设备的关键部件，其质量和寿命要求尤为重要。

通常，齿圈采用砂型铸造方法进行成型，铸造成型并完成粗加工后，进行 UT（超声波无损）检测，执行标准为 GB/T 7233.1—2009Ⅲ级（灵敏度 $\phi 6$），精加工完成后，进行 MT（磁粉）检测，执行标准为 JB/T 5000.14—2007Ⅲ级。在粗加工和精加工之间进行热处理，以达到提高使用性能的目的，热处理工艺为正火＋回火。但是，随着技术的进步及市场实际要求的提高，对于大齿圈的内部质量，UT 检测需要达到Ⅱ级要求，齿面硬度也由原先的 200～240HBS 提高到 260～300HBS。因此，齿圈的铸造工艺也应进行相应的改进。

2　齿圈铸造工艺改进

齿圈的结构比轮带复杂，在造型上有所区别，图 1 为工艺造型图，造型重点如下：

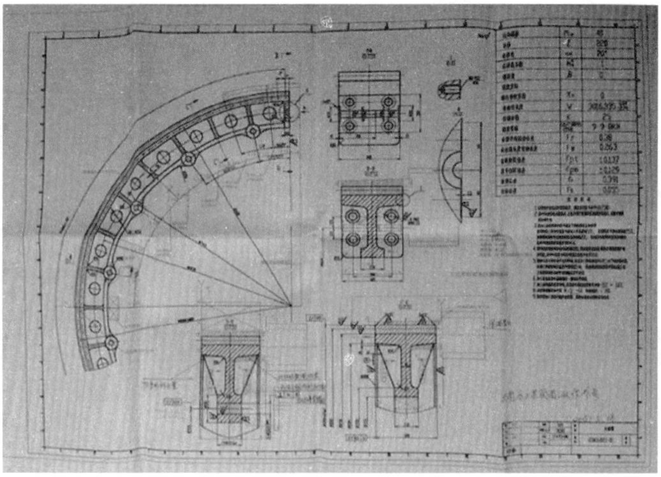

图 1　大齿圈造型工艺图

（1）采用水玻璃砂造型，相比树脂砂会获得更好的内部致密度。

（2）采用底注的方式让钢液平稳充型，并在内浇道上设有暗冒口，便于内部浮渣。

（3）采用环形横浇道，将竖浇道和内交道衔接起来，让钢液快速平稳地充型。

（4）采用双浇注系统，工件采用底注浇注系统进行充型，在冒口再采用一套浇注系统进行补浇充型，以确保冒口钢液的温度高于工件，形成冷却梯度。

（5）齿圈开齿部位上方采用全明分段式保温冒口，冒口使用耐火材料制作，弹簧孔上方采用暗冒口。

（6）工件内、外壁施加冷铁，保证冷却凝固顺序，更有利于排气、排渣。

（7）浇注完毕后，在冒口上方覆盖助燃材料和保温材料，让冒口最后凝固。

传统齿圈是先铸造成外圆，进行热处理，再开齿。由于热处理的热影响区有限，热处理完后再开齿，齿面的硬度本身就存在偏低和不均匀问题，这样就难以保证使用寿命。从图 1 可以清晰看出，与以往的齿圈造型不同，本次造型是将齿形铸造出来，这样做的目的是为下一步热处理做准备。

造型中的冒口没有采用整体全冒口，而是采用了分段式全冒口，这样就提高了保温效率，更有效地延缓了冒口冷却速度，更有利于排气和浮渣，如图 2 所示。

为了保证排气顺畅以及在凝固时受力均衡，造型中齿圈冒口端厚度要比底部厚度多出一部分，即采用非对称式布置，如图 3 所示。

按上述造型方案铸造的米哈万吨线大齿圈，在热处理完成并粗加工后进行超声波（UT）检测，以 $\phi6$ 灵敏度检测，完全能够达到 GB/T 7233.1—2009 Ⅱ 级要求，提高灵敏度后（$\phi4$），依旧能够达到Ⅱ级要求；进行磁粉（MT）检测，齿面基本无缺陷，只是在冒口的上平行端

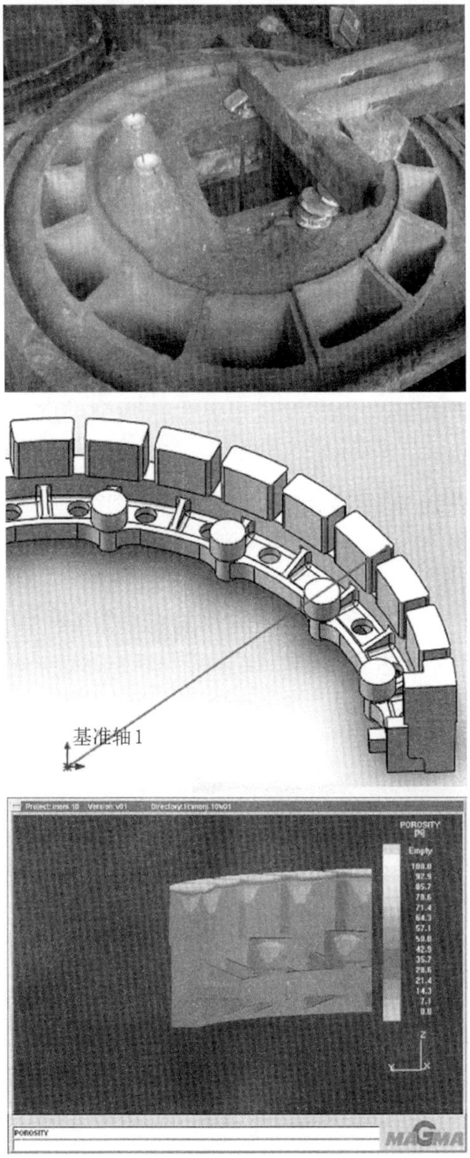

图 2　分段式全冒口宏观形貌以及凝固顺序示意图

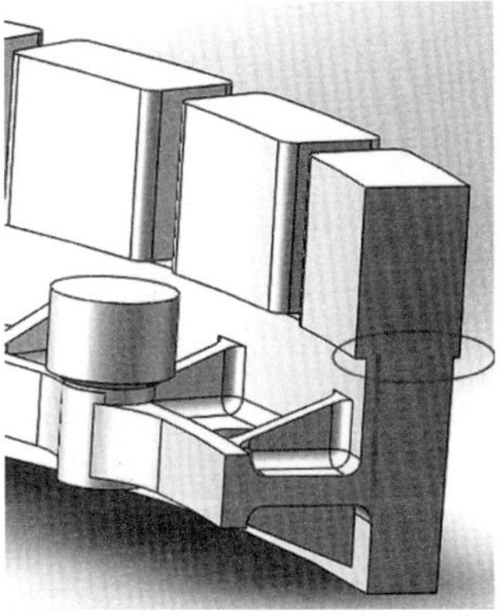

图 3　冒口下端齿圈多出部分示意图

面存在一些不超标的疏松缺陷，稍作打磨即可，如图 4 所示。

图 4 UT、MT 检测后的大齿圈宏观形貌图

3 热处理工艺改进

齿圈的使用寿命在于齿面硬度，在一个合理的范围内，齿面硬度越高，耐磨性越好，在同等工况下，使用寿命越长。

国内大齿圈的热处理工艺基本为正火＋回火，该工艺的冷却过程（空冷）比较平稳，采用该冷却方式变形量较小，冷裂倾向性低，防变形的预留机加工量较小。但缺点也很明显，成品齿面硬度偏低（210HBS 左右），从齿顶到齿根硬度逐步下降，不均匀。

米哈大齿圈的齿形由铸造完成，齿面单边预留 10～15mm 的机加工量，采用淬火（夏季水冷，冬季油冷）＋回火热处理方式，为了避免淬裂倾向性以及变形量大这两个难点，采取了下述办法：

（1）所有圆滑过渡的地方，倒角均提高到 R50mm，防止急冷开裂，如图 1 所示。

（2）半齿圈随炉铸造连接梁，热处理结束后放置 3 个月才能去除，防止半齿圈张开变形。

（3）半齿圈两个平行端面加大机加工预留量，能够将热处理产生的扭曲变形机加工掉。

热处理完成后，硬度测试值在 290～320HBS 之间，达到预期效果。

4 结语

（1）通过造型工艺的改进，齿圈铸造内部质量达到国标Ⅱ级要求。

（2）通过热处理工艺的改进，齿圈的齿面硬度大幅提升，提高了使用寿命。

（3）我公司的大齿圈从 2015 年开始均采用上述方式制作，产品质量得以提高。

（原文发表于《水泥技术》）2018 年第 2 期

煤粉燃烧器耐磨管的智能化堆焊制造

姜中毅

1 前言

煤粉燃烧器是影响水泥窑产量和熟料质量的重要设备，延长燃烧器的使用寿命、减少维修次数，对保证水泥厂正常生产有着重要意义。燃烧器耐磨件的磨损返修是导致燃烧器损坏的主要原因之一，本文着重叙述耐磨件耐磨堆焊的智能化工艺。

煤粉颗粒在燃烧器管道内部高速运动，无法避免撞击和冲刷入口表面，时间一长就可能击穿冲刷部位，使煤粉进入旋风管道，造成煤风与内外风道“串风”，无法进行火焰的调整并严重影响燃烧效率，因此大多数燃烧器都在煤粉入口处加厚或者采用耐磨喷涂或堆焊的方法，以保证燃烧器煤风进风部位风管的耐磨性，耐磨性的高低是决定燃烧器使用寿命的关键。

煤粉燃烧器是我公司的主要产品之一，以往的耐磨管堆焊工序都是外协制作完成后，回公司进行加工和组装。从 2017 年年初开始，基于质量、进度、成本等因素考虑，我们制定了逐步实现堆焊自制的计划。鉴于燃烧器的耐磨层堆焊都是在规则的焊接圆管表面进行，便于采用自动焊接方式，因此我们尝试使用公司原有六轴焊接机器人进行堆焊操作，并在红水河项目上试验成功。

2 系统组成

如图 1 所示，整套堆焊系统包括六轴焊接机器人、自制滚动焊接工装、二氧化碳气体保护电焊机、伺服单轴焊接变位机、操控界面、环保收尘装置等几个主要部分。装卡焊枪的六轴焊接机器人是整套系统的核心，负责耐磨层的堆焊；自制滚动焊接工装起着支撑工件和辅助旋转的作用；伺服单轴焊接变位机负责为焊接工件的匀速转动提供动力来源；操控界面负

图 1　堆焊系统组成

责实现人机编程操作；环保收尘装置负责焊接烟尘的无害化处理。

耐磨层焊材选用 LQ3501.6 型堆焊药芯焊丝，此焊材工艺操作简单，成本低，焊丝化学成分含有 C、Si、Mn、Cr 等。熔敷金属为高铬合金，金相组织为马氏体加合金碳化物，碳化物具有极高的硬度，因而具有优良的耐磨损性能。

3 焊接过程

(1) 焊接前对直缝焊管表面的油、锈等污物进行清理，降低工件表面因质量缺陷对焊接工艺造成的影响。

(2) 焊接时避免采用过大的电流，以防止出现气孔，影响焊接质量。电流参数设定为：150～170A，电压设定为：12V（不同厂家提供的焊丝，电流、电压参数略有不同），机器人堆焊水平步进距离为每道焊缝 5mm；焊接直径 ϕ200 管道外壁，选择转速为 3.0～3.5mm/s；焊接直径 ϕ310 管道内壁，选择转速为 2.5～3.0mm/s；焊丝干伸长为 15mm；焊接方式采用下坡焊。按照图纸要求堆焊层厚度为 4mm，此设备单次焊接焊缝成型厚度为 3mm，需堆焊两层。

(3) 由于堆焊过程是以设定的速度按特定轨迹从起点运动到终点，故采用 CP 连续轨迹方式。另一种为 PTP 点对点方式，即机器人以全速从起始点运动到终点，对两点间轨迹未做规定，不适合本操作。

编制程序：第一步：机器人手臂所处原始位置设起点一；第二步：焊接手臂从起点一快速到达离焊接工件表面起始点高 30mm 处；第三步：焊接手臂缓慢到达离焊接工件表面起始点高 15mm 处，起弧并开始焊接，同时变位机启动，工件旋转；第四步：焊接手臂按照每圈步进 5mm 速度焊接 80 圈，共计 400mm；第五步：手臂抬起，停止焊接；第六步：焊接手臂达到起点二；第七步：焊接手臂从起点二快速到达离焊接表面高 30mm 处；第八步：焊接手臂缓慢到达离焊接工件表面距离 15mm 处，起弧并开始焊接；第九步：焊接手臂按照每圈步进 5mm 速度返回焊接 80 圈（与第四步水平焊接方向相反），共计 400mm，返回起始点；第十步：手臂抬起；第十一步：手臂返回起点一。如图 2 所示，编程完毕后先模拟整个动作过程，确认程序无误后开始正常焊接，堆焊成型过程如图 3 所示。

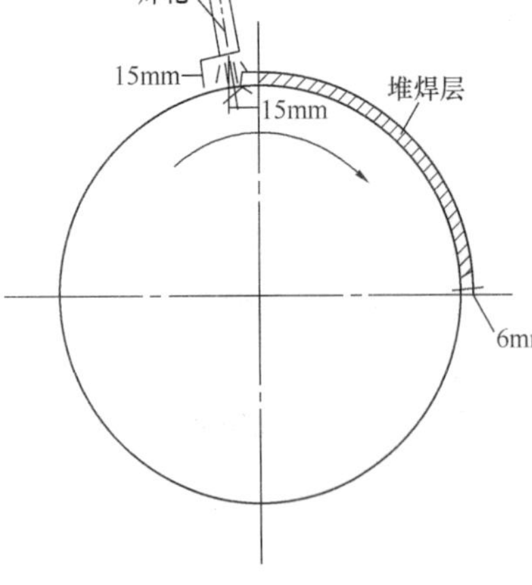

图 2 堆焊动作过程模拟

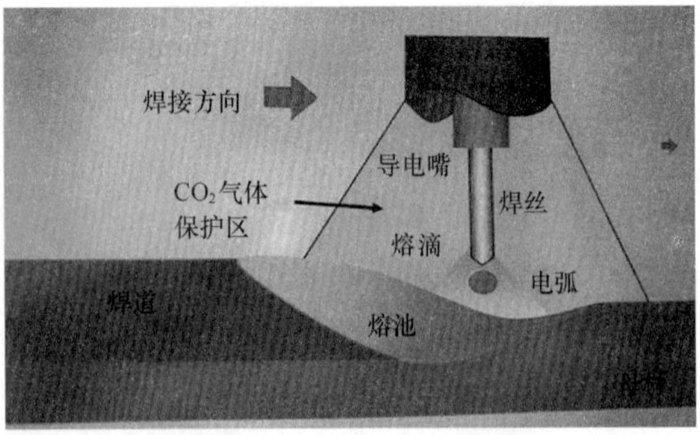

图 3 堆焊成型过程

(4) 堆焊完成 400mm 后，保持焊接手臂不动，整体将变位机和圆管沿轴向平移 400mm，从编程第一步开始重复焊接操作。以 2m 长焊接圆管每次焊接 400mm 为例计算，共需平移工件和变位机四次，实现 2m 长焊接圆管的整体耐磨堆焊。

同理，直径 ϕ310 圆管内壁的耐磨层堆焊与上述外圆堆焊步骤类似。

4 注意事项

(1) 由于工件的管壁为 8mm，长时间焊接过程中容易使工件加热变红产生变形，影响成型效果，整个过程需要通水冷却，以降低工件温度。

(2) 焊接温度高，弧坑和焊丝铁水冷却时间长，在工件旋转过程中容易造成铁水下流，工件焊接表面形成许多焊瘤。经过多次试验，我们采取图 2 的操作方式，使焊枪离工件最高点水平距离 15mm 处开始起弧焊接，随着工件的旋转，焊接铁水到达工件最高点时正好成型完成，焊缝质量好且美观（图 3）。

(3) 该焊丝堆焊时表面会出现细裂纹，这是释放应力的结果，不影响工件耐磨性，可以正常使用。

(4) 各主要参数调整对焊缝质量影响具体如图 4 所示。

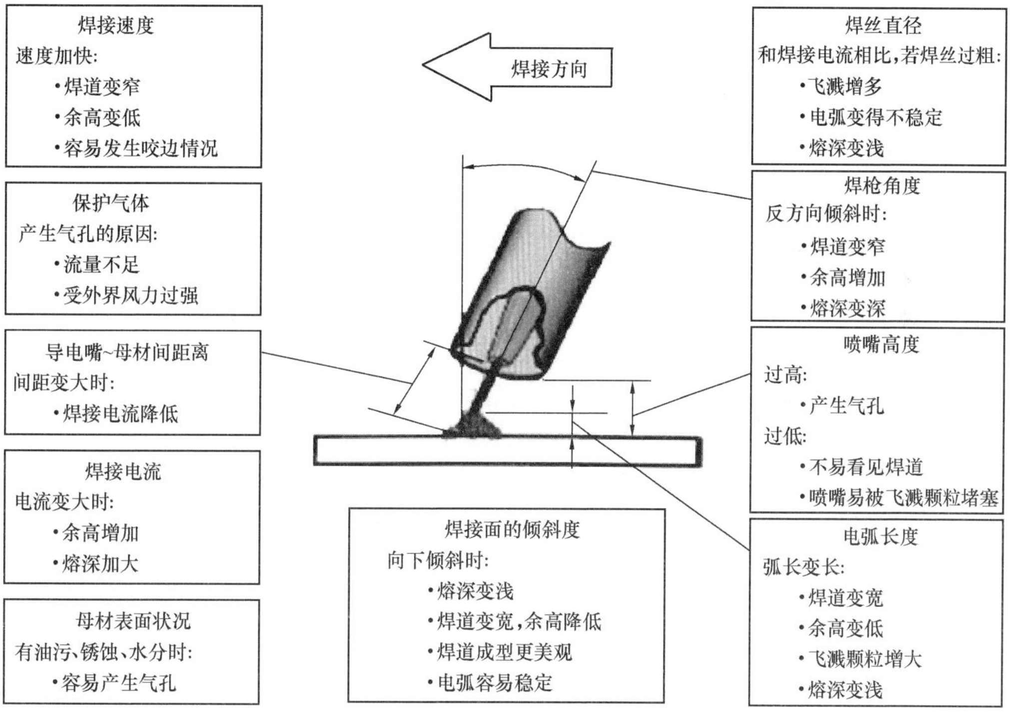

图 4 各主要参数调整对焊缝质量的影响

5 堆焊质量

(1) 堆焊成品如图 5 所示，堆焊层设计厚度 4mm，实际值允许 4mm≤δ≤6mm，实测值为 6mm，圆周变形量误差控制在 2mm 以内，轴面长度误差范围：$-1mm \leqslant \delta \leqslant 1mm$，符合图纸要求。

（2）堆焊层理论宏观硬度为 56～62HRC，焊接完成实测为 56～58HRC，偏差范围控制在 5%左右，符合图纸要求。

图 5　堆焊成品局部图

6　经济效益

焊接机器人是焊接自动化的革命性进步，其突破了焊接刚性自动化的传统方式，开拓了一种柔性自动化新方式。焊接机器人的主要优点：稳定和焊接质量高，可保证焊接产品的均一性；焊接生产效率高，一天可 24h 连续生产，可在有害环境下长期工作；改善了工人劳动条件，降低了操作难度，可实现小批量产品焊接自动化。以广西红水河项目为例，一套完整的耐磨圆管堆焊原外协费用为 10000 元，工期需要 7d，改为机械手臂堆焊后，制作成本为 6000 元，节约 4000 元，工期为 5d，以全年生产 24 台燃烧器计算，年节约成本近 10 万元，且具有可复制性。

7　改进方向

从整个焊接过程来看，长圆管每焊接 400mm，需整体平移工件和变位机一次后，再循环重复焊接操作，直至焊接完成，这一步骤影响了效率的提升，为此下一步我们将进一步对程序、工装进行设计研究，增加自动测距控制单元，争取实现一次堆焊成型的目标。

8　结语

生产工艺的智能化设计和应用，是降低制造成本、保证产品质量、提高生产效率的有效手段，也是未来工业发展的必然趋势。六轴焊接机器人在燃烧器耐磨件耐磨堆焊过程中的成功应用，为今后我公司逐步实现焊接的柔性生产提供了技术基础，为产品智能化制造积累了经验。

（原文发表于《水泥技术》2018 年第 5 期）

水泥厂设备腐蚀分析及防护措施

戴 浚　米东伟

水泥厂的设备腐蚀主要为窑尾废气处理系统和旁路系统中的硫酸露点腐蚀和 HCl 腐蚀。有些水泥厂的原料中硫化物和氯化物含量较高，在熟料煅烧过程中，硫化物分解为 SO_2，部分 SO_2 随窑尾烟气排出，进一步氧化生成 SO_3，与烟气中的水蒸气结合生成硫酸凝结在设备上，产生硫酸露点腐蚀。而原料中的氯化物在煅烧过程中，极少部分 Cl^- 随窑尾烟气排出，Cl^- 与水蒸气结合生成 HCl，产生 HCl 腐蚀。

水泥厂设备部件材料除热工系统的部分部件选用耐热钢外，其他设备部件材料一般选用低碳钢（Q235 碳钢）和普通铸钢。为防止设备腐蚀，较为经济的方式是在设备材料不变的情况下，通过生产操作控制工艺参数，防止烟气结露。由于生产的波动性，实际操作中烟气温度不会总保持在烟气露点以上，设备腐蚀的情况将会继续发生。

国外某 2×5000t/d 水泥生产线由天津院承包建设。经一年多时间的运转，现场技术人员对窑尾电收尘器检查发现，窑尾电收尘器内部出现结露现象（图 1），极线框架附着泥浆，极板、极线、壳体内壁腐蚀严重，后部电场部分极板已被大面积腐蚀（图 2）。其中，极板腐蚀区域集中在电收尘器两边的极板，中间的极板腐蚀程度较轻，极板下部区域腐蚀严重。2014 年，公司对窑尾电收尘器进行大修，对电收尘器壳体内部进行了防腐处理，并减少了系统漏风。在生产中，严格控制窑尾烟气温度，使窑尾电收尘器出口温度高于露点温度，防止烟气结露。2017 年 4 月，我公司的技术人员对该项目窑尾电收尘器进行检查，未发现电收尘器内部结露（图 3），但仍存在内部腐蚀现象（图 4）。

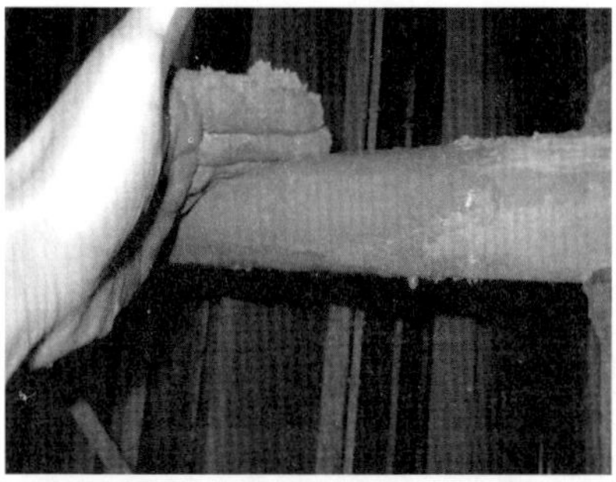

图 1　窑尾电收尘器内部构件出现结露

图 2　极板腐蚀严重

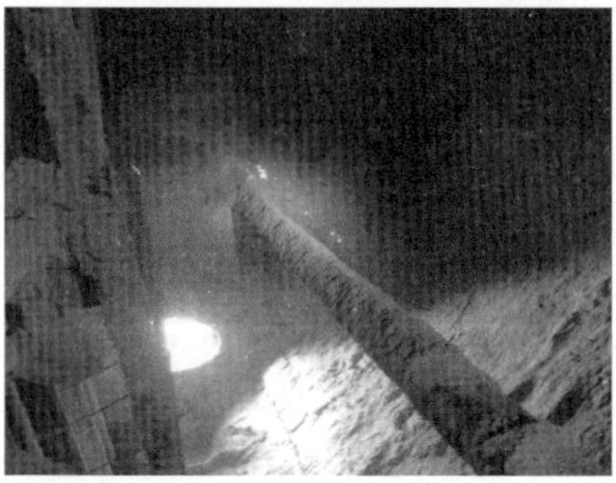

图 3　电收尘器内部出口处

图 4　壳体侧板内部腐蚀情况

1 Q235碳钢腐蚀分析

1.1 Q235碳钢材料的影响

材料的成分决定了材料的使用性能。Q235碳钢材料的成分由五大常规元素组成（表1），不含有抗腐蚀元素，因此该材料的耐腐蚀性很差。另外，Q235碳钢材料中的C、P含量对酸腐蚀速率有较大影响，由图5、图6可以清晰地看出，腐蚀速率随着C、P含量的降低而减缓。

表1 Q235的成分含量（wt%）

规格	C	Si	Mn	S	P	Fe
A	≤0.22	≤0.35	≤1.4	≤0.05	≤0.045	余量
B	≤0.20	≤0.35	≤1.4	≤0.045	≤0.045	余量
C	≤0.18	≤0.35	≤1.4	≤0.04	0.04	余量
D	≤0.17	≤0.35	≤1.4	≤0.035	0.035	余量

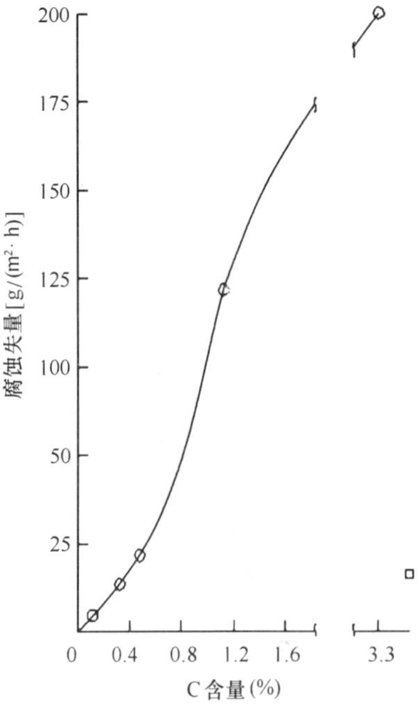

图5 碳含量对碳钢腐蚀影响

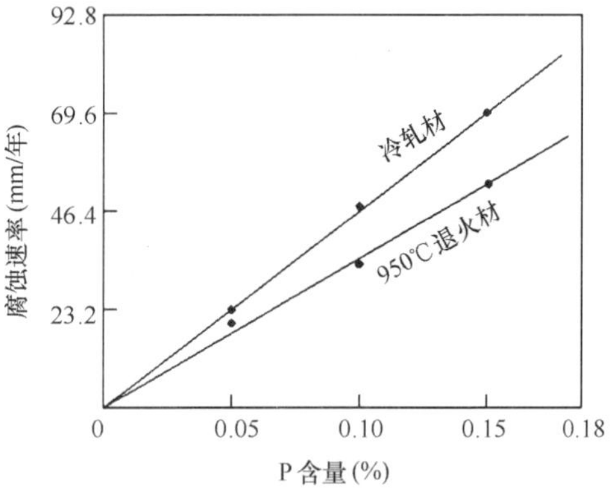

图6 磷含量对碳钢腐蚀影响

其次，热处理对C含量不同的碳钢的腐蚀速率也有一定的影响（图7）。由图7可以看出，碳钢在水淬后，随着回火温度的升高，腐蚀速率减缓。其中，以0.22%碳钢最为明显。这表明碳钢水淬后，生成的马氏体组织耐腐蚀性很差，随着回火温度升高或高温退火，马氏体组织分解，形成以铁素体为主的组织。少量珠光体组织能够减缓腐蚀速率。而0.12%碳钢和纯铁，由于C含量较低，热处理对其耐腐蚀性能影响较小，腐蚀速率随着C含量降低

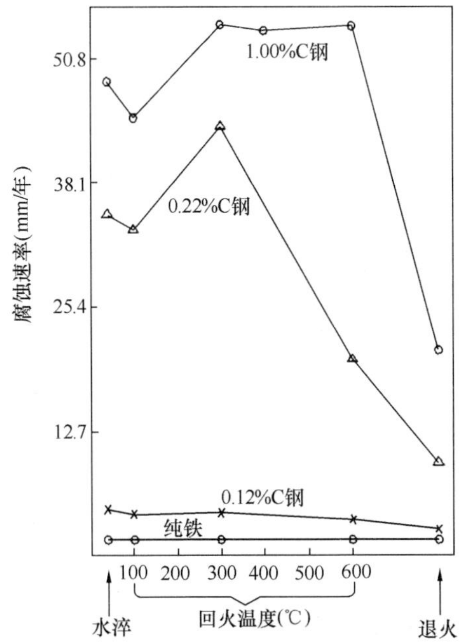

图 7　回火温度对碳钢腐蚀速率的影响

而减缓。

碳钢（如 Q235 碳钢）在弱酸中产生的铁锈由 γ-FeOOH、α-FeOOH 和 Fe_3O_4 三部分组成，通常分为内外两层，外层 α-FeOOH 和 Fe_3O_4 颗粒粗大，结构疏松易脱落，内层 γ-FeOOH 可以在表面形成致密的保护膜（腐蚀产物膜），减小腐蚀速率。碳钢铁锈形成过程如图 8 所示。

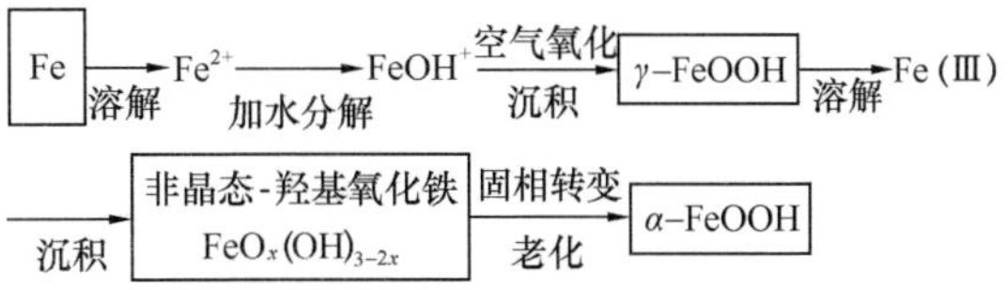

图 8　碳钢铁锈形成过程

1.2　硫酸露点腐蚀

设备硫酸露点腐蚀受烟气中的 SO_3 浓度、烟气露点和部件表面的温度影响。烟气的露点由 SO_3 浓度确定，试验证实，气体中含有 $n\times10$ppm 的 SO_3，即可使气体露点温度明显升高（图 9）。凝结的硫酸浓度取决于烟气中的水蒸气含量和部件表面温度。试验表明，当钢的表面温度在露点以下 20～60℃时，凝结的硫酸量及在一定表面积上的铁腐蚀量均为最大（图 10）。

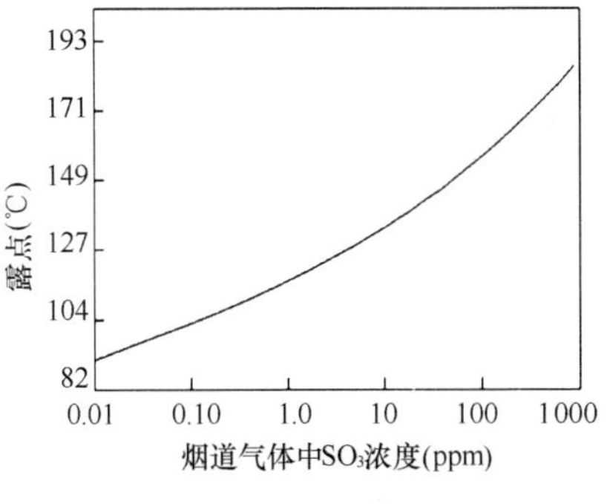

图 9　SO_3 浓度与露点的关系

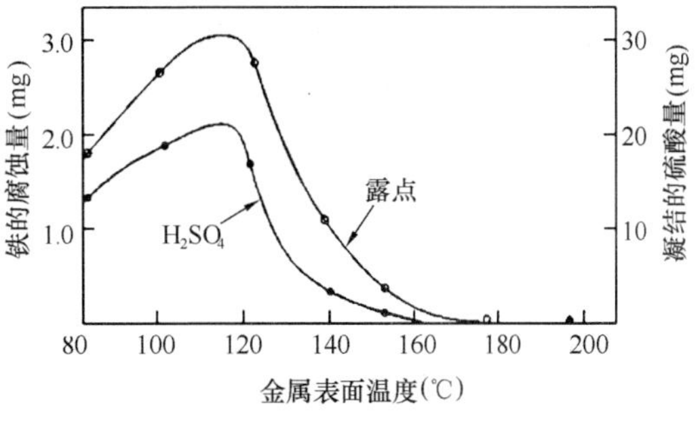

图 10　凝结的硫酸量、铁的腐蚀量与金属表面温度的关系

1.3　HCl 腐蚀

由于烟气温度低于露点温度，凝结水分子吸收 Cl^-。碳钢和低合金钢在 Cl^- 的环境下的腐蚀过程是一个复杂的化学反应及电化学反应过程，腐蚀形态为全面腐蚀、点蚀。应力表面的钝化膜在组织结构上发生了改变，改变了碳钢表面钝化膜的溶解机制，金属钝化膜变得松散多孔，提高了钝化膜的溶解速率。

1.4　窑尾电收尘器内部腐蚀情况

该生产线所使用的原较（黏土）中 SO_3、Cl 偏高（表 2），在正常生产时，窑尾电收尘器入口温度为120～145℃，出口温度为70～90℃。窑尾电收尘器基本选用Q235碳钢设计制造，在靠近壳体人孔门、灰斗处的极板腐蚀严重（图2），可以确认电收尘器漏风较大，烟气在电收尘器内部结露（图1）。通过对窑尾烟气的露点计算，确认窑尾烟气露点温度为120～130℃，烟气出口温度低于露点温度30～50℃。在靠近电收尘器出口的内部构件硫酸浓度和腐蚀速率较高。由于烟气中存在Cl^-，设备表面结露的泥浆吸收Cl^-，从而加速了Q235碳钢表面钝化膜的溶解速率。烟气中的Cl^-破坏了Q235碳钢表面钝化膜，出现点蚀（图11、图12），加速了硫酸露点腐蚀。

表2　2011年5月原料的化学成分平均值（%）

化学成分	SiO_2	Al_2O_3	Fe_2O_3	CaO	MgO	SO_3	K_2O	Na_2O	Cl
石灰石	1.72	0.54	0.11	54.45	0.37	0.02	0.03	0.02	0.02
砂岩	91.48	2.54	0.82	3.6	0.62	0.09	0.8	0.04	0.035
黏土	50.51	16.07	8.57	5.84	1.62	1.81	1.95	0.21	0.560
铁矿石	15.85	4.14	68.30	3.98	3.93		1.06	0.31	0.304

图11　窑尾电收尘器壳体侧板内壁发生点蚀现象

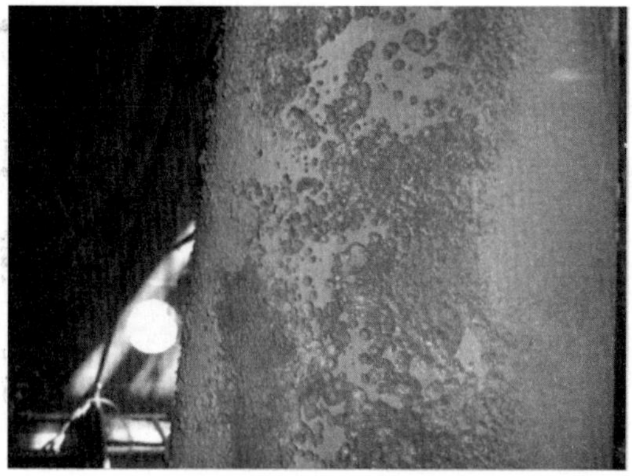

图12　阴极框架发生点蚀现象

2　设备防腐措施

为了防止设备腐蚀，可以采取以下相关措施：

（1）加入添加剂，使其与烟气中的SO_2发生反应，降低SO_2浓度。如中材研究总院研制复合脱硫技术，将脱硫剂喷入预热器中，不仅防止了设备腐蚀，而且烟气中SO_2浓度完全可以达到国家排放标准；我公司选用石灰-石膏湿法烟气脱硫技术，脱硫后，烟气中SO_2浓度可稳定控制在$50mg/m^3$（标）以内。

（2）控制工艺操作参数，减少系统漏风。在生产操作时，控制烟气温度高于露点温度，可防止设备部件腐蚀。

（3）设备及管路系统选用耐酸腐蚀合金钢或在内部进行耐腐蚀处理。对烟气中SO_2浓度排放要求相对宽松的项目，通过控制工艺操作防止设备腐蚀较为经济。加入添加剂和设备选用耐酸材料会增加生产成本。设备采用耐酸材料可延长设备的使用寿命，耐酸材料可选用耐酸钢材和耐酸衬里、涂料。

2.1 耐腐金属材料

普通碳钢（如 Q235 碳钢）的抗腐蚀性能很低，通过在普通碳钢中加入微量元素并采用特殊的冶炼工艺以及轧制工艺，保证钢材表面形成一层富含目标微量元素的合金层，可提高金属的耐腐蚀性能。

能够提高合金耐腐蚀性能的合金元素主要有 Cu、Ni、Cr、Mo、Ti、Zr 等。Cu 在合金钢中的作用是促进阳极钝化；Ni、Cr 在不含有卤素离子的氧化介质中容易钝化；合金元素 Mo 可使合金钢耐还原性介质腐蚀，耐 Cl^- 离子腐蚀，耐点蚀；Ti 在中性和弱酸性氯化物中可钝化合金钢；Zr 对碱和在氧化酸中没有 Cl^- 离子的情况下耐腐蚀。加入配比合理的合金元素能够使钢在腐蚀过程中生成富含 Cu、Cr、Mo、Ti 等添加元素的致密腐蚀产物，这是合金钢耐腐蚀的前提条件。根据酸腐蚀的性质，加入不同的微量元素，可制成耐酸合金钢和不锈耐酸钢。

（1）耐酸合金钢

20 世纪 60 年代，美国、日本就已研制出耐硫酸露点腐蚀钢。虽然我国起步较晚，但我国钢铁公司已研制出了 B485NL（宝钢）、ND 钢（江阴特钢）、10Cr1Cu（鞍钢）、12MnCuCr 等耐硫酸露点腐蚀钢。目前我国已颁布 GB/T 28907—2012《耐硫酸露点腐蚀钢板和钢带》，该标准产品适用于设备壳体、管道、钢烟筒，能抗硫酸露点腐蚀，在设计中可以选用。

当烟气中含有 Cl^- 时情况较为复杂。Cl^- 与烟气中水蒸气结合，生成 HCl，破坏设备部件金属表面钝化膜，产生点蚀。目前有镍铬铁钼合金（哈氏合金）能耐各种酸类，很多研究者已研究得出含 Al 镍基合金在氯化环境中具有较好的耐蚀性，是潜在的具有良好抗氯化性的材料的结论。

（2）不锈耐酸钢

不锈钢分为奥氏体不锈钢、铁素体不锈钢和马氏体不锈钢，目前已在奥氏体不锈钢的基础上研制出耐点蚀、耐硝酸等奥氏体不锈耐酸钢。不锈耐酸钢之所以耐腐蚀，主要依靠 Fe-Cr 钝化实现，其中奥氏体不锈钢应用最广。不锈耐酸钢的耐酸性取决于钢的化学成分，对奥氏体不锈钢而言，取决于 Ni、Cr、Mo、Cu、Si 等元素含量。不锈耐酸钢特点是耐氧化性介质（如大气、硝酸、浓硫酸）的腐蚀。一般情况下，不锈钢在还原性介质中是不耐腐蚀或不够耐腐蚀的。不锈钢对于硫酸露点腐蚀的防腐作用较好，由于 Cl^- 可引起奥氏体不锈钢应力腐蚀，当烟气中含有 Cl^- 时，奥氏体不锈钢（如 304、316）耐腐蚀性差。金属材料大多不耐 Cl^- 腐蚀，建议选用非金属材料防腐。

2.2 耐酸衬里、涂料

在工业生产中，可采用陶瓷衬里、有机物衬里和涂层抑制硫酸露点腐蚀和 HCl 腐蚀。

陶瓷衬里采用氧化物陶瓷（Al_2O_3）、碳化物陶瓷（SiC），它们具有良好的耐腐蚀性、耐磨性和耐高温性。有机物衬里采用聚四氟乙烯等工程塑料，也具有良好的耐腐蚀性。采用喷涂的方法将防腐涂料涂覆在设备部件表面形成涂层，具有抗氧化、耐腐蚀、耐磨、耐气体冲蚀性能以及良好的热震性和绝热、绝缘性能。

重防腐涂料是近年来发展起来的防腐涂料，目前已在石油、化工、海洋环境中广泛使用。常用重防腐涂料有：磷化底漆、富锌底漆、环氧树脂涂料、聚氨酯树脂涂料、氯化橡胶类涂料、玻璃鳞片涂料、环氧树脂粉末涂料等，其中环氧树脂涂料往往与富锌底漆配套使用，适用于海洋、工业生产中严重腐蚀的环境，尤其适用于钢结构表面、管道内表面、固定设备的壳体内表面的涂装（图 13）。

图 13　涂料喷涂

在环氧树脂等基料中加入不同填料的涂料称为改性环氧树脂涂料，改性环氧树脂涂料目前已成为重防腐涂料的一个热点领域。改性环氧树脂涂料在金属表面具有很高的粘结力和机械强度，其填料的种类很多，主要有纤维和颗粒两种，而作为填料的陶瓷颗粒多为 SiC、Al_2O_3、ZrO_2 等。随着纳米技术的发展，将纳米材料添加到涂料中可使涂层在 1000～1300℃高温下正常工作。目前我国已研制出了多种纳米重防腐涂料，应用在石油、化工等领域。

水泥行业对于重防腐涂料应用不多。中材建设在 Holcim 项目中，窑尾袋收尘器净气箱出现腐蚀现象，在处理中选用美国 PENTA 公司生产的 FLUEGARD-225 耐高温防腐涂料，防腐效果较好（图 14、图 15）。

图 14　袋收尘器净气箱腐蚀

图 15　喷涂 FLUEGARD-225 耐高温防腐涂料后的净气箱

天津院研制的 IRC 系列 SiC 红外节能涂料具有耐高温、抗腐蚀、耐磨损等特性，现正进行工业试验。

3　结语

（1）原料中硫含量较高时，管道、钢烟筒和设备壳体应选择耐硫酸露点腐蚀钢板制造。

（2）合金钢、奥氏体不锈钢（304、316）对 HCl 是不耐蚀的，烟气中含有 Cl^- 时，设备、管道最好采用非金属耐蚀衬里或涂料。

（3）重防腐涂料防腐蚀效果好，具有工程造价低、施工操作简单、适应性强易于修复和维护等特点，可作为重要的防护手段。

参考文献

[1] 陈友德，武晓萍．水泥预分解窑工艺与耐火材料技术[M]．北京：化学工业出版社，2011.

[2] 李金桂．腐蚀控制设计手册[K]．北京：化学工业出版社，2006.

[3] 于福洲．金属材料的耐腐蚀性[M]．北京：科学出版社，1982.

[4] 吴宝业．硫酸露点腐蚀用钢成分设计及耐蚀机理研究[D]．武汉：华中科技大学，2013.

[5] 钱余海，等．低合金耐硫酸露点腐蚀钢的性能和应用[J]．特殊钢，2005，(9).

[6] 孙根领．耐硫酸露点腐蚀钢板的标准制定分析[J]．山东冶金，2013，(1).

[7] 余存烨．金属与合金点腐蚀的解析[J]．全面腐蚀控制，2014，(12).

[8] 崔志峰，等．在 Cl^- 环境下金属腐蚀行为和机理[J]．石油化工腐蚀与防护，2001，(4).

[9] 陈惠玲．碳钢在含氯离子环境中腐蚀机理的研究[J]．腐蚀与防护，2007，(1).

[10] 赵卫东．管道内壁重防腐复合涂料的研究[D]．呼和浩特：内蒙古科技大学，2005.

[11] 贾梦秋．重防腐耐磨陶瓷涂料的研制[J]．北京：北京化工大学学报，2001，(1).

[12] 丛巍巍，等．纳米填料对环氧涂料防腐耐磨性能影响的研究[J]．表面技术，2008，(1).

[13] 李建民．收尘器净气室锈蚀及处理[J]．水泥技术，2009，(3)

（原文发表于《水泥技术》2018 年第 5 期）

实 验 研 究

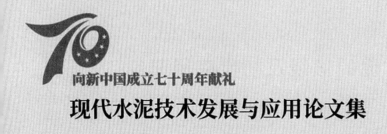

新型低钙水泥的煅烧及初步应用研究

姚丕强　韩　辉　俞为民

摘　要：研究了一种新型低钙水泥——高贝利特硫铝酸盐水泥的煅烧技术，并进行了新型水泥的初步应用试验，试验结果表明：高贝利特硫铝酸盐水泥性能优异，3d 抗压强度达到 30～50MPa，28d 抗压强度达到 60～70MPa，优于普通硅酸盐水泥；新型水泥用于制备自流平砂浆、无收缩灌浆材料时相比其他水泥，技术优势明显，可产生很高的附加值；和普通硅酸盐水泥相比，高贝利特硫铝酸盐水泥可减少热耗和二氧化碳排放量均达 25%以上。

关键词：低钙；高贝利特；硫铝酸盐；耐久性；初步应用

1　引言

传统以硅酸二钙为主导矿物的低钙低能耗水泥，其早期强度偏低的弱点，多年来一直没有得到有效解决，所以只能用在施工周期长和一些有低水化热要求的特殊工程中。本研究将高早强的无水硫铝酸钙矿物引入到以硅酸二钙矿物为主的熟料中，同时，对硅酸二钙矿物的活性进行同步激发，在合理匹配硅酸二钙和无水硫铝酸钙矿物含量的基础上，设定了特有的配料参数，在不引入任何外部化学元素的情况下，完成硅酸二钙矿物的活化，产生更多数量的 α' 晶体形态的硅酸二钙矿物，大幅提高了熟料的各龄期强度。

新型低钙水泥的性能综合了硫铝酸盐水泥的高早强和普通硅酸盐水泥后期强度稳定增长的优点。初步的应用研究发现，将其用于制备自流平砂浆和无收缩灌浆料等高附加值的干混砂浆产品时，具有显著的技术优势和更高的应用价值。

2　新型低钙水泥熟料的配料和煅烧

2.1　原材料

新型低钙水泥熟料的原料主要使用了四种类型的物料，分别是钙质原料、铝质原料、硫质原料和铁质原料，原料的典型化学成分见表 1～表 4。

表 1　钙质原料及其化学成分（%）

钙质原料	烧失量	SiO_2	Al_2O_3	Fe_2O_3	CaO	MgO	K_2O	Na_2O	SO_3	Cl^-
石灰石	42.07	3.20	30.93	30.39	51.86	1.30	0.12	0.04	0.04	0.002

表 2　铝质原料及其化学成分（%）

铝质原料	烧失量	SiO_2	Al_2O_3	Fe_2O_3	CaO	MgO	TiO_2	K_2O	Na_2O	SO_3
粉煤灰	2.10	40.62	49.54	2.89	2.24	0.56	1.20	0.22	0.06	0.20
低品位铝矾土	12.98	26.58	47.98	6.50	0.98	0.69	2.20	1.33	0.11	0.12

表 3 硫质原料及其化学成分（%）

硫质原料	烧失量	SiO_2	Al_2O_3	Fe_2O_3	CaO	MgO	K_2O	Na_2O	SO_3
硬石膏	3.69	2.24	0.69	0.58	38.76	0.26	0.07	0.12	53.38
天然石膏	11.90	1.08	0.26	0.17	37.48	5.51	0.07	0.03	43.52

表 4 铁质原料及其化学成分（%）

铁质原料	烧失量	SiO_2	Al_2O_3	Fe_2O_3	CaO	MgO	K_2O	Na_2O	SO_3
铁矿石	11.67	18.12	9.88	58.42	0.68	0.00	0.07	0.75	0.11

2.2 生料配料及方案设计

新型低钙水泥熟料的配料参照硫铝酸盐水泥熟料的配料方法。利用表 1～表 4 的原料设计不同的配料方案，熟料率值和矿物组成基本范围见表 5。熟料三率值的控制原则是：熟料的 Cm 相对保持不变，为 0.98～0.99；主要调节铝硫比 P 和铝硅比 n 的数值在一定的区间范围内变化，追求性能最佳化。

表 5 不同配料方案及熟料率值

项目	Cm	n	P	C_4A_3S	C_2S	C_4AF	CT
控制范围	0.95～0.99	0.8～1.8	1.5～2.2	29%～39%	50%～60%	3%～12%	0.8%～0.9%

2.3 熟料的最佳煅烧参数

在不同的煅烧制度下对熟料矿物形成的情况利用 XRD 衍射进行了分析，结果如图 1、图 2 所示。图 1 是在相同的保温时间（50min）、不同煅烧温度下熟料矿物的 XRD 衍射图谱。从图中可以看出，随着温度的上升，$C_4A_3\overline{S}$ 矿物的衍射峰逐渐增高，过渡矿物 C_2AS（钙铝黄长石）随着温度的增加，衍射峰逐渐降低而被吸收，β-C_2S 矿物衍射峰随煅烧温度的增加而降低，α'-C_2S 矿物的衍射峰随煅烧温度的增加而提高，至 1320℃时，C_2AS 矿物完全被吸收，α'-C_2S 矿物的衍射峰达到最高，熟料烧成情况最佳。

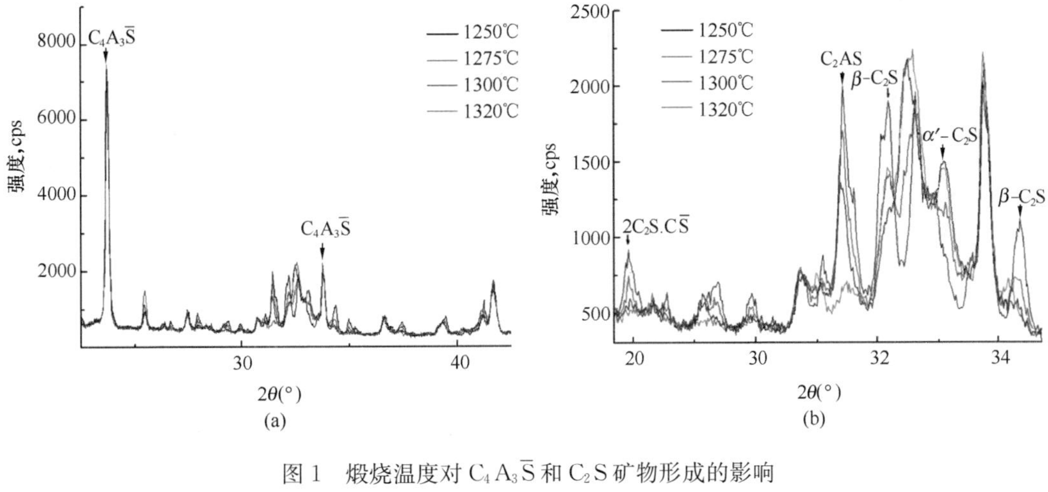

图 1 煅烧温度对 $C_4A_3\overline{S}$ 和 C_2S 矿物形成的影响

图 2 是在相同温度（1320℃）、不同煅烧时间下熟料矿物的 XRD 衍射图谱。从中可以看

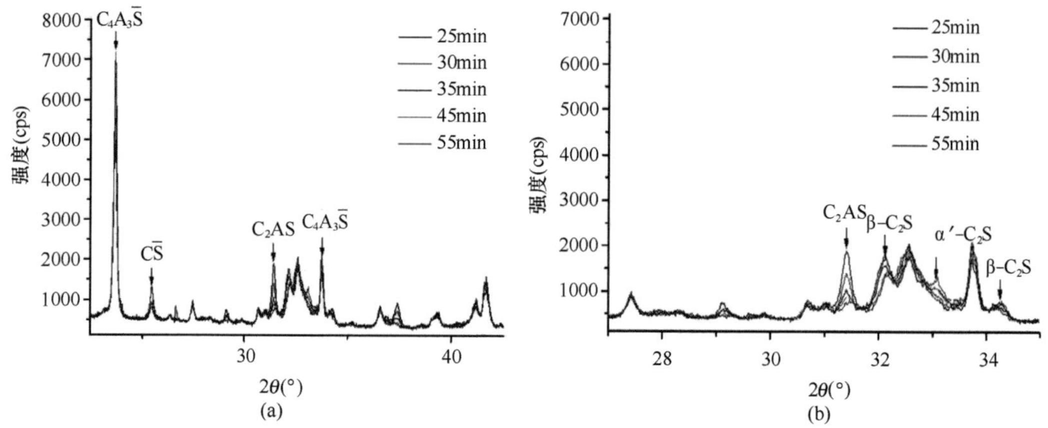

图 2 煅烧时间对 $C_4A_3\overline{S}$ 和 C_2S 矿物形成的影响

出，随着煅烧时间的延长，$C_4A_3\overline{S}$ 矿物的衍射峰逐渐增高，过渡矿物 C_2AS 的衍射峰逐渐降低，β-C_2S 矿物的衍射峰随煅烧时间延长而降低，α′-C_2S 矿物的衍射峰随煅烧时间的延长而提高，达到 50～55min 时，C_2AS 矿物完全被吸收，α′-C_2S 矿物的衍射峰达到最高，熟料烧成情况最佳。

3 新型低钙水泥熟料的物理化学性能

3.1 新型低钙水泥熟料的基本物理性能

将新型低钙水泥熟料利用试验球磨机磨细至 390～400m^2/kg，按 GB/T 1346 标准测定凝结时间和标准稠度用水量。按 GB/T 17671 标准测定水泥的物理强度，用水量按 0.47 水灰比、胶砂流动度按达到 175mm 以上来确定。试验测定的水泥物理性能见表 6。

表 6 新型低钙水泥熟料的基本物理性能

熟料编号	比表面积 (m^2/kg)	标准稠度需水量 (%)	凝结时间（h：min）		抗折强度（MPa）		抗压强度（MPa）	
			初凝	终凝	3d	28d	3d	28d
1 号	400.2	25.9	1：30	3：30	4.5	6.9	33.8	45.0
2 号	410.4	28.6	1：20	2：40	4.5	7.8	42.7	54.6
3 号	412.1	27.4	2：24	3：49	3.9	6.4	33.0	48.7
4 号	410.1	25.4	1：51	2：59	5.8	6.5	44.3	40.5
5 号	390.7	27.3	2：02	3：28	5.8	8.0	46.1	57.3
6 号	397.5	25.2	1：45	3：23	4.3	7.0	34.3	46.8
7 号	396.6	26.0	1：01	2：43	5.5	7.0	42.9	56.2
1－1 号	406.7	25.7	1：16	1：51	6.2	8.0	41.0	61.7
2－1 号	390.0	25.7	1：25	1：52	6.8	8.0	55	72.9
3－1 号	404.4	25.6	1：18	2：08	5.6	7.4	41.7	60.0
4－1 号	404.2	24.5	1：49	2：33	6.1	6.7	40.4	58.8
5－1 号	403.8	25.5	1：47	2：07	6.8	7.7	50.3	69.0
6－1 号	400.1	25.4	1：20	1：58	6.0	8.5	38.5	61.9
7－1 号	402.2	25.2	1：53	2：56	6.6	8.3	51.0	67.3

在表 6 中，1～7 号熟料是采用技术改进前的水泥熟料物理性能，1—1 号～7—1 号熟料是技术改进后的水泥熟料物理性能。从中可以看出，在配料技术改进前，熟料的 28d 最高强度为 57.3MPa，最低为 45.0MPa；配料技术改进后，熟料的 28d 最高强度为 72.9MPa，最低为 58.8MPa。这说明，配料技术的改进对于熟料性能改善的影响是非常明显的。熟料性能改善的主要原因在于，熟料的矿物组成发生了明显变化，熟料中的 C_2S 晶型发生了转变，β-C_2S 的含量下降，α′-C_2S 的含量显著增加。α′-C_2S 的活性远远大于 β-C_2S，所以熟料的各龄期强度都有显著的提升，增加幅度在 10～15MPa 之间。依据该配料技术的改进，我们申请并获得了新型水泥的发明专利（ZL201210022401.8）。

3.2 新型低钙水泥熟料的长龄期强度发展

测定和比较了两种新型低钙水泥熟料和一种普通硅酸盐水泥熟料的长龄期强度，结果如图 3 所示。

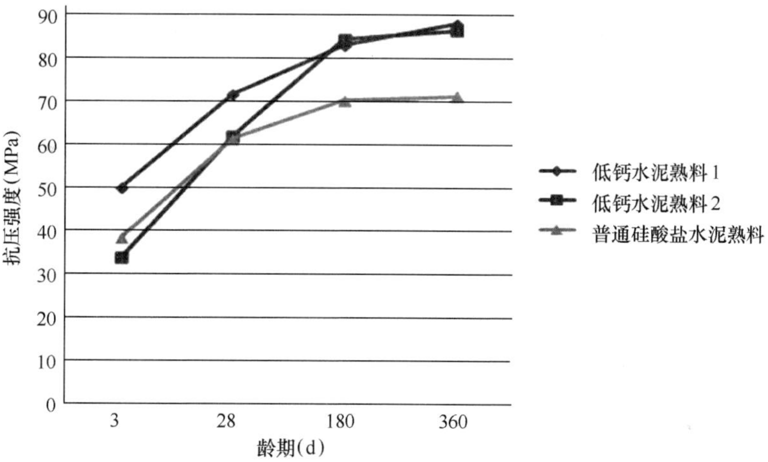

图 3　新型低钙水泥熟料的长龄期强度发展

从图 3 可以看出，新型水泥熟料在较长的龄期强度能够持续增长，体现了高 C_2S 水泥的特点。三个月后，相对 28d 强度，低钙水泥熟料提高 20%～30%以上，均高于普通硅酸盐水泥的 13%。低钙水泥熟料优异的长期强度增进率，是普通硅酸盐水泥无法比拟的。

3.3 新型低钙水泥熟料的水化热

利用微量热分析仪测定了新型低钙水泥熟料以及添加石膏和石灰石的水泥的水化热，并与普通硅酸盐水泥进行了比较，测定结果如图 4 和图 5 所示。

图 4 是水泥熟料的水化放热速率，可以看出：没有添加石膏的纯低钙水泥熟料的水化放热速率和普通硅酸盐水泥相比，稍微缓慢一些，特别是第二水化放热峰较为平缓。添加石膏的低钙水泥的水化放热速率和普通硅酸盐水泥基本相同，都具有两个明显的水化放热峰，峰的高度和宽度也基本相当。

图 5 是水泥熟料的水化放热量，从中可以看出在 3d 龄期内（72h），低钙水泥熟料、添加石膏和石灰石的低钙水泥的水化放热量，都大于普通硅酸盐水泥；在 7d 龄期内（168h），低钙水泥熟料、添加石膏和石灰石的低钙水泥的水化放热量为 275～280J/g，都小于普通硅酸盐水泥（320J/g），普通硅酸盐水泥在 7d 之后，水化放热量还有进一步增加的趋势。所以，低

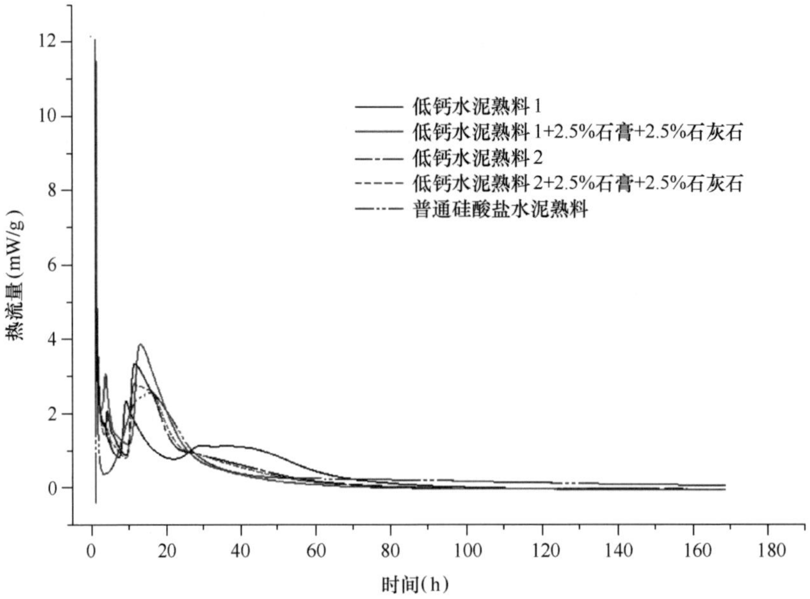

图 4　新型低钙水泥熟料的水化放热速率

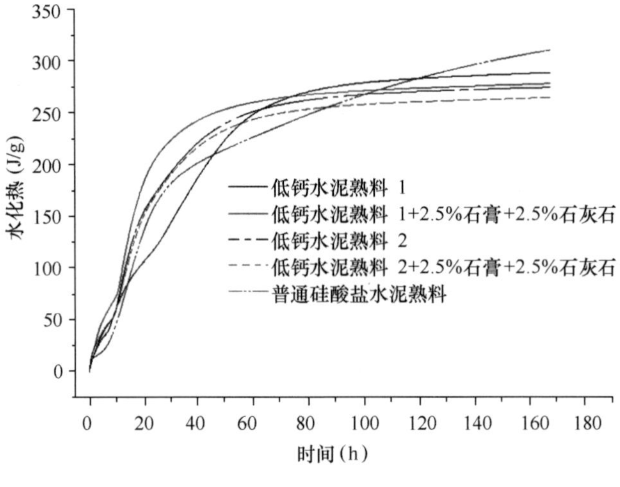

图 5　新型低钙水泥熟料的水化放热量

钙水泥的水化放热速率和普通硅酸盐水泥接近，总的水化放热量明显小于普通硅酸盐水泥。

4　新型低钙水泥熟料的微观结构

4.1　熟料的 SEM 分析

借助扫描电镜，分析新型低钙水泥熟料的微观形貌，新型低钙水泥熟料的 SEM 照片如图 6 所示。熟料的 C_2S 矿物结晶良好，表面具有明显的条纹和孔洞，结构疏松，边缘清晰，形状比较规则，大部分粒度在 2.5～5μm 之间，$C_4A_3\overline{S}$ 矿物结粒良好，颗粒细小，形状较规则，呈六方棱柱状颗粒，大部分颗粒粒度在 1～2μm 之间。

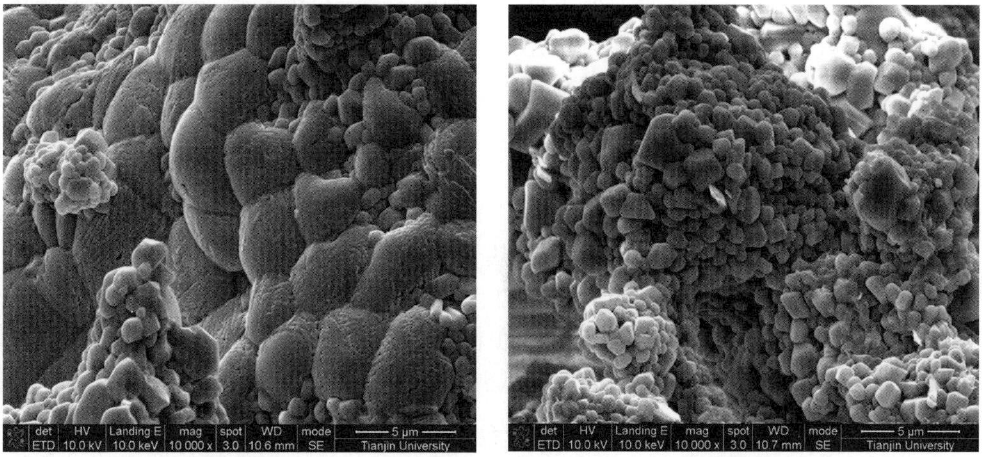

(a) 熟料中的C_2S　　(b) 熟料中的$C_4A_3\bar{S}$

图 6　新型低钙水泥熟料 SEM 照片

4.2　熟料的 TEM 分析

借助投射电子显微镜电镜，对新型低钙水泥熟料 C_2S 矿物的晶体结构进行了更深入的了解。新型低钙水泥熟料中的 C_2S 主要有 β 和 α′两种晶型，借助于 TEM 分析，证实这两种晶体形态矿物的客观存在，如图 7 所示。

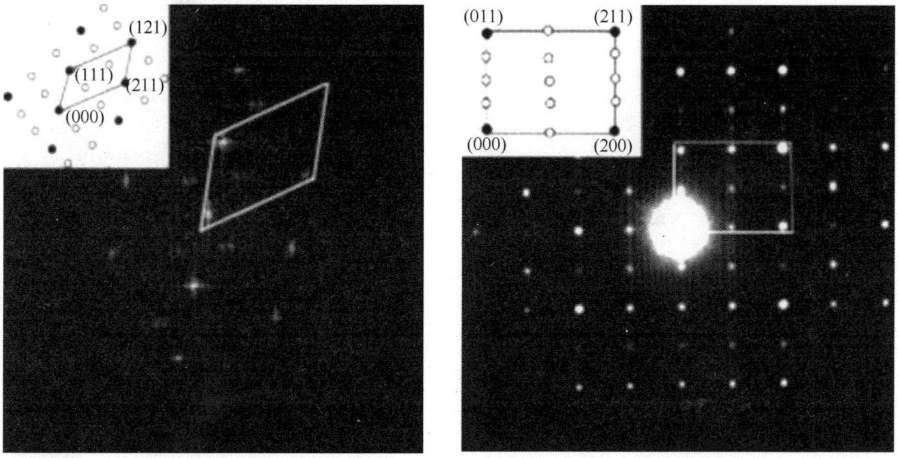

(a) β-C_2S　　(b) α′-C_2S

图 7　新型低钙水泥熟料硅酸二钙矿物的 TEM 特征

5　新型低钙水泥熟料的工业化生产试验

5.1　工业化生产试验的窑系统和规模

新型低钙水泥熟料的两种主要矿物组成，是硅酸盐水泥熟料或硫铝酸盐水泥熟料中都已存在的矿物组成，现有普通硅酸盐水泥熟料以及硫水泥熟料生产工艺系统完全可以满足新型低钙水泥熟料的煅烧要求。乌海赛马水泥公司 2500t/d 的预分解窑生产线、阳泉天隆特种材料有限公司的 130t/d 小型预热器窑系统以及郑州建文特材科技有限公司 500t/d 的四级预热器窑生产线均已完成了新型低钙水泥熟料的工业化生产试验。

5.2 工业化生产试验过程控制

新型低钙水泥熟料在工业化生产中，原料中的硫都能够顺利结合到熟料矿物中，不会分解进入废气中对环境造成污染，更不会在预热器系统和烟室部位循环富集结皮。在低喂料量、快窑速的“薄料急烧”的工况下，煅烧的熟料外观偏黑，中心颜色偏浅，形成的是一种“包心”熟料［图 8（a)］，“包心”熟料中存在着大量的过渡矿物，煅烧不充分，升重偏大，约 1200g/L。在低窑速、料层厚度适宜的“低温慢烧”工况下，熟料的结粒良好，内外颜色趋于一致，如图 8（b）所示，过渡矿物消失，出现了 α'晶体形态的硅酸二钙矿物，熟料升重为 950～1000g/L。因此，新型低钙水泥熟料和普通硅酸盐水泥熟料的煅烧技术参数应有明显的差别，低钙水泥熟料中的两种主要矿物在高温下都是固相物质，主要发生的是固相反应，只有含量很少的铁相固熔体在高温下是液态，这和普通硅酸盐水泥熟料在高温下大约有 25％的液相含量是有很大差别的，只能适合“低温慢烧”的工况。新型低钙水泥熟料的煅烧工况和硫铝酸盐水泥熟料更为接近，但熟料的结粒情况好于硫铝酸盐水泥熟料（图 9）。

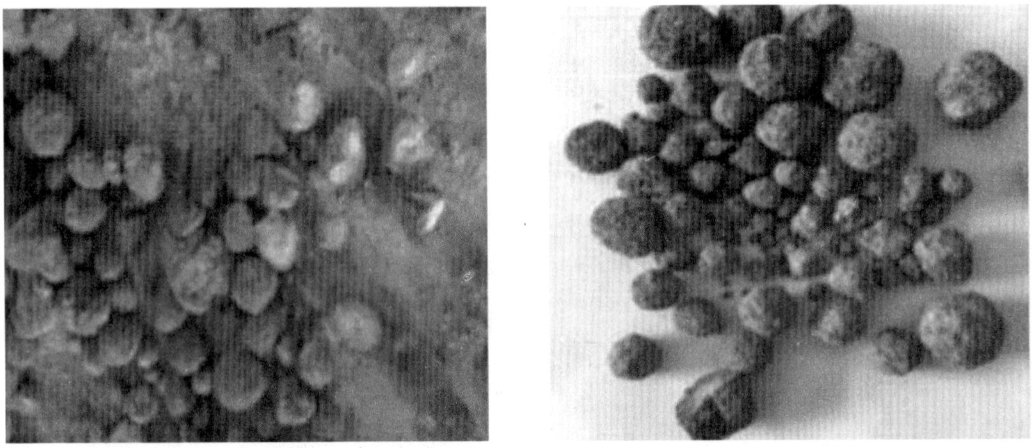

(a) (b)

图 8 不同工况下低钙水泥熟料的煅烧状况

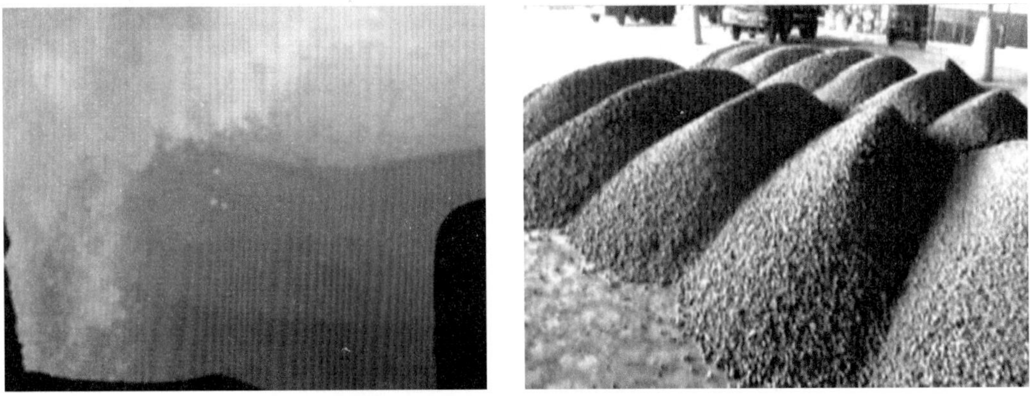

图 9 工业化生产的低钙水泥熟料

5.3 工业化生产试验的热工标定

在乌海赛马 2500t/d 的预分解窑生产线上进行低钙水泥熟料工业化生产时做了热工标定，并与普通硅酸盐水泥熟料进行了比较，结果见表 7。在熟料产量基本相同的情况下（约 2300t/d），生产普通水泥熟料时，热耗为 3393.74kJ/kg.cl，相同系统条件下，生产新型低钙水泥熟料时，热耗则大大降低，只有 2549.26kJ/kg.cl，热耗降低约 25%。以热工标定参数为依据，核算表明：新型低钙水泥熟料生产与普通硅酸盐水泥熟料生产相比，吨石灰石消耗量下降 38.90%，CO_2 排放量下降 24.89%，CO_2 减排效果非常显著。

表 7 工业化试验期间高性能贝利特硫铝酸盐水泥熟料的热耗

水泥生产线	乌海赛马 2500t/d 熟料生产线	
熟料类型	新型低钙水泥熟料硅酸盐水泥熟料	
产量（t/d）	2301	2305
生熟料折合比	1.4371	1.6002
煤耗（kJ/kg.cl）	2549.4	3393.7
石灰石消耗量（t 石灰石/t.cl）	0.808	1.323
CO_2 排放量（tCO_2/t.cl）	0.674	0.897

6 新型低钙水泥的初步应用

新型低钙水泥的性能介于普通硅酸盐水泥和硫铝酸盐水泥之间，既具有硫铝酸盐水泥高早强和硬化浆体无收缩的优点，又具有普通硅酸盐水泥后期强度持续增长、流动性好的优点，正好符合自流平砂浆和无收缩灌浆料等高附加值干混砂浆产品对胶凝材料的性能要求，因此，研究了新型低钙水泥在这两种产品中的初步应用。

6.1 新型低钙水泥在自流平砂浆中的应用研究

自流平砂浆是一种新型的地面找平材料，可自行流平，主要用于工业厂房、车间、仓储、商业卖场、展厅、体育馆等各种开放空间，是一种具有较高商业价值的水泥基产品。目前主要采用普通水泥搭配高铝水泥和石膏，或者利用硫铝酸盐水泥来生产。

复合胶凝体系的目的是提供足够的钙、铝和硫来形成水化反应产物——钙钒石。钙钒石具有形成速度快、高结合水的能力和补充收缩的能力，完全符合自流平砂浆必需的宏观性能要求，而新型低钙水泥和硫铝酸盐水泥一样，主要水化产物是钙矾石，完全可以独立提供。新型低钙水泥中的硅酸二钙的水化产物——水化硅酸钙凝胶还能够为硬化浆体的后期强度提供足够的保障，使得砂浆的后期强度能够稳定增长。硫铝酸盐水泥中硅酸二钙的数量很少，后期的水化产物很少，硬化浆体的后期强度没有持续增长的潜力，甚至会产生倒缩。

为了保证新型低钙水泥在自流平砂浆中的实际应用效果，在自流平砂浆配方设计时，与多种胶凝材料体系（配比 1）和硫铝酸盐水泥（配比 2）进行了比较，并根据新型低钙水泥的性能特点，设计了优化的配比（配比 4），各种不同自流平砂浆的配方见表 8，主要性能测定结果见表 9。

表 8　自流平砂浆的配方

样品	原材料组成（%）											水料比
	胶凝材料			重钙粉	乳胶粉	缓凝剂	促硬剂	减水剂	消泡剂	纤维素醚	河砂	
配比 1	普通水泥 30	无水石膏 5	高铝水泥 4.5	13.0	0.8	0.1	0.05	0.2	0.2	0.1	46.05	0.24
配比 2	硫铝水泥 39.5			13.0	0.8	0.1	0.05	0.2	0.2	0.1	46.05	0.24
配比 3	新型低钙水泥 39.5			13.0	0.8	0.1	0.05	0.2	0.2	0.1	46.05	0.24
配比 4	新型低钙水泥 39.5			10.5	0.7	0.05	0.03	0.09	0.1	0.05	48.98	0.2

表 9　自流平砂浆的物理性能

项目		配比 1	配比 2	配比 3	配比 4
流动度（mm）	初始	155	155	153	140
	20min	150	140	154	135
尺寸变化率（%）		−0.064	+0.026	+0.012	+0.036
抗折强度（MPa）	1d	2.3	3.4	3.9	5.3
	28d	7.6	5.8	7.0	6.8
抗压强度（MPa）	1d	11.2	25.4	22.1	23.7
	28d	27.4	36.5	39.3	43.5

从表 8 和表 9 可以看出：利用单一的新型低钙水泥，能够替代普通硅酸盐水泥、高铝水泥和石膏的混合胶凝材料体系制备自流平砂浆，砂浆的初始流动度和 20min 流动度都能够控制在 130mm 以上，浆体成形后表面光滑。在配方优化前，除了胶凝材料种类变化之外，其他的各种组分都保持不变。利用新型低钙水泥制备的自流平砂浆的各龄期抗压强度和抗折强度明显高于普通硅酸盐水泥、高铝水泥和石膏的混合体系，28d 抗压强度提高 10MPa 以上；新型低钙水泥自流平砂浆的 1d 抗压强度和抗折强度稍低于硫铝酸盐水泥，但是 28d 强度可超过硫铝酸盐水泥自流平砂浆；低钙水泥自流平砂浆与硫铝酸盐水泥自流平砂浆一样，尺寸变化率为正值，显示出无收缩的特点。由此可见，利用新型低钙水泥在制备自流平砂浆时相对其他水泥具有显著的性能优势。低钙水泥自流平砂浆的配方还有很大的优化空间，经过优化的新型低钙水泥自流平砂浆配方（配比 4），在保持流动性基本不变和力学性能进一步增加的情况下，各种添加剂的用量可以显著降低，乳胶粉和纤维素醚的用量可减少一半，减水剂和消泡剂的用量也大幅度降低，这样可使自流平砂浆的制备成本至少下降 20%以上。

6.2 新型低钙水泥在无收缩灌浆料中的应用研究

水泥基无收缩灌浆料以水泥作为基本材料，辅以高流态、微膨胀、防离析等外加剂配制而成，具有早强、高强、微膨胀、流动性好、无腐蚀性、抗冲击、耐振动等特性。料浆能自行流动，能够在无振捣的条件下自动灌注狭窄缝隙，适应复杂结构、密集布筋及狭窄空间的浇注与灌浆。无收缩灌浆料和自流平砂浆所用的胶凝材料基本相同，主要为普通水泥辅以高铝水泥和石膏的体系，也需要形成钙矾石这种无收缩、形成速度快的水化产物。所以利用新型低钙水泥作为胶凝材料也具有可行性。

以新型低钙水泥作为胶凝材料制备了无收缩灌浆料，并与利用普通硅酸盐水泥搭配高铝水泥以及石膏所制备的无收缩灌浆料进行了对比，主要的配方和性能分别见表10和表11。

表10 无收缩灌浆料配方

样品	原材料组成（%）										水料比
	胶凝材料			微硅粉	缓凝剂	促硬剂	减水剂	消泡剂	纤维素醚	河砂	
配比1	普通水泥 45.0	无水石膏 3.5	高铝水泥 4.0	5.0	0.05	0.1	0.3	0.1	0.1	41.85	0.16
配比2	新型低钙水泥 57.5			0.0	0.05	0.05	0.3	0.1	0.1	41.90	0.16

表11 无收缩灌浆料的物理性能

项目		配方1	配方2
流动度（mm）	初始值	340	330
	30min保留值	305	310
泌水率（%）		0.0	0.0
竖向膨胀率（%）	3h	0.14	0.12
	24h与3h膨胀值之差	0.034	0.026
抗压强度（MPa）	1d	40.2	44.1
	3d	51.3	50.6
	28d	72.1	71.5

从表10可知，利用新型低钙水泥作为胶凝材料制备无收缩灌浆料时，胶凝材料的组成大大简化，原有三元化胶凝材料体系所提供的水化产物和形成速率，单一化的新型低钙水泥完全可以单独提供。单一化的胶凝材料体系，简化了无收缩灌浆料的制备，显著提高了产品质量的稳定性。为了提高普通硅酸盐水泥搭配石膏和高铝水泥体系灌浆料的早期强度，大多数情况下还需要添加适量的价格比较昂贵的微硅粉，而使用低钙水泥时，微硅粉可以省去，同时促硬剂也可适当减少，这样就大大降低了灌浆料的制备成本。

从表11的物理性能测定结果可以看出，在制备过程大幅度简化、制备成本大幅度降低的情况下，利用低钙水泥制备的无收缩灌浆料的各项物理性能指标，均可达到现有普通硅酸盐水泥搭配石膏以及高铝水泥制备的产品的性能指标。

7 结语

以高贝利特硫铝酸盐水泥为基础的新型低钙水泥和其他以硅酸二钙为主的低钙、低能耗水泥相比，其早期强度具有明显的优势，既克服了这些水泥早期强度偏低的弱点，同时又具有同样优异的后期和长期强度，解决了长期困扰以硅酸二钙矿物为主的低钙水泥的性能问题，使得低钙水泥具有了和硅酸盐水泥几乎相同的应用性能基础。新型低钙水泥已顺利实现工业化生产，熟料热耗和二氧化碳排放量相对硅酸盐水泥可降低 25%左右。新型低钙水泥在自流平砂浆和干混砂浆等高附加值水泥基新材料领域具有得天独厚的性能优势，借助这些高附加值产品的应用，可以将这种新型水泥快速地推向市场。新型低钙水泥既可以节约资源和能源，又可以降低二氧化碳排放，是水泥工业技术向低能耗、低碳化发展的一种可靠的技术途径，产业化前景良好，值得广泛推广。

参考文献

[1] 姚丕强，俞为民，吴秋生，等．高性能贝利特-硫铝酸盐水泥熟料的研究进展[J]. 水泥，2015(4)：1-6.

[2] 姚丕强，俞为民，张学文，等．低品位铝矾土配料煅烧高性能贝利特硫铝酸盐水泥熟料的工业试验[J]. 水泥，2017(3)：1-4.

[3] 陈福松，陆小军，朱祥，等．水泥基自流平砂浆的配比及性能研究进展[J]. 粉煤灰，2012(2)：35-39.

[4] 刘小兵，藏军，刘圆圆，等．水泥基无收缩灌浆料发展应用[J]. 粉煤灰，2011(4)：32-34.

[5] 王燕谋，苏慕珍，张量．硫铝酸盐水泥[M]. 北京：北京工业大学出版社，1999：219-220.

（原文发表于《水泥技术》2018 年第 2 期）

石化行业废弃物用作水泥生产原燃料的技术探讨

白 波　郑金召　王 伟　王秀龙

摘 要：水泥工业生产过程中，一些工业废弃物可用作水泥原料，一些可用作燃料，生产过程中还可消解其毒性，用作混合材，其相关技术的研究开发动态已成为当今世界水泥工业发展的主流。工业废弃物在我国一直用作水泥原料和混合材，近年来，也开始将工业废弃物用作燃料。我国是石油化工工业大国，每年废催化裂化平衡剂的排出量为100万～130万吨，历年累积的报废轮胎约1亿个，可供水泥行业使用的石油焦每年估计约100万吨。上述工业废弃物在水泥生产中都可利用，仅需适当调整配料方案或工艺操作即可。

关键词：废催化裂化平衡剂；废轮胎；石油焦；工业废弃物

20世纪80年代以来，随着全球原燃料价格上涨和环保法令越来越严格，许多工业化国家为降低生产成本和满足环保要求，开始大量利用价格低廉的工业废弃物。人们注意到在水泥工业生产过程中，一些工业废弃物可用作水泥原料，一些可用作燃料，还有一些可用作混合材，且在水泥生产过程中可消解工业废弃物毒性。

许多国家非常重视工业废弃物利用的研究和开发，该领域已成为当前世界水泥工业发展的主流，个别工业化国家在水泥生产中利用工业废弃物的量平均已达350kg/t水泥。在欧洲的一些国家，工业废弃物用作燃料的热值平均已超过燃料热值总量的40%，有些水泥生产线可达50%～80%，且利用率越来越高。多年来，我国一直将工业废弃物用作水泥原料和混合材，近年来，在大城市和工业化地区已开始将工业废弃物用作燃料。工业废弃物一般都含有一些有害成分，影响水泥熟料质量、生产操作和排放控制值，因此在使用推广的过程中，或多或少都会遇到一些困难。现就我国水泥行业综合利用石化行业废弃物作简单探讨，供业界同仁参考。

1　工业废弃物作为水泥生产原燃料

从理论上讲，凡含有CaO、SiO_2、Al_2O_3、Fe_2O_3等水泥原料主要成分的工业废弃物均可作为水泥原料，含有一定热量的工业废弃物可作为水泥熟料生产过程中的燃料。但并不是所有的工业废弃物都可以用作水泥生产的原燃料，目前可以作为水泥生产原燃料的工业废弃物主要有以下几种。

1.1　工业废弃物作原料

此类物料有：赤泥、粉煤灰、炉渣、煤矸石、化肥厂硝酸磷肥渣、碱渣、石灰残渣、电石渣、制糖废渣、高炉炉渣、钢渣、铜矿渣、硫酸渣、铅锌矿尾砂、铝矾土、铁矿尾砂、磷石膏、氟石膏、化学石膏、硅砂、飞灰、型砂、水泥污泥、河流淤泥、城市生活垃圾等。

1.2　工业废弃物作燃料

工业废弃物作燃料品种较多，分为固体、液体和气体。

固态工业废弃物燃料主要有：石油焦、石墨粉、焦炭屑、废轮胎、废橡胶、废塑料、造纸工业废料、生活垃圾、肉骨粉、油页岩、泥炭、电池、农作物的壳杆核等，以及碎木屑、纺织废品、有毒有害化工废料、医药废弃物等。

液态工业废弃物燃料主要有：燃料废机油、沥青、渣油、油污泥、石化废料、化工废料、油漆残渣、石蜡悬浊液、废溶剂等。

气态工业废弃物燃料主要有：沼气、工业炉废气、煤矿煤层气。

1.3 工业废弃物作原燃料

煤矸石、石煤渣、锅炉炉渣等既可作为水泥生产原料，也可作为水泥熟料生产过程中的燃料。

1.4 燃料（包括工业废弃物）的低位发热量和有害元素含量

根据目前掌握的技术资料，水泥工业所用燃料（包括工业废弃物）的低位发热量和有害元素含量见表1。

表1 水泥工业所用燃料（包括工业废弃物）的低位发热量和有害元素含量*

燃料品种	低位发热量 (MJ/kg)	有害元素			
		硫	氯	碱	磷
轻质油	32	+			
重油	30	++			
渣油	38				
天然气	37				
橡胶	30～36	++			
无烟煤	34	+			
废油	30～38	++	+	+	
石油焦	33	++			
废轮胎	25～32	+	+		
石化残渣	16～22			+	
沼气	16～20				
染料残渣	19				
碎木柴	18				
油页岩	13～18	+			
沥青渣	16	++			
稻壳	16				
生活垃圾	～15	+	++	++	
废纸	～15		+		
工业危险物	4～8	+	++		
肉骨粉	～12		+	++	++
煤矸石	8～60	+			

* ++为有害成分含量高，+为有害成分含量一般

1.5 工业废弃物利用的条件

可用作水泥工业燃料的工业废弃物品种较多，若用于水泥工业生产，需具备以下条件：

热值较为稳定；货源充足；对水泥生产和水泥熟料质量的影响较小；价格便宜。

有毒有害工业废弃物虽数量较少，但能通过燃烧消解毒性，入窑煅烧可不考虑上述要求。

表 1 所列的品种在世界各国均有应用，技术均较成熟，部分品种也能在我国局部地区应用。从工业技术发展的观点来看，今后在我国用作水泥工业燃料的工业废弃物可能是废轮胎、石油焦、煤矿煤层气，用作原、燃料的是煤矸石、石煤渣、流态化锅炉炉渣。上述废弃物的应用目前正处于尝试阶段，其来源一般较丰富，具备较好的开发应用前景。

2 水泥工业采用废催化裂化平衡剂等石油化工行业固体废弃物作为替代原料

2.1 必要性及意义

我国是石油化工工业大国，2017 年全国炼油产量约 5.7 亿吨，根据资料介绍，每提炼 1t 原油将产生约 2kg 废催化裂化平衡剂，按此计算，我国每年废催化裂化平衡剂的排出量约 100 万～130 万吨。堆放未处理的废催化裂化平衡剂不仅占用土地，同时会对环境造成一定污染。

根据目前掌握的资料，石油化工行业废催化裂化平衡剂的主要化学成分为 SiO_2、Al_2O_3、Fe_2O_3、CaO、MgO 以及少量的 K_2O、Na_2O、SO_3、Cl 等有害组分，可作为水泥生产的辅助原料，如将其在水泥工业中加以综合利用，可在一定程度上减缓其对环境造成的污染和破坏。

2.2 技术难点和解决途径

2.2.1 石油化工行业废催化裂化平衡剂的化学成分

目前检测分析的几个石油化工行业项目的废催化裂化平衡剂的化学成分见表 2，废催化裂化平衡剂的重金属含量见表 3，废催化裂化平衡剂的细度和颗粒组成见表 4。

表 2 石油化工行业废催化裂化平衡剂的化学成分（%）

品名	来源	烧失量	SiO_2	Al_2O_3	Fe_2O_3	CaO	MgO	K_2O	Na_2O	SO_3	Cl
平衡剂	海南炼化	1.82	38.23	53.18	1.30	0.08	4.54	0.22	0.16	0.09	0.008
平衡剂	兰州石化	4.17	42.08	47.58	0.92	0.36	3.24	0.13	0.31	0.18	0.012
废水胶渣	淄博石化	23.96	39.24	21.38	1.05	0.49	0.48	0.04	4.00	8.06	0.366
平衡剂	青岛石化	1.66	41.12	50.86	1.06	0.46	1.07	0.25	0.16	0.12	0.010
平衡剂	荆门石化	1.29	44.77	48.66	1.22	0.48	1.24	0.19	0.20	0.10	0.010
平衡剂	岳阳石化	1.91	44.00	48.55	0.74	0.36	1.92	0.18	0.11	0.10	0.008
平衡剂	胜利油田炼油厂	1.70	40.49	51.26	0.56	0.50	1.83	0.10	0.26	0.12	0.006

表 3　废催化裂化平衡剂的重金属含量（mg/kg）

		Hg	Sb	As	Cu	Pb	Zn	Cd	Cr	Ni	Mn	Co
平衡剂	兰州石化	0.002	53.4	—	39.7	29.9	243	0.404	133	7252	24.2	250
废水胶渣	淄博石化	0.545	—	0.554	30.7	8.57	940	1.15	36.6	25.3	14.1	29.0
平衡剂	青岛石化	0.010	578	2.36	32.2	33.8	156	—	38.2	5178	14.7	203
平衡剂	荆门石化	0.004	389	—	28.5	35.0	146	—	72.3	4160	31.6	122
平衡剂	岳阳石化	—	440	—	50.4	50.2	160	—	39.2	3908	11.6	202
平衡剂	胜利油田炼油厂	—	79.4	—	24.0	26.6	178	—	37.9	1958	12.7	18.4

表 4　废催化裂化平衡剂的细度和颗粒组成

品名	来源	细度（%）			颗粒组成（μm）		
		+45μm	+80μm	+200μm	D10	D50	D90
平衡剂	兰州石化	45.9	6.9	0.0	19.35	44.89	81.30
废水胶渣	淄博石化	1.5	0.0	0.0	3.90	15.11	30.36
平衡剂	青岛石化	58.6	26.5	0.2	37.91	68.17	106.96
平衡剂	荆门石化	96.1	13.4	0.4	34.65	60.09	93.44
平衡剂	岳阳石化	70.3	19.1	0.2	31.28	62.81	101.10
平衡剂	胜利油田炼油厂	69.7	20.3	0.2	34.81	62.15	98.73

2.2.2　技术特点和难点

石油化工行业废催化裂化平衡剂主要成分 SiO_2、Al_2O_3、Fe_2O_3 的数值波动较小，用作水泥原料不需要预均化。

石油化工行业废催化裂化平衡剂主要为粉状，不必进行破碎，可与其他原料一起粉磨，能降低水泥生产综合电耗。

废水胶渣的有害组分 Na_2O、SO_3、Cl 含量较高，用作辅助原料时，其掺加量有一定限制（生料配比不宜>0.50%）。

石油化工行业废催化裂化平衡剂作为水泥原料生产水泥熟料时，其重金属含量在水泥熟料质量控制范围内，在现行水泥标准执行条件下，不会影响预分解窑生产和水泥熟料产品质量，亦符合现行欧洲水泥标准产品质量规定要求。

2.3　实施条件、使用效果与推广情况

石油化工行业废催化裂化平衡剂堆场附近的水泥生产线均可实施，仅增加石油化工行业废催化裂化平衡剂的均化储存设施，与现有粉磨装备联通就可进行生产。

目前石油化工行业废催化裂化平衡剂已在海南昌江华盛天涯水泥有限公司 5000t/d 新型干法水泥熟料生产线得到成功实践应用，每年可综合利用石油化工行业废催化裂化平衡剂 2 万吨以上，相当于 4 万吨制造水泥的铝质校正原料。按节约原料成本 50 元/t 计算，每年可节约开支约 200 万元，此外，还减少了废催化裂化平衡剂堆放场地，相应减少了环境污染，有较大的环保和社会效益。

用石油化工行业废催化裂化平衡剂作为水泥生产辅助原料，所生产的水泥熟料性能与正常原料煅烧的水泥熟料性能基本相当，热耗、电耗变化也不大。生产技术和装备技术均较成

熟，技术可靠性较高。

2.4 废催化裂化平衡剂应用结语

我国是石油化工工业大国，每年废催化裂化平衡剂的排出量为100万～130万吨，每年要占用大量土地堆存，综合利用需求十分迫切。随着水泥生产技术的创新，大量利用废催化裂化平衡剂成为可能。一条5000t/d级水泥熟料生产线，年生产水泥200万吨，可综合利用废催化裂化平衡剂约5万吨，可有力促进循环经济的发展。

3 水泥回转窑用废轮胎作为代用燃料

3.1 必要性及意义

汽车、拖拉机等各种车辆在长期运行后（约80000km），轮胎面临磨损报废问题且其数量随车辆数量的增加而上升。据资料报道，1980年美国报废轮胎约2亿个，1995年美国报废后切碎的轮胎约2.5亿个，而切碎后仍未处理、散布在美国各地堆场的轮胎约10亿个，而同年度，西欧约3亿个轮胎报废切碎。另一组数据表明，1980年，原西德废轮胎约30万吨，1991年为50万吨。废轮胎处理在工业化国家早已提上日程。

废轮胎处理方式主要有三种：一是作再生橡胶原料；二是经处理后用作他用，如提炼汽油、煤油和炭黑，或作高速公路填料、运动场跑道填料等其他用途；三是利用轮胎内高热值的橡胶和碳粒作水泥窑和电厂锅炉的二次燃料。上述各项所占的比例随工业发展程度而有所不同，前两项随工业发展而降低，而用作燃料的比例则相应增加。以美国为例，20世纪初用于再生橡胶的比例为50%，而到1960年则降至20%，1995年仅为2%，同年度美国供燃烧的废轮胎为1.36亿个，占废轮胎总数的55%。原西德1980年燃烧废轮胎10万吨，占该年度总量的33%，而1991年仅水泥厂就燃烧废轮胎23万吨，占总量的46%。

近年来中国的汽车产量增长迅速，2004年汽车产量约为507万辆，约占当年世界汽车总产量的7.65%，位居世界第四；2005年汽车产量增至570万辆，2006年上半年汽车产量已>300万辆，已成为世界汽车大国。发达国家车辆报废的轮胎数量不尽相同，一般在人口的50%以上，多者约100%。中国的轮胎报废数量目前尚无统计，随着我国工业化的发展，人均汽车占有量势必会增加，据有关资料称，中国历年累积的报废轮胎约1亿个，数量还将逐年增加。2004年世界主要汽车生产国汽车产量见表5。

表5 2004年世界主要汽车生产国汽车产量（万辆）及占比

国家	美国	日本	德国	中国	法国	韩国	世界总量
年产量	1.196	1.051	557	507	370	347	6.462
%	18.50	16.27	8.61	7.85	5.73	5.37	100

中国废轮胎的处理量目前没有统计，其处理方式主要是以再生橡胶原料为主，部分生产成粉粒后用作高速公路填料（每km约需9000个）或用作运动场跑道填料等其他用途，作为代用燃料的报道不多。但随着我国工业化的发展，废轮胎用作燃料的比例必将逐年增加，有关燃烧技术的研发应提前准备。

3.2 实施途径

20世纪70年代，国际油价暴涨，在水泥窑上使用廉价且热值高的废轮胎开始在西欧进行试验，试验随即取得成功。此项技术迅速扩展到美、日等工业发达国家，目前技术已十分成熟。

轮胎的元素组成和低位发热量见表6。由于轮胎低位发热量高，S含量达到1.8%～2.1%，ZnO接近2.0%，均对水泥煅烧有一定影响，在生产过程中可通过合理配料和工艺控制解决。

表6 轮胎的化学组成和低位发热量

元素组成（%）				低位发热量（kJ/kg）
C	H	S	ZnO	≥36000
≥88	7.2～7.8	1.8～2.1	～2.0	

3.2.1 整体轮胎入窑煅烧

早期采用整体轮胎入窑煅烧方式，废轮胎运入水泥厂后，经储存、输送至烧成系统，提升至预热器系统、窑尾烟室或窑中喂入窑内。这种方式的优点是流程简单，操作费用较低，缺点是废轮胎大小不一，体积相差悬殊，输送及喂料锁风装置一般需考虑大型轮胎，装备投资高些，操作时入窑燃烧的废轮胎量易产生波动，入窑漏风量大，相应热耗增加。此外轮胎体积过大，不易完全燃烧，烟气易形成还原气氛，也易造成预热器下部和窑后段结皮堵塞，同时易对上述部位的耐火材料产生氧化还原的作用。

轮胎经自卸货车卸至轮胎的储仓，该储仓可存储供窑燃烧20h的轮胎，储仓深4m，底部为一速率仅为0.05～0.10m/s的传送装置，两侧和前侧为液压可动倾斜面，以缓解轮胎在仓内起拱造成不运动的现象，从而使8～120kg重的轮胎在储仓内部随底部传送装置顺序排列输出。在传送装置前端设置计量装置，轮胎在计量后经转向装置、提升装备、喂料装置、双道锁风阀和下料连接部位进入窑尾烟室入窑。

由于轮胎大小不一，重量差别达15倍，必须设置自控装置，通过计量秤得出的数值来调节输送装置的速度。输送装置速度变化为1∶20，这样可以保证单位时间内均匀地将轮胎喂入窑尾进料室。

整体轮胎入窑燃烧的技术难点是要解决整体轮胎入窑的输送、锁风装置和自控装置，国内尚无此类装备，可采取引进装备消化吸收、再创新方式解决。

3.2.2 切碎轮胎入分解炉燃烧

轮胎经切割机切割成碎段，经输送装置输送至预热器、分解炉内，然后进入烧成系统焚烧。切割后的碎段轮胎重量轻且均匀，计量准确，入烧成系统的锁风装置体积小，漏风量相对低些，碎段轮胎入窑后燃烧较完善，窑尾烟气局部呈还原气氛，不易结皮堵塞，对窑内耐火材料产生的氧化还原作用小些，缺点是只能从窑尾或分解炉喂入水泥窑系统燃烧，需切割。

3.2.3 细粒轮胎在窑、分解炉内燃烧

轮胎由切割机切割成<5mm的颗粒，经储存计量，泵送至燃烧器的专用通道，与其他燃料一起喷入窑头和分解炉内燃烧。其优点是不需要机械输送装置，颗粒燃烧完全，对生产操作没有太大影响；缺点是切割装置零部件磨蚀较快，需专用的输送、计量装置及专用燃烧器。

细粒轮胎入窑燃烧技术难点是解决切割、计量及输送装置和专用燃烧器。

3.2.4 轮胎转变为煤质气入窑、分解炉燃烧

整体轮胎在煤质气发生炉内呈流态状燃烧，产生煤质气，轮胎内的金属丝从炉下部移出，废轮胎发生炉煤气成分见表 7。煤质气经燃烧器喷入分解炉和窑内燃烧，操作稳定，不影响熟料成分，缺点是需设置煤气发生炉。

表 7 废轮胎发生炉煤气成分和低位发热量

煤气成分（%）							低位发热量（kJ/m^3）（标）
CO	CO_2	O_2	H_2	CH_4	C_2H_4	N_2	
4.5～5.0	11.0～13.0	0～0.5	2.5～4.0	3.0～6.0	1.5～3.0	70.0～75.0	18810～19228

3.3 使用效果及推广情况

水泥工业使用废轮胎作代用燃料的技术十分成熟，综合有关资料，具有如下效果：

（1）烧成系统使用废轮胎作代用燃料，可单独使用，也可和燃料或其他工业废弃物混合使用，利用率高达燃料需求的 100%。

（2）轮胎内含有约 2%的 ZnO，此成分全部进入熟料内，当含量＜500mg/kg. cl 时，对水泥的强度和水化的影响不大。ZnO 对镁质耐火衬料会有一定程度的侵蚀。

（3）废轮胎的挥发分较高，燃烧时产生的 NO_x 量相对低些，NO_x 排放值的降低取决于废轮胎作燃料的代用量，最高可降低 40%以上。

废轮胎硫含量约 2%，通过控制可以将硫全部转化成 $CaSO_4$，固定在熟料内，粉磨水泥时可一定程度上减少石膏掺加量。此外，在预分解窑内煅烧废轮胎，因硫全部固化在熟料内，对 SO_2 排放量影响不大。

3.4 主要技术经济指标、技术与经济可行性

所生产的水泥熟料质量与现有水泥生产采用煤、油、天然气作燃料时所生产的熟料质量基本相同，生产过程中的主要热耗和电耗也大致相同。根据废轮胎的来源的不同，废轮胎作代用燃料的百分率最高可达 100%。

国外已在水泥工业大量应用废轮胎作代用燃料，技术十分成熟，目前国内废轮胎的价格偏高，尚未推广，待废轮胎价格进一步下降后，经济上是可行的。

3.5 水泥窑废轮胎处理结语

废轮胎形成的环境问题是工业化发展的必然，其程度随工业发展而增加，利用其自身热值作为代用燃料是解决此问题的有效途径。废轮胎在水泥工业作代用燃料，不仅对熟料质量影响不大，而且燃烧所生成的废气中，有害成分均符合工业化国家制定的环保条令。在正常生产的大型水泥窑上，仅需增加入窑的处理及输送装置即可操作，投资费用较低，此技术在工业化国家应用较为广泛。

从战略观点来看，废轮胎用作水泥代用燃料不仅能解决工业废弃物污染问题，更重要的是，废轮胎成为生态环链中重要的一环，可促进原燃料的可持续发展。

随着工业化的进展，我国的汽车数量会进一步增长，废轮胎的数量也会逐年增加，像其他工业化国家一样，用作燃料燃烧的比例必将逐年增加，有关技术方案的论证将会提上日程。

4 石油焦作为水泥燃料

4.1 必要性及意义

20世纪90年代以来，国际燃料价格持续上涨，欧美的一些水泥厂在未改烧成系统装备或对已有的烧成燃烧器做少量改变的情况下，燃用价格相当低廉的石油焦，并得到一定程度的推广。

2000年全球原油产量约35亿吨，石油焦产量约7000万吨，约占石油产量的2%。2010年我国原油产量约2亿吨，进口原油3亿吨，两项总计石油加工工业炼油能力约5亿吨。按2%推算，年石油焦的总产量约1000万吨，石油焦的产量必将随我国石油加工工业炼油能力的增加而增加。

石油焦产品的质量与其含硫量有关，全硫含量≤4.0%的石油焦，在炼钢、炼铝和炭素等行业应用广泛，售价高达300美元/吨；而全硫含量>4.5%的石油焦，很难利用，价格低廉，售价仅为70美元/吨左右，一般用作发电厂和水泥厂的燃料。

石油焦的含硫量与原油中的硫含量有关，也与焦化装置有关。在美国，采用延迟焦化装置生产的石油焦，65%用作发电厂和水泥厂的燃料。我国的原油硫含量一般较低，进口的中东原油硫含量较高，估计我国生产的全硫含量>4.0%的石油焦约占总量的50%，该部分产量2010年即达约500万吨，这部分石油焦一般用作发电厂和水泥厂的燃料。

我国发电行业目前已大量使用石油焦，可供水泥行业使用的石油焦每年估计约100万吨。随着我国石油加工工业炼油能力逐年增大，用于水泥工业煅烧的石油焦将会逐年增加。

4.2 技术难点与解决途径

4.2.1 技术难点

用石油焦煅烧水泥的技术难点主要源自石油焦内的高硫含量，石油焦的主要性能见表8。

表8 用于水泥工业石油焦的主要性能（%）

	M_{ad}	A_{ad}	V_{ad}	$Q_{net,ad}$ (kJ/kg)	焦渣	$S_{t,ad}$
石油焦1	1.04	0.58	9.87	34390	2	8.02
石油焦2	0.54	1.26	10.40	34520	3	6.70
石油焦3	0.54	1.38	10.88	34470	3	4.56
石油焦4	0.28	2.30	11.22	34220	3	8.37

用于水泥工业的石油焦的主要特点是低位发热量高，挥发分较低，硫含量较高，因此，水泥工业使用石油焦的主要技术难点是，克服高硫含量石油焦在煅烧过程中对生产和产品质量的影响及对金属和耐火材料的腐蚀。

4.2.2 解决途径

（1）石油焦粉磨至合适的细度，并配置高冲量的燃烧器，确保石油焦燃烧充分。

（2）控制窑和分解炉内烟气的氧含量，确保燃烧生成的SO_2与f-CaO作用，生成$CaSO_4$，固化在熟料成分内。在水泥粉磨时，可适当减少石膏掺加量。

（3）选用抗硫侵蚀的金属和耐火材料，以减缓硫的腐蚀。

4.3 实施条件

在有石油焦货源且经济成本可行的水泥厂均能实施。

根据石油焦挥发分的含量确定粉磨细度，可利用现有燃料制备装置共同粉磨，其成品经燃烧器喷入窑头和分解炉内燃烧。

若石油焦利用量较高，可配置专用燃烧器。

4.4 使用效果与推广情况

目前国内用石油焦作燃料的水泥窑并不多，主要原因是石油焦与其他品种燃料相比，价格不具优势。

石油焦中所含的硫对熟料质量有一定影响，但石油焦的灰分较低（0.5%～2.5%），对生产操作和产品质量有利，从一些生产线的实际使用情况看，对生产的熟料质量影响不大。

石油焦作为水泥燃料的优点是，石油焦中的硫在燃烧时生成二氧化硫，在水泥煅烧过程中全部被生料中的氧化钙吸收，生成硫酸钙，成为熟料成分，而对二氧化硫的排放没有影响，不需要设置脱硫装置。

目前石油焦货源不多，仅少数水泥生产线采用混烧且掺入量也较少，因而推广应用较少。

4.5 主要技术经济指标、技术与经济可行性

用石油焦作燃料煅烧水泥熟料的热耗、电耗、熟料质量及产品性能变化不大，其技术经济指标与原有生产情况相接近，只是燃料价格有差别。石油焦中的硫会对烧成系统金属和耐火材料造成腐蚀，增加生产费用。

石油焦在欧美水泥生产中已大量应用，利用率最高达到100%，技术十分成熟。石油焦只有在价格合适时，才存在经济可行性。

5 结语

上述几种石化工业废弃物从原、燃料的角度来看，在水泥窑内进行处理或利用都是可行的，针对不同的废弃物特点及成分进行适当的配料方案控制或工艺操作调整即可解决。在日趋严格的环保要求和经济性成本有效降低的双重压力下，用水泥窑安全、有效地处理工业废弃物必将大有可为。

（原文发表于《水泥技术》2019年第1期）

几种高磨蚀性物料的研究与分析

杜 鑫　魏洪晓　聂文海　石 光　王维莉　张文谦

摘　要：在对现有技术资料整理分析的基础上，从辊磨磨损机理出发，通过对几种高磨蚀性物料化学成分、矿物组成的分析，以及辊磨运行现场的调研，笔者认为：f-SiO_2 含量高是叶蜡石、铅锌尾矿磨蚀性高的主要原因，矿渣、钢渣、镍渣中金属铁的含量是影响其磨蚀性的关键因素。

关键词：磨蚀性；辊磨；粉磨磨损

1　背景

辊磨采用料床粉磨原理，相比球磨机具有明显的节能优势，近年来辊磨粉磨技术在水泥、冶金、矿山等领域得到了广泛的应用。其粉磨原理是通过磨辊和磨盘衬板间的挤压和剪切作用力，将物料颗粒不断减小，然后通过风力分选获得合格的产品。因此在粉磨过程中辊套和磨盘衬板经常发生磨损，而选粉机静叶片、转子、下料溜槽、挡料圈盖板、风环等部位由于受到混合物料的热风持续冲刷，也经常发生磨损。

磨辊和磨盘衬板的磨损，会导致研磨区结构形式的变化，使得辊磨粉磨效率降低，最终导致产量降低或产品质量下降、生产成本增加，而耐磨件的堆焊也是一个费时、费料、费力的过程，因此在耐磨件磨损程度和最佳的经济效益之间必须找到一个平衡点[1]。其他部件的磨损也会影响设备的正常使用，在必要时需要对其加以维修维护。

有研究表明：在辊磨使用过程中，磨辊和磨盘常采用耐磨堆焊，一般磨辊辊套磨损到原重量的 40%、磨盘衬板磨损到原重量的 25%时，需要重新对耐磨件进行堆焊[2]。通过现场对磨辊和磨盘的简单测量，可以大致判断出磨损的程度，再考虑是否需要重新堆焊。

影响耐磨件寿命的因素有很多，辊磨、辊套和磨盘的磨损程度主要取决于物料的磨蚀性[3]。一般而言，水泥行业使用的辊磨耐磨件的磨损范围是 3～10g/t，最大范围可达 0.2～20g/t。F. L. Smidth、Polysius、天津水泥工业设计研究院有限公司等粉磨设备制造企业对水泥生料中 f-SiO_2 对耐磨材料寿命的影响进行了研究，一致认为：随着生料中 f-SiO_2 含量的增加或粒径的增大，辊磨、辊套寿命将逐渐缩短[4,5,6]。比较明显的是，用辊磨粉磨石英微粉，其耐磨材料磨耗约为生料粉磨的 10 倍[7]。

也有研究认为，物料中每增加 0.1%的铁，额定磨损率将增加 10%，尤其对于矿渣，当原料中游离铁含量>1%时，粉磨系统的使用寿命下降约 30%以上[8]。另外，有实践表明，相同材质不同关键元素的微量差别也会导致耐磨材料使用寿命的重大区别[9,10]。根据物料粉磨磨蚀性特征和使用环境的差异性，国内外学者开发了不同种类、多种规格的耐磨材料，以提高耐磨件使用寿命，降低企业生产成本[11]。

在充分调研我公司辊磨耐磨部件使用寿命的基础上，从入磨原料的角度分析造成磨损的关键因素，为辊磨粉磨设备和工艺的持续优化改进提供建议，以实现有效解决或降低磨损。

2 辊磨磨损的机理分析

材料磨损是两个以上的物体摩擦表面在法向力的作用下相对运动及有关介质、环境温度的作用使其发生形状、尺寸、组织和性能变化的过程。磨损是一个广泛的领域，其分类方式有很多，辊磨的设备磨损属于磨粒磨损范围。磨粒磨损按磨损表面的数量可分为两体磨损和三体磨损。两体磨损的特点是硬质颗粒直接作用于被磨材料的表面上。三体磨损的特点是硬质颗粒处于两个被磨材料的表面之间。显然，辊磨的辊套和磨盘衬板磨损属于三体磨损，选粉机静叶片、导风叶片、风环等部位属于两体磨损。

目前，普遍采用拉宾诺维奇（Rabinowicz）提出的磨粒磨损简化模型来讨论磨粒磨损问题[12]。

模型计算假设条件：磨粒磨损中的磨料为圆锥体，被磨材料为不产生任何变形的刚体，磨损过程为滑动过程。磨粒在载荷 P 的作用下，被压入较软的金属材料中，并在切向力作用下沿较软的金属表面滑动（距离为 L），犁出一道沟，其深度为 t。那么单位滑动距离磨损掉的金属材料体积，即被迁移的沟槽体积，用下式可以算出：

$$V = 0.5 \cdot 2r \cdot t \cdot L = r \cdot t \cdot L \tag{1}$$

式中 V——磨损掉的体积，mm^3；

r——磨粒圆锥体的半径，mm；

t——磨粒压入金属材料的深度，mm；

L——滑动距离，mm。

可以得出：

$$\frac{V}{L} = r \cdot t \tag{2}$$

因为磨料压入金属材料内的深度取决于压力的大小和材料硬度的比值，所以：

$$t = r \cdot \mathrm{ctg}\theta \tag{3}$$

$$\pi r^2 = \frac{P}{H} \tag{4}$$

式中 θ——磨粒圆锥体夹角；

P——法向载荷；

H——金属材料的硬度。

可以得到：

$$\frac{V}{L} = \frac{P}{\pi} \cdot H \cdot \mathrm{ctg}\theta \tag{5}$$

令磨料磨损系数：

$$K_{abr} = \frac{\mathrm{ctg}\theta}{\pi} \tag{6}$$

则：

$$V = K_{abr} \frac{PL}{H} \tag{7}$$

式（7）表明，在一定磨料条件下，单位距离内磨损体积与外加载荷和滑动距离成正比，而与材料的硬度成反比，并且可以看出，θ 角越小，磨粒越尖锐，磨损越严重。

但是，上式中磨损系数 K_{abr} 为理论值，仅考虑到磨粒的形状系数，并且假定所有的磨料都参加切削、犁出的沟槽体积全部成为切屑。实际上，在磨损过程中所发生的现象是十分复杂的，包括外部载荷、磨粒硬度、相对运动、迎角与环境以及材料的组织和性能等，因此磨损系数应该是上文几个因数 $\frac{\mathrm{ctg}\theta}{\pi}$ 与比例常数的乘积。实际比例常数是在所有磨粒中能产生磨损碎屑的比例分数。对于三体磨损，磨粒大约有 90%的时间处于滚动状态而不发生磨损，10%的时间是在滑动并磨损表面。

对于辊磨，磨辊处于施力、与磨盘相对运动的状态，加剧了磨粒磨损，尤其是当原料中存在难磨颗粒时，易使难磨颗粒在磨盘富集，能产生磨损碎屑的比例分数明显变大，耐磨材料磨损加速。从生产实践中也可以看到，在生料粉磨中，当物料中石英砂（SiO_2）的比例比较高时，堆焊耐磨层磨损快。

3 化学组成对磨蚀性的影响

在水泥生产中我们常看到：f-SiO_2 或原料中金属铁含量高，物料磨蚀性高，粉磨设备耐磨件使用寿命短。然而，在冶金废渣资源化处理等辊磨粉磨技术推广时，我们发现部分物料的磨蚀性很高，为此我们对物料进行了化学分析，以期找到导致物料磨蚀性偏高的原因。

从表 1 和表 2 中可以看出，叶蜡石和铅锌尾矿中 f-SiO_2 含量较高，均在 15%以上。从工业生产的实际情况来看，在采用辊磨粉磨水泥生料时，磨辊辊套和磨盘衬板的磨损一般在 2～5g/t，而粉磨叶蜡石的磨损在 40～50g/t，粉磨铅锌尾矿的磨损在 20～30g/t。在这两种物料中，金属铁的含量偏低，因此，f-SiO_2 含量高是造成其磨蚀性高的主要原因。

对于矿渣和钢渣，从表 1 可以看出，两种物料中 f-SiO_2 含量较低，但金属铁的含量较高。矿渣中金属铁以金属铁粒的形式存在，在粉磨过程中，通过简单布置除铁器，即可将其中的金属铁除去，矿渣粉中的金属铁在 0.5%以下，从大量生产统计数据来看，矿渣生产时金属磨耗在 6～9g/t。钢渣中金属铁以“渣包铁、铁包渣”的形式存在，因此在钢渣粉磨时需要特殊的除铁工艺设计。我公司自 2005 年就开始了钢渣辊磨的粉磨技术开发工作，2014 年第一台钢渣辊磨在南通融达新材料股份有限公司投产运行，从生产运行情况来看，在合理的破碎、粉磨除铁工艺布置条件下，钢渣生产时的金属磨耗也在 6～9g/t，与矿渣生产时相当[13]。当然这也与钢渣的生产处理工艺有关，厂里采用的为热焖钢渣。从表 1 和表 2 可以看出，对于矿渣和钢渣，金属铁含量是影响其磨蚀性高低的关键因素。

表 1 物料中 f-SiO_2 含量

物料种类	叶蜡石	镍渣	矿渣	钢渣	铅锌尾矿
f-SiO_2（%）	35.02	1.07	1.09	0.77	19.14

表 2 物料中金属铁含量

物料种类	叶蜡石	镍渣	矿渣	钢渣	铅锌尾矿
Fe（%）	0.02	0.9	2.4	1.93	0.24

对于镍渣而言，从表 1 和表 2 中可以看出，其中 f-SiO_2 含量在 1%左右，这对辊磨不会造成明显的磨损[2]；镍渣中金属铁含量在 1%左右，这与入磨的钢渣原料的金属铁含量相

当，但从工业生产情况来看，镍渣辊磨的磨蚀性要比钢渣高很多，因此对于镍渣的磨蚀性仍需进一步分析。在此基础上，我们对比分析了不同物料的化学组成，希望能从化学成分的角度对磨蚀性进行分析。不同物料的化学组成见表 3。

表 3　几种物料的化学组成*

样品名称	烧失量 (%)	SiO_2 (%)	$Al_2O_3+TiO_2$ (%)	Al_2O_3 (%)	Fe_2O_3 (%)	CaO (%)	MgO (%)	磨蚀性 (g/t)	易磨性 (kWh/t)
铅锌尾矿 1	1.40	41.60	3.08	3.00	23.94	23.06	4.55	149	11.9
铅锌尾矿 2	0.74	51.51	4.34		19.98	18.78	2.86	127	11.6
镍渣 1	−0.9	48.02	9.71	9.71	9.89	6.68	24.20	90	23.4
镍渣 2	−0.53	53.29	5.26		6.04	7.64	27.23	101	
镍渣 3	−0.55	53.68	4.68		6.55	7.67	27.10	120	
钢渣 1	1.19	12.76	6.67	6.67	27.05	38.30	9.46	309	29.1
钢渣 2	1.86	15.69	7.35	6.13	22.92	38.12	10.34	98	26.47
矿渣 1	−1.49	36.64	9.02	8.60	1.80	40.98	8.69	103	21.88
矿渣 2	−0.84	32.80	15.77	14.70	1.48	37.68	9.29	110	18.5
矿渣 3	−0.97	32.20	18.54	17.79	1.36	34.82	10.08		
炉渣 1	9.06	49.36	30.43	29.78	5.26	3.01	0.98		
炉渣 2	1.65	53.34	25.31	24.70	9.24	6.59	1.46		
熟料	0.24	21.64		5.83	3.17		1.71	30	13.5
粉煤灰 1	1.06	52.93	31.23	30.50	5.38	4.48	1.89		
粉煤灰 2	4.17	53.30	25.50	24.78	6.12	6.01	1.71		

* 表中磨蚀性试验采用 TRM5.6 试验系统检测，耐磨材料为铸钢材质；易磨性试验采用邦德粉磨功指数法检测。

对于不同的物料以含量最多的 5 种氧化物（5 种氧化物之和>90%）为研究对象，从表 3 中可以看出，对于不同的物料采用化学成分含量的高低均不能表示出物料磨蚀性的高低，即物料化学组成与磨蚀性高低无明显的相关性。以 Fe_2O_3 为例，其在钢渣中的含量最高，但粉磨钢渣的辊套和衬板的磨蚀性却低于铅锌尾矿、镍渣，而矿渣中 Fe_2O_3 含量最低，但其磨蚀性却高于熟料、炉渣、粉煤灰。因此，仍不能确定造成镍渣磨蚀性高的原因。

4　矿物组成对磨蚀性的影响

对于钢渣而言，从矿物组成来看，有研究认为：当其碱度低时，钢渣矿物组成有橄榄石（$CaO\cdot RO\cdot SiO_2$）、蔷薇辉石（$3CaO\cdot RO\cdot 2SiO_2$）、RO 相（MgO、MnO、FeO 的固熔体）；当其碱度高时才有硅酸二钙（$2CaO\cdot SiO_2$）和硅酸三钙（$3CaO\cdot SiO_2$）等。通过钢渣辊磨粉磨试验，我们发现当入磨钢渣原料金属铁含量从 1.9%降低至 1.2%时，辊磨磨蚀从 150～160g/t 降低至 90～95g/t（铸钢材质）。

镍渣是镍铁合金生产过程中产生的废弃物，冶炼温度高达 1600℃，镍渣按照其形成的方法可分为干渣和水渣。干渣多为块状，是在镍铁液上层慢慢变冷凝固的块状渣；水渣是将热电炉中的熔化状态镍渣淬水处理形成的细小颗粒（图 1）。本试验采用的原料为淬水处理的镍渣。

用我公司 XRD 检测设备对镍渣进行了矿物分析。设备为德国布鲁克（bruker）公司的 d8advance 型 XRD 衍射仪，测角仪工作方式为 $\theta/2\theta$ 方式，Cu 靶 X 光管电压≤40kV、电流≤40mA，测角仪精度 0.0001°、准确度≤0.02°。此次衍射角为 10°～70°，扫描速率为 10°/min。测试结果如图 2 所示。

图 1　镍渣原料

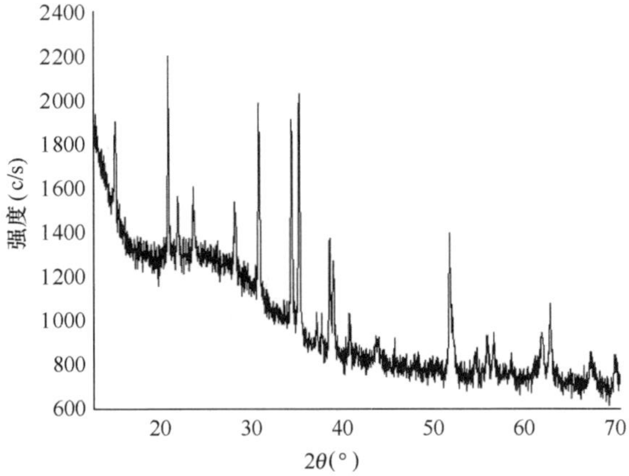

图 2　镍渣 XRD 图谱

从图 2 中可以看出，试验用镍渣中主要矿物为：Mg_2SiO_4（镁橄榄石）和 Fe（少量），国内大量的学者也对不同工艺处理的镍渣做了研究[14,15]，认为镍渣中主要矿物有橄榄石、玻璃相、蓝铁矿、游离二氧化硅、金属铁等，在这些矿物中以游离二氧化硅和金属铁对磨蚀性的影响最大（表 4）。

表 4　不同矿物的莫氏硬度值

物料	钢渣		熟料	金属铁	石英	橄榄石	高岭石	蔷薇辉石
	C_2S 为主	蔷薇辉石为主						
莫氏硬度	5～6	6～7	4.5～5	4.5	7	6.5～7	1～3	5.5～6.5

对于铅锌尾矿，通过 XRD 检测发现其含有大量的石英，这与游离二氧化硅的测定结果相吻合（图 3）。

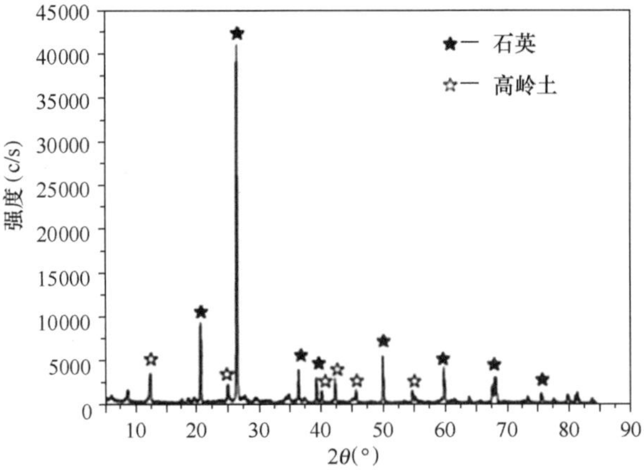

图 3　铅锌尾矿 XRD 图谱

众所周知，不同物料是由不同的矿物材料组成，而矿物材料的硬度更大程度上影响了物料的易磨性，与物料的磨蚀性相关性很差。因此，也很难从矿物组成和物料易磨性等方面来判断其磨蚀性。

为了更好地了解造成镍渣粉磨磨损严重的原因，我们又从设备角度出发进行了分析，发现当挡料圈高度为 230mm 时，磨机排渣量小，合金在磨盘上富集，辊套磨损大，外循环物料管道式除铁器除铁效果欠佳。当挡料圈高度降低至 200～210mm 时，磨机外循环量增加，难磨物料被有效排出，有效降低了辊套磨损；另外，将外循环物料管道式除铁器更换为滚筒干式磁选机，可有效去除外循环物料中的含铁料，降低回料入磨铁含量，对于降低辊套和衬板磨损非常有益。所以，通过上述分析，我们发现金属铁含量的高低依然是影响镍渣磨蚀性高低的关键因素。

5 结语

在分析辊磨磨损机理的基础上，通过对物料化学成分、矿物组成的检测以及辊磨运行现场的调研，我们认为：f-SiO_2 含量高是叶蜡石、铅锌尾矿磨蚀性高的主要原因，矿渣、钢渣、镍渣中金属铁的含量是影响其磨蚀性的关键因素，在新物料的设备选型设计时需着重考虑 f-SiO_2 和金属铁含量。

参考文献

[1] 张昆谋，武洪明．辊磨磨辊、磨盘衬板磨损修复[J]．中国水泥，2006(11)：78-79.

[2] 杨连城．物料对磨辊磨耗之研究[J]．新世纪水泥导报，1997(2)：30-32.

[3] Lucas R. D. Jensen，Erling Fundal，Per M. . ller，Mads Jespersen. Wear mechanism of abrasion resistant wear parts in raw material verti. cal roller mills[J]. Wear，2011，(271)：2707-2719.

[4] 杨连城．磨辊磨耗的初探[J]．四川水泥，1995(5)：1-3.

[5] 赵乃仁．辊式磨粉磨的运行机理及其选型原则的探讨[J]．水泥工程，2004(1)：4-11.

[6] Lucas R. D. Jensen，Henrik Friis，Erling Fundal，Per M. . ller，Per B. Brockhoff. Influence of quartz particles on wear in vertical roller mills. Part Ⅰ：Quartz concentration[J]. Minerals Engineeringm，2010(23)：390-398.

[7] 孔金山，张敏，肖威．辊磨在石英微粉加工中的应用[J]．中国非金属矿工业导刊，2011(4)：42-46.

[8] 张昆谋，郑国良，彭新桥．浅谈辊磨磨辊机磨盘表面耐磨堆焊技术[J]．新世纪水泥导报，2005(6)：47-48.

[9] 杜荣鹏，杨文生，李晓军．辊磨辊套磨损的原因分析及结果[J]．水泥，2012(8)：39-40.

[10] 田大标．矿渣辊磨磨辊堆焊焊丝的选择及应用[J]．水泥，2011(7)：37-38.

[11] 中国机械工程学会磨损失效分析与抗磨技术专业委员会．辊磨用耐磨材料与抗磨技术[C]. 2009 全国水泥辊磨技术和装备研讨会论文集，北京：中国建材工业出版社，2009：13-18.

[12] 王振廷，孟君晟．摩擦磨损与耐磨材料[M]．黑龙江：哈尔滨工业大学出版社，2013：10-100.

[13] 杜鑫，聂文海，柴星腾，等．TRMG32. 2 钢渣辊磨粉磨钢渣和矿渣生产实践分析[C]. 2015 中国水泥技术年会暨第十七届全国水泥技术交流大会论文集，北京：中国科学文化出版社，2015：155-161.

[14] 何绪文，石靖靖，李静，等．镍渣的重金属浸出特性[J]．环境工程学报，2014(8)：3385-3389.

[15] 张勇．镍渣作为混合材在水泥胶凝材料中的应用研究[D]．湖北：武汉理工大学硕士学位论文，2013：1-25.

（原文发表于《水泥技术》2017 年第 1 期）

一种针对高温腐蚀工况的新型耐热钢的研究

刘 旭　孙 建　邓荣娟　向东湖

摘　要：本文介绍了一种针对高温腐蚀工况的新型耐热钢 TRG-ZA-10。传统的 Cr-Ni 奥氏体耐热钢，以 $ZG_{40}Cr_{25}Ni_{20}Si_2$ 为代表，具有良好的高温抗氧化性能和热强性能，但在硫化物和氯化物浓度较高（尤其是氯化物）的高温工况中，其使用寿命急剧下降，不能满足使用要求，因此需要一款专门针对高温腐蚀工况的新型材料以解决该问题。

关键词：高温腐蚀；硫化物；氯化物；耐热钢

以 $ZG_{40}Cr_{25}Ni_{20}Si_2$ 为代表的传统 Cr-Ni 奥氏体耐热钢，具有良好的高温抗氧化性能和热强性能，但在硫化物和氯化物浓度较高（尤其是氯化物）的高温工况下，其使用寿命会急剧降低。

《水泥技术》杂志 2014 年第 2 期《耐热不锈钢 $0Cr_{25}Ni_{20}$ 在高温 Cl^- 环境中的腐蚀研究》一文中，作者发表了研究结果，在温度为 580℃、生料中氯浓度为 0.2%～0.4%的工况中，$ZG_{40}Cr_{25}Ni_{20}Si_2$ 使用寿命仅为 4 个月；《水泥技术》杂志 2015 年第 5 期《一种新型节镍型耐热钢的研究》一文中，作者介绍了研发的新型材料 T709U，它的主要特点是成本低，在高温下其综合性能优于 $ZG_{40}Cr_{25}Ni_{20}Si_2$，高温抗腐蚀性能比 $ZG_{40}Cr_{25}Ni_{20}Si_2$ 提高 60%左右，但按一年的使用寿命评估，仍达不到使用要求。

基于上述问题，我们研发了一种针对高温腐蚀工况的耐热钢，用于解决较高腐蚀性气氛工况中，内筒挂片使用寿命不足的问题。

1　成分设计

在工况温度为 950℃的条件下，新耐热钢需同时满足以下两个要求：

（1）高温抗氧化性能达到完全抗氧化级，且优于 $ZG_{40}Cr_{25}Ni_{20}Si_2$。

（2）高温耐氯化物和硫化物腐蚀性能与 $ZG_{40}Cr_{25}Ni_{20}Si_2$ 相比，提高不低于 200%，即前者至少是后者的 3 倍。

新型耐热钢 TRG-ZA-10 在成分设计上仍以奥氏体为基体，优化成分配比，固熔更多有效抗腐蚀的合金元素，实现上述目标值。

《水泥技术》杂志 2014 年第 2 期《耐热不锈钢 $0Cr_{25}Ni_{20}$ 在高温 Cl^- 环境中的腐蚀研究》一文中，介绍了 Cr-Si-Al 系奥氏体型耐热钢研究，但是在实际工程化试验的冶炼过程中发现，由于目前耐热钢铸造厂使用的中频感应炉均为大气气氛，而非“真空”气氛或“惰性气体保护”气氛，加入的 Al 元素均被氧化、造渣，添加 Al 元素抗腐蚀的目的在耐热钢铸造厂中暂时无法实现。

合金中设计添加了 Ni、Cr、Si 等金属、非金属元素。抗腐蚀合金中大量的 Ni 元素能形成并稳定奥氏体组织，提高热强性，在本合金中考虑到元素的固熔浓度，没有使用也能起同样作用的非金属元素 N；大量的 Cr 元素和一定量的 Si 元素，能保证高温抗氧化性和耐腐蚀性[1-2]；添加大量的 Mo 元素，能够有效防止氯化物的热腐蚀[3]，提高钢的热强性，生成碳化物，起到耐磨的作用；添加微量的 Nb/Ti 元素（二选一，根据 Mo 元素的添加量来进行选择），形成碳化物，产生弥散强化，能改善抗晶间腐蚀能力，同时起到细化晶粒作用；W+V 元素的配合使用，主要目的同样是改善抗晶间腐蚀能力，同时提高钢的热强性；微量的 RE 元素，对钢液起到净化作用，并细化晶粒。

2 性能测试

2.1 高温力学性能

按照 GB/T 228.2—2015《金属材料 拉伸试验 第 2 部分：高温试验方法》测定新材料 1～4 号试样和 25－20（$ZG_{40}Cr_{25}Ni_{20}Si_2$ 简称）试样的高温力学性能，结果见表 1。

表 1 高温力学性能

	温度（℃）	抗拉强度（MPa）	断后伸长率（%）	断面收缩率（%）
1 号	950	183	32.4	40.2
2 号	950	165	37.9	48.6
3 号	950	171	29.2	42.2
4 号	950	177	35.3	46.5
25－20	950	100	46.6	64.8

2.2 高温抗氧化性能

试样的高温抗氧化性能试验在小型箱式电阻炉内进行，试验温度为 950℃，连续 100h，采用增重法测试其抗氧化性，结果如图 1 所示。

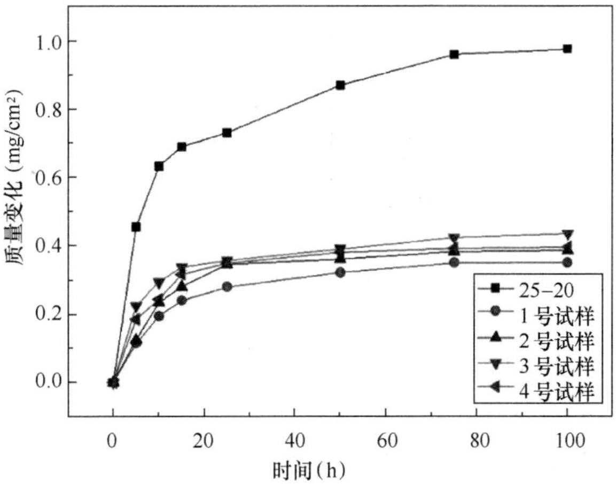

图 1 950℃连续 100h 的氧化动力学曲线图

由图 1 可以清晰地看出：连续 100h 氧化后，25－20 的氧化增重为 0.9745mg/cm^2，新材料的 1 号试样的氧化增重为 0.3504mg/cm^2，2 号试样的氧化增重为 0.3861mg/cm^2，3 号试样的氧化增重为 0.4328mg/cm^2，4 号试样的氧化增重为 0.3955mg/cm^2，平均值为 0.3912mg/cm^2。新材料的抗氧化性能优于 25－20。

HB5258—2000《钢及高温合金的抗氧化性测定试验方法》中规定了抗氧化级别的判定方法（表2），表3为两种材料抗氧化性能的测定数据。由此可以看出，新材料在抗氧化性能上明显优于25—20，属于完全抗氧化级别，达到研发目标。

表2 氧化级别评定表［g/（cm^2·h)］

＜0.1	完全抗氧化级
0.1～1.0	抗氧化级
1.0～3.0	次氧化级
3.0～10.0	弱氧化级
＞10.0	不抗氧化级

表3 两种材料的抗氧化性（950℃、100h）

氧化增重速率［g/（m^2·h)］		评级
25—20	0.09745	完全抗氧化级
1号	0.03504	
2号	0.03861	
3号	0.04328	
4号	0.03955	

2.3 高温抗腐蚀性能

在盐雾气氛下对试样进行高温抗腐蚀性能研究，由5%NaCl+95%Na_2SO_4混合后，再加蒸馏水配制成盐溶液，均匀喷涂在试样表面，试验温度为950℃，连续100h，分别做增重法和减重法两组试验，测试其抗腐蚀性，如图2、图3所示。

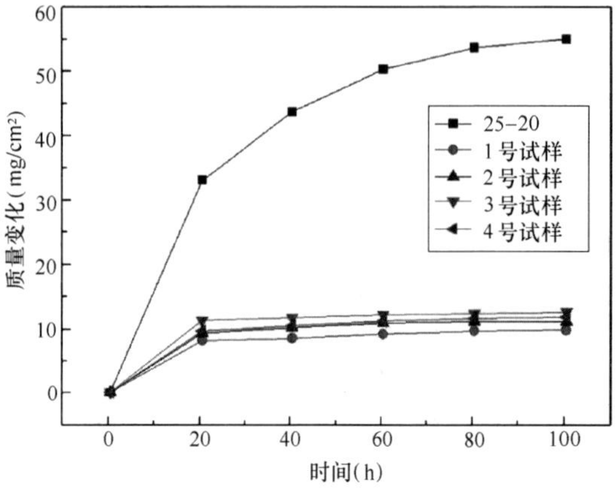

图2 950℃连续100h的腐蚀增重动力学曲线图

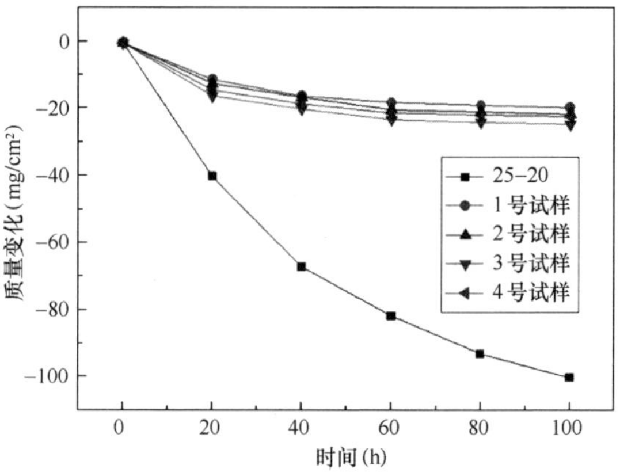

图3 950℃连续100h的腐蚀减重动力学曲线图

通过图2可以得出：连续100h腐蚀后，25—20的腐蚀增重为54.9332mg/cm^2，1号试样的腐蚀增重为9.6854mg/cm^2，2号试样的腐蚀增重为11.0042mg/cm^2，3号试样的腐蚀增重为12.5124mg/cm^2，4号试样的腐蚀增重为11.7042mg/cm^2。25—20的腐蚀增重量是TRG-ZA-10均值的4.9倍，腐蚀增重前者比后者高390%。

通过图3可以得出：连续100h腐蚀后，25—20的腐蚀减重约为99.7012mg/cm^2，1号试样的腐蚀减重约为 19.2712mg/cm^2，2 号试样的腐蚀减重约为 21.1782mg/cm^2，3 号试样的腐蚀减重约为 24.2712mg/cm^2，4 号试样的腐蚀减重约为 21.8712mg/cm^2。25－20 的腐蚀减重量是 TRG-ZA-10 均值的 4.6 倍，前者腐蚀减重量比后者高 360％。

上述结果表明：新材料 TRG-ZA-10 的成分设计合理，在有氯化物和硫化物腐蚀的环境中，无论腐蚀增重量还是减重量都明显低于 25－20，能够有效地减缓氯化物腐蚀速率，提高使用寿命，达到了研发目标。

3 结语

（1）新材料在 950℃的高温力学性能优于 25－20，前者比后者提高 74％。

（2）新材料在 950℃时能够达到完全抗氧化级别，该性能明显优于 25－20。

（3）新材料在 950℃的耐腐蚀性能明显优于 25－20，前者比后者提高了 360％～390％。

（4）新材料与 25－20 的配料成本相比，在全部使用新材料的前提下，前者比后者高 40％左右。

参考文献

[1] 李铁藩．金属高温氧化和热腐蚀[M]．北京：化学工业出版社，2003.
[2] 李美栓．金属的高温腐蚀[M]．北京：冶金工业出版社，2001.
[3] 马海涛．高温氯盐环境中金属材料的腐蚀[D]．博士学位论文，2003.

（原文发表于《水泥技术》2017 年第 3 期）

燃煤催化剂在高热值烟煤水泥厂的应用

刘瑞芝　王文荟　韩磊磊　王秀龙　赵艳妍

摘　要：对天津水泥工业设计研究院有限公司开发的新型燃煤催化剂在华南某4500t/d高热值烟煤生产线上的工业试验，进行了数据检测及分析，结果表明：使用该催化剂后，熟料质量有所提升，游离氧化钙合格率提高8.76%；烧成系统稳定性明显改善，烟室结皮减少，窑工况明显改善；吨熟料标煤耗较使用前降低了3.40kg，节煤率3%，具有显著的经济效益和社会效益。

关键词：燃煤催化剂；水泥工业；节煤

1　引言

煤炭是我国水泥行业的主要燃料，燃料的选取在很大程度上决定了一个水泥企业的经济效益。限于当前的工艺水平，使用劣质煤存在的问题较多，如：着火温度高，燃烧速率慢，燃尽时间长等。一般大中型企业多使用较优质的烟煤，但优质烟煤价格较高。在目前煤炭供应日趋紧张的形势下，应用燃煤催化剂节煤增产是水泥厂优选的一个思路。应用天津水泥工业设计研究院有限公司开发的燃煤催化剂可以降低着火点、加快煤的燃烧速率、减少燃尽时间、提高燃尽率、节约成本。国内外针对电厂或工业锅炉用煤的催化燃烧已进行了大量研究[1-5]，实践证明催化燃烧是很有效的方法。但由于水泥生产过程中，煤燃烧灰渣也将参与水泥熟料的烧成过程，电厂或工业锅炉所用催化剂有可能会对水泥性能产生不利影响，所以不能直接被水泥窑使用。天津水泥工业设计研究院有限公司开发的高热值烟煤应用的燃煤催化剂近期在华南某厂进行了工业试验，取得了显著的节煤效果。

2　燃煤催化剂简介

试验采用的燃煤催化剂由天津水泥工业设计研究院有限公司开发，其主要组成为助燃剂、增氧剂、分散剂、稳定剂、膨松剂等。此种催化剂安全添加量为万分之一到万分之五，对熟料质量和窑设备均无影响，能起到提高煤的活性、降低着火温度、增加发热强度、提高煤的燃尽特性、使煤的燃烧更加充分等作用，同时能提高窑工况稳定性，减少窑结皮，增加窑投料量，减少NO_x排放量，提高熟料强度，达到节煤增产的目的。

燃煤催化剂的催化作用主要表现在两方面：一是对挥发分燃烧的催化作用；二是对固定碳燃烧的催化作用。下面分别从这两方面分析助燃添加剂的催化机理[6]。

（1）燃煤催化剂的加入使挥发分含量增加，析出速率加快。由于添加剂能够催化煤中桥键的分解断裂反应，使气态挥发分较快释放出来，增加易燃的挥发分含量，从而降低煤的着火温度，降低反应所需的活化能，使反应能在较低的温度下进行，达到提高燃烧效率的目的。同时，C—C键的断裂反应加强，煤中相对较小的分子增多，从而增加了分子的热运动，提高了煤的热传递。

(2) 燃煤催化剂对煤粉燃尽度的影响还表现在对固定碳燃烧的催化作用。当大部分的挥发分释放完毕，周围的氧气逐渐扩散到煤粉裂解后的焦炭表面并渗透到其孔隙结构中时，氧气和焦炭反应生成二氧化碳和水为主的产物并往外扩散。此时，促进氧气与焦炭的充分接触能够提高煤粉的燃尽度。而催化过程主要就是氧传递的过程。添加剂中的金属化合物受热分解出金属离子，可以促进 C＝O 键的形成和加强，C＝O 键作为电子给予体与具有未满 d 能带的过渡金属形成络合物 $CO—M^+$（M^+ 为添加剂的金属离子），该络合物可以作为反应活性中心，其反应式为：

$$CO—M^+ + O_2 \longrightarrow MO + CO_2$$

$$4MO + C \longrightarrow 2M_2O + CO_2$$

$$M_2O + 1/2O_2 \longrightarrow 2MO$$

首先，中间络合物氧化分解成金属氧化物 MO，紧接着金属氧化物 MO 被碳还原成金属或低价金属氧化物 M_2O，然后依靠金属或低价金属氧化物吸附氧的能力，M_2O 又反应成为金属氧化物 MO，就这样金属一直处于氧化一还原的循环中。由于氧不断从金属向碳原子传递，加快了氧气的扩散速率，从而起到促进固定碳燃烧的作用。

3　工业试验过程

3.1　华南某厂情况介绍

该厂位于华南某省中部地区，设计规模为日产 4500t 熟料，2011 年 11 月投产，回转窑规格为 ϕ4.6m×68m。试验期间系统用烟煤热值为 25080kJ/kg 左右，煤粉工业分析见表 1。

表 1　试验期间煤粉工业分析

煤种	M_{ad}（%）	A_{ad}（%）	V_{ad}（%）	FC_{ad}（%）	$Q_{net,ad}$（kJ/kg）	$S_{t,ad}$（%）
煤种烟煤	2.5	23～25	25～27	58～60	25.080	0.5

3.2　催化剂添加设备

催化剂为干粉形态，喷洒过程中需采用高速搅拌设备使其与一定量的水混合均匀。工业试验时催化剂添加位置如图 1 所示。为保证催化剂能同时作用于分解炉与回转窑，将搅拌后的催化剂水溶液加到煤磨前的皮带秤上。图 2 为现场催化剂添加设备图，图 3 为现场催化剂喷洒位置图。

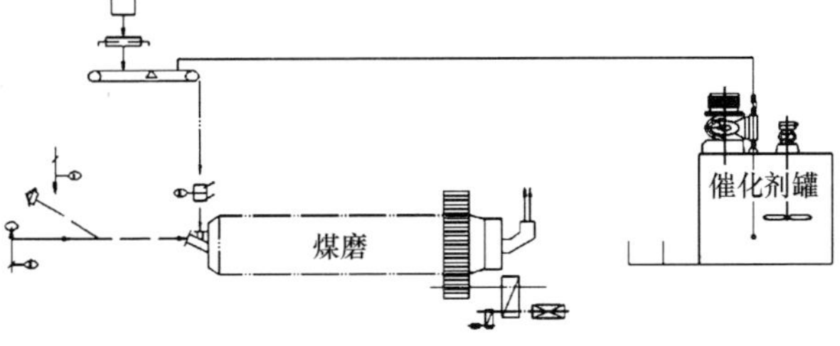

图 1　工业试验时催化剂添加位置示意图

图 2　现场催化剂添加设备图

图 3　现场催化剂喷洒位置图

通过试验分别采集使用燃煤催化剂前后烧成系统的运行数据，对比验证该催化剂的节能效果。中控操作人员记录每小时运行数据，包括窑喂料量、窑电流、窑转速、预热器与分解炉温度、压力及烟气成分、窑头及窑尾喂煤量、煤粉细度及工业分析、生料及熟料化学成分分析等，填写催化剂工业试验记录表。系统 24h 连续运转，以便减少系统间断运行造成的误差，提高记录数据的准确性。

3.3　试验过程

（1）燃煤催化剂经过计量泵计量后，滴加在入煤磨皮带秤上，原煤和催化剂经混合粉磨后，由罗茨风机送入窑头和分解炉，试验加入量为原煤用量的 0.03%。

（2）2017 年 6 月 5 日上午 9 点开始进行添加燃煤催化剂的试验，由于本燃煤催化剂要一天后才能在窑内形成催化气氛，因此取 6 月 5 日的数据为过渡时期，不计算在试验期内。取 6 月 6 日至 6 月 8 日三天的正常生产数据作为试验数据，取 6 月 2 日至 6 月 4 日为空白数据进行对照。根据厂方提供信息显示，这批高热值煤正好用到 6 月 8 日。

4　试验结果分析

由表 2 及表 3 可以看出：

表 2　燃煤催化剂试验中控数据对比表

日期	窑产量 (t/h)	入窑煤粉发热量(kJ/kg)	实物煤耗 (kg/t)	标煤耗 (kg/t. Cl)	f-CaO（%）		熟料升重 (g/L)	窑电流 (A)	熟料发电量 (kWh/t)
					平均	合格率			
2017—06—02	243	6179×4.18	131.60	116.17	1.35	67.00	1067	754	34.13
2017—06—03	242	6056×4.18	131.29	113.58	1.01	75.00	1051	789	34.79
2017—06—04	241	6016×4.18	132.82	114.15	1.34	75.00	1067	757	33.17
空白平均	242	6084×4.18	131.91	114.64	1.23	72.33	1062	767	33.78
2017—06—06	239	6032×4.18	133.40	114.95	0.92	83.00	1096	773	34.79
2017—06—07	242	5863×4.18	131.05	109.76	0.87	83.33	1098	796	33.44
2017—06—08	242	5719×4.18	133.40	108.99	0.91	76.92	1097	815	
试验平均	241	5871×4.18	132.62	112.23	0.9	81.09	1097	795	34.115

表 3　燃煤催化剂班产统计表

时间	生料喂料量（t）			熟料产量（t）		产量（t/h）	用煤量					煤粉耗（kg/t. Cl）	标煤耗（kg/t. Cl）
	夜班	早班	中班	总计	总计		夜班（t）	早班（t）	中班（t）	总计（t）	热值（kJ/kg）		
6 月 2 日	3021	3059	3000	9080	5821	243	269	252	245	766.0	6179×4.18	131.60	116.17
6 月 3 日	3018	3000	3060	9078	5819	242	249.0	256.0	259.0	764.0	6056×4.18	131.29	113.58
6 月 4 日	3050	3014	2956	9020	5782	241	261.0	252.0	255.0	768.0	6016×4.18	132.82	114.15
空白平均	3030	3024	3005	9059	5807	242	260	253	253	766	6084×4.18	131.91	114.64
6 月 5 日	2953	2947	2930	8830	5660		252.0	252.0	254.0	758.0	6016×4.18	133.92	115.09
6 月 6 日	2932	3007	3019	8958	5742	239	254.0	254.0	258.0	766.0	6032×4.18	133.40	114.95
6 月 7 日	3017	3033	3009	9059	5807	242	252.0	256.0	253.0	761.0	5863×4.18	131.05	109.76
6 月 8 日	3017	磨停	泵堵塞	3017	1934	81	258.0	磨停	泵堵塞	258.0	5719×4.18	133.40	108.99
试验平均	2989	3020	3014	7011	4494	187	255	255	256	595	5871×4.18	132.62	111.23
节省煤耗													3.40
节煤率													3%

（1）熟料质量有所提升，游离氧化钙平均值由 1.23%降低到 0.9%，降低了 0.33%，游离氧化钙合格率提高 8.76%；试验期间熟料升重由 1062g/L 提高到 1097g/L，增加了 35g/L。

（2）使用燃煤催化剂对烧成系统的稳定性有明显的改善，烟室结皮减少，分解炉出口气温 870℃，出口负压为－0.8～－0.95kPa，分解炉底部温度在 950～1000℃；窑尾烟室温度在 1120℃左右，压力－350～－400Pa；二次风温在 1050～1150℃；窑电流由 767A 提高到 795A，提升了 28A，工况得到明显改善。

（3）使用燃煤催化剂后，煤粉燃烧速率加快，分解炉内加减煤的响应时间缩短，加减煤的幅度由原来的 0.2t/h 减小到 0.1t/h，温度更容易控制。

（4）试验期间余热发电系统发电量提高了 0.335kWh/t。

（5）空白期间的煤粉平均热值为 25431kJ/kg，试验期间的煤粉平均热值为 24540kJ/kg，在煤粉热值降低的情况下，吨熟料的标煤耗不但没有升高而且在催化剂的作用下降低了 3.40kg。

5　试验结果

（1）在高热值煤（发热量在 25080kJ/kg 左右）情况下添加燃煤催化剂，节煤效果明显，生产每吨熟料节省标煤 3.40kg，节煤率 3%。这仅是短期数据对比的结果，如果窑况正常而且长期使用，节煤效果会更加明显。

（2）添加燃煤催化剂后，煤粉燃尽率提高，窑电流上升，窑工况更加稳定。

（3）添加燃煤催化剂后，熟料质量有所提高，游离氧化钙均值降低 0.33%，游离氧化钙合格率提高 8.76%。

（4）燃煤催化剂在使用过程中没有出现安全隐患，对系统没有产生负面影响。

参考文献

[1] 谢峻林，何峰．水泥窑用无烟煤的催化燃烧[J]. 硅酸盐学报，1998，26(6)：792-795.

[2] Zhu Q，Grant K A，Thomas K M. The effect of Fe catalyst on the re. lease of NO during the combustion of anisotropic and isotropic carbons[J]. Carbon，1996，34(4)：523-532.

[3] Wang Rui，Patrick J W，Clarke D E. Coal hydrogenation catalysisusing industrial catalyst (MoO_3－NiO/AI_2O_3)"waste"[J]. Fuel，1996，75(14)：1671-1675.

[4] Ma Baoguo，Li Xiangguo，Xu Li，et al. Investigation on catalyzed combustion of high ash coal by thermogravimetric analysis[J]. Thermo. chem Acta，2006，445(1)：19-22.

[5] Gong Xuzhong，Guo Zhancheng，Wang Zhi. Experimental study on mechanism of lowering ignition temperature of anthracite combustion catalyzed by Fe_2O_3 [J]. J Chem Ind Eng Soc China，2009，60(7)：1707-1713.

[6] 秦瑾．助燃添加剂对水泥工业劣质煤燃烧性能的影响及机理研究[D]. 武汉：武汉科技大学，2011：36-37.

[7] 刘瑞芝．水泥工业用煤的催化燃烧研究[J]. 水泥，2011(6)：4-6.

[8] 刘瑞芝．燃煤催化剂对混煤催化燃烧的研究与应用[J]. 水泥技术，2013(7)：27-30.

[9] 刘瑞芝．固硫催化剂在高硫煤煅烧熟料中的工业试验[J]. 水泥，2014(7)：19-22.

[10] 刘瑞芝．水泥行业在碳交易政策下的前景展望[J]. 水泥，2017(8)：1-4.

（原文发表于《水泥技术》2018 年第 4 期）